Karl Lanius
Mikrokosmos · Makrokosmos

Karl Lanius

MIKROKOSMOS
MAKROKOSMOS

*Das Weltbild
der Physik*

Verlag C. H. Beck München

ISBN 3 406 33210 2
Ausgabe für die Bundesrepublik Deutschland,
Berlin (West), die Schweiz und Österreich
Zweite Auflage · 1989
Verlag C. H. Beck, München
© Urania-Verlag Leipzig · Jena · Berlin,
Verlag für populärwissenschaftliche Literatur, Leipzig 1988
Gesamtherstellung: Fortschritt Erfurt
Printed in the German Democratic Republic

Inhalt

1. **Zwei Mythen** *9*
   1.1. Der Mythos des Hesiod *10*
   1.2. Der Mythos der Wissenschaft *14*
   1.3. Die Wissenschaft und wir *25*

2. **Etappen der historischen Entwicklung** *29*
   2.1. Die milesische Naturphilosophie *30*
   2.2. Die Atome und der leere Raum *32*
   2.3. Aristoteles *33*
   2.4. Die erste wissenschaftliche Revolution *36*
   2.5. Die spezielle Relativitätstheorie *47*
   2.6. Die allgemeine Relativitätstheorie *56*

3. **Das Instrumentarium der modernen Naturwissenschaft** *66*
   3.1. Vom Lichtmikroskop zum Elektronenmikroskop *66*
   3.2. Die Quantenmechanik *71*
   3.3. Beschleuniger, Mikroskope der subatomaren Welt *81*
   3.4. Detektoren für Prozesse im Subatomaren *91*
   3.5. Die Entwicklung der astronomischen Beobachtungstechnik *100*
   3.6. Experiment, Theorie und Modell *114*

4. **Der Mikrokosmos** *119*
   4.1. Pauli-Prinzip und Atombau *119*
   4.2. Chemische Bindung und Moleküle *122*
   4.3. DNA-Moleküle *127*
   4.4. Quantenfeldtheorie *135*
   4.5. Schwere Elektronen *140*
   4.6. Der radioaktive Zerfall *145*
   4.7. Die Neutrinos *151*
   4.8. Symmetrien *156*
   4.9. Die elektroschwache Eichfeldtheorie *165*
   4.10. Die Quarkstruktur der Hadronen *177*
   4.11. Die Quantenchromodynamik *183*
   4.12. Spaltung und Fusion, zwei Kernprozesse *191*
   4.13. Ausblick *197*

5. **Der Makrokosmos** *200*
   5.1. Das beobachtbare Universum *200*
   5.2. Das Alter des Universums *210*
   5.3. Die Galaxienflucht *216*
   5.4. Die 3K-Hintergrundstrahlung *222*
   5.5. Das kosmologische Standardmodell *226*
   5.6. Dunkelmaterie *232*
   5.7. Die ersten Sekunden *235*
   5.8. Die Strahlungsära *239*
   5.9. Die Ära der Strukturen *243*
   5.10. Schwarze Löcher *247*

6. **Ziele und Grenzen der Physik** *259*

7. **Anhang** *275*
   7.1. Glossar *275*
   7.2. Literaturhinweise *281*
   7.3. Bildquellenverzeichnis *282*
   7.4. Sachwortverzeichnis *283*

Für Martin und Peter

Vorwort

Das 20. Jahrhundert begann in der Physik mit zwei großen Entdeckungen, deren Bedeutung sich uns erst in den folgenden Jahrzehnten erschloß und die unser Denken bis heute beeinflussen. Max Planck deckte das Wirken einer neuen Naturkonstanten, des Wirkungsquantums, auf, das sich als ein Schlüssel für die Welt des Mikrokosmos erwies. Albert Einstein formulierte die allgemeine Relativitätstheorie, die uns das Universum in seiner Entwicklung erkennen lehrte.

Die naturwissenschaftlichen Erkenntnisse unseres Jahrhunderts haben uns zu einem beeindruckenden Bild der Natur geführt, das vom Mikrokosmos mit den elementaren Bausteinen der Materie und den fundamentalen Kräften der Natur zwischen ihnen über die uns umgebende Welt bis hin zu den Grenzen des Makrokosmos mit den entstehenden und vergehenden Himmelskörpern reicht.

Neue Raum-Zeit-Bereiche wurden zugänglich, unser physikalisches Weltbild wandelte sich tiefgreifend. Dieser Wandel war von einem sprunghaften Anwachsen der Nutzung physikalischer Erkenntnisse in der Praxis begleitet. So gab uns die Einsicht in den Charakter der Kernkraft Energien in die Hand, die – mißbraucht – zur Vernichtung der Menschheit führen können. Ein anderes Resultat der Physik, die Mikroelektronik, ist dabei, sich zur beherrschenden Technik der menschlichen Produktion zu entwickeln. In dem Maße, wie physikalische Erkenntnisse wachsenden Einfluß auf unser Leben gewinnen, wächst aber die Notwendigkeit, sich mit der Physik vertraut zu machen. Um die Naturwissenschaft zum Wohle der Menschheit zu nutzen und ihren Mißbrauch zu verhindern, müssen wir wissen, müssen wir die Aufgabe annehmen, uns die Welt wissenschaftlich anzueignen.

Friedrich Dürrenmatt hat seinem Stück »Die Physiker« die Anmerkung beigefügt: »Der Inhalt der Physik geht die Physiker an, die Auswirkungen alle Menschen. Was alle angeht, können nur alle lösen.«

Was alle angeht, muß aber rechtzeitig erkennbar und bedenkbar sein. Pflicht der Physiker ist es, ihre Wissenschaft allen in dem Maße nahezubringen, daß sie ihrer Verantwortung gerecht werden können.

Ich bin meinen Kollegen Ulrich Kundt, Dierck-Ekkehardt Liebscher und Ulrich Röseberg zu tiefem Dank verpflichtet. Sie unterzogen sich der Mühe, das Manuskript sorgsam durchzusehen, und gaben mir zahlreiche Hinweise und Anregungen, die in den vorliegenden Text eingearbeitet wurden. Frau Johanna Nottrott nahm die mühevolle Arbeit auf sich, das Manuskript zu schreiben. Ich danke ihr für ihre große Hilfe.

Karl Lanius

1. Zwei Mythen

Soweit die geschriebene Geschichte der Menschheit zurückreicht, haben wir Zeugnis davon, daß die Menschen über die Natur nachdachten. Sonne, Mond und Sterne am Himmel, die vielen Erscheinungsformen der sie umgebenden Materie, schließlich das Leben selbst in all seiner Formenvielfalt führten sie zu Fragen wie etwa: Was ist Materie, was ist Leben? Die ersten uns überlieferten Antworten sind die religiösen Mythen, die den Menschen ihrer Zeit ein dem damaligen Stand der gesellschaftlichen Entwicklung adäquates Weltbild gaben. Es waren dies, wie wir heute wissen, zwar unvollkommene, aber ganzheitliche Antworten, die alle Menschen erreichten. So wie die Griechen etwa zur Zeit Hesiods in ihrem Selbst- und Weltverständnis mit ihren Göttern und durch ihre Götter lebten, so leben wir heute mit der Wissenschaft und durch die Wissenschaft. Wir entdecken das Universum mit Hilfe der Wissenschaft. Sie lehrt uns, die Entwicklung, die Größe und auch die Schönheit des Universums zu sehen und uns als einen Teil des Kosmos zu begreifen. Über Jahrmillionen war für unsere Vorfahren die Erde der Mittelpunkt der Welt. Mit der Geburt und der Entwicklung der Wissenschaft in den letzten drei Jahrtausenden menschlicher Existenz lernten wir, daß die Menschheit weder das Zentrum noch der Zweck des Universums ist.

Das unserer Beobachtung zugängliche Universum hat etwa 100 Milliarden Galaxien, von denen jede im Mittel 100 Milliarden Sterne enthält. Einer dieser 10^{22} Sterne ist unsere Sonne, einer ihrer Satelliten die Erde, der »blaue Planet«,

Die Erde, der blaue Planet. Aufnahme von »Apollo 11« aus einer Entfernung von etwa 200 000 km [3]

eine winzige Insel im unendlichen Ozean des Universums. Sie bildete sich aus »Sternenasche« und ist der Mutterboden, auf dem sich die Menschheit entwickelte. Die Schöpfer der frühen Mythen hatten in gewissem Sinne recht, wenn sie sich als Kinder des Himmels und der Erde bezeichneten.

Gemessen am Zeitmaß des Universums, ist die Geschichte der Menschheit nur ein Augenblick. Die ersten menschlichen Spuren auf unserem Planeten reichen etwa 2 Millionen Jahre zurück. Um uns als Art entwickeln und letztlich die Erde beherrschen zu können, bedurfte es des Wissens. Als wichtigste Quelle aller menschlichen Entdeckungen und Erfindungen, als Weg zur Selbstverwirklichung der Menschheit galt für einen Wissenschaftler wie Albert Einstein die Neugier, das Streben, den Rätseln der Natur auf den Grund zu kommen, ihre Geheimnisse aufzudecken – eine Wißbegier, die gleichermaßen der Phantasie und der Skepsis bedarf. Phantasie allein führt uns in Welten, die niemals waren und nie sein werden. Die wissenschaftliche Skepsis, die Beobachtung, das Experiment gestatten uns, das Mögliche vom Unmöglichen zu unterscheiden.

Unsere Vorfahren, Jäger und Sammler, mußten, um zu überleben, wissen, wann die Früchte reifen und wie das jagdbare Wild in Abhängigkeit von der Jahreszeit wandert. Das fehlerfreie Lesen des himmlischen Kalenders war über Jahrmillionen eine Frage von Leben und Tod. Das Geschehen am Himmel, wie der Auf- und Untergang der Sonne, die Phasen des Mondes, die jahreszeitliche Stellung der Planeten und der Sterne, wurde von den Menschen über Zehntausende von Generationen hinweg wahrgenommen. Es entstand der Glaube, daß die Gestirne nicht nur die Jahreszeiten, Ebbe

9

und Flut, Kälte und Wärme, sondern auch das Leben der Menschen selbst bestimmen. Die Menschen glaubten – und nicht wenige glauben es auch heute noch –, daß die Stellung der Planeten am Sternenhimmel ihr Schicksal beeinflußt. Bei allen wichtigen Entscheidungen wurde den Gestirnen ein bestimmender Einfluß zugeschrieben – eine Irrlehre, wie man durch viele Erfahrungen belegen kann.

Im Laufe der letzten drei Jahrtausende nahm die Widerspiegelung der Objektwelt, des Universums, immer schärfere Konturen für uns an. Sie ist keine phantastische Erfindung der Menschheit, kein Mythos in heutiger Wortbedeutung, aber auch kein einfaches Abbild der Erscheinungen. Wir erschlossen uns unsere Umwelt in mühevoller Arbeit, um sie gestalten zu können.

Im folgenden wollen wir unser heutiges physikalisches Weltbild darstellen. Wir beginnen mit zwei Mythen, wobei unter Mythos der ursprünglichen Wortbedeutung nach eine Rede bzw. eine Erzählung zu verstehen ist.

1.1. Der Mythos des Hesiod

Im letzten Drittel des 8. Jahrhunderts v. u. Z. lebte in Böotien, einem der landwirtschaftlichen Gebiete des griechischen Mutterlandes, der bäuerliche Dichter Hesiod. Beim Weiden der Schafe auf den Hängen des Helikon seien ihm, so erzählt Hesiod, die Musen, die Göttinnen der Dichtkunst, erschienen und hätten ihn beauftragt:

Der Mittelmeerraum im 8.–6. Jahrhundert v. u. Z. mit dem griechischen Mutterland und seinen Kolonisationsgebieten. Böotien war ein Land in Mittelgriechenland mit Theben als führender Stadt.

». . . zu künden von Künftigem und von Gewesenem,
Hießen mich preisen die Sippe der ewigen, seligen Götter.«[1]

Da lebten vor Jahrtausenden Menschen auf unserer Erde unter einem des Nachts dunklen, von Sternen bedeckten Himmel, an dem in scheinbar ewigem Gleichklang die Morgenröte das Kommen des Tages ankündigt. Durch ihrer Hände Arbeit erhielten diese Menschen aus dem Erz das Metall, das sie zu Werkzeugen formten, und aus dem Getreide gewannen sie das Korn, das sie ernährte. Durch Zeugung kamen sie zur Welt, und der Tod setzte ihrem Leben ein Ende. Sie sahen: Alles was ist, mußte jemand gemacht haben, also wohl auch Himmel und Erde. Zu Zeiten Hesiods waren es, wie sie glaubten, Wesen in Menschengestalt, Götter, die über die notwendigen Kräfte, die Macht verfügten, um so erstaunliche Dinge wie Himmel und Erde, Sonne und Mond, Feuer und Wasser, Blitz und Donner, ja letztlich den fühlenden, denkenden und handelnden Menschen selbst zu erschaffen. Die Götter beherrschten das menschliche Dasein. Sie waren

[1] Hesiod, Sämtliche Werke, Sammlung Dieterich, Band 38, 3. Auflage, Leipzig 1984, S. 4

für die Menschen damals genauso wirklich, wie es für uns die Resultate der modernen Naturwissenschaften sind.

Hesiod faßte das Welt- und Selbstverständnis der Menschen seiner Zeit im Mythos von der Götterwelt zusammen. Hier geht es nicht mehr um einfache Widerspiegelung beobachtbarer Phänomene, sondern der Mythos will – auf einer aus heutiger Sicht einfachen Stufe – die Welt erkennen und erklären; so erzählt Hesiod in seiner epischen Dichtung, der Theogonie:

»Wahrlich, zuerst entstand das Chaos und später die Erde,
Breitgebrüstet, ein Sitz von ewiger Dauer für alle
Götter, die des Olymps beschneite Gipfel bewohnen
Und des Tartaros Dunkel im Abgrund der wegsamen Erde,
Eros zugleich, er ist der schönste der ewigen Götter;
Lösend bezwingt er den Sinn bei allen Göttern und Menschen
Tief in der Brust und bändigt den wohlerwogenen Ratschluß.
Aus dem Chaos entstanden die Nacht und des Erebos Dunkel;
Aber der Nacht entstammten der leuchtende Tag und der Äther.
Schwanger gebar sie die beiden, von Erebos' Liebe befruchtet.
Gaia, die Erde, erzeugte zuerst den sternigen Himmel
Gleich sich selber, damit er sie dann völlig umhülle,
Unverrückbar für immer als Sitz der ewigen Götter,
Zeugte auch hohe Gebirge, der Göttinnen holde Behausung,
Nymphen, die da die Schluchten und Klüfte der Berge bewohnen;
Auch das verödete Meer, die brausende Brandung gebar sie
Ohne beglückende Liebe, den Pontos; aber dann später
Himmelbefruchtet gebar sie Okeanos' wirbelnde Tiefe,
Koios und Kreios dazu und Iapetos und Hyperion,
Theia sodann und Rheia und Themis, Mnemosyne ferner,
Phoibe, die goldbekränzte, und auch die liebliche Tethys;
Als der jüngste nach ihnen entstand der verschlagene Kronos,
Dieses schrecklichste Kind, er haßte den blühenden Vater;
Auch die Kyklopen gebar sie, die wildüberhebenden Herzens,
Brontes und Steropes auch und den finstergewaltigen Arges;
Diese dann gaben dem Zeus den Donner und schufen die Blitze.
Zwar in allem glichen sie sonst den ewigen Göttern,
Doch inmitten der Stirn lag ihnen ein einziges Auge,
Und so hatte man ihnen den Namen Kyklopen gegeben,
Weil auf der Stirn das Rund des einzigen Auges gelegen,
In ihren Werken aber lag Stärke, Gewalt und Erfindung.
Aber noch andere waren von Himmel und Erde entsprossen:
Drei ganz riesige Söhne, gewaltig unnennbaren Namens:
Kottos, Briareos auch und Gyes, Kinder voll Hochmut.
Hundert Arme streckten aus ihren Schultern sich vorwärts,
Klotzig und ungefüg, und fünfzig Köpfe entsproßten

Gaia, die Erde. Zeichnung von N. Quevedo

Jedem aus seinen Schultern auf starken, gedrungenen
Gliedern.
Grausig war Kraft und Wucht, sie glichen gewaltigen Riesen.
  Denn von allen, die so aus Gaia und Uranos stammten,
Waren die schrecklichsten sie, verhaßt dem eigenen Vater
Gleich von Anfang. Sobald von ihnen einer geboren,
Barg er sie alle und ließ sie nicht zum Lichte gelangen,
Tief im Schoße der Erde, sich freuend der eigenen Untat,
Uranos. Aber es stöhnte im Innern die riesige Erde
Grambedrückt und sann auf böse, listige Abwehr;
Und sie formte sogleich ein graues Eisengebilde,
Eine gewaltige Sichel; den lieben Kindern zur Lehre
Sprach sie ermutigend so, bekümmert im eigenen Herzen:
  ›O ihr Kinder von mir und dem grausigen Vater, sobald ihr
Willig, mir zu gehorchen, so rächt an dem eigenen Erzeuger
Schlimme Schmach, zuerst hat er ja selber gefrevelt.‹
  Sprach's und alle erfaßte Entsetzen, und keiner von ihnen
Redete; nur der große, der listenmächtige Kronos
Gab, von Mut beseelt, der erhabenen Mutter die Antwort:
  ›Mutter, so will denn ich dir dies versprechen und möchte
Gern das Werk vollenden, denn unser verrufener Vater
Kümmert mich wenig, zuerst hat er ja übel gehandelt.‹
  Sprach's; da freute im Herzen sich sehr die gewaltige Gaia,
Barg ihn in sicherm Versteck und gab eine zahnige Sichel
Ihm in die Hände und lehrte ihn lauter listige Schliche.
An kam mit der Nacht der gewaltige Uranos, sehnend
Schlang er sich voller Liebe um Gaia und dehnte sich endlos
Weit. Da streckte der Sohn aus seinem Verstecke die linke
Hand und griff mit der rechten die ungeheuerlich große,
Schneidende, zahnige Sichel und mähte dem eigenen Vater
Eilig ab die Scham und warf im Flug sie wieder
Hinter sich . . .«²

Das sind die Verszeilen der Kosmogonie, der Lehre vom Werden der Welt, in der Hesiodschen Dichtung. Sie war den Menschen ihrer Zeit lebendige Realität, was sie für uns nicht mehr ist. Wir fragen heute nach ihrer Bedeutung, denn wir sind keine Kinder des mythischen Zeitalters. Der Versuch der inhaltlichen Deutung stellt uns vor das Problem des Wandels der verwandten Begriffe. So war am zeitlichen Anfang ein Zustand, den Hesiod Chaos nennt. Wir verstehen darunter die Unordnung von etwas. In Hesiods und seiner Zeitgenossen Verständnis war das Chaos ein gähnendes Nichts, die Leere, aber doch wohl eine Leere, aus der ein Etwas hervorgeht und die damit schon ein Anfang von etwas ist.

Als Entfaltungen des Chaos nennt Hesiod Nyx (die Nacht) und Erebos oder Tartaros (den Dunkelraum, die Unterwelt), aus deren geschlechtlicher Vereinigung Hemere (der leuchtende Tag) und Äther (der Lichtraum) entstammen. Urwesen sind Gaia (die Erde) und Eros (die Liebe, das Verlangen), eine göttliche Urpotenz. Aus Gaia entstehen Uranos (der Himmel), die Berge und Pontos (das Meer). Der Verbindung des Himmelsgottes Uranos und der Erdgöttin Gaia entstammen die Titanen, die Kyklopen und die drei Hundertarmigen. Hesiod erzählt, wie Kronos, das jüngste der Titanenkinder, mit einer Sichel den Vater entmannt und damit Himmel und Erde trennt. Durch seine Tat wird das Licht geschaffen, danach wurden, wie Hesiod erzählt, als Kinder der aus dem Schoße der Erde befreiten Titanen Hyperion und Theia Helios (die Sonne), Selene (der Mond) und Eos (die Morgenröte) geboren. Eos' Kinder sind die Winde und die Sterne.

Nach seiner Tat herrscht Kronos als der Herr der Welt. Gaia und Uranos weissagen ihm den Sturz seiner Macht durch seinen eigenen Sohn. Um sich davor zu schützen, verschlingt er jedes der ihm von Rheia geborenen Kinder. In ihrem Kummer wendet sich Rheia an ihre Eltern Gaia und Uranos mit der Bitte um Rat. Durch eine List betrügen sie Kronos, der an Stelle seines jüngsten Sohnes einen in Windeln gewickelten Stein verschlingt. Dem in ihrem Schoße herangewachsenen Zeus übergibt Gaia ein Brechmittel, das er dem Götterkönig Kronos verabreicht, der darauf den Stein und die unsterblichen Götter ausspeit. Im Kampf besiegen Zeus und seine befreiten Geschwister Kronos. Auch die Brüder des Vaters, die Kyklopen, erlangen durch Zeus die Freiheit. Zum Dank dafür geben sie ihm den Donner, den Donnerkeil und den Blitzstrahl, die von der Erde verborgen gehalten worden waren. Versehen mit den Mitteln der Macht, herrscht nach einem weiteren Kampf mit den Titanen Zeus als Repräsentant des Lichtes auf dem Olymp.

Die besiegten Titanen werden im Tartaros eingesperrt. An dieser Stelle wird Hesiods Schilderung des Tartaros zu einer Ausmessung des Weltraums:

---

² Hesiod, Sämtliche Werke, Sammlung Dieterich, Band 38, 3. Auflage, Leipzig 1984, S. 8 f.

Sogenannter Dresdener Zeus. Die Marmorstatue hat eine Höhe von 212 cm und gehört der Skulpturensammlung der Staatlichen Kunstsammlung Dresden [2].

»So weit unter die Erde, wie über der Erde der Himmel.
Gleich weit ist's von der Erde ja bis in des Tartaros Dunkel,
Neun der Tage und Nächte bedürfte ein eherner Amboß,
Um vom Himmel am zehnten herab zur Erde zu kommen;
Neun der Nächte und Tage bedürfte ein eherner Amboß,
Bis er herab von der Erde am zehnten im Tartaros ankommt.
Ihn umzieht ringsum ein ehern Gehege, und dreifach

Lagert am Eingang die Nacht darübergeschüttet; es sprossen
Drüber die Wurzeln der Erde und die des wogenden Meeres.
Dort sind die Göttertitanen im Nebeldunkel des Abgrunds
Tief nach dem Ratschluß des Zeus, des Wolkengebieters, verborgen
In dem modrigen Raum am Rand der unendlichen Erde.«[3]

Neun Tage fällt der Amboß von der Erde bis zum Anfang des Tartaros, dessen Ende jedoch auch nach Jahren nicht erreichbar ist und der in seiner bodenlosen, unbetretbaren Unendlichkeit selbst den Göttern unheimlich ist.

»Da sind der schwarzen Erde, des nebligen Tartarosdunkels
Und des wogenden Meeres und auch des sternigen Himmels,
Aller Dinge Quell der Reihe nach und auch ihr Ende,
Widerlich modrig, es faßt sogar die Götter ein Grausen.
Riesiger Schlund, und keiner im Gang beendeter Jahre
Fände den Grund, sobald er einmal die Pforte durchschritten,
Nein, nach hüben und drüben entführten ihn Stürme um Stürme
Fürchterlich; denn entsetzlich auch für unsterbliche Götter
Ist dieser Graus. Dort liegt die schreckensvolle Behausung
Der umdunkelten Nacht, in finsteren Wolken verborgen.«[4]

Bereits die erste, in geschlossener Form auf uns überkommene Kosmogonie enthält die wesentlichen Elemente aller späteren Kosmologien bis auf den heutigen Tag.

Am Anfang war das Chaos, die Leere, die bereits das Etwas in sich trägt. Daraus entsteht unmittelbar ein Urelement, ein Urwesen, bei Hesiod die Erde, die Substanz und Urgott zugleich ist. Es folgt die Trennung der Weltteile; in der Theogonie die Trennung von Himmel und Erde durch einen jüngeren, die Ordnungsmacht verkörpernden Gott. Erst darauf wird es Licht, es entstehen die Gestirne und letztlich die Lebewesen.

---

[3] Hesiod, Sämtliche Werke, Sammlung Dieterich, Band 38, 3. Auflage, Leipzig 1984, S. 34

[4] Hesiod, Sämtliche Werke, Sammlung Dieterich, Band 38, 3. Auflage, Leipzig 1984, S. 35

1.2. Der Mythos der Wissenschaft

Heute durchmessen wir mittels eines breiten Arsenals astronomischer Instrumente die Weiten des beobachtbaren Universums. Über unser eigenes Sternensystem, die Milchstraße oder Galaxis, hinaus mit ihren etwa 400 Milliarden Sternen sind einige 100 Milliarden weitere Galaxien ungleichmäßig im Raum verteilt, so daß sich das sichtbare Bild des Universums als Gesamtheit einzelner Haufen von Galaxien darbietet, die sich möglicherweise wiederum zu Superhaufen vereinigen. In kleinen Maßstäben, entsprechend der Ausdehnung der Galaxienhaufen, erweist sich das Universum als ungleichmäßig

Das 2-m-Spiegelteleskop des Karl-Schwarzschild-Observatoriums im Zentralinstitut für Astrophysik der AdW der DDR

mit Substanz erfüllt. In Maßstäben, die die Ausdehnung der Galaxienhaufen um Größenordnungen übersteigen, zeigt sich jedoch, daß jeder Raumbereich im Weltall etwa die gleiche Zahl an Galaxien enthält. Das heißt, in einem solchen Maßstab ist das Universum annähernd homogen, also gleichmäßig mit Substanz erfüllt.

Das Licht der entferntesten für uns sichtbaren Himmelskörper braucht mehr als 10 Milliarden Jahre, um uns zu erreichen. Es gibt uns also Auskunft über Zustand und Bewegung der dieses Licht entsendenden Himmelskörper vor Jahrmilliarden. Untersucht man die Eigenschaften des Lichts, das uns von den entfernteren Galaxien erreicht, so werden wir zu der Schlußfolgerung geführt, daß sie sich voneinander fortbewegen. Die Fluchtgeschwindigkeit, mit der sie auseinanderstreben, erweist sich als proportional ihrem gegenseitigen Abstand. Eine Verdopplung des Abstandes zweier Galaxien ist also mit einer Dopplung der Geschwindigkeit verbunden. Dem entspricht, daß die relative Geschwindigkeit, mit der zwei beliebige Galaxien auseinanderfliegen, stets die gleiche ist, wenn sie den gleichen Abstand haben, wo auch immer im Universum ein derartiges Galaxienpaar sich befindet.

Was können wir über den Ursprung des unserer Beobachtung zugänglichen Universums sagen, das großräumig homogen mit substantiellen Zentren, den Galaxien, erfüllt ist, die mit annähernd konstanten, ihrem Abstand proportionalen Geschwindigkeiten auseinanderfliegen? Sie müssen vor einer bestimmbaren Zeit, die für alle Paare von Galaxien die gleiche ist, dicht beieinander gewesen sein. Das war vor etwa 17 Milliarden Jahren.

Aus beobachtbaren Relikten einer frühen Phase des Universums wissen wir, daß seine Ausdehnung nicht erst begann, als die Galaxien einander berührten. Es gab bereits davor Phasen der Entwicklung des Universums, in denen die Materie in anderen Formen als etwa in Sternen existierte, sehr viel dichter und um vieles heißer. Je früher die Phase, um so dichter und heißer war das Weltall. Formal erhält man einen zeitlichen Anfangspunkt durch die Annahme, daß die Dichte unendlich groß war. Wir wollen zu diesem Zeitpunkt mit der Zeitrechnung beginnen. Nach dieser Zeitskala leben wir gegenwärtig etwa 18 Milliarden ($18 \cdot 10^9$) Jahre nach dem Urknall, wie der so gewählte hypothetische Zeitpunkt oft genannt wird.

Der Virgogalaxienhaufen. In einem Gebiet einer Ausdehnung von etwa 15 Millionen Lichtjahren befindet sich eine Ansammlung von rund 2500 Galaxien. Die mittlere Entfernung des Haufens beträgt ungefähr 80 Millionen Lichtjahre [6].

Am Anfang, vor etwa $18 \cdot 10^9$ Jahren, war das Universum also außerordentlich heiß und dicht. Urelemente erfüllten den sich ausdehnenden und dabei entstehenden Raum. Die ungeheure Temperatur der Frühphase des Universums führte dazu, daß die Urelemente mit riesigen Geschwindigkeiten den Raum durchflogen und wegen der extremen Dichte entsprechend oft aufeinanderstießen. Die häufige Zahl der Zusammenstöße bewirkte, daß im Mittel die Bewegungsenergie jedes der Urelemente die gleiche war. Sie befanden sich, wie der Physiker sagt, untereinander im thermischen Gleichgewicht. Bei den Zusammenstößen vernichteten sich die Urelemente gegenseitig, und in diesen Prozessen wurden neue Elemente erzeugt. Auch diese Prozesse verliefen so, daß sich im Mittel Vernichtung und Erzeugung der unterschiedlichen Sorten von Urelementen die Waage hielten. Mit der Ausdehnung des Universums in Raum und Zeit verringerte sich seine Dichte, und es kühlte ab.

Eines der Urelemente, das Elektron (e^-), ist auch nach unseren heutigen Vorstellungen ein elementarer Baustein aller Substanzen unserer Erde. Aus diesem elektrisch negativ geladenen Elementarteilchen sind die Hüllen aller Atome gebildet, die letztlich die Vielfalt der belebten und unbelebten Substanzen ausmachen. Zu jedem Elementarteilchen gibt es in der Natur ein Antiteilchen, das in seinen Eigenschaften ein Gegenstück des Teilchens ist, nur daß es eine elektrische Ladung trägt, die das entgegengesetzte Vorzeichen der Ladung des Teilchens hat. Beim elektrisch negativ geladenen Elektron ist das Antiteilchen das elektrisch positiv geladene Positron (e^+). Charakteristisch für Teilchen und Antiteilchen ist ihr Vermögen, sich beim Zusammenstoß gegenseitig zu vernichten. Die dabei frei werdende Energie wird zu Licht. Auch Licht besitzt Eigenschaften, die es uns nahelegen, von Lichtteilchen, Photonen (γ), zu sprechen.

Doch zurück zu den Urelementen. Etwa 10^{-8} Sekunden (s) nach dem Urknall war das ganze Universum ein außerordentlich heißer, homogen mit Materie erfüllter Feuerball. Die Materie im Feuerball hatte folgende Formen: die Elementarteilchen und ihre Antiteilchen – Quarks (q) und Leptonen (l) bzw. Antiquarks ($\bar{q}$) und Antileptonen ($\bar{l}$) – und die Feldquanten.

Ein Mitglied der Familie der Leptonen ist das eben erwähnte Elektron. Das Photon gehört zur Familie der Feldquanten. Durch den Austausch von Feldquanten wirken die Teilchen erst aufeinander. Ohne Feldquanten gäbe es zwischen den Elementarteilchen keine Wechselwirkung, keine Kraft.

Wir kennen vier auch heute noch im Universum wirkende fundamentale Kräfte:
– Die Gravitationskraft, die zwischen allen Körpern als anziehende Kraft wirkt. Sie ist die Ursache der Bewegung der Planeten um die Sonne, die Wechselwirkung, die den Apfel zur Erde fallen läßt.
– Die elektromagnetische Wechselwirkung, wie sie etwa zwischen elektrisch geladenen Körpern wirkt, wobei sie zwischen gleichnamig geladenen Körpern eine abstoßende, zwischen ungleichnamigen Ladungsträgern eine anziehende Wirkung hat. Diese Kraft kommt durch den Austausch von Photonen zwischen den Ladungsträgern zustande. Die Photonen – das Licht – sind die einzigen Feldquanten, die als stabile freie Teilchen auftreten; wir sehen sie.

Neben diesen beiden über große Entfernungen wirkenden und uns seit langem bekannten Kräften entdeckten die Physiker im 20. Jahrhundert die Wirkung zweier weiterer Kräfte, die wir als starke und schwache Kraft bezeichnen.
– Die starke Kraft ist es, die die Atomkerne zusammenhält, die zwischen den Quarks wirkt und von deren Wirken wir in den Prozessen der Kernspaltung und Kernfusion einen Bruchteil freisetzen. Alle Teilchen, die der Wirkung der starken Wechselwirkung unterliegen, nennt man Hadronen.
– Die schwache Kraft ist es, die etwa den radioaktiven β-Zerfall der Atomkerne verursacht und die den zeitlichen Verlauf der Elementesynthese im Inneren der Sonne reguliert. Alle Teilchen, die keine Feldquanten sind und nicht der starken Kraft unterliegen, bezeichnet man als Leptonen. Zwischen ihnen wirkt die schwache Kraft.

Quarks und Leptonen bzw. ihre Antiteilchen hatten nach 10^{-6} s eine Temperatur von 10^{13} Grad im expandierenden Universum. Die Quarks, zwischen denen die starke Kraft wirkt, befanden sich bis zu diesem Zeitpunkt im thermischen Gleichgewicht mit den Leptonen und den Photonen. Im Zeitintervall von 10^{-6} bis 10^{-3} s vollzog sich ein Phasenübergang bei den Elementarteilchen der starken Wechselwirkung. Da die Energie nicht mehr ausreiche, um die sich gegenseitig vernichtenden massiven Quark-Antiquark-Paare neu zu erzeugen, verschwanden alle Antiquarks und die Quarks – letztere bis auf einen geringfügigen Rest – in Vernichtungsprozessen, die jeweils zur Erzeugung etwa eines Photonenpaares führten. Diese restlichen Quarks gingen nun in eine neue Form der Materie über, die auch heute noch das Universum erfüllt. Je drei Quarks vereinigten sich zu je einem Proton oder Neutron, den bekannten Bausteinen aller Atomkerne. Es entfällt jedoch nur ein Proton bzw. ein Neutron auf jeweils Milliarden Leptonen und Photonen. Von einer Dominanz der stark wechselwirkenden bzw. hadronischen Materie kann zu diesem Zeitpunkt nicht mehr die Rede sein. Die Bausteine aller Himmelskörper wurden zu einer Rarität im Universum.

Von einer Leptonenart, den Elektronen, habe ich bereits erzählt. Von einer zweiten Leptonenart, den Neutrinos (ν) bzw. den Antineutrinos ($\bar{\nu}$), soll nun die Rede sein. Sie sind sehr leichte, elektrisch neutrale Elementarteilchen, die daher auch nicht die elektromagnetische Wechselwirkung spüren. Die einzige Kraft, über die sie mit anderen Elementarteilchen in Wechselwirkung treten können, ist die schwache Kraft. Ihre außerordentlich geringe Wirksamkeit zeigt sich darin, daß von 10^{11} Neutrinos, die den Erdball durchqueren, nur eines eine Wechselwirkung erfährt. Es gelang daher den Physikern erst in der Mitte dieses Jahrhunderts, diese Elementarteilchen in der Natur aufzuspüren.

Um den folgenden Schritt in der Entwicklung des Universums verständlicher zu machen, führe ich hier einen Maßstab der Teilchenmassen ein. Dazu wähle ich die Masse des Elektrons. Setzt man für seine Masse den Wert 1, so macht die Masse des Neutrinos höchstens etwa den zehntausendsten Teil der Elektronenmasse aus, während das Proton rund das 2000fache der Elektronenmasse hat.

Der einzige Prozeß, über den die Neutrinos und Antineutrinos verschwinden, ist ihre gegenseitige Vernichtung und die Erzeugung eines Paares geladener Leptonen ($v + \bar{v} \rightarrow e^+ + e^-$). Im thermischen Gleichgewicht aller Elementarteilchen untereinander muß auch der umgekehrte Prozeß möglich sein, d.h. die Vernichtung eines Elektron-Positron-Paares, die zur Erzeugung eines Neutrino-Antineutrino-Paares führt ($e^+ + e^- \rightarrow v + \bar{v}$). Nun ist aber die Masse des Elektron-Positron-Paares mindestens 10000mal größer als die Masse des Neutrino-Antineutrino-Paares. Darum ist die Erzeugung des Elektron-Positron-Paares nur möglich, wenn die thermische Bewegungsenergie der Neutrinos dafür groß genug ist.

Etwa eine Sekunde nach dem Urknall war diese Energiegrenze bei einer Temperatur von 10^{10} Grad erreicht. Für die Neutrinos und die Antineutrinos war keine Möglichkeit mehr vorhanden, sich in andere Teilchen umzuwandeln. Sie entkoppelten aus dem thermischen Gleichgewicht der Elementarteilchen des Universums. Seitdem hat sich ihre Zahl nicht mehr merklich verändert, so daß heute im Mittel in jedem Kubikzentimeter des Weltalls etwa 100 Neutrinos enthalten sind. Dieser Umstand kann sich eventuell als ausschlaggebend für die Zukunft unseres Universums erweisen, wie wir im weiteren noch sehen werden. An der Ausdehnung des Weltalls sind auch die Neutrinos beteiligt, sie kühlen sich dabei weiter ab.

Etwa eine Sekunde nach dem Urknall sind im expandierenden Universum noch folgende Teilchenarten vorhanden: die Hadronen (Neutronen und Protonen), die elektrisch geladenen Leptonen (Elektronen und Positronen) und die Photonen. Alle sind untereinander im thermischen Gleichgewicht, nur die Neutrinos sind daran nicht mehr beteiligt. Sie führen seit dieser Zeit als Relikte ein Eigenleben im Universum.

Ein weiterer Schritt im Prozeß der Expansion und Abkühlung des Universums ist mit folgender Eigenschaft der elektrisch neutralen Neutronen verknüpft. Ein freies Neutron ist um etwa zwei Elektronen-Masseneinheiten schwerer als ein Proton, und es zerfällt nach einer mittleren Lebensdauer von etwa 15 min in ein Proton, ein Elektron und ein Antineutrino. Solange die Bewegungsenergie der Teilchen groß genug ist, werden in Stößen wie etwa der Wechselwirkung eines Elektrons mit einem Proton ein Neutron und ein Neutrino erzeugt bzw. im umgekehrten Prozeß ein Proton und ein Elektron, so daß im Mittel gleich viele Protonen und Neutronen vorhanden sind. Unterschreitet die Temperatur jedoch 10^{10} Grad, so ist eine Neuerzeugung der Neutronen energetisch nicht mehr möglich. Nach einigen Minuten wären alle Neutronen verschwunden.

Etwa 200 s nach dem Urknall setzt ein konkurrierender Prozeß ein, der Zusammenschluß, die Fusion von Protonen und Neutronen zu leichten Atomkernen. Die noch vorhandenen Neutronen werden von Protonen eingefangen, und es entstehen wegen ihrer großen Stabilität vorwiegend Heliumatomkerne. Die Energie der anderen Teilchen, der Photonen und Leptonen, reicht nicht mehr aus, um die Atomkerne sofort nach ihrer Entstehung zu zertrümmern.

Nach etwa 2000 s sind die Neutronen als freie Teilchen verschwunden. Die hadronische Materie besteht zu etwa 76 % aus Kernen des Wasserstoffatoms, den Protonen, und zu etwa 24 % aus Heliumatomkernen, die aus zwei Protonen und zwei Neutronen aufgebaut sind. Das Wirken der Kernkraft zwischen gebundenen Protonen und Neutronen verhindert den Zerfall der Neutronen im Heliumkern.

Im gleichen Zeitintervall verschwinden auch alle Positronen. Die gegenseitige Vernichtung eines Elektron-Positron-Paares führt überwiegend zur Erzeugung von zwei Photonen. Etwa 10 s nach dem Urknall ist der umgekehrte Prozeß, die Erzeugung eines e^+e^--Paares beim Zusammenstoß zweier Photonen, nicht mehr möglich, da die Energie der Photonen zur Erzeugung des Teilchenpaares nicht mehr ausreicht.

Einige Minuten nach dem Urknall besteht das Universum überwiegend aus Licht, Neutrinos und Antineutrinos. Hinzu kommt eine im Vergleich dazu verschwindende Menge von Atomkernen des Wasserstoffs und des Heliums und der Rest der Elektronen, die die Elektron-Positron-Vernichtung überlebt haben. Diese Materie fliegt auseinander, wobei sie sich ständig abkühlt und in ihrer Dichte verringert. Die leichten Atomkerne können zeitweilig durch den Einfang von Elektronen neutrale Atome bilden, die jedoch durch die energetischen Photonen kurzfristig wieder in ihre Bestandteile zerlegt werden.

Nach etwa einer Million Jahren hat sich die Materie auf wenige hundert Grad abgekühlt, so daß die Atomkerne des Wasserstoffs und des Heliums die Restelektronen einfangen und beständige, elektrisch neutrale Atome bilden können. Die Energie der Photonen reicht nicht mehr aus, um diese Atome wieder zu zerschlagen. Das bedeutet aber auch die Entkopplung der Photonen, da diese nun nicht mehr ihre Energie zur Zerlegung der neutralen Gasatome abgeben können. Das neutrale Wasserstoff-Helium-Gasgemisch ist für das Licht durchlässig geworden. Wie die Neutrinos und Antineutrinos expandieren die Photonen, abgekoppelt von den Atomen, mit dem Universum bei ständiger Abkühlung.

Wenn unsere Vorstellung von dem heißen Universum der Frühzeit richtig ist, so müßte diese den Raum gleichmäßig erfüllende Reliktstrahlung heute eine Temperatur von 3 K (Kelvin), entsprechend −270 °C (Celsius), haben. Genau diese Strahlung wurde im Jahre 1965 zufällig entdeckt. Aus der außerordentlich gleichmäßigen räumlichen Verteilung der Reliktstrahlung, ihrer Homogenität und Isotropie, können wir folgern, daß zu dieser Zeit auch das atomare Gas noch homogen das Universum erfüllt hat.

Anfangs war das Universum reich an Möglichkeiten, aber noch arm an gebildeten Formen. Mit fortschreitender Expansion kühlte sich das zunächst wohl noch homogene Wasserstoff-Helium-Gasgemisch ab. Dabei traten möglicherweise lokale Schwankungen in der Dichte des Gases auf, es bildeten sich dichtere Wolken neutraler Gasatome. Bereits sehr schwache Ungleichmäßigkeiten in der Dichte reichten aus, um unter dem Einfluß der ständig wirkenden Gravitation eine Kondensation im Gasgemisch auszulösen. Waren es lokale Dichteschwankungen in kleineren Raumbereichen, so verschwanden sie nach einiger Zeit. Umfaßten die Schwankungen jedoch riesige Raumbereiche des Universums mit entsprechend großen Massen, so führten sie unter der Wirkung der Schwerkraft zur Herausbildung großräumiger Strukturen, aus denen sich in der Folge die Galaxiensuperhaufen, die Galaxienhaufen und die Galaxien entwickelt haben könnten. Die Epoche der Strukturen setzte ein.

Auch innerhalb der sich bildenden Galaxien formten sich unter der Wirkung der Gravitation viel kleinere Gaswolken. Mit wachsender gravitativer Zusammenziehung erhitzten sich diese lokalen Wolken bis auf Temperaturen, die zur Einleitung einer Kernfusion ausreichend waren. Die ersten Sterne entstanden. Diese heißen, massereichen und jungen Sterne entwickelten sich relativ schnell. Ihr Brennstoffvorrat an Atomkernen des Wasserstoffs war innerhalb einiger Millionen Jahre aufgebraucht, und sie endeten in gewaltigen Supernova-Explosionen, als deren thermonukleare Asche Kohlenstoff, Stickstoff und Sauerstoff, aber auch schwerere Elemente, wie etwa Silizium und Eisen, im interstellaren Gas zurückblieben. Die ersten Sterngenerationen erfüllten das expandierende Universum nicht nur mit Lichtquellen. Mit der Asche des verbrannten Wasserstoffs lieferten sie auch die atomaren Baustoffe, aus denen sich künftige Planeten, ja das Leben selbst bilden sollten.

Die uranfänglichen Galaxien, die aus den sich gravitativ zusammenziehenden Gaswolken hervorgingen, führten Drehbewegungen aus, deren Geschwindigkeit mit wachsender Kontraktion zunahm. Aus großen radförmigen, rotierenden Gaswolken formten sich über viele Jahrmillionen spiralförmige Galaxien. Andere uranfängliche Galaxien mit weniger Masse oder langsamerer Drehbewegung wurden zu elliptischen Galaxien. Die Vielfalt der Formen der unseren Kosmos erfüllenden Galaxien entstand aus dem Wechselspiel zwischen den im ganzen Universum wirkenden beiden Naturgesetzen, der Gravitation und der Erhaltung des Drehimpulses, den gleichen Gesetzen, die den Apfel zur Erde fallen lassen und die Pirouette der Eiskunstläuferin beschleunigen, wenn sie ihre Arme näher an die Körperachse hält.

Der Andromedanebel, eine unserer Milchstraße benachbarte Galaxie von etwa gleicher Größe. Die Sterne im Vordergrund gehören zu unserer Galaxis [1].

Die Spiralgalaxie M 51 in den Jagdhunden. So ähnlich, jedoch ohne Begleiter am unteren Spiralarm, dürfte unsere Galaxis aus großer Entfernung aussehen [1].

Seitenansicht der Galaxie NGC 4565. Sie bietet für einen entfernten Beobachter eine ähnliche Seitenansicht wie unsere Milchstraße [1].

Unser beobachtbares Universum ist heute von etwa 100 Milliarden Galaxien aller Formen und Größen und der unterschiedlichsten Entwicklungsstadien erfüllt. Es sind Spiralgalaxien, die wir unter den verschiedensten Neigungswinkeln sehen, elliptische Galaxien unterschiedlicher Größen und Sternhäufigkeiten bis hin zu den quasistellaren Objekten, den Quasaren, weit entfernten jungen Galaxien. Wir sehen am Himmel aber auch extrem lichtstarke Galaxien, wobei die Strahlung nicht nur im sichtbaren Bereich des Lichtes liegt. Ihr Erscheinungsbild läßt uns vermuten, daß wir eine explodierende Galaxie in ihrem Endstadium vor uns haben.

Unsere Milchstraße mit ihren etwa $400 \cdot 10^9$ Sternen repräsentiert ein mittleres Alter in der Evolution der Galaxien. Sie ist eine Spiralgalaxie, in deren Zentrum vermutlich ein großes Schwarzes Loch verborgen ist. Ihre Spiralarme benötigen für eine Rotation etwa 200 Millionen Jahre. Dabei nimmt die Ro-

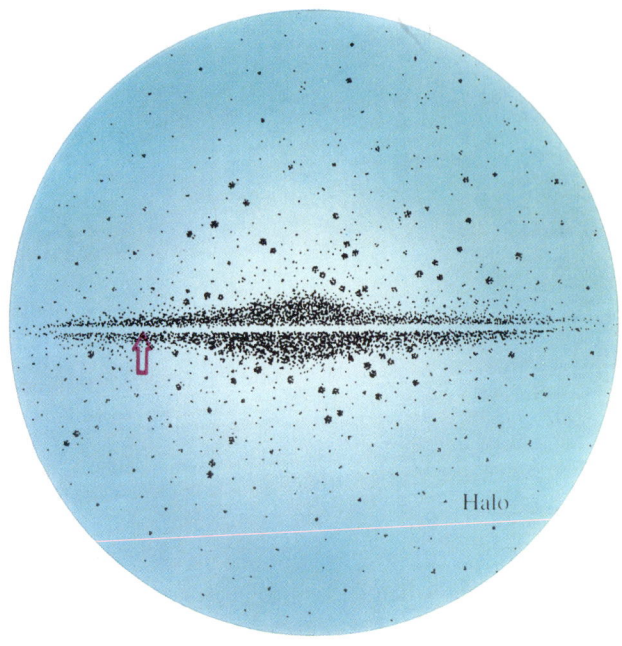

Die schematische Seitenansicht unseres Milchstraßensystems mit Kugelsternhaufen und Einzelsternen im Halo. Der Ort der Sonne ist durch den Pfeil angedeutet.

Im Zentrum der Aufnahme ist die elliptische Riesengalaxie M 87 (NGC 4486) abgebildet. Sie ist das dominierende Mitglied des Virgohaufens und liegt in der Nähe des Haufenzentrums. Neben der intensiven Abstrahlung im Sichtbaren ist sie auch eine intensive Quelle sowohl von Radio- als auch von Röntgenstrahlung [6].

tationsgeschwindigkeit mit dem Abstand vom Zentrum ab. In den rotierenden Spiralarmen sammeln sich atomares Gas und interstellarer Staub. Hier ist die Geburtsstätte heißer, heller und massereicher Sterne, die nach einigen Millionen Jahren bereits wieder ausgebrannt sind und explosiv ihre thermonukleare Asche ausstoßen. Sterne entstehen und vergehen in ständiger Folge in den rotierenden Spiralarmen.

Unsere nicht sehr massereiche und daher relativ langlebige Sonne hat in den 4,5 Milliarden Jahren ihrer Existenz mit einer Geschwindigkeit von 200 km/s schon etwa 20mal mit den Spiralarmen das Zentrum unserer Galaxis umkreist. Dabei befand sie sich einen Teil der Zeit im Spiralarm, einen anderen Teil außerhalb des Arms. Das ist auch gegenwärtig der Fall.

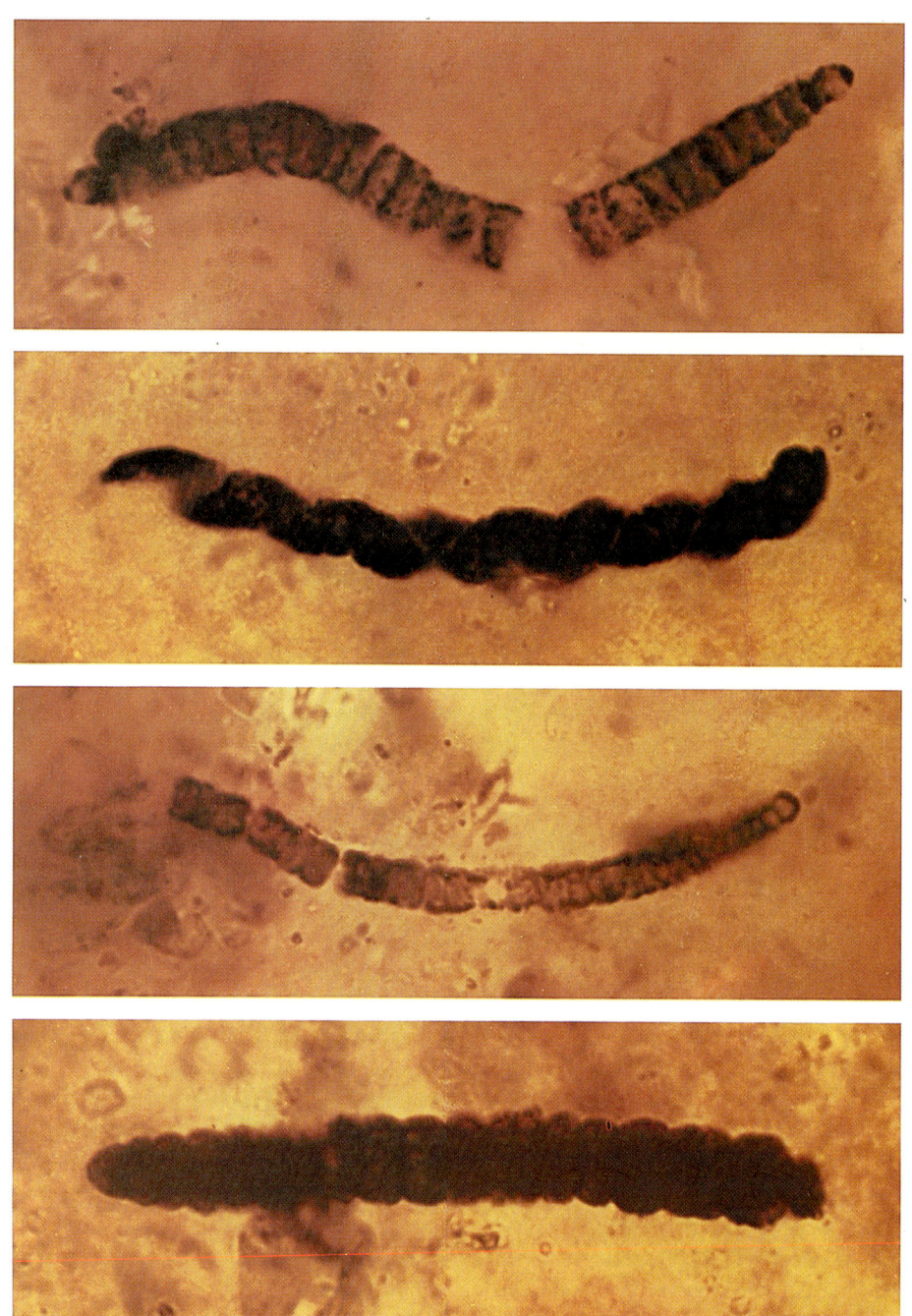

Die Erde bildete sich durch Zusammenballung von Gas und Staubteilchen unter der Wirkung der Gravitation vor etwa 4,5 Milliarden Jahren aus dem interstellaren Gas, also aus der thermonuklearen Asche vergangener Sterne. Leichte, im Universum dominierende Gasatome wie etwa Wasserstoff und Helium waren vom Sonnenwind in die äußeren Bereiche des entstehenden Planetensystems geblasen worden. Eine feste Erdkruste hatte sich nach einigen hundert Millionen Jahren gebildet, doch war sie alles andere als ein Garten Eden. Überall spien Vulkane Lava aus und bliesen gewaltige Gaswolken in die Höhe. Die Uratmosphäre war daher ganz anders zusammengesetzt als unsere heutige. An Stelle von Sauerstoff und Stickstoff enthielt sie vor allem Wasserdampf, Kohlendioxid, Methan und Ammoniak. Jede der uns bekannten Formen des Lebens wäre darin zugrunde gegangen. Die Überreste frühester Lebewesen lehren uns, daß bereits in den ersten Meeren unseres Planeten vor mehr als 3 Milliarden Jahren Frühformen des Lebens vorhanden waren. Über den größten Teil der seither verflossenen Zeit füllten mikroskopisch kleine, blaugrüne Algen die Ozeane.

Erst in der Periode des Kambriums vor etwa 600 Millionen Jahren begann die Entwicklung weiterer Lebensformen. Von den Trilobiten über die wirbellosen Fische zu Knochenfischen und Amphibien entwickelte sich das Leben in den Ozeanen innerhalb von rund 300 Millionen Jahren. Die ersten Pflanzen begannen das Land zu erobern, erste Insekten und erste Reptilien traten auf. All diese Wesen kennen wir nur aus ihren versteinerten Überresten. Keine der höherentwickelten Spezies, wie anpassungsfähig auch immer sie waren, besaß eine biologische Langzeitstabilität, die sie bis auf unsere Tage überleben ließ. Vor etwa 250 Millionen Jahren traten die ersten Saurier, aber auch die ersten Säugetiere auf.

Mikrofossilien (Länge etwa 60 Mikrometer) aus siliziumreichen Gesteinen der zentralaustralischen Bitter-Springs-Formation, abgelagert vor etwa 850 Millionen Jahren im obersten Präkambrium. Die aus organischem Material aufgebauten versteinerten Zellwände haben ihre dreidimensionale Struktur erhalten. Sie ähneln den rezenten Cyanobakterien (Blaualgen) und beherrschen vermutlich schon die Photosynthese. Ähnliche Cyanobakterien hatten etwa eine Milliarde Jahre zuvor das rapide Anwachsen des Sauerstoffs in der Erdatmosphäre verursacht [11].

Mehr als 100 Millionen Jahre beherrschten die Saurier die Erdoberfläche, bis auch sie wieder verschwanden.

In jener Zeit erschienen auch die ersten Primaten, kleine, rattenähnliche Tiere. In der Folge gaben sie ihre erdgebundene Lebensweise auf. Nun lebten sie vorwiegend auf Bäumen. Ihre Hauptmerkmale waren, bedingt durch ihre Lebensweise, Greifhände mit flachen Nägeln statt Klauen und ein ausgeprägter Gesichtssinn mit räumlichem Sehvermögen. Aus diesen Tieren entwickelten sich die Affen, die Menschenaffen, und vor etwa 2 Millionen Jahren die Menschen. Der aufrechte Gang und damit die ungehinderte Nutzbarkeit der Hände, der Gebrauch von Werkzeugen, das Leben in der Gemeinschaft mit ihrer sozialen Ordnung und die Entwicklung der Sprache führten zum Menschen der Neuzeit. Während dieser relativ kurzen Zeit entwickelte sich als Resultat evolutionärer Zwänge ein Gehirn, das imstande ist, die Entwicklung des Universums von den Quarks und den Leptonen bis hin zu unserer eigenen Existenz bewußtseinsmäßig zu erfassen.

Wir sind aber auch die ersten Lebewesen, die in der Lage sind, ihre Umwelt bewußt zu verändern. Und in der neuesten Zeit vermochten wir mit Hilfe der Wissenschaft sogar Mittel zu schaffen, mit denen wir uns selbst zerstören können. Die gleichen Mittel gestatten uns aber auch, noch lange auf diesem unserem Heimatplaneten mit uns und unserer Umwelt in Frieden und Harmonie zu leben.

Wir haben in einer kurzen Darstellung die Zeit von Anbeginn bis heute durchmessen, wobei die Aufmerksamkeit jeweils den Zeitabschnitten galt, in denen etwas geschah, sich der Zustand des Universums dramatisch änderte. Hesiod folgend, »zu künden von Künftigem und Gewesenem«, wollen wir auch die Frage nach der Zukunft des Universums stellen.

Beginnen wir mit der Zukunft unseres Sonnensystems. Wie Berechnungen über die Vorgänge im Inneren und auf der Oberfläche der Sonne uns lehren, sind auch in den folgenden 4,5 Milliarden Jahren nur geringfügige Änderungen zu erwarten. Künftige Lebensformen werden auf der Erde klimatische Schwierigkeiten haben, da sich die Leuchtkraft der Sonne im Vergleich zu heute etwa verdoppeln wird. Ist der gesamte Wasserstoff in ihrem Inneren zu Helium verbrannt – sie hat dann ein Alter von etwa 13 Milliarden Jahren erreicht –, wird die Sonne etwa hundertmal größer als heute sein, und ihre

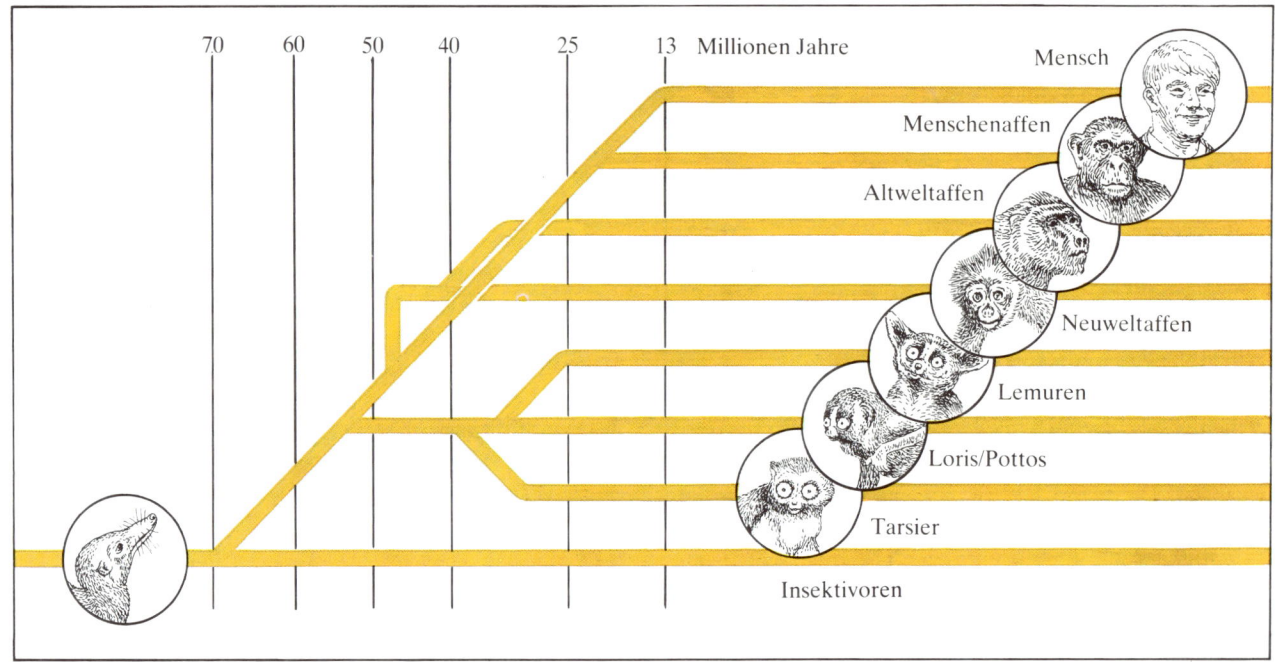

Die Primatenevolution vom Plesiadapis, einem ausgestorbenen rattenähnlichen Halbaffen, bis hin zum Menschen. Jeder heute lebende Mensch ist ein Mitglied der Unterfamilie Homo sapiens sapiens. Variationen innerhalb der Spezies sind Folgen der Anpassung an regionale Gegebenheiten.

Leuchtkraft wird sich auf etwa das Zweitausendfache erhöht haben. Dabei wird jedoch ihre Oberflächentemperatur mit etwa 3800 K um fast 2000 Grad unter der heutigen liegen. Die Sonne wird zu einem Roten Riesen geworden sein, der den sonnennächsten Planeten, den Merkur, verschlungen haben und dessen Ausdehnung sich über mehr als den halben Tageshimmel erstrecken wird. Er wird dann seine Strahlen auf eine luftlose, wasserlose, wüstenähnliche und vom Leben verlassene Erdoberfläche senden.

Als Roter Riese wird die Sonne, nachdem auch das Helium in ihrem Inneren durch Fusionsprozesse verbrannt ist, wahrscheinlich merkliche Teile ihrer Gashülle in den Raum blasen und danach zu einem Weißen Zwerg schrumpfen, der nur wenig größer als die Erde sein und dessen Oberflächentemperatur etwa das Doppelte der heutigen Oberflächentemperatur betragen wird.

Die Frage nach der Zukunft unseres Universums mit seinen expandierenden Sternensystemen, Neutrinos und Reliktphotonen stellt sich uns gegenwärtig als die Frage nach der Massendichte des Kosmos. Die Fluchtgeschwindigkeit der auseinanderstrebenden Massen wird durch die anziehende Wirkung der Gravitation ständig verlangsamt. Wenn die Massendichte des Universums groß genug ist, wird die Fluchtbewegung irgendwann zum Stillstand kommen und sich umkehren. Alle Massen werden nach Erreichen dieser maximalen Ausdehnung des Universums wieder aufeinander zufliegen, und alle geschilderten Prozesse werden mit geringen Änderungen in umgekehrter Reihenfolge wieder ablaufen. Der Urexplosion wird eine Urimplosion folgen, die möglicherweise wiederum zu einem neuen Anfang, einem neuen Urknall, führt. Es ist ähnlich wie bei einer in den Himmel geschossenen Rakete: Reicht die Anfangsgeschwindigkeit bei gegebener Masse der Rakete nicht aus, so fällt sie zur Erde zurück. Im anderen Fall kann sie die Erde, das Planetensystem verlassen. Ähnlich ist auch die Alternative des Universums. Ist die Massendichte im Universum nicht groß genug, setzt sich die Expansion ins Unendliche fort, wobei jedoch die Formen der Materie weitere Änderungen durchlaufen werden. In diesem Falle sprechen wir von einem offenen Universum, in jenem von einem geschlossenen. Zählt man alle uns sichtbaren Massen in den leuchtenden Himmelskörpern, aber auch die uns bekannten unsichtbaren Massen, etwa im kosmischen Staub und Gas, zusammen, so kommt man zu dem Schluß, daß das Universum offen ist. Sollten jedoch die so zahlreich im Universum vorhandenen Neutrinos eine Masse haben, die nur etwa den zehntausendsten Teil der Masse des Elektrons beträgt, so wird aus dem offenen ein geschlossenes Universum. Die so unscheinbaren und schwer zu fassenden Neutrinos, deren Masse wir noch nicht genau genug gemessen haben, können sich als gewichtiger Faktor für die Zukunft des Universums erweisen.

Von einem dichten Feuerball aus Elementarteilchen zur Formenvielfalt der Himmelskörper, aus der thermonuklearen Asche vergangener Sterne zum menschlichen Bewußtsein – welch faszinierendes Bild von der Evolution des Universums bietet uns die Wissenschaft, um nichts weniger phantasievoll als das Epos des Hesiod!

1.3. Die Wissenschaft und wir

Die Erzählung des Hesiod war für jeden seiner Zeitgenossen, der sie vernahm, eine Wahrheit. Im Mythos erkennen wir einen der ersten Versuche, über eine einfache Widerspiegelung der Erscheinungen hinaus eine Erklärung, eine Theorie der beobachteten Phänomene zu geben. Mythen sind eine erste uns schriftlich überlieferte Phase im unendlichen Erkenntnisfortschritt. Die mythische Form der Religion ist älter als die philosophische Abstraktion. Das Abstrakte dachten unsere Vorfahren wohl nur in vermenschlichten Formen. So gelangten sie beispielsweise erst über das konkrete Bild des Gottes Eros zum abstrakten Begriff der Liebe und des Verlangens.

Sicherlich spiegelte die mythisch-religiöse Erzählung des Hesiod nicht nur die Naturgewalten allein wider. Mythen stellten für die antiken Kulturkreise eine Sammlung von Verhaltens- und Moralnormen dar, deren Verbreitung und allgemeine Anerkennung im Interesse der Stabilität der Gesellschaftssysteme wichtig war. Zeus als Gott des Himmels und des Lichtes war neben einer Verkörperung der Naturgewalt, als Herr des Blitzes, wohl auch auf der Ebene der Götter ein Gegenstück zum König. Er ist die Ordnung, die Herrschaft, er ist die gottgestaltige Verkörperung menschlicher Eigenschaften. Hierin kommt eine charakteristische Eigentümlichkeit der mythischen Denkform zum Ausdruck. Der Mensch im Zeitalter des Mythos ist sich seiner individuellen Möglichkeiten und Fähigkeiten noch nicht bewußt. Er hat es noch nicht verstanden, sich selbst in seiner Subjektivität, in seinem individuellen Fühlen, Wollen und Handeln, und seine Umwelt in ihrer Objektivität, ihrem vom Menschen unabhängigen Sein, zu begreifen. Hinter allem Naturgeschehen sieht der Mensch im Zeitalter der Mythen als Ursache einen Willen, der ein fühlendes, ein wollendes Wesen – einen Gott – voraussetzt. Die unzureichende Beherrschung der Natur läßt das Gefühl überwiegen, den Mächten der Natur, den Göttern ausgeliefert zu sein.

Mit dieser Subjektivierung der Umwelt geht die Objektivierung der Eigenwelt einher. Im Denken ihrer Zeit werden die geistigen und seelischen Vorgänge nicht als subjektive, dem Menschen eigene Wirklichkeit verstanden, sondern als Wirken der Götter. Wesentliche Entscheidungen im menschlichen Leben stellen sich als göttliche Fügungen dar. So sagt Hesiod in der Erzählung von Sisyphos, dem König von Korinth, und dem Athenerkönig Aithon:

»Da erhoben sich Streit und Hader sogleich zwischen ihnen, Sisyphos und Aithon; die schlanke Jungfrau war Anlaß. Nicht ein Mensch vermochte zu schlichten, sondern sie trugen Ihren Streit vor Athene, Entscheidung erbittend. Die Göttin Söhnte sogleich sie aus und sprach ihnen rechtliches Urteil.«[5]

Wo immer eine wesentliche Entscheidung durch Menschen getroffen wird, ist sie durch göttlichen Eingriff veranlaßt.

Solange die Erzählung des Hesiod einen unmittelbaren Bezug zum gesellschaftlichen Sein hatte, war sie Mythos, war sie religiöses Welt- und Selbstverständnis der Menschen ihrer Zeit. In dem Maße, wie der gesellschaftliche Fortschritt die Philosophie und die Wissenschaft voranbrachte, wurde der

---

[5] Hesiod, Sämtliche Werke, Sammlung Dieterich, Band 38, 3. Auflage, Leipzig 1984, S. 146

Mythos zur Sage, zum Märchen. Für Kinder sind ja auch heute noch die Märchen verkündete Wahrheiten. In dem Maße, wie junge Menschen der Kindheit entwachsen, schwindet der Märchenglaube.

Die eine wie die andere Erzählung – und der ursprünglichen Bedeutung nach ist Mythos Rede, Erzählung – hört sich für die Mehrzahl der Menschen unserer Tage gleichermaßen phantastisch und fremd an. Ob von Gaia oder Quarks die Rede ist – das unmittelbare Verständnis der meisten Zeitgenossen reicht beim ersten Hören kaum über ein Sichverwundern hinaus. Sei es, daß dem Hörer die Begriffe und Zusammenhänge fremd sind oder daß er der Wissenschaft und ihren Errungenschaften ablehnend gegenübersteht. Aber selbst der gewiß selten gewordene Skeptiker, der die Errungenschaften der modernen Naturwissenschaften ablehnt, ist unbewußt von einem grenzenlosen Vertrauen gegenüber dieser Naturwissenschaft erfüllt. Wenn er bei Einbruch der Dunkelheit den Lichtschalter betätigt, erwartet er, daß die Lampe in seinem Zimmer Licht spendet. Sollte sie das gelegentlich nicht tun, so zweifelt er nicht etwa an der Gültigkeit der Elektrizitätslehre, der Optik und der Atomistik, denen vertraut er blindlings, nein, er sieht nach, ob die Lampe bzw. die Sicherung durchgebrannt ist.

Wenn Glauben im wesentlichen blindes Vertrauen ist, so glauben die Menschen unserer Zeit an die Wissenschaft. Aber Glauben allein genügt nicht. Das Vertrauen muß vom Verstehen begleitet sein, denn was die moderne Wissenschaft vom Mythos unterscheidet, sind die logische Konsistenz ihrer Theorien und die Möglichkeit ihrer experimentellen Kontrolle. Um die Wissenschaft zum Wohle der Menschheit zu nutzen und ihren Mißbrauch zu verhindern, müssen wir *wissen*, müssen wir die Aufgabe annehmen, uns die Welt wissenschaftlich anzueignen.

Die naturwissenschaftlichen Erkenntnisse des 20. Jahrhunderts haben uns zu einem beeindruckenden Bild der Naturerscheinungen geführt, das vom Mikrokosmos mit den elementaren Bausteinen der Materie und den fundamentalen Kräften der Natur zwischen ihnen über die belebte Welt bis hin zu den Grenzen des Makrokosmos mit den entstehenden und vergehenden Himmelskörpern reicht. Wir begreifen in wesentlichen Teilen die Entwicklung unserer Welt von einem Chaos der Elementarteilchen bis hin zum Leben in seinen vielen Formen auf unserem Planeten. Wir verstehen in groben Zügen, wie sich aus bestimmten chemischen Elementen im Laufe von Jahrmilliarden der Mensch entwickelt hat, und wir kennen die Gesetzmäßigkeiten, nach denen sich die menschliche Gesellschaft entwickelt.

Seit etwa der Mitte unseres Jahrhunderts stehen wir am Beginn einer neuen Qualität des Wirkens der Wissenschaft als Produktivkraft, die wir als Epoche der wissenschaftlich-technischen Revolution bezeichnen. Charakteristisch für unsere Zeit ist der enge Zusammenhang zwischen Naturwissenschaft und Technik. Gebiete wie die moderne Elektronik, die Kerntechnik, aber auch das beginnende Gen-Ingenieurwesen sind durch eine Symbiose von Wissenschaft und Technik charakterisiert. Diese Anwendungsgebiete sind ohne die entsprechenden wissenschaftlichen Erkenntnisse undenkbar, aber auch der wissenschaftliche Fortschritt wäre ohne die Hilfe der industriellen Technologie nicht möglich.

Verbunden mit dieser Entwicklung war eine sich immer mehr verschärfende Trennung von Wissenschaft und Kunst. Im Jahre 1959 schrieb der englische Physiker und Romancier C. P. Snow in seiner inzwischen weit bekannt gewordenen Schrift »Die zwei Kulturen und die wissenschaftliche Revolution«: »Ich glaube, daß das intellektuelle Leben der ganzen westlichen Gesellschaft sich in wachsendem Maße in zwei polare Gruppen aufspaltet. Wenn ich von intellektuellem Leben spreche, so meine ich auch zu einem großen Teil unser politisches Leben, denn ich bin der letzte, der meint, beide lassen sich in der Wurzel voneinander trennen. Zwei polare Gruppen: An einem Pol haben wir die literarischen Intellektuellen . . . am anderen Pol die Naturwissenschaftler . . . Zwischen beiden ein Abgrund gegenseitigen Unverständnisses.«[6]

An einer anderen Stelle heißt es: »Das große Gebäude der modernen Physik wächst, aber die Mehrzahl der gebildeten Menschen der westlichen Welt versteht davon nicht mehr als ihre steinzeitlichen Vorfahren.«[6]

Mit dieser Entfremdung wurden Wissenschaft und Technik zum drohenden Dämon; aber nicht die Kernforschung und Kerntechnik wären die Ursache eines Atomkrieges, sondern gesellschaftliche Verhältnisse. Unsere Zeit ist durch die Wis-

---

[6] C. P. Snow, The Two Cultures And The Scientific Revolution, Cambridge 1960, S. 3 und 15

senschaft und ihre technischen Anwendungen geprägt. Mit ihrer zielgerichteten und spezifischen Art des Herangehens an die jeweiligen Objekte erfaßt die Wissenschaft die Gesetze der Natur und der Gesellschaft, die Gesetze der objektiven Wirklichkeit. In ihr findet die sich ständig entwickelnde Erkenntnis der Welt ihren Ausdruck. Sie zählt zu den großen Errungenschaften der Menschheit. Die Worte »Wissen ist Macht« waren nie vorher von einer solchen Aktualität wie heute. Die gewaltige Macht des Wissens in Verbindung mit der politischen Macht entscheidet heute sowohl über Leben und Tod der Menschheit als auch in wachsendem Maße über künftige Entwicklungslinien.

Wenn wir das heutige physikalische Weltbild begreifen wollen, müssen wir uns der Historizität aller Wissenschaften bewußt werden. Es gibt keine naturwissenschaftliche Theorie von ewiger Gültigkeit. Jede Theorie unterliegt einem Entwicklungsprozeß. Wie wir sehen werden, ergibt sich fast jeder wissenschaftliche Fortschritt aus der Krise einer veralteten Theorie. Um also Bedeutung und Geltungsbereich neuer Ideen richtig beurteilen zu können, müssen wir uns auch mit dem gedanklichen Inhalt älterer Theorien vertraut machen. Wenn wir der Natur eine neue Erkenntnis abringen, betreten wir Neuland, wir überschreiten die erreichten Wissensgrenzen; aber das können wir nur unter Nutzung des bisherigen Wissens. Die alten Kenntnisse werden zum Sprungbrett für neue Erkenntnisse. Newtons Gravitationsgesetz gilt für einen riesigen Bereich von Naturerscheinungen. Es verlor nichts von seinem Wert, als es in einem noch größeren Erkenntnisbereich durch die Einsteinschen Gesetze abgelöst wurde.

Erkenntnisse, die wir in Form von grundlegenden naturwissenschaftlichen Gesetzen ausdrücken, bleiben in ihrem Gültigkeitsbereich bestehen, wie weit die Wissenschaft auch fortschreitet. Hinzu kommt, daß das, was gestern Forschungsgegenstand war, heute zum gesicherten Erkenntnisstand zählt und zum Mittel, zum Werkzeug für weitere Forschungen wird. Dieser in seiner Art spezifische Systemcharakter der Wissenschaft ist eine der wichtigsten Ursachen dafür, daß es immer schwieriger wird, die Dinge der Wissenschaft zu verstehen und mit ihnen umzugehen.

Sicher liegt auch in der Kunst die Vergangenheit der Gegenwart zugrunde; aber wir können vieles von dem, was etwa Goethe uns sagen will, verstehen, ohne von denen zu wissen, die sein Empfinden beeinflußt und geformt haben. Der Systemcharakter der Naturwissenschaft ist von besonderer Art, von viel größerer Bedeutung als der Systemcharakter der Kunst. »Darum verbringt der Jünger so lange Jahre damit, sich das Wissen und die Methoden anzueignen, die er später als tätiger Wissenschaftler als gegeben voraussetzt und gebraucht; darum ist das Betreten dieses langen Tunnels, an dessen Ende erst das Licht der Erkenntnis schimmert, für den Laien, sei er Künstler, Gelehrter oder Mann der Praxis, so entmutigend.«[7]

Erkennen ist uns jedoch nicht nur Abbildung, sondern vor allem menschliches Erleben. Die Probleme unserer Zeit fordern, alle geistigen Möglichkeiten, die humanistisch-künstlerischen, die wissenschaftlichen und die aktiv-ethischen, in einer großen Synthese zu vereinen. Von Kunst und Wissenschaft als unterschiedlichen, einander ergänzenden Aneignungsformen des Wirklichen, der Wahrheit, müssen gleichermaßen Impulse ausgehen, die menschliches Handeln bewirken. Bereits in Goethes Verständnis ist die Wesensbestimmung des Menschen seine Produktivität. So sagt er: »Der Mensch erfährt und genießt nichts, ohne sogleich produktiv zu werden. Dies ist die innerste Eigenschaft der menschlichen Natur. Ja man kann ohne Übertreibung sagen, es sei die menschliche Natur selbst.«[8] In der Produktivität, im Etwas-zur-Welt-Hinzufügen – eines Etwas, das ohne den einzelnen Menschen nicht war und nicht sein wird – legitimiert sich der Mensch in seiner Menschlichkeit, verwirklicht er sich selbst.

Eines der wichtigsten Kennzeichen der fortgeschrittensten Naturwissenschaft, der Physik, besteht darin, daß aus ihren Erkenntnissen nicht nur qualitative, sondern auch quantitative Schlüsse gezogen werden. Dazu bedarf es der Mathematik. »Die meisten Grundideen der Wissenschaft sind an sich einfach und lassen sich in der Regel in einer für jedermann verständlichen Sprache wiedergeben. Will man diese Gedankengänge aber weiter verfolgen, so muß man sich auf die hierfür erforderliche, hochgradig verfeinerte Untersu-

---

[7] J.R. Oppenheimer, Wissenschaft und das allgemeine Denken, Hamburg 1955, S. 28

[8] J.W.v. Goethe, Über den sogenannten Dilettantismus oder die praktische Liebhaberei in den Künsten, in: Goethe, Berliner Ausgabe, Berlin 1985, Bd. 19, S. 339

chungstechnik verstehen. Die Mathematik ist immer dann ein unerläßliches Hilfsmittel für die Beweisführung, wenn wir Schlüsse zu ziehen gedenken, die sich experimentell nachprüfen lassen. Solange wir es nur mit physikalischen Grundideen zu tun haben, kommen wir unter Umständen auch ohne die Sprache der Mathematik aus . . . Der Preis, den wir für den Verzicht auf die Sprache der Mathematik zahlen müssen, ist eine Einbuße an Präzision, verbunden mit der Notwendigkeit, manchmal Ergebnisse einfach zitieren zu müssen, ohne zu zeigen, wie sie zustande gekommen sind.«[9]

Beim Eindringen in neue Erkenntnisbereiche wie etwa den Mikrokosmos, der weit von unserer täglichen Erfahrungswelt entfernt ist und den sich die Physik auf mathematischem Wege erschloß, werden wir gezwungen sein, in Worte faßbare Begriffe und Bilder zu verwenden, die nur unvollkommen diesen neuen Erkenntnisbereich abbilden. So nennen wir die elementaren Bausteine der Materie, die der starken Wechselwirkung unterliegen, Quarks. Der amerikanische Physiker Murray Gell-Mann führte diesen Begriff ein, indem er ein Phantasiewort aus dem Roman »Finnegan's Wake« von James Joyce aufgriff.

Das umfassende Weltbild, das die moderne Physik (unter Einschluß der Astronomie) uns zu vermitteln vermag, ist im Laufe des Erkenntnisfortschritts mit der Ausdehnung der räumlichen und zeitlichen Grenzen des Beobachtbaren zwar immer umfassender, aber dabei auch unanschaulich geworden. Demgegenüber steht, letztlich bedingt durch unsere Sinne, das menschliche Streben nach Anschaulichkeit. Um diesen grundsätzlichen Tendenzen gerecht zu werden, müssen wir uns mit der Geschichte der Naturwissenschaft und insbesondere auch mit ihren Begriffen ein wenig vertraut machen. Wir wollen im folgenden Kapitel einige Stationen, einige Höhepunkte dieser Entwicklung kennenlernen, um die Evolution unserer menschlichen Erkenntnisse deutlich werden zu lassen und damit zu einer unserem wissenschaftlichen Zeitalter angemessenen Form der Aneignung des physikalischen Weltbildes zu gelangen.

---

[9] A. Einstein, L. Infeld, Die Evolution der Physik, Hamburg 1956, S. 26

2. Etappen der historischen Entwicklung

Der Mythos des Hesiod drückt das Bemühen der Menschen aus, sich in ihrer Umwelt zu begreifen, eine Vorstellung von der Natur und der Evolution der Welt zu gewinnen. Im 6. Jahrhundert v. u. Z. begannen die Denker der Antike, dem Mythos eine andere Art der Erzählung gegenüberzustellen, deren Wahrheitsgehalt keine Frage des traditionellen blinden Vertrauens mehr war.

Zum Ende des 7. Jahrhunderts v. u. Z. finden wir in den aufblühenden griechischen Stadtstaaten Anfänge einer Geld- und Warenwirtschaft. Voraussetzung war der hohe Entwicklungsstand von Landwirtschaft, Handwerk und Handel, der mit der wachsenden Verwendung des Eisens einherging. Kaufleute und Gewerbetreibende schufen im Kampf mit den Großgrundbesitzern eine neue soziale Struktur, die dem Niveau der Produktivkräfte entsprach. In den stadtstaatlichen Einheiten, Poleis genannt, lösten Revolutionen die Adelsherrschaft ab. Meist auf dem Umweg über eine Tyrannis entstanden die antiken Demokratien. In diesen Gemeinden freier Eigentümer konnten die rechtlich gleichgestellten Bürger ihren Teil der Verantwortung durch Teilnahme am Disput und an den Abstimmungen in den Volksversammlungen tragen. Die autoritativen Entscheidungen eines Königs oder eines Adelsrates galten nichts mehr.

»Handel und Warenwirtschaft schufen mit der Zeit ein beachtliches Mehrprodukt. Aber die antiken Produktionsverhältnisse erlaubten keine unbegrenzte erweiterte Reproduktion und kein Anwachsen der Warenwirtschaft zu kapitalistischen Dimensionen. So kam denn der angehäufte Reichtum der Entwicklung der Kultur der Stadtstaaten im allgemeinen und ihrer Kunst im besonderen zugute. Davon zeugen die vielen herrlichen Statuen, die großartigen Tempel und andere Architekturgestaltungen.

Eben jener durch eine höhere Arbeitsproduktivität gewonnene Reichtum erlaubte nun der Oberschicht der herrschenden Klasse, ein Leben der Muße zu führen. Muße war nicht Müßiggang, sondern Freiheit von der Notwendigkeit, sich seinen Lebensunterhalt durch körperliche Arbeit selbst verdienen zu müssen. Diese Freiheit konnte auf unterschiedliche Weise genutzt werden, und manch Angehöriger der Oberschicht hat seine Zeit damit verbracht, in Untätigkeit und billigem Lebensgenuß zu altern. Viele aber haben durch ihr Schaffen in Politik, Kunst, Literatur, Wissenschaft und Philosophie den Grundstein griechischer Größe gelegt.«[1]

Der Umgang mit den Problemen von Wirtschaft und Politik bildete auch ein neues Verhältnis zur Wirklichkeit aus, das die äußere Welt als Objekt, als Gegenstand der Erkenntnis, begriff. Dieses neue philosophische Denken versuchte, die Dinge aus sich selbst zu erklären, in ihrer Objektivität zu erfassen. Es sah die Wirklichkeit als verstandesmäßig erfaßbare und damit durchschaubare Ordnung an. Was objektiv erkennbar und rational erfaßbar ist, bedarf keiner übernatürlichen Erklärungen. In der Auseinandersetzung mit der Umwelt verloren die Dinge schrittweise ihren religiös-mythischen Aspekt. Mit der Objektivierung der Erscheinungen wuchs das Selbstgefühl der Menschen. Sie wurden sich ihrer Subjektivität bewußt. Die Götter wurden im Denken der griechischen Oberschicht in dem Maße entmachtet, wie deren Herrschaft über Natur und Gesellschaft zunahm.

---

[1] F. Jürss, Von Thales zu Demokrit, Leipzig/Jena/Berlin 1982, S. 44

Der Parthenon auf der Akropolis in Athen. Er wurde von 447 bis 432 v. u. Z. nach Plänen des Architekten Iktinos unter der Aufsicht des Phidias errichtet [22].

2.1. Die milesische Naturphilosophie

Die meisten Historiker der Philosophie stimmen darin überein, daß der Geburtsort der griechischen Philosophie Milet war, eine an der kleinasiatischen Westküste gelegene blühende Handelsstadt. Mit den materiellen Gütern wurden auch Gedanken ausgetauscht, denn Warenaustausch war und ist ein Hauptträger des Gedankenaustausches. Die Menschen, zwischen denen dieser Austausch stattfand, waren Seeleute und Kaufleute. Gegenstand des Gedankenaustausches waren sicherlich praktische Fragen, wie etwa technische Neuerungen im Transport und in der Seefahrt, aber auch im Handwerk oder in der Bewässerung. In dieser belebenden Atmosphäre von Milet wirkten Thales (um 625–546 v. u. Z.) und Anaximander (um 610–546 v. u. Z.).

Der große Gedanke, den sie wohl als erste dachten, war, daß die Welt, in der sie lebten, durch den menschlichen Verstand begriffen werden kann; daß diese Welt nicht das Werk und der Tummelplatz von Göttern ist, die, meist von Leidenschaften getrieben, die Geschicke der Menschen bestimmten. Die ersten Naturphilosophen suchten nach einem Urgrund, einer Ursubstanz, auf die sich alles in der Welt Existierende trotz seiner unendlichen Mannigfaltigkeit zurückführen ließe.

Nach der Überlieferung sehen wir in Thales den Begründer der europäischen Philosophie; aber die historischen Zeugnisse sind außerordentlich lückenhaft. Wie bei fast allen frühgriechischen Philosophen kennen wir nur wenige schriftliche Bruchstücke aus zweiter und dritter Hand, und es fällt schwer, daraus ein philosophisches System zu rekonstruieren. So wissen wir beispielsweise nicht, ob Thales je eine Schrift verfaßt hat. Er wird sich wohl als angesehener und wohlhabender Bürger seiner Polis auf vielfältige Weise betätigt haben. Als erfolgreicher Kaufmann hat er vermutlich ausgedehnte Reisen unternommen. Gewiß hat er sich auch am politischen Leben beteiligt. Im hohen Alter soll er für den Lyderkönig Krösus noch den Lauf des Flusses Halys umgeleitet haben. Seine – in den Augen vieler Zeitgenossen unnützen – theoretisch-naturphilosophischen Spekulationen verstand Thales offenbar auch praktisch anzuwenden. Es wird berichtet, daß er, dank seiner meteorologischen Kenntnisse eine gute Olivenernte voraussehend, die Ölmühlen seiner Umgebung rechtzeitig pachtete und nach der Ernte einen großen Gewinn erzielte. Geld und Muße gestatteten ihm, seine große Neugier zu befriedigen, eine Eigenschaft, die er mit allen bedeutenden Naturforschern teilt.

Für uns liegt die Bedeutung des Thales in seiner Naturphilosophie, einer Art Universalwissenschaft, die noch keine Aufgliederung in Einzelwissenschaften kannte. Wenn Thales die Frage nach einem Urstoff, einem Ursprung, und damit wohl auch nach einem Anfang aller Dinge stellt, so ist das ein erster Anlauf zum Verstehen der Welt, und die Frage stellen heißt, überzeugt davon zu sein, daß die Welt sich erkennen läßt. Was im Mythos Theogonie war, beginnt nun, zur Wissenschaft vom Werden der Welt, zur Kosmologie, zu werden. Die unendliche Mannigfaltigkeit der Dinge wird auf eine Ursubstanz reduziert. Welch ein gewaltiger Schritt von Gaia zum Urstoff! Und erstaunlich auch, wenn wir die Fragestellung des Thales mit unserer heutigen Fragestellung vergleichen.

Wir fragen: Welches sind die elementaren Urelemente der Materie, und welche fundamentale Kraft wirkt zwischen ihnen? Thales vermutete im Wasser den Ursprung aller Dinge. Dabei wird man wohl kaum an H_2O zu denken haben, sondern eher an Feuchtes, Flüssiges im allgemeinen. Möglicherweise liegt dem die Beobachtung zugrunde, daß das Leben im Flüssigen oder Feuchten zu entstehen scheint.

Bereits sein Schüler, der etwa 15 Jahre jüngere Anaximander, löste sich von der Vorstellung, daß ein uns empirisch bekannter Stoff, etwa das Wasser, der Urstoff aller Dinge sei. Er setzte an dessen Stelle einen unbestimmten Urstoff, den er Apeiron, das Unbegrenzte, nannte, das im Werden und Vergehen aller Erscheinungen Bestand hat. Damit begann Anaximander, die für alle Wissenschaften unerläßliche abstrakte Begrifflichkeit aus der Umgangssprache zu formen.

Anaximander war nicht nur der erste, der die Fähigkeit besaß, von der Vielfalt der Erscheinungen und Dinge abzusehen, zu abstrahieren und zu verallgemeinern. Seine Reiseerfahrungen hat er zu einer kreisrunden, kupfernen Erdtafel verarbeitet, die ein verkleinertes Abbild der Erdoberfläche trägt. Auch bei dieser Erdkarte deutet sich in ihrer Kreisform die abstrakt mathematische Denkweise an. Aus der Wirklichkeit der Welt abstrahierte mathematische Formen müssen auch wieder auf die Abbildung der Wirklichkeit zutreffen. Das Prinzip der strukturellen Ordnung war für Anaximan-

Aus einer Vorlage des Anaximander entwickelte Hekataios von Milet zum Ende des 6. Jahrhunderts v. u. Z. diese Weltkarte.

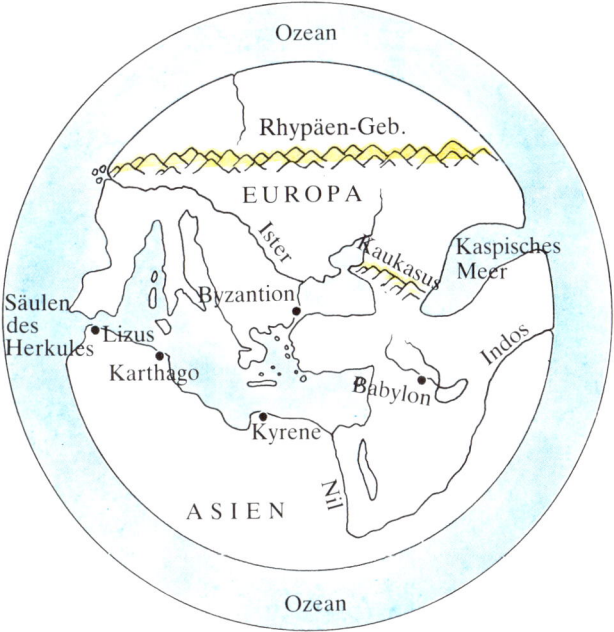

ders Weltbild bestimmend. Er setzte die Erde in den Mittelpunkt. In konzentrischen Ringen um den Mittelpunkt bewegen sich der Fixsternhimmel, der Mond und die Sonne, wobei die Abstände der Ringe vom Zentrum nach Anaximander im Verhältnis 9:18:27 stehen sollen. So falsch die Details dieses Weltbildes auch sind, im Grundsätzlichen hat Anaximander recht. Unsere Welt hat eine von mathematisch faßbaren Naturgesetzen beherrschte Struktur. Wir können mit Recht von einem Kosmos reden, denn Kosmos heißt Ordnung.

2.2. Die Atome und der leere Raum

Abdera, eine Stadt an der Nordküste des Ägäischen Meeres, verdankte ihren Reichtum ihrer handelspolitisch günstigen Lage. Hier wurde gegen 460 v. u. Z. Demokrit als Sohn wohlhabender Eltern geboren. Das ererbte Vermögen erlaubte ihm, sich ganz der geistigen Arbeit zu widmen. Er beschäftigte sich in seinem langen Leben nicht nur mit theoretischen Wissenschaften wie der Naturphilosophie, sondern auch mit der Medizin und der Landwirtschaft.

Die Frage, die seit Thales die griechischen Philosophen beschäftigte, war die nach dem Wesen des Seienden, dessen, was nicht *war* und nicht *sein wird*, sondern *ist*. Die Antwort des Demokrit und seiner Schüler, der Atomisten, lautete: Alles was ist, besteht aus unsichtbar kleinen, nicht weiter teilbaren Objekten, den Atomen. Sie sind aus einheitlicher, undurchdringlich harter Materie, besitzen jedoch unterschiedliche Gestalt und Größe. Die Vielfalt der beobachtbaren materiellen Körper entsteht durch den Zusammenschluß vieler Atome. Außerhalb der Atome ist leerer Raum. Diese uns durchaus naturgemäße Behauptung erschien einigen Zeitgenossen des Demokrit als falsch, denn, so argumentierten sie, wenn der leere Raum etwas Seiendes wäre, so müßte er aus Atomen bestehen. Das Nichtseiende, die Leere, kann doch unmöglich sein. Dieses aber behaupteten die Atomisten: Es gäbe sowohl die Atome als auch die Leere. Die Hypothese von der Existenz des leeren Raumes machte den Weg frei zu Erkennung einer weiteren, den Atomen innewohnenden Eigenschaft, ihrer Bewegung. Wir dürfen annehmen, daß die Atomisten dabei an eine unregelmäßige und ungeordnete Bewegung der Atome im Raum dachten.

Welche gewaltige Erklärungskraft das Atommodell be-

Demokrit. Phantasievolle barocke Skulptur [4]

sitzt, ist uns bewußt. Betrachten wir etwa die Umwandlung des Wassers in Eis oder Wasserdampf. Bei beiden Übergängen verändert sich lediglich der Bewegungszustand und damit die Anordnung der Atome. Im Eis haben sie feste Plätze im Kristallgitter, im Wasser sind sie noch dicht beieinander, aber in ständig wechselnder Anordnung, während sie sich im Dampf in weiten Abständen ungeordnet gegeneinander bewegen. Wir müssen bei solchen, unserem heutigen Wissen entsprechenden Betrachtungen im Vergleich zum Denken der griechischen Atomisten jedoch vorsichtig sein. Der antike Atomismus war kein physikalisches Modell zur Deutung beobachtbarer Phänomene, sondern eine Philosophie, ein spekulativer Versuch, die Probleme des Seins zu lösen.

Unsere Naturwissenschaft beruht auf einer quantitativen Beschreibung der Beobachtungen, sie basiert auf dem Begriff des mathematisch formulierbaren Naturgesetzes. Das aber kannten die griechischen Atomisten nicht.

Auch ihre Vorstellungen vom Werden der Welt, d. h. der Entstehung von Himmel und Erde, aus einem riesigen Wirbel der Atome muten uns durchaus vertraut an. Wir finden sie ebenfalls in der modernen Astronomie. Dabei beschränken die Atomisten sich nicht nur auf eine Welt. »Es gäbe unzählige Welten, die sich durch ihre Größe unterschieden. In manchen sei weder Sonne noch Mond, in manchen seien sie größer als die in unserer Welt, und in manchen gäbe es mehr davon. Es seien aber die Entfernungen der Welten voneinander ungleich, und an der einen Stelle gäbe es mehr Welten, an der anderen weniger, und die einen seien noch im Wachsen, die anderen ständen auf der Höhe ihrer Blüte; andere seien im Schwinden begriffen, und an der einen Stelle entständen sie, an der anderen schwänden sie. Sie gingen aber durcheinander zugrunde, wenn sie aufeinander stießen, und es gäbe einige Welten, in denen es keine Tiere und Pflanzen und keinerlei Feuchtigkeit gäbe.«[2]

So großartig diese Kosmologie auch ist, eine durch naturwissenschaftliche Gesetzmäßigkeiten erzwungene Einsicht in die Evolution des Universums ist sie nicht. Naturwissenschaft im Sinne einer Verknüpfung von Theorie und Experiment beginnt eigentlich erst mit Galilei. Das soll jedoch nicht die außerordentliche Leistung der griechischen Atomisten schmälern. Mit der materiellen Interpretation des Seins, der Zerlegung in unteilbare, sich bewegende Atome, wurde Demokrit zum Vorläufer des mechanischen Materialismus.

2.3. Aristoteles

Würde sich die Physik allein durch ein kontinuierliches Fortschreiten ihrer Erkenntnisse und Methoden entwickeln, so hätte man nur einige Generationen nach Demokrit die kinetische Gastheorie erwarten können. Es mußten jedoch mehr

[2] W. Capelle, Die Vorsokratiker, Berlin 1961, S. 416

als 2300 Jahre vergehen, bis die kinetische Gastheorie von Clausius formuliert wurde.

»Für diesen Tatbestand ist primär natürlich die Geschichte der menschlichen Gesellschaft, insbesondere die Geschichte der Produktionsmittel und Produktionsverhältnisse, bestimmend gewesen. Das letzte erkenntnistheoretische Funda-

Aristoteles. Skulptur aus dem Palazzo Spade, Rom [2]

ment der Physik ist – nach Engels' klassischer Formulierung – ihre Leistung in der gesellschaftlichen Praxis als Anleitung zur aktiven Beherrschung und Gestaltung von Naturprozessen. Die Crux der antiken Physik war ihre mangelnde Forderung durch die Praxis.«[3]

Der für den weiteren Verlauf der Entwicklung der Naturwissenschaften einflußreichste griechische Philosoph war Aristoteles (384–322 v. u. Z.). Als junger Mann war er Schüler Platons, später Erzieher Alexander des Großen. Während dessen Feldzug kehrte er nach Athen zurück und gründete dort eine eigene Schule, das Lyzeum, eine Stätte der systematischen Naturforschung und der Lehre.

Eines der großen wissenschaftlichen Probleme, das bereits die Philosophie der Antike beschäftigte, war das der Bewegung. Die unmittelbare Erfahrung zeigt uns: Jede Bewegung hat eine Ursache. Der Flug eines Fußballs wird durch den Anstoß verursacht, das auf der Rollbahn startende Flugzeug braucht die Schubkraft seiner Triebwerke. Intuitiv betrachten wir die Ruhelage als den bewegungslosen Zustand eines Körpers. Jede Veränderung benötigt, wie uns unsere tägliche Erfahrung lehrt, eine wirkende Kraft, die um so stärker sein muß, je schneller wir den Körper bewegen wollen. Aristoteles faßte diese Art der Alltagserfahrung zusammen, indem er lehrte: Jede (erzwungene) Bewegung, jede Ortsveränderung bedarf einer Ursache, einer Kraft. Ein in Bewegung befindlicher Körper kommt zur Ruhe, zum Stillstand, wenn die ihn treibende Kraft nicht mehr in der für den Antrieb erforderlichen Weise wirkt. Nach diesem unserer Erfahrung entsprechenden Bewegungsaxiom ist also eine Bewegung nur unter ständigem Einfluß einer Kraft möglich. Bei einer ballistischen Bewegung, etwa des Balls, wirkt jedoch der Anstoß nur am Beginn der Bewegung. Zu ihrer Beschreibung nahm Aristoteles an, daß die den Ball umgebende Luft durch den Anstoß in eine strömende Bewegung versetzt wird und den Ball mitführt, der damit relativ zur mitströmenden Luft ruht. Nach Aristoteles sind also alle erzwungenen Bewegungen – gleich, ob sie durch Zug, Schub oder einen Anstoß verursacht werden – als Mitführungseffekte zu deuten. Jeder bewegte Körper bleibt ständig mit derselben Substanz im unmittelbaren, seinen Ort definierenden Kontakt.

So einleuchtend im Alltagsverständnis das Aristotelessche Bewegungsaxiom auch erscheint, es ist falsch. Galilei überwand diese intuitive Denkweise und ersetzte sie durch einen theoretischen Denkansatz, der etwas später durch Newton seine noch heute gültige Form eines Naturgesetzes erhielt. Wir lernen ihn als eines der ersten physikalischen Grundgesetze in der Schule:

Jeder Körper verharrt in seinem Zustand der Ruhe oder der gleichförmigen geradlinigen Bewegung, wenn er nicht durch einwirkende Kräfte gezwungen wird, seinen Zustand zu ändern (Newtonsches Trägheitsaxiom).

Wenn wir im Auto, auf einer geraden, möglichst glatten Straße fahrend, das Gas wegnehmen, so rollt der Wagen weiter. Im Idealfall, d. h. bei Vernachlässigung aller Reibungsverluste, sollte er bis in alle Ewigkeit mit konstanter Geschwindigkeit rollen. Dieser Idealfall ist in der Praxis unmöglich. Obwohl er unserer täglichen Erfahrung widerspricht, da es unter irdischen Bedingungen keine reibungslose Bewegung gibt, lieferte er jedoch den Ausgangspunkt für die Mechanik der Bewegung, die Dynamik, der wir einen wesentlichen Teil unserer heutigen Technik verdanken. »Das Mittel der wissenschaftlichen Beweisführung wurde von Galilei erfunden und zum erstenmal gebraucht. Es ist eine der bedeutendsten Errungenschaften, die unsere Geistesgeschichte aufzuweisen hat, und bezeichnet recht eigentlich die Geburtsstunde der Physik. Galilei zeigte, daß man sich auf intuitive Schlüsse, die auf unmittelbarer Beobachtung ruhen, nicht immer verlassen kann, da sie manchmal auf die falsche Spur führen.«[4]

Doch zurück zu den Vorstellungen Aristoteles'. Nach seiner Lehrmeinung bestehen alle Körper aus vier Grundelementen: Feuer, Luft, Wasser und Erde, von denen jedes seinen natürlichen Ort hat. Daraus folgert er, daß auch jeder Körper, in Abhängigkeit von seiner Zusammensetzung aus den Grundelementen, seinen natürlichen Ort im Raum hat. Befindet sich ein Körper an seinem natürlichen Ort, so ist er bewegungslos, er ruht. Befindet er sich nicht an seinem natürlichen Ort, so ist er bestrebt, ihn in einer nichterzwungenen, natürlichen, geradlinigen Auf- und Abbewegung zu errei-

---

[3] H.-J. Treder, Große Physiker und ihre Probleme, Berlin 1983, S. 7

[4] A. Einstein, L. Infeld, Die Evolution der Physik, Hamburg 1956, S. 11

chen. Der natürliche Ort der Erde und des Wassers ist unten, wobei Erde schwerer ist als Wasser. Der natürliche Ort der leichten Körper ist oben, wobei Feuer leichter ist als Luft. Die schweren Körper streben daher nach unten in Richtung zum Erdmittelpunkt, während die leichten Körper nach oben streben. Auch diese Axiome über die (natürliche) Auf- und Abbewegung entsprachen der Alltagserfahrung.

Die geradlinige, natürliche Bewegung reichte nun aber nicht aus, um auch die Bewegung der Himmelskörper zu beschreiben. Aristoteles nahm daher an, daß es noch eine zweite natürliche Bewegung, die kreisförmige, gibt. Die kugelförmigen Himmelskörper, die Planeten und die Fixsterne, bewegen sich auf vollkommenen Bahnen, auf Kreisen, von denen Aristoteles sagt: »Die kreisförmige Ortsbewegung muß notwendigerweise auch die ursprüngliche sein. Denn das Vollkommene ist von Natur ursprünglicher als das Unvollkommene, und der Kreis gehört zu den vollkommenen Dingen.«[5]

Diese Bewegung betrachtet er als gleichförmig, weil die Entfernung der Himmelskörper zu ihrem natürlichen Ort, der Kreisbahn, stets Null bleibt. Irdische und kosmische Bewegungen sind damit streng voneinander getrennt. Für die irdische Physik wird gefordert, daß ein kräftefreier Körper in Ruhe verharrt, während sich ein himmlischer Körper kräftefrei auf einer Kreisbahn bewegt. Das geozentrische Weltbild des Aristoteles trennt Himmel und Erde. Die ewigen und unveränderlichen Himmelskörper waren an kristallenen Sphären befestigt und bewegten sich mit ihnen auf ihren natürlichen kreisförmigen Bahnen. Die äußerste Sphäre, die das Universum begrenzte, trug die Fixsterne. Die inneren Sphären trugen sieben Planeten: Saturn, Jupiter, Mars, Sonne, Venus, Merkur bis herab zum Mond. Unterhalb des Mondes befand sich die irdische Welt, gleichfalls in konzentrischen Kugeln angeordnet. Im Innersten die ruhende, kugelförmige Erde; dann folgten nach außen Wasser, Luft und Feuer. Auch in der irdischen Welt hatte jedes Ding seinen natürlichen Ort, aber dieser konnte gestört werden. Ziel der natürlichen Bewegungen war stets die Wiederherstellung der Ordnung.

[5] Aristoteles, Vom Himmel, von der Seele, von der Dichtkunst. Eingeleitet und neu übertragen von O. Gigon, Zürich 1950, S. 58

Für Aristoteles gab es keinen Raum an sich, der unabhängig von der Materie existiert – eine aus heutiger physikalischer Sicht durchaus moderne Auffassung, wie wir noch sehen werden. Aristoteles kannte nur den Begriff des Ortes eines Körpers. Ein leerer Ort wäre ein Ort von nichts, also kein Ort. Dieser Schluß ist eine Konsequenz der Logik des Aristoteles, nach der eine Aussage falsch ist, wenn es kein Ding gibt, für die sie gilt. Außerhalb der Fixsternsphäre sind keine Körper, also ist dort auch kein leerer Raum. Zur Annahme, daß die Fixsterne nicht auf einer konzentrischen Kristallkugel befestigt sind, sondern sich in unterschiedlichen Entfernungen befinden, lag kein Grund vor, da es keine Methode gab, um die Sternentfernung zu messen.

Die Erfahrung zeigte den Zeitgenossen des Aristoteles, daß die Welt geordnet und damit endlich war. Sie lebten in den Grenzen ihrer Städte und Gemeinden, an die sich neue Länder anfügten, und auch jenseits von Bergen und Meeren lebten in festen Grenzen andere Völker. Einmal aber mußte ein Ende erreicht sein, denn eine unendliche Welt entzöge sich der Ordnung, wäre unbegreiflich und könnte daher nicht sein. Für Aristoteles folgte die Endlichkeit der Welt aus ihrer Begreiflichkeit. Er war davon überzeugt, daß die Welt endlich und geordnet sei. Jenseits der Grenzen der Welt ist kein Ort, also ist sie endlich, also ist sie begreiflich.

Im Mythos des Hesiod ist die Welt zeitlich begrenzt. Die Verszeile »Wahrlich, zuerst entstand das Chaos und später die Erde« setzt einen Anfang. Nach Aristoteles jedoch ist die Welt nicht entstanden und unvergänglich, sie ist zeitlich unendlich. Wie die räumliche Endlichkeit drückt auch die Vorstellung von der zeitlichen Unendlichkeit die beiden zugrunde liegende Überzeugung von der Begreiflichkeit des Seins aus. Ein Übergang vom Nichtsein zum Sein läßt sich nicht denken, also gibt es ihn nicht.

Der enge Zusammenhang zwischen den Begriffen Raum, Zeit und Materie war in der Philosophie des Aristoteles eine Selbstverständlichkeit. Für ihn war das Universum zeitlich unvergänglich und räumlich endlich, ein konzentrischer Kosmos mit der ruhenden Erde als Mittelpunkt einer irdischen und einer himmlischen Sphäre. In dieser Wertordnung von höheren und niederen Sphären konnte es keine einheitliche Physik geben. Irdische und kosmische Vorgänge waren nicht miteinander vergleichbar.

Als Vorstufe zu einer einheitlichen Physik verband Klaudios Ptolemäus (83–161 u. Z.) in seiner auf dem Weltbild des Aristoteles fußenden Planetentheorie Erde und Sphären durch eine einheitliche Geometrie. Das ptolemäische Weltsystem war der gelungene Versuch einer mathematischen Synthese, in der die damals bekannten astronomischen Beobachtungen mit dem Ideal der natürlichen kreisförmigen Bewegung der Himmelskörper verknüpft wurden.

Der Augenschein lehrt uns, daß die Erde ruht und die auf der Himmelskugel fixierten Sterne einmal in 24 Stunden die Erde umrunden. Mond, Sonne und die Wandelsterne, d. h. die Planeten Merkur, Venus, Mars, Jupiter, Saturn, halten sich nicht an diese Regel. Die Sonne benötigt für einen Umlauf ein Jahr, der Mond einen Monat und der Mars 1,9 Jahre. Die Planeten bewegen sich auf einem Kreis entlang der Himmelskugel, dem Tierkreis, der Ekliptik, mit unterschiedlichen Geschwindigkeiten von West nach Ost, wobei sie jedoch zusätzlich Schleifenbewegungen vollführen. Diese doppelte Bewegung etwa des Mars beschrieb Ptolemäus. Er nahm an, daß ein gedachter Punkt auf einer Kreisbahn um die Erde wandert, der seinerseits der Mittelpunkt eines zweiten Kreises, des Epizykels, ist, auf dem sich der Planet bewegt.

Ptolemäus war sich der mathematischen Möglichkeit eines heliozentrischen Weltsystems wohl bewußt. Bereits Aristarch hatte etwa im 3. Jahrhundert v. u. Z. die Idee geäußert, daß die Sonne im Mittelpunkt der Welt sei und alle Himmelskörper einschließlich der Erde um sie kreisen. Wenn Aristoteles und Ptolemäus diese Annahme ablehnten, so hatten sie dafür physikalische Gründe. Würde die Erde sich bewegen, so müßte im Verhältnis dazu die Luft ruhen, also würde man einen ständigen stürmischen Wind fühlen. Eine erzwungene Mitbewegung der Luft mit der Erde hätte nach dem Bewegungsaxiom des Aristoteles aber eine stets wirkende Kraft erfordert. Diese Annahme wurde von den griechischen Naturphilosophen verworfen.

2.4. Die erste wissenschaftliche Revolution

Das Christentum wurde im Jahre 391 zur Staatsreligion des Römischen Reiches. Es bestimmte in wachsendem Umfang das geistige Leben in Europa und damit auch die Entwicklung der Wissenschaften. Die Kirchenväter, deren Auffassung von ausschlaggebender Bedeutung war, standen einer freien Entwicklung der Wissenschaften ablehnend gegenüber. Wichtigstes Gebot eines Christen war es, für das Heil seiner Seele zu sorgen. Dazu brauchte er von der Natur nicht mehr zu wissen, als die Bibel lehrte.

Es vergingen fast 1000 Jahre, bis im 13. Jahrhundert die Kirche mit ihrer gewachsenen Macht daranging, den Glauben durch die Wissenschaft zu stützen (Thomas von Aquino). Die religiösen Dogmen sollten nicht nur geglaubt, sie sollten auch bewiesen werden. Aus der Antike übernahm die christliche Kirche die aristotelische Naturphilosophie und die geometrisch-kinematische Astronomie des Ptolemäus. Dieses geozentrische Weltbild stimmte mit den astronomischen Beob-

Nach der Epizykeltheorie der Planetenbewegung befindet sich die Erde im Mittelpunkt des Universums. Ein Planet bewegt sich auf einem kleinen Kreis – dem Epizykel –, dessen Mittelpunkt sich auf einem großen Kreis bewegt. Infolgedessen scheint sich für den irdischen Beobachter der Planet vorwärts und zeitweilig rückwärts zu bewegen.

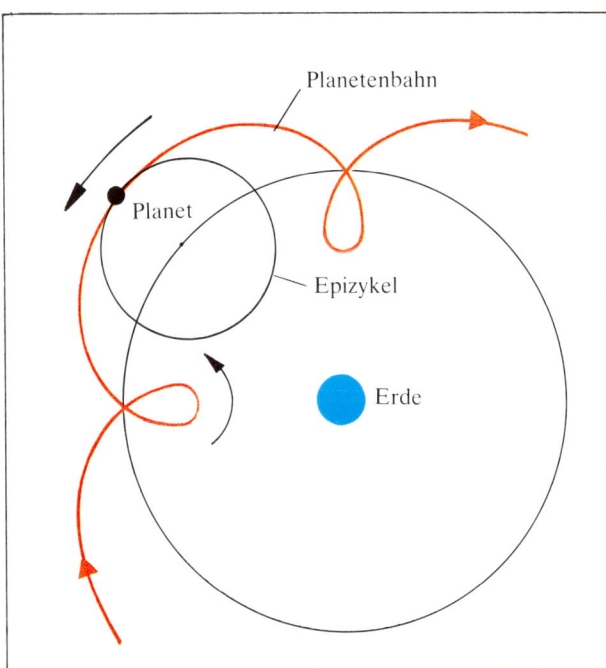

Canaletto: Der Dogenpalast in Venedig. Ein venezianisches Zeugnis der Gotik, das im 14. und 15. Jahrhundert errichtet wurde. Im Hintergrund ist die St.-Markus-Basilika zu erkennen. Sie ist das beeindruckendste Denkmal byzantinischer Kultur, das im 13. Jahrhundert vollendet wurde [5].

achtungen jener Zeit überein, und es ließ sich leicht dem Text der Bibel anpassen. Die Welt sei, so lehrt die Bibel, unveränderlich und endlich in der Zeit. Sie dauert vom ersten Tag der Schöpfung bis zum Jüngsten Tag, dem des Gerichts. Der unveränderliche und zeitlich unendliche Kosmos der Antike wurde durch die Lehre von der endlichen Dauer der Welt ersetzt. Das christliche Mittelalter übernahm auch die Lehre von der räumlich endlichen Welt. Auf der im Zentrum der Welt ruhenden Erde vollzieht sich das Geschick der Menschheit, während die himmlischen Sphären, gleichfalls Gottes Schöpfungen, ihm näher sind. Sein Sitz ist jenseits der Fixsternsphäre, im Epyreum, und damit außerhalb des endlichen Raumes, denn, so lehrt das kirchliche Dogma, Gottes Wesen ist grenzenlos in Raum und Zeit.

In den ersten Jahrhunderten des 2. Jahrtausends u. Z. begannen sich im Schoße des Feudalismus neue Formen des Handels und des Geldverkehrs zu entwickeln, deren Zentren die Städte und deren Träger das Bürgertum waren. Der steigende Wohlstand der Städte, insbesondere in Italien, fand seinen auch heute noch sichtbaren Ausdruck in den einmaligen Bauten jener Zeit. Mit der wachsenden ökonomischen Stärke der Kaufleute, Geldverleiher und Handwerker wuchsen das Selbstvertrauen der Bürger und damit auch ihr Herrschaftsanspruch gegenüber Feudaladel und Klerus. Sie fühlten sich verantwortlich für die Gestaltung dieser Welt, für ihre Veränderung. Diese Steigerung des Lebensgefühls fand ihren künstlerischen Ausdruck in einer Renaissance der Antike. Auch Philosophie und Wissenschaften griffen in ihrer

Auseinandersetzung mit der Scholastik auf die vorhandenen antiken Quellen zurück. An die Stelle eines demütigen und gläubigen Menschen trat als neues Ideal ein die Natur erkennender und umbildender Prometheus.

»Es war die größte progressive Umwälzung, die die Menschheit bis dahin erlebt hatte, eine Zeit, die Riesen brauchte und Riesen zeugte, Riesen an Denkkraft, Leidenschaft und Charakter, an Vielseitigkeit und Gelehrsamkeit.«[6]

Im Mittelalter waren die aristotelische Naturphilosophie und die ptolemäische Astronomie zum Dogma geworden. Mit dem kopernikanischen Weltsystem begann die erste wissenschaftliche Revolution.

Nikolaus Kopernikus (1473–1543). Stich von Jean Jaques Boissard (1533–1598) aus dem Dresdener Kupferstich-Kabinett [2]

»Das kopernikanische System kam als eine ganz neue, originelle Idee. Es wagte, die staubigen Kammern der Überlieferung auszuräumen; wer es annahm, bekundete, daß wir jetzt endlich frei sind, selbst über die Natur nachzudenken . . . So boten die stillen Revolutionen der Planeten um die Sonne der Neuzeit ihr Stichwort, wenngleich sie es dann in ganz anderem Sinne gebrauchte: das Wort Revolution.«[7]

Im Weltbild des Nikolaus Kopernikus (1473–1543) ruht die Sonne im Mittelpunkt des Systems. Sie ist der beherrschende Weltkörper. Die Erde, ein rotierender Planet wie andere, umläuft die Sonne in einem Jahr. Der Mond, ein Erdtrabant, umkreist diese innerhalb eines Monats. Die fünf Planeten umlaufen die Sonne. Merkur und Venus auf Bahnen, die der Sonne näher sind als die Erde, Mars, Jupiter und Saturn auf sonnenferneren Bahnen. Für sie tritt daher jährlich einmal der Fall ein, daß die Erde zwischen der Sonne und dem betreffenden Planeten steht. Da die Erde schneller um die Sonne kreist als die äußeren Planeten, bleiben sie im Zeitintervall, in dem sie der Sonne gegenüberstehen, hinter der Erde zurück. Sie scheinen einem irdischen Beobachter als rückwärtslaufend. In den Schleifen der scheinbaren Bewegung der äußeren Planeten bildet sich der jährliche Umlauf der Erde um die Sonne ab.

Mit diesem heliozentrischen Weltsystem des Kopernikus wurde das Dogma vom Unterschied zwischen Diesseits und Jenseits, zwischen Erde und Himmel, in Frage gestellt. Wenn die sich drehende Erde ein Planet unter vielen ist, wurde auch die Sonderstellung der Menschheit in Zweifel gezogen. Darin lag die große weltanschauliche Bedeutung des kopernikanischen Weltbildes.

Die von Kopernikus eingeleitete wissenschaftliche Revolution führten zwei hervorragende Naturforscher ihrer Zeit weiter, der Astronom Johannes Kepler (1571–1632) und der Physiker Galileo Galilei (1564–1642). Die Arbeiten Keplers über die Bewegung der Planeten und die Galileis über das physikalische Experiment und die mathematische Formulierbarkeit physikalischer Gesetze ergänzten einander und vertieften die Einsicht in die materielle Einheit der Welt und die

---

[6] F. Engels, Dialektik der Natur, MEW, Band 20, Berlin 1962, S. 311

[7] C. F. v. Weizsäcker, Die Tragweite der Wissenschaft, Stuttgart 1976, S. 104

Das kopernikanische System. Stich aus Andreas Cellarius »Harmonia macrocosmica«, Amsterdam 1661 [2]

Erkennbarkeit der in ihr wirkenden objektiven Naturgesetzlichkeiten. Sie führten zu einem erneuten Wandel in der Subjekt-Objekt-Beziehung.

Der bedeutendste beobachtende Astronom des 16. Jahrhunderts war Tycho Brahe (1546–1601). Nach seinem Tode wurde Kepler dessen Nachfolger als kaiserlicher Astronom am Hofe Rudolphs II. in Prag. Er erhielt die Verfügung über den wissenschaftlichen Nachlaß Brahes, in dem sich die zu dieser Zeit genauesten Beobachtungen über die Planetenbewegungen befanden. In mehr als 9jähriger Forschungsarbeit

Galileo Galilei, Physiker und Astronom (1564–1642). Nach einer Radierung [7]

suchte Kepler nach einer die Beobachtungen exakt beschreibenden mathematischen Interpretation der Planetenpositionen, insbesondere der des Mars, über den recht genaue, mehr als 20jährige Beobachtungen Brahes vorlagen.

Ausgehend vom heliozentrischen System, gelangte Kepler zu zwei Bewegungsgesetzen, die eine exakte Wiedergabe der Beobachtungen erlauben:
– Die Bahn des Mars ist eine Ellipse, in deren einem Brennpunkt die Sonne steht;
– die Verbindungslinie Sonne – Mars überstreicht in gleichen Zeiten gleiche Flächen.
Diese beiden Keplerschen Gesetze brachen endgültig mit den antiken Überlieferungen. Die Bewegung der Planeten erfolgt nicht gleichförmig auf den idealen natürlichen Kreisbahnen des Aristoteles, sondern auf Ellipsen mit wechselnden Geschwindigkeiten. Mit dieser mathematisch exakten Beschreibung der Bewegung der Himmelskörper tat Kepler einen entscheidenden Schritt, um Himmel und Erde unter der Herrschaft physikalischer Gesetze zusammenzubringen. Basis seiner Überlegungen waren die Forderungen nach mathematischer Einfachheit und exakter Übereinstimmung mit den Beobachtungen, Prinzipien, die auch heute noch Grundlage jeder exakten Naturwissenschaft sind.

Galilei, ein gleichermaßen bedeutender physikalischer Denker und Experimentator, erkannte, daß nicht nur das Naturgeschehen am Himmel, sondern auch das auf der Erde durch mathematisch fundierte Gesetze beschreibbar ist und daß Vorhersagen dieser Gesetze im Experiment verifizierbar sind.

»Galilei tat seinen großen Schritt, indem er wagte, die Welt so zu beschreiben, wie wir sie nicht erfahren. Er stellte Gesetze auf, die in der Form, in der er sie ausspricht, niemals in der wirklichen Erfahrung gelten und die darum niemals durch irgendeine einzelne Beobachtung bestätigt werden können, die aber dafür mathematisch einfach sind. So öffnete er den Weg für eine mathematische Analyse, die die Komplexheit der wirklichen Erscheinungen in einzelne Elemente zerlegt. Das wissenschaftliche Experiment unterscheidet sich von der Alltagserfahrung dadurch, daß es von einer mathematischen Theorie geleitet ist, die eine Frage stellt und fähig ist, die Antwort zu deuten.«[8]

Aristoteles lehrte über die geradlinige, aufsteigende bzw. fallende natürliche Bewegung, daß leichtere Körper langsamer fallen als schwerere Körper und daß ganz leichte Körper, wie etwa das Feuer, nach oben steigen. Das entspricht dem, was uns die Alltagserfahrung lehrt. Der Stein fällt schneller als die Feder, und die Flamme steigt nach oben. Demgegenüber stellte Galilei die Behauptung auf: Wenn man vom Luftwiderstand absieht, haben alle frei fallenden Körper nach gleichen Zeiten gleiche Geschwindigkeiten, und zwischen der Fallzeit t, dem im Fall zurückgelegten Weg s und der erreichten Fallgeschwindigkeit v bestehen folgende mathematischen

---

[8] C.F.v. Weizsäcker, Die Tragweite der Wissenschaft, Stuttgart 1976, S. 107

Zusammenhänge: $v \sim t$ und $s \sim t^2$; d.h., die Fallgeschwindigkeit v nimmt gleichmäßig mit der Fallzeit t zu, und der Fallweg ist dem Quadrat der Fallzeit proportional. Eine Verdopplung der Fallzeit hat also eine Vervierfachung des Fallweges und eine Verdopplung der Geschwindigkeit zur Folge.

Wie uns die Alltagserfahrung lehrt, scheint diese Behauptung falsch zu sein. Galilei mußte zu ihrer Stützung annehmen, daß die Fallbewegung im Vakuum, im luftleeren Raum, erfolgt. Er konnte keinen luftleeren Raum erzeugen. Erst seinem Schüler Torricelli war die Behauptung seines Lehrers Anreiz genug, um ein hinreichendes Vakuum zu erzeugen. Seitdem die Physiker in der Lage sind, einen annähernd luftleeren Raum herzustellen, können sie die Behauptungen Galileis über den freien Fall experimentell beweisen.

Galilei stellte eine intuitive Behauptung über einen speziellen Naturvorgang, den freien Fall, auf. Alle Körper fallen gleich schnell. Er bediente sich der Sprache der Mathematik, um das Wesen der Fallbewegung auszudrücken. Indem er die mathematischen Folgerungen daraus zog, ermöglichte er die experimentelle Prüfung der Konsequenzen des Fallgesetzes, etwa die Bestimmung von Ort und Geschwindigkeit eines frei fallenden Steins zu einem beliebigen Zeitpunkt nach dem Beginn des Falls.

Seit der Zeit Galileis wurde diese Methode des wissenschaftlichen Denkens und Arbeitens, die Verknüpfung von Mathematik und Experiment, zur beherrschenden Forschungsmethode der Physik, die in den zurückliegenden Jahrzehnten auch zunehmend in andere Wissenschaften eindrang. Durch Galilei wurden Spekulationen zu mathematisch faßbaren Naturgesetzen, Beobachtungen zu Experimenten und praktische Aufgaben zum Gegenstand wissenschaftlicher Forschungen.

Im Jahre 1609 erfuhr Galilei von der Erfindung des Fernrohrs. Dieses unser beobachtbares Umfeld stark erweiternde Instrument war ihm wichtig genug, um seine mathematischen

Fallen eine Feder und ein Stein in einem luftleeren Gefäß, so legen sie in gleichen Zeiten gleiche Fallwege zurück. In einem luftgefüllten Gefäß fällt die Feder deutlich langsamer als der Stein.

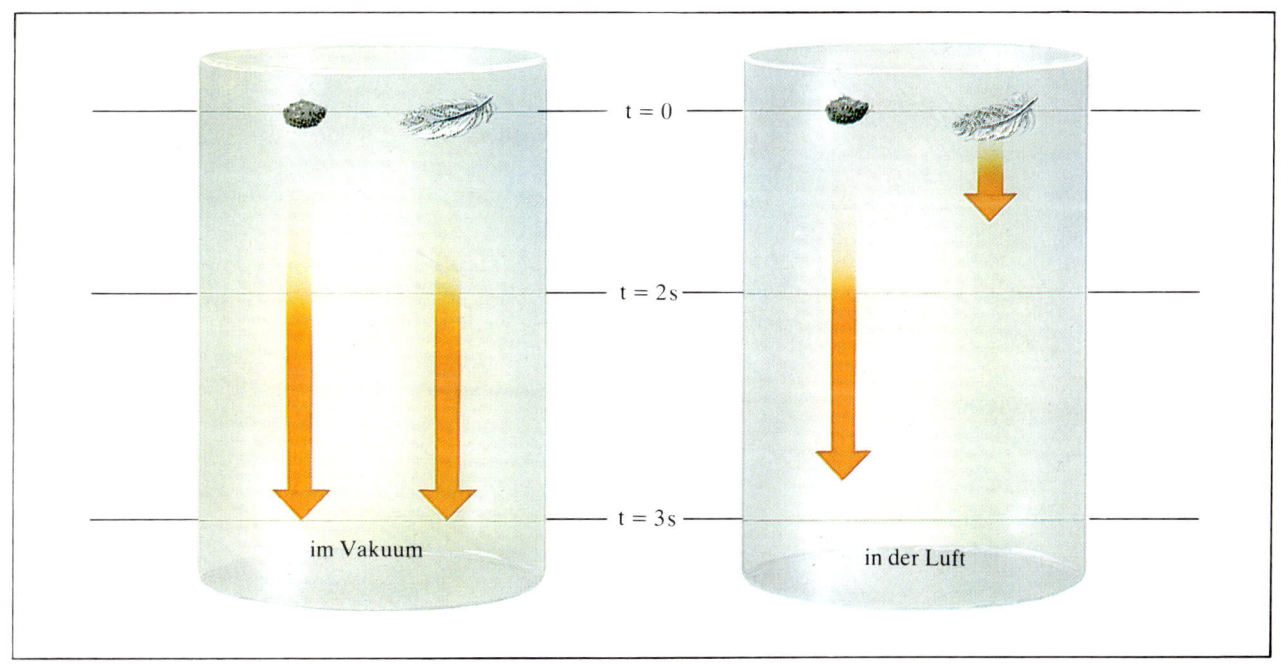

Untersuchungen der Fallbewegung zeitweilig zu unterbrechen und ein selbstgebautes Fernrohr auf den Himmel zu richten. Er sah als erster Naturforscher die Gebirge des Mondes, die Flecken der Sonne und die Monde des Jupiters. Die Himmelskörper zeigten sich Galileis Blicken nicht als ideale mathematische Körper, die aus einem besonderen himmlischen Stoff bestehen, sondern als strukturierte Gebilde, die Ähnlichkeiten zur Erde aufwiesen. Auch diese Beobachtungen unterstützten die vom heliozentrischen Weltsystem geforderte Erkenntnis der naturgesetzlichen Einheit von Himmel und Erde.

Krönender Abschluß der ersten wissenschaftlichen Revolution war die Aufstellung einer einheitlichen Dynamik himmlischer und irdischer Körper durch Isaac Newton (1643 bis 1727), die erste geschlossene Theorie mechanischer Bewegungen, die wir als die klassische Mechanik bezeichnen und die Himmel und Erde denselben Naturgesetzen unterwarf.

Die zusammenfassende Darstellung der klassischen Mechanik gab Newton in den »Mathematischen Prinzipien der Naturphilosophie«, die im Jahre 1687 veröffentlicht wurden. Diese Prinzipien sind ein in sich konsistentes System von mathematisch gefaßten Begriffen und Axiomen, das der Physiker Hans-Jürgen Treder mit den Worten charakterisiert: »Indem aber den mathematischen Begriffen und Relationen bei Newton, in Weiterführung der Gedanken Galileis, durch bestimmte Meßvorschriften definierte physikalische Größen zugeordnet werden, bekommt das mathematische System eine inhaltliche Bedeutung. Die theoretische Erklärung von Naturprozessen ist dann ihre mathematische Deduktion aus diesen inhaltlich gedeuteten Prinzipien.«[9]

In seiner Darstellung erklärt Newton zunächst einige der verwendeten Begriffe. Im Zeitalter der Motorisierung ist uns der Begriff der Geschwindigkeit von Jugend an geläufig. Das Tachometer zeigt die momentane Geschwindigkeit des Autos in km/h an. Die Geschwindigkeit ist der Quotient aus Weg und Zeit, oder, korrekter gesagt, die Geschwindigkeit ist der Grenzwert des Quotienten aus den Änderungen von Weg und Zeit, wenn beide unendlich klein werden. Die Länge des Weges messen wir z. B. in Metern (m) oder Kilometern (km) und die Zeit in Sekunden (s) oder Stunden (h). Nun müssen zwei Autos, die sich mit jeweils 50 km/h vom selben Ausgangspunkt wegbewegen, keineswegs zum selben Ziel gelangen. Denken wir nur daran, daß sie auf zwei senkrecht zueinander verlaufenden Straßen fahren. Zur physikalischen Definition der Geschwindigkeit ist also die Angabe des Betrages

In Aldrins Helm sieht man deutlich seinen eigenen Schatten, ferner die gelandete Mondfähre, die Einrichtung zur Messung des Sonnenwindes und Neil A. Armstrong, der dieses Bild fotografierte [3].

[9] H.-J. Treder, Große Physiker und ihre Probleme, Berlin 1983, S. 56

Isaac Newton (1643–1727) [2]

der Geschwindigkeit nicht ausreichend, wir müssen noch den Richtungssinn der Bewegung hinzufügen. Eine Größe, die nicht nur durch einen Betrag, sondern auch durch einen Richtungssinn charakterisiert wird, nennt man Vektor, symbolisiert durch einen Pfeil. Eine Änderung der physikalischen Geschwindigkeit kommt also durch Änderung von Betrag und/oder Richtung der Geschwindigkeit zustande. Wenn wir mit 50 km/h, also konstantem Geschwindigkeitsbetrag, in einer Kurve fahren, ändert sich dabei stetig die Geschwindigkeit entsprechend der Richtungsänderung, wobei die jeweils momentane Geschwindigkeit durch einen tangentialen Vektor charakterisiert ist (siehe Abb. S. 44).

Das führt uns aber unmittelbar zum Begriff der Geschwindigkeitsänderung. Betrachten wir zunächst wieder die geradlinige Bewegung, etwa das gleichförmige Anfahren eines Autos aus dem Stand auf 50 km/h längs eines geraden Weges. Hierbei wächst ähnlich wie beim freien Fall eines Steins die Geschwindigkeit gleichmäßig mit der Zeit. Wir sagen, die Bewegung ist gleichförmig beschleunigt. Die Beschleunigung ist der Quotient aus Geschwindigkeitsänderung und Zeit oder – korrekter – der Grenzwert des Quotienten, wenn Geschwindigkeitsänderung und Zeitintervall, in dem sie erfolgt, unendlich klein werden. Auch die Beschleunigung ist ein Vektor. Ist er beispielsweise der Richtung der Geschwindigkeit entgegengesetzt, so wird die Bewegung abgebremst, wir sprechen von einer Verzögerung. Bei der gleichförmigen kreisförmigen Bewegung mit konstantem Betrag der Geschwindigkeit, die wir am Beispiel der Kurvenfahrt des Autos betrachten, erfolgt eine stetige Richtungsänderung der Geschwindigkeit. Zwei außerordentlich dicht beieinanderliegende Phasen im Ablauf der Bewegung vergleichend, erkennt man, daß die Geschwindigkeitsänderung, die Beschleunigung, stets senkrecht zur Tangente und damit auf den Mittelpunkt des Kreises gerichtet ist.

Ein weiterer Grundbegriff Newtons ist die Masse, die die stoffliche Qualität jedes Körpers mißt. Nehmen wir an, ein Auto steht auf einer glatten, ebenen Straße, und wir müssen es anschieben. Ist der Wagen leer, so gelingt es einem kräftigen Mann, den stehenden Wagen bis auf eine bestimmte, nicht zu große Geschwindigkeit zu beschleunigen. Ist er dagegen voll beladen, so sind sicher mehrere Männer nötig, um die gleiche Geschwindigkeit zu erreichen. Der größere notwendige Kraftaufwand hängt mit der größeren Stoffmenge oder Masse zusammen, die wir in Bewegung zu setzen haben. Dieses Beispiel gestattet uns auch, zu einer Meßvorschrift für die Masse eines Körpers zu gelangen. Wenn etwa mit der gleichen aufgewandten Kraft der leere Wagen auf die doppelte Geschwindigkeit des beladenen Wagens gebracht wird, so schließen wir daraus, daß die Masse des leeren Wagens nur die Hälfte der Masse des beladenen Wagens hat.

In der Praxis verwendet man dieses Verfahren nicht; Massenverhältnisse werden durch Wägungen der Körper bestimmt. Die Masse eines Eichgewichts in Gramm (g) oder Kilogramm (kg) wird mit der unbekannten Masse verglichen. Diesem Meßprinzip liegt die Erdanziehung, die Schwerkraft, zugrunde. Das erste Meßprinzip, der angeschobene Wagen, hat nichts mit der Schwerkraft zu tun. Der Wagen setzt sich unter der Wirkung der schiebenden Kraft auf einer glatten und horizontalen Ebene in Bewegung. Überwunden wird die Trägheit. Die Schwerkraft ist hierbei für die Massenbestimmung ohne Belang. Das zweite Meßverfahren zur Massenbe-

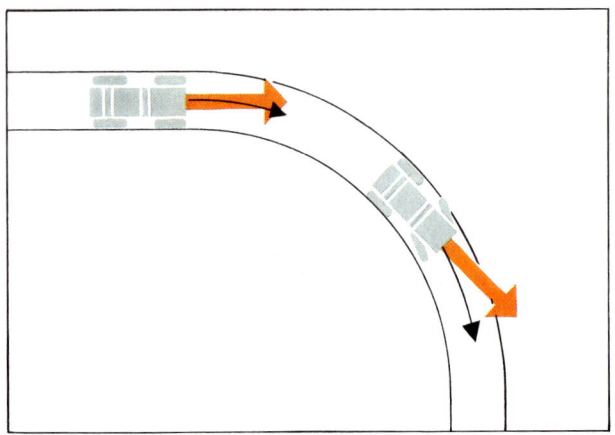

Fährt ein Auto in einer Kurve mit einer Geschwindigkeit von 50 km/h, so ändert sich trotz des konstanten Betrages doch stetig seine Richtung. Die momentane Geschwindigkeit wird durch einen tangentialen Vektor charakterisiert.

stimmung, das Wiegen, beruht dagegen auf der Wirkung der Schwerkraft.

Untersucht man durch sehr genaue Experimente die Frage, ob beide Meßverfahren zur Bestimmung von Massenverhältnissen das gleiche Resultat ergeben, so ist die Antwort eindeutig: Beide Verfahren ergeben die gleichen Massenwerte. Die nach dem ersten Verfahren bestimmte Masse bezeichnet man als träge Masse, während die durch Wägung ermittelte Masse als schwere Masse bezeichnet wird. Die klassische Physik sah in dieser Identität keine tiefere Bedeutung. Für Einstein wurde die Identität von träger und schwerer Masse zur Grundlage der allgemeinen Relativitätstheorie.

Ein weiterer Grundbegriff der klassischen Mechanik ist der der Kraft als Ursache einer Beschleunigung, wie wir sie im Vorhergehenden, etwa beim Anschieben des Wagens, kennenlernten. Eine an einem Körper angreifende Kraft verändert seinen Zustand der Ruhe oder der geradlinigen gleichförmigen Bewegung. Im Gegensatz zu Aristoteles tritt also die Kraft nur als wirkender Einfluß auf, sie haftet dem Körper nicht mehr an. Das Auto beschleunigt, wenn wir Gas geben, und es würde bei Vernachlässigung von Luftwiderstand und rollender Reibung mit der erreichten Endgeschwindigkeit auf einer horizontalen, glatten Ebene bis in alle Ewigkeit weiterrollen. Ursache der beschleunigten Fallbewegung ist die Erdanziehung oder Schwerkraft (Gravitation). Ursache einer gleichförmigen kreisförmigen Bewegung eines Satelliten auf einer Bahn um die Erde ist eine auf den Erdmittelpunkt gerichtete anziehende Kraft, die Schwerkraft. Würde sie entfallen, so würde der Satellit tangential die Kreisbahn verlassen und mit konstanter Geschwindigkeit geradlinig weiterfliegen. Wie die Beschleunigung ist auch ihre Ursache, die Kraft, eine physikalische Größe, die durch Betrag und Richtung charakterisiert ist. Kraft und Beschleunigung sind Vektoren gleicher Richtung.

Die klassische Mechanik beschreibt die Bewegungen von Körpern in Raum und Zeit. Für Newton sind Raum und Zeit absolute Größen. Der absolute Raum ist ein unbeweglicher und unveränderlicher Behälter, in dem sich die Körper bewegen, während die absolute Zeit gleichförmig ohne Beziehung auf äußere Gegenstände dahinfließt.

Beide Begriffe bedürfen unzweifelhaft einer Erläuterung. Wiederholt wurde von geradlinigen Bewegungen, gleichförmigen oder beschleunigten, gesprochen. Das rollende Auto, der fallende Stein, jede dieser Bewegungen muß auf etwas bezogen werden. Wir sprechen von einem Bezugssystem, in dem die Bewegung erfolgt. Ein Abteil in einem rollenden Eisenbahnzug ruht, wenn wir als Bezugssystem den Zug nehmen. Es bewegt sich, wenn das Bezugssystem der Bahnhof ist, von dem aus wir das Zugabteil beobachten. Im Universum des Ptolemäus war das Bezugssystem die im Mittelpunkt der Welt ruhende Erde, und eine geradlinige Bewegung wurde darauf bezogen. Kopernikus stellte die Sonne in den Mittelpunkt der Welt, und eine geradlinige Bewegung ließ sich relativ zur Sonne beschreiben. Mit dem Fernrohr öffneten sich uns die Tiefen des Universums, und die Vermutung eines unendlichen Weltalls fand schrittweise Glauben. Ein unendliches Weltall aber hat keinen Mittelpunkt, auf den sich eine geradlinige Bewegung beziehen läßt.

»Newton mußte, um dieses Problem zu lösen, eine vollkommen neue Erfindung machen – die Erfindung des absoluten Raumes. Relativ zum absoluten Raum soll jetzt die Bewegung geradlinig sein. Vom absoluten Raum hat vor Newton im Grunde niemand gewußt. Niemand brauchte davon zu wissen, denn es gab ja das Weltall als natürliches Bezugssy-

dern, wobei diese Veränderungen bestimmten Gesetzmäßigkeiten unterliegen.

»Es ist gar nichts Mysteriöses oder Widersinniges an alledem. In der klassischen Physik wurde es von jeher für selbstverständlich gehalten, daß Uhren in der Bewegung genau so schnell gehen wie in der Ruhe, und daß bewegte Stäbe immer die gleiche Länge haben, ob sie sich nun bewegen oder nicht. Wenn die Lichtgeschwindigkeit aber wirklich für alle Systeme gleich groß und wenn die Relativitätstheorie richtig ist, dann müssen wir uns wohl von dieser Annahme freimachen. Es ist zwar nicht so einfach, sich von alteingewurzelten Vorurteilen loszureißen, doch bleibt uns keine Wahl; denn im Hinblick auf die Relativitätstheorie müssen die alten Vorstellungen willkürlich erscheinen. Woraus leiten wir das Recht ab, an einen für alle Beobachter in allen Systemen gleichmäßigen, absoluten Zeitablauf zu glauben, wie wir es noch wenige Seiten weiter oben getan haben? Warum sollte es unveränderliche Entfernungen geben? Die Zeit wird mit Uhren gemessen, räumliche Koordinaten bestimmt man mit Stäben, und es ist doch durchaus denkbar, daß die Ergebnisse derartiger Messungen davon abhängen, wie diese Uhren und Stäbe sich in der Bewegung verhalten. Nichts deutet aber darauf hin, daß sie sich so verhalten, wie wir es gern haben möchten.«[16]

Versetzen wir uns noch einmal in den mit einer Geschwindigkeit von 240000 km/s dahinrasenden Zug. Vor Abfahrt des Zuges hat der Beobachter im Zug seine Uhr mit der Bahnhofsuhr verglichen und Übereinstimmung festgestellt. Nachdem der Reisende auf seiner Uhr eine Fahrzeit von 36 min registriert hat, erreicht er einen zweiten Bahnhof, dessen Uhr jedoch den Verlauf einer Stunde anzeigt. Hätte die Geschwindigkeit des Zuges das 0,9999fache der Lichtgeschwindigkeit betragen, so hätte der Beobachter auf dem Bahnsteig während des Verlaufes einer Minute im fahrenden Zug auf seiner Bahnhofsuhr den Verlauf einer Stunde gemessen. Eine Konsequenz dieses Zeitverhaltens ist das bekannte Zwillingsparadoxon. Während einer der beiden Brüder mit nahezu Lichtgeschwindigkeit eine Reise in den Weltraum unternimmt, die für ihn einige Jahre dauert, sind für den Daheimgebliebenen Jahrzehnte verstrichen. Bei der Rückkehr fände ein Wiedersehen zwischen einem vergleichsweise jungen Weltreisenden und seinem stark gealterten Bruder statt. Die physikalischen Gesetze gelten für alle Atome, gleich ob sie zu Lebewesen oder zu Meßgeräten angeordnet sind.

Nun läßt sich mit unseren gegenwärtigen technischen Möglichkeiten diese Zeitdilatation an Zügen oder Raketen nur schwer überprüfen. In der Mikrowelt, der Welt der Elementarteilchen, ist die Situation eine andere. So haben instabile Teilchen eine außerordentlich kurze Lebensdauer, bis sie in andere Teilchen zerfallen. Eine typische Lebensdauer des Zerfalls eines ruhenden Teilchens beträgt etwa 10^{-6} s. Bewegt sich ein solches Teilchen jedoch nahezu mit Lichtgeschwindigkeit durch unsere im Labor ruhende Apparatur, so stellen wir eine Verlängerung der Lebensdauer dieses Teilchens fest, die exakt den Vorhersagen der speziellen Relativitätstheorie entspricht.

Beim Übergang, d. h. bei der Transformation von einem Bezugssystem in ein zweites mit gleichförmiger Geschwindigkeit gegenüber dem ersten bewegten Bezugssystem ändern sich zeitliche und räumliche Abstände. Neben der bereits beschriebenen Zeitdilatation tritt auch eine Längenkontraktion auf. Ein bewegter Stab zieht sich in der Bewegungsrichtung mit wachsender Geschwindigkeit immer stärker zusammen.

Der Gang einer bewegten Uhr und die Länge eines bewegten Stabes hängen von der Geschwindigkeit ab, mit der sie sich bewegen. Diese relativistischen Effekte sind jedoch nur dann bemerkbar, wenn sich die Geschwindigkeit der bewegten Gegenstände der Lichtgeschwindigkeit nähert. Unsere auf mechanischem Wege realisierbaren Geschwindigkeiten sind, verglichen mit der Lichtgeschwindigkeit, zu klein, um zum Auftreten bemerkbarer relativistischer Effekte zu führen. Wenn unsere Uhr bei einer Bahnfahrt nachzugehen scheint, so ist es mit Sicherheit keine relativistische Zeitdilatation. Die klassische Mechanik gilt nach wie vor für kleine Geschwindigkeiten und bildet einen Grenzfall der neuen relativistischen Mechanik.

Wir wollen noch einen Zusammenhang diskutieren, für den die relativistische Mechanik eine Änderung der klassischen Mechanik verlangt. Betrachten wir einen Körper, der sich unter der Wirkung einer Kraft geradlinig bewegt. Wir wissen, daß dieser Körper, etwa ein anfahrender Zug, einen

---

[16] A. Einstein, L. Infeld, Die Evolution der Physik, Hamburg 1956, S. 126

Ein Zug rast mit einer Geschwindigkeit von 240000 km/s zwischen zwei Bahnhöfen. Ein Beobachter im Zug hat bei dessen Abfahrt Übereinstimmung der Zeitanzeige seiner Uhr mit der Bahnhofsuhr festgestellt. Nach einer Fahrzeit von 36 Minuten auf der Uhr des Reisenden erreicht der Zug einen zweiten Bahnhof, dessen Uhr jedoch den Verlauf einer Stunde anzeigt.

stetigen Geschwindigkeitszuwachs erfährt. Nach dem zweiten Newtonschen Axiom ist die Geschwindigkeitsänderung proportional der wirkenden Kraft. Dabei ist es jedoch belanglos, ob sich die Geschwindigkeit des Zuges von 100 auf 101 km/s oder von 240000 auf 240001 km/s erhöht. Eine Geschwindigkeitszunahme um 1 km/s erfordert bei ein und demselben Körper die gleiche Kraft.

Es ist leicht einzusehen, daß diese Aussage der klassischen Mechanik in der relativistischen Mechanik ihre Gültigkeit verliert. Die Lichtgeschwindigkeit ist eine Grenzgeschwindigkeit, die kein bewegter Körper überschreiten kann. Je mehr sich die Geschwindigkeit eines Körpers unter der Wirkung einer Kraft der Lichtgeschwindigkeit nähert, um so mehr wächst der Widerstand des Körpers gegenüber der Beschleunigung. Im Grenzfall der Lichtgeschwindigkeit wird der Widerstand unendlich groß, so daß ihr Überschreiten unmöglich wird. Nun wissen wir aus der klassischen Mechanik, daß der Widerstand gegenüber einer Geschwindigkeitsänderung von der Masse eines Körpers abhängt. Je größer die Masse, um so größer der Widerstand. In der klassischen Mechanik ist der Widerstand eines Körpers eine unveränderliche Größe. In der relativistischen Mechanik müssen wir zwischen der Masse eines ruhenden Körpers, seiner Ruhemasse, und der relativistischen Masse unterscheiden. Je größer die Geschwindigkeit des bewegten Körpers, um so größer werden seine Masse und damit auch sein Widerstand gegenüber der Geschwindigkeitsänderung. Im Grenzfall der Lichtgeschwindigkeit muß die Masse eines Körpers, dessen Ruhemasse von Null verschieden ist, unendlich groß werden.

Läßt sich auch diese Aussage der relativistischen Mechanik experimentell überprüfen? Sicherlich nicht am Beispiel des fahrenden Zuges. Hier ist wieder die Welt des Mikrokosmos ein geeignetes Testfeld. Jeder der in Betrieb befindlichen

Hochenergiebeschleuniger beweist ständig die Gültigkeit der relativistischen Massenveränderlichkeit. So gestattet beispielsweise der im Institut für Hochenergiephysik in Serpuchow (UdSSR) arbeitende Beschleuniger, Protonen auf etwa 99,992 % der Lichtgeschwindigkeit zu beschleunigen. Setzen wir die Ruhemasse des Protons gleich 1, so erhöht sich bei dieser Geschwindigkeit die Masse eines Protons auf das 80fache. Um also in der ringförmigen Anlage ein Proton auf die maximale Geschwindigkeit zu beschleunigen, muß sich die einwirkende Kraft ständig unter Berücksichtigung der relativistischen Massenveränderlichkeit erhöhen.

Jede Massenzunahme eines Körpers steht in engem Zusammenhang mit der dem Körper zugeführten Energie. Es ist nun keineswegs so, daß eine Energiezufuhr immer mit einer Bewegungsänderung eines Körpers verbunden ist. Auch die Erwärmung eines Körpers läßt seine Masse wachsen. Erhitzt man etwa 1 l Wasser von 0 auf 100 °C, so beträgt die Massenvergrößerung $5 \cdot 10^{-9}$ g. Auch das Wirken dieser aus den Axiomen der Relativitätstheorie folgenden Aussage über die Äquivalenz von Energie E und Ruhemasse m, die in der berühmten Einsteinschen Beziehung $E = mc^2$ ihren Ausdruck findet, können wir in der subatomaren Welt nachweisen. Vereinigen sich etwa über verschiedene Kernprozesse im Inneren der Sonne vier Protonen zu einem Heliumatomkern, so ist die Massendifferenz zwischen der Masse der vier Protonen und dem Heliumkern von $4{,}76 \cdot 10^{-26}$ g letztlich die Energiequelle im Inneren unserer Sonne.

Alle bisherigen Experimente beweisen die Gültigkeit der speziellen Relativitätstheorie. Daß diese dem sogenannten gesunden Menschenverstand zunächst widerspricht, sollte uns nicht beunruhigen. Er charakterisiert eine bestimmte Erkenntnisstufe und ist nichts anderes als eine Verallgemeinerung der Erfahrungen unseres täglichen Lebens.

Lassen wir abschließend noch einmal Einstein zu Wort kommen. In einem Brief an Maurice Solovine schrieb er: »Charakteristisch für die Relativitätstheorie ist ferner ein mehr erkenntnistheoretischer Gesichtspunkt. Es gibt in der Physik keinen Begriff, dessen Verwendung a priori nötig und berechtigt wäre. Ein Begriff erhält seine Daseinsberechtigung nur durch seine klare und eindeutige Verknüpfung mit

Erlebnissen bzw. mit physikalischen Erfahrungstatsachen. So werden in der Relativitätstheorie die Begriffe absolute Gleichzeitigkeit, absolute Geschwindigkeit, absolute Beschleunigung usw. verworfen, weil sich ihre eindeutige Verbindung mit der Erlebniswelt als unmöglich herausstellt ... Jedem physikalischen Begriff muß eine solche Definition gegeben werden, daß auf Grund dieser Definition das Zutreffen oder Nichtzutreffen desselben im konkreten Falle prinzipiell entschieden werden kann.«[17]

2.6. Die allgemeine Relativitätstheorie

Die Newtonsche Gravitationstheorie hatte sich in der Astronomie vielfach bewährt. Als einen Triumph der Theorie können wir die Entdeckung des Planeten Neptun im Jahre 1864 bezeichnen. Die Berechnung seiner voraussichtlichen Himmelsbahn erfolgte ausgehend von den beobachteten Störungen im Bewegungsablauf des Planeten Uranus. Eine Unstimmigkeit in den Planetenbewegungen blieb jedoch im Rahmen der klassischen Mechanik ungeklärt: die bereits in der Mitte des 19. Jahrhunderts nachgewiesene Perihelbewegung des Merkurs. Nach der klassischen Zweikörpertheorie soll die Merkurbahn bezüglich der Sonne auf einer ortsfesten Ellipse verlaufen, in deren einem Brennpunkt sich die Sonne befindet. Die Beobachtungen zeigten jedoch, daß der sonnennächste Punkt der Bahn, das Perihel, sich langsam auf einer Kreisbahn um die Sonne bewegt, die Planetenbahn also eine Rosettenform hat. In 100 Erdjahren beträgt die durch Störungen der anderen Planeten bewirkte Periheldrehung 5000 Bogensekunden. Nur 43 Bogensekunden lassen sich nicht durch die Newtonsche Theorie erklären. Sie fanden erst in der allgemeinen Relativitätstheorie eine Erklärung, die jedoch nicht wegen dieses Problems von Einstein entwickelt wurde. Er unterzog das Raum-Zeit-Konzept der Physik einer kritischen Analyse.

Fällt ein Apfel zur Erde, so sehen wir die Ursache in der Erdanziehung, der Gravitation. Nach den Newtonschen Vorstellungen wirkt diese Kraft momentan, sie scheint starr und unveränderlich mit den Körpern verbunden zu sein und gelangt ohne Zeitverzug von einem Körper zum anderen. Nun

[17] A. Einstein, Briefe an Maurice Solovine, Berlin 1960, S. 20

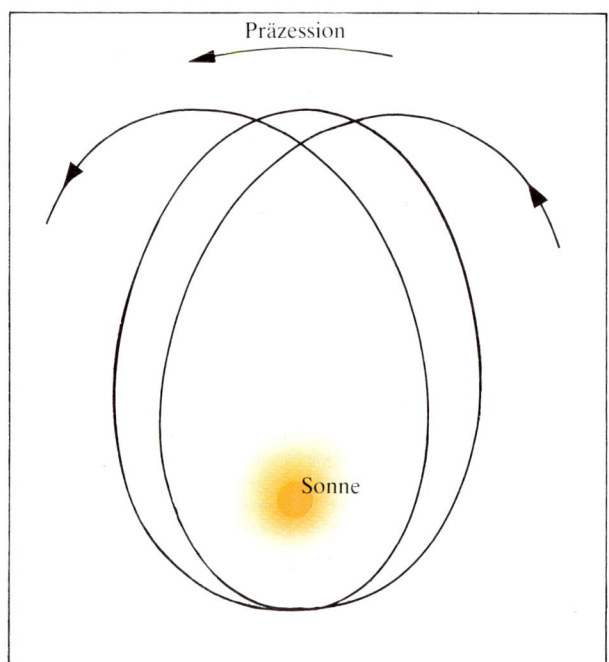

Die Präzession der elliptischen Umlaufbahn eines Planeten um die Sonne

Der Verlauf des magnetischen Feldes zwischen den Polen eines Magneten läßt sich durch Eisenfeilspäne sichtbar machen, die man auf ein Blatt Papier streut, das auf dem Magneten liegt.

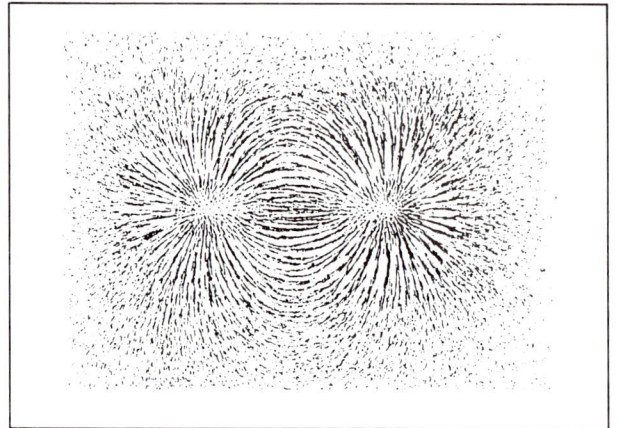

hat uns die spezielle Relativitätstheorie gezeigt, daß sich kein Körper und keine Wirkung schneller als mit Lichtgeschwindigkeit ausbreiten können, also auch nicht die Gravitation. Zu ihrem besseren Verständnis müssen wir auf den bereits erwähnten physikalischen Begriff des Feldes etwas ausführlicher eingehen. In der zweiten Hälfte des 19. Jahrhunderts wurden durch Michael Faraday, James Clerk Maxwell und Heinrich Hertz die Grundlagen einer moderneren Physik geschaffen, die mit ihren neuen Begriffen das mechanistische Weltbild ablösen sollte.

Erinnern wir uns an die Schulzeit. Auf einem Blatt Papier befindet sich, gleichmäßig verteilt, eine dünne Schicht aus Eisenfeilspänen. Hält man unter das Papierblatt einen hufeisenförmigen Magneten, so ordnen sich die Eisenspäne in Linien, entlang denen die Kraft zwischen den Polen des Magneten wirkt. Das läßt sich leicht zeigen, indem man eine bewegliche Magnetnadel über das Blatt führt. Sie richtet sich entlang der Kraftlinie, anders gesagt, entlang dem Feld aus. So wie sich zwischen den Polen eines Magneten ein stationäres Magnetfeld aufbaut, so läßt sich auch zwischen zwei elektrischen Ladungsträgern ein stationäres elektrisches Feld aufbauen. Uns wurden ebenfalls Bildung und Wirkung zeitlich veränderlicher elektrischer und magnetischer Felder demonstriert. Erinnern wir uns nur an die Erscheinung der Induktion. Ein zeitlich verändertes Magnetfeld induziert in einem metallischen Leiter einen elektrischen Strom, der wiederum zum Aufbau eines elektrischen Feldes führt. Wir lernten: Jede Veränderung eines magnetischen Feldes ist mit der Entstehung eines elektrischen Feldes, aber auch jede Veränderung eines elektrischen Feldes mit der Entstehung eines magnetischen Feldes verbunden. Schrittweise gewöhnten wir uns daran, elektrische und magnetische Felder als Mittler der Kraft in elektromagnetischen Vorgängen zu begreifen.

Die mathematische und damit quantitative Beschreibung der Gesetzmäßigkeiten elektromagnetischer Felder ist in den Maxwellschen Gleichungen enthalten. Seit Newton sind sie der bedeutendste Schritt in der Entwicklung unseres Verständnisses physikalischer Naturvorgänge. Sie beschreiben die Struktur des elektromagnetischen Feldes. Maxwells Theorie zeigt uns, daß das elektromagnetische Feld keine Hilfskonstruktion zur Veranschaulichung elektromagnetischer Vorgänge ist, sondern daß es real existiert.

James Clerk Maxwell (1831–1879). Nach einem Gemälde von Dickinson [2]

Eine unerwartete Konsequenz der Maxwellschen Gleichungen war die Vorhersage, daß schwingende elektrische Ladungen zu einer wellenartigen Ausbreitung des elektromagnetischen Feldes führen. Die elektromagnetischen Wellen bewegen sich, wie die Theorie zeigt, mit Lichtgeschwindigkeit durch den Raum und transportieren dabei – wie alle Wellen – Energie. Die von der Maxwell-Theorie erwarteten elektromagnetischen Wellen wurden einige Zeit später von Hertz experimentell nachgewiesen. Für uns ist der Empfang elektromagnetischer Wellen in Rundfunk- und Fernsehempfängern zur Selbstverständlichkeit unseres Alltags geworden.

Originalapparate von Heinrich Hertz, mit denen er die Eigenschaften elektromagnetischer Wellen in den Jahren 1886 bis 1888 studierte.
 Von links nach rechts: kreisförmige Resonatoren (Objekte 1 und 2), Funkenapparat unter Glasglocke zur Erzeugung von ultraviolettem Licht (Objekt 3), es folgen ein Hitzdrahtstrommesser zum Nachweis elektrischer Schwingungen und ein quadratförmiger Resonator [7].

Die Hertzsche Versuchsanlage reichte gerade aus, um die Wellen über wenige Meter zu transportieren. Über Satelliten als Relaisstationen empfangen wir heute Fernsehbilder von Ereignissen, die sich Tausende Kilometer von uns entfernt ereignen. Auch die Wellen des Lichts sind elektromagnetische Wellen, deren Frequenzen bzw. Wellenlängen in einem Bereich liegen, den wir sehen können. Die Maxwellschen Gleichungen gelten für elektromagnetische und für optische Erscheinungen gleichermaßen. So führte die erste Feldtheorie bis dahin scheinbar unvereinbare Wissenschaftszweige, die Optik, die Elektrizitätslehre und den Magnetismus, zusammen.

»Zunächst sollte der Feldbegriff bloß dazu dienen, das Verständnis für bestimmte Erscheinungen vom Mechanischen her zu erleichtern. In der neuen Kraftfeldterminologie ist die Beschreibung des zwischen den beiden Ladungen liegenden Feldes, nicht aber die der Ladungen selbst für die Deutung ihres Verhaltens maßgebend. Die neuen Begriffe zogen rasch immer weitere Kreise, bis das substantielle Denken schließlich ganz und gar von dem kraftfeldmäßigen verdrängt wurde. Man begriff, daß dieser Umschwung für die Physik von größter Bedeutung sein muß. Eine neue Realität war entdeckt worden, eine neue Konzeption, für die im Rahmen der mechanischen Denkweise kein Raum mehr blieb. Langsam und in zähem Ringen eroberte sich der Kraftfeldbegriff den Vorrang in der Physik, und so zählt er bis heute zu den physikalischen Grundbegriffen. Das elektromagnetische Feld ist für den modernen Physiker nicht minder wirklich als der Stuhl, auf dem er sitzt.«[18]

Kommen wir nun wieder zum fallenden Apfel zurück. Auf die Frage nach der Ursache des Falls antwortet der moderne Physiker nicht mehr: »Weil er von einer mit der Erde starr verbundenen Kraft angezogen wird«, sondern: »Weil die Erde in ihrer Umgebung ein Gravitationsfeld aufgebaut hat, das auf den Apfel wirkt und dadurch seinen Fall verursacht.« Das Feld wirkt als Mittler der Kraft. Die Stärke der Einwirkung des Gravitations- oder Schwerefeldes auf einen beliebigen Körper nimmt mit seiner Entfernung von der Erde ab.

Die Einwirkung des Gravitationsfeldes auf einen Körper weist nun eine bemerkenswerte Besonderheit auf. Körper, die sich unter der Wirkung eines Schwerefeldes bewegen, erhalten eine Beschleunigung, die weder vom physikalischen Zustand des Körpers noch von seinen Materialeigenschaften abhängt. Eine Feder und ein Stein fallen (im luftleeren Raum), unabhängig von ihren unterschiedlichen Massen, gleich schnell unter der Einwirkung des Schwerefeldes. Durch viele Experimente wurde dieser Zusammenhang mit großer Genauigkeit gesichert. Dieses Naturgesetz läßt sich, den Gedankengängen Einsteins folgend, auch noch auf andere Art formulieren.

Nach dem zweiten Newtonschen Axiom erfährt der Körper unter der Wirkung einer Kraft eine Beschleunigung, wobei die träge Masse eine den Körper charakterisierende Größe ist:

(Kraft) = (träge Masse) × (Beschleunigung).

Eine Kraft gleicher Größe können wir aber auch auf den gleichen Körper im Schwerefeld ausüben:

(Kraft) = (schwere Masse) × (Intensität des Schwerefeldes),

wobei die schwere Masse ebenfalls eine den Körper charakterisierende Größe ist. Wenn beide Kräfte die gleiche Stärke haben, so folgt aus beiden Beziehungen unmittelbar

$$(\text{Beschleunigung}) = \frac{(\text{schwere Masse})}{(\text{träge Masse})} \times (\text{Intensität des Schwerefeldes}).$$

Nun haben wir den naturgesetzlichen Zusammenhang, daß bei gegebenem Schwerefeld die Beschleunigung unabhängig von der Masse ist. Also muß auch das Verhältnis der schweren zur trägen Masse für alle Körper das gleiche sein. Durch geeignete Wahl der Einheiten von träger und schwerer Masse läßt sich dieses Verhältnis zu 1 machen: dann gilt der Satz: Die schwere und die träge Masse sind einander gleich.

»Die bisherige Mechanik hat diesen wichtigen Satz zwar registriert, aber nicht interpretiert. Eine befriedigende Interpretation kann nur so zustande kommen, daß man einsieht: Dieselbe Qualität des Körpers äußert sich je nach Umständen als ›Trägheit‹ oder als ›Schwere‹.«[19]

Wie wir sahen, geht die klassische Mechanik von der Gültigkeit des Trägheitsprinzips aus. Von anderen materiellen Körpern hinreichend weit entfernte Körper bewegen sich geradlinig gleichförmig oder verharren im Ruhezustand. Die Naturgesetze der klassischen und der relativistischen Mechanik sollen für alle Bezugssysteme zutreffen, in denen das Trägheitsprinzip gilt. Diese besondere Klasse von Bezugssystemen haben wir als Inertialsysteme bezeichnet. So viele das auch sein mögen – es sind unendlich viele –, erschöpfen sie nicht die Klassen der Bezugssysteme. Jedes beschleunigte Bezugssystem, etwa der bremsende Zug, gehört nicht in die Klasse der Inertialsysteme. Die Aufgabe, die sich Einstein stellte, war die Formulierung physikalischer Gesetze, die für beliebig gegeneinander bewegte Bezugssysteme gelten. Er hat diese Aufgabe in der allgemeinen Relativitätstheorie gelöst. Er hat eine für alle Bezugssysteme gültige relativistische Gravitationstheorie erarbeitet, in der es nur noch relative Bewegungen gibt. Diese neue Theorie widerspricht nicht den Gesetzen der speziellen Relativitätsmechanik bzw. denen der klassischen Mechanik. Deren so oft in Experiment und Praxis erprobte Gültigkeit für Inertialsysteme erweist sich als Grenzfall der allgemeineren Gesetze.

Ausgangspunkt der Einsteinschen Überlegungen war die Gleichheit von schwerer und träger Masse. Ihm ging es um den Aufbau einer Gravitationstheorie, in der die träge und die schwere Masse bereits vom Ansatz her ununterscheidbar sind.

---

[18] A. Einstein, L. Infeld, Die Evolution der Physik, Hamburg 1956, S. 103

[19] A. Einstein, Über die spezielle und die allgemeine Relativitätstheorie, Berlin 1979, S. 54

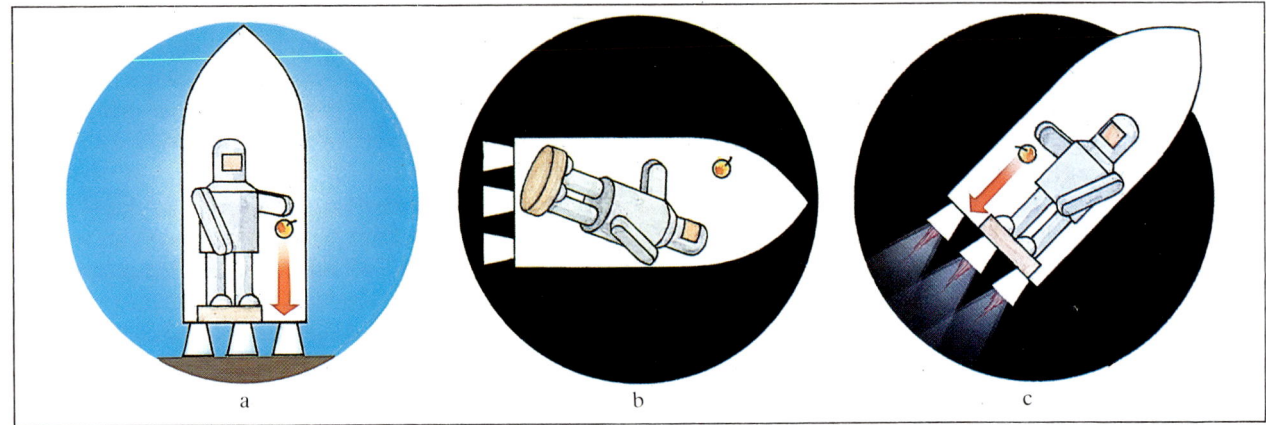

a) Im Raumschiff vor dem Start fällt ein Apfel, dem Fallgesetz folgend, zu Boden.
b) Das Raumschiff bewegt sich auf seinem Flug weit außerhalb der Wirkung der Gravitation anderer Himmelskörper mit konstanter Geschwindigkeit. Ein losgelassener Apfel schwebt im Raum.
c) Beschleunigt das Raumschiff seine Bewegung durch Einschalten der Triebwerke, so fällt – wie beim Start – der Apfel wieder zu Boden.

Jeder von uns hat sich bereits mehr als einmal mittels des Auges einer Fernsehkamera an Bord einer Raumstation versetzt gefühlt, die die Erde umkreist oder sich auf dem beschleunigten Flug von der Erde zum Mond befand. Wir sahen, daß unbefestigte Körper unterschiedlichster Art und Masse in der Raumstation unbewegt frei schwebten oder sich mit gleichförmiger Geschwindigkeit bewegten. Die Raumstation war für uns und die an Bord befindlichen Kosmonauten ein Inertialsystem, in dem das Trägheitsgesetz augenfällig gilt und auf das alle physikalischen Gesetze zutreffen, wenn es auch räumlich begrenzt ist.

Nehmen wir an, es sei uns möglich, an Bord eines Raumschiffes mit einem physikalischen Labor eine Reise in den Weltraum anzutreten. Vor dem Start führen wir unseren ersten Versuch durch. Wir lassen unterschiedliche Versuchskörper aus einer definierten Höhe fallen. Da wir von der Existenz des Schwerefeldes der Erde wissen, sind uns die Beobachtungen erklärlich. Nach dem Start geht die Reise in Bereiche des Universums, in denen keine merklichen Gravitationsfelder vorhanden sind. Wir haben uns weit genug von allen benachbarten Himmelskörpern entfernt. Unser mit gleichförmiger Geschwindigkeit dahinrasendes Raumschiff erweist sich bei dem Versuch, dieselben Versuchskörper fallen zu lassen, als ein Inertialsystem. Wie in der die Erde umkreisenden Raumstation beobachten wir, daß die losgelassenen Versuchskörper frei im Raum schweben, unabhängig von ihrer Art und Masse. Sollte sich jedoch der Kommandant unseres Raumschiffes dazu entschließen, die Raketentriebwerke einzuschalten und damit die Bewegung gleichmäßig zu beschleunigen, so würden die losgelassenen Versuchskörper in unserem Labor zu Boden fallen, wie wir es vor dem Start auf der Erde beobachteten. Eben wegen der Gleichheit von träger und schwerer Masse sind wir in unserem Labor nicht in der Lage zu unterscheiden, ob die Ursache des Falls die Beschleunigung des Raumschiffes oder die Wirkung eines Gravitationsfeldes ist. Diese Gleichheit der Wirkungen läßt sich auch so deuten, daß sie den gleichen Ursachen zuzuschreiben ist. Diesen Zusammenhang faßte Einstein in einem Äquivalenzprinzip zusammen: Vorgänge in beschleunigten Bezugssystemen und in Gravitationsfeldern sind einander äquivalent. Durch Messungen in einem Labor können wir nicht unterscheiden, ob dieses gleichförmig beschleunigt wird oder sich in einem Schwerefeld befindet.

Wir haben mit unserem Gedankenexperiment während des Raumfluges gezeigt, daß das Äquivalenzprinzip für mechanische Erscheinungen gilt. Sein tieferer Sinn liegt nach Einstein jedoch in der Gleichwertigkeit von Gravitation und Beschleunigung für alle physikalischen Vorgänge. Untersuchen wir also die Konsequenzen des Äquivalenzprinzips für eine elektromagnetische Erscheinung. Dazu begeben wir uns wieder in das physikalische Labor an Bord des Raumschiffes. Durch ein winziges Fenster an der Seitenwand fällt ein Lichtstrahl in unser Labor, einmal vor dem Start und einmal während des beschleunigten Fluges im kräftefreien Universum. Der senkrecht zur Bewegungsrichtung eintretende Lichtstrahl braucht eine allerdings außerordentlich kurze Zeit, bis er die gegenüberliegende Wand trifft. Da sich in diesem Zeitintervall das beschleunigt fliegende Raumschiff weiterbewegt, trifft der Lichtstrahl die Wand an einem Punkt, der um ein winziges gegenüber dem Eintrittspunkt verschoben ist, d. h., der Lichtstrahl bewegt sich für den Beobachter im Labor nicht auf einer geraden, sondern auf einer gekrümmten Linie. Würde das Äquivalenzprinzip auch für elektromagnetische Erscheinungen gelten, so müßten wir erwarten, daß der gleiche Versuch vor dem Start ebenfalls einen krummlinigen Verlauf des Lichts zeigt, Lichtstrahlen sich in Gravitationsfeldern, also auf gekrümmten Bahnen, bewegen.

Wenige Jahre nach der Veröffentlichung der allgemeinen Relativitätstheorie durch Einstein in den »Annalen der Physik« des Jahres 1916 sandte die Astronomical Royal Society in London zwei Expeditionen aus, um anläßlich der Sonnenfinsternis vom 29. Mai 1919 die Krümmung des Sternlichts im Gravitationsfeld der Sonne zu messen. Dazu wurden Sterne, die in der unmittelbaren seitlichen Nachbarschaft der Sonne erscheinen, bei der Sonnenfinsternis fotografiert. Durch Vergleich mit einer zweiten Fotografie derselben Sterne einige Zeit vor bzw. nach der Sonnenfinsternis galt es festzustellen, ob eine radiale Verschiebung der Sterne in der Umgebung der Sonne auftritt. Als Bezugssystem dienten andere Fixsterne auf den Fotografien. Diese ersten Messungen deuteten auf eine Ablenkung des Sternlichts hin, das am Sonnenrand entlangstreift. Von der allgemeinen Relativitätstheorie wird für diese Ablenkung der Winkel $\alpha = 1{,}75$ Bogensekunden vorhergesagt. Die ersten Messungen bei verschiedenen Sonnenfinsternissen ergaben Werte zwischen 1,5 und 2,2 Bogensekunden.

Eine große Verbesserung der Genauigkeit der Messungen wurde später durch die Radioastronomie erreicht, da die elektromagnetische Strahlung im Bereich ultrakurzer Radiowellen, die von Galaxien oder sternähnlichen Objekten ausgesandt wird, auch am Tage empfangen werden kann. Alljährlich am 8. Oktober streifen die Radiowellen, die von der quasistellaren Radioquelle 3C279, einem Quasar, ausgesandt werden, den Sonnenrand. Das gemittelte Resultat der Messungen der siebziger Jahre ist $\alpha = 1{,}75$ Bogensekunden mit einer Meßgenauigkeit von 1 % – ein Triumph der allgemeinen Relativitätstheorie.

Damit wird jedoch das gerade erst aufgestellte Postulat von der Konstanz der Lichtgeschwindigkeit in Frage gestellt. Eine Krümmung der Lichtstrahlen kann nämlich nur dann auftreten, wenn die Geschwindigkeit des Lichts in Gravitationsfeldern von Ort zu Ort variiert. Wir sehen aus diesem Gedankenexperiment, daß auch die spezielle Relativitätstheorie keine unbegrenzte Gültigkeit besitzen kann. Treten Gravitationsfelder auf, so müssen sie sich in einer Lichtablenkung be-

Die Ablenkung des Sternenlichts im Schwerefeld der Sonne

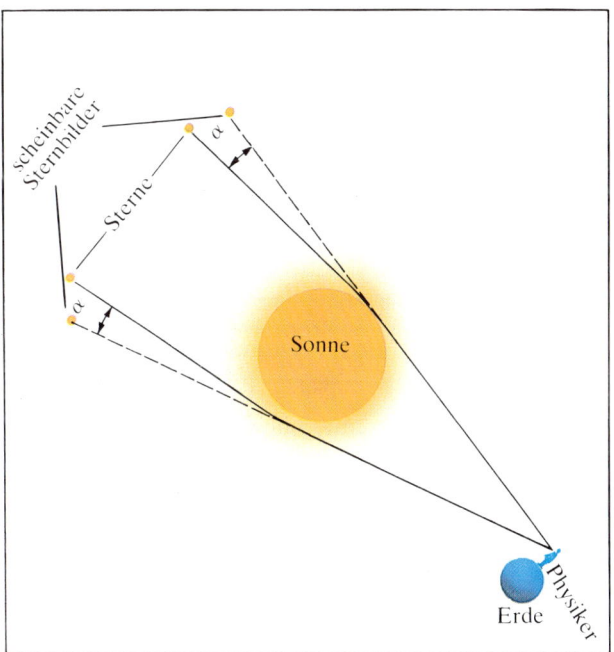

merkbar machen, wenn das Äquivalenzprinzip auch für elektromagnetische Vorgänge gelten soll.

Unsere bisherigen Betrachtungen machen deutlich, welch enger Zusammenhang zwischen einer Verallgemeinerung des Relativitätsprinzips auf beschleunigt bewegte Bezugssysteme und der Massenanziehung besteht und welche Bedeutung dabei der Äquivalenz von träger und schwerer Masse zukommt. Davon ausgehend, zeigte Einstein in der in mathematischer Sprache formulierten allgemeinen Relativitätstheorie, daß die Existenz von Gravitationsfeldern mit der Struktur von Raum und Zeit auf das engste verknüpft ist, daß diese Struktur durch die Verteilung und Bewegung von Massen bestimmt wird, wobei sich Schwerefeld und Bewegung von Körpern im Gravitationsfeld wechselseitig bedingen. Er zeigte, daß die Schwerkraft aus der Krümmung von Raum und Zeit herzuleiten ist und daß das Gesetz der Massenanziehung für den Grenzfall der Inertialsysteme zum Newtonschen Gravitationsgesetz wird.

Um die Verknüpfung der Gravitation mit der Geometrie von Raum und Zeit etwas verständlicher zu machen, wollen wir uns wieder in unser gedachtes Physiklabor an Bord des Raumschiffes begeben. Wenn wir dort die Bewegung eines Versuchskörpers, etwa die eines fallenden Apfels, quantitativ, also zahlenmäßig, beschreiben wollen, so müssen wir sie auf ein geeignetes Bezugssystem beziehen. Erst nach der Wahl des Bezugssystems hat es einen Sinn, von der Bewegung eines Versuchskörpers relativ zum System zu sprechen. Unser Bezugssystem ist das Labor. Es hat drei Dimensionen: Länge, Breite und Höhe. Jede Lagebestimmung des Apfels wird also durch drei Zahlen ausgedrückt. Eine vierte Zahl dient der Festlegung des Zeitpunkts, in dem sich ein Ereignis, etwa das Loslassen des Apfels, abspielt. Jedes Ereignis wird durch vier Werte bestimmt. Der raumzeitliche Verlauf einer Ereignisfolge, etwa die Fallbewegung des Apfels vom Moment des Loslassens bis zum Aufprall auf den Boden, bildet dann eine kontinuierliche Folge von drei räumlichen und einer zeitlichen Koordinate. Wir sagen, das physikalische Geschehen bildet ein vierdimensionales Kontinuum. Das gilt für die klassische Physik genauso wie für die spezielle Relativitätstheorie. Für den klassischen Physiker war jedoch die Aufspaltung der vierdimensionalen Kontinua in dreidimensionale Raumkontinua und eindimensionale Zeitkontinua kein Problem, da für ihn ja die Zeit unabhängig vom jeweiligen Bezugssystem absolut verlief. Nun hat uns aber die spezielle Relativitätstheorie gezeigt, daß beim Übergang zweier gegeneinander bewegter Bezugssysteme Raum- und Zeitkoordinaten sich ändern, das vierdimensionale Raum-Zeit-Kontinuum nicht mehr aufspaltbar ist.

Der Raum unserer Alltagserfahrungen ist ein euklidischer.

Fall eines Apfels in einem dreidimensionalen Bezugssystem. Beginnt der Fall zur Zeit $t = 0$, so legt der Apfel in der ersten Sekunde die Strecke R zurück, in der darauffolgenden Sekunde die Strecke $4R$. In der unteren Skizze ist das Weg-Zeit-Diagramm des fallenden Apfels dargestellt.

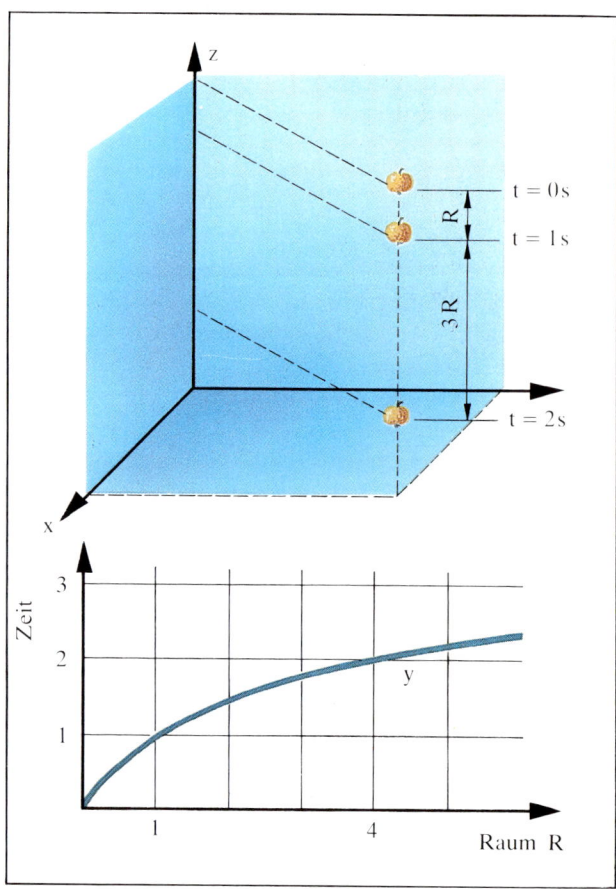

In ihm lassen sich die Gesetze der euklidischen Geometrie durch Experimente bestätigen. Ein Lichtstrahl entspricht einer Geraden, und aus dünnen Stäben können wir Dreiecke konstruieren, in denen die Summe der drei Winkel 180° beträgt. Einen Raum, in dem die euklidische Geometrie gültig ist, bezeichnen wir als flachen Raum.

In der allgemeinen Relativitätstheorie zeigt Einstein, daß die Raum-Zeit – in Abhängigkeit von den anziehenden Massen – gekrümmt wird. Die Krümmung ist die Erscheinungsform der Gravitation. Das Wesen der Krümmung des Raumes liegt in der Änderung seiner geometrischen Eigenschaften im Vergleich zu den Eigenschaften des flachen Raumes.

In dem Maße, wie die Physiker den alltäglichen Erfahrungsbereich unserer Welt überschritten, gewöhnten sie sich daran, mit nicht mehr anschaulich vorstellbaren Begriffen zu arbeiten. Entscheidend für die Verwendbarkeit neuer Begriffe in der Physik ist, daß sie einen neuen Erfahrungsbereich der Welt in einer mathematisch quantifizierbaren Theorie adäquat abzubilden gestatten, wobei sich die experimentell prüfbaren Vorhersagen in Übereinstimmung mit den Beobachtungen befinden müssen. Die Geometrie eines gekrümmten Raumes wird durch Axiome bestimmt, die von den euklidischen Axiomen abweichen. Bewegungen in einer gekrümmten Raum-Zeit erfolgen auf Extremalkurven, sogenannten Geodäten. Im dreidimensionalen Raum nehmen wir sie als Bewegungen auf gekrümmten Bahnen mit veränderlichen Geschwindigkeiten wahr. Gerade diese aber beobachten wir beim Durchgang des Lichts durch ein Schwerefeld.

Wir wollen uns die Veränderung der Geometrie an zweidimensionalen Flächen veranschaulichen. Bleiben wir beim Beispiel des Dreiecks. In einer Ebene ist die euklidische Geometrie gültig, die Winkelsumme im Dreieck beträgt 180°. Ist die zweidimensionale Fläche jedoch gekrümmt, so unterscheidet sich die hier gültige Geometrie von der der Ebene. Auf der Oberfläche einer Kugel ist die Summe der Winkel im Dreieck größer als 180°. Flächen dieser Art bezeichnet

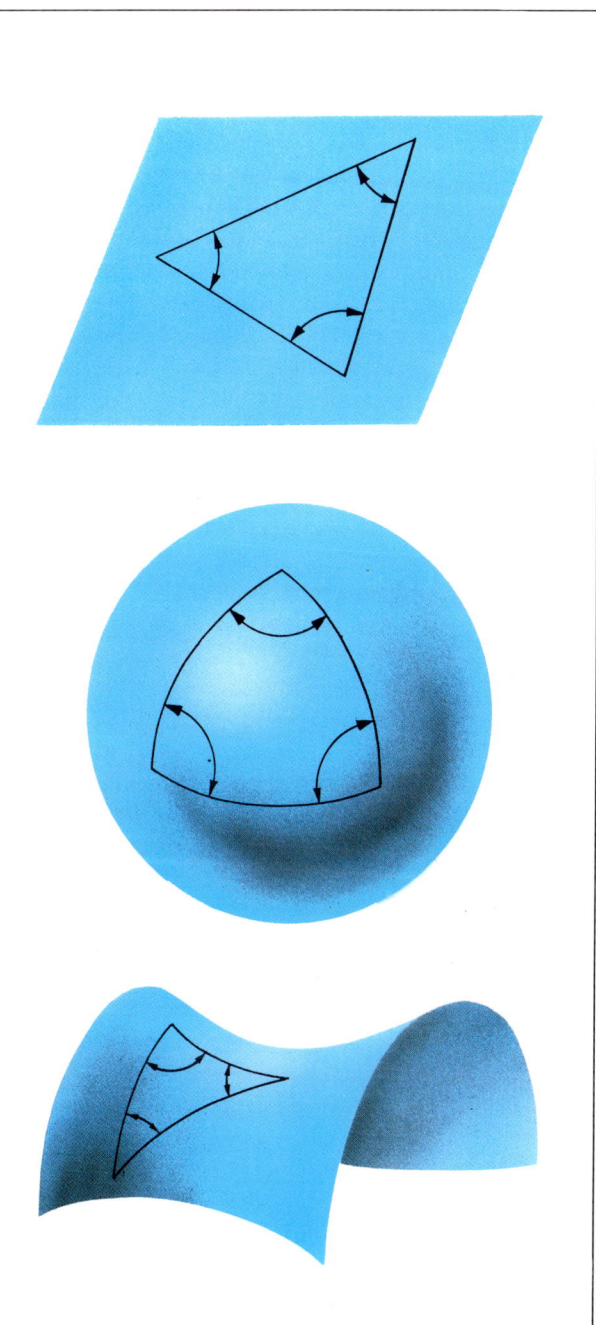

Zweidimensionale Analoga zur Illustration gekrümmter Räume.
a) Die Ebene. Auf ihr ist die Winkelsumme im Dreieck gleich 180°.
b) Die Kugel. Auf ihrer Oberfläche beträgt die Winkelsumme eines Dreiecks mehr als 180°.
c) Das Hyperboloid. Auf einer Sattelfläche ist die Winkelsumme in einem Dreieck kleiner als 180°.

man als positiv gekrümmt. Dagegen besitzt die Fläche eines Hyperboloids eine negative Krümmung. Die Winkelsumme in einem Dreieck auf einem Hyperboloid ist kleiner als 180°.

Alle unsere anschaulichen Vorstellungen, unsere Erfahrungen, beziehen sich auf den dreidimensionalen euklidischen Raum, in dem sich unser Leben abspielt. Die nichteuklidische Geometrie erlaubt uns, die Eigenschaften eines gekrümmten Raumes mathematisch zu untersuchen, vorstellen können wir sie uns nicht. Wir können jedoch die Resultate der Berechnungen mit den Beobachtungen vergleichen.

Eine durch die Beobachtungen mit hoher Genauigkeit bestätigte Folgerung der Einsteinschen Gravitationsgesetze haben wir bereits kennengelernt, die Ablenkung von Lichtstrahlen im Schwerefeld. Eine weitere Beobachtung war die eingangs erwähnte Perihelbewegung des Merkurs. Auch für sie liefern die Einsteinschen Feldgleichungen der allgemeinen Relativitätstheorie die Erklärung. Nach der Theorie soll die Perihelverschiebung in 100 Erdenjahren 43,03 s betragen. Die Messungen ergeben einen Wert von 43,11 s, wobei der Fehler etwa 1 % beträgt – der zweite große Triumph der Einsteinschen allgemeinen Relativitätstheorie. In ihr sind die Struktur der Raum-Zeit und die Bewegung von Massen zu einer untrennbaren Einheit verbunden.

Einsteins Nachdenken über die alte Erkenntnis der Proportionalität von träger und schwerer Masse schuf die Möglichkeit, die Geometrie der Welt mit physikalischen Methoden zu untersuchen und sie damit zu einer physikalischen Wissenschaft zu entwickeln, die experimentell überprüfbare Aussagen enthält.

Zum Schluß dieses kurzen Abschnitts über die allgemeine Relativitätstheorie soll Einstein selbst nochmals zu Wort kommen. In einer Gegenüberstellung der Einsteinschen und der Newtonschen Gravitationstheorie heißt es in dem lesenswerten Buch von Einstein und Infeld über die Evolution der Physik:

»1. Die Gravitationsgleichungen der allgemeinen Relativitätstheorie können auf jedes beliebige System angewandt werden. Wenn wir trotzdem in bestimmten Fällen ein bestimmtes System wählen, so geschieht das nur aus Zweckmäßigkeitsgründen. Theoretisch sind alle Systeme zulässig. Wenn wir die Massenanziehung aus dem Spiel lassen, kommen wir ganz automatisch auf das Inertialsystem der speziellen Relativitätstheorie zurück.

2. Newtons Gravitationsgesetz stellt den Zusammenhang her zwischen der Bewegung eines Körpers an einem bestimmten Ort und in einem bestimmten Zeitpunkt und dem gleichzeitig wirksamen Einfluß eines anderen, weit entfernten Körpers. Dieses Gesetz liegt der ganzen mechanischen Denkweise gleichsam als Muster zugrunde. Das mechanistische Denken wurde aber dann ad absurdum geführt, und in Maxwells Gleichungen fanden wir ein neues Muster für die Aufstellung von Naturgesetzen. Die Maxwellschen Gleichungen sind strukturelle Gesetze. Sie stellen den Zusammenhang her zwischen Vorgängen, die sich in einem bestimmten Punkt und einem bestimmten Augenblick abspielen, und Ereignissen, die ein wenig später in der unmittelbaren Nachbarschaft eintreten. Es sind Gesetze für die Wandlungen des elektromagnetischen Feldes. Unsere neuen Gravitationsgleichungen nun sind ebenfalls strukturelle Gesetze, nur gelten sie für Veränderungen des Schwerefeldes . . .

3. Unsere Welt ist nichteuklidisch. Ihre geometrische Beschaffenheit wird durch Massen und deren Geschwindigkeiten bestimmt. Die Gravitationsgleichungen der allgemeinen Relativitätstheorie sind ein Versuch zur Bestimmung der geometrischen Eigenschaften unserer Welt.«[20]

In den sechs Abschnitten dieses Kapitels haben wir sechs Etappen der historischen Entwicklung der Wissenschaft und ihres Verständnisses von der Natur und der Evolution der Welt betrachtet. In den 2500 Jahren, die die sechs Etappen umschließen, hat sich die Wissenschaft aus der Naturphilosophie der Griechen zu einer unser Leben gestaltenden Macht entwickelt. Ein Prozeß, der auf das engste mit der Entwicklung der menschlichen Gesellschaft, insbesondere mit der Entwicklung ihrer Produktivkräfte, verflochten war und ist.

Die Wissenschaft gibt uns die Möglichkeit, uns als Teil des sich entwickelnden Universums zu begreifen und zu erkennen, daß unsere Einsicht in die Evolution des Universums auf unserem Wissen um die naturwissenschaftlichen Gesetzmäßigkeiten der Strukturformen der Materie beruht.

---

[20] A. Einstein, L. Infeld, Die Evolution der Physik, Hamburg 1956, S. 158

Beim Betrachten der Entwicklungsetappen der Physik bis zum Beginn des 20. Jahrhunderts lernten wir unterschiedliche Bewegungs- und Entwicklungsformen der Materie kennen. Den philosophisch folgenreichen neuen Erkenntnissen bleibt mit früheren physikalischen Erkenntnissen eines gemeinsam: Sie beziehen sich alle auf eine Eigenschaft der Materie, nämlich »die Eigenschaft, objektive Realität zu sein, außerhalb unseres Bewußtseins zu existieren«.[21]

Mit der allgemeinen Relativitätstheorie endet zwar dieses Kapitel, nicht aber die Entwicklung der Physik des 20. Jahrhunderts.

In den folgenden Kapiteln werden wir neben den bisher betrachteten mechanischen Bewegungen weitere Bewegungsformen kennenlernen, die durch Umwandlungen, d. h. Qualitätsveränderungen, von Strukturformen der Materie charakterisiert sind.

Einige der mir wichtig erscheinenden Einsichten, die dieses Kapitel vermitteln soll, möchte ich abschließend zusammenfassen:

– Unsere Welt hat eine durch mathematisch faßbare Naturgesetze beherrschte reale materielle Struktur, die für uns schrittweise erkennbar ist.
– Die moderne Naturwissenschaft beruht auf einer quantitativen Beschreibung von Beobachtungen. Sie basiert auf dem Begriff des mathematisch formulierten Axioms.
– Die Zuordnung der mathematischen Axiome zur physikalischen Realität geschieht durch Meßvorschriften, die physikalische Größen definieren.
– Über den Wahrheitsgehalt eines Axioms entscheidet die Praxis in Experiment und Produktion.
– In der Naturwissenschaft gibt es keine ewigen, unbeschränkt gültigen Theorien. In der Regel führt die Krise einer alten Theorie zu neuen Einsichten, insbesondere bezüglich ihres Gültigkeitsbereiches.
– Mit jedem Wandel des Gültigkeitsbereiches einer Theorie ist ein tiefgreifender Bedeutungswandel ihrer Grundbegriffe verbunden.
– Die Entwicklung der modernen Physik ist durch einen fortschreitenden Prozeß der Vereinheitlichung charakterisiert, durch die Aufdeckung tieferliegender Zusammenhänge zwischen verschiedenen Teilgebieten der Physik.
– Die fortschreitende Vereinheitlichung unterstreicht den Systemcharakter unserer Erkenntnisse. Das bedingt, daß im hierarchischen System physikalischer Theorien die entwickeltere nicht ohne Kenntnis der einfacheren Theorie zu verstehen ist.
– Auch das naturwissenschaftliche Weltbild unseres Jahrhunderts kann nur eine Etappe im unendlichen Prozeß der Erkenntnis des sich entwickelnden Universums sein.

---

[21] W. I. Lenin, Materialismus und Empiriokritizismus, Werke, Bd. 14, Berlin 1964, S. 260

3. Das Instrumentarium der modernen Naturwissenschaft

Vor rund 2 Millionen Jahren vollzog sich auf unserer Erde eine Phase der menschlichen Evolution, die vom Affenmenschen *(Homo habilis)* zum Urmenschen *(Homo erectus)* führte. Vor rund 2 Milliarden Jahren zündete sich in einem Uranvorkommen an der Westküste Afrikas die erste auf der Erde nachweisbare Kernexplosion selbsttätig. So wie heute die Sonne mit einer Oberflächentemperatur von rund 6000 K uns Licht und Leben spendet, so schien sie auch vor vielen hundert Millionen Jahren, und so wird sie auch noch in vielen hundert Millionen Jahren scheinen.

All diesen Datierungen, die in obigen Behauptungen enthalten sind, liegt letztlich unser Wissen um die physikalischen Gesetzmäßigkeiten des Mikrokosmos zugrunde. Jeder der erwähnten, für die Vergangenheit und Zukunft der Menschheit so wichtigen Prozesse wurde für uns datierbar, weil wir die atomare und die subatomare Welt unserem Verständnis erschlossen.

Dieses Kapitel ist den Methoden, dem Instrumentarium der modernen Physik gewidmet, mit dessen Hilfe wir die in der Natur wirkenden Gesetzmäßigkeiten aufgedeckt haben. Jeder neue, von unserer unmittelbaren Erfahrungswelt entferntere Naturbereich – sowohl im Mikro- als auch im Makrokosmos – bedurfte neuer experimenteller und theoretischer Methoden. Sie erschlossen uns neue Welten und ließen uns auf nie erahnte Weise eine Einheit von Mikro- und Makrokosmos erkennen.

3.1. Vom Lichtmikroskop zum Elektronenmikroskop

Unser Auge ist bei Tageslicht in der Lage, zwei dicht beieinanderliegende Punkte getrennt wahrzunehmen, wenn ihr Winkelabstand etwa eine Bogenminute beträgt. In einer Entfernung von 25 cm vom Auge entspricht dem ein Abstand der beiden Punkte von etwa $7 \cdot 10^{-3}$ cm. Eine Vergrößerung des Abstandes läßt sich dadurch erreichen, daß man den Gegenstand näher an das Auge heranführt. In einem Abstand von etwa 10 cm versagt aber die Akkomodationsfähigkeit selbst des jugendlichen menschlichen Auges, und die Konturen des abgebildeten Gegenstandes werden unscharf. Um den Winkelabstand zu vergrößern und damit den Gegenstand bzw. das Bild näher heranzuholen, braucht man geeignete optische Instrumente: Mikroskop und Fernrohr. Beide Geräte wurden zu Beginn des 17. Jahrhunderts in Holland erfunden.

Ein modernes Lichtmikroskop gestattet uns, zwei Punkte noch getrennt wahrzunehmen, die einen Abstand von etwa der Wellenlänge λ des benutzten Lichts haben. Die mittlere Wellenlänge des Tageslichts beträgt rund $6 \cdot 10^{-5}$ cm. Um das Auflösungsvermögen weiter zu steigern und damit in kleinere Dimensionen vorzudringen, muß man die Länge der Wellen verkürzen, mit deren Hilfe man die Mikrowelt erschließt.

Aus dem gesamten Bereich der elektromagnetischen Strahlung ist der für das menschliche Auge empfindliche Teil, das sichtbare Licht, nur ein sehr kleiner Ausschnitt. Seine Wellenlängen liegen zwischen $\lambda_r \approx 8 \cdot 10^{-5}$ cm (rot) und $\lambda_v \approx 4 \cdot 10^{-5}$ cm (violett). Wie die Zerlegung des Sonnenlichts mittels eines Glasprismas uns lehrt, enthält es alle Wellenlängen des sichtbaren Lichts. Das Spektrum des weißen Lichts setzt sich aus den Regenbogenfarben zusammen. Die Ausbreitung der elektromagnetischen Wellen erfolgt mit der Lichtgeschwindigkeit c. Eine elektromagnetische Welle der Länge λ hat eine Frequenz $\nu = c/\lambda$. Dem Spektralbereich des sichtbaren Lichts entsprechen die Grenzfrequenzen $\nu_r \approx 3{,}8 \cdot 10^{14}$ Schwingungen je Sekunde (rot) und $\nu_v \approx 7{,}5 \cdot 10^{14}$ Schwingungen je Sekunde (violett).

Das Auflösungsvermögen eines Mikroskops läßt sich dadurch erhöhen, daß man elektromagnetische Wellen kürzerer Wellenlänge, also höherer Frequenz, benutzt. Der entscheidende Schritt, der uns die Welt des Mikrokosmos erschloß, war jedoch die Erkenntnis, daß sich alle elementaren Teilchen wie Wellen ausbreiten.

Jeder heiße Körper sendet ein breites Spektrum elektromagnetischer Strahlung aus. Die von der Flächeneinheit des Körpers in der Zeiteinheit abgestrahlte Energie nennt man Energiedichte. Die Verteilung der Energiedichte, mit der die verschiedenen Frequenzen der Wärmestrahlung emittiert werden, hat etwa die Form einer Glocke. Die maximale Energiedichte wird bei einer mittleren Frequenz abgestrahlt, während bei größeren und kleineren Frequenzen die Energiedichten kleiner sind. Mit wachsender Temperatur verschiebt sich das Maximum des Strahlungsspektrums zu höheren Frequenzen hin. Erhitzt man etwa einen Nagel bis zur Glühtemperatur, so sehen wir ihn rot glühen. Mit wachsender Temperatur kommen höhere Frequenzen hinzu, so daß er schließlich weißglühend erscheint.

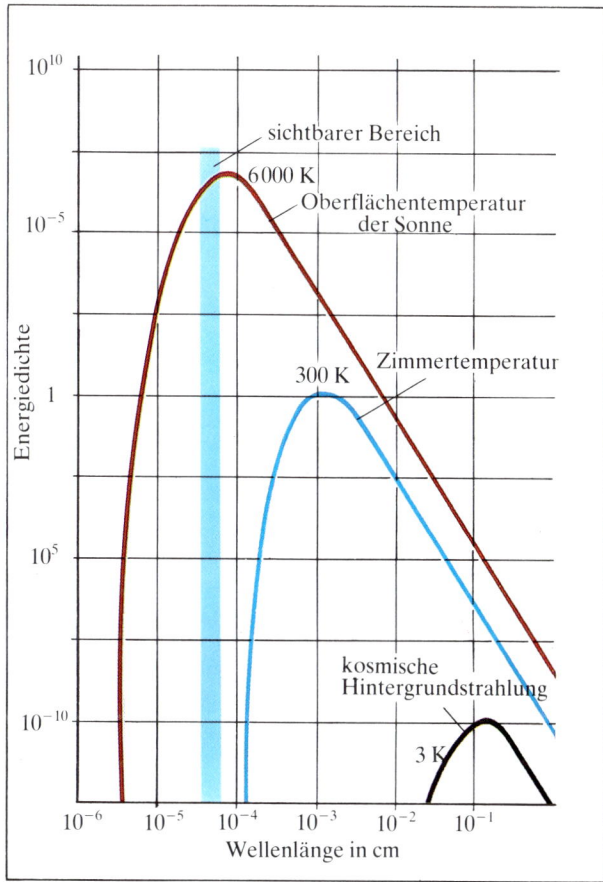

Das Spektrum der elektromagnetischen Strahlung, gemessen durch die Wellenlänge, die Frequenz und die Energie

Die Kurven zeigen, wie die Energiedichte der von einem Körper emittierten elektromagnetischen Strahlung, die Wärmestrahlung, in Abhängigkeit von der Temperatur des Körpers, sich mit der Wellenlänge der Strahlung ändert.

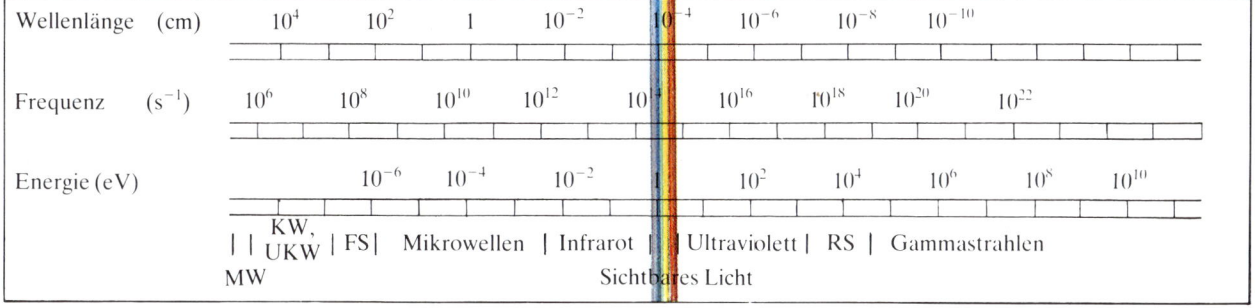

Max Planck (1858–1947). Die Aufnahme zeigt Planck im Jahre 1928 [4].

Alle Versuche, den Verlauf dieser Spektren im Rahmen der Vorstellungen der klassischen Physik zu beschreiben, die um die Wende des 19. Jahrhunderts unternommen wurden, schlugen fehl. Im Jahre 1900 stellte Max Planck die Hypothese auf, daß die elektromagnetische Strahlung des heißen Körpers nur portionsweise, quantisiert, in Energieeinheiten der Größe $E = h\nu$ entsteht. Die damit eingeführte Größe h wird als Wirkungsquantum oder Plancksche Konstante bezeichnet. Mit dieser Hypothese war es Planck möglich, die Wärmestrahlung der Körper in Übereinstimmung mit den in der Physikalisch-Technischen Reichsanstalt in Berlin experimentell ermittelten Daten zu beschreiben.

Mit der Physik der Planckschen Konstanten, der Quantenphysik, beginnt ein neues Kapitel der Physik. In seiner Selbstdarstellung aus dem Jahre 1942 erinnert sich Planck an die Worte seines Physiklehrers Philipp von Jolly an der Universität München. Er sagte dem jungen Planck: »Theoretische Physik, das ist ja ein ganz schönes Fach . . . Aber grundsätzlich Neues werden Sie darin kaum mehr leisten können . . . Man kann wohl hier und da in dem einen oder anderen Winkel ein Stäubchen noch auskehren, aber was prinzipiell Neues, das werden Sie nicht finden.« Mit seiner Quantenhypothese, die Planck am 14. Dezember 1900 auf der Sitzung der Deutschen Physikalischen Gesellschaft in Berlin vortrug, wurde er zum Begründer der modernen Physik, der Physik des 20. Jahrhunderts.

Im Jahre 1905 veröffentlichte Einstein in den »Annalen der Physik« neben der bereits erwähnten Arbeit über die spezielle Relativitätstheorie eine weitere, nicht minder bedeutsame Arbeit, in der das Lichtquant oder Photon eingeführt wurde, um den fotoelektrischen Effekt zu erklären.

Nicht lange nach der Entdeckung des Elektrons, gegen Ende des letzten Jahrhunderts, wurde im Experiment festgestellt, daß beim Auftreffen von Licht auf bestimmte Metalloberflächen Elektronen unterschiedlicher Geschwindigkeiten emittiert werden, was zu meßbaren elektrischen Strömen führen kann. Dieser fotoelektrische Effekt wird beispielsweise in Lichtschranken, etwa zum Öffnen und Schließen einer Tür, genutzt. Überzeugt von der Wellennatur des Lichts, nahmen die Physiker an, daß sich die Energie der elektromagnetischen Wellen in die kinetische Energie der Elektronenbewegung umwandelt. Wie die Messungen des photoelektrischen Effekts zeigten, war die Geschwindigkeit der herausgeschlagenen Elektronen jedoch nicht von der Intensität des auftreffenden Lichts, sondern nur von seiner Frequenz abhängig. Mit wachsender Frequenz, also abnehmender Wellenlänge, nahm die Geschwindigkeit der Elektronen zu. Mit wachsendem Abstand zwischen Lichtquelle und Metalloberfläche, also abnehmender Intensität, reduzierte sich lediglich die Zahl der sekundlich herausgeschlagenen Elektronen. Ihre Geschwindigkeiten verringerten sich nicht. Selbst bei außerordentlich kleiner Intensität, bei welcher der die Metalloberfläche treffende Teil der Lichtwelle nicht genug Energie enthielt, um auch bei minutenlanger Bestrahlung ein Elektron freizusetzen, wurden die Elektronen momentan und mit den gleichen Energien emittiert wie bei großer Strahlungsintensität.

Einstein sprach die im Jahre 1905 sehr gewagt erscheinende Vermutung aus, daß das Licht aus Lichtquanten der Energie $E = h\nu$ bestehe und daß diese Photonen von den Elektronen der Metalloberfläche absorbiert werden, wobei ihre Energie auf die Elektronen übertragen wird. Mit der Annahme, das Licht selbst sei gequantelt, ging Einstein weit über Plancks Quantenhypothese hinaus, nach der nur der Energieaustausch in strahlenden Körpern gequantelt erfolgen sollte. Planck selbst hielt diese Hypothese noch jahrelang für unsinnig. Wie konnte Licht, dessen Wellencharakter bei Beugungs- und Interferenzphänomenen offensichtlich war, gleichzeitig aus Teilchen bestehen? Bei der Wahl Einsteins zum Ordentlichen Mitglied der Berliner Akademie der Wissenschaften im Jahre 1913 hieß es in dem von Planck verfaßten Wahlvorschlag: »Zusammenfassend kann man sagen, daß es unter den großen Problemen, an denen die moderne Physik so reich ist, kaum eines gibt, zu dem nicht Einstein in bemerkenswerter Weise Stellung genommen hätte. Daß er in seinen Spekulationen gelegentlich auch einmal über das Ziel hinausgeschossen haben mag, wie z. B. in seiner Hypothese der Lichtquanten, wird man ihm nicht allzuschwer anrechnen dürfen; denn ohne einmal ein Risiko zu wagen, läßt sich auch in der exaktesten Naturwissenschaft keine wirkliche Neuerung einführen.«[1]

Erst mit der Entdeckung des Zusammenstoßes von Photonen mit freien Elektronen, dem Compton-Effekt, wurde die Vorherrschaft der Auffassung von der Wellennatur des Lichts endgültig gebrochen. Dieser Effekt, den man mit dem Stoß von Billardkugeln vergleichen kann, wurde Ende 1922 von Arthur Holly Compton experimentell nachgewiesen. Damit lieferte er einen weiteren Beweis der Einsteinschen Lichtquantenhypothese.

Läßt man aus einer punktförmigen Lichtquelle das Licht auf eine Wand fallen, in der sich dicht beieinander zwei sehr schmale Spalte befinden, so zeichnet eine dahinter befindliche Fotoplatte ein Muster von hellen und dunklen Streifen auf. Dieses Interferenzmuster läßt sich durch die Überlagerung der von den beiden Spalten ausgehenden elektromagnetischen Wellen erklären, die sich in Abhängigkeit von ihrem Gangunterschied gegenseitig verstärken oder auslöschen. Wenn, wie Compton- und Fotoeffekt zeigen, das Licht aus Photonen besteht, wie können dann Interferenzmuster auftreten?

Eine Lichtwelle trifft auf eine Wand mit einem Doppelspalt. Jeder Spalt wird zum Ausgangspunkt einer Kugelwelle, die beide miteinander interferieren. Auf der Fotoplatte erscheint ein charakteristisches Streifenmuster.

[1] Physiker über Physiker, Berlin 1975, S. 202

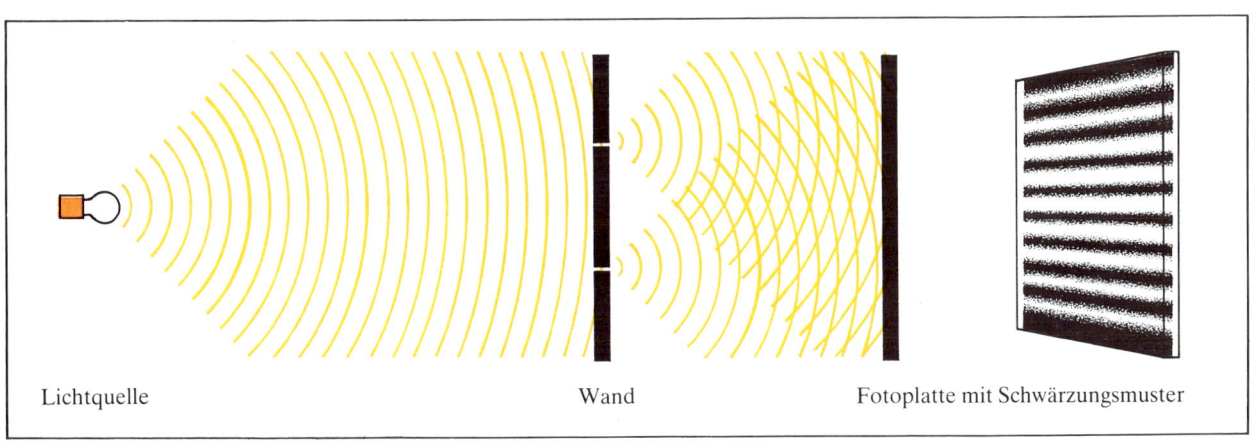

Die Intensität der Lichtquelle läßt sich ohne besondere Schwierigkeiten so weit verringern, daß die Flugzeit eines Photons von der Quelle zur Fotoplatte kleiner wird als der mittlere zeitliche Abstand zwischen den Photonen. Ein Photon kann aber in unserem Verständnis vom Charakter eines Teilchens nur durch den einen oder den anderen Spalt fliegen. Im Gegensatz zu den Erwartungen beobachten wir nach einer entsprechenden Meßzeit auch bei sehr kleinen Lichtintensitäten das gleiche Interferenzmuster. Wie ist es möglich, daß Licht gleichzeitig die Eigenschaften von Welle und Teilchen besitzt?

Als Resultat aller Erfahrungen aus der klassischen Physik erwarteten die Physiker eine Eindeutigkeit zwischen einem Objekt und seinem Abbild. Diese metaphysische Abbildtheorie ließ niemanden daran zweifeln, daß es nur eine Entweder-Oder-Entscheidung geben könne. Aber welche der voneinander so verschiedenen Strukturen, Welle oder Teilchen, sollte man mit dem Verhalten der realen Objekte identifizieren? Was waren die Objekte einer adäquaten physikalischen Theorie?

Die Probleme wurden jedoch zunächst nicht kleiner. Der französische Physiker Louis Victor de Broglie stellte im Jahre 1923 die Hypothese auf, daß der Welle-Teilchen-Dualismus für alle materiellen Objekte gelten soll. Bezeichnen wir mit m die Masse eines beliebigen Teilchens, etwa eines Elektrons, das sich mit annähernder Lichtgeschwindigkeit c bewegt. Wenn es sich wie eine Welle ausbreitet, muß ihm nach der Einstein-Planck-Gleichung $E = h\nu$ auch eine Frequenz ν bzw. eine Wellenlänge $\lambda = c/\nu$ zuzuordnen sein. Setzt man in diese Beziehung für die Frequenz $\nu = E/h$ ein, so erhält man für die Wellenlänge des Teilchens $\lambda = ch/E$. Mit der Einsteinschen Äquivalenzbeziehung zwischen Energie und Masse $E = mc^2$ erhält man für die Wellenlänge den Ausdruck $\lambda = h/mc$. Das Produkt aus Masse und Geschwindigkeit, im obigen Spezialfall also das Produkt aus der Masse m des Teilchens und der Lichtgeschwindigkeit c, bezeichnet man als Impuls p. Damit erhalten wir die von de Broglie aufgestellte Beziehung zwischen dem Impuls eines beliebigen Teilchens und seiner Wellenlänge $\lambda = h/p$. Die Hypothese über die Erweiterung des Welle-Teilchen-Dualismus auf alle materiellen Objekte stellte de Broglie in seiner Dissertationsschrift (1924) auf. Zur damaligen Zeit wurde diese Behauptung als eine gewagte Spekulation angesehen, und die Gutachter seiner Doktorarbeit waren nahe daran, die Arbeit abzulehnen. Um die Jahrhundertwende hatte sich bei den Physikern nach den Untersuchungen über die Masse und die elektrische Ladung des Elektrons die Einsicht in die korpuskulare Natur des Elektrons durchgesetzt. Um so größer war die Überraschung, als die amerikanischen Physiker Clinton Joseph Davisson und Lester Halbert Germer im Jahre 1927 die Spekulation de Broglies im Experiment bestätigten. Bei der Streuung niederenergetischer Elektronen an der Oberfläche eines Kristalls beobachteten sie Interferenzmuster, die denen der Beugung von elektromagnetischen Wellen im Röntgenbereich entsprechen.

Interessant ist bei diesen wie bei vielen anderen bedeutenden Experimenten, daß die Autoren nicht nach diesem Effekt suchten, von dem sie am Beginn ihrer Untersuchungen noch nichts gehört hatten. Davisson und Germer setzten ihre Untersuchungen des ihnen zunächst unverständlichen Effekts jedoch so lange fort, bis sie ihn endgültig gesichert und verstanden hatten. Ein gutes Beispiel der Methodik des erfolgreichen wissenschaftlichen Arbeitens.

In den Jahrzehnten, die der Entdeckung des Wellencharakters der Teilchen folgten, wurde diese Erkenntnis zur

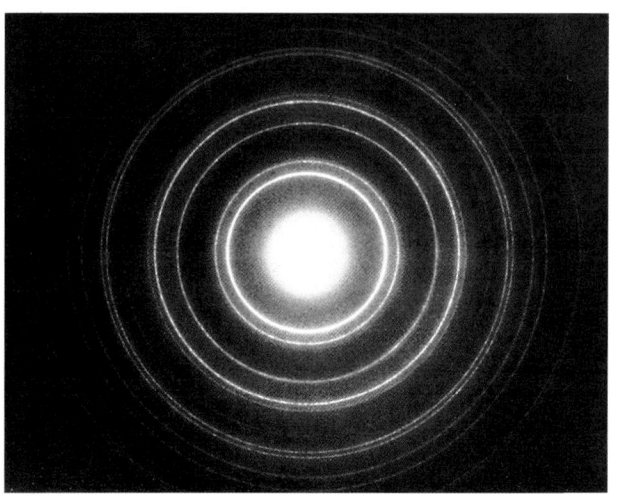

Fotografie des Beugungsmusters, das bei der Streuung von Elektronen einer Energie von 100 keV an einem Kristallgitter entsteht [4]

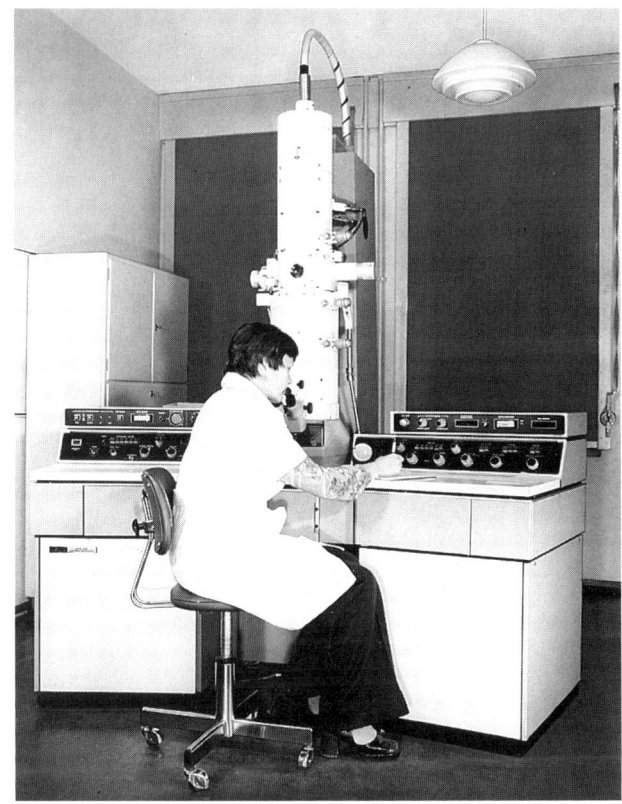

Das Elektronenmikroskop JEM 100 C (Joel) aus dem Institut für Festkörperphysik und Elektronenmikroskopie der AdW der DDR. Das mit einer Beschleunigungsspannung von 100 keV arbeitende Gerät besitzt ein Auflösungsvermögen von $3 \cdot 10^{-8}$ cm [6].

Entwicklung wissenschaftlich-technischer Geräte genutzt, die uns neue Bereiche des Mikrokosmos erschlossen. Schnelle Elektronen lassen sich in geeignet geformten elektrischen und magnetischen Feldern in der gleichen Art bündeln wie Lichtstrahlen im optischen System eines Mikroskops. Das führte zur Entwicklung und Konstruktion der Elektronenmikroskope.

Wie bereits bemerkt, ist das Auflösungsvermögen eines Mikroskops, der kleinste gerade noch erkennbare Abstand zweier Punkte, gleich der Wellenlänge der zur Abbildung benutzten Strahlung. Für das Lichtmikroskop liegt die Grenze bei rund $6 \cdot 10^{-5}$ cm. Die de-Broglie-Wellenlänge eines Elektrons hängt nach der Beziehung $\lambda = h/p$ vom Impuls p des Teilchens ab. Je größer der Impuls des Elektrons ist, um so kürzer wird seine Wellenlänge. Durchläuft ein Elektron eine Spannung von 50000 V, so hat es eine Wellenlänge von $5,5 \cdot 10^{-10}$ cm. Sie ist rund 100000mal kleiner als die mittlere Wellenlänge des sichtbaren Lichts.

Moderne hochauflösende Elektronenmikroskope erlauben uns heute, einzelne Atome sichtbar zu machen. 400 Jahre physikalische Wissenschaft, von Galilei bis ins ausgehende 20. Jahrhundert, ließen die visionäre Spekulation Demokrits zur sichtbaren Realität werden.

Um in die Struktur der Atome selbst einzudringen, müssen wir entsprechend der de-Broglie-Beziehung $\lambda = h/p$ den Impuls der verwendeten Teilchen weiter erhöhen. Da der Impuls das Produkt aus Masse m und Geschwindigkeit v des Teilchens ist, läßt sich eine Erhöhung sowohl durch eine Vergrößerung von m – etwa, indem man an Stelle der Elektronen die rund 1000mal schwereren Protonen verwendet – als auch durch die Erhöhung der Geschwindigkeit v der Teilchen erreichen. Bevor jedoch das dafür entwickelte Instrumentarium beschrieben wird, wollen wir auf einige Aspekte der Quantentheorie eingehen.

3.2. Die Quantenmechanik

Die experimentell belegte Erkenntnis von der Wellennatur der Teilchen machte es den Physikern in den zwanziger Jahren unseres Jahrhunderts zunehmend schwerer, die Alternative Welle oder Teilchen aufrechtzuerhalten. Die Gründe mehrten sich, den Welle-Teilchen-Dualismus als eine allgemeine Eigenschaft aller Objekte der Mikrowelt anzusehen. An die Stelle der metaphysischen Entscheidung Welle oder Teilchen zwangen die experimentellen und theoretischen Resultate ihrer Arbeit die Physiker zu einer dialektischen Synthese von Kontinuität und Diskontinuität. Der Welle-Teilchen-Dualismus erwies sich als eine Eigenschaft aller materiellen Objekte.

Die eigentliche Schlüsselrolle bei der Entwicklung der Quantenmechanik kam der Atomphysik zu. In einem der wichtigsten wissenschaftlichen Bücher jener Jahre, dem Werk »Atombau und Spektrallinien«, schrieb im Jahre 1919

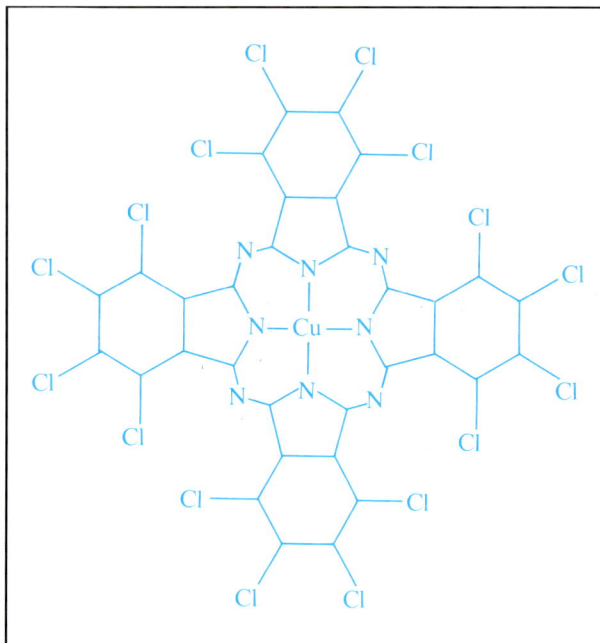
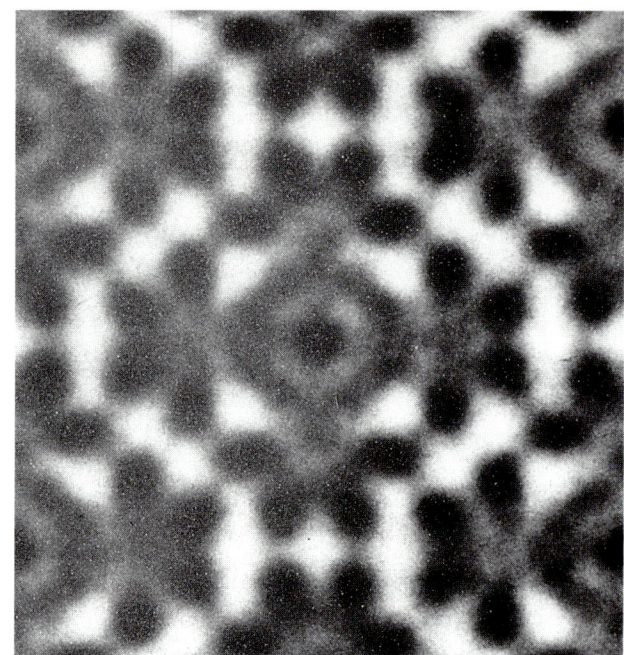

In a) ist das Strukturschema eines chlorierten Kupfer-Phthalocyanin-Moleküls gezeigt. Auf der elektronenmikroskopischen Abbildung hoher Auflösung b) sind die Atome in den molekularen Struktureinheiten zu erkennen. Der skizzierte Bereich ist in der Fotografie angedeutet. Die Aufnahme wurde uns freundlicherweise von Prof. Natsu Uyeda zur Verfügung gestellt.

sein Autor Arnold Sommerfeld, Professor der theoretischen Physik an der Universität München: »Seit der Entdeckung der Spektralanalyse konnte kein Kundiger zweifeln, daß das Problem des Atoms gelöst sein würde, wenn man gelernt hätte, die Sprache der Spektren zu verstehen. Das ungeheure Material, welches 60 Jahre spektroskopische Praxis angehäuft haben, schien allerdings in seiner Mannigfaltigkeit zunächst unentwirrbar. Was wir heutzutage aus der Sprache der Spektren heraushören, ist eine wirkliche Sphärenmusik des Atoms, ein Zusammenklingen ganzzahliger Verhältnisse, eine bei aller Mannigfaltigkeit zunehmende Ordnung und Harmonie. Für alle Zeiten wird die Theorie der Spektrallinien den Namen Bohrs tragen. Aber noch ein anderer Name wird dauernd mit ihr verknüpft sein, der Name Plancks. Alle ganzzahligen Gesetze der Spektrallinien und der Atomistik fließen letzten Endes aus der Quantentheorie. Sie ist das geheimnisvolle Organon, auf dem die Natur die Spektralmusik spielt und nach dessen Rhythmus sie den Bau der Atome und der Kerne regelt.«[2]

Bereits Newton beobachtete die Zerlegung des Sonnenlichts durch ein Glasprisma. Licht unterschiedlicher Wellenlänge breitet sich im Glas mit unterschiedlichen Geschwindigkeiten und damit unter verschiedenen Winkeln zur Einfallsrichtung aus. Bei der genaueren Untersuchung dieses als Brechung des Lichts bezeichneten Phänomens stellte zu Beginn des 19. Jahrhunderts der Optiker am Mathematisch-Mechanischen Institut in Benediktbeuern Joseph von Fraunhofer im regenbogenfarbigen Sonnenspektrum einige hundert scharfe dunkle Linien fest. Bei der genauen Vermessung der Lage dieser Linien im Spektrum fand er, daß eine der dunklen Linien, die er als D-Linie bezeichnete, mit der Lage einer gelb-

---

[2] A. Sommerfeld, Atombau und Spektrallinien, Bd. I, Braunschweig 1949, S. 49

Sonnensprektrum mit Fraunhoferschen Linien [4]

leuchtenden Linie übereinstimmte, die er im Spektrum einer Flamme beobachtet hatte. Hält man auf einer Messerspitze etwas Kochsalz in eine Flamme, so leuchtet sie bekanntlich gelb auf. Der Chemiker Robert Bunsen und der Physiker Gustav Kirchhoff, beide gemeinsam an der Heidelberger Universität tätig, taten den ersten Schritt zur Entzifferung der Sprache der optischen Spektren. Als Kirchhoff mehr oder weniger zufällig eine durch Kochsalz gefärbte Flamme vor den Eintrittsspalt seines Sonnenspektrographen brachte, beobachtete er eine Verstärkung der dunklen Fraunhoferschen D-Linie im Sonnenspektrum. Seine Deutung: Das im Kochsalz vorhandene Natrium absorbiert Licht der Frequenz, das es selbst aussenden kann. Damit verstand Kirchhoff in genialer Intuition das Zustandekommen der dunklen Linien im Sonnenspektrum: Die Sonne ist von einer nur schwach leuchtenden Schicht geringerer Temperatur, der Chromosphäre, eingehüllt. In ihr wird das kontinuierliche Spektrum aus den heißen inneren Schichten der Sonne selektiv absorbiert. Die dunklen Fraunhoferschen Linien sind Kennzeichen für das Vorhandensein bestimmter chemischer Elemente in der Chromosphäre.

Schema eines einfachen Spektralgeräts. In einem mit Wasserstoff gefüllten Gasentladungsrohr wird das Gas angeregt. Über eine Blende, durch den Kolimator, trifft das Licht auf ein Glasprisma, das es in seine charakteristischen Spektrallinien (H_α, H_β …) zerlegt.

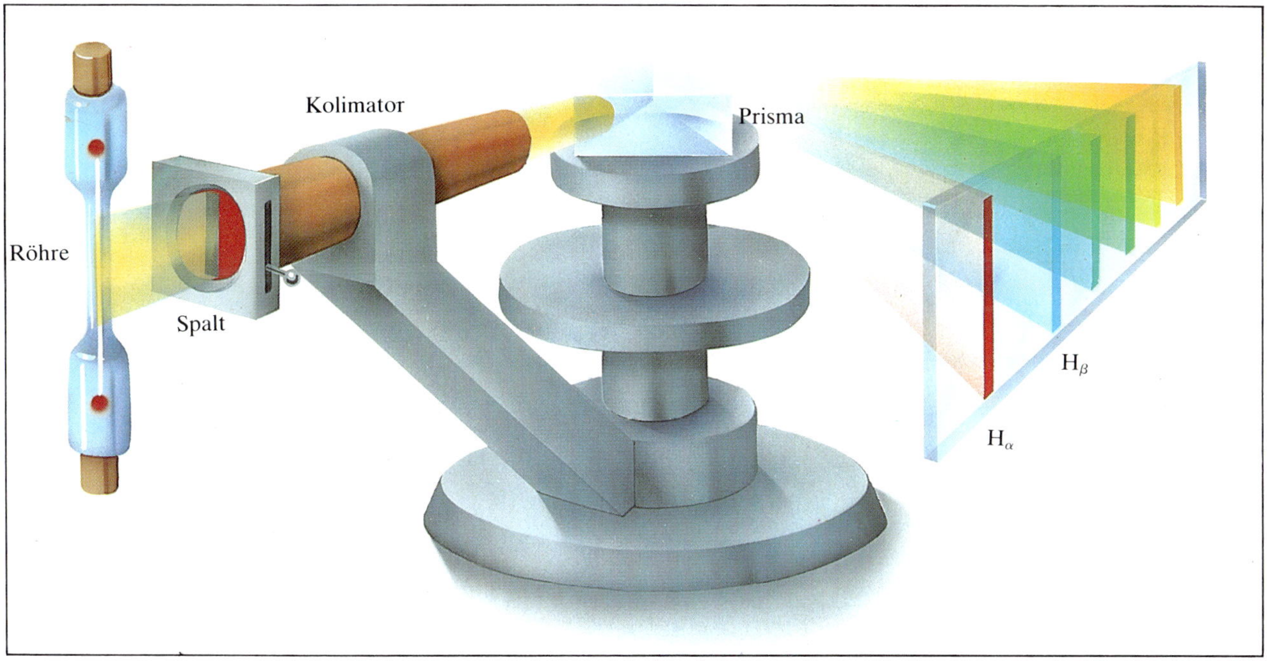

»Die Entdeckung der Spektralanalyse hat für die Geschichte des menschlichen Gedankens eine doppelte Bedeutung. Sie hat die Chemie des Weltalls erschlossen. Ihre Anwendung auf Sonne und Gestirne hat einen neuen, von Newtons Gravitationsgesetzen unabhängigen Beweis der inneren Einheit des Universums ermöglicht. Diese große Idee wird damit aus der Sphäre reiner Spekulation gehoben und zu empirischer Gewißheit gebracht.«[3]

Der Nachweis, daß jedes Element ein charakteristisches Spektrum aussendet, schuf die Möglichkeit, das Vorhandensein dieses Elements nachzuweisen. Bereits unwägbare Spuren einer Substanz in einer Bunsenflamme genügen, um das Vorhandensein des betreffenden Elements anzuzeigen. Durch die Anwendung der Spektralanalyse wurden in wenigen Jahren zehn neue Elemente entdeckt, darunter 1868 das Helium im Spektrum der Sonne.

Damit Atome eines Elements Licht aussenden und uns auf diese Weise Kunde von den Vorgängen übermitteln, die im Inneren der Atome ablaufen, müssen sie angeregt werden. Das kann z. B. geschehen, indem man die Substanz in eine Flamme bringt, deren Wärme die Atome zur Lichtemission veranlaßt. Besser noch eignet sich eine elektrische Entladung. Bringt man Wasserstoffgas unter geringem Druck in eine Glasröhre mit zwei Elektroden, an denen eine Spannung von einigen tausend Volt liegt, so leuchtet im Rohr eine Glimmentladung. Untersucht man ihr Leuchten in einem Spektralapparat, so erkennt man im sichtbaren Teil des Spektrums mehrere Spektrallinien. Durch mühsames Probieren fand der Schweizer Mittelschullehrer Johann Jakob Balmer im Jahre 1885, daß sich die Frequenzen dieser Linien durch folgende Serienformel beschreiben lassen:

$$\nu = R \left(\frac{1}{2^2} - \frac{1}{m^2}\right),$$

wobei für m der Reihe nach die Zahlen 3, 4, 5 ... einzusetzen sind und R eine konstante Zahl ist. Später fand man analoge Seriengesetze für die Linienspektren auch der anderen Elemente.

Den entscheidenden Schritt zum Verständnis dieses Gesetzes tat im Jahre 1913 der damals 26jährige dänische Physiker Niels Bohr. Er erkannte, daß sich die Balmer-Serie nur durch

[3] H. Hönl, in: Die berühmten Erfinder, Genf 1951, S. 167

Niels Bohr (1885–1962). Das Foto zeigt den großen Physiker an der Wende zu seinem 3. Lebensjahrzehnt, es stammt also aus jener Zeit, in der Bohr sein Atommodell erdachte [9].

ein Atommodell beschreiben läßt, das den Quantenrhythmus in sich trägt.

Nach den bereits in den vorhergehenden Jahren von Ernest Rutherford entwickelten Modellvorstellungen sollte das Atom ein Planetensystem im Mikrokosmos sein, in dem der elektrisch positiv geladene Atomkern von Elektronen umkreist wird. Nach der klassischen elektromagnetischen Theorie müßten die kreisenden Elektronen kontinuierlich elektromagnetische Wellen aussenden, dabei ihre Energie verlieren und nach Durchlaufen spiralförmiger Bahnen in den Kern stürzen. Ein System Atomkern – kreisende Elektronen

Max Born (1882–1970) [2]

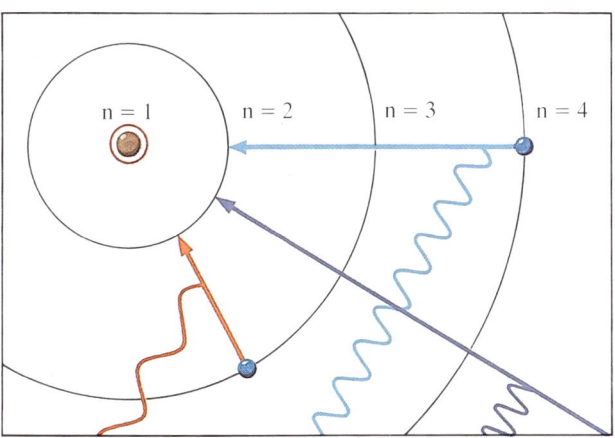

könnte niemals stabil sein. Die Stabilität der Atome ist aber, wie unter anderem unsere Existenz beweist, eine ihrer sicher belegten Eigenschaften.

Bohr machte nun die Annahme, daß für das kreisende Elektron nicht jede Bahn möglich sei, sondern nur solche, deren Energien in einem bestimmten Zusammenhang mit dem Planckschen Wirkungsquantum stehen. Der Hypothese über die ausgezeichneten Bahnen, auf denen die Elektronen strahlungslos kreisen, fügte Bohr die Annahme hinzu, daß eine Energieaufnahme bzw. eine Energieabgabe des Atoms nur dann erfolgt, wenn ein Elektron von einer der ausgezeichneten Bahnen auf eine andere übergeht. Jeder Übergang ist mit der Absorption bzw. Emission eines Lichtquants der Energie $h\nu$ verbunden.

Im Rahmen seines Modells führte Bohr einander widersprechende Annahmen zusammen. Sein Modell fügte der klassisch-mechanischen Bahnvorstellung bzw. dem Strahlungsbegriff der Maxwellschen Elektrodynamik die der klassischen Physik widersprechende Quantenbedingung hinzu. Das Bohrsche Modell wurde in den folgenden Jahren insbesondere durch die Arbeiten Sommerfelds weiter verbessert, etwa dadurch, daß dieser die Bohrschen Kreisbahnen der Elektronen durch elliptische Bahnen ersetzte und damit der die Kreisbahn charakterisierenden ganzen Zahl, der Hauptquantenzahl n, eine weitere Quantenzahl hinzufügte. Durch Berücksichtigung auch relativistischer Effekte gelang Sommerfeld im Jahre 1916 die vollständige Beschreibung der Feinstruktur des Linienspektrums des Wasserstoffatoms in guter Übereinstimmung mit den experimentellen Daten. Mit einiger Berechtigung konnte er daher den Standpunkt vertreten, mit dem Bohr-Sommerfeldschen Atommodell die Mechanik atomarer Prozesse zu kennen.

Diese Meinung wurde von Bohr nicht geteilt. Genauere experimentelle Daten, aber auch prinzipielle theoretische Überlegungen ließen am Beginn der zwanziger Jahre in den wissenschaftlichen Zentren jener Zeit, in Göttingen (Max Born) und in Kopenhagen (Niels Bohr), die Überzeugung reifen, daß eine von der klassischen Mechanik verschiedene neue Theorie, eine Quantenmechanik, zu suchen sei. Das in

Das Bohrsche Modell des Wasserstoffatoms. Angedeutet sind die Quantensprünge, die zur Balmer-Spektralserie führen.

Kopenhagen 1921 eingeweihte Institut für theoretische Physik wurde unter Bohrs Leitung zu einem »Mekka der Atomphysiker« aus aller Welt. Unter der Leitung von Max Born, der im Gründungsjahr des Kopenhagener Instituts an die Universität Göttingen kam, entwickelte sich in engem Zusammenwirken mit den Mathematikern eine wissenschaftliche Schule, die insbesondere der Entwicklung des mathematischen Instrumentariums der neuen Quantenmechanik ihre Aufmerksamkeit widmete.

Im Frühsommer des Jahres 1922 hielt Bohr in Göttingen eine Reihe von Vorträgen, in denen er sich kritisch mit dem erreichten Stand der Atomtheorie, aber auch mit den unterschiedlichen Erwartungen über die weitere Theorienentwicklung auseinandersetzte. Zu den Teilnehmern dieser Veranstaltung zählten auch die Sommerfeld-Schüler Werner Heisenberg und Wolfgang Pauli, die in der Folgezeit Wesentliches zur Entwicklung der Quantentheorie beitrugen. In seinem Erinnerungsbuch über die Entwicklung der Atomphysik schreibt Heisenberg:

»Der Frühsommer des Jahres 1922 hatte Göttingen, das freundliche Städtchen der Villen und Gärten am Hang des Hainbergs, mit unzähligen blühenden Büschen, Rosen und Blumenbeeten geschmückt, so daß schon der äußere Glanz die Bezeichnung rechtfertigte, die wir diesen Tagen später gegeben haben: Die ›Bohr-Festspiele‹ zu Göttingen. Das Bild der ersten Vorlesung ist mir unauslöschlich im Gedächtnis geblieben. Der Hörsaal war überfüllt. Der dänische Physiker, der schon seiner Statur nach als Skandinavier zu erkennen war, stand mit leicht geneigtem Kopf freundlich und fast etwas verlegen lächelnd auf dem Podium, auf das aus den weit geöffneten Fenstern das volle Licht des Göttinger Sommers einströmte. Bohr sprach ziemlich leise, mit weichem dänischem Akzent, und wenn er die einzelnen Annahmen seiner Theorie erklärte, so setzte er die Worte behutsam, sehr viel vorsichtiger, als wir es sonst von Sommerfeld gewohnt waren, und fast hinter jedem der sorgfältig formulierten Sätze wurden lange Gedankenreihen sichtbar, von denen nur der Anfang ausgesprochen wurde und deren Ende sich im Halbdunkel einer für mich sehr erregenden philosophischen Haltung verlor. Der Inhalt der Vorlesung schien neu und nicht neu zugleich. Wir hatten die Bohrsche Theorie ja bei Sommerfeld gelernt, also wußten wir, worum es sich handelte. Aber was gesagt wurde, klang in Bohrs Mund anders als bei Sommerfeld.«[4]

Die Diskussionen der folgenden Jahre ließen in Göttingen und in Kopenhagen die Überzeugung reifen, daß es notwendig sei, die prinzipiell unbeobachtbaren Elektronenbahnen im Inneren der Atome aufzugeben und nach einer neuen Mechanik zu suchen, die von den beobachtbaren Größen ausgeht. Meßbar sind die Lage der von den Atomen ausgesandten Spektrallinien, also Frequenzen, und die Intensitäten der

Werner Heisenberg (1901–1976) bei der Entgegennahme des Physik-Nobelpreises 1932 aus der Hand des schwedischen Königs [4]

[4] W. Heisenberg, Der Teil und das Ganze, München 1975, S. 50

Linien. Daraus resultierte die Frage, ob diese Größen nicht ausreichten, um eine neue konsistente Theorie des Atoms aufzustellen. Die Antwort gab der im Frühling des Jahres 1925 gerade 23jährige Werner Heisenberg. In seinem Erinnerungsbuch schreibt er:

»Ende Mai 1925 erkrankte ich so unangenehm an Heufieber, daß ich Born bitten mußte, mich für 14 Tage von meinen Pflichten zu entbinden. Ich wollte auf die Insel Helgoland reisen, um in der Seeluft, fern von blühenden Büschen und Wiesen, mein Heufieber auszukurieren. In Helgoland gab es außer den täglichen Spaziergängen auf dem Oberland und den Badeunternehmungen zur Düne keinen äußeren Anlaß, der mich von der Arbeit an meinem Problem abhalten konnte, und so kam ich schneller voran, als es mir in Göttingen möglich gewesen wäre. Einige Tage genügten, um den am Anfang in solchen Fällen immer auftretenden mathematischen Ballast abzuwerfen und eine einfache mathematische Formulierung meiner Frage zu finden. In einigen weiteren Tagen wurde mir klar, was in einer solchen Physik, in der nur die beobachtbaren Größen eine Rolle spielen sollten, an die Stelle der Bohr-Sommerfeldschen Quantenbedingungen zu treten hätte. Es war auch deutlich zu spüren, daß mit dieser Zusatzbedingung ein zentraler Punkt der Theorie formuliert war, daß von da ab keine weitere Freiheit mehr blieb. Dann aber bemerkte ich, daß es ja keine Gewähr dafür gäbe, daß das so entstehende mathematische Schema überhaupt widerspruchsfrei durchgeführt werden könnte. Insbesondere war es völlig ungewiß, ob in diesem Schema der Erhaltungssatz der Energie noch gelte, und ich durfte mir nicht verheimlichen, daß ohne den Energiesatz das ganze Schema wertlos wäre. Andererseits gab es in meinen Rechnungen inzwischen auch viele Hinweise darauf, daß die mir vorschwebende Mathematik wirklich widerspruchsfrei und konsistent entwickelt werden könnte, wenn man den Energiesatz in ihr nachweisen könnte. So konzentrierte sich meine Arbeit immer mehr auf die Frage nach der Gültigkeit des Energiesatzes, und eines Abends war ich so weit, daß ich daran denken konnte, die einzelnen Terme in der Energietabelle oder, wie man es heute ausdrückt, in der Energiematrix durch eine nach heutigen Maßstäben reichlich umständliche Rechnung zu bestimmen. Als sich bei den ersten Termen wirklich der Energiesatz bestätigte, geriet ich in eine gewisse Erregung, so daß ich bei den folgenden Rechnungen immer wieder Rechenfehler machte. Daher wurde es fast drei Uhr nachts, bis das endgültige Ergebnis der Rechnung vor mir lag. Der Energiesatz hatte sich in allen Gliedern als gültig erwiesen, und – da dies ja alles von selbst, sozusagen ohne jeden Zwang herausgekommen war – so konnte ich an der mathematischen Widerspruchsfreiheit und Geschlossenheit der damit angedeuteten Quantenmechanik nicht mehr zweifeln. Im ersten Augenblick war ich zutiefst erschrocken. Ich hatte das Gefühl, durch die Oberfläche der atomaren Erscheinungen hindurch auf einen tief darunter liegenden Grund von merkwürdiger innerer Schönheit zu schauen, und es wurde mir fast schwindlig bei dem Gedanken, daß ich nun dieser Fülle von mathematischen Strukturen nachgehen sollte, die die Natur dort unten vor mir ausgebreitet hatte.«[5]

Heisenberg beschrieb die mit der Strahlung von Licht verbundenen Energieübergänge im Atom durch Zahlenanordnungen. Intuitiv entdeckte er Regeln, nach denen sich diese Zahlenanordnungen verhielten. Born erkannte wenig später in den Heisenbergschen Zahlenanordnungen die Mathematik der Matrizen. Eine Matrix ist eine Verallgemeinerung einer einfachen Zahl zu einer quadratischen (oder rechteckigen) Zahlenanordnung. Die Rechenregeln der Matrizenmathematik waren bereits in der Mitte des 19. Jahrhunderts entwickelt worden.

Die physikalischen Größen der klassischen Physik, die die Bewegung eines Teilchens beschreiben, sind einfache Zahlen. So lassen sich etwa Ort und Bewegungsgröße eines Teilchens, bezogen auf den Ursprung eines Koordinatensystems, durch eine Länge q und einen Impuls p angeben. Bekanntlich gehorchen alle einfachen Zahlen dem kommutativen Gesetz der Multiplikation $p \cdot q = q \cdot p$, d.h., die Reihenfolge der Multiplikation spielt keine Rolle.

Matrizen folgen nicht zwangsläufig dem kommutativen Gesetz der Multiplikation, $\mathbf{p} \cdot \mathbf{q}$ muß nicht $\mathbf{q} \cdot \mathbf{p}$ sein. In Zusammenarbeit mit seinem Schüler Pasqual Jordan und Werner Heisenberg entwickelte Born den Formalismus der neuen Quantentheorie, der Matrizenmechanik. Symbolisiert man die Matrizen für den Impuls und die Koordinate durch $\mathbf{p}$ und $\mathbf{q}$, so ergibt sich die Vertauschungsrelation $\mathbf{pq} - \mathbf{qp} \sim h$, die

---

[5] W. Heisenberg, Der Teil und das Ganze, München 1975, S. 76

Differenz der Matrizenprodukte **pq** und **qp** ist der Planckschen Konstante h proportional.

Da h eine sehr kleine Zahl ist ($h = 6{,}6262 \cdot 10^{-34}$ Js), läßt sie sich im Gültigkeitsbereich der klassischen Physik bei der Bewegung makroskopischer Körper vernachlässigen. Die Differenz der Produkte wird praktisch zu Null. Damit ist der korrespondenzmäßige Anschluß der Quantenmechanik zur klassischen Mechanik hergestellt.

Der mathematische Formalismus der Matrizenmechanik war in sich konsistent und ließ sich widerspruchsfrei auf einfache atomphysikalische Probleme anwenden. Wolfgang Pauli gelang es mittels der Matrizenmechanik, das Linienspektrum des Wasserstoffatoms zu berechnen. Pauli bestimmte auch das Linienspektrum für ein Wasserstoffatom, das sich in einem elektrischen oder einem magnetischen Feld befindet, eine Aufgabe, die sich mittels des Bohr-Sommerfeld-Modells nicht in Übereinstimmung mit den Beobachtungen lösen ließ. Die Leistungsfähigkeit der Matrizenmechanik war zu Beginn des Jahres 1926 offenbar.

Der neue Formalismus gestattete, die energetischen Niveaus stationärer Atomzustände zu berechnen. Er gab Regeln an, nach denen klassische Begriffe quantentheoretisch umzudeuten waren. Als Rechtfertigung dieser Regeln diente der Erfolg der Rechnungen, die mit ihrer Hilfe durchgeführt werden konnten. Die physikalische Interpretation des neuen Formalismus war und blieb zunächst noch unbefriedigend.

Durch Einstein wurde der österreichische Physiker Erwin Schrödinger auf die Arbeit de Broglies hingewiesen, in der dieser den Wellencharakter des Elektrons postulierte. Davon ausgehend, stellte Schrödinger eine Gleichung auf, die beschrieb, wie sich Elektronenwellen bewegen, wenn sie Teil des Wasserstoffatoms sind. In diese Bewegungsgleichung, ihrer mathematischen Form nach eine Differentialgleichung, führte Schrödinger zur Charakterisierung des Zustandes des Elektrons eine Wellenfunktion Ψ ein. Die von Bohr und Sommerfeld noch phänomenologisch eingeführten Quantenzahlen ergaben sich aus der Schrödingerschen Wellengleichung zwanglos bei der Berechnung der entsprechenden Probleme. Die Berechnung des Wasserstoffatoms mit der Wellengleichung führte zu den gleichen, den Beobachtungen entsprechenden Resultaten wie die Berechnungen mittels der Matrizenmechanik.

Schrödinger sah seine Wellenmechanik als eine unmittelbar an die klassischen physikalischen Vorstellungen anschließende evolutionäre Weiterentwicklung. Heisenberg sah in der Matrizenmechanik mit ihren diskontinuierlichen Größen einen revolutionären Bruch mit der klassischen Mechanik. Für alle Physiker stand damit die Frage, welcher der beiden Ansätze einer Quantenmechanik nun der richtige sei. Um so überraschter waren sie, als, unabhängig voneinander, Schrödinger und Pauli zeigten, daß Wellenmechanik und Matrizenmechanik mathematisch einander äquivalent sind, also beide Formalismen nur unterschiedliche mathematische Darstellungen einer physikalischen Theorie.

Die zentrale Frage bei der Weiterentwicklung der Theorie war die Interpretation der Wellenfunktion Ψ. Für Schrödinger, der sie zunächst als Amplitude der Elektronenwelle ansah, war Ψ eine klassisch verständliche physikalische Größe. Diese Vorstellung führte jedoch auf nicht zu überwindende Widersprüche. Dagegen gab Born den Gedanken auf, daß Ψ eine unmittelbar im Experiment beobachtbare Größe ist. Er interpretierte die Wellenfunktion als einen Hinweis auf die Wahrscheinlichkeit, das Elektron zu einer bestimmten Zeit an einem bestimmten Raumpunkt zu finden. Nach dieser noch heute von den Physikern akzeptierten Interpretation wird durch das Quadrat der Wellenfunktion an einem beliebigen Raum-Zeit-Punkt die Wahrscheinlichkeit gegeben, dort das Elektron zu finden. Damit vollzog Born den Übergang in eine neue physikalische Denkweise. Die Bewegung der atomaren und subatomaren Teilchen folgt Wahrscheinlichkeitsgesetzen.

Im Herbst und Winter 1926/27 hielt sich Heisenberg bei Bohr in Kopenhagen auf. In nahezu täglichen Diskussionen rangen beide um die Grundprobleme der Quantenmechanik. Es ging um die Frage des Gültigkeitsbereiches der in der Theorie benutzten Begriffe und um die Regeln des Vergleichs von Experiment und Theorie.

Bereits im Jahre 1912 wurde durch den englischen Physiker Charles Wilson ein Apparat konstruiert, in dem man die Spuren bewegter Mikroteilchen sichtbar machen konnte. In diesem als Nebelkammer bezeichneten Gerät markiert sich der Durchgang eines elektrisch geladenen Teilchens, etwa eines Elektrons, als eine Folge von winzigen Wassertröpfchen, die sich fotografisch festhalten läßt (siehe Abb. S. 79). In den

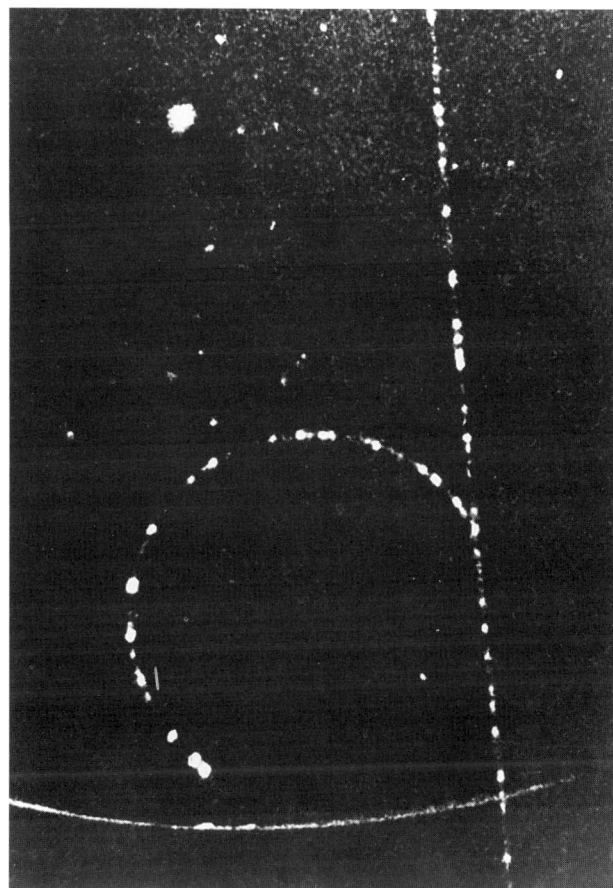

Ein schnelles Elektron trifft längs seiner Bahn auf ein Elektron. Das langsamere Sekundärelektron hinterläßt eine im Magnetfeld stark gekrümmte Spur in der Nebelkammer [4].

Diskussionen der zwanziger Jahre spielten solche Fotografien von Elektronenbahnen eine bedeutende Rolle. Auf ihnen wurde dem Betrachter augenfällig suggeriert, daß Elektronen Teilchen mit einer wohldefinierten Bahn seien. Aber traf dieser Eindruck zu?

In Heisenbergs Erinnerungen heißt es über die Auseinandersetzungen mit Bohr: »Freilich konnten wir beide nicht verstehen, wie ein so einfaches Phänomen, wie etwa die Bahn eines Elektrons in der Nebelkammer, mit dem mathematischen Formalismus der Quanten- oder Wellenmechanik in Einklang gebracht werden könnte. In der Quantenmechanik (Matrizenmechanik) kam der Bahnbegriff gar nicht vor, und in der Wellenmechanik konnte es zwar einen engen gerichteten Materiestrahl geben; der aber mußte sich allmählich über Raumgebiete ausbreiten, die sehr viel größer waren als der Durchmesser eines Elektrons. Die experimentelle Situation sah sicherlich anders aus. Da unsere Gespräche oft bis spät nach Mitternacht ausgedehnt wurden und trotz der über Monate fortgesetzten Anstrengungen nicht zu einem befriedigenden Ergebnis führten, gerieten wir in einen Zustand der Erschöpfung, der in Anbetracht der verschiedenen Denkrichtungen auch manchmal Spannungen hervorrief. Daher entschloß sich Bohr im Februar 1927, zu einem Skiurlaub nach Norwegen zu reisen, und ich war auch ganz froh darüber, nun in Kopenhagen einmal allein über diese hoffnungslos schwierigen Probleme nachdenken zu können. Ich konzentrierte meine Anstrengungen jetzt ganz auf die Frage, wie in der Quantenmechanik die Bahn eines Elektrons in der Nebelkammer mathematisch darzustellen sei. Als ich schon an einem der ersten Abende auf ganz unüberwindliche Schwierigkeiten stieß, dämmerte es mir, daß wir vielleicht die Frage falsch gestellt hatten. Aber was konnte hier falsch sein? Die Bahn des Elektrons in der Nebelkammer gab es, man konnte sie beobachten. Das mathematische Schema der Quantenmechanik gab es auch, und es war viel zu überzeugend, um noch Änderungen zuzulassen. Also mußte man die Verbindung – entgegen allem äußeren Anschein – herstellen können. Es mag an jenem Abend gegen Mitternacht gewesen sein, als ich mich plötzlich auf mein Gespräch mit Einstein besann und mich an seine Äußerung erinnerte: ›Erst die Theorie entscheidet darüber, was man beobachten kann.‹ Es war mir sofort klar, daß der Schlüssel zu der so lange verschlossenen Pforte an dieser Stelle gesucht werden müsse. Daher unternahm ich noch einen nächtlichen Spaziergang durch den Fälledpark, um mir die Konsequenzen der Einsteinschen Äußerung zu überlegen. Wir hatten ja immer leichthin gesagt: Die Bahn des Elektrons in der Nebelkammer kann man beobachten. Aber vielleicht war das, was man wirklich beobachtet, weniger. Vielleicht konnte man nur eine diskrete Folge von ungenau bestimmten Orten des Elektrons wahrnehmen. Tatsächlich sieht man ja nur einzelne Wassertröpfchen in der

Kammer, die sicher sehr viel ausgedehnter sind als ein Elektron. Die richtige Frage mußte also lauten: Kann man in der Quantenmechanik eine Situation darstellen, in der sich ein Elektron ungefähr – das heißt mit einer gewissen Ungenauigkeit – an einem gegebenen Ort befindet und dabei eine vorgegebene Geschwindigkeit besitzt, und kann man diese Ungenauigkeiten so gering machen, daß man nicht in Schwierigkeiten mit dem Experiment gerät? Eine kurze Rechnung nach der Rückkehr ins Institut bestätigte, daß man solche Situationen mathematisch darstellen kann und daß für die Ungenauigkeiten jene Beziehungen gelten, die später als Unbestimmtheitsrelationen der Quantenmechanik bezeichnet worden sind.«[6]

Die Koordinate des Ortes eines Teilchens sei durch q, sein Impuls durch p bezeichnet. Die Heisenbergsche Unbestimmtheitsrelation sagt, daß sich Ort q und Impuls p nur mit gewissen Unbestimmtheiten Δq und Δp angeben lassen, die durch folgende Beziehung miteinander verbunden sind:

$$\Delta q \cdot \Delta p \geqslant h.$$

Das Produkt der Unbestimmtheiten von Ort und Impuls eines Teilchens muß größer sein als die Plancksche Konstante. Sollte sich also ein Elektron so bewegen, daß es einen exakt angebbaren Impuls und damit die Impulsschärfe Null hat, so muß die Ortsunschärfe unendlich groß werden; ein Ort des Elektrons ist nicht angebbar. Teilchenbahnen im Sinne der klassischen Physik sind für Mikroobjekte nicht beobachtbar. Wegen der Kleinheit von h spielt die Unbestimmtheit von Ort und Impuls nur in atomaren bzw. subatomaren Bereichen eine Rolle.

Betrachten wir eine Orts- und Geschwindigkeitsmessung aus unserer Alltagserfahrung, beispielsweise die Geschwindigkeitskontrolle mittels Radar. An einem Auto mit einer Masse von rund 1000 kg läßt sich wegen der Form der Karosse der Ort der Reflexion der elektromagnetischen Wellen mit einer Genauigkeit von etwa 1 m angeben, also $\Delta q \approx 1$ m. Die außerordentliche Kleinheit von h führt dann zu einer Unbestimmtheit der Geschwindigkeit von $\Delta v \approx 3 \cdot 10^{-26}$ km/h, eine Ungenauigkeit, die weit außerhalb der meßbaren Grenzen liegt und daher vernachlässigbar ist.

Neben den von Bohr als »komplementär« bezeichneten Begriffen wie Ort und Impuls, aber auch Energie und Zeit (auch für diese gilt eine analoge Unbestimmtheitsrelation), gibt es für jedes Mikroobjekt eine Reihe physikalischer Größen, wie etwa seine Ladung, deren Werte exakt angebbar sind, für die also keine Unbestimmtheit gilt.

Auch Bohr hatte während seines Skiurlaubs in Norwegen seine Gedanken über die Quantenmechanik weiter verfolgt. Bereits in den vorhergehenden Jahren hatte er wiederholt darauf hingewiesen, daß sich die physikalischen Begriffe der klassischen Physik nur begrenzt zur Erklärung und Beschreibung der atomaren Welt verwenden lassen. Heisenbergs Unbestimmtheitsrelation hatte das zu Beginn des Jahres 1927 klar demonstriert. Die Heisenbergsche Unbestimmtheitsrelation kommentierend, schrieb Bohr: »Seit langem weiß man, welche Schwierigkeiten entstehen, weil die Quantentheorie Worte benutzt, deren klassisch-physikalische Bedeutung sie nicht aufrechterhalten kann. Diese Begriffe geben uns ja nur die Wahl zwischen Charybdis und Scylla, je nachdem wir unsere Aufmerksamkeit auf die kontinuierliche oder diskontinuierliche Seite der Beschreibung richten.«[7]

Im Mittelpunkt der Bohrschen Überlegungen jener Tage stand der von ihm geprägte Begriff der Komplementarität. Mikroobjekte müssen gleichzeitig als Teilchen und Welle behandelt werden. Wir können sie nicht als Teilchen – Massenpunkte – im Sinne der klassischen Physik betrachten, denen man mit beliebiger Genauigkeit Ort und Bewegungsgröße zuordnen kann. Das Bohrsche Komplementaritätsprinzip, nach den Worten von Born »eine neue Art über Naturerscheinungen zu denken«, trägt diesem Sachverhalt Rechnung: Die Erscheinungen im Mikrokosmos lassen sich nur verstehen, wenn man zu ihrer Beschreibung Paare klassisch-physikalischer Begriffe benutzt, die quantenmechanisch einander ausschließen, wie etwa Ort und Impuls bzw. Energie und Zeit. Durch dieses Prinzip waren Grenzen gegeben, innerhalb denen die entsprechenden Begriffe der klassischen Physik in der Theorie des Mikrokosmos anwendbar wurden. Die konkrete Form der Komplementarität findet in den Unbestimmtheits-

---

[6] W. Heisenberg, Der Teil und das Ganze, München 1975, S. 96

[7] N. Bohr, Brief vom 13. 4. 1927 an A. Einstein aus dem Material des Niels-Bohr-Archivs, zitiert bei U. Röseberg, Szenarium einer Revolution, Berlin 1984, S. 193

relationen von Werner Heisenberg ihren mathematischen Ausdruck.

Ausgehend vom Bohrschen Komplementaritätsprinzip, der Heisenbergschen Unbestimmtheitsrelation und der Bornschen Wahrscheinlichkeitsinterpretation der Wellenfunktion wurde ein als Kopenhagener Deutung bezeichnetes Axiomsystem der Quantenmechanik erarbeitet, das erstmals im Herbst des Jahres 1927 von Bohr auf Kongressen in Como und Brüssel vorgestellt wurde. Damit war ein in sich widerspruchsfreier mathematischer Apparat gegeben, der uns in den folgenden Jahrzehnten die Erkennung und Nutzung immer neuer Naturbereiche ermöglichte. Generationen junger talentierter Naturwissenschaftler wuchsen mit dem Wissen um die quantenmechanischen Gesetzmäßigkeiten heran, unberührt von den geistigen Auseinandersetzungen der zwanziger und dreißiger Jahre.

Das quantenmechanische Herangehen an die Mikrostruktur der festen Körper gab uns den Schlüssel für die Welt der Transistoren und Mikrochips, der unentbehrlichen Bausteine der Computer und der modernen Unterhaltungselektronik.

Die Quantentheorie ließ uns die chemische Bindung und damit den Aufbau der Moleküle verstehen. Physiker führten molekularphysikalische Methoden in die genetische Forschung ein, die letztlich in der Entdeckung der Molekülstruktur der DNA gipfelte, der physikalischen Grundlage der organischen Fortpflanzung.

Die Quantentheorie ermöglichte uns, in den Bereich des Atomkerns vorzudringen. Sie erlaubte uns zu verstehen, woher die Energie kommt, die die Sonne seit Jahrmillionen der Erde Licht und Wärme spenden läßt.

Mikroobjekte sind real existierende materielle Objekte, die durch physikalische Begriffe charakterisiert sind. Wie in der klassischen Physik ist ein Teil dieser Eigenschaften zwar ebenfalls mit Meßfehlern behaftet, aber im Prinzip exakt angebbar (elektrische Ladung u. a.), andere Eigenschaften, wie etwa Koordinate und Impuls, sind gleichzeitig nur über die Unbestimmtheitsrelation angebbar. Mikroobjekte sind zwar noch individualisierbar, aber im Gegensatz zu Objekten der klassischen Physik nicht mehr unterscheidbar (Pauli-Prinzip). Der Zustand eines Mikroobjekts wird durch eine Zustands- oder Wellenfunktion Ψ charakterisiert, die es uns gestattet, Wahrscheinlichkeiten für das Ergebnis einer Wechselwirkung, eines Meßprozesses, des Mikroobjektes mit einem anderen Objekt (Makroobjekt) anzugeben.

»Auch die Quantenmechanik hört nicht auf, Objekte vorauszusetzen, die unabhängig und außerhalb unseres Bewußtseins existieren und die in einer wissenschaftlichen Theorie in ihren gesetzmäßigen Verhaltenszusammenhängen abgebildet werden. Nur ist der Objektbegriff der Quantenmechanik weitaus komplizierter als der der klassischen Physik.«[8]

3.3. Beschleuniger, Mikroskope der subatomaren Welt

Das einfachste der in der Natur vorkommenden 92 Atome ist das des Wasserstoffs. In seiner Hülle bewegt sich nur ein Elektron, das eine negative Elementarladung trägt, um einen Kern, der eine positive Elementarladung hat und den man als Proton bezeichnet. Die zwischen den beiden ungleichnamigen Ladungsträgern wirkende anziehende elektrische Kraft ist es, die das Elektron an den Atomkern bindet. Überschreitet die Bewegungsenergie des Elektrons diese Bindungsenergie, so würde das Atom in seine Bestandteile aufbrechen.

Eine Vorstellung von der Größe des Wasserstoffatoms vermittelt uns die Heisenbergsche Unbestimmtheitsrelation $\Delta p \cdot \Delta q \geq h$. Sie gestattet uns, die räumlichen Grenzen anzugeben, in denen sich das Elektron bewegen kann. Der Impuls des Elektrons kann nicht beliebig klein werden, da sonst seine Ortsunbestimmtheit und damit die Ausdehnung des Atoms unendlich groß werden. Andererseits dürfen aber die Ortsunbestimmtheit des Elektrons und damit der Durchmesser des Atoms nicht zu klein werden, da sonst der Impuls des Elektrons bzw. seine Bewegungsenergie so groß wird, daß es die elektrische Anziehung überwindet und das Atom aufbricht. Aus der Gleichgewichtsbedingung zwischen der Energie der elektrischen Anziehung und der Bewegungsenergie des Elektrons ergibt eine einfache Rechnung für den Durchmesser des Wasserstoffatoms etwa $1 \cdot 10^{-8}$ cm. Damit ist eine mittlere Größe des Atoms gegeben, da, wie wir im vorhergehenden Abschnitt sahen, eine scharf lokalisierbare Elektronenbahn im Atom prinzipiell nicht angebbar ist. Mit Hilfe der Wellengleichung sind lediglich die Ψ-Funktion des Elektrons und

---

[8] U. Röseberg, Quantenmechanik und Philosophie, Berlin 1978, S. 180

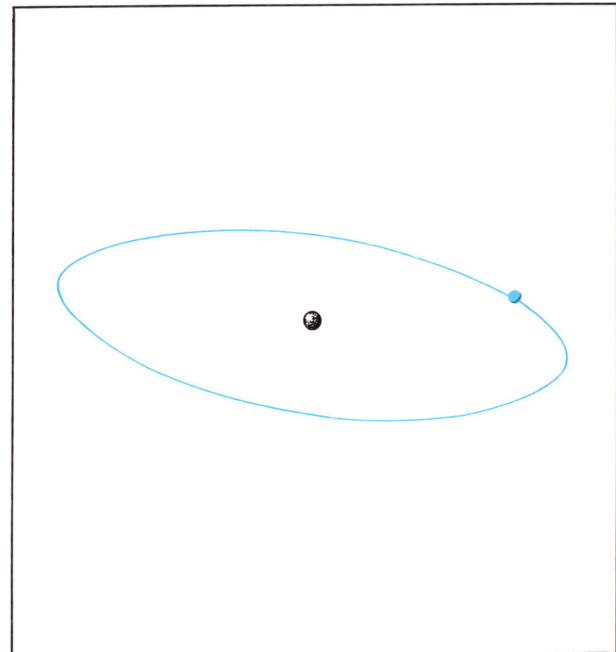

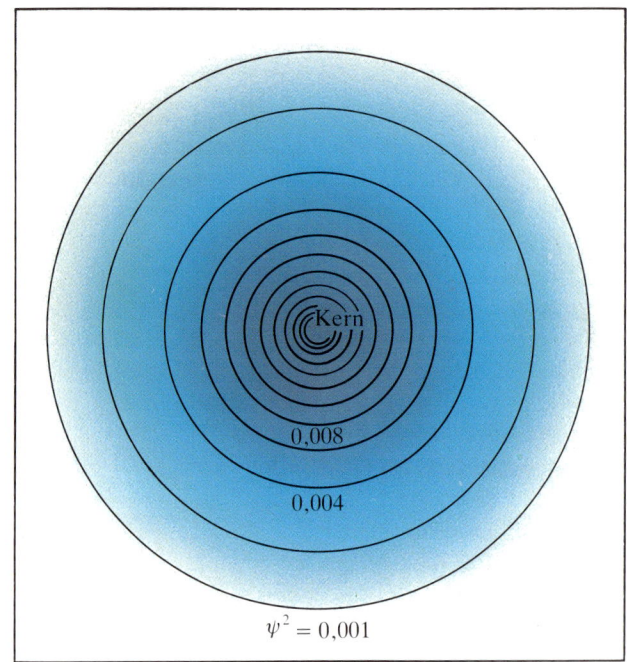

Das häufig gezeigte Bild des Wasserstoffatoms. Ein Elektron umkreist den Kern.

Der Grundzustand des Wasserstoffatoms. Nicht das so häufig skizzierte Bild des um einen Kern kreisenden Elektrons entspricht dem real existierenden Atom, ein weit besseres Abbild ist durch die radiale Verteilung der Aufenthaltswahrscheinlichkeit des Elektrons gegeben, ausgedrückt durch das Quadrat der Ψ-Funktion.

damit seine Aufenthaltswahrscheinlichkeit in verschiedenen Raumbereichen des Atoms berechenbar. Nicht das so häufig skizzierte Bild des um einen Kern kreisenden Elektrons entspricht dem real existierenden Atom, ein weit besseres Abbild ist durch die Verteilung der Aufenthaltswahrscheinlichkeit des Elektrons um den Kern gegeben.

Um das Innere der Atome zu »ertasten«, reicht ein Elektronenmikroskop nicht mehr aus. Der Vorstoß in Raumbereiche unterhalb 10^{-8} cm erforderte ein neues Instrumentarium. Durch die de-Broglie-Beziehung $\lambda = h/p$ wird jedem Teilchen eine Welle zugeordnet, deren Länge mit wachsendem Impuls der Teilchen immer kürzer wird. Objekte, deren Struktur man mittels Materiewellen sondieren will, müssen größer als die Wellenlänge sein. Die Situation gleicht der bekannten Erscheinung, daß ein auf den Meereswellen schwimmender Ball die Wellen nicht beeinflußt, wohl aber ein großes Schiff. Die Welle »sieht« das Schiff, nicht aber den Ball.

Mikroskope, mit deren Hilfe man in subatomare Bereiche eindringt, nennt man Beschleuniger. Um Atomkerne »sehen« zu können, deren Ausdehnung etwa den hunderttausendsten Teil des Atomdurchmessers ausmacht, brauchen die Physiker Materiewellen der Länge $\lambda \lesssim 10^{-13}$ cm. Nimmt man dazu Protonen, so müssen sie eine Bewegungsenergie von etwa 20 MeV (Millionen Elektronenvolt)[9] haben, um lineare Dimensionen von 10^{-13} cm noch zu »sehen«.

Das übliche Verfahren, um Teilchen, etwa Protonen, hoher Energie zu erzeugen, ist ihre Beschleunigung in einem elektrischen Feld. Zum Prototyp aller bisher gebauten großen Protonenbeschleuniger wurde der Kreisbeschleuniger (das Zyklotron), der Anfang der dreißiger Jahre von dem amerikanischen Physiker Ernest Lawrence konstruiert wurde.

Zwischen den Polen eines großen Elektromagneten befinden sich im Vakuum zwei halbe Blechdosen, an denen ein hochfrequentes elektrisches Wechselfeld anliegt. Die Protonenquelle ist im Mittelpunkt der Anlage. Verfolgen wir die Bahn eines Protons, das aus der Quelle austritt. Es wird von der im Moment des Austritts negativ geladenen Dosenhälfte angezogen. Im Inneren der Halbdose wirkt kein elektrisches Feld. Das Proton fliegt vermöge seiner Trägheit weiter. Das senkrecht auf der Bahnebene stehende homogene Magnetfeld biegt die Bahn des Protons zu einem Halbkreis. Erreicht das Teilchen den Spalt zwischen den Dosenhälften, so wird es durch das elektrische Feld, dessen Polarität inzwischen gewechselt hat, wiederum beschleunigt. Dadurch vergrößert sich der Radius der Bahn. Das Anwachsen von Bahnradius und Geschwindigkeit des Protons halten sich die Waage, so daß die Frequenz des elektrischen Beschleunigungsfeldes konstant bleiben kann. Das Proton beschreibt während seiner Umläufe eine Spiralbahn. In der Nähe der äußeren Kammerwand werden die Teilchen durch einen zusätzlichen Plattenkondensator seitlich aus dem Zyklotron ausgelenkt.

Mit wachsender Geschwindigkeit der beschleunigten Protonen macht sich die relativistische Massenveränderlichkeit bemerkbar. Das Proton gerät außer Takt. Seine Bewegung bleibt hinter der Frequenz des elektrischen Wechselfeldes zurück. Dieses Problem wurde dadurch gelöst, daß man die Frequenz des Beschleunigungsfeldes gegen Ende des Beschleunigungsvorgangs entsprechend reduzierte. Eines der größten Geräte dieser Art ist das Synchrozyklotron des Vereinigten Instituts für Kernforschung (VIK) in Dubna bei Moskau, das im Jahre 1949 fertiggestellt wurde. Es erlaubt die Beschleunigung von Protonen bis zu Energien von 680 MeV. Dabei durchlaufen die Teilchen in der Vakuumkammer innerhalb von 0,003 s eine Spiralbahn von rund 600 km Länge.

Die höchste Energie, auf die Protonen bisher beschleunigt wurden, beträgt 800 GeV. Sie wurde mit dem Protonensynchrotron des Fermi-Laboratoriums in der Nähe von Chicago erreicht. Im Gegensatz zum Synchrozyklotron werden in einem Beschleuniger dieser Art die Protonen aus einem Vorbeschleuniger in eine Ringbahn geschossen. Ihr Magnet besteht aus Hunderten Segmenten, die längs eines Kreises von eini-

Die Fotografie zeigt die Vakuumkammer mit den beiden Halbdosen eines der ersten von Ernest Lawrence in Berkeley gebauten Zyklotrons. Sein Durchmesser beträgt 10 cm [10].

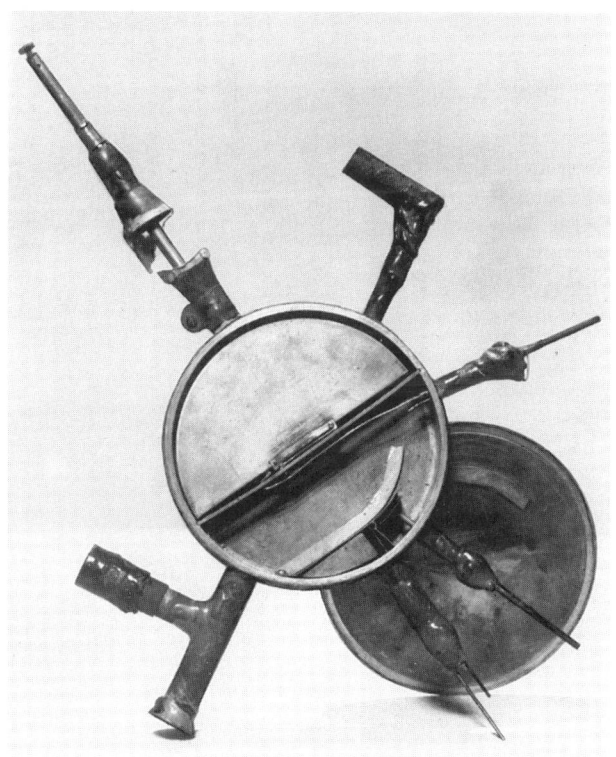

9 Im atomaren und subatomaren Bereich verwendet man üblicherweise das Elektronenvolt (eV) als Energieeinheit. E in eV ist die Energie, die ein Elektron gewinnt, wenn es durch eine Spannung von 1 V (Volt) beschleunigt wird (1 eV = $1{,}60 \cdot 10^{-19}$ J). Das Elektronenvolt oder dezimale Vielfache davon, wie etwa $1 \cdot 10^6$ eV = 1 MeV (Megaelektronenvolt) und $1 \cdot 10^9$ eV = 1 GeV (Gigaelektronenvolt), ist eine naheliegende Wahl als Energieeinheit, da die Teilchen ihre Energien durch elektromagnetische Felder erhalten.

In der speziellen Relativitätstheorie ist die Gesamtenergie E eines Teilchens mit seiner Ruhemasse m und mit seinem Impuls p durch die folgende Gleichung verknüpft:
$E^2 = p^2 c^2 + m^2 c^4$.
Drückt man E durch die Einheit eV aus, so erhält man als Masseneinheit eV/c^2. Für ein masseloses Teilchen ($m = 0$) folgt aus der Gleichung $E = pc$. Daraus erhält man als Impulseinheit eV/c.

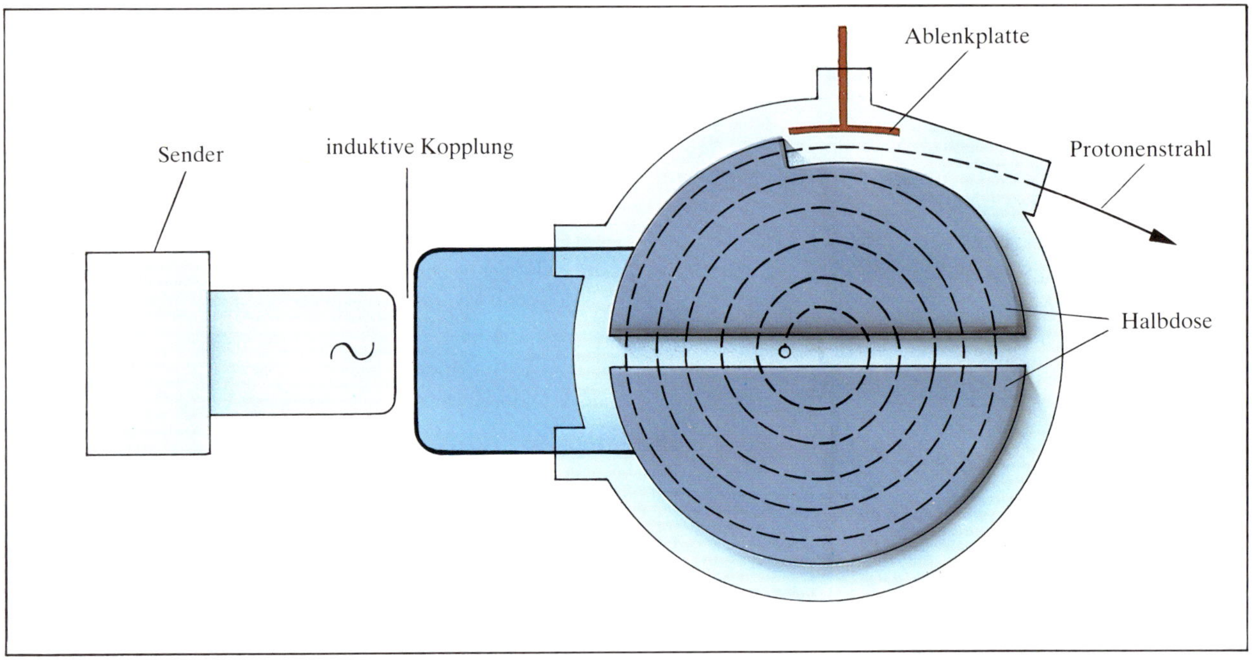

Schematische Darstellung eines Zyklotrons und Andeutung der Bahn der Protonen. Senkrecht zur Teilchenbahn wirkt ein homogenes Magnetfeld.

Blick in den Tunnel des Hauptrings des Protonensynchrotrons im Fermi National Accelerator Laboratory. Der obere Beschleunigerring hat konventionelle Magneten. Er dient als Injektor für den unteren, aus supraleitenden Magneten aufgebauten Ring. In ihm erhalten die Protonen Energien bis zu 1000 GeV [13].

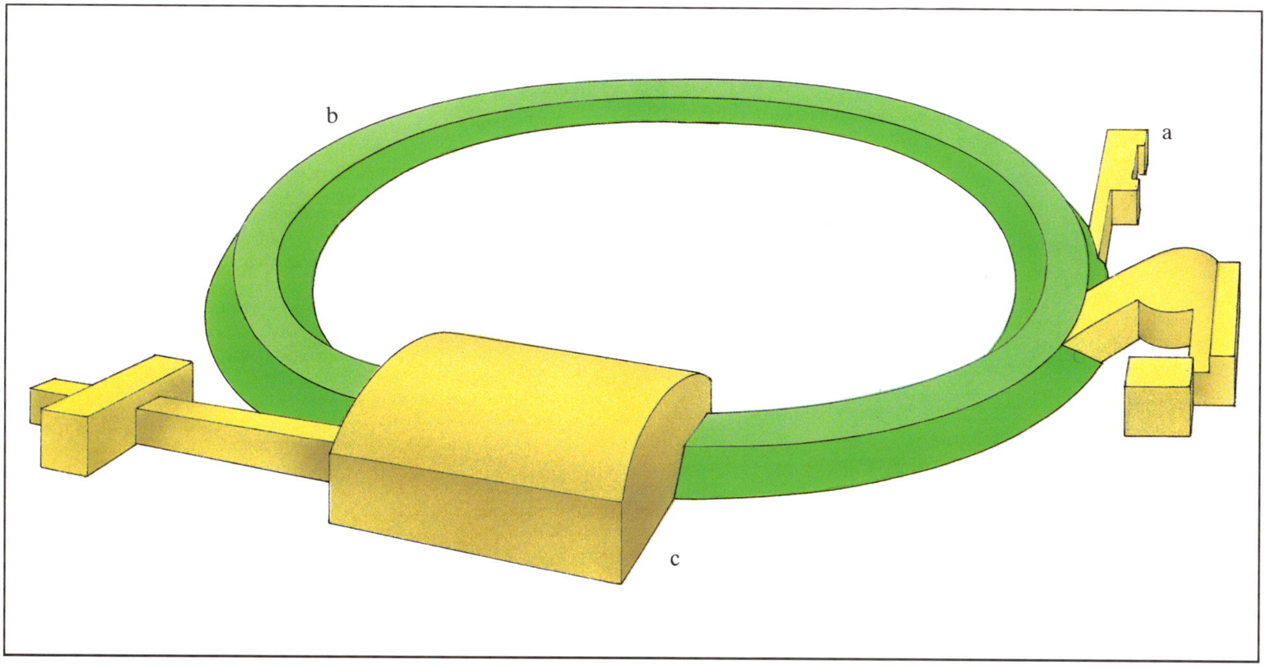

Der Beschleunigerkomplex im Institut für Hochenergiephysik in Serpuchow (UdSSR). Dargestellt sind folgende Einzelheiten:

(a) der lineare Injektor, in dem Protonen auf 100 MeV beschleunigt werden,
(b) der Beschleunigerring, in dem die Protonen bis auf eine Energie von 76 GeV beschleunigt werden, und
(c) die Halle, in der die experimentellen Anlagen installiert sind [12].

gen Kilometern Länge angeordnet sind. Während des Umlaufs der Protonen erfolgt die Beschleunigung wiederum durch ein hochfrequentes elektrisches Feld, dessen Frequenz mit wachsender Geschwindigkeit der Teilchen ansteigt. Gleichzeitig muß die Stärke des Magnetfeldes erhöht werden, um die Protonen stets auf der gleichen Bahn zu halten.

Das 680-MeV-Synchrozyklotron des Vereinigten Instituts für Kernforschung in Dubna [12]

Das Synchrotronprinzip läßt sich auch zur Beschleunigung von Elektronen nutzen.

Im Protonensynchrotron des Fermi-Laboratoriums mit einem Umfang von rund 6 km wurden dabei supraleitende Magneten verwendet, deren magnetische Feldstärke bis auf 5 Tesla[10] gesteigert werden kann. Protonen einer Energie von 800 GeV haben eine Geschwindigkeit von 99,99993 % der Lichtgeschwindigkeit, und ihre relativistische Masse hat sich gegenüber der Ruhemasse auf das 850fache erhöht.

Nach Beendigung des Beschleunigungsprozesses lenkt man den Teilchenstrahl aus der Anlage und richtet ihn auf das vorgesehene Ziel (Target), um beispielsweise den Stoßprozeß des Geschoßteilchens mit dem Targetteilchen zu untersuchen. Nehmen wir an, beides seien Protonen, und wir wollen in einem Stoßprozeß die Erzeugung eines zusätzlichen Teilchens, eines Mesons m, näher kennenlernen:

p + p → p + p + m.

Wir benutzen dazu Protonen aus einem 800-MeV-Synchrozyklotron. Die Protonen treffen auf die im Laboratorium ruhenden Targetprotonen. Wie der Versuch uns lehrt, stehen von den 800 MeV des Geschoßprotons nur 142 MeV zur Erzeugung von neuen Teilchen zur Verfügung, der restliche Teil der Energie des Geschoßteilchens setzt sich in Bewegung aller Teilchen nach dem Stoß um.

Eine günstigere Energiebilanz bezüglich der Erzeugung neuer Teilchen im Stoß ergibt sich, wenn man beide Teilchen, Geschoß- und Zielteilchen, beschleunigt und mit gleich großen Impulsen aufeinanderschießt. In diesem und nur in diesem Fall, den man als Stoß im Schwerpunktsystem bezeichnet, läßt sich die Gesamtenergie beider Teilchen zur Erzeugung neuer Teilchen oder zur Erforschung innerer Strukturen umsetzen.

Der Übergang von einem Protonenbeschleuniger mit einer Maximalenergie der Protonen von 800 MeV zu einem Protonensynchrotron mit 800 GeV bringt im Schwerpunktsystem nur einen effektiven Energiegewinn um den Faktor 33. Mitte der fünfziger Jahre wurde daher vorgeschlagen, zur Erzielung sehr hoher ausnutzbarer Energien zwei Protonenstrahlen aufeinanderzuschießen. Das Problem dieser Art Beschleuniger, sogenannter Speicherringe, ist eine ausreichende Intensität der Strahlen, um genügend Ereignisse im Stoßbereich zu haben. Der erste Protonenspeicherring nahm im Jahre 1971 im Europäischen Kernforschungszentrum (CERN) bei Genf den Betrieb auf. Die maximale Gesamtenergie, die im Schwerpunktsystem zur Verfügung stand, betrug 56 GeV. Das entspricht einem herkömmlichen Beschleuniger mit

[10] Zwischen den Einheiten der magnetischen Feldstärke, gemessen in Tesla bzw. Gauß, besteht der Zusammenhang $1\,\mathrm{T} = 10^4$ Gauß. Das Erdmagnetfeld hat die vergleichsweise geringe Stärke von rund 0,5 Gauß.

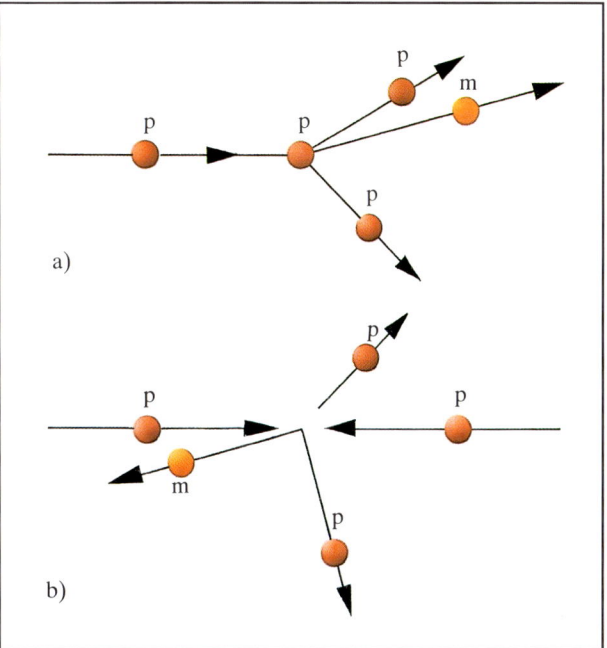

Schematische Darstellung der Erzeugung eines Mesons (m) im Stoß zweier Protonen (p): p + p → p + p + m
a) im Laborsystem,
b) im Schwerpunktsystem.

einer Energie von 1700 GeV. Der gegenwärtig leistungsstärkste Speicherring für Protonen wird ebenfalls im CERN betrieben. Die maximale, im Schwerpunktsystem umsetzbare Energie dieser Anlage beträgt 800 GeV.

Speicherringanlagen für Elektronen wurden gleichfalls in verschiedenen Beschleunigerzentren entwickelt und gebaut. 1964 wurde im Deutschen Elektronen-Synchrotron-Laboratorium (DESY) in Hamburg ein Elektronensynchrotron in Betrieb genommen. In dieser Anlage werden Elektronen bis

Folgende Seiten:
Luftbildaufnahme des DESY in Hamburg. Der Verlauf der Beschleunigerringe PETRA und HERA ist angedeutet. Die Anlage HERA wird 1990 in Betrieb gehen. In ihr werden Protonen einer Energie von 820 GeV auf Elektronen einer Energie von 30 GeV treffen [15].

Kreuzungsbereich der beiden Protonenstrahlbündel im Speicherringsystem des CERN [14]

auf 6 GeV beschleunigt. Im gleichen Laboratorium arbeitet seit dem Jahre 1978 eine Elektronenspeicherringanlage PETRA, in der im Schwerpunktsystem bis zu 47 GeV zur Verfügung stehen. Das ist die bisher höchste Energie, die in Elektronenspeicherringen erzeugt wurde.

In den achtziger Jahren befindet sich eine neue Beschleunigergeneration in der Entwicklung. So wird im Institut für Hochenergiephysik in Serpuchow bei Moskau ein Protonensynchrotron mit einem Umfang von 20 km gebaut, das die Beschleunigung von Protonen auf 3000 GeV erlauben wird. Im CERN ist ein Elektronenspeicherring im Bau, dessen Ringtunnel einen Umfang von 27 km hat und in dem eine maximale Energie von rund 100 GeV im Schwerpunktsystem zur Verfügung stehen wird. Die Anlagen der nächsten Generation werden es uns gestatten, in Raumbereiche unterhalb 10^{-16} cm vorzustoßen. Das ist der tausendste Teil der Ausdehnung eines Protons.

Rund ein halbes Jahrhundert liegt zwischen der Inbetriebnahme des ersten Zyklotrons durch Lawrence, das noch bequem in einem Laborraum Platz hatte und eine Beschleunigung auf 1,2 MeV gestattete, und den modernen Riesenbeschleunigern, deren Beschleunigungsstrecken sich tief unter der Erdoberfläche kilometerlang hinziehen. In den Beschleunigerringen legen, gesteuert durch Computersysteme, die Teilchen Bahnen zurück, die bis zur Erreichung der Sollenergie ein Vielfaches der Entfernung Erde – Mond betragen. Diese Riesenmikroskope unserer Zeit haben nur noch wenig Ähnlichkeit mit dem klassischen Lichtmikroskop, das uns den ersten Schritt in die Welt des Mikrokosmos erlaubte.

3.4. Detektoren für Prozesse im Subatomaren

Beschleuniger sind ein notwendiger, aber nicht hinreichender Teil des Instrumentariums, dessen sich die Physik bei ihrem Eindringen in den Mikrokosmos bediente. Benötigt werden noch Geräte und Anlagen, mittels deren man die Stoßprozesse zwischen Geschoß- und Targetteilchen untersuchen kann.

Durchquert ein schnelles, elektrisch geladenes Teilchen eine Substanzschicht, so verliert es schrittweise über die elektrische Wechselwirkung durch Stöße mit den in Atomen gebundenen Elektronen seine Energie. Die Elektronen werden dabei entweder auf ein energetisch höheres Niveau im Atom angehoben (Anregung) oder aus dem Atom herausgestoßen (Ionisation). Neben diesen sehr häufigen Wechselwirkungsprozessen kommt es gelegentlich vor, daß das beschleunigte Teilchen einen Atomkern des Targets trifft. In diesen seltenen Prozessen verliert das Geschoßteilchen in der Regel den größten Teil seiner Energie auf einmal.

Elektrisch neutrale Teilchen, wie etwa das Photon, verlieren beim Durchqueren einer Substanzschicht ihre Energie durch Prozesse, die zum Teil bereits erwähnt wurden (s. S. 69). Im fotoelektrischen Effekt wird das Lichtquant von einem Atom absorbiert, und ein Elektron verläßt das Atom. Mit wachsender Energie der Photonen dominiert ein anderer Prozeß, der Compton-Effekt, bei dem das Photon elastisch an einem Elektron des Atoms gestreut wird. Übersteigt die Energie der Photonen 1 MeV, gewinnt ein dritter Prozeß Bedeutung, die Paarerzeugung.

Im Jahre 1928 verknüpfte Dirac die Forderungen der speziellen Relativitätstheorie mit der Quantenmechanik. Die von ihm formulierte relativistische Wellengleichung hatte eine die Physiker überraschende Konsequenz. Sie sagte die Existenz von Teilchen voraus, die in allen Eigenschaften mit denen der Elektronen übereinstimmten, nur daß sie an Stelle der negativen eine positive Elementarladung tragen. Diese als Positronen bezeichneten Antiteilchen des Elektrons wurden dann wenige Jahre später entdeckt. Damit wurde erstmalig ein von Relativitätstheorie und Quantentheorie vorhergesagtes Teilchen in der Natur nachgewiesen – ein Vorgang, der sich in den folgenden Jahren noch mehrmals wiederholen sollte.

Den Prozeß, in dem die Positronen erzeugt werden, nennt man Paarerzeugung. Im elektrischen Feld eines Atomkerns wird ein hochenergetisches Photon vernichtet, und an seine Stelle tritt ein Elektron-Positron-Paar ($\gamma \rightarrow e^- + e^+$). Auch der umgekehrte Prozeß wird in der Natur beobachtet. Nach dem Durchlaufen einer entsprechenden Substanzschicht hat sich die Energie eines Positrons so weit reduziert, daß es von einem Elektron eingefangen wird. Elektron und Positron umkreisen einander sekundenbruchteilelang, bis sie sich gegenseitig vernichten, wobei ihre Ruheenergie von $2 m_e c^2 \approx 1$ MeV in Form von Photonen abgestrahlt wird ($e^+ + e^- \rightarrow 2\gamma$).

Der Energieverlust eines schnellen Elektrons beim Durchfliegen einer Substanzschicht unterscheidet sich in einem wesentlichen Punkt vom Energieverlust eines Protons. Der Energieverlust erfolgt nicht überwiegend durch Anregung und Ionisation der Atome, sondern durch Bremsstrahlung. Im elektrischen Feld eines Atomkerns wird das vorbeifliegende Elektron ein wenig abgelenkt und dabei in seiner Bewegung etwas gebremst. Jede Geschwindigkeitsänderung eines geladenen Teilchens ist aber mit einer elektromagnetischen Abstrahlung von Photonen verbunden. Im Fall der Streuung eines Elektrons im elektrischen Feld eines Atomkerns sprechen wir von einer Bremsstrahlung. Für ein Proton der gleichen Geschwindigkeit wie das Elektron ist die Bremsstrahlung vernachlässigbar gering, da das schwere Teilchen praktisch keine Ablenkung erfährt.

Trifft ein hochenergetisches Elektron auf eine Substanzschicht, so verliert es durch Abstrahlung hochenergetischer Bremsstrahlungsphotonen einen merklichen Teil seiner Energie. Photonen, deren Energie $2 m_e c^2$ übersteigt, können

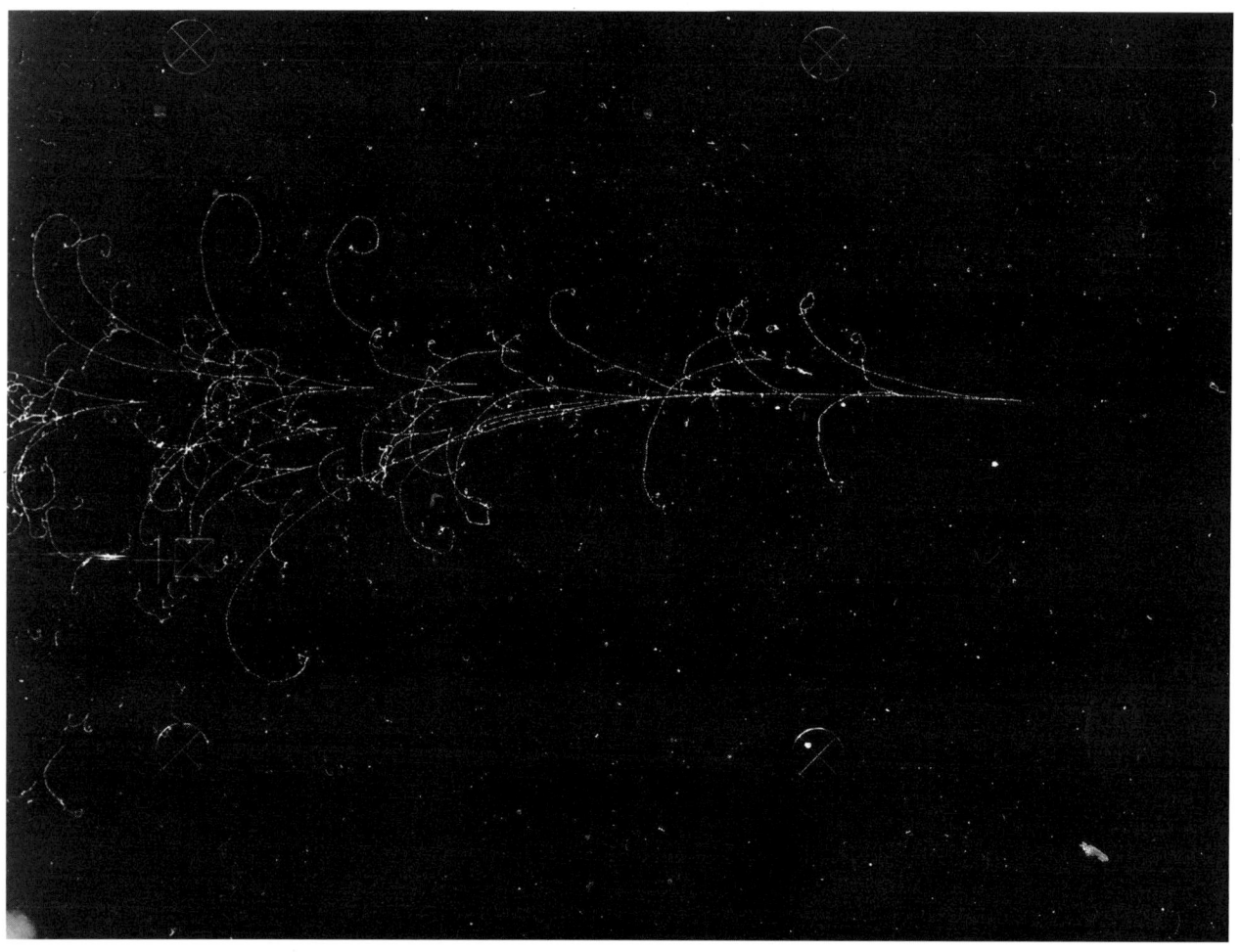

Ein hochenergetisches Photon erzeugt in der mit einer schweren Flüssigkeit (Freon) gefüllten Blasenkammer (SKAT) im IfH Serpuchow ein Elektron-Positron-Paar. Daraus entwickelt sich im Wechselspiel von Bremsstrahlung und Paarerzeugung ein Schauer [6].

ihrerseits Elektron-Positron-Paare erzeugen. In aufeinanderfolgenden Schritten kommt es zur Ausbildung eines ganzen Schauers aus Elektronen, Positronen und Photonen.

Auf den vorstehend skizzierten elementaren Prozessen im atomaren Bereich beruht das Instrumentarium, mit dessen Hilfe wir experimentell die subatomare Welt erschließen. Ein erstes, bereits erwähntes Gerät ist die im Jahre 1912 von Charles Wilson in England erfundene Nebelkammer. Durchfliegt ein energetisches, geladenes Teilchen das Kammervolumen, so erzeugt es in großer Zahl Ladungsträger durch Ionisation der Atome längs seines Weges. Diese Ladungsträger werden in der mit übersättigtem Wasserdampf gefüllten Nebelkammer zu Kondensationskeimen für Wassertröpfchen. Die Teilchenbahn wird als Nebelspur sichtbar (s. Abb. auf S. 79).

Die Blasenkammer ist eine mit einer leichtsiedenden

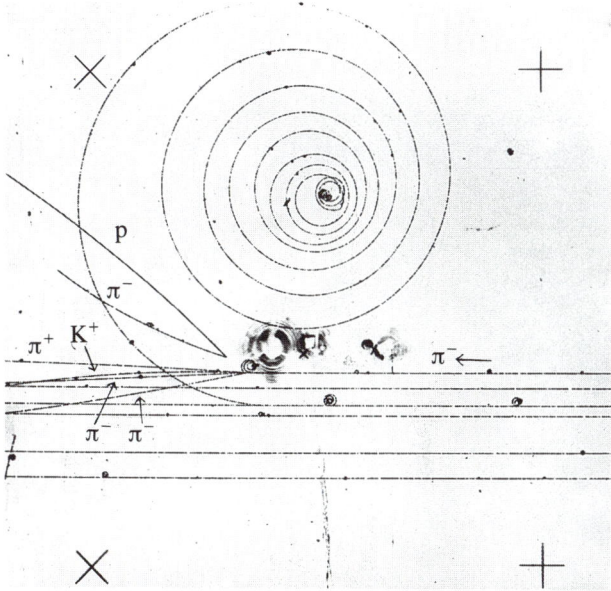

Ein in der Blasenkammer MIRABELLE aufgezeichneter Prozeß. Ein in die Kammer geschossenes, negativ geladenes π-Meson mit einer Energie von 32 GeV trifft auf ein Proton. Im Wechselwirkungsprozeß entstehen 6 Teilchen: ein K^+-Meson, ein $π^+$-Meson, zwei $π^-$-Mesonen, ein (unsichtbares) $π^0$-Meson und ein neutrales $Λ$-Hyperon, das in ein Proton und ein $π^-$-Meson zerfällt:

$$π^- + p \rightarrow K^+ + π^+ + 2π^- + Λ^0 + π^0$$
$$p + π^-$$

Die Skizze deutet die Bahnen der Teilchen an [6].

durchsichtigen Flüssigkeit gefüllte Kammer. Die durch Ionisation entstehenden Kondensationskeime längs der Bahn eines geladenen Teilchens führen zur Bildung von Dampfbläschen, wenn kurz vor dem Teilchendurchgang die Flüssigkeit überhitzt wird. Die erste, von dem amerikanischen Physiker Donald Glaser im Jahre 1952 gebaute Blasenkammer enthielt nur wenige Kubikzentimeter Flüssigkeit. In weniger als zwei Jahrzehnten wuchs das Volumen der an den Be-

Die Aufnahme zeigt die Gesamtansicht der mit flüssigem Wasserstoff gefüllten Blasenkammer MIRABELLE. Die Kammer hat ein Volumen von 9,6 Kubikmetern. Sie ist am 70-GeV-Protonenbeschleuniger des Instituts für Hochenergiephysik in Serpuchow installiert [12].

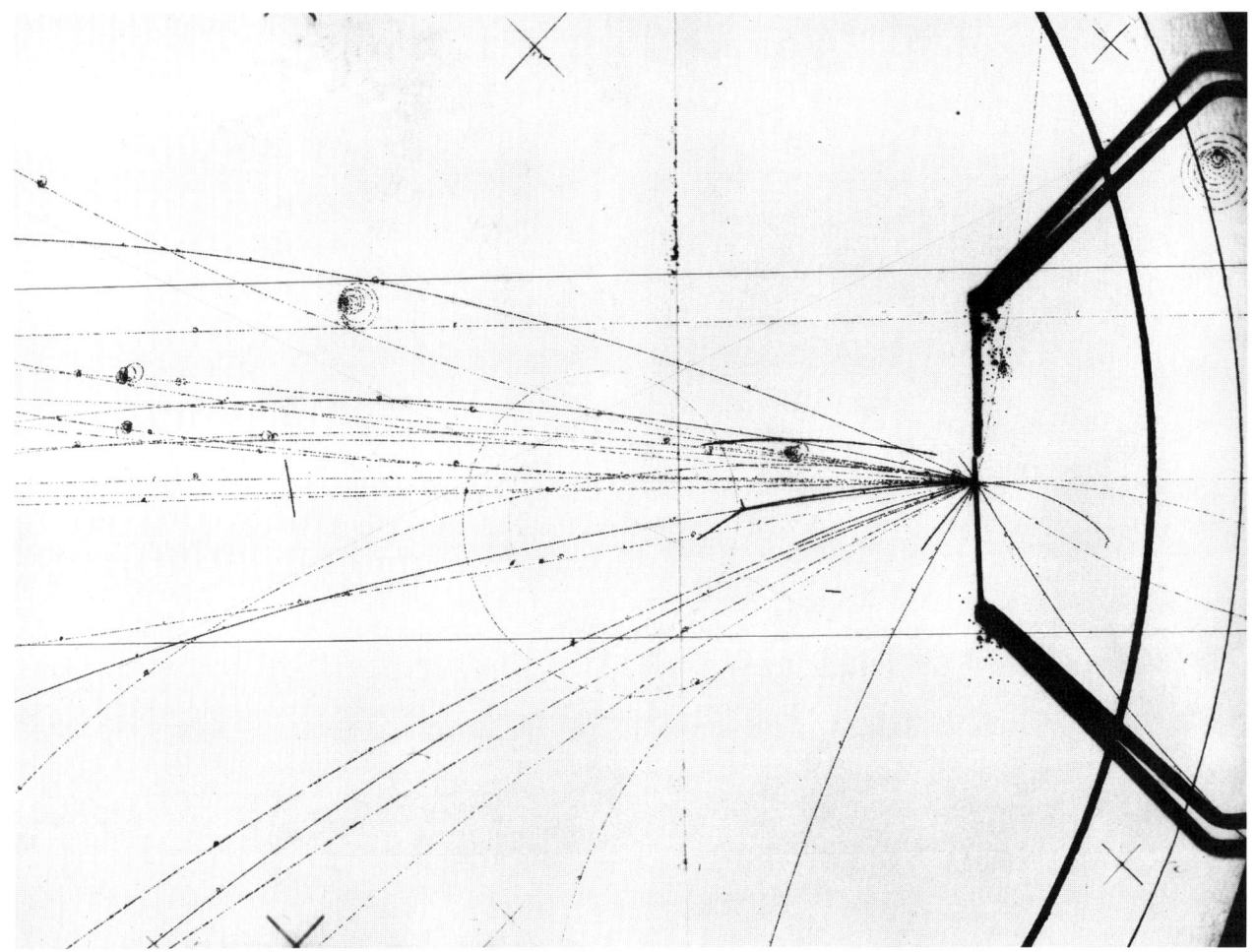

In der Wasserstoff-Blasenkammer des Europäischen Hybrid-Spektrometers in CERN trifft ein positiv geladenes π-Meson einer Energie von 250 GeV auf den Kern eines Gold-Atoms (in einer Folie). In dem hochenergetischen Stoßprozeß entstehen 32 neue Teilchen [6].

schleunigern betriebenen Blasenkammern um mehr als das Millionenfache. Sie arbeiten in der Regel in einem konstanten Magnetfeld senkrecht zur Kammerebene. Aus der Krümmung der Teilchenbahn im Feld läßt sich der Teilchenimpuls bestimmen.

Blasenkammern gestatten die vollständige Aufzeichnung der Spuren aller geladenen Teilchen, die an einem Wechselwirkungsprozeß teilnehmen. Wie die Fotografien verschiedener Prozesse zeigen, vermitteln sie dem Physiker noch eine gewisse Erlebnisnähe zu dieser von unserer unmittelbaren Umwelt so weit entfernten Welt des Mikrokosmos. Blasenkammern, genau wie die schon seit langem nicht mehr verwendeten Nebelkammern, haben einen bedeutenden Nachteil: Sie sind nicht automatisch auslösbar, der Physiker nennt das »nicht triggerbar«, da die Kammerflüssigkeit vor Eintritt der Teilchen aus dem Beschleuniger in die Kammer durch einen mechanischen Expansionsvorgang überhitzt werden muß. Blasenkammern gestatten keine selektive Aufzeichnung spezieller Ereignisgruppen.

Triggerbare Detektoren sind z. B. die Funkenkammern. Spielarten dieses Gerätes sind die Proportional- und die Driftkammern. Das Arbeitsprinzip einer Funkenkammer ist sehr einfach. Legt man an zwei Metallplatten, die einige Zentimeter voneinander entfernt sind, eine genügend große Spannung, so kann ein elektrischer Durchschlag erfolgen. Durchfliegt ein geladenes Teilchen den Raum zwischen den Platten, so ionisiert es die Atome längs seiner Bahn, und der elektrische Durchschlag folgt als Funke der Teilchenspur.

Durch Ionisation werden die elektrisch neutralen Atome des Gases zwischen den Metallplatten, den Elektroden, in Elektronen, also negative Ladungsträger, und in die positiv geladenen Atomreste zerlegt. Diese Ionenpaare existieren einige millionstel Sekunden, bevor sie sich wieder zu neutralen Atomen vereinen. Nutzt man diese kurze Zeit nach dem Teilchendurchgang, um die für den Funkendurchschlag nötige hohe Spannung anzulegen, so wird die Funkenkammer zum triggerbaren Detektor.

In einer Drahtfunkenkammer, etwa einer Proportionalkammer, ist eine der beiden Metallplatten durch eine große Zahl dünner, gespannter Drähte ersetzt. Diese mit dem positiven Pol der elektrischen Hochspannung verbundene Elektrode, die Anode, ist von zwei Metallplatten, den Kathoden, umgeben, die negativ geladen sind. Durchfliegt ein geladenes Teilchen die Kammer, so werden an dem Anodendraht die meisten negativen Ionen gesammelt, der der Teilchenspur am nächsten liegt. Damit gewinnt man eine Information über den Ort des Teilchendurchgangs zunächst in einer Dimension. Verwendet man zwei Kammern, deren Drähte senkrecht zueinander angeordnet sind, so läßt sich der Ort des Teilchendurchgangs durch die elektrischen Signale von den sich kreuzenden Drähten auf Millimeterbruchteile genau angeben. Durch ein System hintereinander angeordneter Kammern kann man punktweise den Weg eines hochenergetischen Teilchens rekonstruieren. Stellt man die Kammern in ein Magnetfeld, das senkrecht zum Weg der Teilchen gerichtet ist, so läßt sich aus der Krümmung der Bahn auch der Impuls der Teilchen bestimmen.

Fliegt ein hochenergetisches, geladenes Teilchen durch

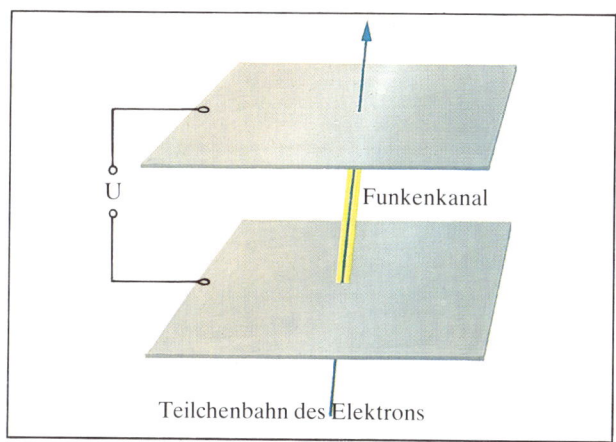

Durchgang eines Elektrons durch eine Funkenkammer. Zwischen den Elektroden – zwei Metallplatten – liegt eine ausreichende Gleichspannung. Beim Durchfliegen des Raumes zwischen den Platten ionisiert das Elektron die Gasatome, und es folgt ein elektrischer Durchschlag.

Das die Elektroden durchfliegende geladene Teilchen – in der Skizze ein Elektron – ionisiert die Gasatome längs seines Weges. Freigesetzte Elektronen in der Nähe der Anodendrähte wandern zu den benachbarten Drähten und lösen Signale aus. Das stärkste Signal wird in dem Anodendraht induziert, der der Teilchenbahn am nächsten liegt.

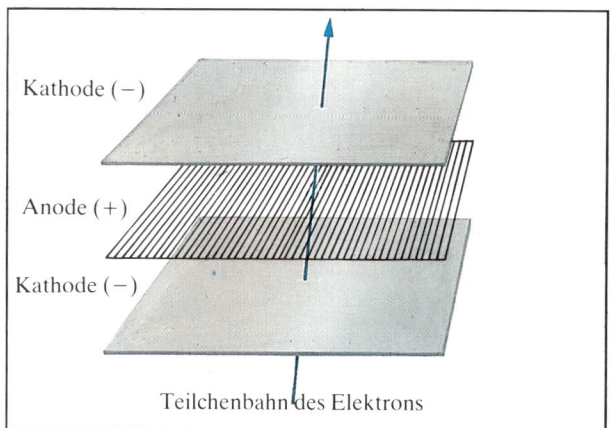

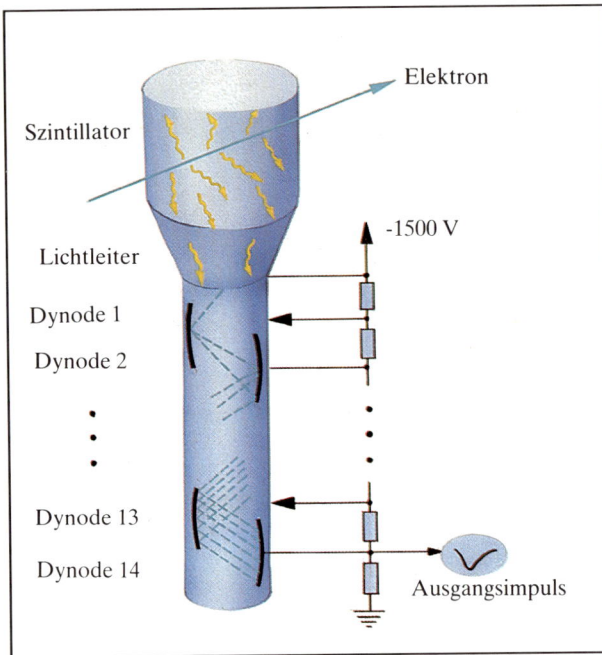

Signalregistrierung in einem Szintillationszähler mit einem Sekundärelektronenvervielfacher (SEV). Ein geladenes Teilchen – in der Skizze ein Elektron – durchfliegt einen Szintillator. Ein Teil der dabei erzeugten Lichtquanten wird über einen Lichtleiter auf die Fotokathode eines SEV geführt und erzeugt dort Elektronen. Über ein System von Dynoden entsteht ein meßbares Ausgangssignal.

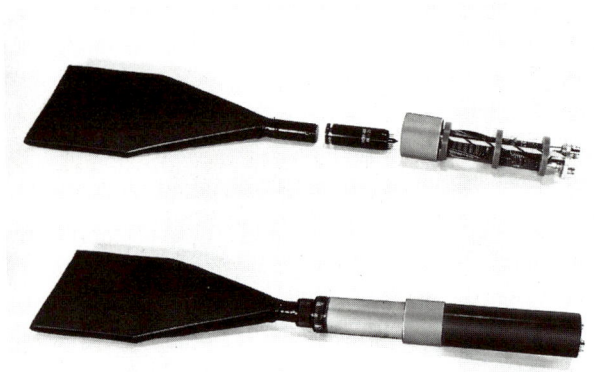

eine Substanzschicht, so werden, wie bereits erwähnt, die Atome längs des Weges angeregt und ionisiert. In den Funkenkammern wird die Ionisation zum Teilchennachweis genutzt. Aber auch der Anregungsvorgang selbst wurde zum Ausgangspunkt einer Gruppe von elektronischen Detektoren, die man als Szintillationszähler bezeichnet. Sie waren genaugenommen die ersten in der Kernphysik zu Beginn unseres Jahrhunderts benutzten Nachweisgeräte. Treffen Teilchen etwa auf einen mit Zinksulfid beschichteten Schirm, so sieht man Lichtblitze mittels eines Mikroskops. Da das menschliche Auge unzuverlässig und langsam ist, wurde dieses Nachweisprinzip für Jahrzehnte aufgegeben. Erst nach der Einführung der Sekundärelektronenvervielfacher (SEV) wurden die Szintillationszähler in den vierziger Jahren wieder verwendet.

Ein Teilchen, das eine szintillierende Substanz, beispielsweise ein durchsichtiges Plastikmaterial, durchfliegt, bewirkt eine Anregung der Atome. Innerhalb von etwa 10^{-8} s wird die Anregungsenergie durch Abstrahlung von Photonen wieder abgegeben, die Atome fallen in den energetischen Grundzustand zurück. Mittels geeigneter Lichtleiter werden die Photonen auf die Fotokathode eines SEV gebracht, wo sie über den fotoelektrischen Effekt Elektronen auslösen. Die primär erzeugten Elektronen werden beschleunigt und treffen auf eine Elektrode, eine Dynode, wo sie sekundäre Elektronen auslösen. Ein moderner SEV hat mehr als zehn Vervielfältigungsstufen. Da jedes Elektron, das auf eine Dynode

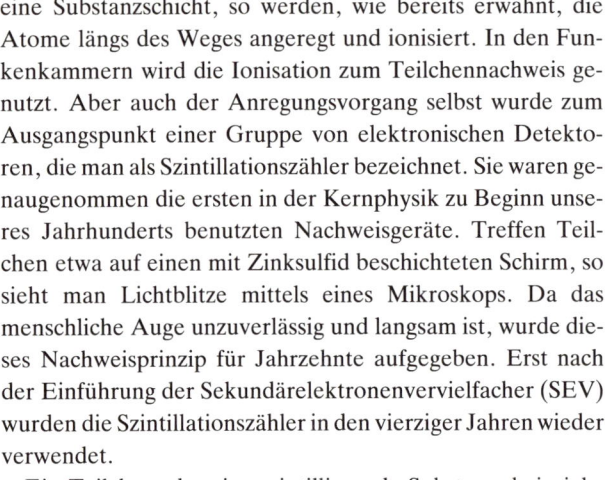

Die Aufnahme zeigt in der oberen Anordnung den rechteckigen Szintillationszähler, der in den Lichtleiter übergeht, den Sekundärelektronenvervielfacher (SEV) und die für seinen Betrieb notwendige Elektronik. Die untere Anordnung zeigt die Elemente nach dem Zusammenbau [6].

Im Foto rechts blickt man von oben auf den UA-1-Detektor während der Montage der Elemente [14].

Seite 98:
Schematische Seitenansicht des UA-1-Detektors mit seinem von innen nach außen folgenden Kranz von unterschiedlichen Zählern zum Nachweis der verschiedenen Teilchen, die beim Stoß zwischen hochenergetischen Protonen und Antiprotonen entstehen.

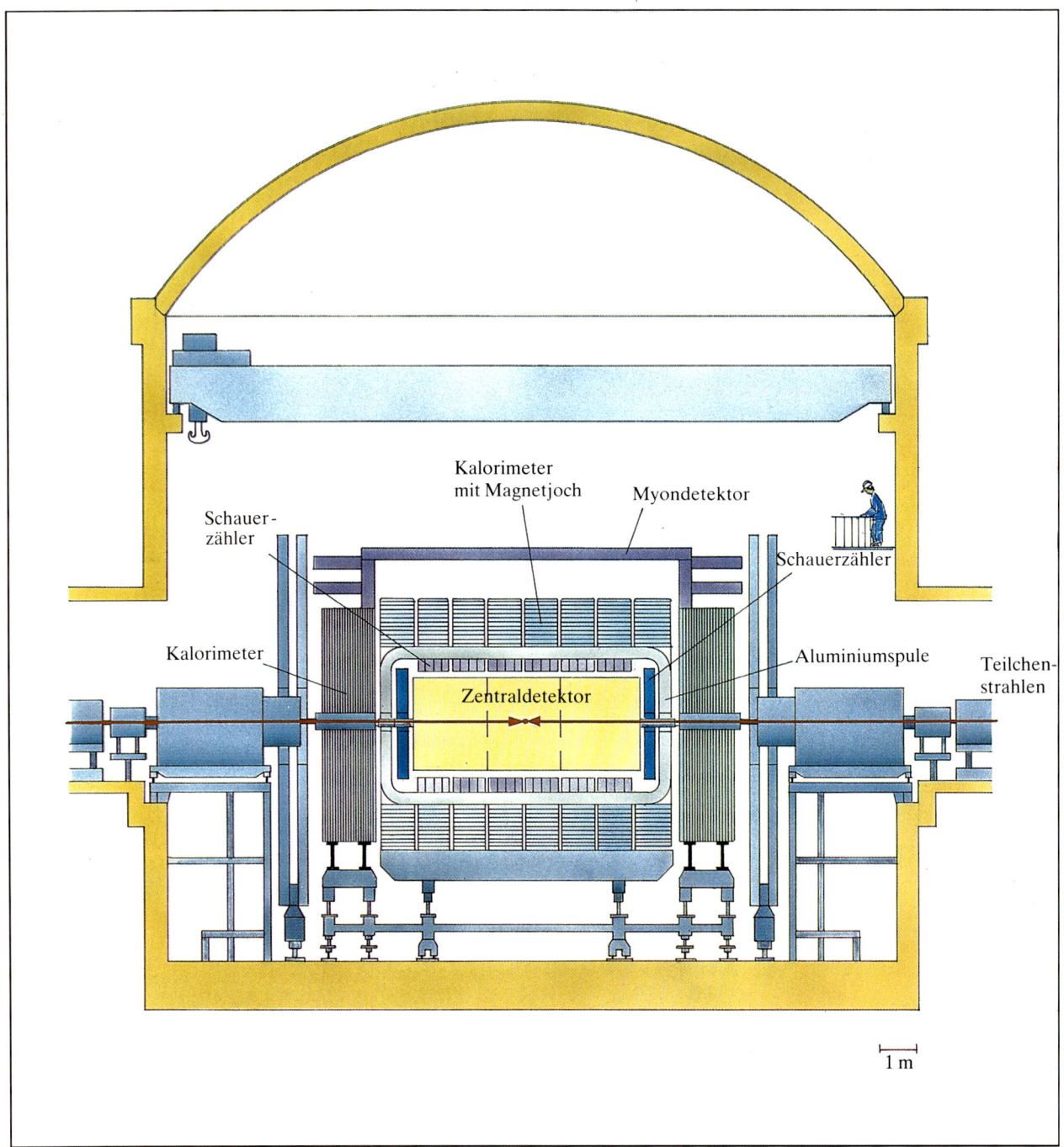

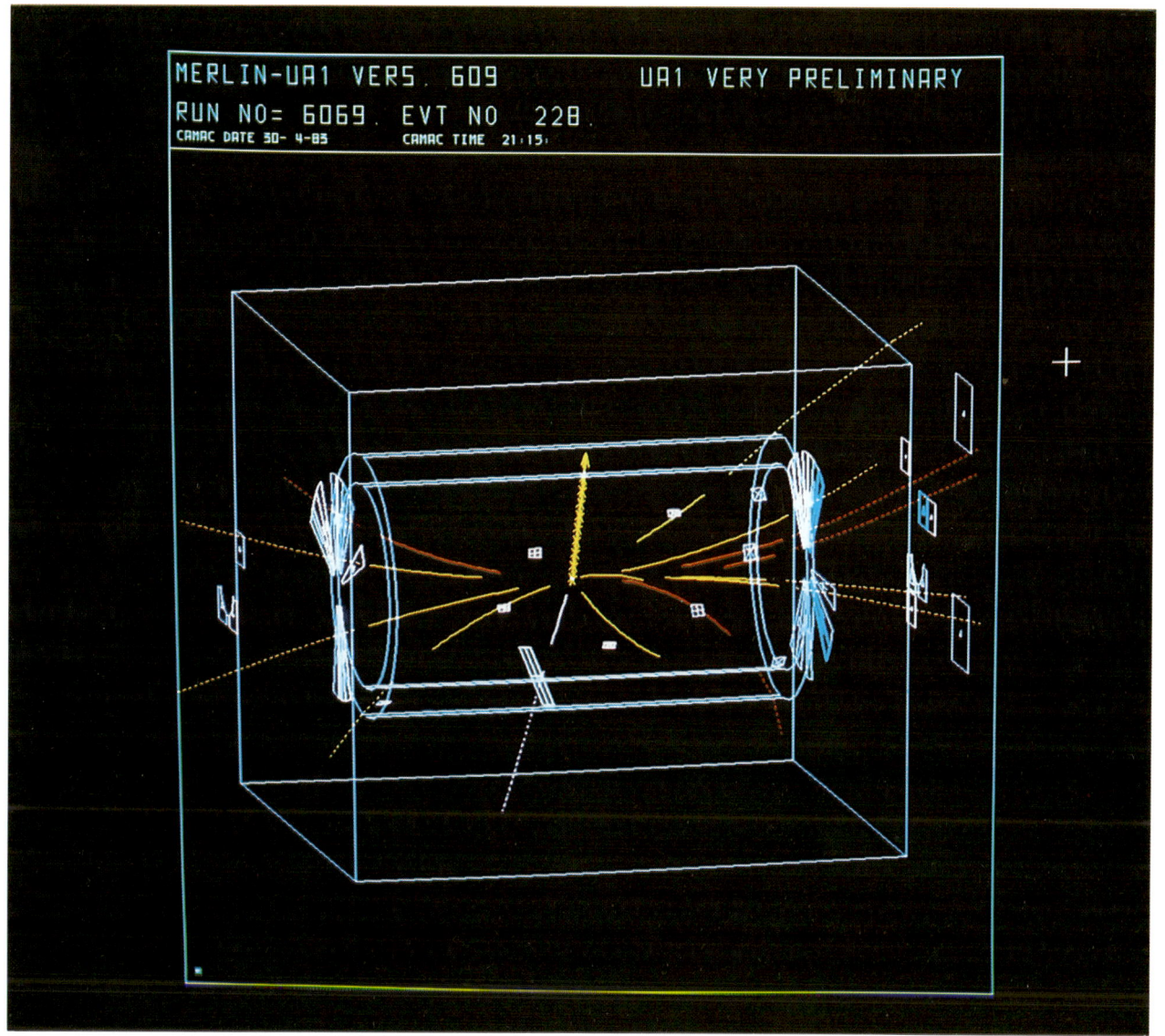

Der Wechselwirkungsprozeß eines Protons mit einem Antiproton, wie er im UA-1-Detektor registriert und mittels Computer auf einem Bildschirm rekonstruiert wurde. In dem aufgezeichneten Prozeß entstand ein W-Boson, das in ein Elektron und ein Neutrino zerfiel: $W^- \to e^- + \nu_e$.

Die grau-blaue Spur des Elektrons verläuft nach links unten, der Weg des Neutrinos ist durch die Folge gelber Kreuze nach oben markiert [14].

trifft, dort zwei bis fünf Sekundärelektronen auslöst, lassen sich Verstärkungen bis zu 10^9 realisieren. Am Ausgang eines SEV entsteht, selbst bei der Primärerzeugung nur weniger Photonen, ein elektrisch meßbares Ausgangssignal.

Trifft ein hochenergetisches Teilchen aus einem der modernen Riesenbeschleuniger in einem direkten Stoß auf ein ruhendes Proton, so kann es zur Erzeugung einer größeren Zahl neuer Teilchen kommen, die nach dem Stoß mit nahezu Lichtgeschwindigkeit vom Punkt der Wechselwirkung wegfliegen. Um die erzeugten Sekundärteilchen zu identifizieren und ihre Eigenschaften, wie etwa Impuls und Energie, zu bestimmen, bedarf es einer genügend großen, komplexen Apparatur. Blasenkammern werden diesen Forderungen nur noch eingeschränkt gerecht. Hinzu kommt der große Nachteil, daß sie keine gesteuerte Selektion ausgewählter Prozesse gestatten, also nicht triggerbar sind.

Die Anlagen, mit deren Hilfe man gegenwärtig an den Riesenbeschleunigern arbeitet, bestehen aus mehreren unterschiedlichen Detektoren, unter ihnen die erwähnten Szintillationszähler und Proportionalkammern, in Anordnungen, die es erlauben, die Identität und Eigenschaften möglichst aller sekundär erzeugten Teilchen zu ermitteln. Die elektrischen Signale von den Zehntausenden Detektorelementen werden mittels leistungsstarker Computer gesammelt und verarbeitet. Ein Teil dieser Informationen wird häufig auch zur Steuerung der Anlage benutzt.

Einen Eindruck von der Größe und Komplexität der Nachweistechnik in der Hochenergiephysik vermittelt die Anlage UA-1, die am Protonenspeicherring des CERN installiert ist. An ihrer Entwicklung haben mehr als hundert Physiker jahrelang gearbeitet. Die Anlage hat eine Länge von 10 m und eine Breite von 5 m. Ihr Gewicht beträgt rund 2000 t. Sie gestattet die gleichzeitige Registrierung aller erzeugten Teilchen innerhalb eines großen Winkelbereiches um den Kreuzungspunkt der beiden gegenläufigen Strahlen. Den inneren Detektor bildet ein zylindrisches System aus Funkenkammern einer Länge von 6 m bei einem Durchmesser von 2,6 m, das sich in einem horizontalen Magnetfeld befindet. Die den Teilchen damit vermittelte Bahnkrümmung gestattet den Rückschluß auf ihren Impuls. Die Funkenkammern sind schalenförmig von weiteren Detektorgruppen umgeben, die nacheinander eine Energiebestimmung der unterschiedlichen Teilchengruppen wachsenden Durchdringungsvermögens erlauben. Ein hochentwickeltes elektronisches System, das eine Hierarchie von Computern einschließt, erlaubt die Auswahl spezieller Ereignistypen aus der riesigen Zahl der anfallenden Informationen. Die räumliche Rekonstruktion eines der vielen Milliarden Wechselwirkungsprozesse in der UA-1-Anlage zeigt die Abbildung auf Seite 99. Das rechnergekoppelte elektronische System der Anlage gestattet es, die Daten in Sekundenbruchteilen zu analysieren und auf einem Bildschirm sichtbar zu machen.

3.5. Die Entwicklung der astronomischen Beobachtungstechnik

Bis zu Beginn des 17. Jahrhunderts war das einzige astronomische Beobachtungsmittel das menschliche Auge. Obwohl es ein hervorragender Lichtdetektor für unsere Umwelt ist, läßt es sich für astronomische Beobachtungszwecke nur begrenzt nutzen. Der wahrnehmbare Frequenzbereich ist auf die elektromagnetischen Wellen zwischen Violett und Rot beschränkt. Strahlung längerer Wellen, beginnend beim Infraroten bis hin zu den Radiowellen, und die kurzen Wellen, vom Ultravioletten bis zu den γ-Strahlen, sieht unser Auge nicht. Ein weiterer Nachteil astronomischer Beobachtungen mit dem unbewaffneten Auge ist unsere Unfähigkeit, Lichteindrücke für mehr als wenige Zehntelsekunden zu sammeln. Wie lange wir auch in den Nachthimmel starren, wir sehen nur Sterne, deren Helligkeit oberhalb einer bestimmten Grenze liegt.

Mit der Erfindung des Fernrohrs zu Beginn des 17. Jahrhunderts öffnete sich dem menschlichen Auge eine neue Welt. Durch die Sammlung des Lichts aus einem größeren Raumbereich vergrößerte das Fernrohr die Empfindlichkeit des Auges. Entferntere und lichtschwächere Objekte wurden sichtbar.

Als Galilei im Jahre 1609 nach Informationen aus Holland ein Fernrohr 32facher Vergrößerung baute und auf den Himmel richtete, begann eine neue Etappe in der Entwicklung der beobachtenden Astronomie. Zu den ersten unerwarteten Entdeckungen zählen wir seine Beobachtung der vier hellen Monde des Planeten Jupiter – eine Zufallsentdeckung, wie sie sich in der Astronomie von Galilei bis zum heutigen Tage

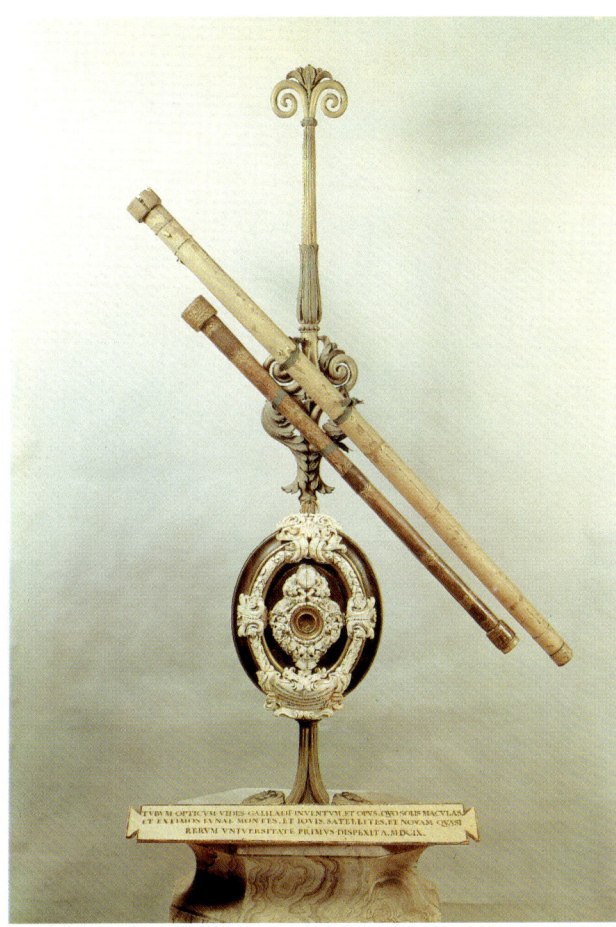

Die beiden Fernrohre gehörten einst Galilei. Sie werden im Museum für die Geschichte der Naturwissenschaften in Florenz aufbewahrt [16].

Im Jahre 1738 wurde in Hannover Friedrich Wilhelm Herschel geboren. Er wurde Musiker, trat in eine Regimentskapelle ein, mit der er 21jährig nach England kam, um später dort als Organist und Musiklehrer seinen Lebensunterhalt zu verdienen. In seiner Freizeit beschäftigte er sich mit der Astronomie. Da sein bescheidenes Einkommen ihm den Kauf eines Teleskops nicht erlaubte, baute er sich ein Spiegelteleskop mit einem metallischen Konkavspiegel als Objektiv – ein in jenen Jahren noch sehr schwieriges Unternehmen. Das harte und leicht zerbrechliche Spiegelmetall ließ sich nur schwer gießen, und das Schleifen und Polieren der parabolischen Spiegeloberfläche waren eine langwierige und zeitraubende Arbeit. Herschel fertigte Teleskope bescheidenen Umfangs, die er verkaufte, um Mittel für den Bau größerer Instrumente zu erlangen. Am 13. März 1781 bescherte ihm der Zufall bei der Himmelsbeobachtung mit einem seiner Teleskope eine bemerkenswerte Entdeckung, die Beobachtung des Planeten Uranus, durch die sich der räumliche Umfang des seit dem Altertum bekannten Planetensystems plötzlich verdoppelte. Neben dem Ruhm verschaffte diese Entdeckung Herschel die Mittel, um die Astronomie zum Beruf und die Musik zur Liebhaberei werden zu lassen. Der König stellte ihm in der Nähe von Windsor einen Wohnsitz zur Verfügung, wo er seine Werkstätten und eine Sternwarte einrichtete. Hier gelang ihm schließlich im Jahre 1789 der Bau eines gewaltigen Spiegelteleskops mit einer Öffnung von 1,2 m und einer Brennweite von 12 m. Das Spiegelteleskop hing in einem aus Masten aufgebauten Gerüst. Mit Seilzügen ließ sich die Neigung des Blechrohrs variieren. Der gesamte Aufbau befand sich auf einer drehbaren Plattform unter freiem Himmel. Am Tage der Einweihung entdeckte Herschel mit dem Gerät einen sechsten Saturnmond.

In der ersten Hälfte des 19. Jahrhunderts stand im Mittelpunkt der beobachtenden Astronomie die immer genauere Erfassung der Sternörter. Das vorhandene Instrumentarium gestattete keine Aussagen über die Zusammensetzung der Himmelskörper. Nun waren es aber außerhalb der klassischen Positionsastronomie stehende junge Physiker, die zu Begründern der Astrophysik, eines neuen Zweiges der Astronomie, wurden.

Mit ihrer Arbeit über die »Chemische Analyse durch Spectralbeobachtungen« aus dem Jahre 1860 zeigten Bunsen und

noch häufig wiederholen sollte. Mit der Einführung einer neuen Beobachtungs- und Meßtechnik gehen Entdeckungen neuartiger Phänomene einher.

Galileis Fernrohr bestand aus einer Objektivlinse und einer Okularlinse. Das erste brauchbare Spiegelteleskop konstruierte Newton im Jahre 1671. Damit begann eine Entwicklung, die bis zum heutigen Tage anhielt und zu den größten von Menschenhand gefertigten astronomischen Fernrohren führte.

Friedrich Wilhelm Herschel (1738–1822) [4]

Das große von Herschel erbaute und 1789 fertiggestellte Spiegelteleskop. Der Spiegel hatte einen Durchmesser von 1,2 m und eine Brennweite von 12 m [4].

Kirchhoff den Weg, auf dem man die physikalische und chemische Beschaffenheit von Himmelskörpern erforschen konnte. Durch Vergleich der Linienspektren, wie sie etwa von der Sonne ausgesandt werden, mit den Spektren chemischer Elemente im Labor gelang der Nachweis, daß die Himmelskörper aus den gleichen Elementen aufgebaut sind wie irdische Substanzen. Im Sonnenspektrum wurde im Jahre 1868 durch Joseph Norman Lockyer eine Linie beobachtet, die sich mit keiner Linie eines der damals bekannten Elemente identifizieren ließ. Sie wurde einem neuen Sonnenelement, Helium, zugeschrieben. Rund dreißig Jahre später wurde die Identität des Heliums mit einem aus radioaktiven Mineralien gewonnenen Edelgas nachgewiesen.

Mit der Verbesserung der Spektralapparaturen erweiterten sich die Möglichkeiten der Informationsgewinnung aus den Linienspektren. Zu den Erkenntnissen über die chemische Zusammensetzung kamen Einsichten in die physikalische Beschaffenheit. Dunkelheit und Breite der Fraunhoferschen Linien gestatten eine Bestimmung der Temperatur und des Druckes in den absorbierenden Schichten der Himmelskörper. Aus der Aufspaltung einzelner Spektrallinien ließen sich Rückschlüsse auf dort wirkende magnetische und elektrische Felder ziehen.

Bis in die zweite Hälfte des 19. Jahrhunderts hinein blieb das menschliche Auge der Detektor am Okular des Fernrohrs bzw. am Austrittsspalt des Spektrographen. Aus der Erfindung der Franzosen Louis Daguerre und Nicéphore Niepce aus dem Jahre 1838, auf geeigneten lichtempfindlichen Schichten Abbildungen, Fotografien, zu erzeugen, entstand eine neue Qualität der astronomischen Forschung. Eine fotografische Emulsion ist im Bereich des uns sichtbaren Lichts kaum empfindlicher als das Auge. Sie hat jedoch einige so wesentliche Vorteile, daß die fotografische Aufzeichnung relativ rasch zur Hauptnachweismethode in der Astronomie wurde. Ihr wichtigster Vorteil gegenüber dem Auge ist die Fähigkeit, Licht zu akkumulieren. Bei genügend langer Belichtungszeit, wobei das aufzuzeichnende Himmelsobjekt stets auf demselben Punkt der Fotoemulsion abzubilden ist, lassen sich auch entfernte lichtschwache Sterne sichtbar machen. Auf den Fotoplatten erschienen Objekte, etwa nebelartige Gebilde, die keines Menschen Auge jemals zuvor gesehen hatte. Ein weiterer Vorteil: Eine fotografische Aufzeichnung läßt sich aufbewahren und bei Bedarf im Labor auswerten. Moderne Fotoemulsionen sind über den sichtbaren Bereich hinaus auch im Ultravioletten und im nahen Infraroten empfindlich.

Die erforderlichen langen Belichtungszeiten führten zur

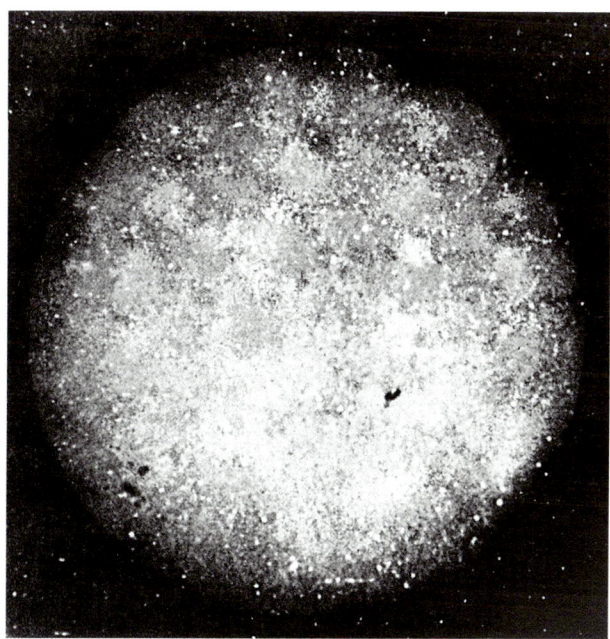

Daguerreotypie der Sonne aus dem Jahre 1845 [17]

Spektroskop von G. R. Kirchhoff zur Untersuchung des Spektrums der Sonne [17]

Entwicklung neuartiger automatischer Uhrwerksantriebe, die in Kompensation der Erdrotation eine Nachführung der Fernrohre gestatteten. Auch für die Spektroskopie wurde die fotografische Platte zum unentbehrlichen Nachweisinstrument. Erst die Fotografie ermöglichte es, die Spektren der Himmelskörper im Labor einer speziellen Auswertung zu unterziehen und ihren gesamten Informationsinhalt zu erschließen.

Die neuen Beobachtungsmöglichkeiten, wie sie die astrophysikalischen Methoden gestatteten, verlangten nach immer lichtstärkeren Teleskopen. Eine neue Epoche in der Entwicklung astronomischer Fernrohre begann mit der Meisterung der Technologie zur Herstellung großer oberflächenversilberter Glasspiegel. Ihr Reflexionsvermögen ist höher als das von Metallspiegeln. Sie haben ein geringeres Gewicht und lassen sich besser polieren. Im Jahre 1919 wurde in den USA auf dem Mount Wilson ein Spiegelteleskop mit einem Spiegeldurchmesser von 2,5 m in Betrieb genommen. Den vorläufigen Abschluß der Entwicklung derartiger Riesenteleskope erreichte man mit der Aufstellung (1974) des 6-m-Spiegelteleskops in Selentschuk im Kaukasus. Der Glasblock des Teleskops hat eine Masse von 42 t, die Gesamtmasse des Teleskops beträgt etwa 700 t. Rechner steuern die Bewegung des Riesen, so daß jeder Punkt am Himmel über längere Beobachtungszeiten mit einer Genauigkeit von wenigen Bogensekunden fixiert werden kann.

Erfahrungsgemäß steigt der Aufwand für ein Spiegelteleskop mit der dritten Potenz des Spiegeldurchmessers. Um diese Kostenentwicklung zu unterbrechen, bemühen sich Astronomen und Ingenieure seit den siebziger Jahren um neue Wege im Bau astronomischer Fernrohre.

Das im Jahre 1921 fertiggestellte 2,5-m-Spiegelteleskop mit Gittertubus im Mount-Wilson-Observatorium bei Pasadena [2]

6-m-Spiegelteleskop in Selentschuk [4]

An die Stelle eines Großspiegels treten viele kleine Spiegel, die so gesteuert werden, daß sie gemeinsam eine präzise optische Fläche bilden (Facettenspiegel). In der Sowjetunion arbeitet bereits ein 1,2-m-Facettenspiegelteleskop. Es dient als Prototyp zur Erprobung des elektronischen Steuerungsmechanismus für ein geplantes 25-m-Teleskop.

In den USA sind Versuche zum Bau eines Mehrspiegelteleskops erfolgreich durchgeführt worden. Im Jahre 1979 wurde ein derartiges Instrument auf dem Mount Hopkins im US-Staat Arizona in Betrieb genommen. Sein Synthesespiegel besteht aus sechs parallel ausgerichteten Einzelspiegeln von je 1,8 m Durchmesser, deren Strahlengänge in einem Brennpunkt zusammengeführt werden. Die Überlagerung der sechs Einzelbilder wird mit Hilfe eines rechnergesteuerten Regelsystems ständig korrigiert. Dazu benutzt man die Abbildung eines geeigneten Leitsterns. Mit seiner Hilfe erfolgt auch die Nachführung des Teleskops zur Kompensation der Erddrehung.

Nach dem zweiten Weltkrieg wurden in wachsendem Umfang Sekundärelektronenvervielfacher zur genauen Helligkeitsmessung astronomischer Objekte eingesetzt. Wie in der

Das Vielspiegelteleskop auf dem Mount Hopkins in Arizona besteht aus 6 Spiegeln mit einem Durchmesser von jeweils 1,8 m. Die Wirkung der 6 Spiegel entspricht der eines Spiegels mit 4,5 m Durchmesser [18].

Teilchenphysik nutzt man auch in der Astronomie die hohe Empfindlichkeit der SEV, die den Nachweis weniger Photonen gestatten. Die Fotokathoden lassen sich so sensibilisieren, daß SEV vom fernen Ultravioletten bis ins Infrarote empfindlich sind.

Die moderne Mikroelektronik hat den Astrophysikern einen neuen Detektortyp höchster Empfindlichkeit gegeben, die CCD-Matrix (charge-coupled-devices). Auf einem quadratischen Siliziumchip einer Kantenlänge von 1 bis 2 cm befinden sich mehrere hunderttausend individuell abbildende Elemente. Einfallende Photonen führen in jedem dieser Elemente zur Freisetzung von Elektronen, die zunächst am Ort der Erzeugung gesammelt und dann in einem hochentwickelten elektronischen Verfahren ausgezählt werden. Die Technik, mittels der die Elektronen zur Auszählung durch die Matrix bewegt werden, bezeichnet man als Ladungskopplung (charge coupling).

Ein Detektor mit einer idealen Empfindlichkeit würde ein meßbares Signal geben für jedes einzelne eintreffende Photon über einen möglichst großen Frequenzbereich der elektromagnetischen Strahlung. Er würde, wie der Physiker sagt, eine Quanteneffektivität von 100 % haben. Die Fotokathode eines SEV emittiert ein Elektron auf 5 bis 10 einfallende Photonen. Sie hat also eine Quanteneffektivität von 10 bis 20 %. Die Quanteneffektivität der Fotoplatte liegt nur bei wenig mehr als 1 %, während die CCD-Matrix mit 70 % der idealen Quanteneffektivität nahekommt. Mit einem effektiveren Detektor lassen sich hochwertige Daten in kürzeren Belichtungszeiten bzw. an kleineren Teleskopen erhalten. Die größten Spiegelteleskope werden ständig bis an die Grenzen ihrer Möglichkeit genutzt. Ein empfindlicher Detektor ersetzt kostengünstig den Bau eines leistungsstärkeren Fernrohrs.

Bei allen Vorzügen, die CCD-Detektoren haben, ist ihr wesentlicher Nachteil der kleine Aufzeichnungsbereich von wenigen Quadratzentimetern. Die Fläche einer Fotoplatte ist rund 1000mal größer. Es ist daher wenig wahrscheinlich, daß bei der Durchmusterung großer Himmelsbereiche die billige und leicht handhabbare Fotoplatte bald ersetzt wird. Um eine CCD-Matrix als Detektor in der Astronomie effektiv zu nutzen, bedarf es eines erheblichen elektronischen Aufwands. Der Datenanfall ist gewaltig und ohne entsprechend leistungsfähige Computer nicht zu bewältigen. Ein CCD-Bild enthält etwa die gleiche Informationsmenge wie ein Buch mit 10^5 Wörtern, und in einer Beobachtungsnacht lassen sich rund 100 CCD-Bilder aufzeichnen. Diese Daten müssen gespeichert, analysiert und in einer Form zur Ausgabe gebracht werden, die der jeweiligen Fragestellung angepaßt ist – ohne moderne, leistungsstarke Computer eine unlösbare Aufgabe. Wie in der Teilchenphysik wurde die Rechentechnik auch in der Astronomie zu einem integralen Bestandteil des Instrumentariums.

Bis ins 20. Jahrhundert hinein war die astronomische Forschung auf den Bereich des sichtbaren Lichts beschränkt. Geeignete sensibilisierte Detektoren, wie Fotoplatten, SEV und CCD, gestatteten eine begrenzte Ausdehnung des nachweis-

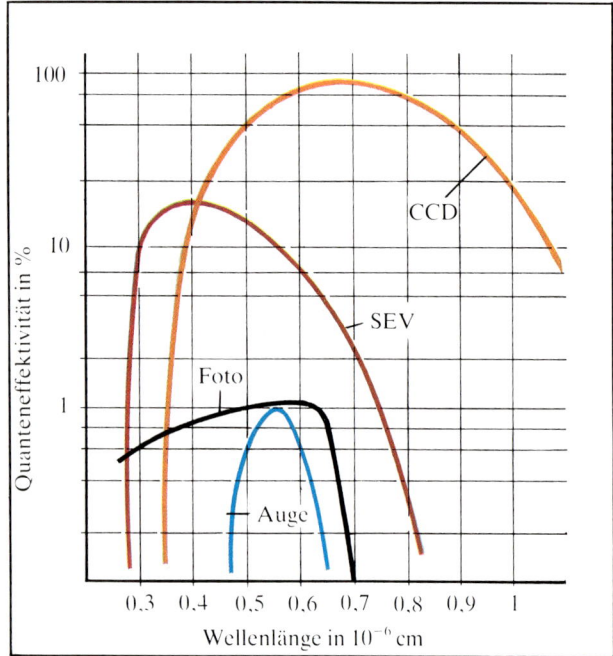

Die Empfindlichkeit verschiedener astrophysikalischer Detektoren, wie Auge, Fotoplatte, Sekundärelektronenvervielfacher und CCD-Matrix, in Abhängigkeit von der Wellenlänge des Lichts. Die CCD-Matrix reicht vom ultravioletten bis in den ultraroten Spektralbereich und erreicht im Maximum eine nahezu ideale Quantenausbeute

 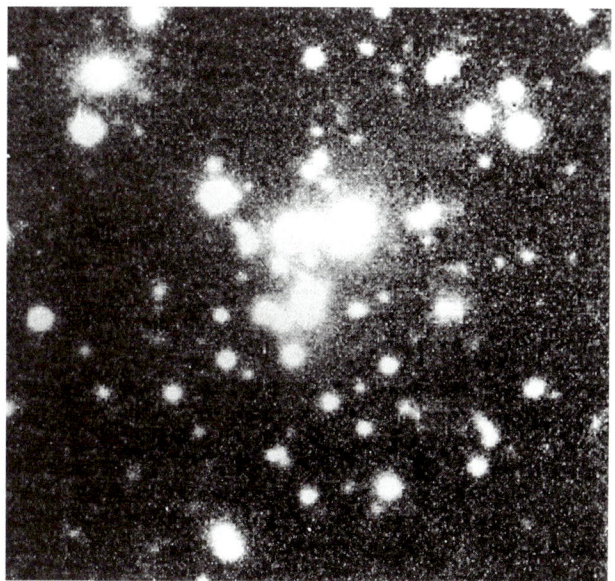

Vergleich der fotografischen Aufzeichnung einer Galaxiengruppe im Virgohaufen
(a) bei 90 Minuten Belichtung mit dem 2,5-m-Spiegelteleskop des Mount-Wilson-Observatoriums,
(b) bei 25 Minuten Belichtung mit einer CCD-Matrix am 1,5-m-Spiegelteleskop des Mount-Palomar-Observatoriums. Trotz des kleineren Spiegeldurchmessers und der kürzeren Belichtungszeit zeigt die CCD-Aufzeichnung, verglichen mit der Fotoplatte, weit lichtschwächere zusätzliche Objekte [18].

Das Schema eines Radioteleskops

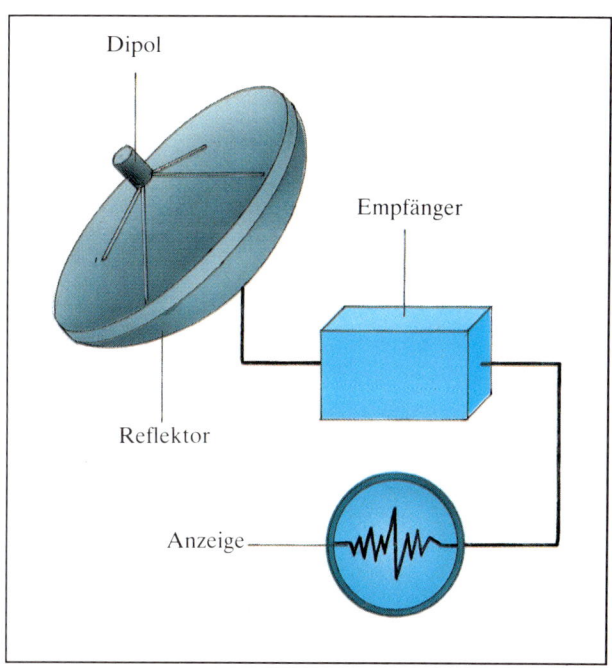

baren Bereiches der elektromagnetischen Strahlung. Ein neues Fenster zur Sicht in den Himmel wurde mit der Radioastronomie aufgestoßen. Sie erschloß unseren Beobachtungen einen Bereich im Strahlungsspektrum mit Wellenlängen zwischen 1 mm und 20 m.

Am Beginn der Radioastronomie steht wie häufig in der Wissenschaft eine Zufallsentdeckung. Im Jahre 1932 fand der amerikanische Funkingenieur Karl Jansky, Mitarbeiter des Bell Telephone Laboratory, bei der Untersuchung von Funkstörungen im transatlantischen Radioverkehr Radiowellen, deren Ursprung die Milchstraße war. Die eigentliche Entwicklung der Radioastronomie setzte nach dem zweiten Weltkrieg ein. Einige der jungen Wissenschaftler, die wäh-

rend des Krieges an der Radarentwicklung teilgenommen hatten, wandten ihre dabei erworbenen Kenntnisse zur Entwicklung der Radioastronomie an.

Radioastronomische Empfangsinstrumente haben nur noch wenig Ähnlichkeit mit optischen Teleskopen. Ein Radioteleskop besteht aus einem metallischen, parabolisch geformten Reflektor, der die einfallende Radiostrahlung in seinem Brennpunkt sammelt. Dort befindet sich die eigentliche Empfangsantenne, ein Dipol, dessen Länge gleich der halben Wellenlänge der zu empfangenden Strahlung ist. Da man mit einem Dipol nur einen sehr engen Frequenzbereich empfangen kann, befinden sich in der Regel mehrere Dipole, die auf verschiedene Frequenzen abgestimmt sind, im Brennpunkt.

Das Auflösungsvermögen eines Teleskops, gleich, ob es im optischen oder im Radiobereich arbeitet, definiert man als den kleinsten Winkelabstand, den zwei strahlende Punkte – etwa zwei Sterne – miteinander einschließen dürfen, damit sie durch das abbildende Instrument noch als getrennte Bildpunkte wahrgenommen werden. Das so definierte Auflösungsvermögen ist in guter Näherung durch den Quotienten aus der Wellenlänge und dem Durchmesser des Teleskops gegeben. Mit den großen Spiegelteleskopen erreicht man bei guten Beobachtungsbedingungen ein Auflösungsvermögen von rund einer Bogensekunde. Diesen Winkel schließen auf dem Mond zwei Punkte ein, die sich in einem Abstand von 2 km befinden. Details auf der Mondoberfläche, die kleiner als 2 km sind, lassen sich daher optisch nicht mehr auflösen.

Nun sind aber die elektromagnetischen Wellen, mit denen man in der Radioastronomie arbeitet, millionenmal länger als die optischen Wellen. Wenn man beispielsweise mit einer Wellenlänge von 1 m arbeitet, so erhält man mit einem 70-m-Radioteleskop nur ein Auflösungsvermögen von 1°.

Zur Überwindung dieser Schwierigkeit wurde von den Radioastronomen eine als Radiointerferometrie bezeichnete Methode entwickelt. Signale einer Radioquelle werden nicht nur mit einem, sondern gleichzeitig von zwei oder mehreren Radioteleskopen empfangen, die weit voneinander entfernt sind. Ihr gegenseitiger Abstand, die Basislänge, bestimmt das Auflösungsvermögen der Anlage und nicht mehr der Durch-

Radioteleskop in Parks (Australien) [19]

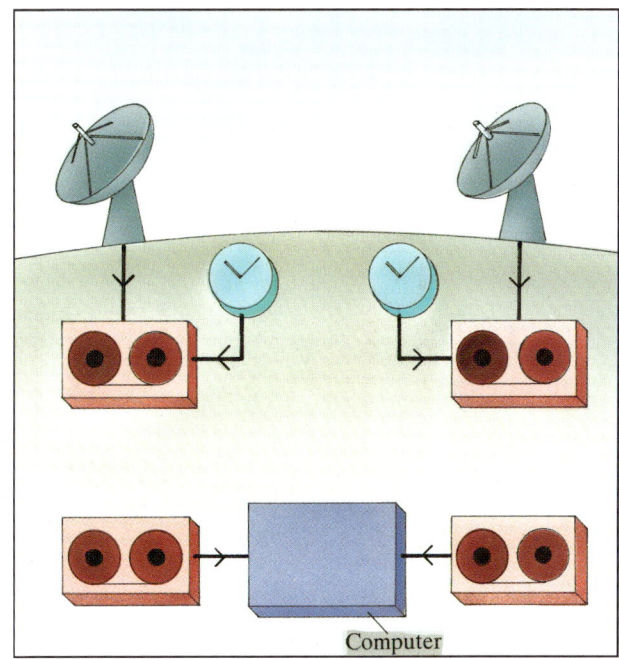

Das Schema der radioastronomischen Interferometrie. Die Gleichzeitigkeit der Aufzeichnung der Signale eines Himmelsobjekts durch zwei weit entfernte Teleskope wird mittels Atomuhren höchster Präzision überwacht. Die auf Magnetband gespeicherten Signale werden – unter Berücksichtigung der Zeitmarken – mit einem Computer ausgewertet.

messer des einzelnen Radioteleskops. Die moderne Elektronik, insbesondere wiederum die Rechentechnik, machte es möglich, Radioteleskope zu Interferometern zu verbinden, die Tausende Kilometer voneinander entfernt sind. Damit gelang es, das Auflösungsvermögen erdgebundener optischer Teleskope um vier Größenordnungen zu übertreffen. Zu Beginn der achtziger Jahre erzielten Radioastronomen Bilder weit entfernter Radioquellen mit einer Auflösung von 0,0001 Bogensekunden. Unter diesem Winkelabstand ist es möglich, auf dem Mond Details wahrzunehmen, die rund 20 cm voneinander entfernt sind.

Wenn zwei oder mehr Radioteleskope, die Hunderte oder Tausende Kilometer voneinander entfernt sind, die Radiowellen einer Quelle empfangen, so sind für eine Interferometrie bestimmte Bedingungen zu erfüllen. Die Gleichzeitigkeit der Aufzeichnung muß gewährleistet sein, und die in den Teleskopen ankommenden elektromagnetischen Wellen müssen phasengerecht zusammengeführt werden.

Die Gleichzeitigkeit der Aufzeichnung läßt sich dank der großen Genauigkeit moderner Atomuhren bis auf Bruchteile von Mikrosekunden sichern. In den wohlbekannten Quarzuhren wird die Ganggenauigkeit durch die Konstanz der Schwingungsdauer eines oszillierenden Quarzplättchens erreicht. In Atomuhren nutzt man das Gleichmaß der Schwingungen, die bei Elektronenübergängen angeregter Atome auftreten.

Die Addition der gleichzeitig von den verschiedenen Teleskopen aufgezeichneten Signale muß so erfolgen, daß die Phasen der ankommenden Wellen erhalten bleiben, wir sprechen von kohärenten Wellen. Summiert man die Intensitäten der von zwei Teleskopen aufgezeichneten Signale einer Quelle, so beobachtet man eine Signalverstärkung, wenn zwei Wellenberge die Teleskope gleichzeitig erreichen – die Radiowellen sind in Phase –, oder eine Signalauslöschung, wenn gleichzeitig ein Wellental in einem Teleskop und ein Wellenberg im anderen Teleskop registriert wird.

In der Radiointerferometrie mit großer Basislänge erfolgt an jedem der beteiligten Teleskope eine Aufzeichnung der Radiosignale zusammen mit einem periodischen Zeitsignal einer lokalen Atomuhr auf einem Magnetband. Die Bänder werden in einem Rechenzentrum unter Berücksichtigung der Zeitmarken ausgewertet.

Aufsehenerregende Entdeckungen, wie etwa die Quasare (1963) und die kosmische 3-K- Hintergrundstrahlung (1965),

Die große elliptische Galaxie NGC 1275 im Perseusgalaxienhaufen. Sie ist von uns rund 300 Millionen Lichtjahre entfernt. In a) ist eine Fotografie der großen elliptischen Galaxie mit dem 5-m-Spiegelteleskop des Mount-Palomar-Observatoriums gezeigt. Der Durchmesser des unscharfen Objektes beträgt rund 80 Bogensekunden. In b) ist das gleiche Objekt in einer radioastronomischen Aufzeichnung gezeigt, bei der 5 weltweit verteilte Radioteleskope in einer interferometrischen Anordnung miteinander verbunden wurden. Das erreichte Auflösungsvermögen beträgt 0,0004 Bogensekunden. Die ganze Abbildung b) überdeckt von Ecke zu Ecke nur einen Bereich von 0,023 Bogensekunden. Sie gibt uns einen Eindruck von der Struktur der Radioquelle im Inneren der Galaxie [11].

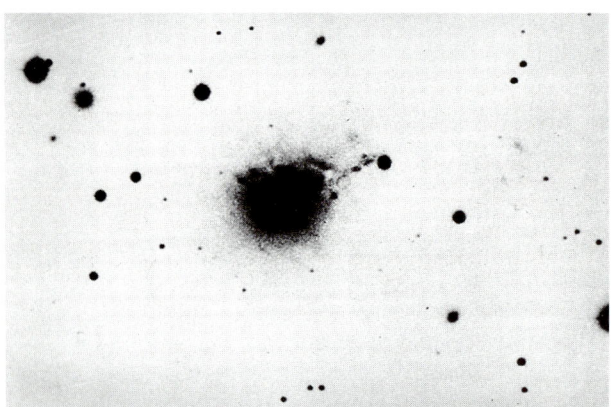

danken wir der Radioastronomie. Das Leistungsvermögen der Radiointerferometrie dokumentieren die Abbildungen auf Seite 110. Die elliptische Galaxie NGC 1275, die sich in einer Entfernung von 300 Millionen Lichtjahren befindet, ist eine starke Quelle von Radiowellen. Eine Fotografie mit dem 5-m-Spiegelteleskop auf dem Mount Palomar zeigt einen verwaschenen Lichtfleck mit einem Winkeldurchmesser von 80 Bogensekunden. Das Radiobild, das mit einem Auflösungsvermögen der Interferometeranlage von 0,0004 Bogensekunden erzielt wurde, zeigt Details, die 2500mal kleiner sind als die im optischen Bild erkennbaren. Wir erhalten damit einen Einblick in die Struktur intensiver Radioquellen im Inneren einer Galaxie.

Die Atmosphäre unserer Erde setzt jeder erdgebundenen astronomischen Beobachtung bestimmte Grenzen. Sie ist ein nur unvollkommenes Fenster, durch das wir ins Universum blicken. Durch die Atmosphäre erreichen uns ungehindert nur elektromagnetische Wellen bestimmter Frequenzbereiche: Strahlungen im Bereich des sichtbaren Lichts mit Wellenlängen zwischen $4 \cdot 10^{-5}$ cm und $8 \cdot 10^{-5}$ cm, aber auch die Radiowellen mit Längen zwischen einigen Millimetern und 20 m. Alle anderen Wellen werden ganz oder teilweise durch die Atome und Moleküle der Atmosphäre absorbiert oder reflektiert.

Als Grenze des Auflösungsvermögens erdgebundener Fernrohre ergaben die Beobachtungen einen Winkelabstand von rund einer Bogensekunde. Das ist weit weniger als der theoretische Erwartungswert vieler Instrumente, der etwa für den 5-m-Spiegel auf dem Mount Palomar bei 0,02 Bogensekunden liegen sollte. Die Ursache dieser Diskrepanz sind atmosphärische Turbulenzen, die ein Flimmern, ein Verwischen der Bilder von Himmelsobjekten bewirken.

Mit der Raumfahrt begann ein neues Kapitel der beobachtenden Astronomie. Den Messungen bisher unzugängliche Frequenzbereiche wurden erschlossen, sowohl im infraroten wie auch im ultravioletten Teil des Spektrums bis hin zur Astronomie der Röntgen- und γ-Strahlung. Um ein noch höheres Auflösungsvermögen in der Radiointerferometrie zu erreichen, wird es notwendig, Radioteleskope im Weltraum zu stationieren. Auflösungen von 10^{-7} bis 10^{-8} Bogensekunden sollten in den neunziger Jahren erreichbar sein. Die spektakulären Fotos vom Mond und den Nachbarplaneten doku-

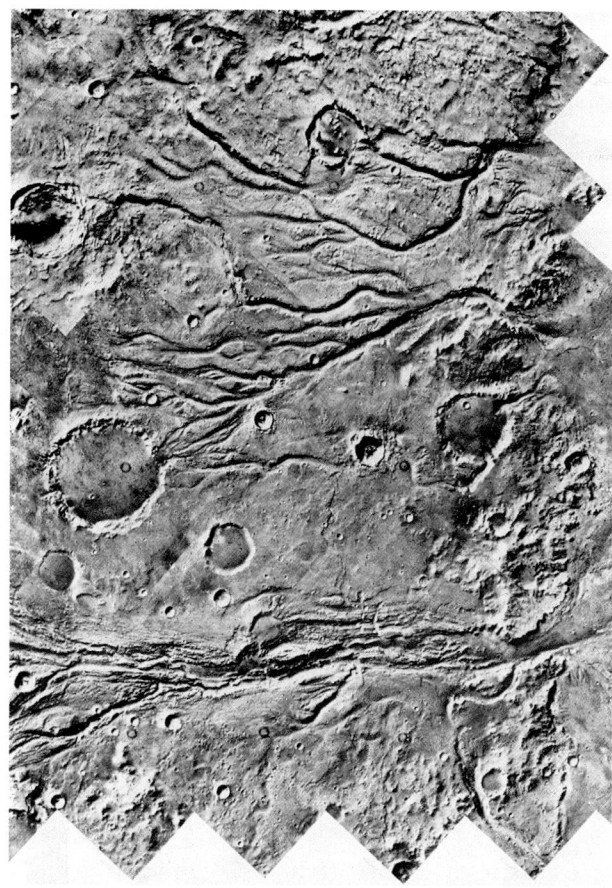

Details der Marsoberfläche (Maja Vallis und Vedra Valles), aufgenommen von Viking 1–76 [3]

mentieren den enormen Fortschritt, den die Raumfahrt bei der Erforschung unseres Sonnensystems brachte.

Die Astrophysik der neunziger Jahre wird wesentlich durch die Beobachtungsmöglichkeiten mit einem komplexen Raumteleskop der NASA bestimmt. Das Teleskop wird voraussichtlich Ende der achtziger Jahre auf eine Kreisbahn in annähernd 500 km Höhe gebracht. Kernstück des Instruments ist ein Spiegel mit einem Durchmesser von 2,4 m. Die fünf verschiedenen wissenschaftlichen Nachweisinstrumente am Raumteleskop, darunter zwei Spektrographen, erlauben

Jupiter. Der Große Rote Fleck, aufgenommen von Voyager 1-74 im März 1979 [3]

Der Jupitermond Jo, fotografiert von Voyager 1-81 aus einer Entfernung von 862 200 km [3]

die Untersuchung eines Strahlungsbereiches, der vom ultravioletten ($1,2 \cdot 10^{-5}$ cm) bis weit in den infraroten Bereich des Spektrums (1 mm) reicht. Durch den Wegfall der atmosphärischen Turbulenzen wird es möglich, das Auflösungsvermögen um etwa eine Größenordnung auf rund 0,1 Bogensekunden zu erhöhen, so daß Objekte beobachtbar werden,

So wie in dieser Abbildung angedeutet, soll das Raumteleskop in den neunziger Jahren die Erde umkreisen [3].

die etwa siebenmal weiter von unserem Sonnensystem entfernt liegen als die bisher gefundenen entferntesten kosmischen Lichtquellen.

Zum Raumteleskop gehört ein von der Erde aus programmierbarer Computer, der die Arbeit des Teleskops und aller Nachweisinstrumente kontrolliert, steuert und den Datenfluß reguliert. Die Astronomen empfangen die Beobachtungsdaten über ein telemetrisches System, das ihnen auch die Variation der Versuchsbedingungen erlaubt.

3.6. Experiment, Theorie und Modell

Charakteristisch für die moderne Physik, wie sie seit Galilei und Newton betrieben wird, ist die Einheit des experimentellen und theoretisch-mathematischen Vorgehens. Das fruchtbare Wechselspiel zwischen mathematisch formulierten Theorien, experimentellen Untersuchungen und letztlich technischen Anwendungen führte zu dem beeindruckenden Zuwachs an Erkenntnissen in der Physik.

Aus der naiven Beobachtung haben sich im Laufe der Zeit zwei Verfahren entwickelt, das Ordnen und das Messen (oder Wägen), wobei letzteres ein fortgeschrittenes quantifizierendes Stadium des Ordnens ist, das die Wissenschaft mit der Mathematik verbindet. Das Experiment ist zunächst, wie auch das Wort sagt, ein Versuch. Durch die Einführung des Messens wurden die Wiederholbarkeit jedes Versuchs und seine maßstäbliche Veränderung möglich.

Experimente lassen sich bei einer Betrachtung auf einer hohen Abstraktionsebene auf wenige Operationen reduzieren: die Schaffung eindeutiger und reproduzierbarer Versuchsbedingungen, die Analyse und die Synthese der Meßdaten, die alle mittels geeigneter Werkzeuge, wissenschaftlicher Geräte, realisiert werden. Hauptfunktionen jeder experimentellen Apparatur sind die Erweiterung des Wahrnehmungsvermögens unserer Sinne, etwa durch ein Mikroskop, und die kontrollierte Einwirkung auf unsere Umwelt, etwa durch Schaffung spezieller Druck- und Temperaturbedingungen.

Messungen und Beobachtungen gewinnen ihre Bedeutung erst durch die Theorie. Dabei handelt es sich um die Theorie des Meßvorgangs und damit auch des verwendeten Meßfühlers, aus der die experimentelle Fragestellung, aber auch die Interpretation der Meßdaten zu entnehmen sind. Galilei baute nicht nur ein Fernrohr, sondern stellte auch eine Theorie des Fernrohrs auf.

Jedes Experiment besteht aus einem empirischen Anteil, der die Apparatur und die Messung umfaßt, und einem theoretischen Anteil, der die Theorie des Meßvorgangs, die experimentelle Fragestellung und die Bearbeitung und Interpretation der experimentellen Daten enthält. Die relativen Anteile von Empirie und Theorie sind von Experiment zu Experiment verschieden. Bei der Messung einer Naturkonstanten, etwa der Lichtgeschwindigkeit, beschränkt sich der theoretische Anteil der Bearbeitung auf die Bestimmung des Mittelwertes und des Fehlers der Messung. In einem anderen Extremfall besteht der empirische Anteil aus allgemeinen Erfahrungen oder aus den Ergebnissen anderer Experimente, während die eigentliche Arbeit auf theoretischem Gebiet liegt. Ein Beispiel dafür ist die Bestimmung des Wärmeäquivalents durch Robert Mayer aus der bereits vorher bekannten Differenz der spezifischen Wärmen der Luft bei konstantem Druck und bei konstantem Volumen. Auch die Gedankenexperimente, in denen ein wirklicher Versuch fingiert wird, zählen dazu.

Seitdem in naturwissenschaftlichen Instituten elektronische Rechenanlagen zur Verfügung stehen, nutzen die experimentell tätigen Physiker diese Möglichkeit, um komplexe Probleme mittels Rechner zu modellieren. Bei großen, aufwendigen Experimenten wurde seit den sechziger Jahren die rechnerische Simulation des erwarteten Experimentablaufs, also das Modellexperiment, zu einem unverzichtbaren Schritt der Experimentplanung. Die verwendeten statistischen Modelle nutzen dabei sowohl relevante Meßdaten anderer Experimente wie auch Aussagen der Theorien. Für den experimentell tätigen Naturwissenschaftler wurde das Modellexperiment ein notwendiger Bestandteil der Experimentplanung, da bereits dieser Schritt über die Durchführbarkeit eines Versuchs bzw. über die Optimierung der Versuchsbedingungen entscheidet. Nur über das Modellexperiment war es möglich, eine Versuchsanlage wie den UA-1-Detektor am Protonenspeicherring des CERN effektiv zu gestalten (s. Abb. auf S. 98).

Schematische Skizze vom Aufbau des Raumteleskops

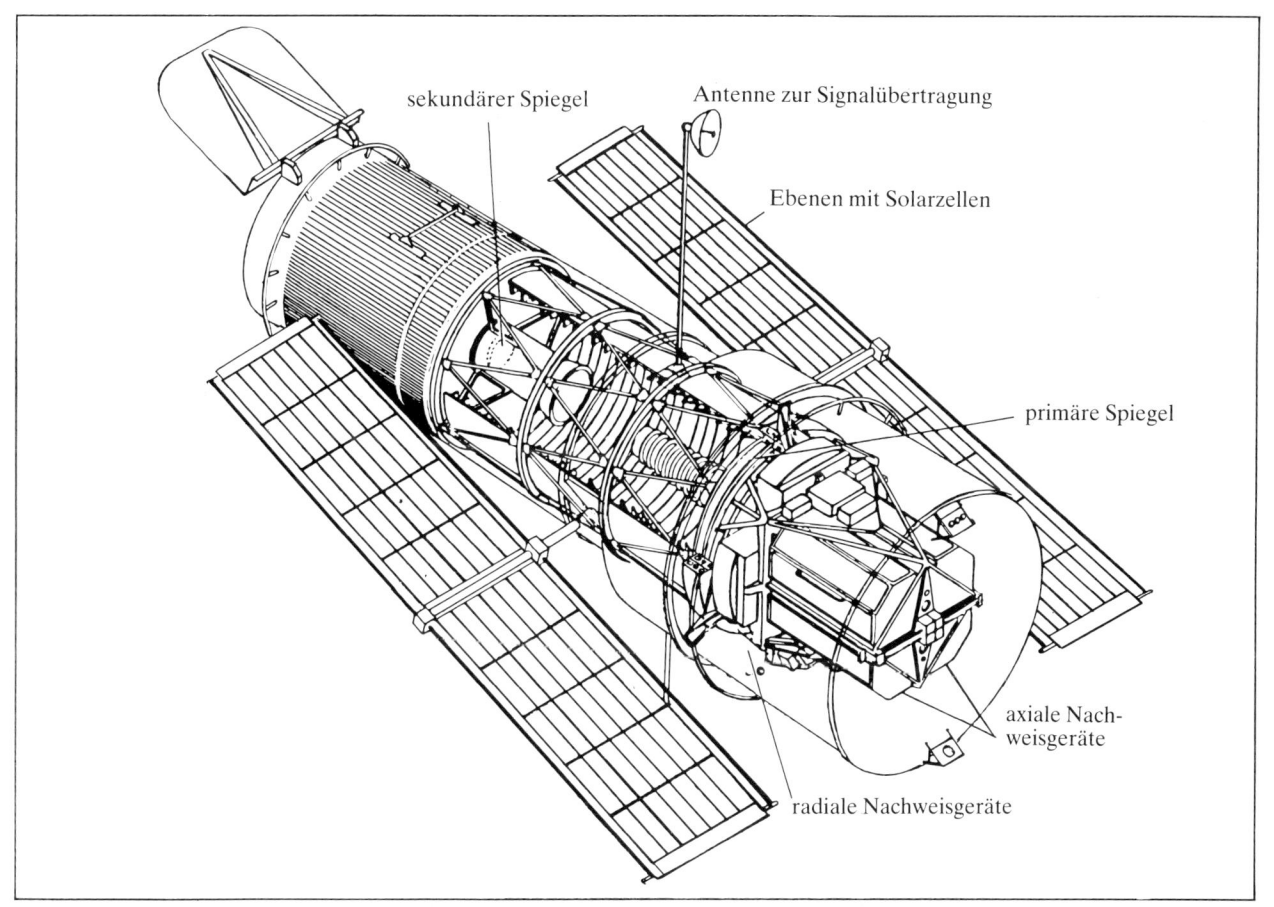

Bedeutungsvoll für viele Experimente kann es sein, daß der Ablauf des zu untersuchenden Naturgeschehens in unmittelbare Erlebnisnähe des Beobachters rückt. In der Abbildung auf Seite 94 ist in einer Blasenkammer der Zusammenstoß eines hochenergetischen Teilchens mit einem mittelschweren Atomkern aufgezeichnet. Der Begriff der Kernzertrümmerung wird hier optisch erlebt.

Messungen und Beobachtungen an sich sind in der Regel physikalisch bedeutungslos. Es ist die Theorie, die uns sagt, was gemessen und beobachtet worden ist und wie die experimentellen Daten zu interpretieren sind. Die relativistische Quantenmechanik führte Dirac zur Vorhersage eines Antiteilchens des Elektrons, des Positrons, das wenige Jahre später von Carl David Anderson in der kosmischen Strahlung beobachtet wurde (s. Abb. auf S. 92). Theoretische Überlegungen veranlaßten de Broglie zur Vorhersage des Wellencharakters des Elektrons. Die Beobachtung von Beugungsringen bei der Streuung langsamer Elektronen am Kristallgitter durch Davisson und Germer ließ die Wellennatur von Teilchen augenfällig werden (s. Abb. S. 70).

Die in jahrzehntelanger Beobachtung gesammelten Spektren der Atome erwiesen sich als der experimentelle Schlüssel bei der Entwicklung der Quantentheorie. Erst diese ließ uns die inneren Gesetzmäßigkeiten der seriellen Anordnung der Spektrallinien verstehen. Immer genauere Untersuchungen der Spektren von Atomen und Molekülen über den Bereich des sichtbaren Lichts hinaus wurden zum Ausgangspunkt der Entwicklung der Quantenmechanik. Viele Spektrallinien, so etwa die gelbe D-Linie des Natriumatoms, erwiesen sich bei genauerer Betrachtung als Doppellinien. Ursache dieser Linienaufspaltung ist eine bisher nicht erwähnte Besonderheit des Elektrons. Neben seinen bekannten Eigenschaften wie Ruhemasse und elektrische Elementarladung besitzt es auch einen eigenen Drehimpuls der Größe $1/2 \cdot h/2\pi$, den man als Spin bezeichnet. Das Elektron verhält sich so, als wäre es eine Kugel, die um eine Achse durch ihren Mittelpunkt rotiert. Der Eigendrehimpuls läßt sich nicht vergrößern oder verkleinern, er hat einen festen Wert. Diese fundamentale Eigenschaft des Elektrons läßt sich nicht aus der Schrödingerschen Wellengleichung herleiten. Erst die relativistische Formulierung der Wellengleichung des Elektrons durch Dirac führte zur korrekten Beschreibung des Elektronenspins.

Eine physikalische Theorie macht nicht nur Vorsagen, was meßbar ist und wie die experimentellen Daten zu interpretieren sind, sie erweitert auch in bedeutendem Maße den Realitätsbegriff. Die Physik des Mikrokosmos belegt das durch zahlreiche Beispiele. Die Quantenmechanik lehrte uns, daß Mikroobjekte gleichzeitig als Welle und Teilchen zu behandeln sind. Ein Elektron ist nicht ein Massenpunkt im Sinne der klassischen Physik, dem man mit beliebiger Genauigkeit Ort und Impuls zuordnen kann. Bohrs Komplementaritätsprinzip zeigte uns die Grenzen, innerhalb derer wir Begriffe der klassischen Physik in den Theorien des Mikrokosmos anwenden dürfen. Die paarweise Erzeugung und Vernichtung von Elektronen und Positronen lehrte uns, daß es in der Natur eine Elementarität im Sinne einer Unveränderlichkeit individueller Elektronen und Positronen nicht gibt.

Eine Theorie entsteht durch Abstraktion aus der Vielfalt der Erscheinungen, durch eine Aufstellung grundlegender gesetzmäßiger Zusammenhänge. Ausgehend von einem Minimum an Axiomen, versucht man, ein Maximum an Naturerscheinungen durch logische Deduktion zu umfassen. In der klassischen Mechanik Newtons, der Relativitätstheorie Einsteins und der Quantenmechanik Bohrs, Heisenbergs und Schrödingers haben wir Beispiele moderner physikalischer Theorien kennengelernt.

»Jede physikalische Theorie besteht aus einem mathematischen Formalismus und einem Apparat physikalischer Begriffe und Prinzipien, mit deren Hilfe die Korrespondenz zwischen den mathematischen Größen und der physikalischen Wirklichkeit hergestellt wird. In der Herausarbeitung der physikalischen Begriffe und Prinzipien, welche die wahrheitsgetreue Widerspiegelung der Wirklichkeit durch die Theorie gewährleisten müssen, liegt der schwierigste Teil der schöpferischen Arbeit der Physiker, die von Theoretikern und Experimentatoren gemeinsam bewältigt wird.«[11] Charakteristisch für eine physikalische Theorie ist die Einheit von physikalischen Aussagen und mathematischen Algorithmen. Ohne inhaltliche physikalische Aussagen, die experimentell überprüfbar sind, ist eine Theorie ein mathematisches Gerüst. Genausowenig ist eine physikalische Datensammlung eine Theorie. Erst die mathematisch formulierte Theorie liefert

---

[11] K. Fuchs, 75 Jahre Quantentheorie, Berlin 1977, S. 37

uns eine Erklärung der objektiv realen Naturerscheinungen. Abgeschlossene Theorien, wie es in der klassischen Physik die Newtonsche Mechanik oder die Maxwellsche Elektrodynamik sind, aber auch die Quantenmechanik der zwanziger Jahre, beschreiben einen großen Erfahrungsbereich. Für jeden dieser Bereiche gibt es ein exakt formuliertes System von Begriffen und Axiomen, dessen mathematische Konsequenzen offenbar streng gültig sind, solange wir innerhalb der Erfahrungsbereiche bleiben, die mit diesen Begriffen beschrieben werden. Diese Theorien verbinden viele Tatsachen und führen sie auf eine einfache Wurzel zurück. Die Irrtumsgefahr erweist sich als um so geringer, je umfangreicher und vielfältiger die Erscheinungen sind und je einfacher das ihnen gemeinsame Prinzip ist, auf das sie zurückgeführt werden können. Es ist unsere Erfahrung, daß die Einfachheit der Naturgesetze einen objektiven Charakter besitzt. Einfachheit ist nicht im Sinne von Simplizität zu verstehen. Im Gegenteil, je weiter wir uns aus unserer Umwelt entfernen, um so schwerer fällt uns das Verständnis der geltenden Naturgesetze. Andererseits führt ein vertieftes Verständnis zur Aufdeckung neuer allgemeiner Zusammenhänge. Einfachheit ist hier in dem wohl nur in der deutschen Sprache prägbaren wörtlichen Sinne gemeint. Bisher getrennte Gebiete ordnen sich in »ein Fach«.

Charakteristisch für jede physikalische Theorie ist ihr begrenzter Gültigkeitsbereich, den wir erst in einer umfassenden Theorie zu erkennen vermögen. Keine Theorie ist in der Lage, ihren eigenen Gültigkeitsbereich anzugeben. Daß die klassische Mechanik Newtons sich auf bewegte Körper beschränkt, deren Geschwindigkeiten klein gegenüber der Lichtgeschwindigkeit sind, wissen wir erst durch Einsteins Relativitätstheorie. Die Grenzen des jeweils erreichten Erkenntnishorizonts werden für uns immer dann sichtbar, wenn wir sie überschreiten.

Jeder Vorstoß in neue Bereiche der Natur führte bisher zu qualitativ Neuem und nicht zur Wiederholung bekannter Grundmuster. Die Erschließung neuer Erfahrungsbereiche im Rahmen einer mathematisch formulierten Theorie scheut nicht davor zurück, Elemente aufzunehmen, die zunächst unverständlich sind und deren Verständnis einer späteren Theorie überlassen bleibt. So enthält etwa die Theorie des expandierenden Universums den Begriff des Urknalls, ein Zeitintervall, dessen physikalische Beschreibung uns gegenwärtig unklar ist. Einer zukünftigen Theorie wird es vorbehalten sein, uns dem Verständnis dieser Singularität weiter zu nähern.

Objektive Analyse im Experiment und erkennende Synthese in der Theorie sind zwei bestimmende Pole bei der wissenschaftlichen Aneignung der Natur. Zwischen ihnen spielen Modelle eine wachsende Rolle im Erkenntnisprozeß. So erwies sich etwa das Bohrsche Atommodell als eine wichtige Etappe bei der Entwicklung der Quantenmechanik. In ihm wurden Elemente der klassischen Theorien wie die Bahn des Elektrons und die elektromagnetische Abstrahlung mit der Planckschen Lichtquantenhypothese verknüpft. Obwohl es damit die Grenzen der klassischen Mechanik und der Elektrodynamik überschritt, stellte das Bohr-Sommerfeld-Modell nur einen Zwischenschritt auf dem Wege zur Heisenbergschen Matrizenmechanik bzw. zur Schrödingerschen Wellenmechanik dar.

Neben dieser Funktion des Modells als Vorstufe einer Theorie nutzen die Physiker Modelle, um komplexe Systeme zu beschreiben. Ein Quantensystem wie etwa der aus vielen Teilchen aufgebaute Atomkern wird durch verschiedene Modelle beschrieben, da es keine einheitliche Theorie des Atomkerns gibt. Dabei benutzt man Analogien aus der klassischen Physik und aus der Quantenphysik der Atomhülle. Ein Modell allein ist nicht in der Lage, ein so kompliziertes System wie den Kern zu beschreiben. Verschiedene Erscheinungsbereiche benötigen verschiedene Modelle, die sich in ihren Eigenschaften teilweise gegenseitig ausschließen. Ähnliches gilt für die komplexen Quantensysteme der Festkörper. Auch hier sind unterschiedliche Modelle wegen der Kompliziertheit der Systeme unumgänglich.

Wir nutzen auch Modelle, um komplexe Objekte zu beschreiben, die uns wegen ihrer zeitlichen und räumlichen Entfernung nicht zugänglich sind. Dazu gehören etwa Modelle über die Entwicklung der Sterne. Der Erkenntnisweg geht hier von der Theorie über die Modellierung eines Als-ob-Objekts zur Wirklichkeit. Sterne sind Gaskugeln, die durch die Schwerkraft zusammengehalten werden. Bei der Rechnung von Sternmodellen muß man Annahmen über den Verlauf der chemischen Zusammensetzung, der Temperatur und der Dichte der Sternmaterie vom Sternzentrum bis zur Oberfläche machen. Man muß die Gesetze kennen, nach denen die zur Energieerzeugung notwendigen Kernprozesse im Inneren ablaufen, und man muß die Prozesse beschreiben, die den Transport der Energie aus dem Sterninneren zur Oberfläche bewirken. Die vielen Einzelinformationen – Daten und Gesetzmäßigkeiten – gibt man in leistungsfähige Computer ein, um die Entwicklung der Sterne im Modell nachzuvollziehen. Die Richtigkeit der Modelle läßt sich nur durch indirekte Vergleiche mit Beobachtungsdaten prüfen. Sie erwiesen sich als positiv. Gerade der Aspekt des Modells als Mittel der Erkenntnis, das Modell als Als-ob-Objekt, hat in den letzten Jahren mit der Entwicklung der Rechentechnik ständig an Bedeutung gewonnen – ein Prozeß, der sich eher noch am Anfang als auf dem Höhepunkt seiner Entwicklung befindet, denken wir nur an die Beschreibung atmosphärischer Vorgänge (Wettervorhersage).

Zum Schluß des Kapitels möchte ich wiederum einige Erkenntnisse zusammenfassen:

– Das Instrumentarium der modernen Physik umfaßt mit Beobachtungs- und Meßanlagen einen materiell-gegenständlichen und mit mathematisch-theoretischen Methoden einen ideell-theoretischen Teil.

– Mit dem gewaltigen materiell-gegenständlichen Instrumentarium der Physik des 20. Jahrhunderts gelang der Vorstoß in neue, weit von unserer »Haushaltswelt« entfernte Bereiche der Natur.

– Die Quantentheorie lehrt uns, daß materiell-gegenständliche Eingriffe im Experiment nicht unabhängig von den ideell-theoretischen Eingriffen bei der Idealisierung von Objekten und Prozessen sind.

– Messen und Beobachten sind wichtig, aber erst die physikalische Theorie sagt uns, was zu messen ist und welche praktische Nutzung möglich wird (Unmöglichkeit des Perpetuum mobile).

– Die Mathematik gibt uns ein breites Spektrum konzeptioneller Möglichkeiten. Sie erlaubt die Aufstellung vieler Theorien, die in der Regel aber keine Entsprechung in der Natur haben. Wir sind daher auf jeder neuen Erkenntnisebene genötigt, eine Theorie mit adäquaten experimentellen Mitteln zu überprüfen.

– Aus dem fruchtbaren Wechselspiel von mathematisch formulierten Theorien und experimentellen Untersuchungen erwächst der beeindruckende Erkenntniszuwachs der Physik.

– Modelle spielen eine wachsende Rolle im Erkenntnisprozeß, wobei der Übergang Modell – Theorie fließend erscheint. Die Praxis der physikalischen Forschung läßt uns zwischen den folgenden beiden Modellarten unterscheiden:

· Modellen als Vorstufe einer Theorie (etwa das Bohrsche Atommodell)

· und bewußt vereinfachenden Modellen zur Beschreibung komplexer Systeme (etwa verschiedene Modelle des Atomkerns).

4. Der Mikrokosmos

4.1. Pauli-Prinzip und Atombau

Alle Vorgänge in atomaren Bereichen, die breiten Spektren der Moleküle, die Zusammenballung von Atomen und Molekülen in Gasen, Flüssigkeiten und festen Körpern und schließlich auch die Welt der Lebewesen – all diese mannigfaltigen Erscheinungen beruhen letztlich auf dem Wechselspiel zwischen den quantenmechanischen Eigenschaften der Elektronen und der elektrischen Anziehung zwischen den Atomkernen und den Elektronen der Hüllen.

Das einfachste in der Natur vorkommende Atom ist das aus einem Proton als Kern und einem Hüllenelektron bestehende Wasserstoffatom. Die Quantenmechanik gestattet uns, den energetischen Grundzustand des Wasserstoffatoms und seine durch Energiezufuhr entstehenden angeregten Zustände zu berechnen. Ein angeregtes Wasserstoffatom verweilt etwa 10^{-8} s auf einem höheren Energieniveau, bevor es wieder in den Grundzustand zurückfällt. Die Energiedifferenz beider Zustände wird als Licht abgestrahlt.

Die Bewegungsgleichung des Elektrons im Wasserstoffatom, die Schrödinger-Gleichung, lehrte die Physiker, daß sich die stationären Zustände durch Quantenzahlen charakterisieren lassen. Für das Wasserstoffatom hängt die Energie der stationären Zustände im wesentlichen nur von einer Quantenzahl, der Hauptquantenzahl n, ab. Dem energieärmsten Zustand, dem Grundzustand, ist $n = 1$ zugeordnet.

Neben der Hauptquantenzahl wird jeder stationäre Zustand des Atoms durch zwei weitere Quantenzahlen charakterisiert. Sie werden als Drehimpulsquantenzahlen l und magnetische Quantenzahl m bezeichnet. Der Bewegung eines Elektrons der Hülle um den Kern läßt sich ein Drehimpuls zuordnen. Er ist ein dem Impuls analoges Maß der Rotationsbewegung und gibt an, wie schnell sich das Elektron um den Kern bewegt. Für den Drehimpuls eines Hüllenelektrons ist nur eine Folge diskreter Werte möglich, was durch die Quantenmechanik beschrieben wird. Gemessen in Einheiten von $h/2\pi$, sind es die Werte 0, 1, 2, 3 usw. Die erlaubten Werte der Drehimpulsquantenzahl l müssen stets kleiner als die Hauptquantenzahl n sein, d. h., zu $n = 1$ gehört $l = 0$, zu $n = 2$ gehören $l = 0$ und $l = 1$ usw. Drehimpulse sind gerichtete Größen, Vektoren. Bezogen auf eine Vorzugsrichtung, sind für sie nur diskrete Einstellmöglichkeiten erlaubt. Sie werden durch die magnetische Quantenzahl m charakterisiert. Zu jeder Drehimpulsquantenzahl l sind $2l + 1$ Werte von m möglich. Daraus folgt beispielsweise, daß zu $l = 1$ drei Einstellmöglichkeiten des quantenmechanischen Drehimpulses zur Vorzugsrichtung erlaubt sind.

Beim Wasserstoffatom haben die stationären quantenmechanischen Zustände mit unterschiedlichen Drehimpulsquantenzahlen l bei gleicher Hauptquantenzahl n gleiche Energien. Um mit den Beobachtungen in Übereinstimmung zu kommen, muß man außerdem den Spin der Elektronen berücksichtigen. Erst die relativistische Quantenmechanik trägt in ihrer Bewegungsgleichung dem Spin automatisch Rechnung. Die Schrödinger-Gleichung gestattet das nicht. Der Spin wird nachträglich eingeführt, um die experimentellen Daten richtig zu beschreiben.

In der klassischen Mechanik konnte man gleiche Teilchen dadurch unterscheiden, daß man sie durchnumerierte. So war es im Prinzip möglich, den zeitlichen Verlauf der Bewegung

Wolfgang Pauli (1900–1958) [14]

jedes individuellen Teilchens, etwa eines Atoms in einem Gas, zu verfolgen. Im Mikrobereich erweist es sich als unmöglich, ein Elektron exakt raumzeitlich zu lokalisieren. Quantenmechanische Zustandsfunktionen verschiedener Elektronen können sich gegenseitig überlappen, die Numerierung der Elektronen verliert ihren Sinn.

In der Quantenmechanik wird daher die Ununterscheidbarkeit gleichartiger Teilchen zum Prinzip erhoben. Die Wahrscheinlichkeit, zwei Elektronen in einem quantenmechanischen Zustand zu finden, muß unabhängig davon sein, wie man die beiden Elektronen beziffert. Die Wahrscheinlichkeit, ein Teilchen vorzufinden, ist durch das Quadrat der Wellenfunktion gegeben. Also muß für die beiden Elektronen 1 und 2 gelten: $|\Psi(1,2)|^2 = |\Psi(2,1)|^2$. Daraus folgt unmittelbar $\Psi(1,2) = \pm \Psi(2,1)$. Eine Vertauschung der Orte von Elektron 1 und 2 kann also höchstens dazu führen, daß sich die Wellenfunktion, die den Aufenthalt der Teilchen beschreibt, entweder nicht oder nur um ein Vorzeichen ändert. Auch bei einem Vorzeichenwechsel bleibt die Intensität der Wellenfunktion, also die Wahrscheinlichkeit, Teilchen vorzufinden, unverändert. Bei Elektronen ist das gerade der Fall. Bei einer Vertauschung zweier Photonen findet dagegen kein Vorzeichenwechsel der Wellenfunktion statt.

In der Mitte der zwanziger Jahre fand der damals 25jährige Wolfgang Pauli eine Regel für den Aufbau der Elektronenhüllen der Atome. Sie besagt, daß zwei Elektronen in einem Atom niemals in allen ihren Quantenzahlen, einschließlich der Spinquantenzahl, übereinstimmen dürfen. Dieses Paulische Ausschließungsprinzip ist natürlich nur anwendbar, wenn wir Atome mit zwei oder mehr Elektronen betrachten. Dieses Prinzip folgt nicht aus der Quantenmechanik, sondern ist etwas Neues, Selbständiges, was zur Quantenmechanik hinzukommt.

Nach dem Pauli-Prinzip kann niemals mehr als ein Elektron in einem bestimmten quantenmechanischen Zustand existieren, wobei dieser Zustand die Möglichkeit einschließt, daß der Spin $1/2$ des Elektrons bezüglich einer ausgezeichneten Richtung zwei Einstellmöglichkeiten hat: parallel oder antiparallel.[1] Das Heliumatom etwa hat zwei Elektronen, die sich nach dem Pauli-Prinzip beide nur dann im Grundzustand mit der Hauptquantenzahl $n = 1$ befinden können, wenn ihre Spins antiparallel gerichtet sind.

In dem von Dmitri Mendelejew und Lothar Meyer entdeckten periodischen System können die chemisch verwandten Elemente in vertikalen Spalten untereinander angeordnet werden. In der ersten Spalte stehen Wasserstoff (H) und die Alkalien Lithium (Li), Natrium (Na) usw., also einwertige Elemente. In der zweiten Spalte, beginnend mit Beryllium (Be), stehen die zweiwertigen Erdalkalien. Am Ende der Perioden stehen die Edelgase Helium (He), Neon (Ne), Argon (Ar) usw. Alle Elemente, angefangen beim Wasserstoff, sind fortlaufend numeriert. Diese Ordnungszahlen sind identisch mit den Kernladungszahlen bzw. mit den Zahlen der Elektronen in den Hüllen der Atome.

---

[1] Hier und im folgenden ist der Spin stets in Einheiten von $h/2\pi$ angegeben.

Die Vielfalt der chemischen Elemente, die Periodizität ihrer Eigenschaften, lassen sich mit Hilfe der Schrödinger-Gleichung und des Pauli-Prinzips vorausberechnen, ohne auf chemische Experimente zurückgreifen zu müssen. Mit leistungsfähigen Computern wurden die Bindungsenergien und die Elektronendichten auch der schwereren Atome berechnet.

Beim Aufbau eines Atoms aus Kern und Hüllenelektronen wird jedes Elektron in stationären Zuständen angelagert, deren Bindungsenergien mit wachsender Elektronenzahl abnehmen. Jeder quantenmechanische Zustand kann nach dem Pauli-Prinzip nur von einem Elektron besetzt werden. Allerdings können mehrere Zustände die gleiche Energie haben. Entsprechend der Hauptquantenzahl n des Wasserstoffatoms lassen sich die Elektronen in Schalen anordnen, deren mittlerer Abstand vom Kern mit n anwächst. Die Elemente einer vertikalen Spalte im periodischen System enthalten in der äußersten Schale jeweils die gleiche Zahl von Elektronen, etwa die einwertigen Alkaliatome ein Elektron, das sogenannte Valenzelektron, während bei den Halogenen gerade ein Elektron zur Auffüllung der äußersten Schale fehlt. Bei den chemisch stabilen Edelgasen ist die äußerste Schale durch den Einbau aller nach dem Pauli-Prinzip erlaubten Elektronen abgeschlossen.

Betrachten wir als Beispiel den Aufbau des Neonatoms. Neon ist ein Edelgas mit der Ladungszahl $Z = 10$. Nähert man einem nackten Neonatomkern ein Elektron, so wird es in der

Das Periodensystem der chemischen Elemente. Über dem Formelzeichen jedes Elements ist seine Ordnungszahl vermerkt, darunter steht die atomare Masse.

● radioaktive Elemente

dem Kern benachbarten Schale ($n = 1, l = 0$) eingebaut. Wegen des Pauli-Prinzips hat auf dieser Schale nur noch ein weiteres Elektron Platz, dessen Spin zum Spin des ersten Elektrons antiparallel gerichtet ist. Zur Hauptquantenzahl $n = 2$ sind folgende Wertepaare der Drehimpulsquantenzahl l und der Magnetquantenzahl m möglich: $(l, m) = (0,0), (1, -1), (1,0), (1,1)$. Jedes dieser Wertepaare ist durch zwei Elektronen mit jeweils entgegengesetzten Spins besetzbar. Durch Hinzufügen von acht Elektronen wird also auch die $n = 2$-Schale abgeschlossen.

Das zunächst nur zur Deutung des Atombaus von Pauli eingeführte Ausschließungsprinzip hat sich als außerordentlich bedeutsam für die Physik der subatomaren Welt erwiesen. Wir wissen heute, daß es nicht nur für Elektronen gilt, sondern für alle Teilchen, deren Spins halbzahlige Werte haben.

4.2. Chemische Bindung und Moleküle

Die chemischen oder Valenzkräfte, die die Atome in Molekülverbänden zusammenhalten, sind wie die Kräfte zwischen Kern und Elektronen elektrischer Natur. Aus dem gleichen Wechselspiel wie im Atom, zwischen dem quantenmechanischen Verhalten der Elektronen und der elektrischen Kraft, läßt sich auch die Molekülbindung verstehen. Wir unterscheiden dabei zwei verschiedene Mechanismen, über die sich Atome zu Molekülen verbinden, die Ionenbindung und die kovalente Bindung.

Betrachten wir am Beispiel der Bildung eines Lithiumfluoridmoleküls (LiF) die Ionenbindung. In der $n = 2$-Schale des wasserstoffähnlichen Alkalielements Lithium mit der Ladungszahl $Z = 3$ befindet sich nur ein lose gebundenes Elektron. Dem Halogen Fluor mit der Ladungszahl $Z = 9$ fehlt dagegen gerade ein Elektron, um die $n = 2$-Schale abzuschließen. Es besitzt daher eine relativ große Affinität gegenüber dem Lithium wegen des lose gebundenen Valenzelektrons. Nähern sich die elektrisch neutralen Fluor- und Lithiumatome einander, so wird es bei einem Abstand von rund $7 \cdot 10^{-8}$ cm für das äußere Elektron des Lithiumatoms energetisch günstiger, auf das Fluoratom überzugehen. Das Lithiumatom, dem ein Elektron fehlt, verhält sich wie ein positiv geladenes Ion, während das Fluoratom mit dem zusätzlichen Elektron wie ein negativ geladenes Ion wirkt. Beide Ionen ziehen einander an, wobei mit abnehmendem Abstand das entstehende Molekül gemeinsame Elektronenschalen aufbaut. Im Bild auf Seite 123 ist der mittels Computer quantenmechanisch berechnete Verlauf der Bildung des LiF-Moleküls gezeigt, wobei sich zwischen jeweils zwei aufeinanderfolgenden Linien die Elektronendichte um den Faktor 2 ändert. In der Teilabbildung oben ist der resultierende Verlauf der Gesamtenergie des Systems als Funktion des Abstandes beider Atome aufgetragen. Der energetisch stabilste Zustand des LiF-Moleküls ist der Zustand minimaler Energie. Er entspricht einer Bindungsenergie von 4,3 eV bei einem Abstand beider Kerne von $1,5 \cdot 10^{-8}$ cm (Zeile g).

Die klassische Physik konnte weder die chemische Bindung zwischen zwei neutralen Atomen erklären noch über ihren Sättigungscharakter Auskunft geben. Das Problem fand erst durch die Quantenmechanik seine Lösung. Diesen chemischen Bindungsmechanismus bezeichnet man als kovalente Bindung. Dabei kommt es zu einer starken gegenseitigen Durchdringung der Elektronenwolken der äußersten Elektronen der beiden neutralen Atome, verbunden mit einer entsprechenden Annäherung der Atomkerne. Die kovalente Bindung wird von einem oder auch mehreren äußeren Elektronenpaaren vermittelt. Haben Atome mehrere kovalente Bindungen, so werden durch die bindenden Paare Richtungen im Raum festgelegt, die durch einen charakteristischen Winkel, den Valenzwinkel, beschrieben werden.

Das einfachste Beispiel einer kovalenten Bindung ist das Wasserstoffmolekül (H_2). Das Resultat quantenmechanischer Berechnungen der Bindungsenergien als Funktion des Abstandes beider Atomkerne ist im Bild auf Seite 124 gezeigt. In den Zeilen a–h sind wieder die Linien gleicher Ladungsdichte der Elektronen gezeichnet. Die Konfiguration mit der niedrigsten Energie, entsprechend einer Bindungsenergie der beiden Wasserstoffatome im Wasserstoffmolekül von 4,5 eV, hat einen Atomabstand von $\approx 1 \cdot 10^{-8}$ cm. Bei diesem Bindungstyp herrscht die maximale Ladungsdichte der Elektronen zwischen den beiden Atomkernen und in deren unmittelbarer Umgebung. Die Konfiguration, die zur Bindung der beiden neutralen Atome führt, ist ein quantenmechanischer Zustand, bei dem die Spins der beiden Elektronen antiparallel gerichtet sind. Der Spin des Elektrons erweist sich als Schlüssel der kovalenten Bindung.

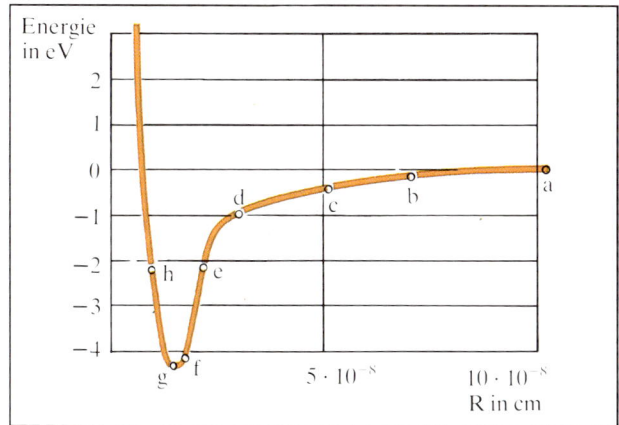

Mittels Computer wurde die Dichte der Elektronen in einem Lithium- und einem Fluor-Atom als Funktion ihres gegenseitigen Abstandes R berechnet. In der obenstehenden Teilabbildung ist die Gesamtenergie bei der Ionenbindung des zweiatomigen Systems als Funktion von R dargestellt. Bei einem Atomabstand von $7 \cdot 10^{-8}$ cm ist das äußere Elektron des Lithiums auf das Fluoratom hinübergesprungen (Bild b). (Nach einer Berechnung von A. Wahl, veröffentlicht in Scientific American, April 1970)

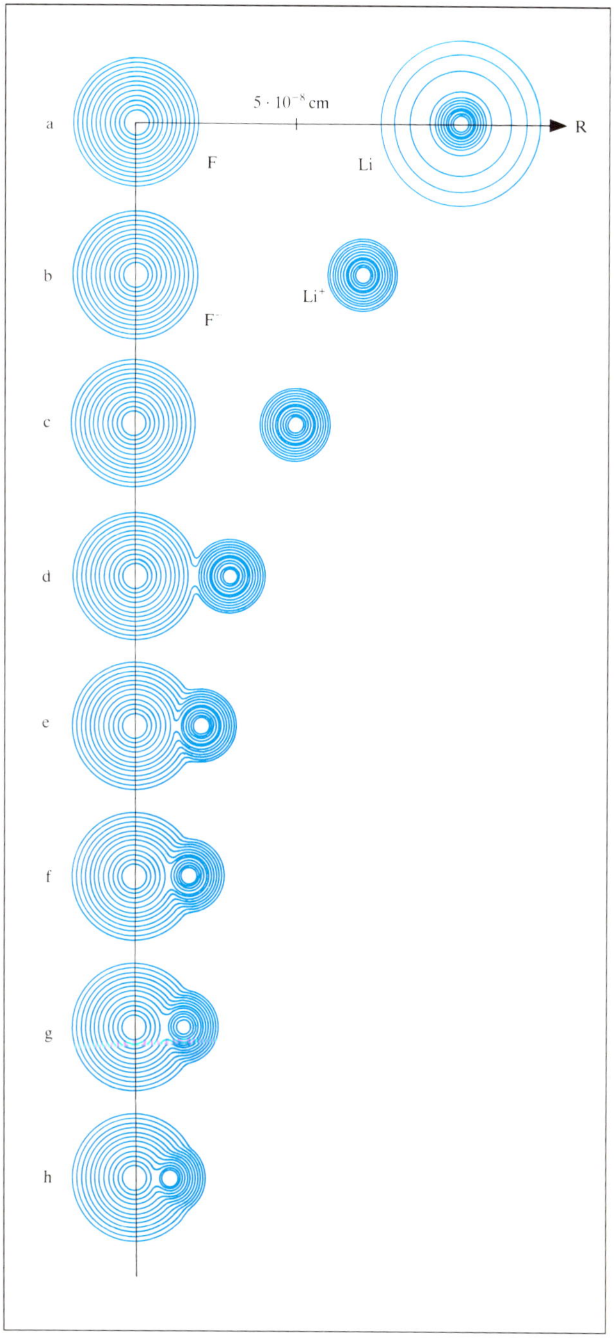

In der Abbildung auf S. 125 sind die Lagen der Atomkerne, die Kerngerüste, einiger kovalent gebundener Moleküle gezeigt. Beim Wassermolekül (H_2O) liegen die drei Atomkerne nicht auf einer Geraden. Der Valenzwinkel, der Winkel zwischen den Richtungen der Valenzen vom Sauerstoffatom zu den beiden Wasserstoffatomen, beträgt 105°. Beim Methan (CH_4) liegen die vier Protonen an den Ecken eines regulären Tetraeders mit dem Kohlenstoffatom in der Mitte. Sein Bestreben ist es, mit den Elektronen der vier zusätzlichen Wasserstoffatome die Elektronenschale mit $n = 2$ und $l = 1$ aufzufüllen. Beim Benzol (C_6H_6) bilden die Kohlenstoffatome die Ecken eines ebenen regulären Sechsecks.

Der elektromagnetische Charakter der Kraft zwischen Elektronen und Kern bestimmt Größe und Bindungsenergie der Atome und der Moleküle. Da die Bildung gemeinsamer Elektronenschalen bestimmend für die Valenzbindung ist, entspricht deren Ausdehnung etwa auch dem Abstand der Atome im Molekül. Die spezifische Längeneinheit des Atoms und damit auch des Moleküls beträgt 10^{-8} cm. Die

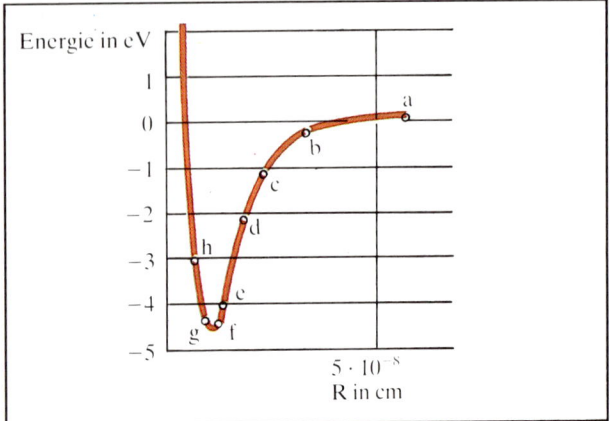

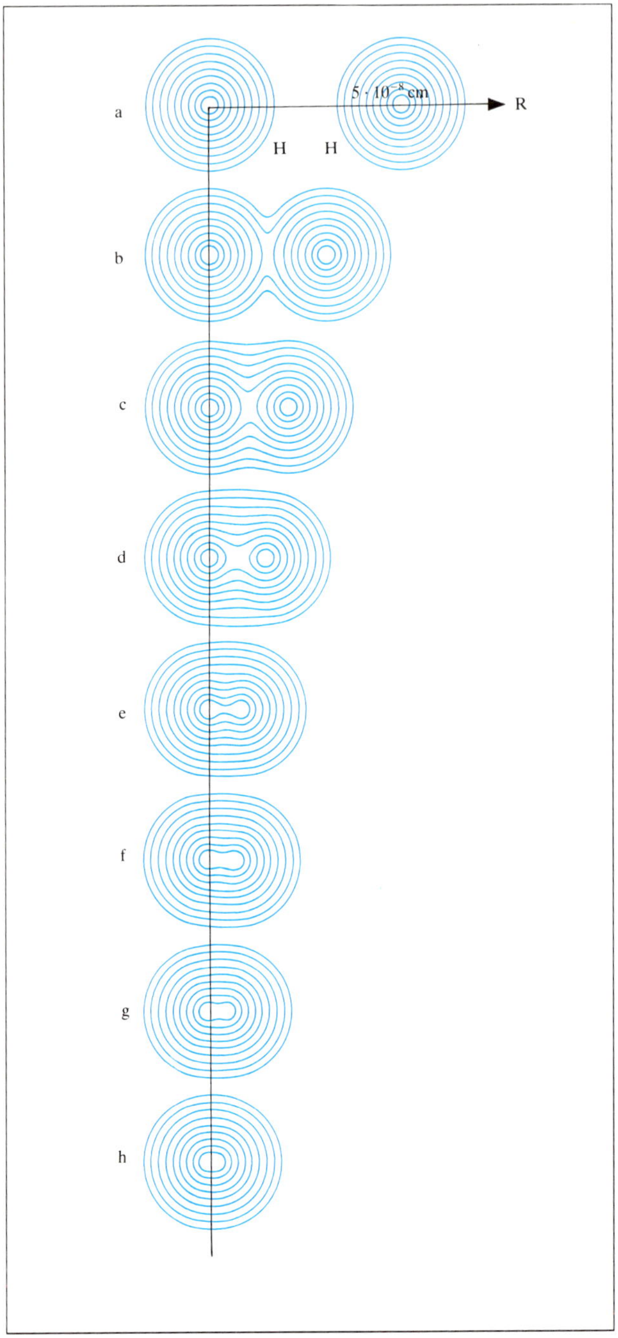

Darstellung der kovalenten Bindung zweier Wasserstoffatome. Wie in der vorhergehenden Abbildung sind die Linien gleicher Elektronendichte als Funktion des Abstandes beider Atome berechnet. Die Änderung der Bindungsenergie als Funktion von R zeigt die obenstehende Teilabbildung. Die Bindungsenergie des neutralen Wasserstoffatoms beträgt 4.48 eV (Bild f). (Nach einer Berechnung von A. Wahl, veröffentlicht in Scientific American, April 1970)

Energiedifferenzen verschiedener quantenmechanischer Zustände in Atomen und Molekülen liegen in der Größenordnung von Elektronenvolt. Diese Energiewerte lassen uns auch verstehen, warum auf der Oberfläche unserer Erde atomare und molekulare Vorgänge dominieren. Bei den auf der Erdoberfläche normal auftretenden Temperaturen liegt die Bewegungsenergie der Atome und Moleküle bei etwa 0,1 eV, einer Energie, die nicht ausreicht, um sie in Zusammenstößen zwischen den Teilchen in ihre Bestandteile aufzubrechen. Die von der Sonne die Erdoberfläche erreichenden Lichtquanten haben eine Energie von einigen Elektronenvolt, ausreichend, um einige bestimmte Moleküle aufzubrechen, aber nicht genug, um alle Atome und Moleküle zu zerstören. Unter dem Einfluß des Sonnenlichts laufen gerade solche chemischen Reaktionen ab, die für das Leben auf der Erdoberfläche wesentlich sind (Photosynthese).

Moleküle sind keine starren Gebilde. In einem zweiatomigen Molekül, etwa H_2, schwingen die beiden Wasserstoffkerne gegeneinander, wobei der Schwerpunkt des Moleküls in Ruhe bleibt. Während der Schwingung ändert sich periodisch die Ladungsverteilung. Nach den Vorstellungen der klassischen Maxwellschen Theorie sollte das Molekül wie ein schwingender elektrischer Dipol strahlen. Quantenmechanisch hat es jedoch stationäre, strahlungslose Zustände. Übergänge zwischen diesen Zuständen, bei denen eine Abstrahlung erfolgt, liegen im infraroten Bereich der elektromagnetischen Strahlung.

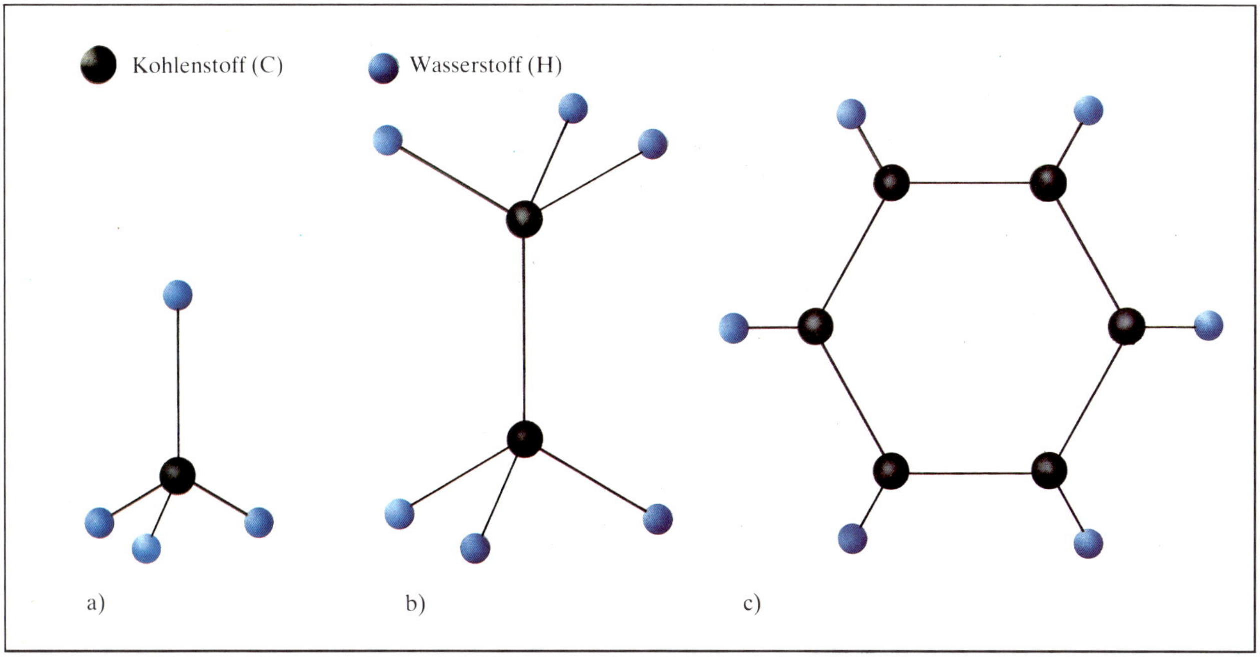

Neben den Schwingungszuständen, deren Zahl für mehratomige Moleküle wesentlich mannigfaltiger ist als für zweiatomige, führen die Moleküle auch Rotationsbewegungen um den gemeinsamen Schwerpunkt der Atome im Molekül aus. Als quantenmechanisches System kann ein Molekül nur diskrete stationäre Rotationszustände einnehmen, die strahlungslos sind. Zwischen ihnen sind Übergänge unter Absorption oder Emission eines Photons möglich. Auch die diskreten Linien der Rotationsspektren von Molekülen liegen im Infraroten und im Bereich der Mikrowellen.

Die Zahl der Spektrallinien, die man in Emission oder Absorption bei Molekülen beobachtet, ist viel größer als bei Atomen. Oft entsteht durch Häufung der Linien der Ein-

Das Strukturgerüst einiger Moleküle: a) Methan, b) Äthan, c) Benzol

Im Wasserstoffmolekül können die beiden Atome gegeneinander schwingen und um einen gemeinsamen Schwerpunkt rotieren. Beide Bewegungen unterliegen den Quantenregeln.

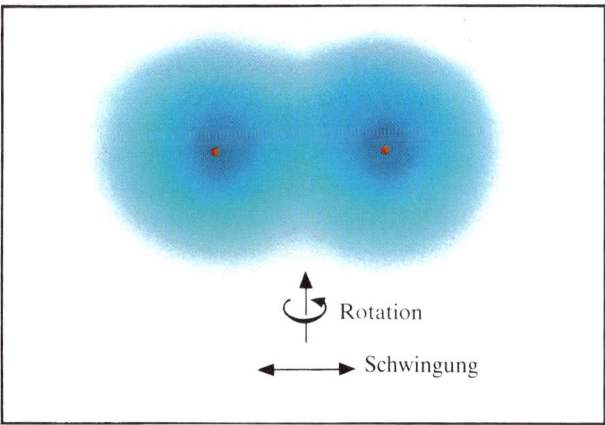

Spektrum des Kohlenstoffs – ein typisches Bandenspektrum [4]

druck kontinuierlicher Bänder, die nach einer Seite stetig auslaufen und nach der anderen Seite plötzlich abbrechen (s. oben). Die Ursache des Linienreichtums liegt darin, daß in Molekülen nicht nur die sich bildenden Atome durch Elektronenübergänge angeregt werden können, sondern auch im Vermögen der Atome, um den gemeinsamen Schwerpunkt zu rotieren oder innere Schwingungen auszuführen und beim Wechsel dieser Rotations- und Schwingungszustände Energie quantenhaft abzugeben oder aufzunehmen.

Die gleichen Bindungsmechanismen, Ionenbindung und kovalente Bindung, die die Atome in den Molekülen zusammenhalten, lassen auch Atome in entsprechenden Mengen zu Festkörpern wachsen. Die meisten der auf der Erdoberfläche vorhandenen Festkörper zeigen unter dem Mikroskop eine regelmäßige kristalline Struktur. Denken wir nur an das Natriumchlorid, unser Kochsalz. Wie im NaCl-Molekül wirkt auch im Kristall eine Ionenbindung. Jedes positiv geladene Natriumion ist von sechs negativ geladenen Chlorionen umgeben. Beim Kristallieren aus einer flüssigen Kochsalzlösung wird die größte Wärmemenge bei dieser räumlichen Kristallanordnung freigesetzt. Sie erweist sich als die energetisch günstigste Anordnung. Umgekehrt bewirkt eine Erwärmung des Kristalls eine Erhöhung der Bewegungsenergie der einzelnen Atome, die schließlich ausreicht, um die Bindung am Gitterplatz zu überwinden: Der Kristall schmilzt.

Auch die kovalente Bindung ist in Festkörpern realisiert. In der gleichen Reihe des periodischen Systems, zu der der vierwertige Kohlenstoff gehört, liegt das Silizium, das Basismaterial der modernen Mikroelektronik. Die Kristallstruktur des Siliziums ist so aufgebaut, daß jedes Siliziumatom von vier Nachbaratomen umgeben ist. Die Wolken der Valenzelektronen haben zwischen je zwei Siliziumkernen ihre größte Dichte, entsprechend der kovalenten Bindung der Siliziumatome im Molekül.

Führt man dem Siliziumkristall eine Energie von 1,1 eV zu, so wird eines der Valenzelektronen in das nächsthöhere Energieniveau überführt. Verbunden mit der Anregung ist eine räumliche Ausdehnung der Aufenthaltswahrscheinlichkeit des Valenzelektrons. Sie reicht in den Bereich der benachbarten Atomkerne. Da diese positiv geladenen Kerne eine Anziehung des Elektrons bewirken, werden die Wellenfunktion und damit die Aufenthaltswahrscheinlichkeit des angeregten Elektrons so weit ausgedehnt, daß sie in den Wirkungsbereich auch der übernächsten Nachbarkerne geraten. Der Vorgang wiederholt sich so lange, bis schließlich die Aufenthaltswahrscheinlichkeit des angeregten Elektrons den ganzen Siliziumkristall umfaßt. Wir können daraus folgern, daß sich ein Valenzelektron im nächsthöheren Energiezustand in einem Siliziumkristall wie ein freies Elektron, ein sogenanntes Leitungselektron, verhält. Kristalle der beschriebenen Art nennt man Halbleiter. Durch Zufuhr von Anregungsenergie werden Valenzelektronen zu frei beweglichen Elektronen im Kristall: Er wird zum elektronischen Leiter. Da diese Kristalle im Normalzustand nur sehr wenige Leitungselektronen haben, ist Halbleiter eine treffende Bezeichnung.

Neben der Ionenbindung und der kovalenten Bindung wirkt in Kristallen noch ein dritter Bindungstyp: die metallische Bindung. Einwertige Atome, wie etwa Lithium oder Natrium, schließen sich zu Kristallen zusammen, bei denen der Abstand abgeschlossener Elektronenschalen benachbarter Atome kleiner als der Ausdehnungsbereich des jeweils äußersten Valenzelektrons ist. Die äußeren Elektronen werden von den Nachbarkernen angezogen, was wiederum zu einem Auseinanderziehen der Wellenfunktion und damit auch der Aufenthaltswahrscheinlichkeit führt. Im Endergebnis dehnen sich die Wellenfunktionen aller äußeren Elektronen gleichmäßig über den ganzen Kristall aus. Was beim Halblei-

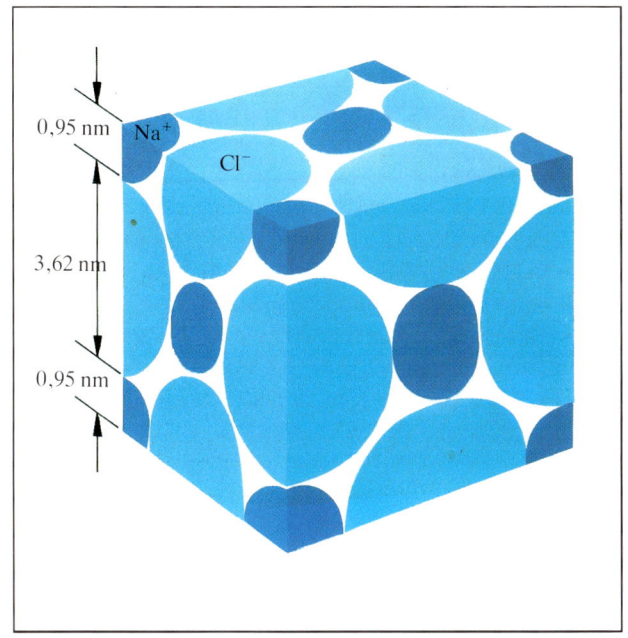

Die Kristallstruktur des Natriumchlorids (NaCl). Die Atome sind entsprechend ihrem Größenverhältnis angedeutet ($1\,\text{nm} = 10^{-7}\,\text{cm}$).

ter nur durch Zuführung von Anregungsenergie möglich war, ist in Metallen im Normalzustand realisiert – eine große Zahl freier Elektronen, die zur elektrischen Stromleitung zur Verfügung stehen.

Erst die Qantenmechanik läßt uns begreifen, warum Metalle elektrisch leitende Festkörper sind, während Ionenkristalle und kovalente Kristalle elektrisch isolierend wirken. Der für unsere industrielle Produktion und für unseren individuellen Konsum so wichtige Umstand, daß in Metallen Elektronen frei beweglich sind und Halbleiter durch Anregung Leitungselektronen freisetzen, erweist sich als makroskopisch wahrnehmbare quantenmechanische Erscheinung.

4.3. DNA-Moleküle

Im Jahre 1865 veröffentlichte Johann Gregor Mendel in einer kleinen Schrift die Ergebnisse seiner langjährigen Untersuchungen mit Saaterbsen. Aus den Zahlentabellen, die die Arbeit enthält, ergaben sich neue Einsichten über die Vererbung, deren Bedeutung außer dem Autor niemand erkannte. Mendel stellte fest, daß sich bestimmte Merkmale stets als Ganzes vererben. Die Kreuzung einer hochstämmigen mit einer kurzstämmigen Erbsenpflanze ergibt in der ersten Generation stets hoch- oder kurzstämmige Nachkommen, nie jedoch eine Pflanze mittlerer Höhe, wobei die hochstämmigen Nachkommen dominieren. In der zweiten Generation, den Nachkommen der hochstämmigen Hybriden, finden sich kurzstämmige Enkel. Die erbliche Eigenschaft kurzstämmig, die in der ersten Generation verdeckt blieb, wurde unverändert auf die Enkel übertragen.

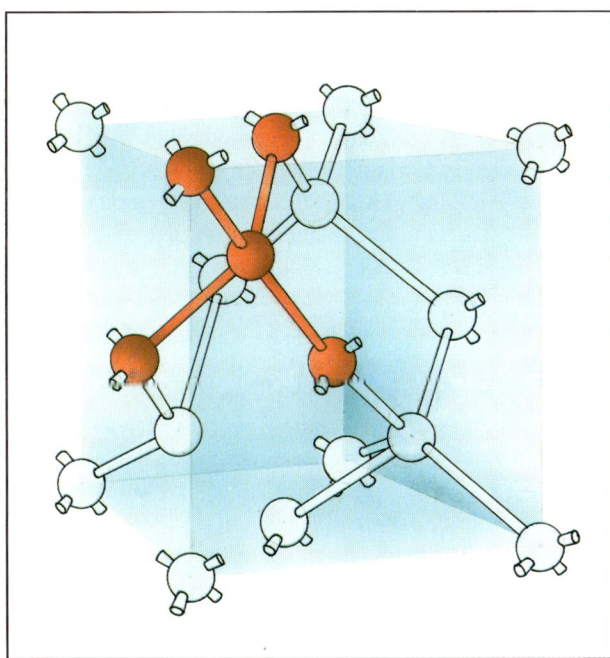

Kristallstruktur des Siliziums. Jedes Si-Atom besitzt vier Nachbaratome.

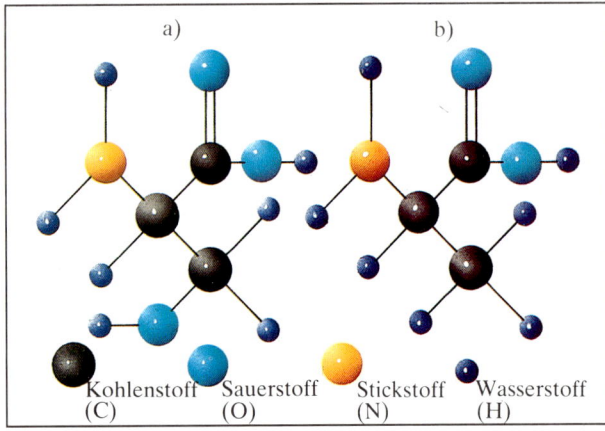

Die Strukturformen zweier Aminosäuren: a) Serin, b) Alanin

In jeder Zelle, den Grundeinheiten aller lebenden Materie, befinden sich leicht färbbare Gebilde, die während der Zellteilung eine fadenartige Struktur erkennen lassen, die Chromosomen. Unterschiedliche Tier- und Pflanzenarten sind durch bestimmte Chromosomenzahlen charakterisiert. So enthält die menschliche Zelle 46 Chromosomen, während jede Zelle einer Taufliege (Drosophila) 8 Chromosomen besitzt. Bei der sexuellen Fortpflanzung hat die befruchtete Zelle einen väterlichen und einen mütterlichen Chromosomensatz. Während der Teilung einer Keimzelle teilen sich auch die beiden Chromosomensätze, so daß jede der beiden neuen Geschlechtszellen je zur Hälfte väterliche und mütterliche Chromosomen enthält.

Dieser als Meiose bezeichnete Vorgang läßt uns die Mendelschen Beobachtungen verstehen. Jedes Kind hat väterliche und mütterliche Chromosomen, die es unverändert je zur Hälfte auch auf seine Nachkommen überträgt. Vererbung läßt sich auf definierte Zellbestandteile zurückführen. Zum Beginn unseres Jahrhunderts war die Zeit vorbei, in der man die Vererbung als eine Mischung des elterlichen Blutes betrachten konnte. In Redewendungen wie blaublütig – als Kennzeichnung des Erbadels – hat sich dieser Irrglaube sprachlich konserviert.

Die weitere Erforschung der Chromosomen führte die Biologen zu der Erkenntnis, daß die fadenförmigen Gebilde eigentlich mehr Perlenschnüren vergleichbar sind. Das Erbgut jedes Lebewesens setzt sich aus Tausenden von Einzelinformationen zusammen, die längs der Perlenschnur eines Chromosoms angeordnet sind und die man als Gene bezeichnet. Die Gene sind die Träger aller Erbanlagen.

Mendels Beobachtungen lassen sich leicht in die Sprache der Genetik, der Wissenschaft von der Vererbung, übertragen. Jedes charakteristische Merkmal der Saaterbsen wird durch zwei Gene bestimmt, denen diese Anlage von den beiden Eltern übermittelt wurde. Trägt eines der Gene die Anlage der Hochstämmigkeit und das andere die der Kurzstämmigkeit, so wird in der Regel die Hochstämmigkeit zum sichtbaren Merkmal der Hybriden, das Hochstämmigkeitsgen erweist sich als dominant. Das zurücktretende, rezessive Gen tritt erst in der Generation der Enkel wieder hervor, neben hochstämmigen beobachtet man auch kurzstämmige Pflanzen. Mendel zeigte bei der Wahl seiner Versuchspflanzen eine glückliche Hand. Merkmale wie Höhe, Blütenfarbe u. a. werden nur durch ein Gen vererbt. Die Farbe der menschlichen Haut hängt dagegen von acht Genen ab.

Alle Chromosomen höher entwickelter Zellen bestehen aus Chromatin, einer Substanz, die aus zwei unterschiedlichen chemischen Verbindungen aufgebaut ist: aus Eiweißmolekülen, sogenannten Proteinen, und aus Desoxyribonucleinsäure, international zu DNA abgekürzt.

Ein Protein ist ein kettenförmiges Molekül. Als Glieder der Kette dienen in unterschiedlichen Anordnungen 20 verschiedene Aminosäuren. In der Abbildung oben sind die Strukturformeln von zwei Aminosäuren, dem Alanin und dem Serin, skizziert. Die Eiweißketten der Proteine liegen nicht gestreckt vor. Sie sind auf komplizierte Art gefaltet. Die Form der Faltung wird durch die Reihenfolge der Aminosäuren im Protein bestimmt. Die Oberflächen der kompakten Proteine sind strukturiert. Sie enthalten Höhlungen und Wölbungen, die die selektive Bindung anderer Moleküle erlauben und damit die Funktionsweise der Proteine bestimmen. So kennen wir Proteine, die chemische Vorgänge katalysieren und die Stoffwechselvorgänge, auf denen die Vermehrung der Lebewesen beruht, in Gang halten. Diese Proteine nennt man Enzyme. Andere Proteine, Antikörper, dienen der Immunabwehr. Sie binden die in den Körper eingedrungenen Fremdstoffe und ermöglichen ihre Vernichtung.

Die Eiweißkomponente im Chromatin besteht im wesentlichen aus nur fünf verschiedenen Proteinen, die man als Histone bezeichnet. Obwohl die Eiweißkomponente im Chromosom überwiegt, steckt die genetische Information allein in der DNA. Sie läuft als ein langer dünner Faden von einem Ende des Chromosoms zum anderen. Beim Menschen hat die DNA beispielsweise eine Länge von rund einem Meter. Längs der Chromosomfaser sind die Histone in regelmäßigen Abständen in kompakter Form angeordnet. Wie Spulenkörper werden sie von dem fadenförmigen DNA-Molekül umschlungen. Chromosomen erweisen sich als Perlenschnüre, deren Perlen, die Histone, längs der Schnur periodisch angeordnet sind. Die Perlen sind jedoch nicht auf den DNA-Faden aufgefädelt. Wie ein Faden den Spulenkörper, so umwickeln definierte Abschnitte des DNA-Moleküls die Histone. Diese Art der Struktur erleichtert die Übergänge zwischen den verschiedenen Formen der Chromosomen, der kompakten Transportform während der Zellteilung und der aufgelockerten Arbeitsform während des Zugriffs auf die genetische Information.

Daß die DNA-Moleküle die eigentlichen Träger der Erbinformation sind, wurde im Jahre 1944 festgestellt. Wie der amerikanische Bakteriologe O. T. Avery zeigte, werden erbliche Eigenschaften durch DNA-Moleküle von einer Bakte-

In dieser elektronenmikroskopischen Aufnahme mit 325 000facher Vergrößerung, die von Ada und Donald Olins (Universität Tennessee) gemacht wurde, erscheinen die Chromatinfasern wie Perlenschnüre. Sie stammen aus den Kernen roter Blutkörperchen von Hühnern (100 nm = 10^{-5} cm).

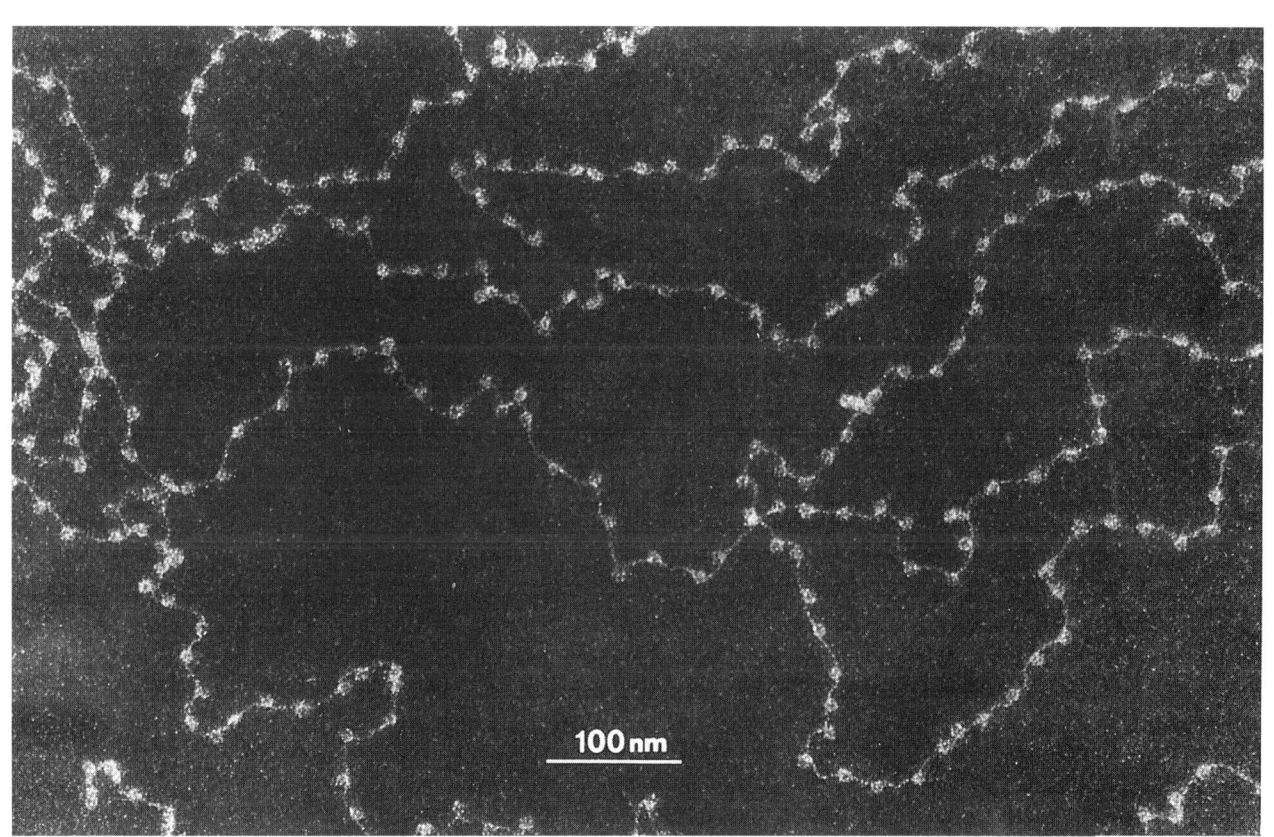

rienzelle auf die andere übertragen. Neun Jahre später klärten die Physiker Francis Crick und Maurice Wilkins sowie der Biochemiker James Watson die Struktur des Desoxyribonucleinsäuremoleküls auf. Diese Entdeckung wurde 1962 mit dem Nobelpreis ausgezeichnet. Sie gelang im Wechselspiel zweier Methoden, der Röntgenstrahlbeugung und einem Molekül-Puzzle.

Treffen elektromagnetische Wellen, deren Wellenlänge im Bereich der Röntgenstrahlung liegt, auf Kristalle, so werden sie in charakteristischer Weise gebeugt. Aus den regelmäßigen Mustern der gebeugten Strahlen lassen sich bei bekannter Wellenlänge quantitative Schlüsse auf die Kristallstruktur ziehen.

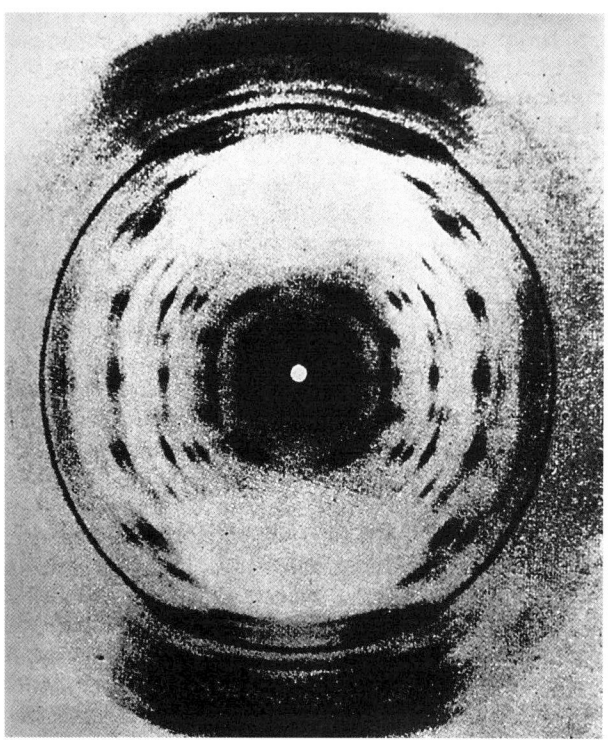

Das Beugungsmuster von DNA, wie es bei der Beugung von Röntgenstrahlen an kristalliner DNA entsteht – Aufnahme von H. R. Wilson. Die Symmetrie des Beugungsmusters spiegelt eine Symmetrie im molekularen Aufbau wider.

Crick und Watson kannten die chemische Zusammensetzung der DNA. Sie besteht im wesentlichen aus drei Grundbausteinen, aus ringförmigen Zuckermolekülen besonderer Art, den Desoxyribosen, aus Phosphorsäure und aus vier verschiedenen organischen Basen, den beiden Purinbasen Adenin (A) und Guanin (G) sowie den beiden Pyrimidinen Thymin (T) und Cytosin (C). Unbekannt war jedoch, wie diese Bausteine des Puzzles sich zueinanderfügen und ein chemisch und physikalisch mögliches Gebilde formen. Die Struktur der DNA muß so beschaffen sein, daß sie das biologische Prinzip der Zellteilung erfüllt, also eine Teilung und eine Reproduktion des Makromoleküls ermöglicht.

Im Februar 1953 stellten Crick und Watson das von ihnen entwickelte Modell des DNA-Moleküls erstmals der wissenschaftlichen Welt vor. Es zeigte eine Struktur, die nach den Worten von Watson »zu hübsch war, um nicht richtig zu sein«.

Das DNA-Molekül bildet eine Doppelhelix. Es gleicht einer Strickleiter, die sich schraubenförmig um eine zentrale Längsachse windet. Die beiden Stricke der Leiter bestehen aus alternierenden Zucker- und Phosphatgruppen, die kovalent miteinander verbunden sind. Die Sprossen der Leiter werden von Purin-Pyrimidin-Basenpaaren gebildet. An jedem Zuckermolekül hängt eine der vier Basen Adenin (A), Thymin (T), Cytosin (C) oder Guanin (G). Sie stehen sich paarweise wie die Zähne eines Reißverschlusses gegenüber. Ihre chemische Zusammensetzung und ihre Form erlauben jedoch nur, daß sich Adenin mit Thymin und Cytosin mit Guanin paaren. Zwischen ihnen wirkt eine schwache Bindung, die durch die elektrische Anziehung zwischen einem polarisierten Wasserstoffatom und einem Sauerstoff- oder Stickstoffatom zustande kommt. Diese Art der Bindung bezeichnet man als Wasserstoffbrücke. Verbunden mit der chemischen Zusammensetzung und der Form ihrer Baugruppen, bewirkt sie ein Umeinanderschrauben der beiden Stränge. Die dabei entstehende Doppelhelix ist eine rechtshändige Spirale. Die Untereinheiten des DNA-Moleküls nennt man Nucleotide. Sie bestehen aus dem Zucker, der Desoxyribose, einer Phosphatgruppe und einer der vier verschiedenen Basen.

Löst man die Wasserstoffbrücken zwischen den Basenpaaren, trennt also die beiden Stränge der Doppelhelix, so können sich an jedem der Stränge Bausteine für einen neuen

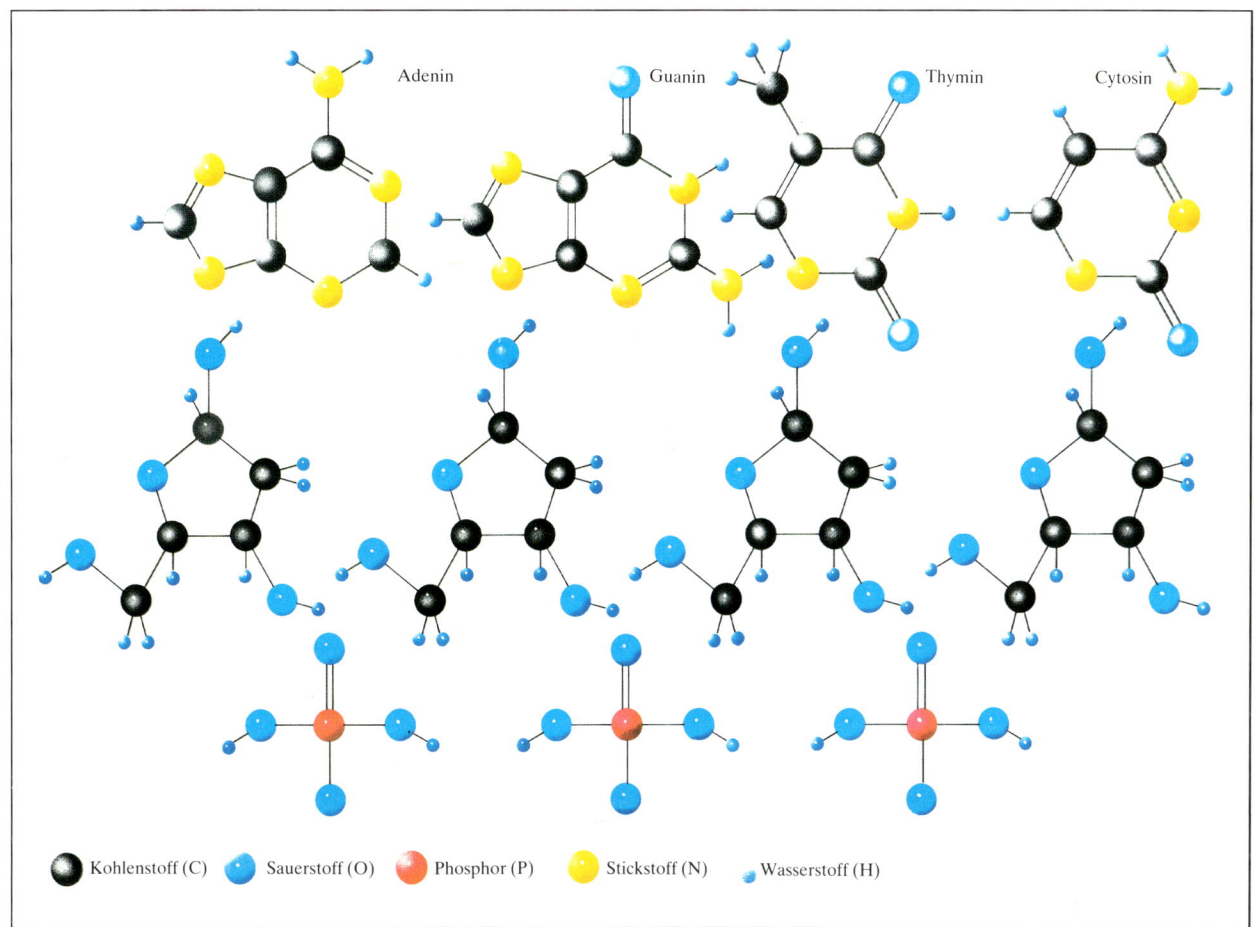

Die chemischen Grundstrukturen der DNA:
- die vier organischen Basen Adenin, Guanin, Thymin und Cytosin
- die Desoxyribosen, ringförmige Zuckermoleküle
- die Phosphorsäure

Strang anlagern. Hat der offene Einzelstrang etwa die Basenfolge GTCA . . ., so entsteht der komplementäre Strang CAGT . . ., da immer nur die Basen A – T sowie G – C ein Paar bilden können. Vor jeder Zellteilung ermöglicht die Basenpaarung die Anfertigung exakter Kopien der DNA-Moleküle. In der kurzen Publikation von Crick und Watson in der englischen Zeitschrift »Nature«, in der sie über die Entdeckung der Struktur der DNA berichteten, heißt es bereits: »Es ist unserer Aufmerksamkeit nicht entgangen, daß die spezifische Paarbildung, die wir hier voraussetzen, sogleich an einen möglichen Kopiermechanismus für das genetische Material denken läßt.«[2]

In den der Entdeckung der DNA-Struktur folgenden Jahrzehnten fanden die Molekularbiologen die Antwort auf die Frage, wie die Erbinformation in den Genen, d. h. abschnittsweise in der DNA, verschlüsselt ist. Sie erkannten das Wie

[2] Zitiert in: J. D. Watson, Die Doppel-Helix, Hamburg 1969, S. 268

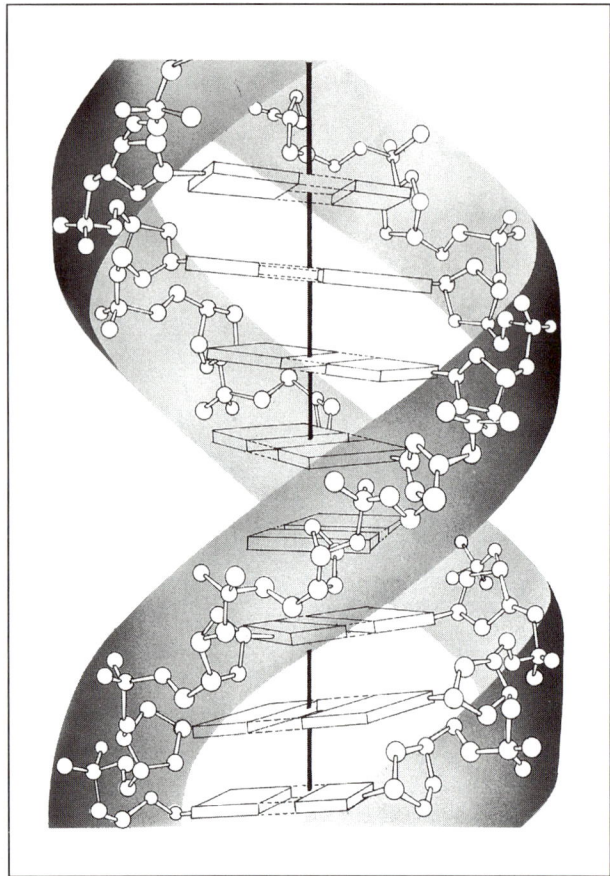

Schematische Darstellung der Doppelhelix. Die ihr Rückgrat bildenden Zucker-Phosphat-Ketten erscheinen als graue Bänder, die sie verbindenden Basenpaare als rechteckige Brettchen. Sie bilden eine Art Wendeltreppe um die Helix-Achse.

Die entrollte DNA-Helix gleicht einer Leiter. Die Zucker-Phosphat-Holme laufen in entgegengesetzten Richtungen. Jede Sprosse besteht aus einem über eine Wasserstoffbrücke verbundenen Basenpaar.

der Übersetzung der genetischen Information in jene Eiweißstoffe (Proteine), die letztlich Aufbau und Funktion der Zellen aller lebenden Organismen bestimmen. Das Wesen der Vererbung besteht in der Fähigkeit jeder Zelle, von Generation zu Generation die gleichen Proteine mit ihren charakteristischen Sequenzen von Aminosäuren herzustellen.

Alle Eiweiße bestehen aus 20 verschiedenen Aminosäuren. Die Reihenfolge und die Anzahl der Aminosäuren bestimmen die Eigenschaften jedes der kettenförmigen Proteinmoleküle.

Wie bewirkt nun die Gruppierung der Nucleotide im DNA-Molekül den Einbau der Aminosäuren in die Proteinketten? Als Mittler zwischen den im Zellplasma vorhandenen Ribosomen, den Eiweißfabriken der Zellen, dienen Ribonucleinsäuremoleküle (RNA). Statt des Thymins enthält die RNA ein Uracyl (U). Außerdem ist die Desoxyribose, der Zuckerring im DNA-Molekül, durch eine andere Verbindung, die Ribose, ersetzt.

Die vier im DNA-Molekül vorhandenen Basen Adenin (A), Guanin (G), Thymin (T) und Cytosin (C) sind die Buchstaben der genetischen Schrift. Mittels des genetischen Codes übersetzt die Zelle diese 4-Buchstaben-Schrift in die 20-Buchstaben-Schrift der Proteine.

Im Doppelstrang der DNA bezeichnen wir mit den Anfangsbuchstaben der Basen die Nucleotide. Jeweils zwei, nämlich A und T bzw. G und C, können sich paaren. In der DNA stehen sie sich als komplementäre Nucleotide gegenüber. Ihre Reihenfolge bestimmt die genetische Information. Ein Triplett aus drei aufeinanderfolgenden Basen bildet ein Codewort, ein Codon. Jedem Codon entspricht eine der 20 Aminosäuren, der Baugruppen der Proteine. Aus vier Nucleotiden lassen sich 64 verschiedene Codons, wie etwa AAA, AAC, AAG usw., bilden. Wir erhalten mehr Kombinationen, als zur Bezeichnung der 20 Aminosäuren notwendig sind. Die Mehrzahl der Aminosäuren wird daher durch mehr als ein Codon charakterisiert. So bezeichnen beispielsweise die Codons AAA und AAG die Aminosäure Lysin.

Die Umsetzung der in einem definierten Abschnitt eines DNA-Moleküls enthaltenen Information in eine Sequenz von Aminosäuren erfolgt in mehreren Schritten. Die Wasserstoffbrücken im entsprechenden Abschnitt der DNA öffnen sich, und die beiden Stränge weichen auseinander wie ein geöffneter Reißverschluß. Durch Anlagerung von komplementären RNA-Nucleotiden an die entsprechenden Nucleotide des DNA-Stranges kommt es zur Bildung eines einsträngigen komplementären RNA-Moleküls, wobei jeweils das Thymin

Das Wörterbuch des genetischen Codes. Für alle Organismen haben die aus je drei Nucleotidbasen bestehenden Codewörter – Codons – dieselbe Bedeutung. Die Tripletts UAA, UAG und UGA kennzeichnen das Ende, das Triplett AUG den Beginn einer Information. Alle anderen Codons kennzeichnen Aminosäuren. Besitzen sie ähnliche chemische Eigenschaften, so sind sie durch Felder gleicher Farbe markiert.

Erste RNS-Nucleotidbase	Zweite RNS-Nucleotidbase				Dritte RNS-Nucleotidbase
	U	*C*	*A*	*G*	
Uracil (*U*)	Phenylalanin	Serin	Tyrosin	Cystein	*U*
	Phenylalanin	Serin	Tyrosin	Cystein	*C*
	Leucin	Serin	Stop	Stop	*A*
	Leucin	Serin	Stop	Tryptophan	*G*
Cytosin (*C*)	Leucin	Prolin	Histidin	Arginin	*U*
	Leucin	Prolin	Histidin	Arginin	*C*
	Leucin	Prolin	Glutamin	Arginin	*A*
	Leucin	Prolin	Glutamin	Arginin	*G*
Adenin (*A*)	Isoleucin	Threonin	Asparagin	Serin	*U*
	Isoleucin	Threonin	Asparagin	Serin	*C*
	Isoleucin	Threonin	Lysin	Arginin	*A*
	Start/Methionin	Threonin	Lysin	Arginin	*G*
Guanin (*G*)	Valin	Alanin	Asparaginsäure	Glycin	*U*
	Valin	Alanin	Asparaginsäure	Glycin	*C*
	Valin	Alanin	Glutaminsäure	Glycin	*G*
	Valin	Alanin	Glutaminsäure	Glycin	*A*

neutral — aromatisch — basisch — sauer — schwefelhaltig

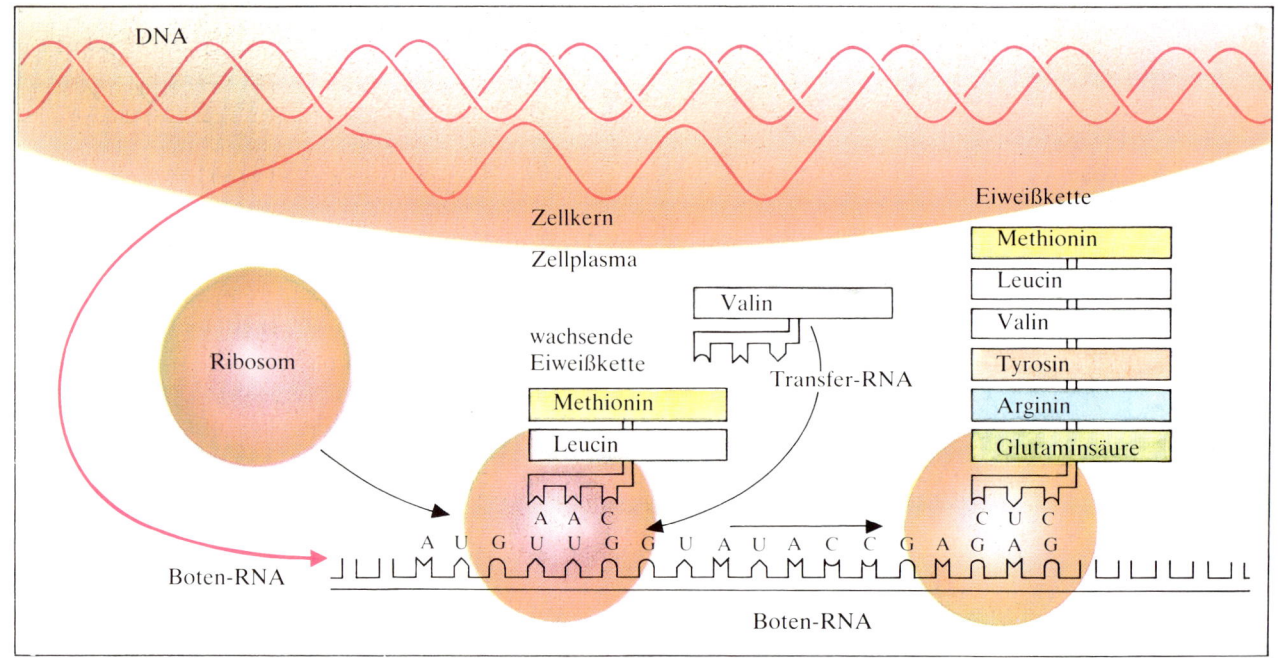

Der molekulare Informationsfluß von der DNA über die Boten-RNA zum Protein. Im DNA-Molekül ist durch die Aufeinanderfolge der vier Nucleotidbasen A, C, G und T die genetische Information codiert. Tripletts von Nucleotidbasen bilden ein Codon, das in der Regel einer Aminosäure entspricht.

Zunächst wird eine Nucleotidbasensequenz im DNA-Strang auf eine Boten-RNA umgeschrieben. Die Boten-RNA wird dann unter Einschaltung einer Transport-RNA in die Struktur eines Proteins übersetzt.

durch das Uracyl ersetzt worden ist. Die RNA-Kette löst sich von der DNA und überträgt die Information als ein Bote (messenger) aus dem Zellkern ins Zellplasma. Diese Ribonucleinsäure wird daher als mRNA bezeichnet. Im Zellplasma trifft sie früher oder später auf ein Ribosom. Die Boten-DNA dringt in das Ribosom ein und durchläuft es Schritt für Schritt. Dabei wird wie von einem Lochband die genetische Information Codon für Codon abgelesen.

Die in jedem Triplett verschlüsselte Anweisung für den Einbau einer Aminosäure in ein Protein erfolgt durch Zwischenschaltung einer weiteren Ribonucleinsäure, die man als Transport-RNA (tRNA) bezeichnet. Von ihr gibt es 20 verschiedene Arten, die sich in gelöster Form im Zellplasma befinden. In jeder ist eine Aminosäure mit dem entsprechenden Anticodon verbunden, das komplementär zum Triplett der mRNA ist. So entspricht die Aminosäure Lysin dem Codon AAG. Das Gegenstück dazu, das Anticodon, ist das Triplett UUC.

Rückt die mRNA um ein Triplett im Ribosom vor, so lagert sich an die Sequenz der Aminosäuren gerade die Molekülgruppe an, die mit dem zugehörigen Anticodon verbunden ist. Dabei trennen sich die tRNA und die eingelagerte Aminosäure. Die tRNA wird ausgestoßen, und die Aminosäure verbleibt in der Proteinkette. Die fertigen Proteine falten sich zu dreidimensionalen Strukturen, die etwa als Enzyme oder Strukturelemente der Zelle ihr Wirken beginnen.

Den Informationsfluß DNA – RNA – Protein bezeichnet man als das zentrale Dogma der Molekularbiologie, einer Disziplin, die Methoden der Physik, der Chemie und der Genetik in sich vereint. Mit der Erkenntnis der molekularen Vorgänge in der lebenden Zelle wurde der entscheidende Schritt getan, um die Biologie aus einer beschreibenden in eine analytisch-induktive Wissenschaft zu entwickeln.

4.4. Quantenfeldtheorie

Dirac formulierte eine quantenmechanische Bewegungsgleichung für das Elektron, die auch den Forderungen der speziellen Relativitätstheorie genügt. Diese Diracsche Wellengleichung hat vier den Zustand des Elektrons beschreibende Lösungen. Zwei der Lösungen entsprechen den beiden Spinzuständen des Elektrons – eine fundamentale Eigenschaft des Elektrons, die sich aus der Schrödingerschen Wellengleichung nicht ableiten ließ.

Zwei der vier Lösungen sind Zuständen des Elektrons mit negativer Energie zuzuordnen. Um dieser absurden Konsequenz zu entgehen, postulierte Dirac die Existenz einer unendlich großen Zahl von Elektronen, die alle Zustände negativer Energie besetzen und wegen des Pauli-Prinzips verhindern, daß ein anderes Elektron in diese Zustände gelangen kann. Die Elektronen negativer Energie sind als Ganzes nicht beobachtbar. Ein nichtbesetzter Zustand negativer Energie, gewissermaßen ein Loch im unendlichen See negativer Energiezustände, würde unserer Beobachtung als ein positiv geladenes Elektron, ein Positron, zugänglich sein. Andererseits können Elektron und Positron einander vernichten.

Diese Hypothese war letztlich notwendig, um die Dirac-Gleichung als konsistente Beschreibung der Bewegungszustände eines Elektrons zu retten. Zur Darstellung des Verhaltens eines Elektrons war Dirac gezwungen, die zusätzliche Existenz unendlich vieler anzunehmen. Die naheliegende Idee in der weiteren Entwicklung der Quantentheorie war daher die Annahme der Existenz unendlich vieler Elektronen als Quanten eines Feldes. Den Dualismus von elekromagnetischem Feld und Photonen haben wir bei der Entwicklung der Quantentheorie bereits kennengelernt. Das elektromagnetische Feld der Maxwellschen Theorie hat in bestimmten Prozessen, etwa beim Compton-Effekt, Teilchencharakter.

Damit stellte sich den Theoretikern die Aufgabe, jedem Teilchenensemble, also Photonen und Elektronen, ein Feld zuzuordnen, dessen Quanten die entsprechenden Elementarteilchen sind. Die Quantenfeldtheorie, die die Wechselwirkung des elektromagnetischen Feldes mit dem Feld der Elektronen (bzw. den Feldern aller geladenen Leptonen) beschreibt, wird als Quantenelektrodynamik (QED) bezeichnet. Ihre Entwicklung nahm rund zwei Jahrzehnte in Anspruch und fand Ende der vierziger Jahre ihren Abschluß. Wesentliche Beiträge zu ihrer abschließenden Formulierung leisteten die amerikanischen Physiker Richard Feynman und Julian Schwinger sowie der japanische Physiker Sinitiro Tomonaga.

Die QED beschreibt die Wechselwirkung zwischen den Elementarteilchen durch einen Austausch von Elementarteilchen. So wird die elektrische Kraft, die zwischen zwei Elektronen wirkt, durch den Austausch eines dritten Teilchens, eines Photons, erklärt. Ein Elektron oder besser ein Elektronenfeld sendet am Raum-Zeit-Punkt 1 ein Photon aus und ändert dabei seine Geschwindigkeit und seine Richtung. Das andere Elektron absorbiert am Raum-Zeit-Punkt 2 das Photon und ändert seinerseits Geschwindigkeit und Richtung. Beide Elektronen haben durch den Austausch des Photons eine elektrische Kraft aufeinander ausgeübt. Die eigentliche Wechselwirkung findet dabei nicht zwischen den beiden Elektronen statt, sondern jeweils zwischen einem Elektron und einem Photon. Jedes Elektron tritt lokal, d.h. am Raum-Zeit-Punkt 1 oder 2 mit einem Photon in Wechselwirkung. Das ausgetauschte Photon existiert nur eine sehr kurze Zeit. Nach seiner Emission muß es durch ein anderes Elektron absorbiert werden. Dem Bild einer fernwirkenden Kraft, die von einem Teilchen zum anderen hinüberreicht, haben wir ein neues, tieferes Verständnis entgegengesetzt. Jedes Elektron wechselwirkt lokal an einem Raum-Zeit-Punkt mit einem Photon. Die fernwirkende Kraft wurde als lokale Wechselwirkung erkannt.

Mit dieser Beschreibung der Wechselwirkung scheinen wir aber zwei Naturgesetze zu verletzen, von deren Gültigkeit die Physiker überzeugt sind: die Erhaltungssätze von Energie und Impuls. Machen wir uns das mit einem Gedankenexperiment klar. Angenommen, es sei möglich, die beiden Elektronen in einem kleinen Abstand nebeneinander zur Ruhe zu bringen. Da sie als geladene Teilchen aufeinander eine Kraft ausüben, müssen wir einen Austausch von Photonen im Rahmen des quantenfeldtheoretischen Verständnisses annehmen. Da sich aber weder bei der Emission noch bei der Absorption des Photons am Ruhezustand der Elektronen etwas ändern soll, kann das ausgetauschte Photon weder Impuls noch Energie übertragen.

Das in unserem Gedankenexperiment ausgetauschte Photon muß sich offensichtlich von den realen Photonen des Lichts unterscheiden. Man bezeichnet es daher als virtuelles Photon. Seine besonderen Eigenschaften finden ihre Erklärung durch die Heisenbergsche Unbestimmtheitsrelation (siehe Abschnitt 3.2.). Sie fordert, daß das Produkt aus der Unbestimmtheit der Energie und der Unbestimmtheit der Zeit niemals kleiner sein kann als die Plancksche Konstante ($\Delta E \cdot \Delta t \geq h$). Angewandt auf unser Gedankenexperiment, besagt die Unbestimmtheitsrelation, daß für ein genügend kurzes Zeitintervall Δt, der Lebensdauer des virtuellen Photons, ein Energiedefizit ΔE in der Energiebilanz zulässig ist.

Wechselwirkungen zwischen Elementarteilchen beschreiben die Physiker mittels Feynman-Diagrammen. Der skizzierte Prozeß beschreibt den Raum-Zeit-Verlauf einer Streuung zwischen zwei Elektronen über den Austausch eines virtuellen Photons.

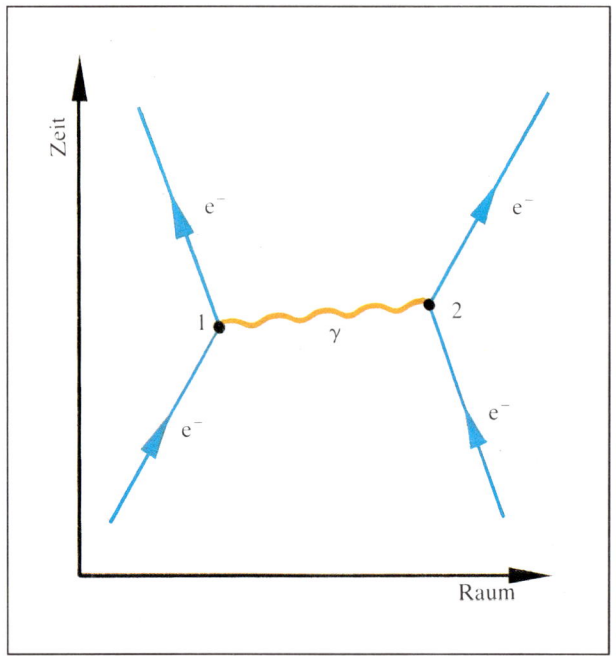

Erlaubt ist also eine kurzzeitige Verletzung von Energie- und Impulsbilanz. Je größer die Energie bzw. der Impuls des emittierten virtuellen Photons ist, um so schneller bzw. nach einer um so kürzeren Flugstrecke muß es wieder absorbiert werden. Die kleinste Energie, die das emittierte Quant haben kann, entspricht dem Energieäquivalent seiner Ruhemasse (mc^2). Seine größtmögliche Flugdauer und damit auch die größtmögliche Reichweite sind dann nach der Unbestimmtheitsrelation umgekehrt proportional zu seiner Ruhemasse ($\Delta t = h/mc^2$). Nun zeigen aber alle entsprechenden Untersuchungen, daß die elektrische Kraft zwar mit dem Abstand kleiner wird, dabei aber eine unbegrenzte Reichweite hat. Das Quant des elektromagnetischen Feldes, das Photon, muß also die Ruhemasse Null haben.

In direkten Messungen wurde der bisher kleinste Grenzwert für die Masse des Photons interessanterweise in astrophysikalischen Beobachtungen ermittelt. Mit einem Magnetometer in der Raumsonde Pioneer-10 wurde das Magnetfeld des Planeten Jupiter punktweise vermessen. Führt man eine Anpassung der Meßpunkte mittels der Maxwellschen Feldgleichungen durch, wobei die Masse des Photons als ein freier Parameter behandelt wird, so erhält man als unteren Grenzwert der Photonenmasse $m_\gamma \leq 6 \cdot 10^{-16}$ eV.

In der Quantenelektrodynamik wird die Wechselwirkung zwischen zwei geladenen Leptonen über eine Distanz als lokale Emission, Ausbreitung und lokale Absorption virtueller Teilchen beschrieben. Die Ausbreitung virtueller Teilchen ist immer mit der zeitweiligen Verletzung des Energie- und Impulserhaltungssatzes verbunden. Diese Verletzung ist in den Grenzen der Heisenbergschen Unbestimmtheitsrelation erlaubt.

Nach Feynman lassen sich die komplizierten mathematischen Ausdrücke der Quantenelektrodynamik durch einfache Diagramme, sogenannte Graphen, beschreiben. Die Graphen zeigen schematisch den Verlauf von Reaktionen zwischen den Teilchen bzw. zwischen den Feldern in Raum und Zeit.

Das Feynman-Diagramm des Elektron-Elektron-Streuprozesses ist in nebenstehender Abbildung gezeigt. Dabei definiert die waagerechte Achse des Diagramms die räumlichen Positionen der Teilchen und die vertikale Achse den zeitlichen Verlauf. Die Raum-Zeit-Punkte 1 und 2 der lokalen

Wechselwirkung bezeichnet man als Vertices. Daß das eigentliche lokale Geschehen singulär an einem Raum-Zeit-Punkt stattfindet, entspricht unserem gegenwärtigen Stand der Erkenntnis. So haben wir bis zu Entfernungen von $\approx 10^{-16}$ cm beim Elektron keine innere Struktur gefunden. Es ist jedoch nicht auszuschließen, daß Vorgänge, die uns heute als lokale Prozesse erscheinen, morgen eine innere Struktur der Teilchen zeigen, diese also als ausgedehnte Objekte zu betrachten sind.

Wir haben bisher den Vertex als einen Raum-Zeit-Punkt angesehen, an dem sich mit der Emission oder Absorption eines virtuellen Photons der Bewegungszustand eines Elektrons ändert. Es entspricht jedoch besser den mathematischen Ausdrücken der QED, wenn wir den Vertex als einen Punkt ansehen, in dem einlaufende Teilchen vernichtet und auslaufende Teilchen erzeugt werden. So wird am Vertex 1 das einlaufende Elektron vernichtet, und ein anderes Elektron wird zusammen mit einem Photon erzeugt.

Die QED hat auch unsere Vorstellungen über das Vakuum wesentlich verändert. Das Vakuum ist in der Quantenfeldtheorie der eigentliche Grundzustand. Ein klassisches Vakuum, d.h. ein leerer Raum, wie ihn die Mechanik und auch die klassische Quantenmechanik noch postulieren, ist in der Quantenfeldtheorie nicht mehr denkbar. Sie lehrt uns, daß die zeitweilige Erzeugung virtueller Teilchen ein in der Natur möglicher und daher auch stets realisierter Prozeß ist. So können im Vakuum spontan ein virtuelles Photon oder ein Elektron-Positron-Paar auftauchen, die aber nach der ihnen von der Unbestimmtheitsrelation zugebilligten Zeit wieder verschwinden. Prozesse dieser Art, sogenannte Vakuumschwankungen, treten auch in Verbindung mit anderen, einfacheren Reaktionen auf. In der Abbildung rechts sind Feynman-Diagramme des Elektron-Elektron-Stoßprozesses gezeichnet, die die zeitweilige Erzeugung virtueller Teilchen einschließen. Da sich in ihnen die Zahl der Vertices gegenüber dem einfachen Prozeß erhöht, sprechen wir von Graphen höherer Ordnung.

Jedes einzelne isolierte Elektron ist im Vakuum in eine Wolke virtueller Photonen und virtueller Elektron-Positron-Paare eingehüllt. Unter der Wirkung der elektrischen Kraft werden die Positronen der virtuellen Paare, die in der Nähe des realen Elektrons erzeugt und vernichtet werden, von sei-

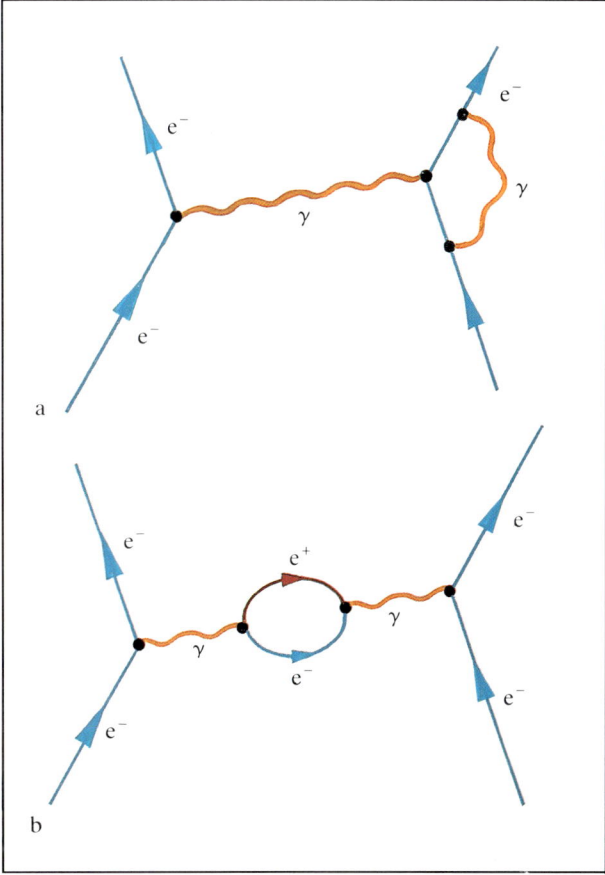

Feynman-Diagramme höherer Ordnung. Sie schließen die virtuelle Emission und Absorption von a) einem Photon und b) einem Elektron-Positron-Paar ein. Virtuelle Prozesse höherer Ordnung erscheinen in den Diagrammen stets als geschlossene Schleifen.

ner negativen Ladung angezogen, während es zu einer Abstoßung der virtuellen Elektronen kommt. Wir sprechen von einer Polarisation der geladenen virtuellen Teilchen. In geringem Abstand um das reale Elektron bildet sich auf diese Weise eine Wolke aus positiven Ladungen, die zu einer teilweisen Abschirmung der »nackten« Ladung des realen Elektrons führt. Was wir als Elektronenladung messen, ist stets die Differenz zwischen der nackten Ladung und der abschirmenden Ladung der virtuellen Positronen.

Wie die Quantenelektrodynamik uns zeigt, ist jedes reale geladene Teilchen – in der Abbildung ein Positron – von einer Wolke virtueller Teilchen, Photonen und e^+e^--Paaren, umgeben. Wegen der elektrostatischen Kraft zwischen den Ladungen führt das zu einer teilweisen Abschirmung der »nackten« Ladung des realen Positrons. Die im Experiment beobachtbare elektrische Ladung eines Teilchens ist die Differenz zwischen der nackten Ladung und der abschirmenden Ladung der virtuellen Teilchen entgegengesetzter Ladung in der unmittelbaren Nähe des realen Teilchens.

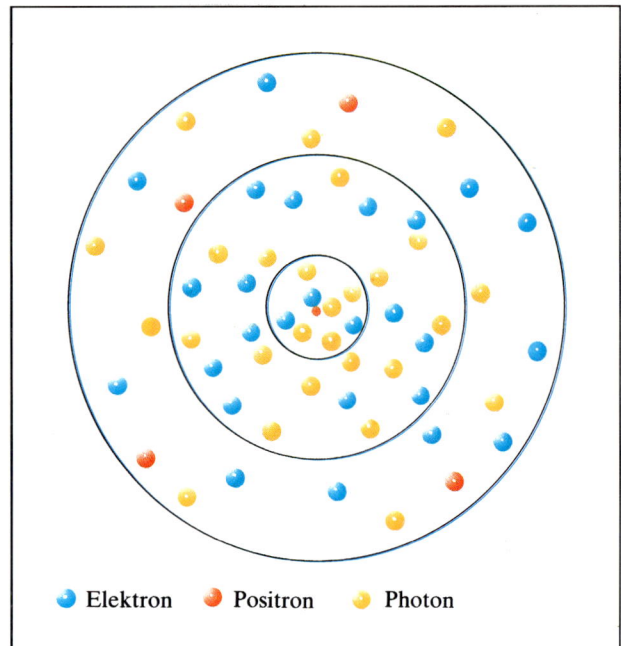

● Elektron ● Positron ● Photon

Alle bisher von uns in der Natur beobachteten Prozesse zwischen den Elementarteilchen verlaufen so, daß sich die Summe der elektrischen Ladungen des untersuchten Systems nicht ändert. Da etwa das Photon elektrisch neutral ist, wird durch seinen Austausch die Ladung nicht geändert. Wandelt sich ein reales oder virtuelles Photon in ein Elektron-Positron-Paar um, so bleibt auch in diesem Prozeß die Ladung erhalten.
Wir haben also zwei experimentell gut gesicherte Fakten:
– die Masselosigkeit der Photonen und
– die Ladungserhaltung in allen Prozessen der Quantenelektrodynamik.
Beide Fakten sind mit einer bestimmten Symmetrie der mathematischen Struktur der QED verknüpft, auf die wir im weiteren noch eingehen werden.

Versuchen wir, die beim ersten Kennenlernen sicher sehr fremd und phantastisch scheinenden Aussagen der Quantenelektrodynamik zusammenzufassen: Heisenberg und Schrödinger beschrieben in ihrer quantenmechanischen Wellengleichung die Bewegung einzelner Teilchen unter der Wirkung elektrischer Kräfte. Bereits die relativistische Bewegungsgleichung von Dirac zwang uns, in einem mathematischen Formalismus das Verhalten unendlich vieler Teilchen zu berücksichtigen. Selbst in Prozessen, bei denen im Anfangs- und Endzustand nur ein oder wenige Teilchen in Erscheinung treten, haben wir es stets mit Wechselwirkungen von Kollektiven – Quantenfeldern – zu tun. Die Vervielfachung hat ihre Ursache in der zeitweiligen Existenz virtueller Photonen und virtueller Elektron-Positron-Paare. Virtuelle Photonen und

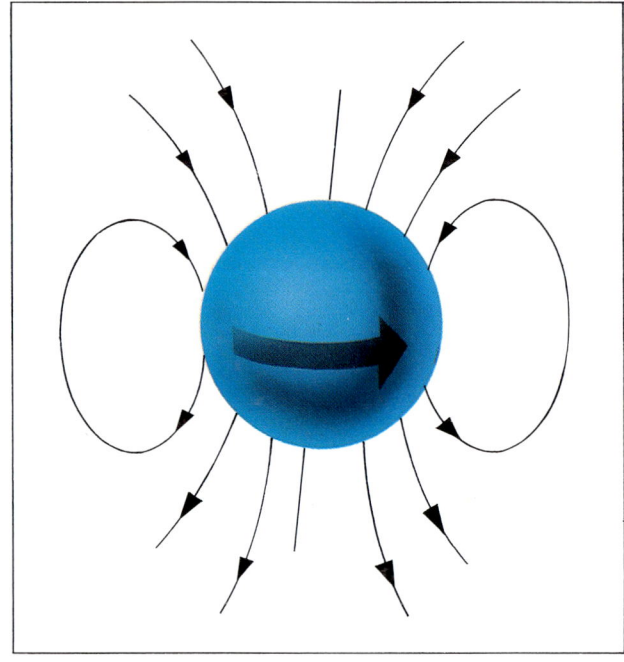

Um eine gleichförmig rotierende elektrisch geladene Kugel, als Modell eines Elektrons, baut sich ein Magnetfeld auf.

virtuelle Teilchenpaare entstehen und vergehen in den durch die Unbestimmtheitsrelation gegebenen Grenzen.

Wie bei allen Theorien der Physik entscheidet letztlich das Experiment, ob die der Theorie zugrunde liegenden Begriffe und mathematischen Formalismen eine der Wirklichkeit adäquate Beschreibung geben. Wir können heute feststellen, daß für den Erfahrungsbereich der Quantenelektrodynamik ein Grad der Übereinstimmung zwischen Theorie und Experiment erreicht wurde wie bei keiner anderen Theorie.

Betrachten wir einige Beispiele: Wie wir wissen, wird jede Art des Magnetismus durch rotierende oder zirkulierende elektrische Ladungen erzeugt. Das gilt gleichermaßen für ein Elementarteilchen wie für die Schleife einer Wicklung in einem Elektromotor. Jede elektrische Elementarladung, etwa ein Elektron, das entsprechend seinem Spin um eine ausgezeichnete Achse rotiert, ist ein winziger Elektromagnet. Mit modernen physikalischen Meßmethoden läßt sich die Stärke dieses Elementarteilchenmagneten, sein magnetisches Moment, mit höchster Präzision bestimmen. Die Messungen ergaben einen Wert von

$$1{,}001\,159\,652\,410 \pm 0{,}000\,000\,000\,200,$$

gemessen in Einheiten des sogenannten Bohrschen Magnetons.[3]

Die Rechnungen der QED sagen einen Wert von

$$1{,}001\,159\,652\,359 \pm 0{,}000\,000\,000\,282$$

voraus. Dabei wurden alle Vakuumeffekte berücksichtigt, die sich mit Graphen bis zur sechsten Ordnung berechnen lassen – eine bemerkenswert gute Übereinstimmung zwischen Experiment und Theorie!

Nach der Dirac-Theorie sollten im Wasserstoffatom alle Zustände mit gleicher Hauptquantenzahl n, unabhängig vom Wert der Drehimpulsquantenzahl l, gleiche Energien besitzen. Nun zeigen genaueste Messungen eine winzige Linienaufspaltung, die man nach ihrem Entdecker als Lambshift bezeichnet. Auch dieser Effekt ist in bester Übereinstimmung mit dem Experiment durch Berechnungen von Feynman-Diagrammen höherer Ordnung der QED verifizierbar. Auf seiner Bewegung um den Atomkern des Wasserstoffatoms kann das reale Elektron gelegentlich mit einem der virtuellen Positronen einer Vakuumschwankung zusammenstoßen. Beide vernichten einander, und ein anderes Elektron setzt seine Bewegung fort. Diese Vorgänge bewirken eine »Zitterbewegung« des Elektrons, die sich als Lambshift der Spektrallinien bemerkbar macht.

Hendrik Casimir, der Leiter des Philips-Laboratoriums in Eindhoven (Niederlande), hat ein leicht durchschaubares und prinzipiell einfaches Experiment erdacht, um die Vakuumschwankungen zu messen. Zwei Metallplatten sollen sich in geringem Abstand im Vakuum gegenüberstehen. Gegen elektromagnetische Wellen wirken sie wie Spiegel. Sie reflektieren reale Photonen, aber auch virtuelle Quanten der Vakuumschwankungen des elektromagnetischen Feldes. Ist der Abstand zwischen den Platten sehr klein, erlaubt die Unbestimmtheitsrelation im Raum zwischen ihnen nur kurzwellige Schwankungen, während im Außenraum jede Wellenlänge erlaubt ist. Die Vakuumschwankungen im Außenraum überwiegen, so daß die beiden Metallplatten mit einer geringen Kraft zusammengedrückt werden. Nach den quantenelektrodynamischen Berechnungen soll die Kraft umgekehrt proportional zur vierten Potenz des Abstandes beider Platten abnehmen.

Im Philips-Forschungslaboratorium wurde einige Jahre nach der Vorhersage des Casimir-Effekts die attraktive Kraft zwischen zwei je 1 cm² großen Chromstahlplättchen im Vakuum in Abhängigkeit von ihrem Abstand gemessen. Variierte der Abstand zwischen $2 \cdot 10^{-4}$ cm und $0{,}5 \cdot 10^{-4}$ cm, so wuchs die die Platten zusammendrückende Kraft umgekehrt proportional zur vierten Potenz des Abstandes in guter Übereinstimmung mit der theoretischen Vorhersage.

Die QED lehrte uns, die Elektronen als eine Mannigfaltigkeit ununterscheidbarer Quanten eines Elektronenfeldes zu begreifen. Bei der Formulierung des Paulischen Ausschließungsprinzips wurde bereits darauf hingewiesen, daß bei der Vertauschung zweier Elektronen ein Vorzeichenwechsel der zugehörigen Wellenfunktion auftritt. Im Rahmen der Quantenfeldtheorie entspricht dem ein Vorzeichenwechsel des Elektronenfeldes. Zu Ehren des italienischen Physikers Enrico Fermi bezeichnet man alle Teilchen, bei deren Vertau-

---

[3] Das Bohrsche Magneton eines Elektrons der Masse m_e ist gleich dem Produkt aus Elementarladung e und Planckscher Konstante $h/2\pi$, dividiert durch $2m_e c$.

Enrico Fermi (1900–1953) [4]

schung ein Vorzeichenwechsel der zugehörigen Feldfunktion auftritt, als Fermionen. Dazu zählen nicht nur die Elektronen, sondern alle Teilchen mit halbzahligem Spin.

Bei der Vertauschung zweier Photonen, den Quanten des elektromagnetischen Feldes, ändert sich dagegen nichts an der zugehörigen Feldfunktion. In Würdigung des indischen Physikers Sayendranath Bose bezeichnet man sie als Bosonen. Alle Teilchen, deren Spins ganzzahlige Werte haben, sind Bosonen. Da für den Drehimpuls eines Systems stets ein Erhaltungsgesetz gilt, belegen alle atomaren Zustandsänderungen, die mit der Emission eines Lichtquants verbunden sind: Photonen haben den Spin 1.

Der Vorzeichenwechsel, durch den sich die Felder von Bosonen und Fermionen voneinander unterscheiden, führt zu bemerkenswerten Konsequenzen, wenn wir ein statistisches Ensemble von Teilchen betrachten. Beim Aufbau der atomaren Elektronenhüllen haben wir eine der Konsequenzen in Form des Pauli-Prinzips bereits kennengelernt. Weil die Elektronen Fermionen sind, kann jeder quantenmechanische Zustand der Hülle immer nur durch ein Teilchen besetzt werden. Ohne dieses Prinzip wäre es für die Elektronen auch der größten Atome energetisch viel günstiger, wenn sich alle im Grundzustand mit der Hauptquantenzahl $n = 1$ aufhalten könnten. Nur dem Umstand des Vorzeichenwechsels des Elektronenfeldes, bei der Vertauschung zweier Elektronen, danken wir letztlich die Schalenstruktur der Atome und damit die Vielfalt der chemischen Eigenschaften der Elemente.

Der Austausch zweier Bosonen ändert nichts am Grundzustand des zugehörigen Feldes. Daher können zwei und mehr Photonen am gleichen Ort den gleichen Quantenzustand einnehmen. Die Überlagerung vieler identischer Photonen führt zu makroskopisch beobachtbaren Effekten. So besteht etwa das Licht eines Laserstrahls aus der Überlagerung einer riesigen Zahl Photonen der gleichen Energie und Richtung.

Mit der Quantenelektrodynamik, die das elektromagnetische Feld mit den Feldern der Elektronen und denen der anderen geladenen Leptonen verknüpft, wobei die Felder den Regeln der speziellen Relativitätstheorie und der Quantenmechanik unterliegen, steht uns eine lokale Feldtheorie zur Verfügung, die in beeindruckender Weise durch die Experimente bestätigt wird. Die QED gab uns darüber hinaus qualitativ neue Einsichten in die Natur des Vakuums, der Grundzustände der Feldtheorie. In der Quantenfeldtheorie wird die Erzeugung und Vernichtung virtueller – also experimentell nicht direkt nachweisbarer – Teilchen bestimmend für die Wechselwirkung. Das Vakuum hat eine verborgene dynamische Struktur, die bei Störungen des Vakuums offenbar wird.

4.5. Schwere Elektronen

Als Leptonen bezeichnen wir elementare Teilchen, die den Spin $1/2$ haben und keiner starken Wechselwirkung unterliegen. In diese Gruppe gehören das in diesem Kapitel bereits ausführlich betrachtete Elektron bzw. sein Antiteilchen, das Positron.

Im Jahre 1935 entdeckten die amerikanischen Physiker Carl Anderson und Seth Neddermeyer auf Fotografien einer an der kosmischen Strahlung exponierten Nebelkammer ein

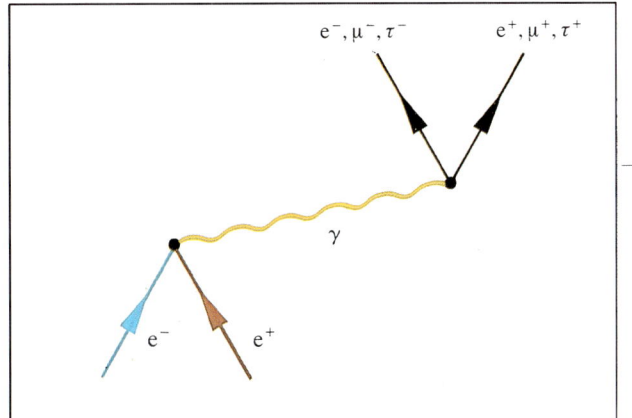

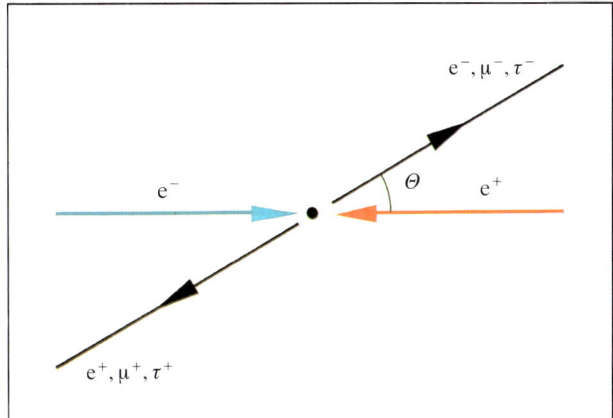

Das Feynman-Diagramm in niedrigster Ordnung für die Prozesse
$e^+ + e^- \to e^+ + e^-$ $\quad e^+ + e^- \to \mu^+ + \mu^-$ $\quad e^+ + e^- \to \tau^+ + \tau^-$

Die Darstellung der gleichen Streuprozesse im Schwerpunktsystem, deren Feynman-Diagramm die vorstehende Abbildung zeigt

Von der Anlage TASSO am Speicherring PETRA des DESY wurde die Erzeugung eines $\tau^+\tau^-$-Paares registriert. Vom τ^+-Zerfall $\tau^+ \to \mu^+ + \nu_\mu + \bar{\nu}_\tau$ zeichnete der Spurdetektor die Myonspur auf, vom τ^--Zerfall $\tau^- \to \pi^- + \pi^+ + \pi^- + \nu_\tau$ die drei Spuren der π-Mesonen.

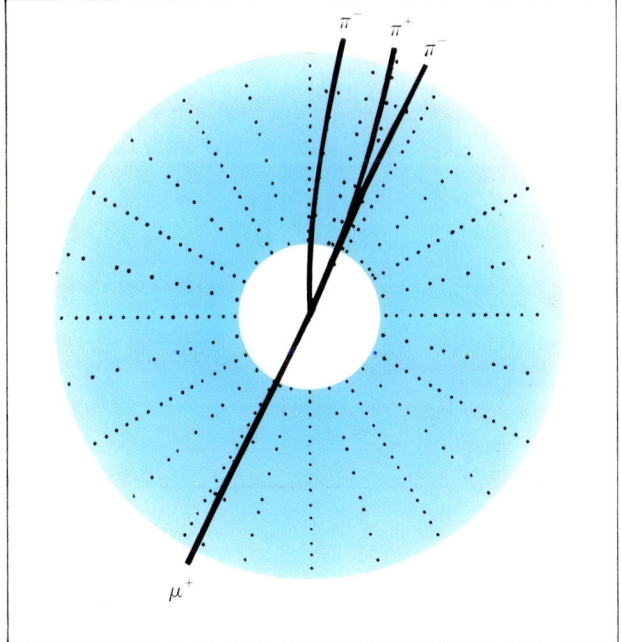

neues Teilchen, das wir heute als Myon (μ) bezeichnen. Alle experimentellen Untersuchungen beweisen uns, daß es ein Zwilling des Elektrons ist. Die einzigen bemerkenswerten Unterschiede zwischen beiden sind die rund 200mal größere Masse des Myons und seine Instabilität. Es zerfällt nach etwa einer millionstel Sekunde in ein Elektron und zwei Neutrinos.

Verglichen mit dem Proton, dessen Masse etwa 2000mal größer ist als die des Elektrons, sind Myon und Elektron leichtgewichtig. Die Benennung dieser Teilchengruppe, zu der neben Elektron und Myon bzw. ihrer Antiteilchen auch die noch leichteren Neutrinos gehören, als Leptonen, vom griechischen *leptos* (leicht), schien durchaus berechtigt. Unter den Physikern herrschte lange die Ansicht, daß die Leptonen deshalb eine so geringe Masse haben, weil sie nicht an der starken Wechselwirkung teilnehmen.

Um so größer war die Überraschung, als in der Mitte der siebziger Jahre in Experimenten an den Elektron-Positron-Speicherringen im SLAC (Stanford/USA) und im DESY (Hamburg/BRD) ein drittes geladenes Lepton, das Tau-Lepton (τ), nebst seinem Antiteilchen entdeckt wurde. Die Masse dieses instabilen Leptons ist mit 1784 MeV/c^2 beinahe doppelt so groß wie die Masse des Protons. Bereits den vergleichsweise kleinen Massenunterschied zwischen Elektron und Myon können wir nicht erklären. Das schwere τ-Lepton läßt die Massen der Leptonen noch rätselhafter erscheinen.

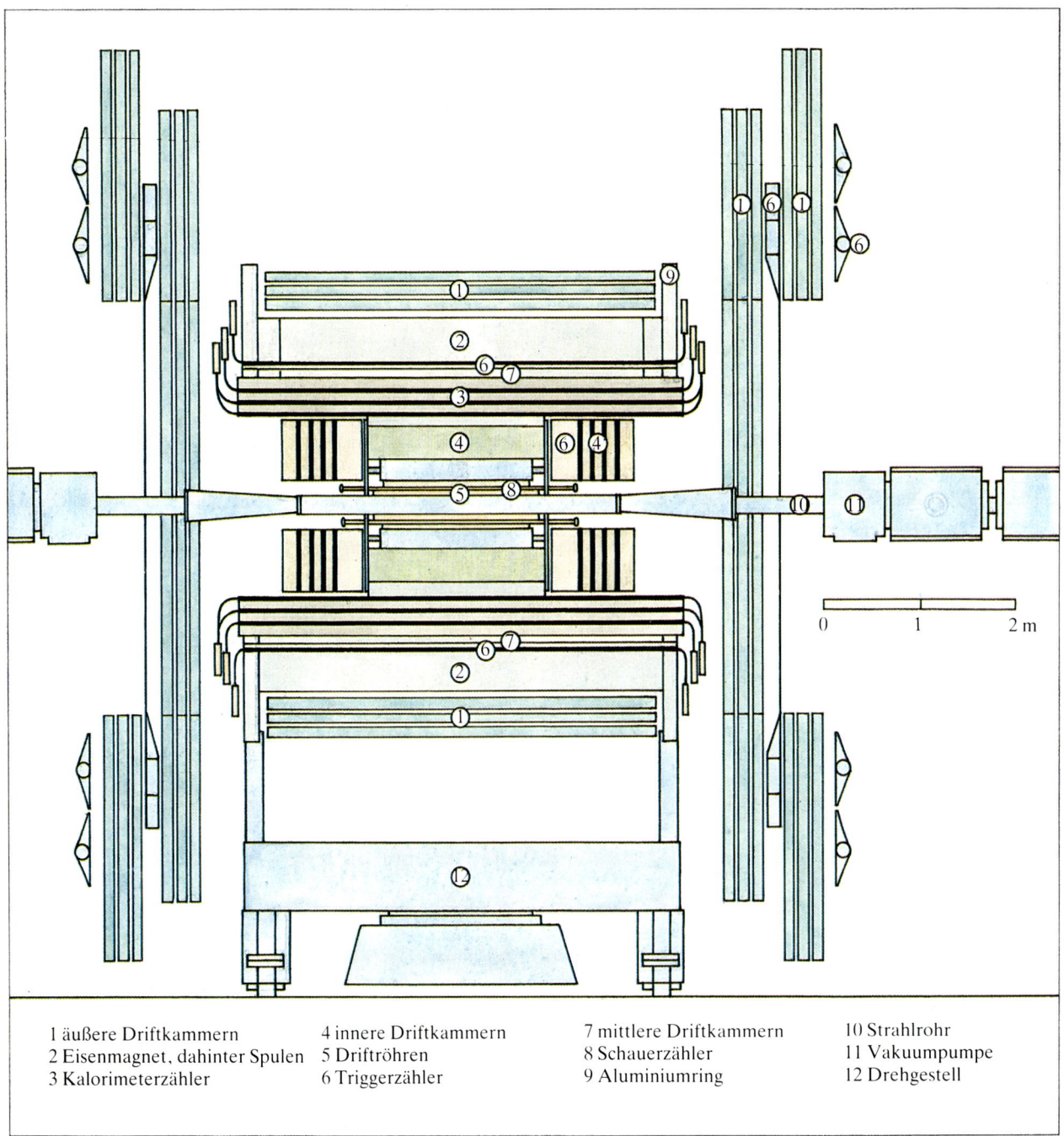

Wenn Myon und Tau-Lepton wirklich enge Verwandte des Elektrons sind, so muß das in ihren experimentell ermittelbaren Eigenschaften zum Ausdruck kommen. Insbesondere müssen beide den Gesetzen der Quantenelektrodynamik folgen, wobei an die Stelle des Elektronenfeldes die Felder dieser schweren Elektronen treten. Die geladenen Leptonen e^-, μ^-, τ^- und ihre Antiteilchen e^+, μ^+, τ^+ sollten in ihren Reaktionen eine eindeutige Konsistenz mit den Gesetzen der Quantenelektrodynamik zeigen.

Experimente zur Prüfung der Quantenelektrodynamik sind etwa die Reaktionen:

a) $e^+ + e^- \rightarrow e^+ + e^-$
b) $e^+ + e^- \rightarrow \mu^+ + \mu^-$
c) $e^+ + e^- \rightarrow \tau^+ + \tau^-$. (1)

Die sie beschreibenden Feynman-Diagramme der niedrigsten Ordnung zeigt unsere Abbildung auf Seite 141 oben. Die adäquaten mathematischen Ausdrücke gestatten die Berechnung der Wahrscheinlichkeit, daß aus der gegenseitigen Vernichtung des e^+e^--Paares über ein virtuelles Photon ein Leptonenpaar entsteht. Als Maß der Wahrscheinlichkeit wählt man die Hindernisfläche bezüglich dieses Prozesses, die als Wirkungsquerschnitt σ bezeichnet wird. Gemessen wird der sogenannte differentielle Wirkungsquerschnitt $\sigma(\Theta)$, der die Wahrscheinlichkeit angibt, daß aus einer e^+e^--Vernichtung ein Leptonenpaar unter einem bestimmten Winkel (Θ) zur Strahlrichtung entsteht.

Am PETRA-Speicherring des DESY, der es gestattet, e^+e^--Prozesse bei Gesamtenergien W der stoßenden Teilchen im Schwerpunktsystem bis zu 45 GeV zu erzeugen, wurden mittels geeigneter Detektoranlagen die drei Reaktionen untersucht. Eine der zum Nachweis der Reaktionen genutzten komplexen Anlagen ist der MARK-J-Detektor. Die Abbildung auf Seite 144 zeigt eine Fotografie des Detektors (Schema S. 142). Aus dem Vergleich zwischen Theorie und Experiment, der am Beispiel des Prozesses 1b in der nebenstehenden Abbildung gezeigt ist, folgt eine gute Übereinstimmung zwischen den Vorhersagen der QED (ausgezogene Kurve) und den Meßwerten innerhalb deren Fehlergrenzen.

Schematische Seitenansicht des MARK-J-Detektors, der sich in zylindrischen Schichten um das Strahlrohr aufbaut.

Ein analoger Vergleich für die Reaktionen 1a und 1c führt zum gleichen Resultat: einer sehr guten Übereinstimmung zwischen den Vorhersagen der QED für die Erzeugung der drei Leptonenpaare und den experimentellen Daten.

Die Auswertung der Messungen gestattet darüber hinaus die Aussage, bis zu welchen minimalen Distanzen die Vertices der Reaktionen unstrukturiert sind. Für alle drei Prozesse ergibt sich als untere Grenze ein Abstand von 10^{-16} cm. Daraus folgt auch, daß wir bis herab zu Distanzen von 10^{-16} cm die geladenen Leptonen $\tau^\pm$, $\mu^\pm$, $e^\pm$ als punktartige Elementarteilchen ansehen können.

Wenn Myonen und Elektronen im Grunde einander gleich sind, so muß es auch möglich sein, in Atomhüllen Myonen einzubauen – gewiß kein einfaches Unterfangen, wenn man bedenkt, daß das Myon nach einer mittleren Lebensdauer von $2{,}2 \cdot 10^{-6}$ s zerfällt. Da sich mit Hilfe leistungsstarker Beschleuniger wie etwa des Synchrozyklotrons in Dubna (Abb.

Wie ein Vergleich der Meßwerte, die mit ihren Fehlern angegeben sind, mit der Vorhersage der Theorie (ausgezogene Kurve) zeigt, befinden sich beide in guter Übereinstimmung.

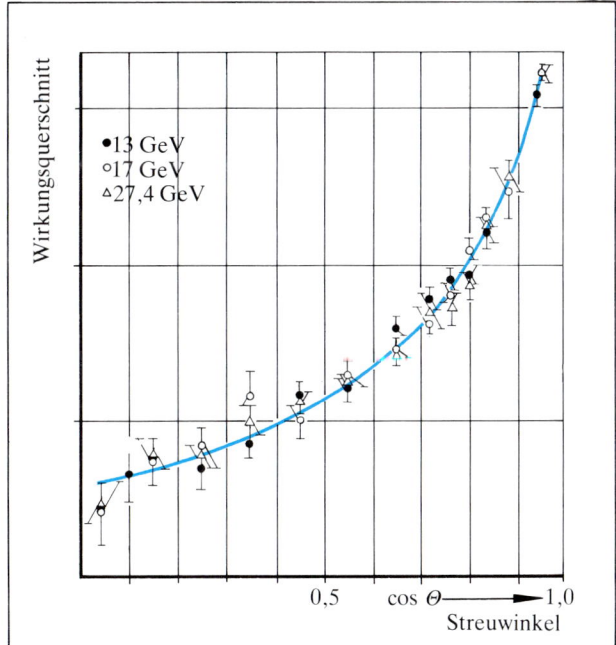

auf S. 86) intensive Myonenstrahlen erzeugen lassen, wurde das Studium von Myonatomen Gegenstand der experimentellen Forschung.

Wird ein μ^- von einem Atomkern eingefangen, so fällt es schließlich in die innerste Schale des Atoms. Deren Ausdehnung ist jedoch etwa 200mal kleiner als die einer entsprechenden Elektronenschale. Da Myon und Elektron im Atom annähernd die gleichen Geschwindigkeiten haben, erhöht sich der Impuls des Myons im Atom entsprechend dem Massenverhältnis m_μ/m_e der beiden Leptonen, und die zugehörige de-Broglie-Wellenlänge verkürzt sich im gleichen Verhältnis.

Fotografie des MARK-J-Detektors, der am Elektron-Positron-Speicherring PETRA im DESY installiert ist [15]

Diese Wellenlänge des Elektrons bzw. Myons bestimmt im wesentlichen die Ausdehnung des Atoms.

Die Übergänge des μ^- in immer tiefer liegende Schalen der Atome sind von der Emission eines charakteristischen Linienspektrums begleitet. Sein Studium zeigt nicht nur eine sehr gute Übereinstimmung zwischen den Messungen und den Erwartungen der QED, es gestattet uns auch Aufschlüsse über die genaue Masse des Myons und über Form und Umfang des zugehörigen Atomkerns.

Die eindrucksvollste experimentelle Bestätigung der Äquivalenz von Elektron und Myon gelang mit der Messung des magnetischen Moments auch beim Myon. Bereits beim Elektron sahen wir, welche außerordentlich hohe Präzision bei diesen Messungen erreichbar ist und wie gut sie mit den Vor-

hersagen der QED, insbesondere bei Berücksichtigung von Graphen höherer Ordnung, übereinstimmen. Eine entsprechende Gegenüberstellung von Experiment und Theorie, wiederum in Einheiten des Bohrschen Magnetons, ist in den folgenden Werten des magnetischen Momentes gegeben:

Experiment: 1,001 165 924 ± 0,000 000 009
Theorie: 1,001 165 920 ± 0,000 000 002.

Die Übereinstimmung ist beeindruckend.

Wir kennen dreierlei Leptonen, die sich in allen Eigenschaften gleichen bis auf eine, ihre Massen. Wir wissen gegenwärtig nicht, wo der gewaltige Massenunterschied zwischen den drei Fermionen herrührt. Unsere experimentellen Untersuchungen lehrten uns bisher nur, daß die Massen nicht durch eine innere Struktur der geladenen Leptonen bedingt sind. Bis zu Distanzen von etwa $1 \cdot 10^{-16}$ cm fanden wir keine Anzeichen einer Struktur der Leptonen, sie erweisen sich als elementare, punktartige Strukturformen der Materie. Die zweite Frage, auf die wir wiederholt zurückkommen werden: Warum gerade drei? Liegt es an unseren beschränkten experimentellen Möglichkeiten, oder hat die Natur nur drei geladene Leptonen hervorgebracht?

4.6. Der radioaktive Zerfall

Der Geburtstag der Kernphysik läßt sich auf den 1. März 1896 datieren. Wenige Monate nach der Entdeckung der Röntgenstrahlen untersuchte Henri Becquerel die Frage, ob phosphoreszierende Substanzen unter dem Einfluß von Licht eine der Röntgenstrahlung entsprechende Strahlung aussenden. Er trug eine dünne Schicht eines Uransalzes auf eine undurchsichtige Unterlage aus schwarzem Papier auf, in das eine fotografische Platte lichtdicht eingewickelt war. Diese einfache Versuchsanordnung wurde der Sonnenstrahlung ausgesetzt, da Becquerel annahm, daß zur Aussendung der Strahlen eine Lichtanregung des Uransalzes notwendig sei. Nach mehrstündigen Belichtungen zeigte die entwickelte Fotoplatte gerade an den Stellen eine leichte Schwärzung, die sich während der Belichtung unter dem Uransalz befunden hatten. Sein Sohn, Jean Becquerel, schilderte eindrucksvoll die Entdeckung der Radioaktivität:

»Am 26. Februar 1896 blieb der Himmel bedeckt, und auch

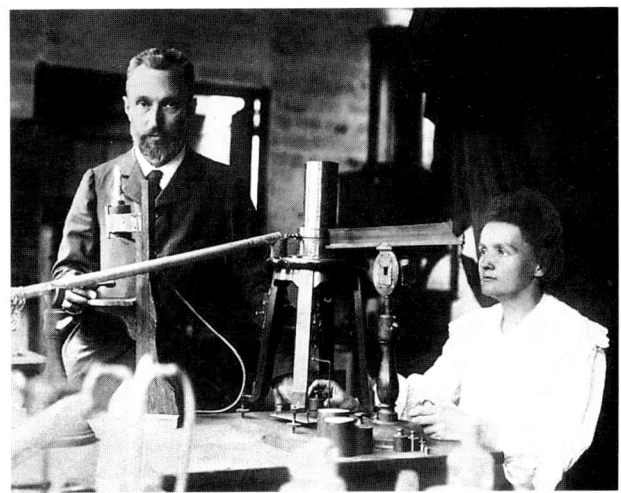

Marie Curie (1867–1934) und Pierre Curie (1859–1906) in ihrem Labor [2]

am 27. zeigte sich die Sonne nur in ganz langen Abständen. In Erwartung besseren Lichts schloß man die Versuchsanordnung in eine Schublade ein. Als die Sonne am 1. März wieder schien, wollte Henri Becquerel den Versuch wiederholen, nahm aber die Platten zuerst mit in die Dunkelkammer, da er sie auswechseln wollte, weil wegen des diffusen Lichtes am 26. und der kurzen Sonnenscheindauer am 27. die experimentellen Bedingungen nicht mehr ganz genau bestimmt werden konnten. Außerdem interessierte es ihn, ob trotzdem ein Abdruck erzielt worden war. Eine der Platten wurde sofort entwickelt, und erstaunlicherweise war der Abdruck viel stärker als bei den früheren Experimenten. Offenbar wurde sogar im Dunkeln eine Strahlung emittiert. Es war die Entdeckung der Radioaktivität. Unser Bild zeigt eine Wiedergabe der historischen Platte, und man bemerkt den Abdruck eines kleinen Kupferkreuzes, das unter die eine der beiden Lamellen gelegt worden war. Die Notizen stammen von der Hand Henry Becquerels.«[4]

Bei der weiteren Untersuchung des von Becquerel entdeckten neuen Phänomens der spontanen Emission ionisierender Strahlen durch das Uran gelang Marie und Pierre Cu-

[4] J. Becquerel, in: Die berühmten Erfinder, Genf 1951, S. 283

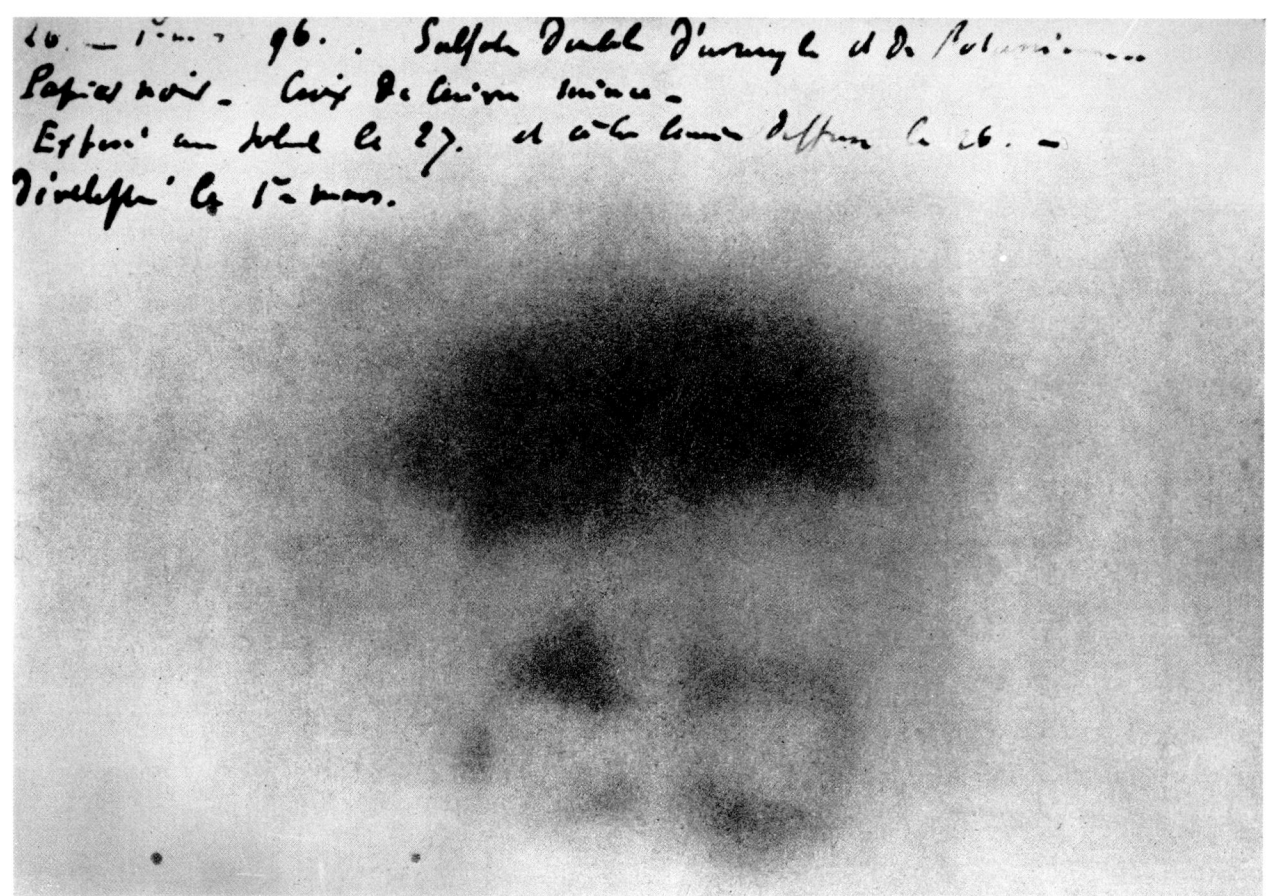

Fotografische Platte, die zur Entdeckung der Radioaktivität führte. Die Notizen stammen von der Hand Henry Becquerels [4].

rie im Jahre 1898 die Isolierung weiterer radioaktiver Substanzen, wie des Poloniums und des Radiums, aus Uranerzen. Die Radioaktivität des Radiums ist eine Million Mal stärker als die Aktivität des Urans. Ihre Tochter, Irène Curie, selbst eine bekannte Kernphysikerin, charakterisiert die Haltung ihrer Eltern zu ihrer für die Menschheit so folgenschweren wissenschaftlichen Arbeit mit den Worten:

»Pierre und Marie Curie glaubten an die Möglichkeit der materiellen Befreiung des Menschen durch die in den Dienst der Menschlichkeit gestellten Wissenschaft. Die spontane Verwendung des Radiums in der Medizin nach so kurzer Zeit war für sie eine große Befriedigung, und Pierre Curie beendete seinen Vortrag in Stockholm anläßlich der Verleihung des Nobelpreises im Jahre 1903 mit folgenden, von Marie Curie in ihrem Buche über Pierre Curie als Motto verwendeten Worten:

›Das Radium kann in verbrecherischen Händen sehr wohl gefährlich werden, und man darf sich mit Recht fragen, ob der Menschheit aus der Kenntnis der Geheimnisse der Natur ein Vorteil erwachse, ob sie reif ist für eine nutzbringende Anwendung, oder ob nur Schaden aus ihr entsteht. Das Beispiel Nobels ist in dieser Richtung kennzeichnend. Seine

Sprengstoffe erlaubten es dem Menschen, bewundernswerte Dinge zu vollbringen. Sie stellten aber gleichzeitig ein schreckliches Zerstörungsmittel in den Händen derjenigen Verbrecher dar, die die Völker in den Krieg treiben. Ich gehöre mit Nobel zu den Menschen, welche glauben, daß die Menschheit mit den neuen Entdeckungen mehr Gutes als Schlechtes schaffen wird.‹«[5]

Alle in den folgenden Jahren durchgeführten Versuche, die Quellen der radioaktiven Strahlung durch chemische Umwandlungen oder durch eine Variation physikalischer Parameter, wie Temperatur oder Druck, zu beeinflussen, schlugen fehl. Weder die Intensität der radioaktiven Strahlung noch ihr zeitliches Verhalten ließen sich ändern. Heute wissen wir: Jede Einwirkung auf die Atomhülle läßt den Kern praktisch unberührt. Quellen der radioaktiven Strahlung sind aber die Atomkerne. Insbesondere die schweren Kerne wie etwa die des Urans zeigen eine natürliche Instabilität.

Radioaktive Atomkerne senden drei unterschiedliche Strahlenarten aus, für die auch heute noch ihre historischen Bezeichnungen üblich sind:

α-Strahlen sind Kerne des Heliumatoms. Ein typischer Alphastrahler ist der Atomkern des Urans mit der Ladungszahl 92 und der Massenzahl 238 ($^{238}_{92}$U). Er sendet monoenergetische α-Teilchen einer Energie von 4,18 MeV aus. In Luft – unter normalen Bedingungen von Druck und Temperatur – haben sie eine Reichweite von 2,6 cm. Bei jeder spontanen Emission eines α-Teilchens erniedrigt sich die Massenzahl des Ausgangskerns um vier Einheiten und die Ladungszahl um zwei Einheiten. So wird beispielsweise aus dem $^{238}_{92}$U-Kern der Atomkern Thorium $^{234}_{90}$Th. Der radioaktive Zerfall realisiert den Traum der Alchimisten, die Umwandlung der Elemente.

β-Strahlen sind Elektronen. Jeder radioaktive Betastrahler sendet Elektronen unterschiedlicher Energien aus. Das Energiespektrum zeigt einen kontinuierlichen Verlauf, wobei verschiedene β-aktive Kerne sich durch die maximal erreichbaren Energien der Elektronen unterscheiden. Der Kern des Radiumatoms $^{228}_{88}$Ra ist ein typischer β-Strahler. Die Maximalenergie der Elektronen erreicht 50 keV.

γ-Strahlen sind sehr kurzwellige elektromagnetische Strah-

[5] I. Joliot-Curie, in: Die berühmten Erfinder, Genf 1951, S. 286

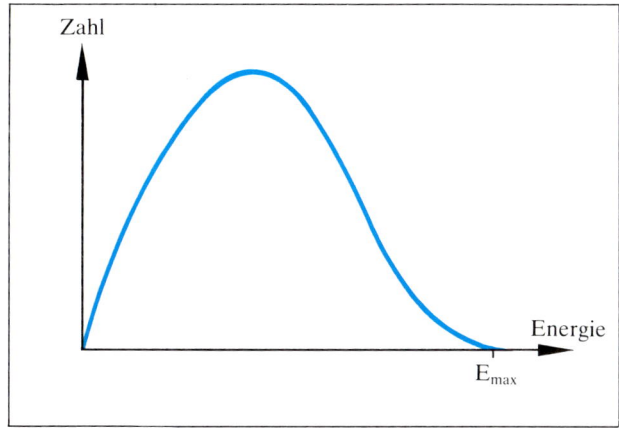

Der typische Verlauf des Energiespektrums der β-Strahlen, die von radioaktiven Atomkernen emittiert werden. Charakteristisch für jede Kernart ist die Maximalenergie E_{max}, bis zu der das Spektrum reicht.

len. Ihre Wellenlängen liegen zwischen 10^{-11} und 10^{-13} cm, also noch unterhalb derjenigen der Röntgenstrahlen.

α-Teilchen waren die ersten Geschosse, mit denen man Atome bombardierte. In den Weg der α-Teilchen wurde eine dünne Metallfolie gestellt. Nahezu alle Geschoßteilchen durchflogen die Folie mit nur unmerklichen Änderungen ihrer Flugrichtung. Manchmal jedoch fand eine abrupte Richtungsänderung einzelner α-Teilchen statt. Aus der Analyse der Streudaten schloß im Jahre 1911 Ernest Rutherford, daß die α-Teilchen mit kleinen, praktisch die ganze Masse des Atoms tragenden Streuzentren im Inneren der Atome zusammengestoßen waren, den Atomkernen.

In den Jahren zwischen 1911 und 1932 war die Liste der elementaren Bausteine der Materie von einer bestechenden Einfachheit. Sie beschränkte sich auf das Proton, den Kern des Wasserstoffatoms, und das Elektron. Die Physiker nahmen an, daß die Kerne aus Protonen und Elektronen aufgebaut sind. Die Zahl der Protonen sollte der Massenzahl entsprechen und die der Elektronen gleich der Differenz von Massenzahl und Ladungszahl sein.

Dieses so einfache Bild des Mikrokosmos geriet ins Wanken, als man über die Konsequenzen der Heisenbergschen Unbestimmtheitsrelation für das in einem Kern gebundene

Elektron nachdachte. Die räumliche Ausdehnung eines schweren Kerns beträgt rund 10^{-12} cm. Ihr entspricht die Ortsunschärfe des im Kern gebundenen Elektrons. Die sich aus der Unbestimmtheitsrelation damit ergebende Impulsunschärfe führt zu Geschwindigkeiten des Elektrons, die die im Kern wirkenden Bindungen sprengen würden. Die Quantenmechanik schließt eine ständige Anwesenheit der Elektronen im Kern aus.

Die Entdeckung des Neutrons, eines elektrisch neutralen Teilchens, das etwa die gleiche Masse hat wie das Proton, kam Anfang der dreißiger Jahre gerade zur rechten Zeit, um uns den Aufbau der Atomkerne begreifen zu lassen. Kerne sind Ansammlungen von Protonen und Neutronen, zwischen denen eine uns bis dahin unbekannte starke Wechselwirkung, oft auch als Kernkraft bezeichnet, wirkt. So besteht der Kern des Heliumatoms aus zwei Protonen und zwei Neutronen ($^{4}_{2}$He) und der Kern des $^{238}_{92}$U aus 92 Protonen und 146 Neutronen. Die Massenzahl der Kerne ist die Summe der Anzahlen der im Kern gebundenen Protonen und Neutronen.

Bereits zu Beginn des 20. Jahrhunderts bemerkten die Wissenschaftler bei der Untersuchung der natürlichen Radioaktivität, daß der Zerfall der Kerne Wahrscheinlichkeitsgesetzen folgt. Keiner ahnte jedoch, daß der radioaktive Zerfall eines Kerns ein Vorgang ist, der den Gesetzen der Quantenmechanik unterliegt.

Untersucht man den Zerfall einer definierten Menge eines radioaktiven Elements, so ergeben die Beobachtungen, daß er einem statistischen Gesetz folgt. Koppelt man einen geeigneten Detektor, etwa einen Szintillationszähler, mit einer akustischen Anzeige, so folgen die Signale der individuellen Zerfallsprozesse nicht in regelmäßigen Abständen aufeinander, etwa wie das Ticken einer Uhr, sondern unregelmäßig, rein zufällig. Aufeinanderfolgende Signale sind nicht miteinander korreliert.

Der Wahrscheinlichkeitscharakter der elementaren Zerfallsprozesse findet seinen mathematischen Ausdruck im exponentiellen zeitlichen Verlauf des radioaktiven Zerfalls. Die Messungen zeigen, daß in gleichen Zeitabschnitten die Intensität der Strahlung jeweils auf die Hälfte abnimmt, unabhängig von der anfänglichen Intensität der Strahlung. Ordnen wir einer Anfangsintensität den Wert 1 zu, so ist nach einer für jede radioaktive Substanz charakteristischen Zeit $t_{1/2}$ die In-

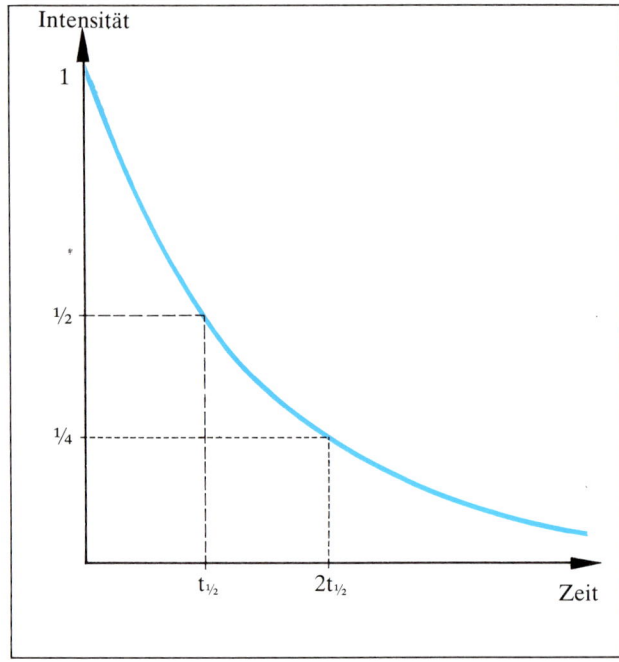

Der zeitliche Verlauf des radioaktiven Zerfalls folgt einer Exponentialfunktion. Hat eine radioaktive Probe eine Anfangsintensität 1, so ist sie nach einer Zeit $t_{1/2}$, der Halbwertszeit, auf die Hälfte gefallen. Nach der doppelten Zeit beträgt sie nur noch $1/4$ der Anfangsintensität.

tensität auf den Wert $1/2$ gesunken. Einem exponentiellen Zerfallsgesetz folgend, hat die Intensität nach der Zeit $2\,t_{1/2}$ noch $1/4$ und nach $3\,t_{1/2}$ noch $1/8$ des Ausgangswertes. Die für jede radioaktive Substanz charakteristische Zeit $t_{1/2}$ bezeichnen wir als Halbwertszeit. Sie sagt uns, wann eine gegebene Menge radioaktiver Atomkerne eines Elements zur Hälfte zerfallen ist.[6]

Die Halbwertszeiten natürlicher, aber auch künstlich erzeugter radioaktiver Atomkerne umspannen einen außerordentlich großen Wertebereich. So zerfällt beispielsweise der Poloniumkern $^{210}_{84}$Po, ein Alphastrahler, mit einer

---

[6] An Stelle der Halbwertszeit $t_{1/2}$ findet man auch oft die Angabe der mittleren Lebensdauer t_m. Zwischen beiden Größen besteht der Zusammenhang $t_{1/2} = 0,694\,t_m$.

Halbwertszeit von $2{,}2 \cdot 10^{-7}$ s, während die Halbwertszeit des $^{238}_{\ 92}$U 4,5 Milliarden Jahre beträgt. Ein typisches Produkt von Kernexplosionen, der Strontiumkern $^{90}_{38}$Sr, ein Betastrahler, hat eine Halbwertszeit von 28 Jahren. Das hat unter anderem zur Folge, daß das Bikini-Atoll, auf dem im Jahre 1954 eine der ersten Wasserstoffbomben gezündet wurde, noch heute unbewohnbar ist.

Die Halbwertszeit des radioaktiven Zerfalls ist ein Maß für die Zerfallswahrscheinlichkeit. Enthält eine Probe beispielsweise $1 \cdot 10^6$ instabile $^{90}_{38}$Sr-Kerne, so sagt dieses Maß, daß nach 28 Jahren $0{,}5 \cdot 10^6$ zerfallen sind. Die Zerfallswahrscheinlichkeit sagt nichts darüber, welcher Kern in diesem Zeitraum zerfällt – für jeden Kern ist die Wahrscheinlichkeit des Zerfalls innerhalb von 28 Jahren 0,5. Wir sind nicht in der Lage anzugeben, welcher individuelle Kern in einem gegebenen Zeitraum zerfällt. Wir können nur sagen, mit welcher Wahrscheinlichkeit es geschieht bzw. wie viele Kerne zerfallen werden. Radioaktive Kerne altern nicht!

Das Zerfallsgesetz wurde bereits zur Jahrhundertwende entdeckt, in seiner tieferen Bedeutung jedoch erst Jahrzehnte später erkannt. Rutherford und seine Kollegen ahnten nicht, daß sie den grundsätzlich statistischen Charakter eines Naturvorgangs der Mikrowelt entdeckt hatten. Jahrzehnte später, mit der Entwicklung der Quantenmechanik und den aus ihr hervorgegangenen Quantenfeldtheorien, lernten die Physiker, eindeutige quantitative und damit experimentell überprüfbare Voraussagen zu machen, nämlich die Wahrscheinlichkeiten elementarer Prozesse zu berechnen.

Statistische Gesetzmäßigkeiten waren Rutherford aus der klassischen Physik wohlvertraut. Er und seine Kollegen wußten, daß etwa beim Würfeln jede der sechs Zahlen mit der Wahrscheinlichkeit $^1/_6$ auftritt. Aber diese Wahrscheinlichkeit ist eine Wahrscheinlichkeit des Nichtwissens, der partiellen Unkenntnis. Die klassische Physik hat uns die Überzeugung vermittelt, daß wir im Prinzip für jeden Wurf angeben könnten, welche Zahl oben liegt, vorausgesetzt, wir kennen jedes Detail des Wurfes. Es beginnt mit der exakten Ausgangslage, schließt unter anderem die beim Wurf mitgeteilten Werte des Impulses und des Drehimpulses ein und endet bei den Reibungsverhältnissen der Fläche, auf der der Würfel zur Ruhe kommt. Rutherford konnte das Wahrscheinlichkeitsgesetz des radioaktiven Zerfalls durchaus als ein Gesetz der partiellen Unkenntnis ansehen. Er wußte, daß die Atome eine ihm unbekannte, aber sicher komplizierte innere Struktur besitzen.

Solange die Physiker Elektronen als Bestandteile des Kerns ansahen, erschien es nicht als außergewöhnlich, daß ein Kern gelegentlich ein Elektron emittiert. Nachdem Protonen und Neutronen als die eigentlichen Kernbausteine erkannt waren, erhob sich die Frage, woher die Elektronen des Betazerfalls kommen. Der zweite, die Physiker beunruhigende Umstand war das kontinuierliche Energiespektrum der Elektronen, das radioaktive Betastrahler emittierten und in dem alle Energiewerte zwischen Null und einem charakteristischen Maximalwert vorkommen.

Setzen wir die Gültigkeit des Energieerhaltungssatzes voraus, so muß die Gesamtenergie des ruhenden Kerns vor dem Zerfall gleich der Summe der Energien des verbleibenden Restkerns und des beim Zerfall emittierten Elektrons sein. Die Summe war aber kleiner als die Energie des Ausgangskerns. Nur wenn im Grenzfall das Elektron mit seiner Maximalenergie emittiert wird, geht die Bilanz auf. Die Lösung dieses Problems fand Wolfgang Pauli. Er postulierte die Existenz eines weiteren neutralen Teilchens, des Neutrinos. Im Jahre 1930 kannten die Physiker nur zwei elementare Teilchen, das Elektron und das Proton, wenn man vom Photon absieht. In jener Zeit war daher die Einführung eines neuen Teilchens ein revolutionärer Schritt, dem zu folgen die meisten Physiker nicht bereit waren. Der Vorschlag wurde von Pauli erstmalig in einem Brief unterbreitet, den er am 4. Dezember 1930 an die Teilnehmer einer Physikertagung in Tübingen schrieb:

»Liebe radioaktive Damen und Herren

wie der Überbringer dieser Zeilen, den ich huldvollst anzuhören bitte, Ihnen des näheren auseinandersetzen wird, bin ich angesichts ... des kontinuierlichen β-Spektrums auf einen verzweifelten Ausweg verfallen, um ... den Energiesatz zu retten. Nämlich die Möglichkeit, es könnten elektrisch neutrale Teilchen, die ich Neutronen nennen will, in den Kernen existieren, welche den Spin $^1/_2$ haben und das Ausschließungsprinzip befolgen und sich von Lichtquanten außerdem noch dadurch unterscheiden, daß sie nicht mit Lichtgeschwindigkeit laufen. Die Masse der Neutronen müßte von derselben Größenordnung wie die Elektronenmasse sein, und jedenfalls nicht größer als 0,01 Protonenmassen. – Das kontinuierliche β-Spektrum wäre dann noch verständlich unter der Annahme, daß beim Zerfall mit dem Elektron jeweils noch ein Neutron emittiert wird, derart, daß die Summe der Energien von Neutron und Elektron konstant ist . . .

Ich traue mich vorläufig nicht, etwas über diese Idee zu publizieren, und wende mich vertrauensvoll an Euch, liebe Radioaktive, mit der Frage, wie es um den experimentellen Nachweis eines solchen Neutrons stände, wenn dieses ein ebensolches oder etwa zehnmal größeres Durchdringungsvermögen besitzen würde wie ein γ-Strahl.

Ich gebe zu, daß mein Ausweg vielleicht von vornherein wenig wahrscheinlich erscheinen mag, weil man die Neutronen, wenn sie existieren, wohl längst gesehen hätte. Aber nur wer wagt, gewinnt, und der Ernst der Situation beim kontinuierlichen β-Spektrum wird durch einen Ausspruch meines verehrten Vorgängers im Amte, Herrn Debye, beleuchtet, der mir kürzlich in Brüssel gesagt hat: ›Oh, daran soll man am besten gar nicht denken, so wie an die neuen Steuern.‹ Darum soll man jeden Weg zur Rettung ernstlich diskutieren. – Also, liebe Radioaktive, prüfet und richtet. – Leider kann ich nicht persönlich in Tübingen erscheinen, da ich infolge eines in der Nacht vom 6. zum 7. Dez. in Zürich stattfindenden Balles hier unabkömmlich bin. – Mit vielen Grüßen an Euch, sowie auch an Herrn Back, Euer untertänigster Diener W. Pauli«[7]

In seinem Brief spricht Pauli noch von einem Neutron. Der Name Neutrino (»Neutrönchen«) wurde nach 1932 von dem italienischen Physiker Enrico Fermi eingeführt. Er nahm das von Pauli postulierte neue Teilchen ernst und fügte es in eine quantenmechanische Theorie des Betazerfalls ein, die zu experimentell überprüfbaren Aussagen führt.

Der Betazerfall wird in der Fermischen Theorie als die Umwandlung, der Zerfall, eines Neutrons in ein Proton, ein Elektron und ein (Anti-)Neutrino beschrieben:

$$n \rightarrow p + e^- + \bar{\nu}_e. \qquad (2)$$

Das Proton bleibt im Kern, während das Elektron und das Antineutrino emittiert werden. Der zugehörige Graph beschreibt den elementaren Zerfallsvorgang als eine 4-Fermionen-Wechselwirkung (Abb. rechts). Am Vertex wird ein Neutron vernichtet, und drei neue Teilchen werden erzeugt. Fermis Theorie war die erste erfolgreiche Theorie, die die Erzeugung und Vernichtung von Teilchen beschrieb. Erst die Quantenelektrodynamik ließ uns ahnen, daß allen fundamentalen Wechselwirkungen Erzeugungs- und Vernichtungsprozesse elementarer Feldquanten zugrunde liegen.

Wenn wir den Begriff der Wechselwirkung als die Fähigkeit, die Kraft, verstehen, den Zustand eines oder mehrerer Teilchen zu verändern, so muß auch ein Zerfall durch eine Wechselwirkung beschrieben werden. Aber durch welche? Die uns bekannte elektromagnetische Wechselwirkung kann es nicht sein, denn an der 4-Fermionen-Wechselwirkung nehmen auch zwei elektrisch neutrale Teilchen teil. Die im Kern wirkende starke Kraft kann es auch nicht sein, denn sie müßte in winzigen Sekundenbruchteilen unmittelbar zum Zerfall aller Neutronen im Kern führen. Wir finden aber in der Natur β-Strahler, deren mittlere Lebensdauer Jahre beträgt. Auch das freie, im Kern nicht gebundene Neutron ist instabil. Es zerfällt mit einer mittleren Lebensdauer von 14,9 min bzw. einer Halbwertszeit von 10,3 min in ein Proton, ein Elektron und ein Antineutrino entsprechend der Formel (2).

Zur Beschreibung des Betazerfalls müssen wir also das Wirken einer neuen, bis dahin unbekannten fundamentalen Wechselwirkung in der Natur postulieren. Da ihre Wirksamkeit deutlich geringer ist als die der starken und der elektromagnetischen Kräfte, bezeichnet man sie als schwache Wechselwirkung. Ihr Wirken wurde uns im Betazerfall der Neutronen erstmals offenbar. Heute wissen wir, welch entscheidende Rolle sie im Ablauf kosmischer Prozesse spielt und welch enge Verwandtschaft sie mit der elektromagnetischen Wechselwirkung verbindet. Im Laufe eines halben Jahrhunderts entwickelte sich unser Verständnis des Wesens der schwachen Kraft. Wir lernten, daß die 4-Fermionen-Wechselwirkung keine lokale Wechselwirkung ist. Auch die schwache Kraft wirkt über den Austausch von Feldquanten (W^+, Z°, W^-), die aber im Gegensatz zu den Photonen auch elektrische Ladungen tragen können und außerordentlich massiv sind. Daher wird bei niederen Energien eine 4-Fermionen-Wechselwirkung vorgetäuscht.

---

[7] W. Pauli, Wissenschaftlicher Briefwechsel, Band II (1930–1939)

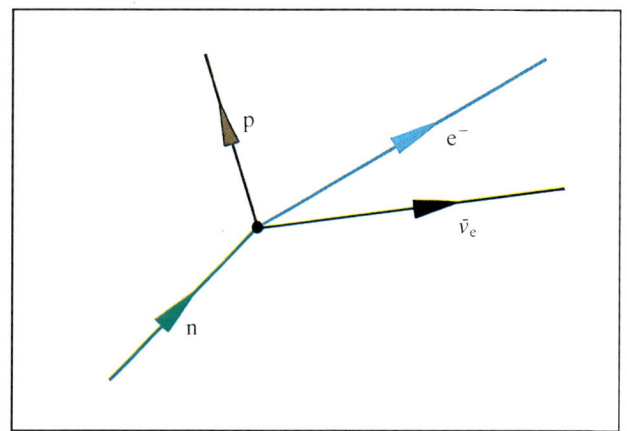

Der zugehörige Graph des Betazerfalls eines Neutrons n → p + e⁻ + $\bar{\nu}_e$ nach der Theorie von Fermi

4.7. Die Neutrinos

Pauli erfand das Neutrino, und Fermi nutzte es, um den Betazerfall zu beschreiben. Die Frage seiner Existenz mußte letztlich durch das Experiment entschieden werden, ohne Rücksicht auf die Eleganz mathematischer Lösungen oder auf die Einfachheit der Naturgesetze. Da Neutrinos nur über die schwache Kraft mit Materie in Wechselwirkung treten, liegt das Problem in der außerordentlichen Seltenheit dieser Prozesse. Ihr Nachweis ist nur über ihre Reaktionsprodukte möglich. Beispiel einer derartigen Reaktion ist der inverse Betazerfall:

$$\bar{\nu}_e + p \rightarrow n + e^+. \tag{3}$$

Ein Antineutrino und ein Proton werden in einer schwachen Wechselwirkung vernichtet, ein Neutron und ein Positron werden erzeugt.

Um eine Vorstellung von der Schwäche zu erhalten, die die schwache Wechselwirkung charakterisiert, wollen wir die Wahrscheinlichkeit für das Eintreten des inversen Betazerfalls (3) betrachten. Ein freies Neutron hat eine mittlere Lebensdauer von rund 1000 s, bevor es im Betazerfall vernichtet wird und je ein Proton und Elektron sowie Antineutrinos erzeugt werden. Daraus folgt, daß ein Antineutrino der gleichen Energie rund 1000 s in engem Kontakt mit einem Proton sein muß, um den inversen Prozeß einzuleiten. Da Neutrinos sicherlich sehr leichte Elementarteilchen sind, bewegen sie sich näherungsweise mit Lichtgeschwindigkeit. Während des Fluges durch eine Substanzschicht tritt das Antineutrino nacheinander mit vielen Protonen in Kontakt, aber erst nach einer mittleren Berührungszeit von 1000 s findet ein inverser Betazerfall statt. Es ist offensichtlich, daß ein Antineutrino im Mittel Substanzschichten galaktischen Ausmaßes durchfliegen muß, um vernichtet zu werden.

Betrachten wir vergleichsweise eine typische elektromagnetische Wechselwirkung, den Übergang eines angeregten Atoms in den Grundzustand, der im Mittel nach 10^{-8} s unter Aussendung eines Photons erfolgt. In Umkehrung dieses Prozesses sind daher auch nur 10^{-8} s notwendig, in denen ein Photon entsprechender Energie mit einem Atom in Kontakt zu sein braucht, um dieses anzuregen. Im Gegensatz dazu war für die Einleitung des inversen Betazerfalls eine Kontaktzeit zwischen Antineutrinos und Proton von 10^3 s notwendig. Der Unterschied von 10^{11} Größenordnungen zwischen den beiden Kontaktzeiten läßt die Verschiedenheit von schwacher und elektromagnetischer Wechselwirkung deutlich werden.

Physiker, die die Existenz der Antineutrinos im Experiment nachweisen wollten, waren letztlich auf das Vorhandensein gewaltiger Antineutrino-Quellen angewiesen. Die ersten irdischen Quellen entsprechender Stärke waren die Kernreaktoren hoher Leistung. Bei der Spaltung der Urankerne entstehen als Spaltprodukte mittelschwere Atomkerne, die nahezu alle β-aktiv sind. Die ungeheuer große Zahl der beim Betazerfall der Spaltprodukte entstandenen Antineutrinos, multipliziert mit der außerordentlich kleinen Wahrscheinlichkeit, ein Antineutrino im inversen Betazerfall nachzuweisen, ergibt die Zahl der in einer entsprechenden Meßanordnung zu erwartenden Reaktionen.

Dieses schwierige Experiment wurde von den amerikanischen Physikern Clyde Cowan und Frederick Reines in der Mitte der fünfziger Jahre, wenige Jahre vor Paulis Tod, am Savannah-River-Reaktor durchgeführt. Die Apparatur bestand aus großen, rechteckigen Wassertanks, an deren Seitenflächen sich Szintillationszähler befanden. Dem Wasser war Kadmiumchlorid beigemischt.

Reagiert ein Antineutrino mit einem der beiden Wasserstoffkerne eines Wassermoleküls, so werden nach Reaktion (3) Antineutrino und Proton vernichtet und je ein Neutron und Positron erzeugt. Die beiden neu erzeugten Teilchen fliegen in verschiedene Richtungen auseinander. Das Positron verliert durch Anregung und Ionisation der Atome längs seines Weges seine Energie, bis es schließlich von einem Atomelektron eingefangen wird und beide sich gegenseitig nach der Reaktion

$$e^+ + e^- \rightarrow \gamma + \gamma \qquad (4)$$

vernichten. Die dabei frei werdende Ruheenergie der beiden Leptonen ($2 \cdot m_e c^2 \approx 1$ Mev) teilt sich gleichermaßen den beiden Photonen mit. Da sie in entgegengesetzte Richtungen auseinanderfliegen, lösen sie in der Regel in den beiden seitlichen Szintillationszählern charakteristische Pulse aus, die über die Sekundärelektronenvervielfacher nachweisbar sind.

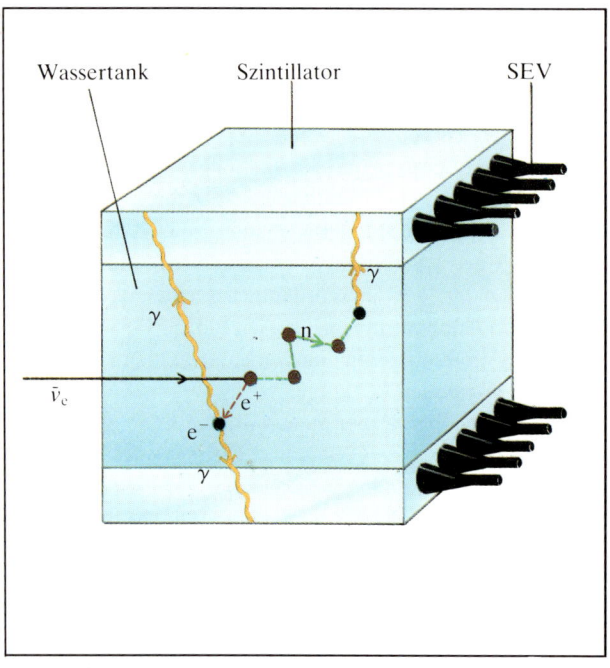

Schema der Apparatur, mit der der experimentelle Nachweis der Antineutrinos Cowan und Reines in den fünfziger Jahren am Savannah-River-Reaktor gelang.

Die beschriebenen Vorgänge, die durch das Positron eingeleitet werden, verlaufen in weniger als 10^{-6} s.

Das ungeladene Neutron wird durch elastische Stöße mit den Wasserstoffkernen schrittweise abgebremst und nach einigen millionstel Sekunden von einem der Kadmiumkerne eingefangen. Dabei wird ein γ-Quant, ein hochenergetisches Photon, emittiert. Kadmiumkerne zeigen gegenüber langsamen Neutronen einen sehr hohen Wirkungsquerschnitt. Das nach dem Neutroneneinfang vom Kadmiumkern emittierte γ-Quant hat eine Energie von 9 MeV. Es löst einen weiteren charakteristischen Puls im Szintillationszähler aus.

Reaktionsprodukte des inversen Betazerfalls verursachen in der Meßanordnung drei Pulse definierter Stärke. Zwei erfolgen gleichzeitig in je einem der beiden Szintillationszähler, und ein dritter folgt einige Mikrosekunden später in einem der Zähler. Im Jahre 1956 berichteten Cowan und Reines, daß sie bei eingeschaltetem Reaktor stündlich rund drei der charakteristischen Pulsfolgen beobachteten. Das so schwer zu fassende Antineutrino war nachgewiesen!

Die Wahrscheinlichkeit für die Auslösung des inversen Betazerfalls, gemessen durch den Wirkungsquerschnitt, wurde von Cowan und Reines zu $\sigma \approx 10^{-44}$ cm² bestimmt. Wie klein dieser Wirkungsquerschnitt ist, zeigt folgendes Beispiel: Von 100 Milliarden Antineutrinos aus einem Reaktor, die die Erde durchqueren, wird im Mittel eines in einem inversen Betazerfall vernichtet. Alle anderen fliegen ungehindert und unbeeinflußt durch die Erde hindurch.

Als zweite leistungsstarke Neutrinoquelle erwiesen sich in den folgenden Jahren die Protonenbeschleuniger. Schießt man Protonen hoher Energie ($\gtrsim 1$ GeV) auf ein Target, so werden in großer Zahl instabile Teilchen, sogenannte π-Mesonen, erzeugt (s. Abb. S. 153). Ein Proton mit einer Energie von 16 GeV trifft auf ein Proton in der Wasserstoffblasenkammer. In den ablaufenden Prozessen der starken Wechselwirkung werden 14 π-Mesonen erzeugt.

π-Mesonen zerfallen innerhalb von Sekundenbruchteilen in Myonen und Neutrinos:

a) $\pi^+ \rightarrow \mu^+ + \nu_\mu$ \qquad (5)
b) $\pi^- \rightarrow \mu^- + \bar{\nu}_\mu$.

Um mit diesen Neutrinos experimentieren zu können, müssen die unerwünschten hochenergetischen Zerfallsmyonen

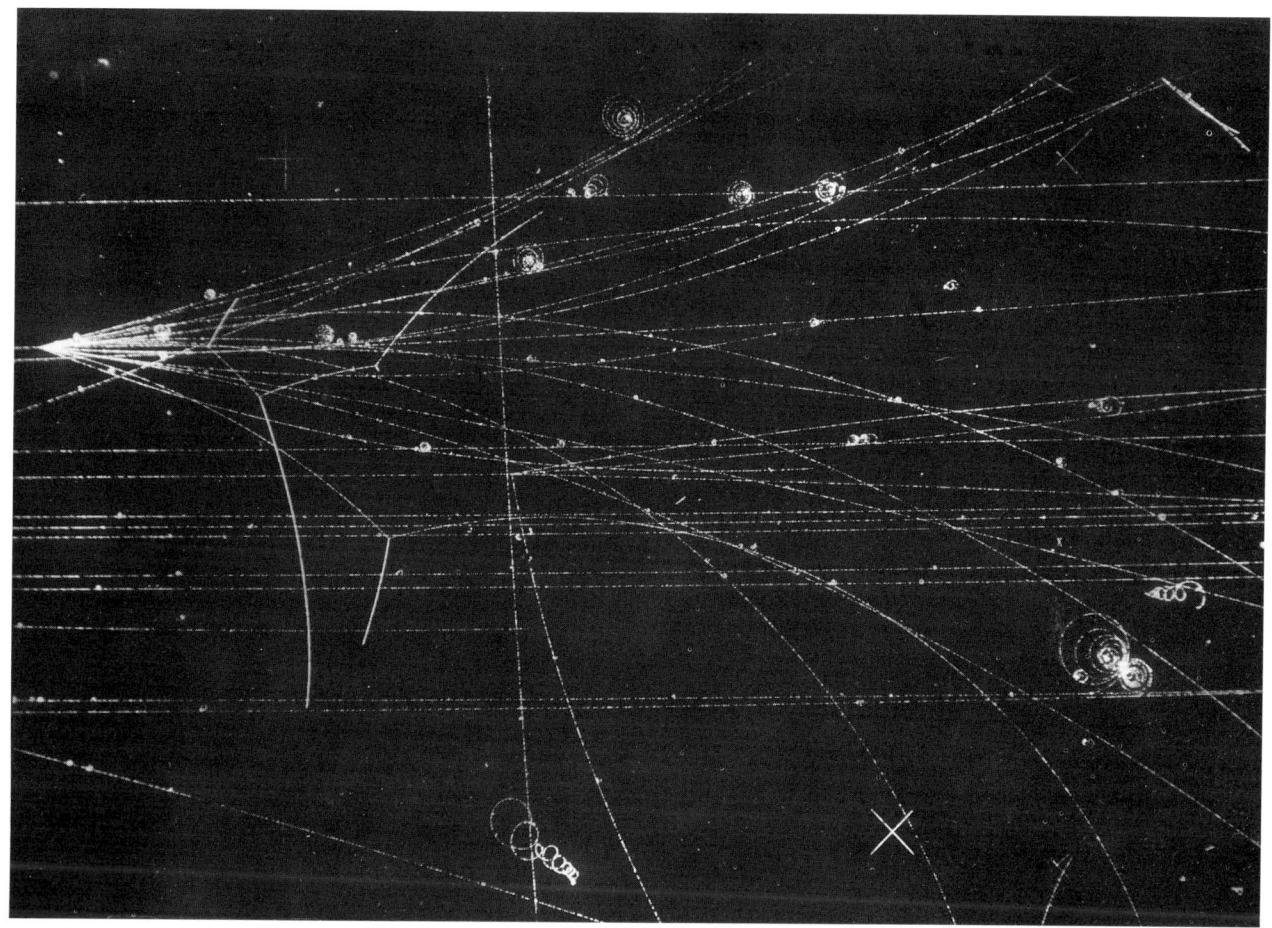

Blasenkammerfotografie einer hochenergetischen Wechselwirkung. Ein Proton mit einer Energie von 16 GeV trifft (linker Bildrand) auf ein Proton in einer Wasserstoffblasenkammer. Im Stoßprozeß werden 14 geladene π-Mesonen erzeugt [6].

aus dem Strahl entfernt werden. Da sie keiner starken Wechselwirkung unterliegen, braucht man beträchtliche Substanzmengen, um sie über elektromagnetische Wechselwirkungen allmählich zu stoppen.

Das erste Beschleunigerexperiment, in dem der Nachweis der Neutrinos gelang, wurde in Brookhaven (USA) im Jahre 1962 durchgeführt. Die Absorption der Myonen im Strahl der zerfallenden π-Mesonen erfolgte in einer 12 m dicken Eisenwand, hinter der eine Folge von Funkenkammern aufgebaut war. Von den 10^{14} Neutrinos, die die Kammer durchflogen, verursachten 29 eine nachweisbare Reaktion.

Wenn die hochenergetischen Antineutrinos aus dem Zerfall des π-Mesons (Reaktion 5b) mit den Antineutrinos aus dem Zerfall des Neutrons (Reaktion 2) identisch sind, so müßten folgende Reaktionen mit gleichen Häufigkeiten auftreten:

a) $\bar{\nu}_\mu + p \rightarrow n + \mu^+$
b) $\bar{\nu}_\mu + p \rightarrow n + e^+$. (6)

Alle 29 Spuren geladener Teilchen, die in den Funkenkammern des Brookhaven-Experiments aufgezeichnet wurden, erwiesen sich zweifelsfrei als Spuren von Myonen. Aus dem Befund folgt eindeutig: Myon-Antineutrinos $\bar{\nu}_\mu$ und Elektron-Antineutrinos $\bar{\nu}_e$ sind verschiedene Teilchen.

Die Aufnahme zeigt den CDHS-Detektor, der am Neutrinostrahl im CERN aufgebaut wurde. Im vorderen Teil der Anlage wird die Energie der Teilchen gemessen, die in hochenergetischen Neutrinoreaktionen erzeugt werden. Der hintere Teil des Detektors dient dem Nachweis der entstandenen Myonen [14].

In den seither verflossenen Jahren wurden mit dem Anwachsen von Energie und Intensität der Beschleuniger auch immer leistungsfähigere Neutrinodetektoren entwickelt und installiert. Neben elektronischen Anlagen (Abb. unten) zählen dazu die Blasenkammern mit einem Flüssigkeitsvolumen von einigen Kubikmetern. Aus den Hunderttausenden von Neutrinoreaktionen, die diese leistungsfähigen Detektoren registriert haben, ergaben sich folgende, die Eigenschaften der Neutrinos charakterisierende Resultate:
– Trifft ein Myon-Neutrino auf ein Neutron, so tritt im Endzustand der Reaktion ein negativ geladenes Myon auf:

$$\nu_\mu + n \to p + \mu^-. \tag{7}$$

– Trifft ein Myon-Antineutrino auf ein Proton, so tritt im Endzustand der Reaktion ein positiv geladenes Myon auf:

$$\bar\nu_\mu + p \to n + \mu^+. \tag{6a}$$

– Die bei Gleichheit der beiden Neutrinos ν_μ und ν_e zu erwartenden Reaktionen

$$\nu_\mu + n \not\to p + e^-$$
$$\nu_\mu + p \not\to n + e^+$$

wurden nie beobachtet.

– Die bei Gleichheit von Neutrino und Antineutrino zu erwartenden Reaktionen, wie etwa

$$\nu_\mu + p \not\to n + \mu^+$$
$$\bar\nu_\mu + n \not\to p + \mu^-,$$

wurden ebenfalls nicht beobachtet.

– In allen untersuchten Prozessen zeigt sich, daß die Leptonen nur in Paaren erzeugt oder vernichtet werden.

Allen Beobachtungen kann man durch die Einführung einer Art Quantenzahl, der sogenannten Leptonenzahl L, Rechnung tragen. Als zusammengehörige Leptonenfamilien ergeben die Experimente die Paare (e^-, ν_e) bzw. die zugehörigen Antiteilchen $(e^+, \bar\nu_e)$ und (μ^-, ν_μ) bzw. $(\mu^+, \bar\nu_\mu)$. Obwohl wir bisher noch keine durch ein Tauneutrino ausgelöste Reaktion beobachten konnten, läßt sich aus den Zerfallseigenschaften der τ-Leptonen mit Sicherheit auf die Existenz der zugehörigen Neutrinos schließen. Wir müssen also als weitere Paare (τ^-, ν_τ) bzw. $(\tau^+, \bar\nu_\tau)$ hinzufügen. Den Leptonen ordnet man die folgenden drei Arten von Leptonenzahlen zu.:

	L_e	L_μ	L_τ
Lepton	e^-, ν_e: $+1$	μ^-, ν_μ: $+1$	τ^-, ν_τ: $+1$
Antilepton	$e^+, \bar\nu_e$: -1	$\mu^+, \bar\nu_\mu$: -1	$\tau^+, \bar\nu_\tau$: -1

Betrachten wir zur Illustration des Wirkens dieser Quantenzahl zwei Beispiele: Im Zerfall des π-Mesons

$$\pi^+ \to \mu^+ + \nu_\mu \tag{5}$$
$$\pi^- \to \mu^- + \bar\nu_\mu$$

sind nur Leptonen mit den Leptonenzahlen $L = \pm 1$ beteiligt (das π-Meson hat die Leptonenzahl 0). Die Summe der Leptonenzahlen ist in beiden Fällen Null. Das μ^+ hat $L_\mu = -1$, und das ν_μ hat $L_\mu = +1$, bzw. in der zweiten Reaktion haben das μ^- $L_\mu = +1$ und das $\bar\nu_\mu$ $L_\mu = -1$. Die Leptonenzahl erweist sich als eine additive Quantenzahl. Betrachten wir als weiteres Beispiel den Zerfall der Myonen:

$$\text{a) } \mu^+ \to e^+ + \nu_e + \bar\nu_\mu \qquad \text{b) } \mu^- \to e^- + \bar\nu_e + \nu_\mu. \tag{8}$$

Auf der linken Seite der Reaktionsgleichungen hat das μ^+ bzw. das μ^- die Leptonenzahlen $L = -1$ bzw. $L = +1$. Gilt für die Leptonenzahl ein Erhaltungssatz, so muß auch die Summe der Leptonenzahlen für die Teilchen im Endzustand $L = -1$ bzw. $L = +1$ sein. Durch Einsetzen der zugehörigen Leptonenzahlen kann man sich leicht von der Gültigkeit der Leptonenzahlerhaltung in beiden Reaktionen überzeugen. Daß wir bisher keine Reaktionen gefunden haben, die der Regel der Leptonenzahlerhaltung nicht folgen, kann entweder bedeuten, daß dieser Erhaltungssatz streng gültig ist oder daß zur Beobachtung möglicher seltener Verletzungen der Leptonenzahlerhaltung unsere Messungen nicht ausreichen. So wurde seit Jahren nach dem Zerfall des Myons in ein Elektron und ein γ-Quant gesucht. Die bisherigen Messungen ergaben für den Anteil dieser Zerfallsart unter allen Myonzerfällen einen Wert kleiner als $1{,}7 \cdot 10^{-10}$. Gewiß ein sehr kleiner Wert. Reicht er aber aus, um eine Leptonenzahlverletzung mit Sicherheit auszuschließen?

Seit der Paulischen Neutrino-Hypothese steht vor uns die Frage, ob die Neutrinos eine von Null verschiedene Ruhemasse haben. Die einzigen Teilchen, von denen wir mit großer Sicherheit wissen, daß ihre Ruhemasse Null ist, sind die mit Lichtgeschwindigkeit fliegenden Quanten des elektromagnetischen Feldes, die Photonen. Alle geladenen Leptonen sind massiv. Es ist nicht recht einzusehen, warum nicht auch die neutralen Leptonen, die Neutrinos, eine – wenn auch kleine – endliche Ruhemasse haben sollen.

Stellvertretend für viele andere sei im folgenden ein Experiment beschrieben, in dem versucht wurde, die Neutrinomasse aus dem Betazerfall zu bestimmen. Valentin Ljubimow und seine Mitarbeiter untersuchten in Moskau den Betazerfall des Tritiums ^3_1T, eines radioaktiven β-Strahlers, der aus einem Proton und zwei Neutronen besteht.

Wie bereits erwähnt, hat die Energieverteilung der emittierten Elektronen einen kontinuierlichen Verlauf zwischen dem Wert Null und einem für jeden β-Strahler spezifischen Maximalwert (siehe Abb. auf S. 147). Beim Energiewert Null verteilt sich die gesamte beim Zerfall freigesetzte Energie auf das Proton und das Neutrino. Bei der Maximalenergie wird die verfügbare Bewegungsenergie auf das Proton und das Elektron verteilt. Für das Neutrino steht nur die zur Erzeugung seiner Ruhemasse notwendige Energie zur Verfügung. Aus der Maximalenergie des Betazerfalls läßt sich also auf die Ruhemasse des Neutrinos schließen.

Eine der Schwierigkeiten dieses komplizierten Experiments liegt darin, daß der Maximalwert der Energie nicht in einem steilen, gleichförmigen Abfall des Energiespektrums der Elektronen erreicht wird, sondern die Verteilungskurve mit wachsender Energie immer mehr verflacht. Daher ist der genaue Schnittpunkt der Verteilung mit der Achse mit einiger Unsicherheit behaftet. Die Resultate der Moskauer Messungen lassen jedoch vermuten, daß die Elektronen-Neutrinos eine Ruhemasse von rund 25 eV haben. Es bleibt abzuwarten, zu welchen Resultaten die in verschiedenen physikalischen Labors rund um die Erde durchgeführten Kontrollexperimente kommen.

In der nachfolgenden Tabelle ist unser gegenwärtiges Wissen um die Eigenschaften der Leptonen zusammengefaßt:

		Ruhemasse	Mittlere Lebensdauer	Leptonenzahl
1. Familie	ν_e	$< 30 \, eV/c^2$	stabil	$L_e = +1$
	e^-	$0,51 \, MeV/c^2$	stabil	
2. Familie	ν_μ	$< 0,27 \, MeV/c^2$	stabil	$L_\mu = +1$
	μ^-	$105,66 \, MeV/c^2$	$2,20 \cdot 10^{-6} \, s$	
3. Familie	ν_τ	$< 60 \, MeV/c^2$	?	$L_\tau = +1$
	τ^-	$1784,2 \, MeV/c^2$	$3,4 \cdot 10^{-13} \, s$	

Hinzu kommt eine entsprechende Gruppierung der Antileptonen, die sich von den Leptonen im Vorzeichen der Leptonenzahlen unterscheiden. In den Grenzen unseres gegenwärtigen Wissens können wir alle Leptonen als unstrukturierte, punktartige Elementarteilchen betrachten. Jedes Lepton hat einen Spin der Größe $1/2$. Elektron, Myon und τ-Lepton tragen je eine elektrische Elementarladung. Sie reagieren über die elektromagnetische und die schwache Wechselwirkung miteinander bzw. mit anderen Formen der Materie, während die neutralen Leptonen nur über die schwache Kraft mit der Materie in Wechselwirkung treten. Ihr punktartiger Charakter und das Fehlen einer starken Wechselwirkung sind vorteilhaft bei der Verwendung der Leptonen zur Erforschung der inneren Struktur stark wechselwirkender Teilchen, wie etwa des Protons oder des Neutrons.

Gegenwärtig kennen wir drei Leptonenfamilien, geordnet nach anwachsender Masse der geladenen Leptonen. Ob es noch eine vierte Familie gibt, wissen wir noch nicht. Kosmologische Betrachtungen gestatten uns heute jedoch schon mit beträchtlicher Sicherheit, mehr als vier Familien auszuschließen.

4.8. Symmetrien

Jedem von uns sind aus der sichtbaren Welt flächenhafte oder räumliche Symmetrien in der unbelebten Natur, unter den Lebewesen und aus der bildenden Kunst bekannt. Betrachten wir das Bild eines Schneekristalls. Bei einer 60°-Drehung um den Mittelpunkt bleibt das Bild unverändert. Ein Quadrat ist invariant gegenüber einer Drehung um 90°, und ein Kreis läßt sich um seinen Mittelpunkt um jeden beliebigen Winkel drehen, ohne dabei sein Aussehen zu verändern; er ist gegenüber beliebigen Drehungen invariant. Gerade wegen ihrer vollkommenen Symmetrie war für Aristoteles die Kreisbewegung eine dem Himmel vorbehaltene natürliche Bewegung. Die in den drei Beispielen an den Objekten vorgenommenen räumlichen Änderungen lassen das Aussehen der Objekte ungeändert. Die ihnen innewohnenden Symmetrien sind mit entsprechenden Invarianzen verbunden.

Die betrachteten Beispiele beziehen sich auf das Symmetrieverhalten von Objekten bei räumlichen, genaugenommen bei flächenhaften Veränderungen. Den Physiker interessiert

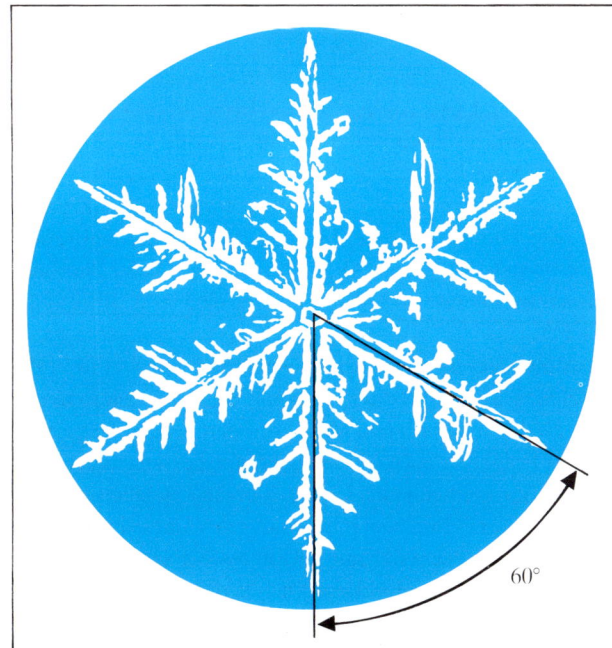

Die Form des Schneekristalls ist invariant bei einer Drehung um 60°.

in ungleich stärkerem Maße das Symmetrieverhalten bzw. die damit verbundene Invarianz der Naturgesetze. Bleibt ein Naturgesetz in seiner Form ungeändert, invariant, wenn wir es beliebigen raum-zeitlichen Veränderungen, Transformationen, unterziehen? Wenn wir heute in Berlin aus der Untersuchung des radioaktiven Zerfalls instabiler Atomkerne das exponentielle Zerfallsgesetz herleiten, so sind wir überzeugt davon, daß eine entsprechende Messung vor etwa 80 Jahren in London zum gleichen Resultat führte. Das Gesetz des radioaktiven Zerfalls ist gegenüber einer räumlichen und/oder zeitlichen Transformation invariant.

Diese Invarianz, die für alle Naturgesetze gilt, ist mit der Symmetrie von Raum und Zeit verbunden. Kein Punkt in Raum und Zeit ist gegenüber anderen Raum-Zeit-Punkten ausgezeichnet. Diese Eigenschaft bezeichnen wir als Homogenität von Raum und Zeit.

Symmetrie und Invarianz der Form der Naturgesetze haben Erhaltungssätze für physikalische Größen zur Folge. Die Verknüpfung eines Erhaltungssatzes für eine physikalische Größe, in einem in der Natur ablaufenden Prozeß, mit einem Invarianzprinzip wollen wir uns an einem Beispiel plausibel machen.

Aus einem genügend weit im Weltraum befindlichen Raumschiff beobachten Physiker das System Erde – Mond. Dabei vernachlässigen sie den Einfluß der Sonne und der anderen Himmelskörper auf die Bewegungen von Erde und Mond. Die Physiker stellen nach einer ausreichenden Beobachtungsdauer fest, daß Mond und Erde um einen gemeinsamen, ruhenden Schwerpunkt kreisen. Ursache der Bahnbewegungen ist die zwischen Erde und Mond wirkende Gravitation, wobei die von der Erde auf den Mond wirkende Kraft bzw. der zugehörige Impuls die gleiche Stärke, aber die entgegengesetzte Richtung haben wie die vom Mond auf die Erde wirkende Kraft bzw. ihr zugehöriger Impuls. Die Vektorsummen beider Kräfte bzw. beider Impulse ergänzen einander zu Null. Der Gesamtimpuls des in sich abgeschlossenen Systems Erde – Mond bleibt erhalten, und sein Schwerpunkt behält seine Ruhelage. Nur wenn die Newtonschen Bewegungsgleichungen sich mit der räumlichen Lage des abgeschlossenen Systems Erde – Mond ändern würden, der Raum also seine Homogenität verlöre, wäre eine Bewegung des Schwerpunktes denkbar. Bleibt, wie die Beobachtungen zeigen, der Schwerpunkt jedoch in Ruhe, so genügt das System Erde – Mond dem Prinzip der räumlichen Invarianz, sein Gesamtimpuls bleibt erhalten.

Dieses Beispiel aus der klassischen Mechanik läßt uns den Impulserhaltungssatz als Folge der Homogenität des Raumes erkennen. Aus der Homogenität der Zeit folgt der Energieerhaltungssatz, und aus der Isotropie des Raumes – alle Richtungen sind gleichwertig – folgt der Satz von der Erhaltung des Drehimpulses.

Im Mikrokosmos treten an die Stelle der Bewegungsgleichungen der klassischen Mechanik die der relativistischen Quantenmechanik. Der mathematische Formalismus dieser Theorie bestätigt die Gültigkeit der gleichen Verknüpfungen auch im atomaren und subatomaren Bereich. Invarianzprinzipien sind meistens mit einem Erhaltungssatz verknüpft:

Homogenität des Raumes – Impulserhaltung
Homogenität der Zeit – Energieerhaltung
Isotropie des Raumes – Drehimpulserhaltung.

Neben den bisher betrachteten kontinuierlichen raum-zeitlichen Symmetrien wollen wir zwei weitere mit Raum und Zeit verknüpfte diskontinuierliche Symmetrien kennenlernen, die Zeitumkehr und die Raumspiegelung.

In einem Film laufe eine Szene ab, in der ein Kind eine Stoffpuppe aus dem Fenster eines Hauses fallen läßt, die einen unter dem Fenster entlanglaufenden Fußgänger auf den Kopf trifft. Läßt man die gleiche Szene des Films rückwärts ablaufen, so ist jedem Zuschauer sofort klar, der Film läuft rückwärts. Die Erfahrung lehrt uns, daß keine Stoffpuppe ohne eine entsprechende Kraftwirkung vom Kopf eines Passanten mehrere Stockwerke hoch in die Hände eines Kindes steigen kann. Die Wahrscheinlichkeit für diesen zeitlich umgekehrten Vorgang erscheint uns so gering, daß wir ihn als unmöglich bezeichnen.

Für ein weiteres Gedankenexperiment wollen wir nochmals die Physiker in ihrem Raumschiff bemühen, die die Bewegung des Systems Erde – Mond beobachtet und auf Film aufgezeichnet haben. Nach einem entsprechend langen Raumflug mögen sie auf einem fernen, von menschenähnlichen Wesen bewohnten Planeten landen. Dort führen sie ihren Film von der Bewegung des Mondes um die Erde zwei Zuschauergruppen vor. Für die erste Zuschauergruppe läuft der Film vorwärts und für die andere Gruppe läuft er in umgekehrter Zeitfolge ab. Beide Gruppen sehen einen ihnen natürlich erscheinenden Vorgang der Bewegung zweier Himmelskörper. Die Aufgabe jeder der beiden Zuschauergruppen ist die Herleitung des die Bewegung beschreibenden Kraftgesetzes. Falls sich in jeder der beiden Gruppen ein Newton befindet, kommen sie zum selben Resultat, dem Gravitationsgesetz. Eine Umkehr der Zeitrichtung führt nicht zur Änderung eines Naturgesetzes. Alle Naturgesetze sind gegenüber einer Zeitumkehr invariant. Daraus folgt, daß zu jedem in der Natur ablaufenden Prozeß im Prinzip auch ein zeitlich inverser Prozeß stattfinden soll.

Für alle Wechselwirkungen im atomaren und subatomaren Bereich erwarten wir ihre Invarianz gegenüber einer Zeitumkehr. Wäre es möglich, im Film die Streuung eines Elektrons an einem zweiten Elektron festzuhalten (s. Abb. auf S. 136), so erschiene uns derselbe Prozeß in umgekehrter Zeitrichtung als ein möglicher, in der Natur zu beobachtender Prozeß. Reaktion und zeitlich inverse Reaktionen sind gleich wahrscheinlich. Auch für andere in diesem Kapitel wiederholt erwähnte elementare Prozesse gilt die Invarianz bei der Zeitumkehr: für die Emission eines Photons durch ein angeregtes Atom und den zeitlich umgekehrten Vorgang, die Absorption eines Photons definierter Energie durch das im Grundzustand befindliche Atom; für die Vernichtung eines Elektron-Positron-Paares mit der nachfolgenden Erzeugung von zwei Photonen, zu der in der Natur auch der zeitreflektierte Prozeß, die gegenseitige Vernichtung zweier Photonen definierter Energie und die Erzeugung eines e^+e^--Paares beobachtbar ist.

Als Beispiel einer starken Wechselwirkung wurde in der Abbildung auf S. 153 die Erzeugung von 14 $\pi^\pm$-Mesonen im Stoß zweier hochenergetischer Protonen gezeigt. Es erhebt sich die Frage, ob auch für diesen komplizierten elementaren Prozeß der zeitlich umgekehrte Vorgang möglich ist. Die Antwort lautet: Im Prinzip ja. Auch der umgekehrte Prozeß widerspricht keinem der uns bekannten Naturgesetze. Er ist jedoch extrem unwahrscheinlich, da er nur eintritt, wenn zwei Protonen und 14 $\pi^\pm$-Mesonen am selben Raum-Zeit-Punkt zusammentreffen.

»Alles, was wir im täglichen Leben mit unseren Sinnen erfahren, zeigt klar, daß es nur eine Richtung in der Zeit gibt, einen unwiderruflichen Ablauf in Richtung der Zukunft. Die Untersuchungen der Wechselwirkungen zwischen den Elementarteilchen zeigen andererseits, daß keine Zeitrichtung bevorzugt ist; die Naturgesetze sind vollkommen symmetrisch in beiden Zeitrichtungen. Dieser Gegensatz wird durch Wahrscheinlichkeitsbetrachtungen aufgelöst. Für eine beliebige Folge von Vorgängen ist im allgemeinen eine Richtung des Ablaufs wahrscheinlicher als die umgekehrte. Bei den sehr einfachen Ereignissen in der Welt der Teilchen können ein bestimmter Prozeß und der dazu zeitlich umgekehrte nahezu gleich wahrscheinlich sein. Aber je komplizierter die Folge der Ereignisse ist, desto stärker überwiegt die relative Wahrscheinlichkeit für einen der beiden Prozesse. Da alles, mit dem der Mensch es direkt zu tun hat, an den Elementarteilchen gemessen, unübersehbar kompliziert ist, lernen wir den Ablauf der Vorgänge nur in Richtung der größten Wahrscheinlichkeit kennen, eine Richtung, die wir als die ›richtige‹ Zeitrichtung definieren. Es ist eine anregende Vorstellung, daß der Mensch nur deshalb die Vergangenheit, nicht aber die Zukunft kennt, weil er eine komplizierte und sehr geordnete Struktur besitzt. Unglücklicherweise geht es einfacheren Gebilden nicht besser. Sie kennen keinen Unterschied zwischen Vergangenheit und Zukunft und erinnern sich an nichts. Ein Elektron ist mit jedem Elektron identisch und bleibt durch seine Vergangenheit oder durch seine Zukunft vollständig ungezeichnet. Der Mensch ist intelligent genug, um von seiner Vergangenheit beeindruckt zu werden. Aber die gleiche Kompliziertheit, die ihm ein Gedächtnis überhaupt erst ermöglicht, bewirkt auch, daß seine Zukunft für ihn ein Geheimnis bleibt.«[8]

Zwei Bekannte treffen einander. Sie tauschen zur Begrüßung einen Händedruck aus und führen ein kurzes Gespräch. Diese Szene soll zweimal gefilmt werden, einmal direkt und ein zweites Mal in einem Spiegel. Bei der Vorführung des spiegelbildlichen Ablaufs der Szene wird einigen Zuschauern vielleicht auffallen, daß der Händedruck mit der linken Hand erfolgt, aber auch diese Bildfolge scheint den Betrachtern nicht im Widerspruch mit unserer alltäglichen Erfahrung zu sein. Das Spiegelbild des Vorgangs stellt wieder einen möglichen Vorgang dar.

Die Physiker waren davon überzeugt, daß ein physikalischer Prozeß invariant gegenüber einer räumlichen Spiegelung, einer sogenannten Paritätstransformation, ist und daß beide von den gleichen Naturgesetzen beschrieben werden. Zwischen einem Objekt und seinem Spiegelbild herrscht eine Symmetrie; für die Raumspiegelung, die Parität, gilt ein Erhaltungssatz.

Die Geschichte der Physik hat uns mehr als einmal gelehrt, daß der gesunde Menschenverstand, geschult an den Erscheinungen der uns unmittelbar zugänglichen Umwelt, alles andere als ein zuverlässiger Führer durch die Natur ist. Vorgänge in unserer Umwelt stellen sich uns als invariant gegenüber einer Raumspiegelung dar, während die zeitreflektierte Ansicht beliebiger Vorgänge uns in ihrer Absurdität erheitert. Wir wissen seit einigen Jahrzehnten, daß diese Verallgemeinerung unserer Alltagserfahrungen wieder einmal unzulässig war. Die Invarianz gegenüber einer Zeitumkehr ist (bis auf eine winzige Ausnahme) ein für alle in der Natur wirkenden Kräfte gültiger Erhaltungssatz, während die Invarianz gegenüber einer Paritätstransformation nur eingeschränkt gültig ist. Alle Prozesse der schwachen Wechselwirkung verlaufen unter Paritätsverletzung. Ein schwacher Prozeß wie der Betazerfall verläuft stets so, daß sein Spiegelbild nicht mit gleicher Wahrscheinlichkeit in der Natur realisiert ist.

Mitte der fünfziger Jahre stellten sich die beiden chinesischen Physiker Tsung-Dao Lee und Chen-Ning Yang die Frage, ob in schwachen Wechselwirkungen die bis dahin selbstverständliche Annahme der Paritätserhaltung in ausreichendem Maße experimentell gesichert sei. Zur Beantwortung dieser Frage schlugen sie einige Experimente vor. Bereits nach einigen Monaten legte Chi-Shiang Wu das Resultat ihrer Messungen vor: Im Betazerfall, dem Prototyp der schwachen Wechselwirkung, ist die Symmetrie der Raumspiegelung verletzt.

Chi-Shiang Wu untersuchte mit ihren Mitarbeitern den Zerfall radioaktiver Kerne des Kobalts:

$$^{60}_{27}\text{Co} \rightarrow {}^{60}_{28}\text{Ni} + e^- + \bar{\nu}_e.$$

Jeder der Kobaltkerne hat einen Eigendrehimpuls, einen Spin. Der Drehsinn bezüglich der Spinrichtung kann entweder dem einer Rechtsschraube oder dem einer Linksschraube entsprechen. Bei einer Rechtsschraube bewirkt eine Drehung im Uhrzeigersinn eine Bewegung von uns weg in das Muttergewinde hinein, während die entgegengesetzte Drehung die Schraube auf uns zubewegt. Bei einer Linksschraube sind die Verhältnisse umgekehrt. Durch das Experiment wollten Chi-Shiang Wu und ihre Mitarbeiter die Frage beantworten, ob zwischen dem Drehsinn der Kobaltkerne und der Emissionsrichtung der Elektronen eine Korrelation besteht.

Durch die Rotation der elektrisch geladenen Kerne um ihre Spinrichtung wird jeder Kern zu einem winzigen Elektromagneten. Durch Anlegen eines genügend starken äußeren Magnetfeldes läßt sich eine Ausrichtung aller Kobaltkerne erreichen. Nach dem Abschalten des äußeren Magnetfeldes würde, bewirkt durch die thermischen Bewegungen der Atome, die geordnete Ausrichtung sehr schnell wieder verschwinden. Um die Richtungsorientierung jedoch für etwa 10 min zu halten, wurde die Kobaltprobe auf eine Temperatur unterhalb eines Zehntelgrades über dem absoluten Null-

---

[8] K. W. Ford, Die Welt der Elementarteilchen, Berlin (West)-Heidelberg-New York 1966, S. 214

punkt abgekühlt. Dadurch gelang es, die Ausrichtung der Spins der Kobaltkerne über eine ausreichende Meßzeit zu sichern. Ihre Ausrichtung entsprach der einer Rechtsschraube. Die Beobachtung des Betazerfalls einer größeren Zahl der ausgerichteten Kobaltkerne zeigte, daß nahezu alle Elektronen in die Richtung emittiert wurden, die der durch den Kernspin gegebenen Richtung entgegengesetzt ist.

Betrachten wir den gleichen Vorgang im Spiegel. Aus dem rechtsdrehenden Kobaltkern wird eine Linksschraube, während die Emissionsrichtung der Elektronen ungeändert bleibt (s. Abb. rechts). Würde die Paritätssymmetrie durch die schwache Wechselwirkung respektiert, so sollten wir erwarten, daß die von den Kobaltkernen emittierten Elektronen in beiden Richtungen mit gleicher Häufigkeit beobachtet werden. Nur in diesem Fall sind der Vorgang und sein Spiegelbild miteinander verträglich. Das Experiment zeigt die Verletzung der Spiegelungssymmetrie für den schwachen Prozeß des Betazerfalls. Würden wir dagegen den Gammazerfall radioaktiver Kerne, eine elektromagnetische Wechselwirkung, untersuchen, so würden wir in beiden Emissionsrichtungen gleich viele Photonen beobachten. Die elektromagnetische Wechselwirkung zeigt sich invariant gegenüber einer Paritätstransformation.

Bei allen Leptonen kann der Spin des Fermions entweder in Bewegungsrichtung des Teilchens (Rechtsschraube) oder entgegen seiner Bewegungsrichtung orientiert sein (Linksschraube). Wie die Beobachtungen zeigen, nehmen neutrale Leptonen, Neutrinos, in Prozessen, die über die schwache Wechselwirkung verlaufen, als Linksschrauben teil, während Antineutrinos nur als Rechtsschrauben beobachtbar sind. Der schwache Zerfall des π-Mesons (Reaktion 5) in ein Myon und ein Neutrino bzw. Antineutrino erfolgt stets so, daß das Neutrino aus dem π^+-Zerfall einer Linksschraube entspricht, während sich das Antineutrino aus dem π^--Zerfall wie eine Rechtsschraube verhält. Im folgenden verwenden wir dafür die Bezeichnungen linkshändig bzw. rechtshändig.

$$\pi^+ \rightarrow \mu_L^+ + \nu_{\mu L}$$

$$\pi^- \rightarrow \mu_R^- + \bar{\nu}_{\mu R}. \tag{9}$$

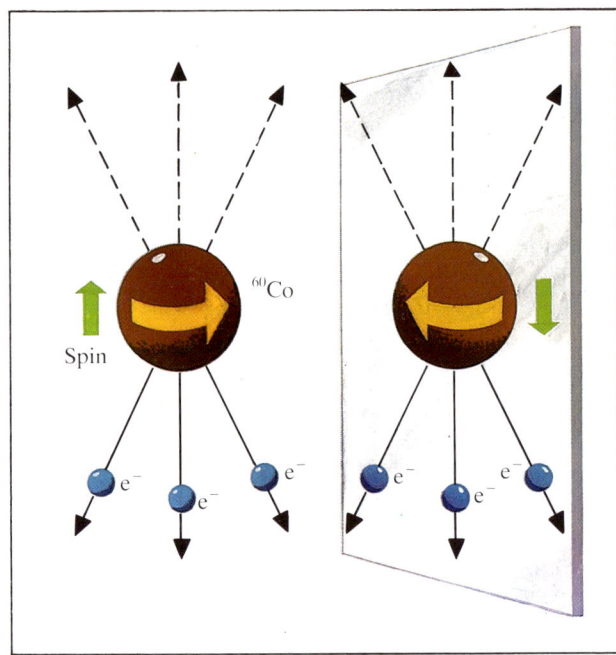

Radioaktive ^{60}Co-Atomkerne emittieren die Elektronen entgegen der Spinrichtung. Betrachtet man den gleichen Vorgang im Spiegel, so bleibt die Emissionsrichtung der Elektronen ungeändert, während sich der Drehsinn bezüglich der Spinrichtung umkehrt.

Darauf die Paritätstransformation angewandt:

$$\pi^+ \not\rightarrow \mu_R^+ + \nu_{\mu R} \tag{10}$$

$$\pi^- \not\rightarrow \mu_L^- + \bar{\nu}_{\mu L}.$$

Diese spiegelbildlichen Prozesse beider Zerfälle wurden nie beobachtet (Abb. S. 162). Auch in diesen Zerfallsprozessen bestätigt sich die Paritätsverletzung bei der schwachen Wechselwirkung.

Eine weitere diskontinuierliche Transformation, die in enger Beziehung zur Paritätstransformation steht, sich jedoch nicht auf das Raum-Zeit-Verhalten bezieht, ist die Ladungskonjugation, die Vertauschung von Teilchen und Antiteilchen. Die Verletzung der Invarianz gegenüber einer Ladungskonjugation geht Hand in Hand mit der Verletzung der Spiegelsymmetrie in der schwachen Wechselwirkung.

Betrachten wir nochmals das Beispiel des Pionzerfalls. Wenn wir in den Reaktionen (9) Teilchen in Antiteilchen bzw. Antiteilchen in Teilchen transformieren, so erhalten wir:

$\pi^- \nrightarrow \mu_L^- + \bar{\nu}_{\mu L}$

$\pi^+ \nrightarrow \mu_R^+ + \nu_{\mu R}$.

Das sind aber gerade die durch die Verletzung der Invarianz gegenüber einer Paritätstransformation verbotenen Reaktionen (10), in denen ein linkshändiges Antineutrino bzw. ein rechtshändiges Neutrino beobachtbar sein sollten. Wie wir sehen, führt die Transformation der Ladungskonjugation in schwachen Zerfällen zu unbeobachtbaren Prozessen.

Wenden wir jedoch beide Transformationen, die Ladungskonjugation und die Spiegelung, nacheinander auf einen physikalisch erlaubten Prozeß an, so ergibt sich wieder eine im Experiment beobachtbare Reaktion. Angewandt auf den Zerfall des positiven π-Mesons $\pi^+ \rightarrow \mu_L^+ + \nu_{\mu L}$ erhalten wir:

Parität: $\pi^+ \rightarrow \mu_R^+ + \nu_{\mu R}$

Ladungskonjugation: $\pi^- \rightarrow \mu_R^- + \bar{\nu}_{\mu R}$,

d. h. den in der Natur beobachteten Zerfall des negativen π-Mesons.

Wenn wir alle bisher betrachteten Reaktionen, an denen elektrisch geladene Teilchen beteiligt sind, uns nochmals ansehen, so zeigt sich, daß die Summe der Ladungen auf jeder der beiden Seiten einer Reaktionsgleichung stets die gleiche ist. Jedem positiv bzw. jedem negativ geladenen Elementarteilchen wird dabei die Ladung ± 1 in Einheiten der elektrischen Elementarladung e zugeordnet.[9] In allen Prozessen der starken, der schwachen und der elektromagnetischen Wechselwirkungen, die bisher beobachtet wurden, hat sich das Gesetz der Ladungserhaltung bestätigt.

Ein zwingender Test des Gesetzes, daß die elektrische Ladung im Anfangs- und Endzustand jeder Reaktion stets die gleiche sein muß, ist die Stabilität des Elektrons. Die einzigen bisher beobachteten leichteren Teilchen sind das Neutrino und das Photon. Da beide elektrisch neutral sind, würde ein Elektronenzerfall, wie etwa $e^- \rightarrow \nu_e + \gamma$, notwendigerweise das Prinzip der Ladungserhaltung verletzen.

Zerfällt ein im Atom gebundenes Elektron, so wird das entstandene Loch von einem energetisch höher liegenden Elektron aufgefüllt. Dabei sollte ein Photon im Bereich der Röntgenstrahlen emittiert werden. Solche Photonen wurden nicht beobachtet. Als untere Grenze der mittleren Lebensdauer t_m des Elektrons folgt aus diesen Experimenten $t_m \geq 2,2 \cdot 10^{22}$ Jahre.

Ausgehend von der Gültigkeit des Erhaltungssatzes der elektrischen Ladung, stellt sich die Frage, welches Symmetrieprinzip die Ladungserhaltung bewirkt.

Bevor diese Frage beantwortet werden kann, müssen wir zwischen zwei Arten von Symmetrien unterscheiden. Wenn die Naturgesetze ihre Form bei einer Verschiebung in Raum und Zeit nicht ändern, so bezieht sich die zugrunde liegende Symmetrie auf den gesamten Raum bzw. auf alle Zeiten. Wir bezeichnen diese Art der Symmetrie als global. Im Gegensatz zu einer globalen Symmetrie, bei der sich alle Punkte des Raum-Zeit-Kontinuums gleichermaßen transformieren, sprechen wir von einer lokalen Symmetrie, wenn sich alle Punkte unabhängig voneinander transformieren lassen. Bei einer lokalen Symmetrie bleibt ein Naturgesetz auch dann invariant, wenn für unterschiedliche Raum-Zeit-Punkte verschiedene Transformationen zulässig sind.

Machen wir uns den Unterschied mittels eines einfachen geometrischen Modells klar. Wir betrachten eine Kugel, deren Oberfläche mit einer elastischen Haut bespannt ist und auf der sich ein regelmäßiges Punktmuster befindet (Abb. S. 162). Wenn wir die Kugel um einen beliebigen Winkel um eine durch den Mittelpunkt gehende Achse drehen, so ändert sich das Erscheinungsbild nicht. Alle Punkte der Oberfläche transformieren sich gleichermaßen. Die Symmetrie ist global. Die Gestalt der Kugel und damit auch der Abstand jedes Punktes der Oberfläche zum Mittelpunkt würden sich ebenfalls nicht ändern, wenn wir durch lokale Bewegungen der elastischen Haut die einzelnen Punkte der Oberfläche in neue Positionen bringen. Da dabei die individuellen Punkte unabhängig voneinander transformiert werden, sprechen wir von einer lokalen Symmetrie.

Durch die lokalen Bewegungen der elastischen Haut ent-

---

[9] Die elektrische Ladungseinheit hat $1,60 \cdot 10^{-19}$ Coulomb. Vergleichsweise hat eine Autobatterie eine Ladung von rund 10^5 Coulomb.

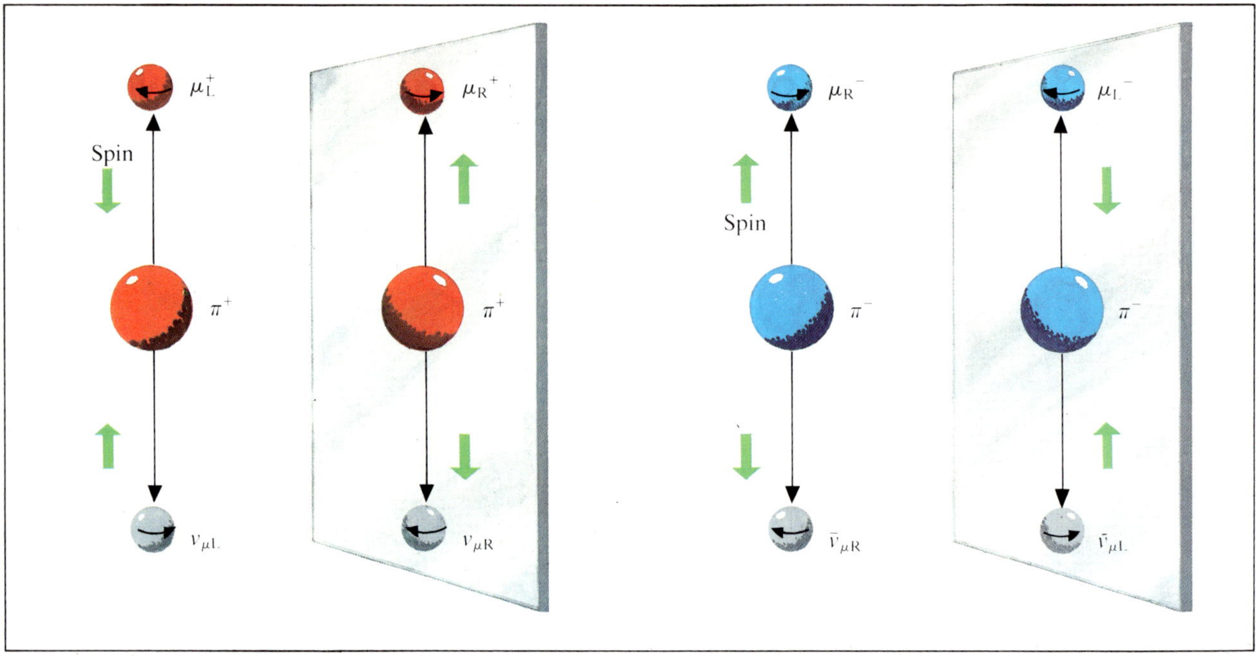

162

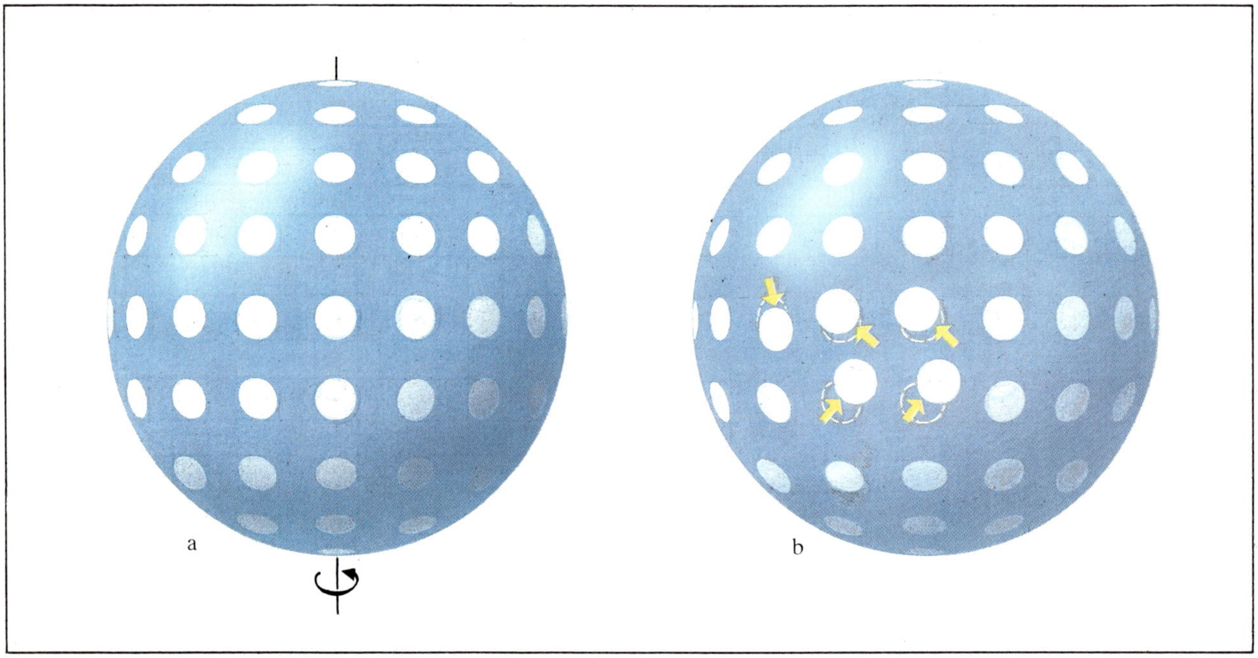

Zerfälle von π^+- und π^--Mesonen in Myon und Neutrino bzw. Antineutrino und die Spiegelbilder beider Prozesse. Im Spiegelbild bleiben die Bewegungsrichtungen erhalten, während der Drehsinn und damit der Spin jedes Zerfallsteilchens sich umkehren.

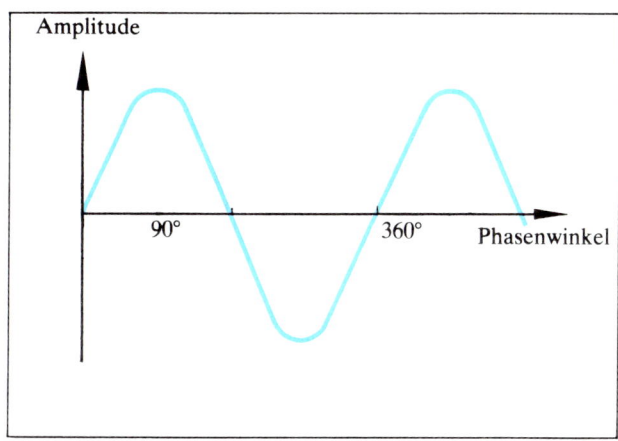

Amplitude und Phasenwinkel in periodischen Bewegungen

stehen zwischen den einzelnen Punkten Spannungen, Kräfte. Das ist nicht eine spezifische Eigenschaft unseres unvollkommenen Modells, sondern entsprechende Kräfte treten stets dann auf, wenn eine physikalische Erscheinung gegenüber einer lokalen Transformation invariant ist. Ein Naturgesetz, etwa die relativistische Bewegungsgleichung des Elektronenfeldes, ist gegenüber einer Transformation mit globaler Symmetrie invariant. Eine Invarianz unter einer lokalen Symmetrietransformation läßt sich nur durch Einführung zusätzlicher Felder erreichen. Diese Felder bezeichnet man als Eichfelder. Die ihnen entsprechenden Kräfte werden durch den Austausch der Quanten der Eichfelder vermittelt.

In der Theorie der elektromagnetischen Wechselwirkung, der bereits im Abschnitt 4.4. skizzierten Quantenelektrodynamik, sind die Feldgleichungen invariant gegenüber einer speziellen lokalen Transformation. Um diese lokale Symmetrie zu erreichen, ist es notwendig, das elektromagnetische Feld mit seinen Feldquanten, den Photonen, einzuführen. Den entsprechenden Gedankenweg wollen wir an einem Beugungsexperiment verfolgen.

Die Felder der geladenen Leptonen (e^-, μ^-, τ^-) werden an jedem Raum-Zeit-Punkt durch zwei charakteristische Größen definiert: Eine Amplitude und eine Phase (Abb. rechts). Das Quadrat der Amplitude ist das Maß der Wahrscheinlichkeit, das Lepton im betrachteten Raum-Zeit-Punkt zu finden, und die Phase der Schwingung mißt durch Angabe eines Winkels die Entfernung der Materiewelle von einem beliebig zu wählenden Bezugspunkt.

Globale und lokale Transformation eines Musters auf der elastischen Haut einer Kugeloberfläche. Bei einer Drehung der Kugel um eine beliebige Achse bleibt das Erscheinungsbild ungeändert (a). Durch Spannungen in der elastischen Haut können örtliche Verschiebungen der Punkte auftreten, die durch lokale Bewegungen der Haut wieder korrigierbar sind. Durch lokale Transformationen bleibt das Erscheinungsbild also ebenfalls erhalten (b).

Betrachten wir die Beugung von Elektronen an einem Doppelspalt (S. 164). Trifft das Elektronenfeld auf den Doppelspalt, so werden die auslaufenden Wellen gebeugt. Sie überlagern sich hinter dem Spalt zu einem Interferenzmuster auf der abbildenden Fotoplatte. An den Stellen, wo die sich überlagernden Wellen die gleiche Phase haben, finden wir eine starke Schwärzung durch viele Elektronen. Ein vergleichsweise sehr schwaches Signal wird aufgezeichnet, wenn die beiden gebeugten Wellen mit einer Phasenverschiebung von 180° aufeinandertreffen (Abb. a). Verschiebt man die Phasen aller Wellen durch Einfügung einer Platte hinter beide Spalte um den gleichen Winkel, so bleibt das aufgezeichnete Interferenzmuster ungeändert. Das Elektronenfeld verhält sich gegenüber dieser globalen Phasentransformation invariant. Die Art der Invarianz bezeichnet man als globale Eichinvarianz bzw. als globale Eichsymmetrie (Abb. b). Im nächsten Schritt wollen wir die Wirkung einer lokalen Transformation auf das Elektronenfeld betrachten. Dazu stellen wir nur hinter einen der beiden Spalte eine Platte, die eine Phasenverschiebung der Elektronenwelle um 180° bewirkt. Das Beugungsbild auf der Fotoplatte zeigt jetzt Maxima an den Stellen, wo in den beiden ersten Versuchen die Minima lagen. Das Interferenzmuster hat sich umgekehrt. Das Elektronenfeld ist gegenüber dieser lokalen Eichtransformation nicht invariant (Abb. c).

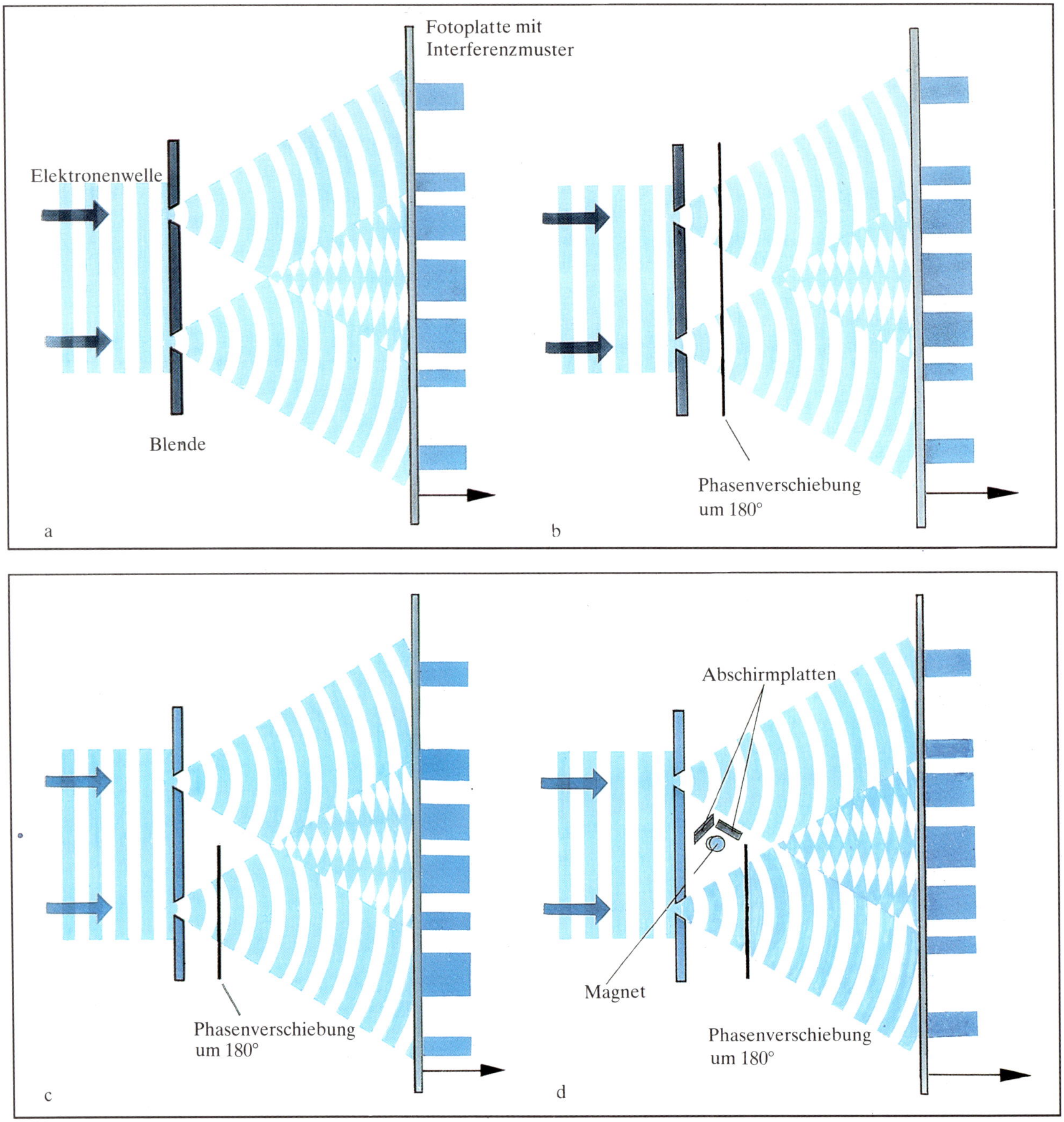

a) Elektronenwelle — Blende — Fotoplatte mit Interferenzmuster

b) Phasenverschiebung um 180°

c) Phasenverschiebung um 180°

d) Abschirmplatten — Magnet — Phasenverschiebung um 180°

Erinnern wir uns des Modells der Kugel mit der elastischen Haut. Die lokale Symmetrie war mit dem Auftreten zusätzlicher Kräfte verbunden. Die Symmetrie gegenüber einer lokalen Phasentransformation können wir beispielsweise durch die Einführung eines magnetischen Feldes erreichen. Es bewirkt beim Doppelspaltexperiment, etwa durch die geeignete Aufstellung eines Magneten, die lokale Kompensation der Phasenverschiebung (Abb. d). Dem Interferenzmuster auf der Fotoplatte ist nicht anzusehen, auf welche Weise die Phasenverschiebung erreicht wurde – durch eine Platte oder durch ein magnetisches Feld.

Durch ein elektromagnetisches Feld läßt sich erreichen, daß alle meßbaren physikalischen Größen auch dann ungeändert bleiben, wenn sich die Phase des Elektronenfeldes zwischen verschiedenen Raum-Zeit-Punkten ändert. Die lokale Einwirkung des elektromagnetischen Feldes geschieht durch die lokale Emission bzw. Absorption virtueller Photonen. Auf diese Weise sorgt das elektromagnetische Feld für die Eichinvarianz des Elektronenfeldes.

Mit der lokalen Eichsymmetrie, der Invarianz gegenüber einer Phasentransformation der Feldgleichungen der Quantenelektrodynamik, ist, wie man mittels des mathematischen Formalismus der Theorie zeigen kann, die Ladungserhaltung in den Wechselwirkungsprozessen verknüpft. Damit hat die eingangs unserer Betrachtungen gestellte Frage ihre Antwort erhalten. Die lokale Eichtransformation, die man wegen ihrer mathematischen Struktur auch als $U(1)$-Transformation bezeichnet, entspricht einem physikalischen Prozeß, bei dem die geladenen Teilchen über den Austausch von Photonen aufeinander einwirken, ohne dabei ihre Ladung zu ändern.

Eine ebene Elektronenwelle trifft auf eine Blende mit zwei benachbarten Spalten. Auf einer Fotoplatte hinter der Blende entsteht ein Interferenzmuster (a). Fügt man hinter der Blende eine Platte ein, die den Phasenwinkel beider gebeugter Elektronenwellen um 180° verschiebt, so ändert sich das Interferenzmuster auf der Fotoplatte nicht (b). Das Interferenzmuster gegenüber dieser globalen Phasenverschiebung ist invariant. Wird die Phasenverschiebung nur hinter einem Spalt durchgeführt, so ändert sich das Interferenzmuster (c). Durch Einfügen eines Magnetfeldes kann die Phasenverschiebung durch die Platte kompensiert werden, und es entsteht das gleiche Interferenzmuster wie in den Abb. a) und b).

Die $U(1)$-Symmetrie ist eine Invarianz in einem abstrakten, nur indirekt mit der Raum-Zeit-Struktur verbundenen mathematischen Raum. Man bezeichnet diese Klasse von Symmetrien als innere Symmetrien. Die Interpretation solcher inneren Symmetrien als lokale Eichinvarianzen, die dadurch mit dem Raum-Zeit-Kontinuum in Beziehung gesetzt werden, führte in den zurückliegenden Jahren zu bemerkenswerten Fortschritten. Mittels einer lokalen Eichfeldtheorie gelangen die Beschreibung der schwachen Wechselwirkung und ihre Vereinigung mit der elektromagnetischen Wechselwirkung zu einer einheitlichen, lokalen elektroschwachen Eichfeldtheorie. Um auch die Theorie der starken Wechselwirkung als lokale Eichfeldtheorie zu formulieren, entstand in den siebziger Jahren die Quantenchromodynamik. Beide Theorien befinden sich in bemerkenswert guter Übereinstimmung mit den Experimenten. Als Schlüssel zu den erreichten Fortschritten in unserem Verständnis des Mikrokosmos erwiesen sich die lokalen Eichsymmetrien.

4.9. Die elektroschwache Eichfeldtheorie

Gravitation und Elektromagnetismus sind wegen ihrer großen Reichweite die unser tägliches Leben beherrschenden Kräfte. Die starke Wechselwirkung ist, soweit unsere irdische Erfahrung reicht, auf die Ausdehnung der Atomkerne, also etwa 10^{-13} cm, beschränkt. Die schwache Wechselwirkung ist so kraftlos, daß sie nichts zusammenhält. Unser Wissen um diese Kraft beschränkt sich auf Zerfallsprozesse wie etwa den Betazerfall des Neutrons oder auf die so extrem seltenen Stöße der Neutrinos. Die außerordentliche Schwäche dieser Kraft läßt sich auf ihre kurze Reichweite von weniger als 10^{-15} cm zurückführen. Nur außerordentlich selten nähern sich zwei Teilchen bis auf die Reichweite der schwachen Wechselwirkung. Entsprechend unwahrscheinlich sind die schwachen Prozesse.

So geringfügig uns das Wirken der schwachen Kraft unter irdischen Bedingungen auch erscheinen mag, ohne ihr Wirken gäbe es keine langlebigen Sterne. Sie ist das zeitliche Regulativ im Werden und Vergehen aller Sterne, also auch unserer Sonne. Sie steuert, wie wir im folgenden Kapitel noch sehen werden, den zeitlichen Ablauf der Kernprozesse, welche die Energiequellen aller Sterne sind.

Die Erforschung der schwachen Wechselwirkung begann mit der Entdeckung des radioaktiven Zerfalls durch Becquerel. Weitere bedeutende Fortschritte in unserem Verständnis dieser fundamentalen Kraft waren die Erfindung des Neutrinos durch Pauli, die erste quantenmechanische Theorie des Betazerfalls von Fermi, der experimentelle Nachweis der Neutrinos und ihrer Antiteilchen in der zweiten Hälfte unseres Jahrhunderts und schließlich der bemerkenswerte Umstand, daß in allen schwachen Prozessen Parität und Ladungskonjugation nicht erhalten bleiben.

Elektrische Ladungen und die durch sie verursachten elektrischen Ströme sind uns vertraut. Ihre Wirkungen können wir messen. Wir nutzen sie in vielen Geräten unseres täglichen Lebens. Das tiefere Eindringen in die Natur der elektromagnetischen Wechselwirkung lehrte uns, daß die experimentell so hervorragend bestätigte Eichfeldtheorie der elektromagnetischen Erscheinungen auf dem Erhaltungssatz für die elektrische Ladung beruht. Aus der Ladungserhaltung folgt zwingend die Existenz eines Eichfeldes, dessen Quanten, die masselosen Photonen, die elektromagnetische Kraft zwischen den Ladungsträgern vermitteln. Wenn wir eine ähnliche Theorie für die schwache Wechselwirkung formulieren wollen, liegen zwei Fragen nahe: Gibt es ein analoges Eichfeld mit entsprechenden Feldquanten? Mit welchen Erhaltungsgrößen ist dieses Eichfeld verbunden?

Fragen dieser Art beantwortet die Physik stets auf die gleiche Weise. Wir nehmen an, daß sowohl ein Eichfeld der schwachen Wechselwirkung mit seinen Quanten als auch eine der elektrischen Ladung analoge schwache Ladung existieren, und untersuchen die aus diesen Hypothesen folgenden Konsequenzen. Ergeben sie eine konsistente Beschreibung der Beobachtungen, so führen sie uns zu einer Eichfeldtheorie der schwachen Wechselwirkung. Treten Widersprüche auf, so müssen wir entweder die Hypothesen verwerfen oder durch geeignete Zusatzannahmen modifizieren.

Bereits im Jahre 1935 versuchte der japanische Physiker Hideki Yukawa, ausgehend von der Heisenbergschen Unbestimmtheitsrelation, eine einheitliche Beschreibung der starken und der schwachen Kraft zu geben. In Analogie zur elektromagnetischen Wechselwirkung nahm er an, daß auch diese beiden Wechselwirkungen durch den Austausch virtueller Teilchen vermittelt werden.

Wie wir bereits sahen (vgl. Abschnitt 4.4.), verletzt die Emission eines virtuellen Teilchens den Energieerhaltungssatz. Ist die Zeit des Auftretens eines virtuellen Teilchens der Masse m bzw. der Energie $\Delta E = mc^2$ auf das durch die Unbestimmtheitsrelation $\Delta t \cdot \Delta E = h$ gegebene Intervall

$$\Delta t = \frac{h}{\Delta E} = \frac{h}{mc^2}$$

beschränkt, so ist die virtuelle Emission des Teilchens erlaubt. Selbst wenn es mit Lichtgeschwindigkeit c fliegen würde, kann es in der Zeit Δt nur einen Weg

$$r = c \cdot \Delta t = \frac{ch}{mc^2} = \frac{h}{mc}$$

zurücklegen. Die Reichweite r der Kraft erweist sich als umgekehrt proportional zur Masse m des die Wechselwirkung vermittelnden virtuellen Teilchens.

Ein die Kernkraft zwischen den Kernbausteinen, den Protonen und den Neutronen, über eine Distanz von rund 10^{-13} cm übertragendes virtuelles Teilchen müßte danach eine Masse von etwa 200 MeV/c^2 haben. Seit der Mitte der vierziger Jahre kennen wir dieses Teilchen, das π-Meson.

Wegen der sehr viel kürzeren Reichweite der schwachen Wechselwirkung müßten die die schwache Kraft vermittelnden Feldquanten, die man als intermediäre Bosonen (W) bezeichnet, eine um vieles größere Masse haben. Bei einer Reichweite der schwachen Wechselwirkung von $2 \cdot 10^{-16}$ cm ergibt sich ein Massenwert von rund 100 GeV/c^2.

Im radioaktiven Betazerfall, in den Zerfällen geladener Leptonen und in einigen Neutrinoreaktionen haben wir bereits mehrere der in der Natur beobachtbaren Reaktionen kennengelernt, die über die schwache Wechselwirkung verlaufen. Wie würden sich diese Prozesse in ihren Graphen darstellen lassen, wenn sie über den Austausch intermediärer Bosonen $W^\pm$ erfolgen?

Betrachten wir zunächst einige Reaktionen, an denen nur Leptonen beteiligt sind. Man bezeichnet sie als rein leptonische Prozesse. Typische Reaktionen dieser Art sind die Zerfälle der schweren geladenen Leptonen, wie etwa der Zerfall des Myons:

$$\mu^+ \rightarrow e^+ + \nu_e + \bar{\nu}_\mu. \tag{8}$$

Das zugehörige Feynman-Diagramm ist in folgender Abbildung skizziert. Das zerfallende Myon wird im Raum-Zeit-

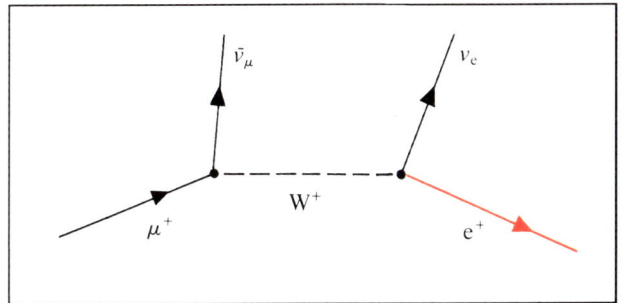

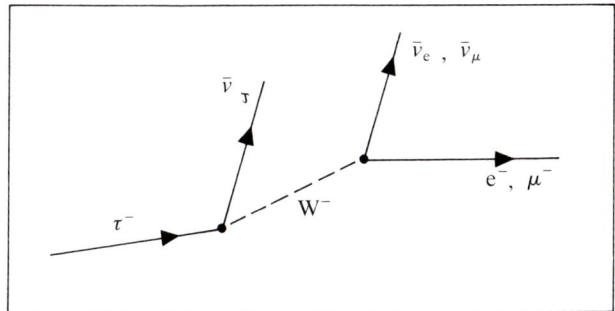

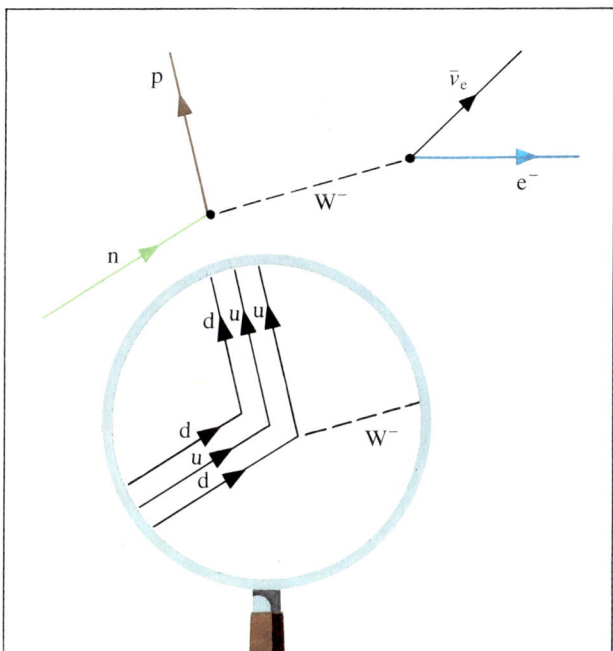

Punkt 1 vernichtet, und es werden ein positiv geladenes intermediäres Boson W^+ und ein Myon-Antineutrino $\bar{\nu}_\mu$ erzeugt. Das virtuelle W^+-Boson wird am zweiten Vertex vernichtet, und ein $e^+\nu_e$-Paar wird erzeugt.

Die Beschreibung des Zerfallsprozesses durch den Austausch virtueller Bosonen unterstreicht die Analogie zur elektromagnetischen Wechselwirkung. An die Stelle der lokalen 4-Fermionen-Wechselwirkung tritt die Wechselwirkung zwischen je zwei Fermionen und einem Boson.

Daß es sich wirklich um ein Boson, also um ein Teilchen mit ganzzahligem Spin, handelt, zeigt sich, wenn man in Reaktion (8) die Winkel zwischen der Flugrichtung des μ^+ und des e^+ für eine größere Zahl von Zerfällen bestimmt. Diese Winkelverteilung hängt davon ab, welchen Spin das W-Boson hat. Die Messungen ergeben eindeutig den Spin 1 für das intermediäre Boson.

Da das τ-Lepton um vieles schwerer als das Myon ist, ergibt sich eine größere Zahl an Zerfallsmöglichkeiten. Dazu zählen auch die folgenden rein leptonischen Prozesse, deren Feynman-Diagramm in der Abbildung links skizziert ist:

$$\tau^- \to \mu^- + \bar{\nu}_\mu + \nu_\tau \tag{11}$$
$$\tau^- \to e^- + \bar{\nu}_e + \nu_\tau.$$

Die Feynman-Diagramme dieser beiden leptonischen Zerfälle sind identisch, also sollten beide Zerfälle auch mit gleicher Häufigkeit auftreten. Diese Erwartung wird durch die Beobachtungen präzise bestätigt.

Der Betazerfall des Neutrons ist eine Reaktion, an der nicht nur Leptonen beteiligt sind. Prozesse dieser Art bezeichnet man als semileptonisch.

$$n \to p + e^- + \bar{\nu}_e. \tag{2}$$

Das Feynman-Diagramm des μ^+-Zerfalls

Das Feynman-Diagramm der τ^--Zerfälle:
$\tau^- \to \mu^- + \bar{\nu}_\mu + \nu_\tau$
$\tau^- \to e^- + \bar{\nu}_e + \nu_\tau$

Das Feynman-Diagramm des Neutronenzerfalls. Nehmen wir den ersten Vertex »unter die Lupe«, so zeigt sich, daß eines der drei Quarks im Neutron sich durch Emission eines W^--Bosons umwandelt, während die beiden anderen Quarks ungeändert bleiben.

Der Graph zeigt den Übergang eines Neutrons in ein Proton, verbunden mit der Emission eines virtuellen W^--Bosons. Das virtuelle Teilchen verwandelt sich nach seiner Vernichtung in ein Elektron und ein Antineutrino.

Wenn wir den ersten Vertex genauer unter die Lupe nehmen, so zeigt sich, daß Neutron und Proton eine innere Struktur besitzen. Sie sind, wie wir im folgenden Abschnitt sehen werden, aus jeweils drei Quarks aufgebaut. Eines der Quarks wird in dem semileptonischen Prozeß durch die Emission des intermediären Bosons umgewandelt, während die beiden anderen Quarks ungeändert bleiben.

In allen Beispielen gilt streng das Prinzip der Erhaltung der elektrischen Ladung. Die Summe der Ladungen auf der linken Seite jeder Reaktionsgleichung muß gleich der Ladungssumme auf der rechten Seite sein. Wie in den elektromagnetischen Prozessen muß auch in den schwachen Reaktionen die Ladungserhaltung an jedem Vertex gelten. Die Summe der auf den Vertex zulaufenden elektrischen Ladungen muß der Summe der Ladungen gleich sein, die vom Vertex ausgehen.

In allen bisher betrachteten schwachen Prozessen ändert sich der Ladungszustand der an den Reaktionen beteiligten Teilchen, d.h., das die schwache Wechselwirkung vermittelnde Feldquant muß selbst eine positive oder negative elektrische Elementarladung tragen.

Anfang der siebziger Jahre wurde am Neutrinostrahl des CERN-Beschleunigers eine große, in Frankreich entwickelte und gebaute Blasenkammer in Betrieb genommen. Das große Kollektiv der an der Bearbeitung der Fotografien beteiligten Wissenschaftler berichtete im Jahre 1973 über die Beobachtung eines Ereignisses, ausgelöst durch ein Myon-Antineutrino, in dem offenbar eine elastische Streuung des Antineutrinos an einem Elektron stattgefunden hatte:

$$\bar{\nu}_\mu + e^- \rightarrow \bar{\nu}_\mu + e^-. \tag{12}$$

Ferner beobachteten die Wissenschaftler etliche Reaktionen, in denen die Neutrinos an Protonen gestreut wurden:

$$\nu_\mu + p \rightarrow \nu_\mu + p. \tag{13}$$

Die diese beiden Reaktionen beschreibenden Graphen sind in unserer Abbildung auf Seite 169 (a, b) skizziert. Da sich in beiden Reaktionen der Ladungszustand der Leptonen nicht ändert, können sie nur über den Austausch eines neutralen intermediären Bosons verlaufen sein.

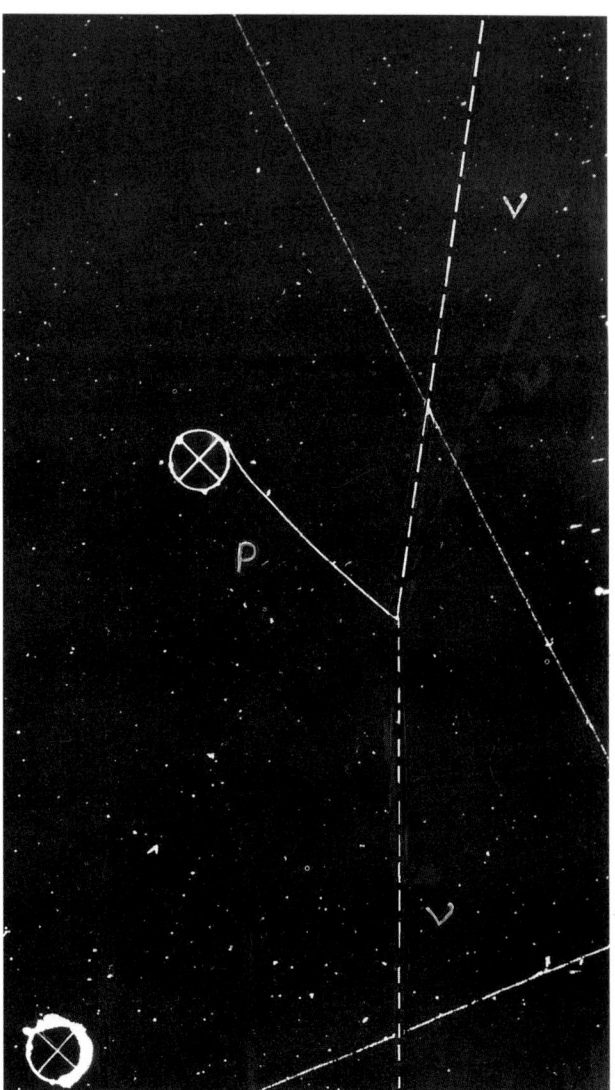

Fotografie des Streuprozesses $\nu_\mu + p \rightarrow \nu_\mu + p$, aufgezeichnet in einer mit Freon gefüllten Blasenkammer (SKAT). Sichtbar ist allein die Spur des Protons nach der Streuung. Der Weg des Neutrinos ist gestrichelt eingezeichnet [6].

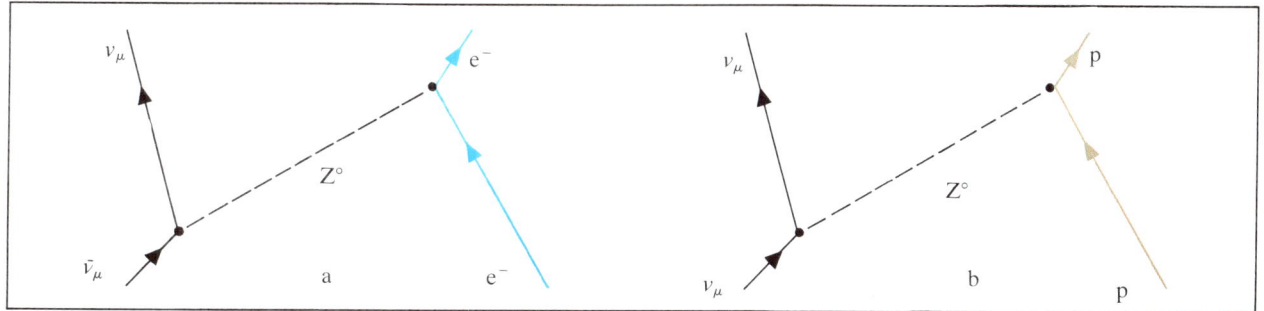

Die Feynman-Diagramme der Reaktionen:
a) $\bar{v}_\mu + e^- \to \bar{v}_\mu + e^-$
b) $v_\mu + p \to v_\mu + p$

Bis zum Jahre 1973 hatte man in allen beobachteten schwachen Wechselwirkungen auch den Austausch elektrischer Ladungen festgestellt. Diese Prozesse ließen sich nur über den Austausch geladener intermediärer Bosonen $W^\pm$ beschreiben. Die Beobachtung der Reaktionen (12) und (13) zeigte uns erstmals schwache Reaktionen, in denen – wie in der elektromagnetischen Wechselwirkung – Teilchen der gleichen Art ihre elektrische Ladung behielten. Damit waren Prozesse der schwachen Wechselwirkung entdeckt, die nur über den Austausch neutraler intermediärer Bosonen Z^0 zu beschreiben sind.

Jedes Lepton hat den Spin $^1/_2$. Wir veranschaulichen uns diese quantenhafte Eigenschaft durch einen um seine eigene Achse rotierenden winzigen Kreisel. Bei dieser Rotation verlieren die Teilchen keine Energie, und der Betrag des Eigendrehimpulses bleibt stets derselbe. Den Spin stellen wir durch einen Vektor ⇑ dar, der parallel zur Drehachse gerichtet ist. Für jedes Fermion mit dem Spin $^1/_2$ kann der Spinvektor nur zwei räumliche Orientierungen haben, entweder in Bewegungsrichtung des Teilchens oder in die entgegengesetzte Richtung. Beide Orientierungen charakterisieren unterschiedliche Quantenzustände der Fermionen, wie wir sie etwa im Aufbau der Atome kennenlernten.

Untersuchungen der Paritätsverletzung in schwachen Zerfällen zwangen uns zu der Einsicht, daß die beim Zerfall emittierten Neutrinos stets als Linksschrauben erscheinen – Spin und Bewegungsrichtung sind einander entgegengesetzt gerichtet –, während Antineutrinos nur rechtshändig – Spin und Bewegungsrichtung sind gleichgerichtet – emittiert werden (s. Abschnitt 4.8.). Im allgemeinen läßt sich die Händigkeit eines Teilchens umkehren. Betrachten wir etwa den Zerfall $\pi^+ \to \mu_L^+ + v_{\mu L}$. Wie die Experimente zeigen, werden beide Zerfallsteilchen stets linkshändig emittiert. Bremsen wir das relativ langlebige Myon jedoch ab und beschleunigen wir es dann in die entgegengesetzte Richtung, so erhalten wir ein rechtshändiges μ_R^+-Lepton. Gleiches gilt für alle geladenen Leptonen.

Ob sich die Händigkeit der Neutrinos bzw. der Antineutrinos ändern läßt, hängt davon ab, ob sie eine von Null verschiedene Ruhemasse haben. Ein masseloses Teilchen, wie etwa das Photon, bewegt sich stets mit Lichtgeschwindigkeit. Es läßt sich nicht zum Stillstand bringen. Die Richtungsorientierung eines Teilchens mit der Ruhemasse Null ist nicht umkehrbar. Alle bisherigen Beobachtungen sind nicht im Widerspruch zur Annahme der Masselosigkeit von Neutrinos und Antineutrinos. Wir gehen also zunächst davon aus, daß Neutrinos nur als Linksschrauben bzw. Antineutrinos nur als Rechtsschrauben beobachtbar sind.

Wir wollen die Händigkeit der elementaren Fermionen, ihren Drehsinn bezüglich ihrer Bewegungsrichtung, als eine die Teilchen charakterisierende neue Eigenschaft einführen. Die Festlegung liegt nahe, da die schwache Kraft bei links- und rechtshändigen Fermionen unterschiedlich wirkt.

In Analogie zur elektrischen Ladung der Fermionen in elektromagnetischen Wechselwirkungen haben die Physiker zur Beschreibung der Prozesse der schwachen Wechselwirkung eine schwache Ladung eingeführt. Die bemerkenswerte

Besonderheit der schwachen Ladung ist ihre enge Verknüpfung mit der Händigkeit der Teilchen. Nur linkshändige Fermionen und rechtshändige Antifermionen sind Träger einer schwachen Ladung. Linkshändige Antifermionen und rechtshändige Fermionen haben die schwache Ladung Null. Diese Zuordnungen, die gleichermaßen für Leptonen und Quarks gelten, tragen den experimentellen Beobachtungen Rechnung. Nur linkshändige Fermionen bzw. rechtshändige Antifermionen nehmen an schwachen Prozessen teil, in denen sich der Ladungszustand der beteiligten Fermionen ändert. Rechtshändige Teilchen und linkshändige Antiteilchen haben keinen Anteil an diesen Prozessen. Sie verhalten sich neutral gegenüber der schwachen Kraft. W-Bosonen reagieren also nur mit linkshändigen Fermionen und rechtshändigen Antifermionen. Sie tragen je eine Einheit der elektrischen und der schwachen Ladung.

Die nachstehende Tabelle[10] faßt die getroffenen Zuordnungen zusammen. Dabei symbolisiert $l^\pm$ die geladenen Leptonen der drei Familien ($e^\pm$, $\mu^\pm$, $\tau^\pm$), und die Neutrinos sind je nach Familienzugehörigkeit zu indizieren.

Fermion	Elektrische Ladung	Schwache Ladung	Übergänge
$\nu_L \Downarrow \uparrow$	0	$+1/2$	
$l_L^- \Downarrow \uparrow$	-1	$-1/2$	
$\bar{\nu}_R \Uparrow \uparrow$	0	$-1/2$	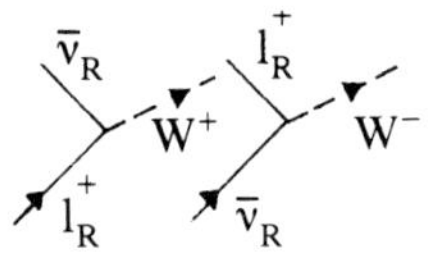
$l_R^+ \Uparrow \uparrow$	$+1$	$+1/2$	
$l_R^- \Uparrow \uparrow$	-1	0	—
$l_L^+ \Downarrow \uparrow$	$+1$	0	—

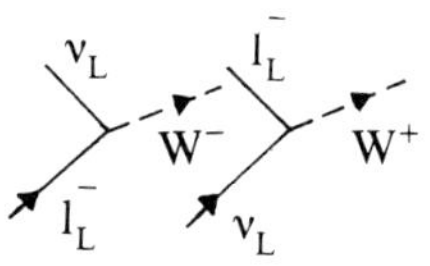

Ein typisches Beispiel derartiger Übergänge ist die Reaktion
$$\nu_{\mu L} + n \rightarrow p + \mu_L^-, \qquad (7)$$
deren Graph unter Berücksichtigung der erlaubten Händigkeit in folgender Abbildung (S. 171) skizziert ist.

Die getroffene Zuordnung von schwacher Ladung und Händigkeit führt zwangsläufig zu zweikomponentigen Einheiten, in die sich die Leptonen (und auch die Quarks) einordnen:
$$\begin{pmatrix}\nu_e \\ e^-\end{pmatrix}_L; \quad \begin{pmatrix}\nu_\mu \\ \mu^-\end{pmatrix}_L; \quad \begin{pmatrix}\nu_\tau \\ \tau^-\end{pmatrix}_L.$$

Die sechs rechtshändigen Antileptonen lassen sich in drei analoge Dubletts einfügen. Durch die virtuelle Emission eines intermediären Bosons $W^\pm$ wandeln sich die beiden Komponenten jedes der Dubletts ineinander um. Dabei werden je eine Einheit der elektrischen und der schwachen Ladung ausgetauscht. Rechtshändige Teilchen und linkshändige Antiteilchen haben keine schwache Ladung. Sie bilden Singulettzustände und lassen sich nicht durch schwache Wechselwirkungen umwandeln.

Die schwache Kraft wirkt auf Zweiergruppen von Fermionen, wobei die Teilchen jedes Dubletts ineinander transformiert werden. Ihrem mathematischen Charakter entsprechend, bezeichnet man diese Art der Transformation als $SU(2)$-Transformation. Die $SU(2)$-Transformation für das $\nu_{eL} e_L^-$-Dublett ist in unserer Abbildung (a) auf S. 171 schematisch skizziert. Verglichen mit der $U(1)$-Symmetrie der QED, die in b angedeutet ist, erweist sich die $SU(2)$-Symmetrie als um einiges komplexer.

Die $U(1)$-Transformation entspricht einem Übergang, in dem das Fermion, unbeschadet seiner Händigkeit, seine Identität nicht ändert. Anfangs- und Endzustand haben die gleiche elektrische Ladung. Für die elektrische Ladung gilt ein strenger Erhaltungssatz. Gegenüber einer lokalen $U(1)$-Transformation sind die Bewegungsgleichungen der Elektronenfelder invariant, wenn das elektromagnetische Feld mit den Photonen als Feldquanten als Eichfeld in die Theorie eingeführt wird.

---

[10] Analoge Zuordnungen gelten für die Quarks und Antiquarks. Die Pfeile $\Uparrow$ und $\uparrow$ symbolisieren Spin und Bewegungsrichtung.

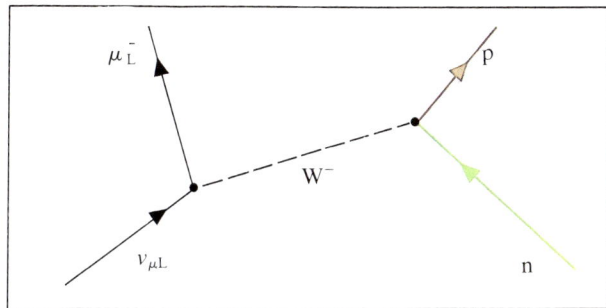

Das Feynman-Diagramm der Reaktion $v_{\mu L} + n \rightarrow p + \mu^-_L$

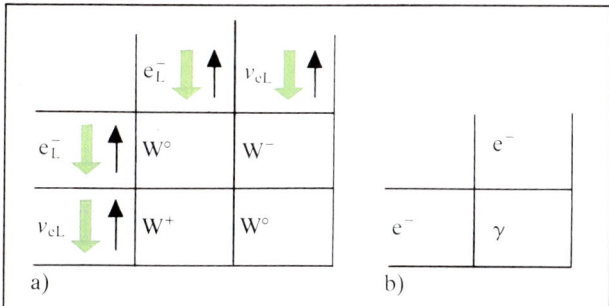

In (a) ist das Schema der SU(2)-Transformation für das Dublett (e^-_L v_{eL}) skizziert. (b) zeigt das Schema der U(1)-Transformation der QED.

In dem Bemühen, auch die schwache Wechselwirkung als lokale Eichfeldtheorie zu formulieren, haben wir am Beginn dieses Abschnitts (vgl. S. 166) zwei Fragen gestellt:
– Lassen sich in Prozessen der schwachen Wechselwirkung Größen finden, für die ein Erhaltungssatz gilt?
– Welche Art Eichfeld ist in die Theorie einzuführen, damit die Bewegungsgleichungen der schwachen Fermionenfelder gegenüber einer lokalen Eichtransformation invariant bleiben?

Wir haben den Leptonen eine schwache Ladung zugeordnet. Sie ist ein Maß der Stärke, mit der die schwach wechselwirkenden Fermionen an das schwache Eichfeld, d. h. an die Quanten dieses Eichfeldes, koppeln.

Das erste Problem, dem wir uns gegenübersehen, ist die Gültigkeit eines Erhaltungssatzes für die schwache Ladung.

Die schwache Ladung ist eng mit der Händigkeit der Fermionen verknüpft. Sie bleibt nicht erhalten, wenn ein geladenes Teilchen, etwa ein Myon, in seiner Bewegung gebremst und seine Bewegungsrichtung umgekehrt wird. Dabei ändern sich seine Händigkeit und damit auch seine schwache Ladung. Die Händigkeit bleibt nur für masselose Teilchen erhalten, die sich stets mit Lichtgeschwindigkeit bewegen; es sei denn, daß die Ruhemasse der Fermionen gegenüber ihrer Bewegungsenergie vernachlässigbar klein ist ($\gg$ 100 GeV). Die Händigkeit dieser hochenergetischen Fermionen ist dann weitgehend festgelegt, und für die schwache Ladung gilt praktisch ein Erhaltungssatz. Bei niedrigen Energien ist die Symmetrie gebrochen. Die schwache Ladung bleibt nicht erhalten. Sie verschwindet gleichsam ins Nichts, ins Vakuum, wenn ein massives Fermion seine Händigkeit umkehrt.

Damit die Bewegungsgleichungen der schwachen Fermionenfelder gegenüber einer lokalen SU(2)-Transformation invariant bleiben, müssen wir ein Eichfeld einführen. Interpretiert man die $W^{\pm 0}$-Bosonen (s. links, Abb. a) als die Quanten des Eichfeldes, so ergibt sich ein zweites Problem. Der mathematische Formalismus aller Eichfeldtheorien fordert stets masselose Eichbosonen, wie etwa die Photonen. Andernfalls liefert die Theorie unsinnige Resultate, z. B. bei der Berechnung eines schwachen Streuprozesses. Nun sind die $W^\pm$-Bosonen mit Sicherheit sehr massiv, da die Reichweite der schwachen Kraft so kurz ist. Woher aber nehmen die intermediären Bosonen ihre große Masse?

Das neutrale Quant des schwachen Eichfeldes ist in der Abbildung a (links) als W^0-Boson bezeichnet. Nach diesem Transformationsschema sollen alle drei W-Bosonen auf die gleiche Art und Weise wirken. Ein linkshändiges Elektron bleibt auch beim Austausch neutraler intermediärer Bosonen ein linkshändiges Elektron. Genau wie ein geladener Übergang darf auch ein neutraler Übergang nur zwischen linkshändigen Fermionen bzw. rechtshändigen Antifermionen stattfinden. Wenn sich dieser Zusammenhang im Experiment bestätigt, läßt sich das W^0-Quant mit dem Z^0-Boson identifizieren.

Im Sommer 1977 berichteten zwei experimentelle Gruppen über ihre Resultate bei der Untersuchung von Neutrinoreaktionen am CERN-Beschleuniger, die über den Austausch von neutralen Feldquanten erfolgten. Beide Gruppen wiesen in den untersuchten Prozessen neben einem dominierenden linkshändigen auch einen rechtshändigen Anteil beim Austausch neutraler Feldquanten nach. Das Z^0-Boson koppelt sowohl an linkshändige wie auch an rechtshändige Fermionen. Es kann nicht mit dem W^0-Quant identisch sein.

Die Bemühungen der Physiker, eine lokale Eichfeldtheorie der schwachen Wechselwirkung zu formulieren, führten sie auf drei Probleme:
– Warum ist bei niedrigen Energien der Fermionen das Gesetz von der Erhaltung der schwachen Ladung gebrochen?
– Woher erhalten die intermediären Vektorbosonen ihre Masse?
– Weshalb kann das Z^0-Boson sowohl an linkshändige als auch an rechtshändige Fermionen koppeln, während die $W^\pm$-Bosonen nur an linkshändige Fermionen und an rechtshändige Antifermionen koppeln?

Bei der elektromagnetischen Wechselwirkung koppeln links- und rechtshändige Elektronen gleichermaßen an die Feldquanten. Vielleicht sollte man daher eine einheitliche Theorie der elektromagnetischen und der schwachen Wechselwirkung konstruieren und nicht, wie in den bisherigen Betrachtungen angedeutet, eine Eichfeldtheorie der schwachen Wechselwirkung allein.

Genau diesen Weg schlugen die Theoretiker in den sechziger und siebziger Jahren ein. Sie stellten eine einheitliche lokale Eichfeldtheorie der elektromagnetischen und der schwachen Wechselwirkung auf. Alle bisherigen Experimente stimmen mit den Vorhersagen dieser Theorie überein. Sie beantwortet auch die drei Probleme, mit denen der Versuch endete, eine Theorie der schwachen Wechselwirkung als Eichfeldtheorie zu formulieren.

Stellvertretend für zahlreiche Wissenschaftler seien die Namen der drei Physiker genannt, die im Jahre 1979 für die elektroschwache Theorie mit dem Nobelpreis ausgezeichnet wurden: die Amerikaner Sheldon Glashow und Steven Weinberg und der Pakistaner Abdus Salam.

Das Quant des elektromagnetischen Eichfeldes ist das Photon. Das schwache Eichfeld hat drei Komponenten. Um in einer einheitlichen Theorie der elektromagnetischen und der schwachen Wechselwirkung vier Eichbosonen unterzubringen, muß die Symmetrietransformation erweitert werden. Die einfachste Möglichkeit ist, zur SU(2)-Transformation die U(1)-Transformation multiplikativ hinzuzufügen. Wir erhalten eine SU(2) × U(1)-Symmetrie.

Die einheitliche elektroschwache Theorie geht von der Annahme aus, daß die elektromagnetische und die schwache Kraft zwei Erscheinungen einer Ursache sind. Bei extrem großen Energien der stoßenden Fermionen ($\geqslant$ 100 GeV) werden die W- und Z-Bosonen genauso häufig erzeugt wie die Photonen. Eine Differenz zwischen der Photonenmasse und den Massen der drei intermediären Bosonen besteht nicht. Alle Eichbosonen sind praktisch masselos, verglichen mit der extrem großen Energie. Die schwache und die elektromagnetische Wechselwirkung sind nicht unterscheidbar. Verbunden mit der SU(2) × U(1)-Symmetrie ist die Gültigkeit der Erhaltung von schwacher und elektrischer Ladung in allen auftretenden Reaktionen.

Jede dieser beiden Kräfte wird jedoch durch eine eigene Kopplungskonstante beschrieben. Die Stärke, mit der die elektrisch geladenen Teilchen an das elektromagnetische Eichfeld koppeln, ist durch die Elementarladung e gegeben. Die Stärke, mit der die schwach wechselwirkenden Fermionen an das schwache Eichfeld, die intermediären Bosonen, koppeln, wird durch die schwache Ladung g beschrieben. Das Verhältnis e/g der beiden Kopplungskonstanten ist in der SU(2) × U(1)-Theorie ein frei wählbarer Parameter, der den experimentellen Daten angepaßt wird. Das Verhältnis wird durch den Sinus eines Winkels ausgedrückt, den man als Mischungs- oder Weinberg-Winkel Θ_W bezeichnet:

$$\frac{e}{g} = \sin \Theta_W. \tag{14}$$

So viel zum Wirken von elektroschwachen Kräften bei extrem großen Energien. Sinkt die Energie ab, so muß ein Mechanismus wirksam werden, der die SU(2) × U(1)-Symmetrie stört. Die intermediären Bosonen unterscheiden sich deutlich von den Photonen, wenn ihre Masse die gleiche Größenordnung erreicht wie die Energie. Unterschreitet die Energie rund 100 GeV, so lassen sich reelle W-Bosonen oder das Z^0-Quant nicht mehr erzeugen. Die Symmetrie zwischen dem Photon und den Vektorbosonen ist zerstört. Diesen besonderen Mechanismus bezeichnet man als spontane Symmetriebrechung. Er wurde erstmals von dem englischen Theoretiker Peter Higgs diskutiert. Der symmetriebrechende Me-

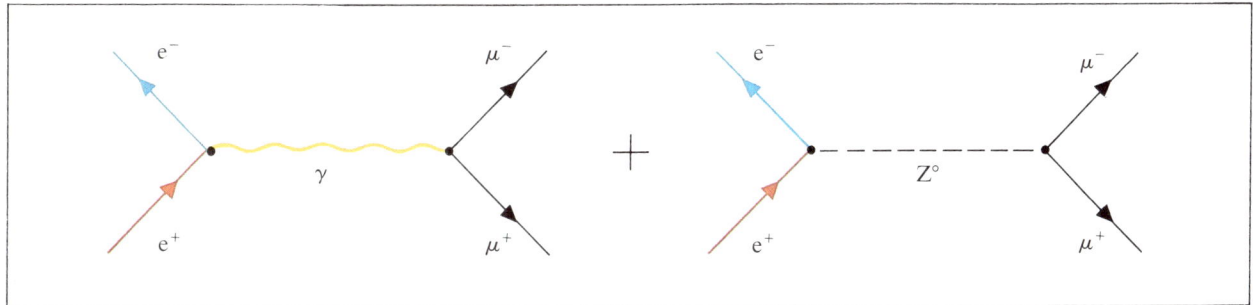

Die Feynman-Diagramme des Prozesses $e^+ + e^- \to \mu^+ + \mu^-$. Neben dem dominierenden Ein-Photon-Austausch tritt auch ein Reaktionsanteil auf, der über den schwachen Z^0-Austausch verläuft.

chanismus funktioniert nur, wenn man die Existenz eines weiteren Feldes, des Higgs-Feldes mit seinen Quanten, den Higgs-Bosonen, postuliert.

Verbunden mit unserem wachsenden Verständnis der Naturerscheinungen im Mikrokosmos war die Einsicht, daß das Vakuum kein leerer Raum ist. Es ist voller Felder, die virtuell Feldquanten und Fermionenpaare emittieren und absorbieren. Im Gegensatz zu einem von Teilchen erfüllten Raum befinden sich im Vakuum alle Felder im Grundzustand, dem Zustand der kleinstmöglichen Energie. Eine Ausnahme von dieser Gesetzmäßigkeit macht das Higgs-Feld. Seine Energie ist dann am kleinsten, wenn es überall gleich ist und einen positiven Wert hat. Man muß Energie aufwenden, um das Higgs-Feld auf Null zu reduzieren.

Die Symmetriebrechung mittels des Higgs-Feldes bzw. seiner Feldquanten verläuft über eine paarweise Vereinigung der drei masselosen Quanten des schwachen Eichfeldes mit drei der insgesamt vier Higgs-Bosonen. Dabei verschwinden die Higgs-Teilchen, und die intermediären Bosonen werden aktiv. Salam beschrieb diesen Vorgang anschaulich so: Die masselosen Eichbosonen verleiben sich die Higgs-Teilchen ein, um Gewicht zu gewinnen, und die von ihnen verschlungenen Higgs-Teilchen werden zu »Geistern«.

Das vierte Quant des masselosen $SU(2) \times U(1)$-Eichfeldes ist das Quant des elektromagnetischen Feldes, das masselose Photon. Die durch das Verschlingen der drei Higgs-Bosonen massiv gewordenen Eichbosonen sind die intermediären Vektorbosonen W^+, Z^0, W^-. Die drei zu Geistern gewordenen Higgs-Teilchen sind unmeßbar. Das vierte Higgs-Teilchen muß sich experimentell nachweisen lassen, falls es gelingt, die zu seiner Erzeugung nötige Energie aufzubringen. Sie kann einige hundert GeV betragen.

Eine der einfachsten durch die Quantenelektrodynamik beschriebenen Reaktionen ist die Erzeugung eines Myonpaares in einer Elektron-Positron-Annihilation:

$e^+ + e^- \to \mu^+ + \mu^-.$

Sie erfolgt über den Austausch eines virtuellen Photons (s. Abb. oben).

Treffen im Kreuzungsbereich eines Elektron-Positron-Speicherringbeschleunigers die beiden beschleunigten Leptonen aufeinander, so sagt die Quantenelektrodynamik eine symmetrische Verteilung der Winkel Θ voraus, unter denen die $\mu^+\mu^-$-Paare erzeugt werden (s. Abb. auf S. 143). Bei nicht zu hohen Energien der aufeinandertreffenden e^+e^--Paare stimmen theoretische Vorhersage und Messung in der bei der Quantenelektrodynamik üblichen hervorragenden Weise überein. In Reaktionen zwischen geladenen Leptonen dominiert die elektromagnetische Wechselwirkung.

Da sich in der Reaktion der Ladungszustand der beteiligten Fermionen nicht ändert, ist nach der einheitlichen elektroschwachen Theorie neben dem dominierenden Ein-Photon-Austausch auch ein schwacher Reaktionsanteil zu erwarten, der über den Z^0-Austausch verläuft (Abb. oben). Beide Reaktionsanteile sollten in einer durch die elektroschwache Theorie vorhergesagten Weise miteinander interferieren, wobei die Interferenz in einer Asymmetrie der Winkelverteilung

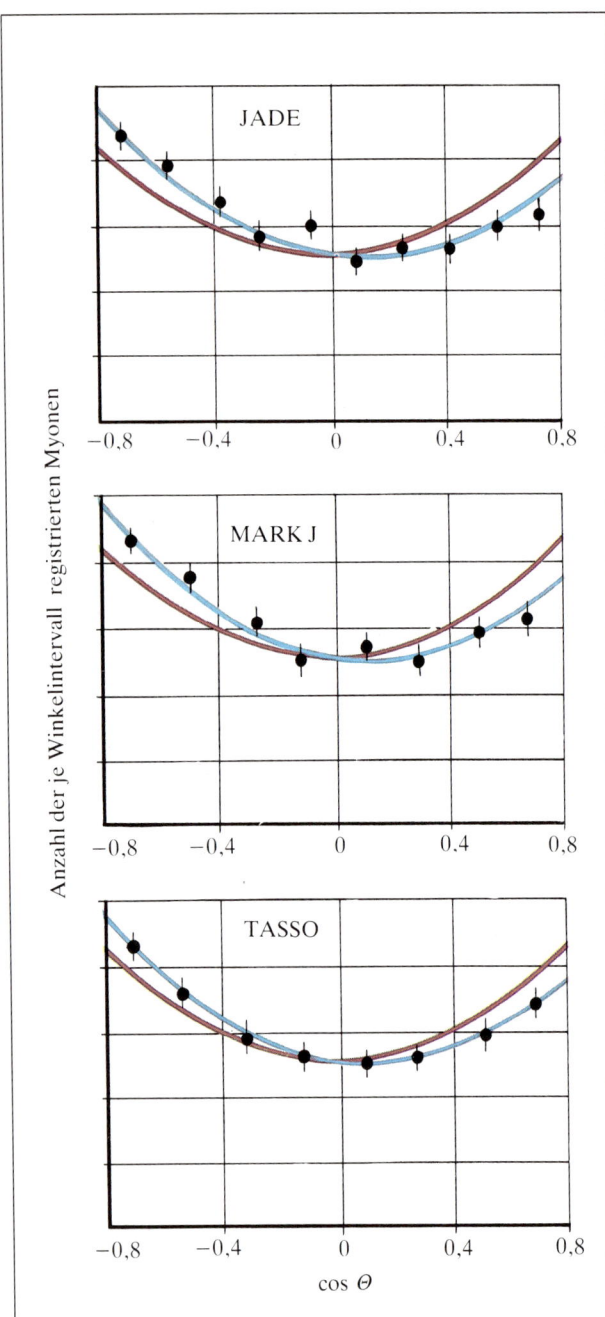

der erzeugten Myonen sichtbar wird, die mit steigender Energie der annihilierenden Leptonen wächst.

Am Elektron-Positron-Speicherring des DESY in Hamburg wurde mit allen am Beschleuniger installierten Detektoranlagen dieser Interferenzeffekt gesucht und in voller Übereinstimmung mit den theoretischen Vorhersagen auch gefunden, wie die nebenstehende Abbildung zeigt.

Ein weiterer für die Gültigkeit der einheitlichen elektroschwachen Theorie entscheidender Test war der direkte Nachweis der intermediären Bosonen. Er gelang im Dezember 1982 ($W^{\pm}$) bzw. im Mai 1983 (Z^0) am Großbeschleuniger des CERN in Genf und wurde durch die Verleihung des Nobelpreises 1984 an Carlo Rubbia und Simon van der Meer gewürdigt.

Die elektroschwache Eichfeldtheorie macht präzise Vorhersagen über die Massen der Eichbosonen $W^{\pm}$ und Z^0. Sie liegen, rund gerechnet, beim 80- bzw. 90fachen der Protonenmasse, also etwa bei der Masse mittelschwerer Atomkerne. Die Experimentalphysiker wußten daher genau, wie sie nach den intermediären Bosonen zu suchen hatten. In der Mitte der siebziger Jahre war aber keiner der großen Beschleuniger der Welt in der Lage, derart schwere Teilchen zu erzeugen.

Ein Speicherringbeschleuniger hat zwei Vorteile: Man braucht nur einen Beschleunigerring, um die beiden entgegengesetzt geladenen und damit im Ring gegeneinanderlaufenden Teilchenarten gleichzeitig zu beschleunigen, und im Schwerpunktsystem, in dem auch der Stoß erfolgt, steht die Gesamtenergie zur Teilchenerzeugung zur Verfügung. Um jedoch einen Großbeschleuniger wie das Super-Protonen-Synchrotron (SPS) im CERN als Speicherring zu nutzen, mußte ein Weg gefunden werden, die Antiteilchen der Protonen, die Antiprotonen ($\bar{p}$), die bis auf das negative Ladungs-

Von drei experimentellen Anlagen – JADE, MARK-J und TASSO – wurde bei einer Schwerpunktenergie von $W = 34{,}5$ GeV am PETRA-Speicherring im DESY die Reaktion $e^+ + e^- \rightarrow \mu^+ + \mu^-$ untersucht. Die Diagramme zeigen einen Vergleich der Meßwerte der Winkelverteilung der Myonen mit den Vorhersagen der Theorie. Die rot ausgezogene Kurve ist die Vorhersage der Quantenelektrodynamik, die blau ausgezogene Kurve ist die Vorhersage der elektroschwachen Theorie. Sie befindet sich in guter Übereinstimmung mit den Meßwerten.

vorzeichen in ihren Eigenschaften mit denen der Protonen übereinstimmen, in genügender Anzahl zu erzeugen und in den Beschleunigerring des SPS zu befördern. Dieses Problem wurde im CERN unter der Leitung van der Meers in der zweiten Hälfte der siebziger Jahre gelöst. Er benutzte eine als Strahlkühlung bezeichnete Technik, um die in hochenergetischen Protonenstößen erzeugten Antiprotonen unterschiedlicher Energien in einem relativ engen Energieintervall zu sammeln. Auf diese Weise gelang es, Antiprotonen in ausreichender Intensität in einem Akkumulatorring zu speichern, bevor sie gegenläufig zu den Protonen mit diesen gemeinsam im SPS auf eine Gesamtenergie von 540 GeV im Schwerpunktsystem beschleunigt wurden.

In den Monaten Oktober und November 1982 gelang es, in genügend intensiven Teilchenstrahlen einige Milliarden Proton-Antiproton-Wechselwirkungen in den Anlagen UA-1 und UA-2 zu registrieren. Unter ihnen fand sich eine Handvoll Signale, die dem Zerfall eines W-Bosons in ein Elektron und ein Neutrino entsprachen: $W^{\pm} \to e^{\pm} + \overset{(-)}{v}_e (\bar{v}_e)$. Am 25. Januar 1983 wurde auf einer im CERN veranstalteten Pressekonferenz bekanntgegeben, daß in der Anlage UA-1 sechs und in der Anlage UA-2 vier Ereignisse während der Bestrahlungsperiode registriert wurden, die, wie Rubbia es formulierte, »wie W's aussehen, wie W's sich anfühlen, wie W's riechen, also W's sein müssen«.

Auf einer Pressekonferenz am 25. Januar 1983 wurde im CERN die Entdeckung des W-Bosons bekanntgegeben. Am linken Bildrand Carlo Rubbia und Simon van der Meer, die für die Entdeckung mit dem Physik-Nobelpreis des Jahres 1984 ausgezeichnet wurden. In der Bildmitte der Generaldirektor des CERN, Herwig Schopper [14].

Die Theorie sagt für die Erzeugung der Z^0-Bosonen eine rund zehnmal kleinere Wahrscheinlichkeit voraus als für die

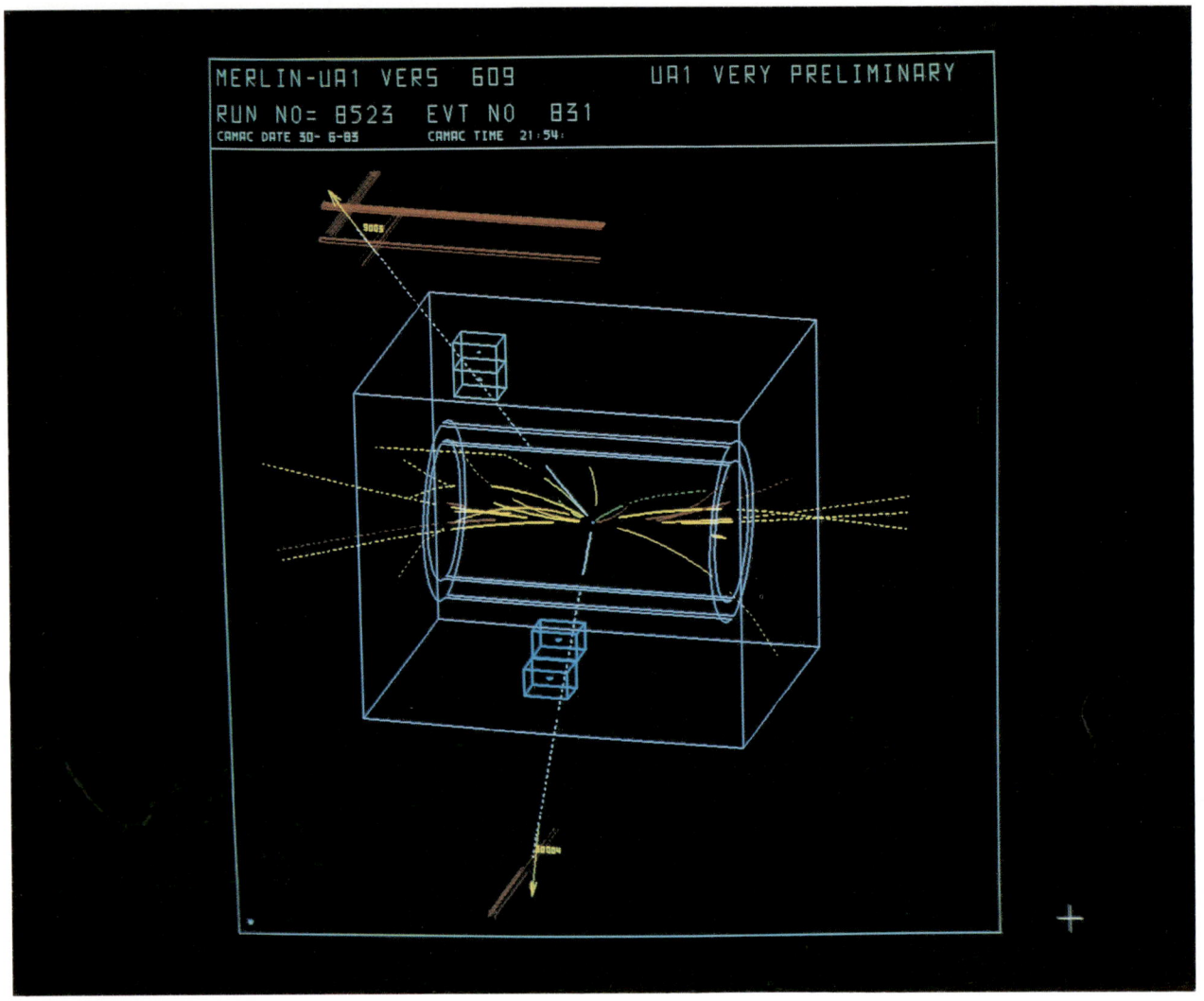

Im Wechselwirkungsprozeß eines hochenergetischen Proton-Antiproton-Paares entstand ein Z^0-Boson, das in ein $\mu^+\mu^-$-Paar zerfiel. Der Prozeß wurde in der UA-1-Anlage registriert und mittels Computer auf einem Bildschirm rekonstruiert. Die beiden Myonenspuren sind:
- die nach unten verlaufende hellblaue, gestrichelte Teilchenbahn,
- die nach links oben verlaufende hellblaue, gestrichelte Teilchenbahn [14].

W-Bosonen. Eine weitere Erhöhung der Intensität der beiden gegenläufigen Teilchenstrahlen war daher zum Nachweis des neutralen Eichbosons unumgänglich. Im Frühjahr 1983 wurde dieses Ziel erreicht. Beide Kollektive berichteten über die Aufzeichnung weniger Ereignisse, die als Zerfälle von Z^0-Bosonen in Leptonenpaare interpretierbar waren ($Z^0 \rightarrow e^+ + e^-$, $Z^0 \rightarrow \mu^+ + \mu^-$).

In den folgenden Jahren hat sich die Zahl der in den Anlagen registrierten Eichbosonen vervielfacht. Nachfolgend sind die von der einheitlichen elektroschwachen Theorie vorhergesagten Massenwerte den experimentellen Daten gegenübergestellt:

	M_w [in GeV/c^2]	M_z [in GeV/c^2]
Experiment	81,2 ± 1,5	92,5 ± 2,0
Theorie	83,0 ± 2,5	93,8 ± 2,5

Auch bei diesem Vergleich zeigen Theorie und Experiment eine sehr gute Übereinstimmung.

Mit der einheitlichen Theorie der elektromagnetischen und der schwachen Wechselwirkung gelang ein beeindruckender Fortschritt in unserem Verständnis der fundamentalen Kräfte der Natur. In dieser Theorie ist, wie wir gesehen haben, die Eichinvarianz derart gebrochen, daß vier verschiedene Quanten des Eichfeldes auftreten. Da drei der Feldquanten massiv sind, erscheint der mit ihnen verknüpfte Teil der Wechselwirkung, eben die schwache Wechselwirkung, bei den uns vertrauten niedrigen Energien als etwas von der elektromagnetischen Wechselwirkung seinem Wesen nach Verschiedenes. Bei extrem hohen Energien (≫ 100 GeV) sollte aber ihr einheitlicher Charakter offenbar werden. Hier sollten sich die intermediären Bosonen wie masselose Teilchen verhalten, und die schwache Kraft sollte die gleiche Stärke besitzen wie die elektromagnetische Kraft. Die spontane Symmetriebrechung zeigt, daß eine Theorie eine innere Symmetrie besitzen kann, ohne daß die durch die Theorie beschriebenen Zustände diese Symmetrie zeigen. Die experimentelle Verifizierung der elektroschwachen Theorie ist beeindruckend, wenn auch der experimentelle Nachweis des Higgs-Bosons noch aussteht.

4.10. Die Quarkstruktur der Hadronen

Betrachten wir strukturierte Systeme der Mikrowelt: ein aus Atomen gebildetes Molekül, ein aus Atomkern und Hüllelektronen bestehendes Atom oder den sich aus Protonen und Neutronen aufbauenden Atomkern. Durch Energiezufuhr erreicht man in jedem dieser Systeme eine Neuordnung seiner Bestandteile, wobei der Grundzustand, in dem sich die Systemkomponenten befinden, in einen angeregten Zustand übergeht. In der Regel sind angeregte Systemzustände instabil. Sie kehren etwa durch Emission eines Lichtquants, dessen Energie gerade der Differenz zwischen den Energieniveaus von angeregtem und Grundzustand entspricht, in diesen zurück. Jedes Atom- oder Molekülspektrum führt uns vor Augen, in wie vielen angeregten Zuständen sich strukturierte Systeme der Mikrowelt aufhalten können – eine Vielfalt, die ihre Ursache in der großen Variationsbreite der Bewegungsmöglichkeiten der Subkomponenten jedes Systems hat.

Solange die Physiker nur Protonen, Neutronen und Elektronen als elementare Bausteine kannten und die Existenz des Neutrinos vermuteten, gab es für sie keine Frage nach der

Hideki Yukawa (1907–1981). Die Aufnahme stammt aus dem Jahre 1939. Yukawa erhielt als erster Japaner im Jahre 1949 den Physik-Nobelpreis. Das Foto wurde dankenswerterweise von Frau H. Yukawa zur Verfügung gestellt.

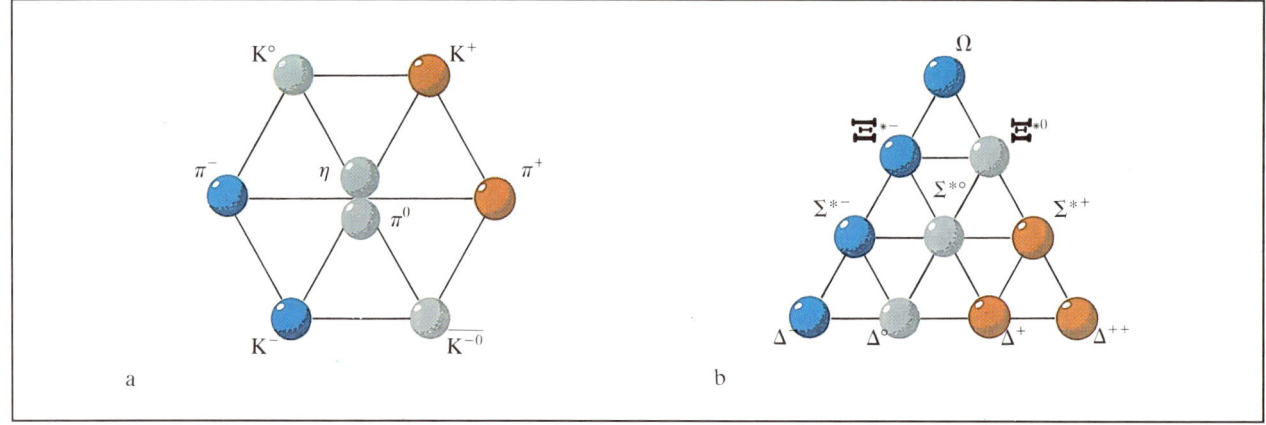

a) Das Oktett der Mesonen mit Spin und Parität $J^P = 0^-$ und
b) das Dekuplett der Baryonen mit $J^P = 3/2^+$

Substruktur dieser Teilchen. Mitte der dreißiger Jahre schlug Yukawa zur Erklärung der kurzreichweitigen Kernkraft zwischen den Bausteinen der Atomkerne vor, daß diese durch den Austausch eines hypothetischen Teilchens – eines Mesons – zwischen den Nukleonen zustande kommt. Das Meson sollte eine etwa 300mal größere Ruhemasse als das Elektron besitzen.

Ende der vierziger Jahre entdeckten Cecil Powell und Mitarbeiter in der kosmischen Strahlung ein instabiles Teilchen, dessen Eigenschaften mit denen des Yukawaschen Mesons übereinstimmten und das wir heute als π-Meson bezeichnen. Es wird in drei Ladungszuständen beobachtet (π^+, π^0, π^-). Innerhalb einiger Jahre wurden teils in der kosmischen Strahlung, teils mit Hilfe großer Beschleuniger einige Zehn neue Teilchen entdeckt. Sie ließen sich in zwei große Gruppen unterteilen: die Mesonen, die stets einen ganzzahligen Wert des Spins besitzen, und die Baryonen, deren Spin stets halbzahlig ist. Das leichteste Baryon ist das Proton und das leichteste Meson das π-Meson. Mesonen und Baryonen unterliegen der starken Wechselwirkung. Man bezeichnet sie als Hadronen. Die starke Wechselwirkung ist auch für den schnellen Zerfall vieler der instabilen Hadronen verantwortlich. So zerfällt beispielsweise einer der Anregungszustände des Protons, den man als Δ^{++}-Baryon bezeichnet, innerhalb von $\approx 10^{-23}$ s in ein Proton und ein π^+-Meson ($\Delta^{++} \rightarrow p + \pi^+$).

Hadronen lassen sich zunächst in kleine Teilchengruppen, in Ladungsmultipletts, ordnen. So gehören die drei π-Mesonen zu einem Ladungstriplett, während etwa die Δ-Baryonen ein Quadruplett mit den Ladungszuständen Δ^{++}, Δ^+, Δ^0, Δ^- bilden. Der obere Index zeigt Zahl und Vorzeichen der Elementarladungen an. Proton und Neutron, die Grundbestandteile jedes Atomkerns, stellen ein Ladungsdublett dar, dessen beide Mitglieder man mit ihrem Familiennamen als Nukleonen benennt.

Anfang der sechziger Jahre überstieg die Zahl der neu entdeckten Mesonen und Baryonen bzw. ihrer Antiteilchen bereits die Zahl der chemischen Elemente. In Analogie zum periodischen System wurde zu dieser Zeit ein umfassenderes Ordnungsprinzip zur Systematisierung der Hadronen entdeckt. Verschiedene Ladungsmultipletts, jedoch mit gleichem Spin und gleicher Parität, ließen sich in Supermultipletts zusammenfassen. Alle beobachteten Baryonen bzw. Antibaryonen fügten sich in Singuletts, Oktetts und Dekupletts und alle Mesonen in Singuletts und Oktetts ein. Diese Supermultipletts gestatteten zwar eine zwanglose Einordnung aller Hadronen, es blieb aber die Frage, warum in der Natur nur diese Darstellungsformen realisiert sind.

Die amerikanischen Physiker Murray Gell-Mann und George Zweig äußerten im Jahre 1964 unabhängig voneinander die Vermutung, daß alle Hadronen aus fundamentaleren

Konstituenten aufgebaut sind, die Gell-Mann Quarks *(q)* nannte. Bei dieser Namensgebung folgte er einem Wortspiel in dem Roman Finnegans Wake von James Joyce, in dem es heißt:

»Three quarks for Muster Mark!«

Dabei war sich Gell-Mann der doppelten Wortbedeutung im Deutschen durchaus bewußt.

Die Motivation zur Einführung der Quarks war in erster Linie, die vielen unterschiedlichen Hadronen wieder auf wenige elementarere Bausteine zu reduzieren. Bei den Atomen gelang das mittels des Elektrons. Die Vielfalt der Elemente läßt sich durch die variierende Zahl ununterscheidbarer Elektronen auf unterschiedlichen Atombahnen erklären. Bei den verschiedenen Atomkernen sind es die unterschiedlichen Kombinationen von Protonen und Neutronen, die uns alle Kerne in ihrem Aufbau verstehen lassen.

Es ist daher eine wichtige Frage, wie viele unterscheidbare Quarks zum Aufbau aller Hadronen notwendig sind. Gell-Mann und Zweig führten ursprünglich drei verschiedene Quarks ein, die als u-Quark (up), d-Quark (down) und s-Quark (strange) bezeichnet wurden. Im Gegensatz zu allen bis zur Einführung der Quarks beobachteten subatomaren Teilchen, die entweder keine oder ganzzahlige Vielfache der Einheit der elektrischen Elementarladung tragen, wurde dem d- und s-Quark die Ladung $-1/3$ und dem u-Quark die Ladung $+2/3$ zugeordnet.

Das d- und s-Quark haben die gleiche elektrische Ladung. Sie müssen sich also mindestens in einer weiteren physikalischen Eigenschaft voneinander unterscheiden. Physiker identifizieren und beschreiben die physikalischen Eigenschaften der subatomaren Teilchen, indem sie ihnen Quantenzahlen zuordnen. Einige dieser Quantenzahlen, wie die elektrische Ladung und der Eigendrehimpuls der Teilchen, sind aus der klassischen Physik vertraute Größen, andere Quantenzahlen sind abstrakte Größen, die etwa die Klassifizierung der Teilchen ermöglichen. Um die verschiedenen Quarks voneinander zu unterscheiden, ordnet man ihnen eine neue, als Flavour (Geschmack) bezeichnete Quantenzahl zu.

Das ursprüngliche Quarkmodell folgt zwei Regeln:

– Alle Mesonen sind aus einem Quark q und einem Antiquark q̄ gebildet (qq̄).

Murray Gell-Mann
(geb. 1929) [20]

– Alle Baryonen bestehen aus drei Quarks bzw. Antibaryonen aus drei Antiquarks (qqq bzw. q̄q̄q̄).

Ordnet man jedem Quark den Spin $1/2$ zu, so folgen daraus zwangsläufig ein halbzahliger Spin für die aus drei Konstituenten aufgebauten Baryonen und ein ganzzahliger Spin für die aus einer geraden Zahl von Quarks gebildeten Mesonen.

Diesen einfachen Regeln für den Aufbau der Hadronen aus den drei Quarks u, d und s folgen alle in den sechziger Jahren bekannten Teilchen. Umgekehrt entsprach jedes bekannte Teilchen einer nach den Regeln erlaubten Kombination der Quarks.

So besteht etwa das Proton aus zwei u-Quarks, jedes mit der Ladung $+2/3$, und einem d-Quark mit der Ladung $-1/3$, so daß sich in der Ladungsbilanz eine positive Elementarladung ergibt, während das Neutron, um in der Gesamtladung Null zu erhalten, aus einem u-Quark und zwei d-Quarks aufzubauen ist.

Unter den Anfang der fünfziger Jahre erstmals beobachteten Hadronen befanden sich einige schwach zerfallende Baryonen und Mesonen, die stets paarweise auftraten. Sie wurden durch Stöße bekannter Teilchen erzeugt. Das erschien den Physikern seltsam. Sie bezeichneten sie daher als seltsame (strange) Teilchen. Ein typisches Beispiel ist das elektrisch neutrale Λ-Baryon (s. Abb. auf S. 93), ein Ladungssingulett, das über die schwache Wechselwirkung in ein Proton und ein π^--Meson zerfällt. Für diese seltsamen Teilchen wird das dritte Quark, das s-Quark, benötigt. Es erlaubt uns, die Seltsamkeit zu definieren. Jedes Teilchen, das wenigstens ein s-Quark (oder ein s̄-Antiquark) enthält, ist ein seltsames Teilchen. So erhält man für den Quarkinhalt des Λ-Baryons (usd). Eine Addition der elektrischen Ladungen dieser drei Quarks ergibt die Gesamtladung Null.

Die meisten Physiker standen dem Quarkmodell in den sechziger Jahren zurückhaltend gegenüber. Die gedrittelte Elementarladung, der Aufbau der Hadronen nur in den Formen qq̄ als Mesonen bzw. qqq als Baryonen und insbesondere der fehlende direkte Nachweis eines Quarks – in keinem Versuch war es gelungen, etwa durch hochenergetischen Beschuß ein Quark aus einem Proton oder Neutron herauszuschlagen – nährten die Skepsis bei Experimentatoren und Theoretikern. Gesucht wurde nach einem Weg, um die Quarks im Inneren des Hadrons direkt zu ertasten.

Die innere Struktur des Protons wurde experimentell auf die gleiche Weise erforscht wie seinerzeit das Atom. Als Geschoßteilchen verwendete man jedoch nicht mehr die α-Teilchen des radioaktiven Zerfalls, sondern hochenergetische Leptonen. Ende der sechziger Jahre wurden Experimente dieser Art im SLAC (Stanford) bei Energien der Elekronen bis zu 19 GeV durchgeführt. Ähnlich wie beim Rutherfordschen Streuexperiment zeigten die meisten der Elektronen, die die Nukleonen durchflogen, nur eine geringe Änderung ihrer Flugrichtung. Jedoch auch diese Streuexperimente ergaben einen relativ großen Anteil von Elektronen, die unter großem Streuwinkel die Nukleonen verließen. Es war daher naheliegend, die Hypothese einer homogenen Struktur des Nukleons aufzugeben und die experimentellen Daten unter der Annahme zu analysieren, daß im Inneren von Proton und Neutron harte Objekte sind, deren Durchmesser klein gegenüber der Ausdehnung des Nukleons ist.

In den siebziger Jahren wurden analoge Streuexperimente bei immer höheren Energien durchgeführt. Neben den Elektronen wurden auch andere Leptonen, wie Myonen und Neutrinos, als Geschoßteilchen verwendet. Alle tiefinelastischen Streuexperimente von Leptonen an Nukleonen ergaben miteinander konsistente Resultate: Protonen und Neutronen enthalten im wesentlichen je drei punktartige ($\lesssim 10^{-16}$ cm) elementare Bausteine – Quarks –, die einen Eigendrehimpuls oder Spin der Größe $1/2$ und eine elektrische Ladung haben, die nur $1/3$ bzw. $2/3$ der Elementarladung e beträgt.

Im Gegensatz zur unelastischen Streuung eines Geschoßteilchens am Atomkern, bei der in der Regel ein Nukleon aus dem Kern herausgestoßen wird, ist jedoch in keinem der inelastischen Streuexperimente an Nukleonen ein Quark freigesetzt worden. Wir begegnen hier einer Besonderheit der Quarks – ihrem Einschluß.

Ein Bündel kleiner und schneller Geschoßteilchen S trifft auf ein Target, a) ein Atom, b) ein Nukleon. Die Mehrzahl der Teilchen durchfliegt ohne merkliche Ablenkung das Target, wie man aus ihrem Auftreffpunkt im Detektor D ermittelt. Nur ein Teilchen, das ein streuendes Zentrum, a) einen Atomkern, b) ein Quark, trifft, erfährt eine merkliche Ablenkung.

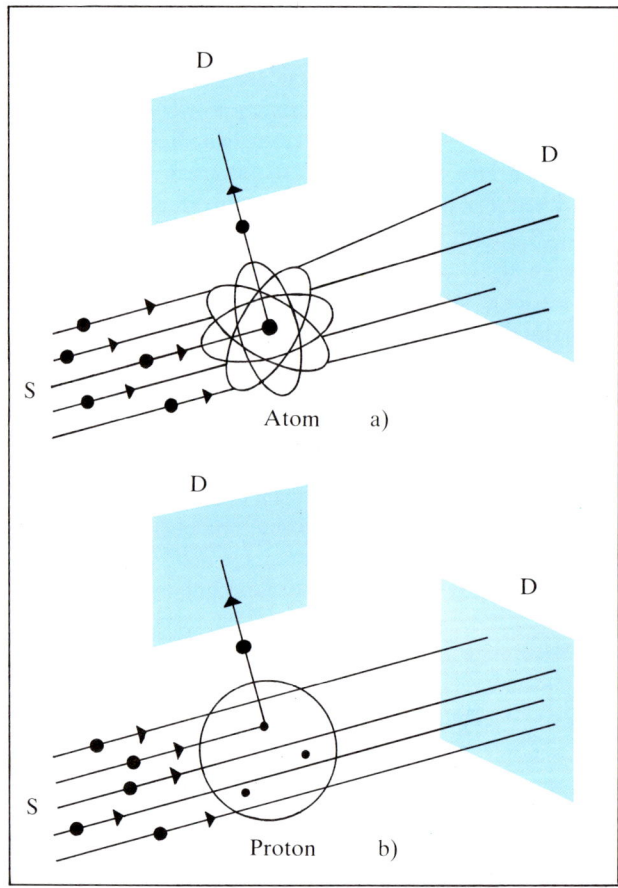

180

In den siebziger und achtziger Jahren wurden Experimente durchgeführt, zu deren Interpretation drei Quarks unterschiedlichen Flavours nicht mehr ausreichten. Im Jahre 1974 wurde nahezu gleichzeitig von zwei voneinander unabhängigen Arbeitsgruppen unter der Leitung von Samuel Ting in Brookhaven und von Burton Richter im SLAC die Erzeugung eines sehr schweren Mesons einer Masse von 3095 MeV/c^2 beobachtet, das wir heute als J/Ψ-Teilchen bezeichnen.

Da man für alle nach den beiden Regeln des Quarkmodells möglichen Kombinationen der drei bekannten Quarks korrespondierende Hadronen kannte, mußte es sich um ein neues, bis dahin uns unbekanntes Quark handeln. Es wird als Charm-Quark c bezeichnet.

In Analogie zum Wasserstoffatom ist ein besonders einfaches Zweikörpersystem elektrisch geladener Teilchen das aus einem Elektron und seinem Antiteilchen, dem Positron, (kurzzeitig) bestehende Positronium. Auch in diesem System haben die beiden Komponenten unterschiedliche Bewegungszustände, die zu verschiedenen Gesamtenergien des Systems führen. Aus den Übergängen zwischen den Systemzuständen, ihren Spektren, gewinnen wir Aufschluß über die Eigenschaften der elektromagnetischen Wechselwirkung zwischen Elektron und Positron.

Das Gegenstück zum Positronium wäre für die starke Wechselwirkung ein Quarkonium, ein System aus einem Quark und seinem Antiquark. Wir sollten ähnliche Bewegungszustände der Komponenten und damit auch ähnliche Energiespektren erwarten. Eine Erforschung der Quarkoniumzustände müßte uns Aufschlüsse über die zwischen den Quarks wirkende Kraft gestatten.

Die drei Quarks u, d und s haben eine verhältnismäßig kleine Masse, die etwa in der gleichen Größenordnung liegt wie die zwischen den Quarks wirkende Bindungsenergie. Sie bewegen sich daher innerhalb eines Hadrons nahezu mit Lichtgeschwindigkeit, so daß die Berechnung ihrer Eigenschaften mit einem größeren Rechenaufwand verbunden wäre.

Das J/Ψ-Meson erwies sich als ein genügend schweres Quarkoniumsystem $c\bar{c}$. Seine Komponenten bewegen sich ausreichend langsam, und die Probleme einer relativistischen Bewegung sind vernachlässigbar.

Nach der Entdeckung untersuchten die Experimentatoren Anregungszustände des $c\bar{c}$-Systems. Sie suchten aber auch nach weiteren, noch schwereren Quarks bzw. den zugehörigen Quarkoniumzuständen. Im Jahre 1977 berichteten Leon Ledermann und Mitarbeiter über ein Experiment im Fermilab, in dem sie ein Quark-Antiquark-System, das Y-Meson, einer Masse von 9460 MeV/c^2 gefunden hatten. Dieses Meson läßt sich als System aus einem fünften Quark, dem Bottom-Quark b bzw. seinem Antiquark $\bar{b}$, interpretieren.

In Analogie zum Wasserstoffatom (Abschnitt 4.1.) können quantenmechanische 2-Fermion-Systeme wie das Positronium und das Quarkonium sich in verschiedenen Bewegungszuständen der beiden Systemkomponenten befinden. Sie werden durch Hauptquantenzahl n und Bahndrehimpulsquantenzahl l charakterisiert. Zu jedem Wert des Bahndrehimpulses können die halbzahligen Spins der beiden Fermionen parallel oder antiparallel gerichtet sein. Es ist also ein ganzes Spektrum von Zuständen der $c\bar{c}$- und $b\bar{b}$-Systeme zu erwarten, wobei die Lage der verschiedenen quantenmechanischen Anregungszustände uns Aufschluß über den Charakter der zwischen den Quarks wirkenden starken Kraft geben sollte. Die Energie- bzw. die Massenspektren der beiden Quarkoniumsysteme sind in der Abbildung auf Seite 182 gezeigt. Jeder der eingezeichneten Quantenzustände entspricht einer bestimmten Anregungsenergie des Systems und definierten Kombinationen der Quantenzahlen ihrer Komponenten.

Welche Schlüsse lassen sich aus den beobachteten Quarkoniumspektren über die Kraft zwischen den Quarks ziehen? Da die Quarks sich je nach Anregungszustand in unterschiedlichen mittleren Abständen voneinander befinden, kann man für einen begrenzten Abstandsbereich von $\approx 10^{-14}$ bis $\approx 10^{-13}$ cm die Stärke der Bindungskraft angeben. Dabei zeigen starke und elektromagnetische Kraft ein unterschiedliches Abstandsverhalten. Bei sehr kleinen Abständen nehmen beide Kräfte umgekehrt proportional mit dem Quadrat des Abstandes ab. Nähert sich der Abstand zwischen den Quarks 10^{-13} cm, so nimmt die starke Kraft jedoch eine annähernd konstante Stärke an, während die elektromagnetische Kraft weiter abfällt. Dieses Verhalten der starken Kraft mit wachsendem Abstand macht plausibel, daß sich gebundene Quarks nicht freisetzen lassen. In der Tat gelang in keinem

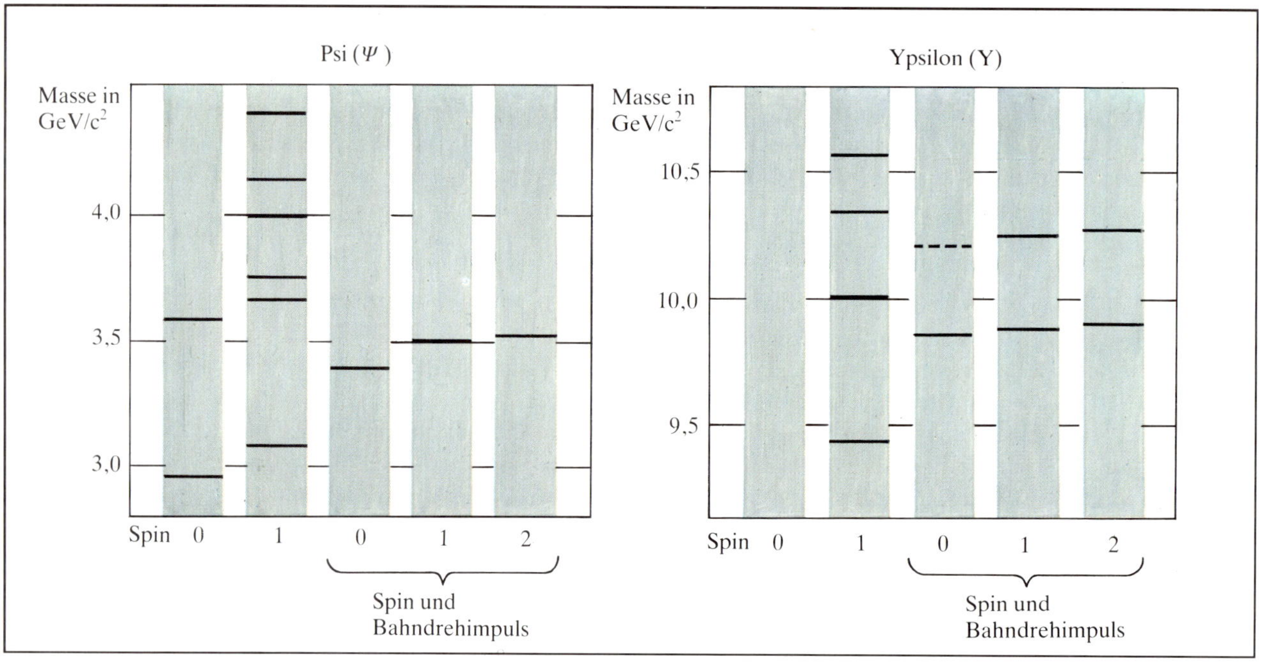

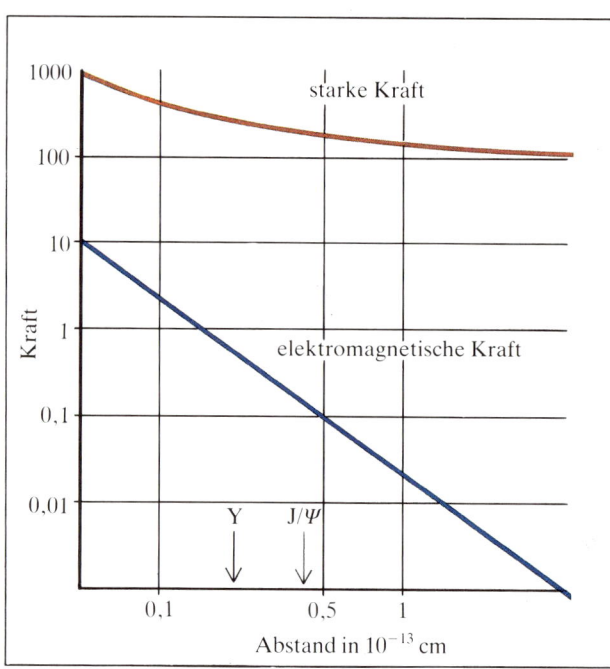

Die Massenspektren der Ψ- und Y-Teilchen, die aus einem $c\bar{c}$- bzw. einem $b\bar{b}$-Quarkpaar gebildet werden. Unterschiedliche Massen entsprechen verschiedenen Anregungszuständen der Quark-Antiquark-Systeme.

der vielen Experimente bisher die Beobachtung eines isolierten Quarks.

Im Sommer 1985 berichtete die UA-1-Kollaboration beim CERN über erste Hinweise auf ein sechstes Quark, das man als Top-Quark t bezeichnete und dessen Masse noch die des Bottom-Quarks übersteigt. Diese Hinweise haben sich jedoch noch nicht bestätigen lassen.

Zu den sechs Leptonen kommen also wahrscheinlich sechs

Das Abstandsverhalten der starken Kraft und das der elektromagnetischen Kraft. Bei sehr kleinen Abständen nehmen beide Kräfte umgekehrt proportional mit dem Quadrat des Abstandes ab. Nähert sich der Abstand zwischen den Teilchen 10^{-13} cm, so wird die starke Kraft annähernd konstant, während die elektromagnetische Kraft weiter abfällt.

Teilchenname (Flavour)	Symbol	Spin in $h/2\pi$	Ruhemasse in MeV/c^2	Elektrische Ladung in Einheiten der Elementarladung e
up	u	$1/2$	< 300	$2/3$
down	d	$1/2$	< 300	$-1/3$
charm	c	$1/2$	≈ 500	$2/3$
strange	s	$1/2$	≈ 1500	$-1/3$
top	t	$1/2$	> 40 000	$2/3$
bottom	b	$1/2$	≈ 5000	$-1/3$

Quarks unterschiedlichen Flavours hinzu, die sich ebenfalls zu drei Familien zusammenfügen lassen (Tabelle).

So attraktiv das Quarkmodell auf den ersten Blick erscheint, problemlos ist es nicht. Um die Spins der vielen bekannten Hadronen in Übereinstimmung mit dem Experiment richtig wiederzugeben, muß, wie auch die Streuversuche es bestätigen, jedes Quark den Spin $1/2$ haben. Teilchen mit diesem Spin, Fermionen, sollen aber dem Pauli-Prinzip folgen. Kein Hadron dürfte also Quarks enthalten, die in allen Quantenzahlen übereinstimmen.

Da ist z. B. das Δ^{++}-Baryon, ein Teilchen mit dem Spin $3/2$ und der zweifachen Elementarladung. Beides ist aber nur möglich, wenn es aus drei u-Quarks gebildet ist, deren Spins parallel zueinanderstehen und die sich vektoriell zu $3/2$ addieren. Diese Übereinstimmung in allen Quantenzahlen ist aber nur für Bose-Teilchen erlaubt. Das Pauli-Prinzip, eines der fundamentalen Prinzipien der Quantentheorie, scheint verletzt.

4.11. Die Quantenchromodynamik

Zur Rettung des Quarkmodells in Verbindung mit dem Pauli-Prinzip wurde bereits Mitte der sechziger Jahre von den sowjetischen Physikern Nikolai Bogoljubow, Boris Struminski und Albert Tawchelidse sowie von den amerikanischen Physikern Oscar Greenberg, Moo-Young Han und Yoichiro Nambu ein geeignetes Konzept entwickelt. Es ging von der Existenz einer uns verborgenen Quantenzahl der Quarks aus, die wir heute als Farbe (Color) bezeichnen. Danach kann jedes Quark in den drei Farben Rot, Grün und Blau vorkommen, während sein Antiquark die drei Komplementärfarben Antirot (Cyan), Antigrün (Magenta) und Antiblau (Gelb) haben kann. Farbe wie Flavour dient zur anschaulichen Bezeichnung verschiedener Quantenzustände der Quarks. Abgesehen von Spin und elektrischer Ladung, ist also jedes Quark durch Geschmack (Flavour) und Farbe (Color) charakterisiert. Offenbar wollten die Physiker mit diesen bildhaften Begriffen etwas Poesie in die Mikrowelt bringen.

Wenn die drei u-Quarks im Δ^{++}-Baryon unterschiedliche Farben haben, so verschwindet der Widerspruch zum Pauli-Prinzip. Andererseits hat sich aber damit die Zahl der voneinander zu unterscheidenden Quarks verdreifacht. An die Stelle der sechs Quarks unterschiedlichen Flavours treten 18 Quarks, die in Color und Flavour voneinander verschieden sind. In unseren Beobachtungen finden wir aber keinen Hinweis auf eine Verdreifachung der nachweisbaren Hadronen. Um im Farbbild zu bleiben, die beobachtbaren Hadronen sind farblos, sind Farbsinguletts. Wie die elektrischen Ladungen von Kern und Elektronenhülle des Atoms, so kompensieren sich die Colorzustände im Inneren der Hadronen.

Ein farbloser oder weißer Zustand kann entweder durch die additive Überlagerung der Farben Rot, Grün und Blau oder durch die Überlagerung einer der drei Farben mit ihrer Antifarbe zustande kommen. In jedem Baryon sind drei

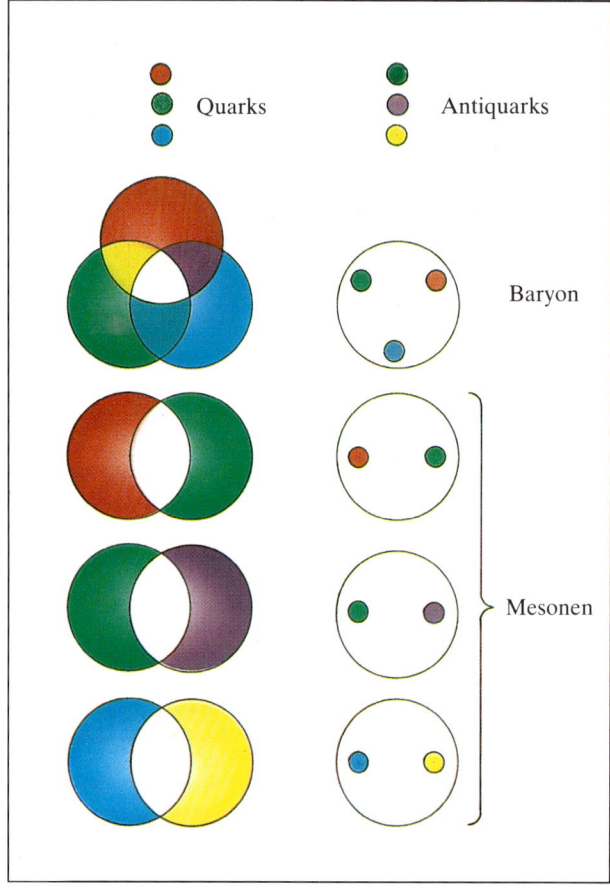

Jedes der verschiedenen Quarks kann in drei Farben auftreten. Man ordnet ihnen die Grundfarben Rot, Grün und Blau und den Antiquarks die Komplementärfarben Cyan, Magenta und Gelb zu. Da farbige Zustände der hadronischen Materie nie beobachtet wurden, müssen sich die farbigen Zustände zu Weiß mischen. Das geschieht entweder durch additive Mischung der drei Grundfarben (Baryonen) oder durch Mischung jeder Grundfarbe mit ihrer Komplementärfarbe (Mesonen).

Quarks verschiedener Farbe, in jedem Meson ein farbiges Quark und ein Antiquark der entsprechenden Komplementärfarbe.

Betrachten wir nochmals das Δ^{++}-Baryon, das aus drei u-Quarks gebildet ist. In der Abbildung unten sind sechs verschiedene Konfigurationen der drei u-Quarks gezeigt, die jedoch alle dem farblosen Δ^{++}-Baryon entsprechen. Sie gehen durch Vertauschung der Farben zwischen je zwei der Quarks ineinander über. Gegenüber einer die Farben zweier Quarks im Δ^{++}-Baryon vertauschenden Operation ist ein weißes Hadron invariant. Der Mathematiker nennt die Gruppe dieser Transformationen, die man mit den drei Farben der Quarks durchführen kann, SU(3)-Gruppe. Gegenüber dieser Farbgruppe erweisen sich die stets weißen Hadronen als invariant, für die SU(3)-Gruppe gilt eine exakte Symmetrie.

Bevor wir, ausgehend von dieser Farbsymmetrie, den Aufbau einer Theorie der starken Wechselwirkung näher betrachten, stellt sich die Frage nach einem möglichst direkten experimentellen Nachweis der Farbquantenzahl.

Schießt man in einem Speicherringbeschleuniger Elektronen und Positronen mit Energien von einigen Gigaelektronenvolt, nehmen wir an, von je 7 GeV, aufeinander, so erhält das in einem e^+e^--Vernichtungsprozeß entstehende virtuelle Photon eine Energie von 14 GeV. Nach der Heisenbergschen Unbestimmtheitsrelation kann es daher nur eine Zeit $t \approx h/14 \approx 5 \cdot 10^{-26}$ s virtuell leben, um sich in andere reale Teilchen, wie etwa ein $\mu^+ \mu^-$-Paar, zu verwandeln. Diese Zeit, in der das sich mit Lichtgeschwindigkeit c bewegende virtuelle Photon

Unter Berücksichtigung der Farbe der Quarks sind 6 verschiedene Konfigurationen der drei u-Quarks im Δ^{++}-Baryon möglich, die dem farblosen Zustand dieses Teilchens entsprechen. Sie gehen durch Vertauschung der Farben zwischen je zwei Quarks ineinander über.

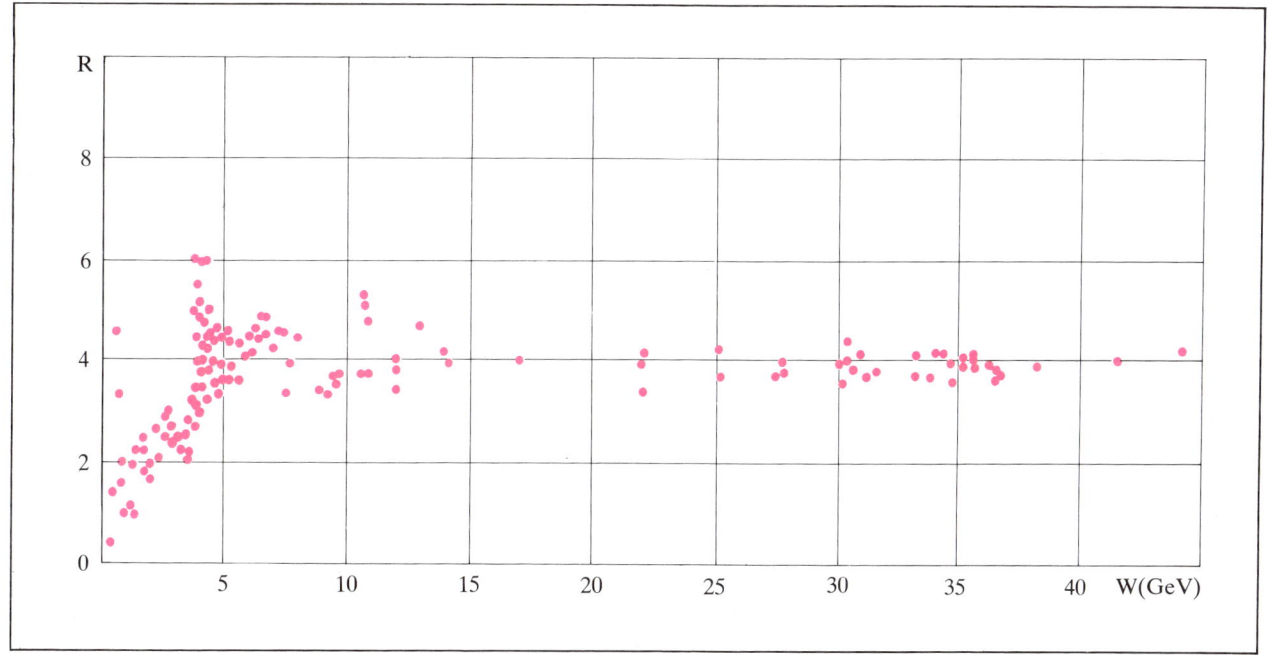

Jeder Punkt im Diagramm entspricht einer Messung des Verhältnisses der Wirkungsquerschnitte $R = \dfrac{\sigma(e^+e^- \to \text{Hadronen})}{\sigma(e^+e^- \to \mu^+\mu^-)}$.
Die Messungen bei verschiedenen Energien W der stoßenden Teilchen wurden an unterschiedlichen Beschleunigern ausgeführt.

einen Weg von $s = c \cdot t \approx 10^{-15}$ cm zurücklegt, ist sicher ausreichend, um ein punktartiges Myonenpaar zu erzeugen. Andererseits jedoch ist diese Zeit kurz gegenüber der zur Erzeugung von Hadronen notwendigen Zeit von etwa 10^{-23} s, was deren Abmessung von $\approx 10^{-13}$ entspricht. Eine Messung des Verhältnisses R der Wirkungsquerschnitte zur Erzeugung von Hadronen bzw. von Myonenpaaren

$R = \dfrac{\sigma(e^+e^- \to \text{Hadronen})}{\sigma(e^+e^- \to \mu^+\mu^-)}$

sollte daher bei genügend hohen Energien der stoßenden Teilchen Werte von $R < 1$ ergeben.
Im Energiebereich zwischen 10 und 40 GeV liegt der gemessene Wert des Verhältnisses bei $R \approx 4$. Das liegt aber weit über dem erwarteten Wert. Qualitativ kann man das Resultat der Messungen mit der Annahme erklären, daß das virtuelle, hochenergetische Photon nicht in räumlich ausgedehnte Hadronen übergeht, sondern in punktartige Quark-Antiquark-Paare, die sukzessive in die beobachtbaren Hadronen übergehen.

Die Feynman-Diagramme der beiden Reaktionen $e^+ + e^- \to \mu^+ + \mu^-$ und $e^+ + e^- \to \bar{q} + q$ unterscheiden sich lediglich in der Ladung der am rechten Vertex entstehenden punktartigen Teilchen (s. Abb. auf S. 186).

Bei der Erzeugung eines Myonenpaares ist der Wirkungsquerschnitt des Prozesses proportional dem Quadrat der Elementarladung. Bei der Erzeugung eines Quarkpaares tritt an die Stelle von e^2 die Summe der Ladungsquadrate der beteiligten Quarks. Im betrachteten Bereich der Gesamtenergie ist daher über die Ladungen der fünf verschiedenen Quarks zu summieren, wenn wir nur die verschiedenen Quarkflavour berücksichtigen, so daß man für das Verhältnis der Wirkungsquerschnitte folgenden Wert erhält: $R = 2\,(2/3)^2 + 3\,(1/3)^2 = 1{,}22$. Dieser Wert liegt aber immer noch unterhalb des Meßwertes. Berücksichtigen wir jedoch die Farbe, so treten an die

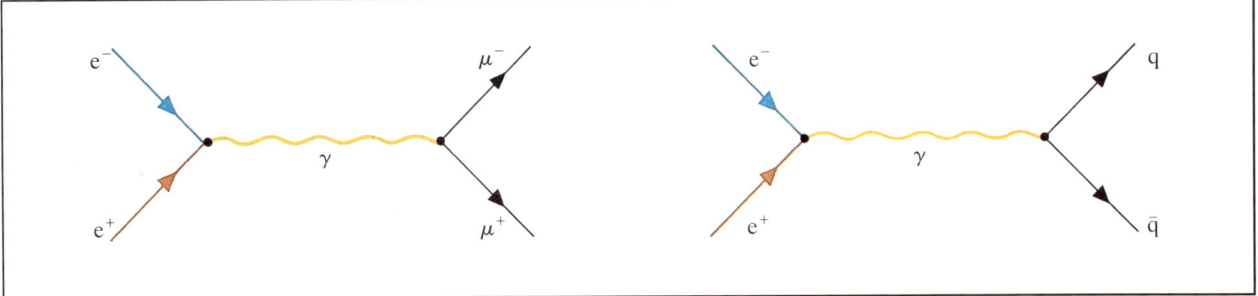

Gegenüberstellung der Feynman-Diagramme der Reaktionen
$e^+ + e^- \rightarrow \mu^+ + \mu^-$
$e^+ + e^- \rightarrow \bar{q} + q$

Stelle der fünf Quarks unterschiedlichen Flavours 15 Quarks, die voneinander zu unterscheiden sind, und wir erwarten für das Verhältnis $R = 3{,}7$ einen Wert, der nur knapp unterhalb des Meßwertes liegt (s. Abb. S.185).

Die Einführung der Farbquantenzahl erlaubt in Analogie zu den Eichfeldtheorien der elektromagnetischen und der schwachen Wechselwirkungen die Formulierung einer Theorie der starken Wechselwirkung zwischen den Quarks, der Quantenchromodynamik (QCD).

In der Quantenelektrodynamik sind die Bewegungsgleichungen invariant gegenüber einer lokalen U(1)-Transformation, wenn man das elektromagnetische Feld als ein Eichfeld in die Theorie einführt. Damit die Bewegungsgleichungen der schwachen Fermionenfelder invariant gegenüber einer lokalen SU(2)-Transformation bleiben, wurde das dreikomponentige Eichfeld der Vektorbosonen eingeführt. In diesen Theorien entsprechen die lokalen Eichtransformationen physikalischen Prozessen, in denen die eine elektrische bzw. eine schwache Ladung tragenden Fermionen über den virtuellen Austausch von Photonen bzw. Vektorbosonen aufeinander einwirken.

In Analogie zur QED wird in der QCD, der Theorie der starken Wechselwirkung, angenommen, daß die Quarks eine der elektrischen Ladung ähnliche Eigenschaft besitzen, die für die anziehende Kraft zwischen den Quarks sorgt. Diese Eigenschaft der Quarks und Antiquarks ist die Farbe, besser gesagt, ihre Farbladung.

Wie die Beobachtungen zeigen, sind die Hadronen gegenüber der SU(3)-Farbgruppe invariant. Jedes Hadron bleibt farblos, wenn die Quarks im Hadron ihre Farbe ändern. Betrachten wir zunächst eine globale Farbtransformation (s. Abb. unten, a). Jedes der Quarks ändert gleichzeitig seine Farbe. Nach der Transformation ist das betrachtete Baryon wieder weiß. Eine lokale Transformation, die etwa ein rotes Quark in ein blaues Quark überführt (s. Abb. unten, b) und damit die Farbe nur eines der drei Quarks ändert, führt zu einem farbigen Endzustand.

Farbtransformationen beim Proton. a) Eine globale Farbtransformation, in der jedes Quark gleichzeitig seine Farbe ändert. Das führt wieder zu einem farblosen Endzustand. b) Eine lokale Farbtransformation, in der ein rotes in ein blaues u-Quark überführt wird. Es würde ein farbiger Endzustand entstehen. c) Lokale Farbtransformation, in der die Farbänderung der Quarks mit einem lokalen Gluonaustausch verbunden ist.

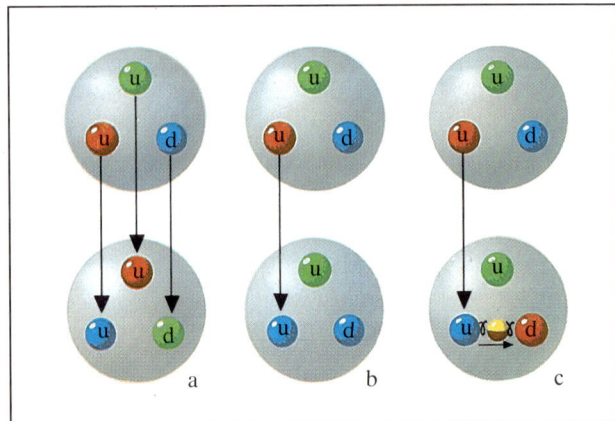

Um die Symmetrie gegenüber einer lokalen Farbtransformation zu sichern, muß man ein zusätzliches Eichfeld einführen. Im Gegensatz zum einkomponentigen Eichfeld der QED und dem dreikomponentigen Eichfeld der Theorie der schwachen Wechselwirkung hat das Eichfeld der starken Wechselwirkung, das Farbfeld, acht Komponenten. Die Quanten des Farbfeldes bezeichnet man als Gluonen (glue bezeichnet im Englischen den Leim). Wie das Photon sind auch die Gluonen elektrisch neutral, masselos und haben den Spin 1. Jedes Gluon trägt aber Farbe und Komplementärfarbe. Es sind neun Möglichkeiten zur Kombination einer der drei Farben mit einer der drei Komplementärfarben gegeben. Eine dieser neun Kombinationen, etwa die Farbkombination Grün – Antigrün fehlt, da drei Gluonen mit den Farbkombinationen Rot – Antirot, Grün – Antigrün und Blau – Antiblau nicht gleichzeitig auftreten dürfen. Die acht Gluonen mit ihren unterschiedlichen Farbkombinationen sind in folgender Abbildung gezeigt.

Betrachten wir nochmals die lokale SU(3)-Farbtransformation bei Anwesenheit des Farbfeldes. Bei einer lokalen Transformation ändert jedes Quark unabhängig von den anderen Quarks im Hadron seine Farbe. Jede Farbänderung ist aber mit einer lokalen Gluonemission verbunden. Das virtuelle Gluon wird von einem anderen Quark im Hadron absorbiert, wobei die Änderung seiner Farbe und die Farbe des emittierenden Quarks einander kompensieren. In der Abbildung b auf S. 186 wird lokal ein rotes Quark in ein blaues Quark transformiert. Betrachten wir in der Abbildung c auf S. 186 die Emission eines Gluons durch ein rotes *u*-Quark, das dabei in ein blaues u-Quark übergeht. Es wird von einem blauen d-Quark absorbiert, das sich dabei in ein rotes d-Quark umwandelt. In diesem Austauschprozeß trägt das Gluon die Farben Rot und Gelb (Antiblau). Am Farbzustand des Teilchens, zu dem das u- und das d-Quark gehören, im Beispiel ein Proton, hat sich durch den Austauschprozeß nichts geändert. Das Hadron bleibt weiß, und die starke Kraft zwischen den Quarks wird von den ausgetauschten Gluonen getragen. Der eigentliche Charakter der starken Wechselwirkung stellt sich nach der Quantenchromodynamik als Gluonaustausch zwischen den Farbladung tragenden Quarks dar.

Elektronen bzw. Quarks fügen sich zu gebundenen Zuständen in Atomen bzw. Hadronen zusammen. Während es jedoch in einem einfachen Stoßprozeß leicht möglich ist, Elektronen zu separieren, scheint es selbst bei den höchsten bisher zur Verfügung stehenden Energien unmöglich zu sein, Quarks freizusetzen.

Im Atom nimmt die elektrische Kraft mit wachsendem Abstand zwischen den Ladungsträgern ab. Übersteigt die zugeführte Energie einen bestimmten Wert, so wird das Atom in ein Elektron und den Atomrumpf zerlegt. Bei den Quarks ist das nicht möglich. Wenn die Separation zwischen den Quarks gering ist, etwa tief im Inneren der Nukleonen, so ist ihre Wechselwirkung relativ schwach. Sie wächst, je größer der Abstand zwischen den Quarks wird. Es muß mehr und mehr Energie aufgewandt werden, um die Quarks voneinander zu entfernen. Übersteigt die aufgewandte Energie den Betrag, der zur Erzeugung eines Quark-Antiquark-Paares notwendig ist, so entsteht ein Meson, eine Separation der Quarks kommt jedoch nicht zustande.

Um diese Problematik qualitativ zu verstehen, müssen wir die Eigenschaften der Farbfelder etwas detaillierter betrachten. Wie im Abschnitt über die Quantenelektrodynamik (4.4.) gezeigt, umgibt sich jedes isolierte Elektron mit einer Wolke virtueller Teilchen, wobei die elektrostatische Kraft zwischen dem realen Elektron und den virtuellen Elektron-Positron-

Jedes Gluon trägt eine Farbe und eine Antifarbe. Da drei Gluonen mit den Farbkombinationen Blau – Antiblau, Rot – Antirot und Grün – Antigrün nicht gleichzeitig auftreten, fehlt letztere.

Paaren zu einer Polarisation des Vakuums in der Nähe des Elektrons führt. Daraus resultiert eine teilweise Abschirmung der Elektronenladung.

Bei Farbladungen tritt der gleiche Effekt auf. So umgibt sich etwa ein rotes Quark mit einer Wolke virtueller Quark-Antiquark-Paare. Die antirote (Cyan-) Farbladung des Antiquarks wird durch die rote Farbladung des realen Quarks angezogen und damit seine Farbladung teilweise abgeschirmt.

Im Gegensatz zu den Photonen, die elektrisch neutral sind und daher keinen Einfluß auf die elektrische Ladung des isolierten realen Elektrons haben, sind die Quanten des Farbfeldes, die Gluonen, farbig, so daß sie durch die Farbladung des realen Quarks beeinflußt werden. Die näherungsweisen Berechnungen legen die Vermutung nahe, daß die Farbladungen der virtuellen Gluonen die Farbladung des realen Quarks nicht abschirmen, sondern noch verstärken. Die rote Farbkomponente der virtuellen Gluonen wird durch ein rotes Quark angezogen, so daß sich seine Farbladung verstärkt. Diese »Antiabschirmung« erweist sich gegenüber dem Abschirmungseffekt der virtuellen Quark-Antiquark-Paare als der dominierende Effekt. Die verstärkte Farbe zieht noch mehr Gluonen an, die die Farbladung weiter verstärken.

Damit ist zumindest qualitativ der Einschluß der Quarks plausibel gemacht. Separate Quarks können in der Natur nicht auftreten, da sie virtuelle Gluonen aus dem Vakuum lawinenartig anziehen würden. Daraus folgt letztlich die Farbneutralität aller beobachtbaren stark wechselwirkenden Teilchen. Gelingt es andererseits, die Gluonwolke, die ein reales Quark umgibt, zu durchdringen, sich also dicht genug dem Quark zu nähern, so ist nur dessen schwächere nackte Farbladung wirksam.

Die Quarks innerhalb der Hadronen verhalten sich, als wären sie durch Gummischnüre miteinander verbunden. Sind die Quarks dicht beieinander, so ist die Schnur schlaff, und sie können sich unabhängig voneinander bewegen. Wächst der Abstand, so spannt sich der Gummi, und die Quarks fühlen in wachsendem Maße ihre gegenseitige Bindung.

In den Bereichen, in denen die Quarkbindung schwach ist, lassen sich entsprechende Prozesse im Rahmen der Quantenchromodynamik berechnen. Ein Beispiel einer solchen berechenbaren Reaktion ist die hochenergetische e^+e^--Vernichtung, bei der ein Quark-Antiquark-Paar gebildet wird. Die Berechnung dieses Prozesses in der Quantenchromodynamik, wobei neben dem einfachsten Feynman-Graphen auch Diagramme höherer Ordnung berücksichtigt werden, führt zu einem Wert für das Verhältnis R, der den Meßpunkten in der Abbildung auf der Seite 185 folgt. Es zeigt sich eine hinreichend gute Übereinstimmung zwischen Experiment und Theorie.

Diese gute Übereinstimmung zwischen Quantenchromodynamik und Experiment findet man auch in anderen Prozessen, wie etwa der tiefinelastischen Lepton-Nukleon-Streuung, wenn sie nur bei genügend hohen Energien ablaufen, damit die punktartigen Quarks im Inneren der Hadronen in ihrem quasifreien Zustand erreicht werden.

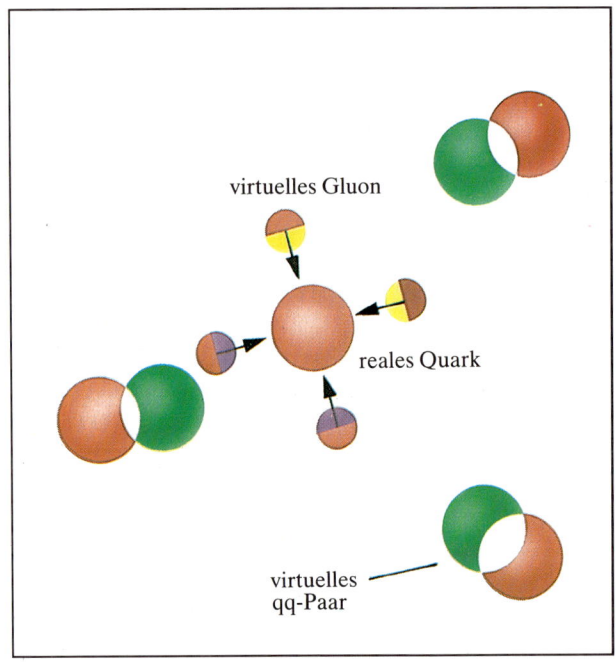

Jedes reale Quark ist von virtuellen Gluonen und virtuellen Quark-Antiquark-Paaren umgeben. Durch die Antiquarks erfolgt eine Abschirmung der Farbladung des realen Quarks. Da auch die Gluonen Farbladungen tragen, beeinflussen sie ebenfalls die Stärke der Farbkraft. Wie Rechnungen zeigen, führen die Gluonen zu einer Verstärkung der starken Kraft mit wachsendem Abstand vom realen Quark.

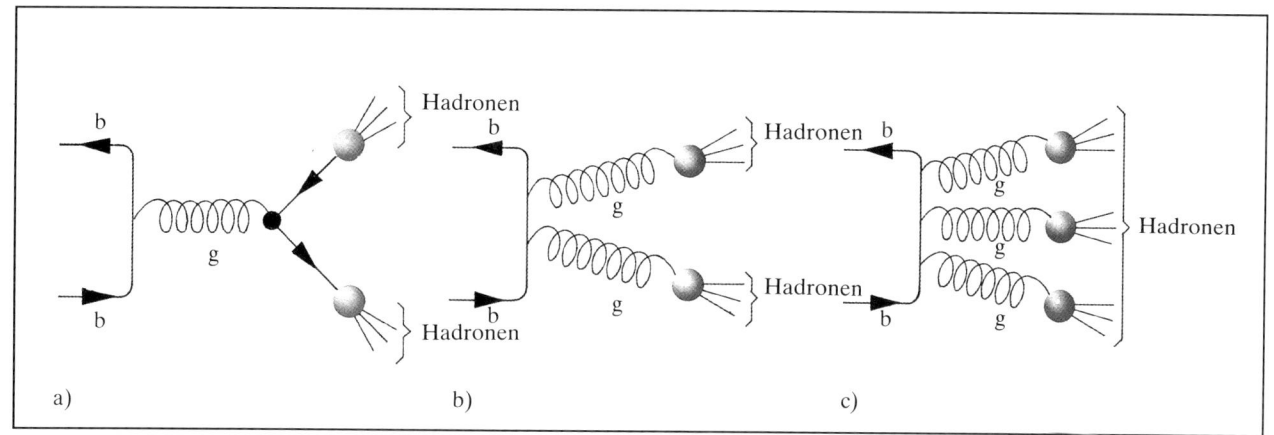

Würde, entgegen den theoretischen Erwartungen, der Zerfall des Y-Mesons über ein Gluon als virtuellen Zwischenzustand (a) oder über zwei Gluonen (b) erfolgen, so müßte man die im Endzustand als Zerfallsprodukte auftretenden Hadronen in zwei strahlenförmigen Bündeln beobachten. Erfolgt jedoch, entsprechend den Vorhersagen der Quantenchromodynamik, der Zerfall über drei Gluonen (c), so erwarten wir drei annähernd in einer Ebene liegende Jets aus Hadronen.

Es soll jedoch erwähnt werden, daß die gegenwärtigen Berechnungsmethoden der Quantenchromodynamik noch keineswegs einen der Quantenelektrodynamik adäquaten Status erreicht haben. So wurde etwa noch kein endgültiger Weg gefunden, um physikalische Effekte im niederenergetischen Bereich im Rahmen der Quantenchromodynamik zu berechnen. Das heißt, die exakte Berechnung des Massenspektrums aller Hadronen steht noch aus.

Ganz im Gegensatz zu den Quanten des elektromagnetischen Feldes, die uns etwa als Licht stets umgeben, wurden Quanten des Farbfeldes als freie Feldquanten nicht beobachtet. Das entspricht den Vorstellungen der Quantenchromodynamik, die sowohl die Separierbarkeit farbiger Quarks wie auch farbiger Gluonen verbietet. Es erhebt sich daher die Frage nach geeigneten Methoden zur experimentellen Verifikation der Gluonen.

Im einfachsten Fall läßt sich bereits aus zwei Gluonen ein farbloser Zustand bilden. Ein rot-gelbes Gluon und ein cyan-blaues Gluon würden etwa einen weißen Zustand ergeben. Es gibt theoretische Vorhersagen über gebundene Zustände aus zwei oder drei Gluonen mit Massen $\gtrsim 1$ GeV/c^2, die nach Bruchteilen von Sekunden in Mesonen zerfallen sollten. In ausgewählten bevorzugten Zerfallskanälen wurde und wird nach solchen als Gluonium bezeichneten Zuständen gesucht. Ein sicherer Nachweis ihrer Existenz war bisher nicht möglich.

Ein anderer erfolgreicher Zugang zum experimentellen Nachweis der Gluonen war über das Studium der Zerfallseigenschaften des Y-Mesons möglich. Beim Zerfall des Y-Mesons beobachtet man überwiegend Hadronen. Nach den Vorhersagen der Quantenchromodynamik soll der Zerfall bevorzugt über drei Gluonen als virtueller Zwischenzustand erfolgen. Jedes dieser Gluonen geht letztlich in Hadronen über, so daß im Endzustand diese Hadronen in drei strahlenförmigen Bündeln, die man als Jets bezeichnet, auftreten. Den Übergang von Quarks oder Gluonen in Hadronen bezeichnet man als Fragmentation. Wie er abläuft, wissen wir noch nicht. Da beim Zerfall des Y-Mesons nur 9,46 GeV als Gesamtenergie zur Verfügung stehen, entfallen auf jeden der drei Jets im Mittel etwa 3 GeV. Mit einer so geringen Energie kann man nicht drei klar voneinander separierbare Jets erwarten. Die teilweise überlappende 3-Jet-Struktur ist daher nur mittels einer statistischen Analyse nachweisbar. Würde der Zerfall aus der Fragmentation eines Quark-Antiquark-Paares hervorgehen, so hätten wir die typische Doppel-Jet-Struktur der

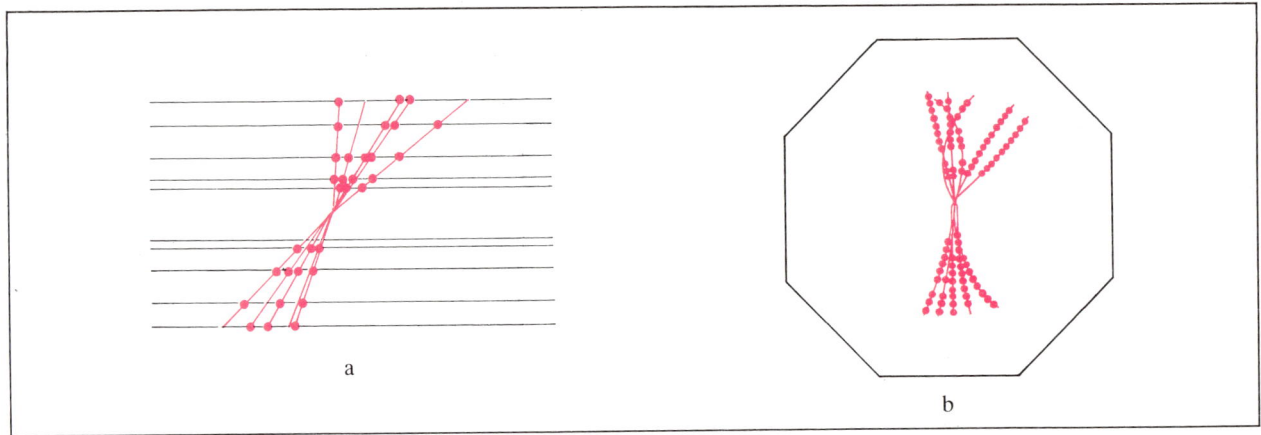

Ein typisches Doppel-Jet-Ereignis, wie es vom Detektor CELLO beim DESY aufgezeichnet wurde. a) Blick senkrecht zum Strahl, b) Blick in Strahlrichtung

Hadronen (s. Abb. oben) im beobachtbaren Endzustand.

Mit einer der experimentellen Anlagen am Elektron-Positron-Speicherring in Hamburg wurden die Zerfallseigenschaften des Y-Mesons untersucht. Die Meßwerte stimmen gut mit den Erwartungen aus dem 3-Gluon-Zerfall und schlecht mit einer Doppel-Jet-Struktur überein.

Die Quanten des Farbfeldes sollen nach den Vorhersagen der Quantenchromodynamik den Eigendrehimpuls 1 haben. Auch diese Erwartung läßt sich experimentell testen, indem man die Winkelverteilung der Jetachsen gegenüber der Strahlrichtung untersucht. Die Messungen stimmen gut mit dem Spin $J = 1$ des Gluons und schlecht mit einem Eigendrehimpuls $J = 0$ überein.

An den Elektron-Positron-Speicherringen mit einer Gesamtenergie des e^+e^--Paares von $\gtrsim 30$ GeV zeigen die erzeugten Hadronen eine ausgeprägte Doppel-Jet-Struktur mit kollinearen Achsen beider Jets. Sie lassen sich als Hadronenerzeugung über eine Quark-Antiquark-Vernichtung $e^+e^- \to q\bar{q} \to 2$ Hadronenjets interpretieren.

Im Sommer 1979 berichteten die am Positron-Elektron-Speicherring PETRA in Hamburg experimentierenden Gruppen erstmals über die Beobachtung einiger Ereignisse, die mehr einer 3-Jet- als einer Doppel-Jet-Struktur glichen. In den folgenden Jahren hat sich die Zahl der beobachteten hadronischen 3-Jet-Ereignisse vervielfacht.

Die Interpretation dieser Ereignisse im Rahmen der Quantenchromodynamik ist als Prozeß $e^+e^- \to q\bar{q}g \to 3$-Hadronen-Jets, wobei das Gluon – als Quant des Farbfeldes – durch Bremsstrahlung des beschleunigten Quarks (oder Antiquarks) entsteht. Die Quarks und das Gluon fragmentieren in Hadronen. Dieser Prozeß führt zu einigen charakteristischen Merkmalen der Hadronenerzeugung in e^+e^--Vernichtungsprozessen, die sich mit den Meßdaten vergleichen lassen.

– Linear mit dem Wachsen der Gesamtenergie des e^+e^--Paares muß sich einer der Jets bezüglich seiner Achse verbreitern.

– Wird das Bremsstrahlungsgluon mit genügend großer Energie und unter einem großen Winkel zur Bewegungsrichtung des Quarks (Antiquarks) emittiert, so sind die Hadronen in drei klar voneinander separierten Jets enthalten.

– Wegen der Erhaltung des Gesamtimpulses müssen die drei Jets in einer flachen Scheibe liegen, d. h., die Ereignisse sind planar.

Diese drei Merkmale des Prozesses $e^+ + e^- \to q + \bar{q} + g$ wurden auch tatsächlich im Experiment beobachtet.

Die Quantenchromodynamik gestattet sowohl die Berechnung der Wahrscheinlichkeit des Gluon-Bremsstrahlungsprozesses als auch der Reaktion $e^+ + e^- \to q + \bar{q}$. Die Rechnungen stimmen gut mit den gemessenen Wirkungsquerschnitten überein.

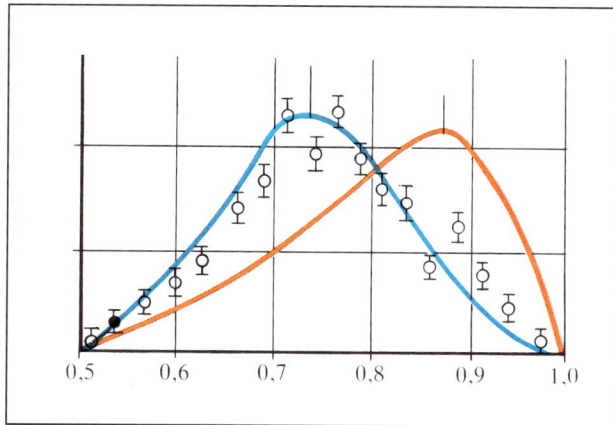

Vergleich der Meßwerte des Hadronenzerfalls von Y-Mesonen mit den Vorhersagen für einen Zwei-Jet-Zerfall (rote Kurve) und einen Drei-Jet-Zerfall (blaue Kurve). Die Übereinstimmung der experimentellen Daten mit den Erwartungen der Quantenchromodynamik, die den Zerfall über drei virtuelle Gluonen vorhersagt, ist augenfällig.

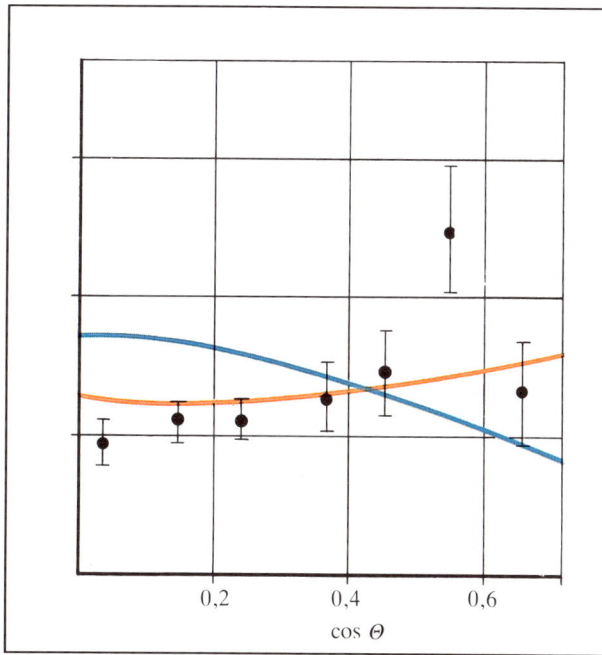

Aus einer eindeutig identifizierten Gruppe von 3-Jet-Ereignissen, die aus der Gluon-Bremsstrahlung $e^+e^- \rightarrow q\bar{q}g$ resultieren, läßt sich ähnlich wie beim Y-Zerfall $Y \rightarrow 3g$, der Spin des Gluons bestimmen. Der Vergleich der Vorhersagen für ein Quant des Farbfeldes mit Spin 0 oder 1 mit den Meßdaten spricht mit hoher Wahrscheinlichkeit für den Eigendrehimpuls $J = 1$ des Gluons.

Fassen wir zusammen: Der große Fortschritt im Verständnis der starken Wechselwirkung gelang in den siebziger Jahren. Wichtige Etappen waren die Entdeckung neuer Mesonenarten (ψ und Y) und die experimentellen Resultate der tiefinelastischen Streuung von Leptonen an Nukleonen. Beide Komplexe festigten unsere Überzeugung von der Quarkstruktur der Hadronen. Mit der Quantenchromodynamik haben wir eine zur Beschreibung der starken Wechselwirkung geeignete Quantenfeldtheorie. Sie postuliert die Existenz von acht Farbladung tragenden masselosen Gluonen, die als Quanten des Farbfeldes den Spin $J = 1$ haben. Alle bisherigen experimentellen Untersuchungen von Prozessen, die in der Quantenchromodynamik berechenbar sind, zeigen gute Übereinstimmung zwischen Theorie und Experiment. Es ist denkbar, wenn auch bisher unbewiesen, daß bei großen Abständen die Wechselwirkung zwischen den Quarks unendlich groß wird, so daß sie als freie Teilchen nicht existieren können.

4.12. Spaltung und Fusion, zwei Kernprozesse

Alle Atomkerne bauen sich aus Protonen und Neutronen auf. Seitdem wir davon wissen, ist es das Bemühen der Physiker, die Kraft zu verstehen, die die Nukleonen im Kern zusammenhält. Mit der Quantenchromodynamik haben wir eine Eichfeldtheorie der Quarks und Gluonen. Wir wissen, wie über den Austausch farbiger Gluonen die starke Wechselwirkung zwischen den Quarks wirkt, wie drei Quarks etwa im Nukleon gebunden sind.

Untersucht man die Verteilung der Winkel θ, die die Jet-Achsen gegenüber der Strahlrichtung haben, so erwartet man unterschiedliche Winkelverteilungen, je nachdem, ob der Spin des Gluons $J = 0$ (blaue Kurve) oder $J = 1$ (rote Kurve) ist. Die Meßwerte weisen auf den Spin $J = 1$ hin, wie man es für ein Quant des Farbfeldes erwartet.

Vor der Beantwortung der Frage nach dem Charakter der Kernkraft, die Protonen und Neutronen im Atomkern bindet, betrachten wir nochmals die inneratomaren Kräfte. Atome sind aus dem Kern und der Elektronenhülle aufgebaut. Zwischen Kern und Hülle und zwischen den Elektronen wirken elektrische Kräfte. Die elektrischen Ladungen als die Quellen der Kräfte sind nicht in einem Punkt konzentriert, sondern über das Atom mit seiner endlichen Ausdehnung von rund 10^{-8} cm verteilt. Nach außen sind Atome elektrisch neutral. Das trifft jedoch nur dann zu, wenn sie, verglichen mit ihrer Ausdehnung, weit genug voneinander entfernt sind. Nähern sich zwei Atome bis zu einer gegenseitigen Beeinflussung der äußeren Schalen, so beginnen sie, aufeinander Kräfte auszuüben. Das kann zu einer gegenseitigen Abstoßung der Atome führen, es kann aber auch zu einer anziehenden Kraft, etwa einer bipolaren Bindung der Atome aneinander, kommen (s. Abschnitt 4.2.). Ursache der zwischenatomaren Kräfte ist letztlich die ungleichmäßige Ladungsverteilung im Atom.

Nun sind die Quellen der Farbladung, die Quarks im Inneren eines Nukleons, ebenfalls ungleichmäßig verteilt. Vernachlässigen wir die elektrische Kraft, etwa durch die Betrachtung zweier Neutronen, so findet bei Abständen, die groß gegenüber der Ausdehnung des Nukleons von 10^{-13} cm sind, keine Kraftwirkung zwischen ihnen statt. Nähern sich die beiden Neutronen bis zur gegenseitigen Berührung, so treten analog zu den Atomen zwischen ihnen effektive Kräfte auf. Die Kernkraft zwischen den Nukleonen erweist sich in Analogie zur zwischenatomaren Kraft als ein Rudiment der starken Wechselwirkung zwischen den Quarks. Sie klingt mit dem Abstand zwischen den Nukleonen sehr rasch ab und ist bei Distanzen von wenig mehr als 10^{-13} cm nicht mehr fühlbar.

Die Wechselwirkung zwischen den Quarks über den Austausch von Gluonen ist die stärkste in der Natur wirkende Kraft. Es ist die Kraft, die im Proton oder Neutron wirkt, nicht die abgeleitete, rudimentäre Variante dieser Kraft, die – zwischen den Nukleonen wirkend – diese in Atomkernen bindet. Von letzterer sprechen wir jedoch stets, wenn wir über die Kernkraft und ihre Nutzung reden.

Im Experiment wurden die Massen von Proton und Neutron mit hoher Genauigkeit bestimmt. Da sich alle Atomkerne aus Protonen und Neutronen aufbauen, läßt sich unschwer die Masse jedes Kerns als Summe seiner Protonen- und Neutronenmassen berechnen. So vereinen sich im $^4_2$He-Atomkern zwei Protonen und zwei Neutronen. Als Summe ihrer Massen ergibt sich 3755,7 MeV/c^2. In einer direkten Massenbestimmung ergeben die Messungen für den ^{4}He-Kern eine Masse von 3727,4 MeV/c^2. Die Gesamtmasse des Heliumkerns ist kleiner als die Summe der Massen seiner Bestandteile. Dieser Massendifferenz ΔM, dem Massendefekt, entspricht nach der Einsteinschen Energie-Masse-Äquivalenz eine Energie $\Delta E = \Delta M \cdot c^2$, die Bindungsenergie. Sie hält die Nukleonen im Kern zusammen. Man muß diese Energie aufwenden, um einen Kern in seine Bestandteile zu zerlegen. Umgekehrt wird die Bindungsenergie als Reaktionsenergie freigesetzt, wenn man Nukleonen zu einem Atomkern verschmilzt. Wegen des großen Massendefektes beim ^{4}He-Kern wird bei der Verschmelzung, der Fusion, von zwei Protonen und zwei Neutronen eine relativ große Reaktionsenergie freigesetzt. Bezogen auf ein Nukleon, beträgt im ^{4}He-Kern die Bindungsenergie 7,07 MeV.

Die Bindungsenergie je Nukleon für Atomkerne unterschiedlicher Massenzahlen zeigt die Abbildung unten. Nach einem steilen Anstieg bei den sehr leichten Kernen, wobei der ^{4}He-Kern mit seiner sehr großen Bindungsenergie als

Die Bindungsenergie pro Nukleon in Kernen unterschiedlicher Massenzahlen

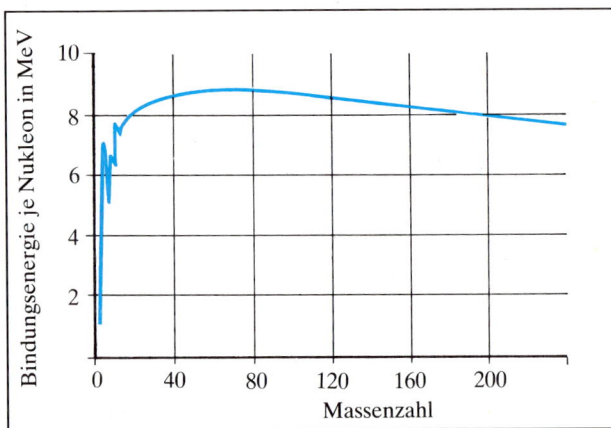

markante Spitze herausragt, erreicht die Bindungsenergie je Nukleon in der Gegend des Eisens mit der Massenzahl, der Summe der Protonen und Neutronen, von rund 60 ein Maximum, um zu großen Massenzahlen hin wieder abzufallen. Dieses Verhalten ist entscheidend für die Erzeugung von Kernenergie. Wenn etwa ein Urankern mit der Massenzahl 235 in zwei näherungsweise gleich große mittelschwere Kerne aufspaltet, so ist die Bindungsenergie jedes dieser beiden Folgekerne stärker als die des Ausgangskerns ^{235}U. In einem Kernspaltungsprozeß des Urans wird im Mittel eine Energie von rund 200 MeV freigesetzt. Bei der Verschmelzung zweier leichter Kerne ist die Bindungsenergie des vereinten Systems größer, wiederum wird Energie frei. Fusionsprozesse sind die Basis der Energieproduktion in den Sternen. Wegen ihrer großen Bedeutung für das Werden, die Existenz und den Fortbestand der Menschheit wollen wir beide zur Energieerzeugung führenden Kernprozesse, die Spaltung und die Fusion, etwas detaillierter betrachten.

Beim Neutronenbeschuß von Uran ergaben sich Reaktionsprodukte, die den Forschern in den dreißiger Jahren einige Rätsel aufgaben. Erst Otto Hahn und Fritz Straßmann gelang Ende 1938 unter den Reaktionsprodukten der sichere Nachweis von Lanthan und Barium, zwei Elementen, deren Massen und Ladungen weit kleiner sind als die des Urans. Die Kernspaltung war entdeckt. Durch Neutroneneinfang spaltet ein Urankern in zwei Folgekerne.

Betrachten wir eine typische Spaltreaktion:

$$n + {}^{235}U \to {}^{236}U \to {}^{139}La + {}^{95}Mo + 2n. \qquad (15)$$

Beim Einfang eines langsamen Neutrons durch einen Urankern bildet sich der Zwischenkern ^{236}U. Dieser Kern befindet sich nun nicht im energetischen Grundzustand, sondern wegen der Zuführung an Bindungsenergie des eingefangenen Neutrons in einem hochangeregten Zustand. Sein weiteres Verhalten beschreiben die Physiker mittels eines geeigneten Modells, des Tröpfchenmodells, da ein so komplexes Gebilde wie ein schwerer Atomkern sich in seinem Verhalten nur näherungsweise fassen läßt.

Analog zum Verhalten eines Flüssigkeitstropfens, dem Energie zugeführt wird, führt der hochangeregte Zwischenkern Schwingungen aus, die mit einer Deformation des kugelförmigen Kerns verbunden sind. Eine zigarrenförmige Ver-

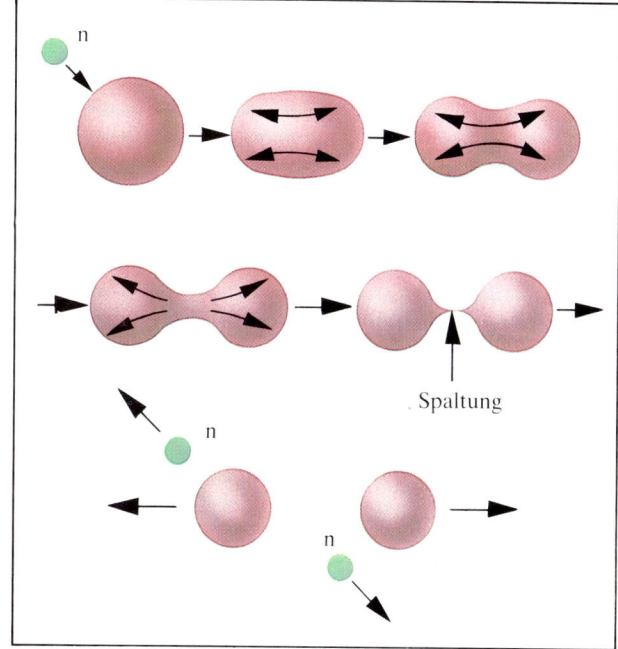

Die verschiedenen Etappen des Spaltungsprozesses eines Urankerns, der durch den Einfang eines Neutrons zu inneren Schwingungen angeregt wird

formung bewirkt eine Separation der im Grundzustand homogen verteilten Protonen, so daß sich die »Zigarre« durch die elektrische Abstoßung zu einer Hantel verformen kann, die letztlich in zwei näherungsweise gleich große Bruchstücke aufspaltet. Die bei der Spaltung freigesetzte Energie wird einerseits zu Bewegungsenergie der beiden Bruchstücke, im Beispiel der Reaktion (15) Lanthan und Molybdän, andererseits verbleibt sie als Anregungsenergie in den beiden Spaltprodukten. Diese geben sie zunächst durch Verdampfen von Neutronen, später über den radioaktiven Zerfall wieder ab. Jeder Spaltprozeß endet in zwei radioaktiven mittelschweren Kernen und einigen Neutronen. Letztere können im Uran weitere Spaltungen auslösen und damit lawinenartig zur Freisetzung riesiger Energien führen.

Wie die Abbildung links erkennen läßt, sind die sehr leichten Kerne weniger fest gebunden als etwas schwerere Kerne bis hin zum Eisen. Ihre Verschmelzung sollte also mit einer Energiefreisetzung verbunden sein. Eine Fusionsreaktion tritt nur dann ein, wenn sich leichte Kerne, trotz der Abstoßung durch die gleichnamigen elektrischen Ladungen, bis auf einen Abstand von rund 10^{-13} cm der Reichweite der Kernkraft nähern. Will man in einer Reaktionsmischung Verschmelzungen leichter Kerne herbeiführen, so muß man ihnen eine zur Überwindung der elektrischen Abstoßung ausreichende Bewegungsenergie mitteilen. Mit anderen Worten, das Reaktionsgemisch muß eine ausreichende Temperatur haben.

Nähern sich zwei leichte, positiv geladene Atomkerne einander, so stoßen sie sich mit einer Kraft ab, die umgekehrt proportional zum Quadrat ihres gegenseitigen Abstandes wächst. Wie ein Ringgebirge umgibt die elektrische Abstoßung den anziehenden Bereich der starken Wechselwirkung. Um diesen abstoßenden Ring zu überwinden, brauchen die leichten Kerne eine Energie von mehr als 100 keV. Die Temperatur des Gemisches müßte einige Milliarden Kelvin übersteigen.[11]

Im Göttingen der zwanziger Jahre arbeitete bei Max Born auch Georg Gamow, ein junger russischer Physiker. Ihm verdanken wir die quantenmechanische Beschreibung des radioaktiven α-Zerfalls. Obwohl durch die klassische Mechanik ausgeschlossen, gelingt es von Zeit zu Zeit einem Heliumkern, aus dem Inneren eines Urankerns durch Überwindung des Ringgebirges auszutreten. Die Physiker bezeichnen diesen nur quantenmechanisch verständlichen Effekt als Tunneleffekt. Das α-Teilchen als Bestandteil des schweren Urankerns hat das Ringgebirge nicht über den Kamm, sondern wie durch einen Tunnel verlassen. So wie die Heliumkerne den Ringwall von innen nach außen durchtunneln, sollte es auch möglich sein, ihn von außen nach innen zu durchdringen.

Der quantenmechanische Tunneleffekt ist es, der die Fusion leichter Kerne auch bei merklich kleineren Temperaturen ermöglicht. Wenn etwa Wasserstoffkerne eine Temperatur von rund 10 Millionen Kelvin haben, so können sie gelegentlich via Tunneleffekt verschmelzen. Das entspricht aber den Bedingungen im Inneren unzähliger Sterne ähnlich unserer Sonne.

[11] Hat ein Gasgemisch eine Temperatur von 1 Million Kelvin ($1 \cdot 10^6$ K), so beträgt die mittlere Bewegungsenergie jedes Teilchens 86 eV.

Die Sonne ist ein glühender Gasball überwiegend aus Wasserstoff, der durch die Schwerkraft zusammengehalten wird. Ihr entgegen wirkt der Druck der Gasmassen, so daß sich Schwerkraft und Gasdruck das Gleichgewicht halten. Der Druck eines Gases ist durch seine Dichte und seine Temperatur gegeben. Die Dichte des Wasserstoffgases ist uns bekannt, denn wir kennen die Masse und das Volumen der Sonne. Damit der Gasdruck der Schwerkraft das Gleichgewicht hält, muß im Inneren der Sonne eine durch die Gleichgewichtsforderung bestimmte Temperatur von rund 15 Millionen Kelvin herrschen. Damit sind die Voraussetzungen für Fusionsprozesse gegeben.

Antwort auf die Frage, wie sich der Wasserstoff im Inneren der Sonne in Helium umwandelt, gaben unabhängig voneinander die Physiker Hans Bethe in den USA und Carl Friedrich von Weizsäcker in Deutschland. Es sind zwei Reaktionsfolgen, die dank des quantenmechanischen Tunneleffekts zur Energieerzeugung im Inneren der Sonne beitragen: die dominierende Proton-Proton-Kette und der Kohlenstoffzyklus.

In der Proton-Proton-Kette läuft folgende Reaktionsfolge ab:

$$p + p \rightarrow d + e^+ + \nu_e + 1{,}44 \text{ MeV}$$
$$d + p \rightarrow {}^3\text{He} + \gamma + 5{,}49 \text{ MeV}$$
$$^3\text{He} + {}^3\text{He} \rightarrow {}^4\text{He} + 2p + 12{,}85 \text{ MeV}. \quad (16)$$

Im ersten Schritt verschmelzen zwei Protonen unter Abgabe eines Positrons und eines Neutrinos zu einem aus Proton und Neutron gebildeten Deuteriumkern d. Dieser Prozeß schließt die über die schwache Wechselwirkung verlaufende Umwandlung eines Protons in ein Neutron ein. Seine mittlere Reaktionszeit liegt bei 10^{10} Jahren. Er steuert den zeitlichen Verlauf der Fusion in den Sternen. Treffen ein Deuteriumkern und ein Proton aufeinander, so können sie mit einer mittleren Reaktionszeit von Sekunden zu einem aus zwei Protonen und einem Neutron gebildeten ^{3}He-Kern verschmelzen. Beim Verschmelzen zweier leichter Heliumkerne entstehen letztlich ein ^{4}He-Kern und zwei Protonen. In der Bilanz werden vier Wasserstoffkerne zu einem Heliumkern unter Freisetzung einer beträchtlichen Reaktionsenergie umgewandelt.

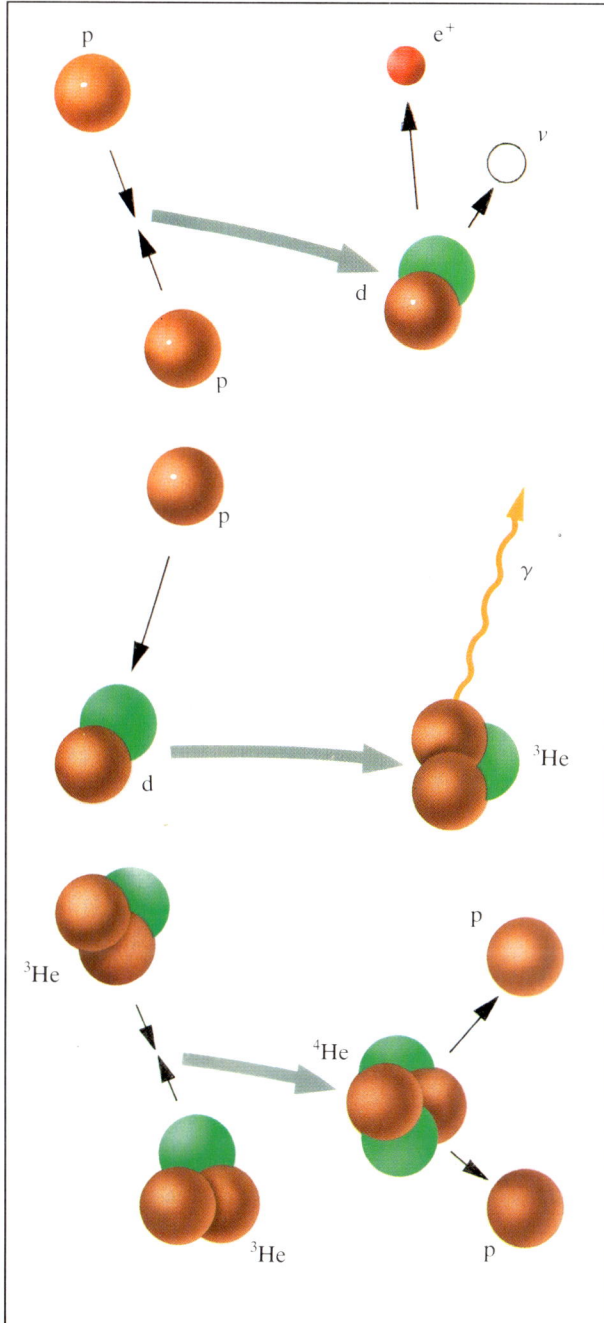

Die Reaktionsfolge des Kohlenstoffzyklus hat folgendes Aussehen:

$$^{12}C + p \rightarrow {}^{13}N + \gamma \quad + 1{,}95\,\text{MeV}$$
$$^{13}N \rightarrow {}^{13}C + e^+ + \nu_e \quad + 2{,}22\,\text{MeV}$$
$$^{13}C + p \rightarrow {}^{14}N + \gamma \quad + 7{,}54\,\text{MeV}$$
$$^{14}N + p \rightarrow {}^{15}O + \gamma \quad + 7{,}35\,\text{MeV}$$
$$^{15}O \rightarrow {}^{15}N + e^+ + \nu_e \quad + 2{,}71\,\text{MeV}$$
$$^{15}N + p \rightarrow {}^{12}C + {}^4He \quad + 4{,}96\,\text{MeV}. \qquad (17)$$

Dieser Zyklus setzt das Vorhandensein einer gewissen Menge an Kohlenstoff im Inneren der Sterne voraus. Die Kerne des Kohlenstoffs wirken in diesem Kreisprozeß als Katalysatoren bei der Umwandlung von Wasserstoff in Helium, wobei sie zwar Änderungen unterworfen sind, letztlich aber wieder erscheinen. Von den freigesetzten 26,7 MeV heizen rund 25 MeV den Stern auf, während der Rest von den Neutrinos davongetragen wird. Der Kohlenstoffzyklus dominiert in heißen Sternen, während die Protonenkette in kühleren Sternen wie unserer Sonne vorherrscht.

Der Prozeß der Kernspaltung, ein Aufbrechen instabiler, sehr schwerer Atomkerne, führte in der technischen Nutzung zur Hiroshima-Bombe und zum Kernreaktor. Der Prozeß der Fusion, ein Zusammenschluß einzelner Protonen zu leichten Atomkernen, ist die Energiequelle der Sonne und der Milliarden anderer Sterne unserer Galaxis. Ihre irdische Nutzung beschränkt sich bisher auf die Wasserstoffbombe. Große Wissenschaftlerkollektive in aller Welt bemühen sich seit Jahrzehnten, den Prozeß der Fusion zu steuern, um ihn als Energiequelle der Zukunft nutzen zu können – eine Aufgabe, deren Lösung erst das 21. Jahrhundert erleben wird.

Ich bin davon überzeugt, daß das nicht das Ende einer Entwicklung der Nutzung der Kernkraft, sondern eher ihr Beginn ist. Vergleicht man die freigesetzte Energie je Masseneinheit, so wird bei der Fusion das Viermilliardenfache gegenüber einem fossilen Brennstoff erzeugt. Sollte es gelingen, einen Prozeß zu finden, bei dem entsprechend der Einsteinschen Energie-Masse-Äquivalenz die gesamte Ruhemasse in Energie umgesetzt wird, so erhöht sich die freige-

Die Proton-Proton-Fusionskette, über die es zur Bildung von Helium-Atomkernen kommt

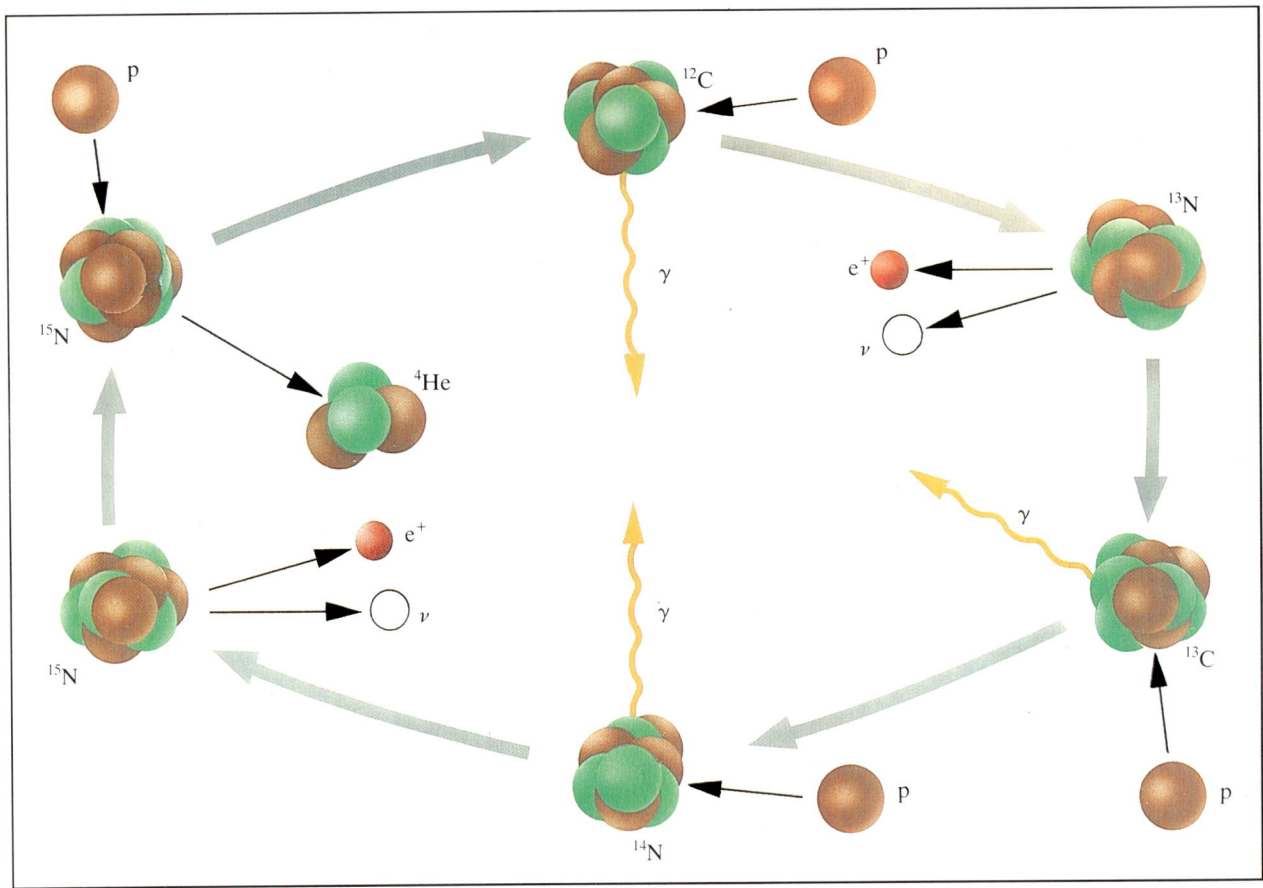

Der Kohlenstoffzyklus, ein Fusionsprozeß zur Umwandlung von Wasserstoffkernen in Heliumkerne

setzte Energie nochmals um einen Faktor von rund 500. Sicher werden die Physiker über Mittel und Wege nachdenken, um auch diese Probleme zu lösen.

Obwohl die gegenwärtig von den Wissenschaftlern diskutierten Möglichkeiten, die zwischen den Quarks wirkende Kernkraft direkt zur Lösung der Energieprobleme der Menschheit zu nutzen, noch höchst spekulativ erscheinen, sollte man sich daran erinnern, daß Rutherford, der Entdecker des Atomkerns, noch fünf Jahre vor der Beobachtung der Kernspaltung sagte: »Jeder, der aus einer Kernumwandlung eine Energiequelle erwartet, redet Unsinn.« Die Geschichte der Physik lehrt uns, daß bisher jede erkannte grundlegende Naturgesetzlichkeit in der einen oder anderen Form technologisch genutzt wurde.

Mit dem Eindringen in den Atomkern vor rund fünf Jahrzehnten erschlossen die Wissenschaftler der menschlichen Nutzung erstmals eine Kraft, die die Natur nur im Kosmos wirken läßt. Aus der Unfähigkeit einer profitorientierten Gesellschaft, diese Kraft in erster Linie zum Nutzen der Menschheit zu verwenden, entwickelte sich eine Atomwaffen-Rüstungsspirale. Die Zahl atomarer Sprengköpfe reicht heute aus, um 1 Million Hiroshimas auszulöschen. Städte mit mehr als 100000 Einwohner gibt es aber nur rund 30000.

Wir sind hier an einem Punkt der Betrachtungen und Mitteilungen angelangt, wo es mir unumgänglich erscheint, einige vor allem politische, für manchen moralische Worte an den Leser zu richten. Alles, was gerade jetzt von uns Menschen – weit über Bisheriges hinaus – an Verwirklichung von Vernunft und Wissenschaft gefunden wurde, muß von den Findern auch verteidigt werden. Von ihnen allein? Das wäre vermessen. In allem, was ich versucht habe darzulegen, manchmal verkürzt, manchmal – so ist nun einmal unsere Welt – nicht ohne Mühe zu verstehen, wollte ich doch die Liebe zur Natur und zu uns Menschen wachhalten. Wir leben in einer Gesellschaft, wie sie ist. Wir dürfen nie vergessen, daß unser Leben, unser aller Leben bedroht ist, so sehr wie nie zuvor. Das Weltbild der modernen Physik bestärkt uns in dem Vertrauen zu logischer Folgerung. Es stimuliert und zwingt uns, unsere menschliche Gesittung bedenkend, uns allen – auch den sich nur andeutenden – Bemühungen um den Frieden zu verpflichten. Das ewige Wunder der Natur gebietet letzthin Achtung vor unserer, wie wir hoffen, unzerstörbaren Vernunft, gebietet Ehrfurcht vor dem Leben.

4.13. Ausblick

Die physikalische Erforschung der Existenzformen der Materie im atomaren und subatomaren Bereich, in der Sprache des Physikers die Suche nach den »elementaren Bausteinen« der Materie und den zwischen ihnen wirkenden fundamentalen Kräften oder Wechselwirkungen, führte in der zweiten Hälfte des 20. Jahrhunderts im engen Wechselspiel zwischen Experiment und Theorie zu einer neuen Stufe unserer Erkenntnis der Wirklichkeit. Es wird immer deutlicher, daß sich auf der fundamentalen Ebene unseres physikalischen Materieverständnisses die Symmetrie, die Existenz von Elementarkomponenten und ihre Dynamik einander auf komplizierte Art wechselseitig bedingen. Gerade das aber macht den Aufbau einer widerspruchsfreien einheitlichen Theorie so schwierig, wenn auch sehr hoffnungsvolle Anfänge dafür vorliegen.

Es wurde gezeigt, daß die Atomstruktur als System von Kern und Elektronen und auch die Kernstruktur als System von Protonen und Neutronen noch im Sinne eines Systems von Bausteinen beschrieben werden können. Die Symmetrien repräsentieren sich beim Atom und näherungsweise auch beim Kern als räumliche Schalenstrukturen, die wir uns anschaulich vorstellen können.

Prozesse, zu deren Beschreibung sich die Einführung der Quarks als notwendig erwies, werden beherrscht durch abstrakte, zunächst nicht mit der Raum-Zeit-Struktur verknüpfte Symmetrien, wie beispielsweise die SU(3)-Symmetrie. Sie führen nicht mehr, wie beim Atom und beim Kern, zu symmetrischen Raumstrukturen; sie liefern abstrakte, nur mathematisch beschreibbare Strukturen.

Der Zusammenhang zwischen diesen im erwähnten Sinne unanschaulichen Symmetrien und der Raum-Zeit ist unklar. Die Lösung dieser Fragen ist aber außerordentlich wichtig, denn die Materie existiert in Raum und Zeit. Erfolgreiche Ansätze zur Behandlung dieses Problems wurden in den letzten Jahren dadurch erreicht, daß man die mit den abstrakten Symmetrien verknüpften Transformationen als Ort-Zeit-abhängige Eichtransformationen auffaßt.

In der Quantenelektrodynamik, die das elektromagnetische Feld mit den Feldern der Elektronen bzw. Myonen und τ-Leptonen verknüpft, wobei die Felder den Regeln der speziellen Relativitätstheorie und der Quantenmechanik unterliegen, steht uns eine Eichfeldtheorie zur Verfügung, die in beeindruckender Weise durch die Experimente bestätigt wird. Die QED gab uns darüber hinaus qualitativ neue Einsichten in die Natur des Vakuums. Wie wir sahen, läßt sich etwa die Wechselwirkung zwischen Elektronen durch den Austausch virtueller Feldquanten beschreiben. Die Emission, die Bewegung und die Absorption des virtuellen γ-Quants, ist mit einer zeitweiligen Verletzung von Energie- und Impulserhaltung verbunden. Die Verletzung wird durch die Heisenbergsche Unbestimmtheitsrelation erlaubt.

Nach der Entdeckung der elektromagnetischen Strahlung und der Atomstruktur der Materie betrachten wir das Vakuum als einen Zustand ohne reale Teilchen und Strahlung. In der Quantenfeldtheorie wird die Erzeugung und Vernichtung virtueller, also experimentell nicht direkt nachweisbarer Teilchen bestimmend für die Wechselwirkung. Das heißt, Vakuumfluktuationen sind Bestandteil der elektrischen Kraft. Das Vakuum hat eine verborgene komplizierte dynamische Struktur durch die Existenz der elektromagnetischen Wechselwirkung.

Der große Fortschritt im Verständnis der fundamentalen

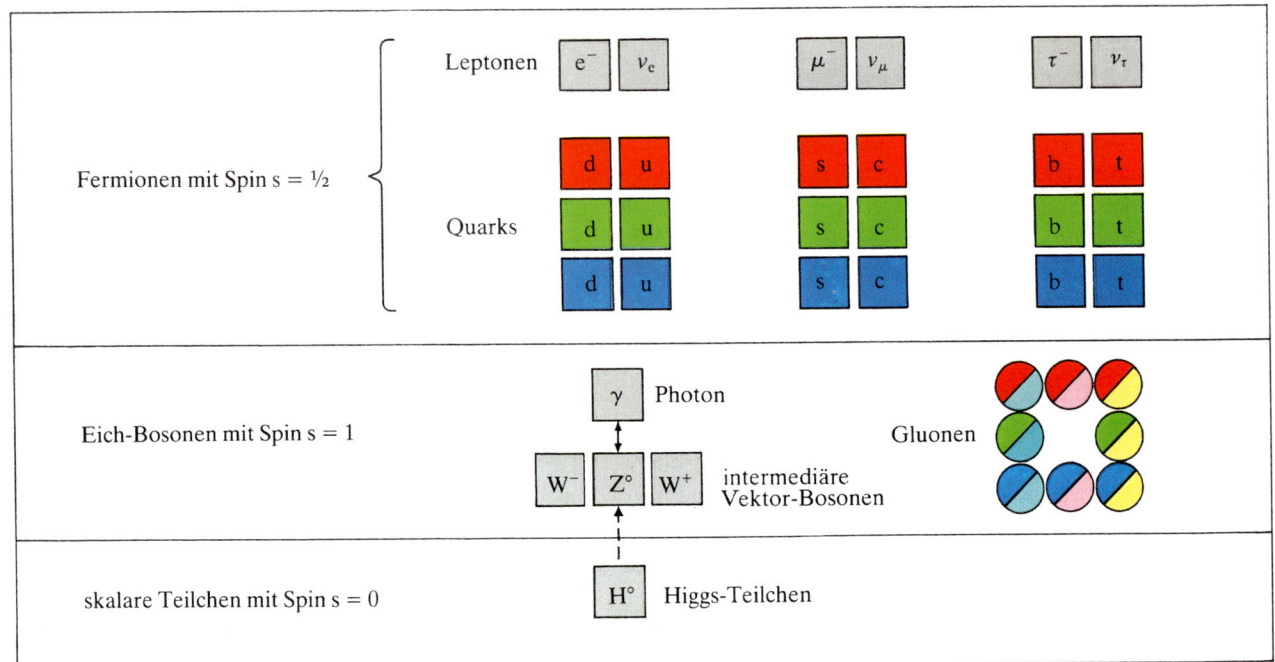

Elementare Bausteine, Fermionen, und die zwischen ihnen die Wechselwirkung vermittelnden Bosonen

Kräfte der Natur gelang in den siebziger Jahren mit der einheitlichen Theorie der elektromagnetischen und schwachen Wechselwirkung. In dieser Theorie ist, wie wir gesehen haben, die Eichinvarianz derart gebrochen, daß vier verschiedene Feldquanten auftreten. Da drei dieser Quanten des einheitlichen Feldes eine sehr große Masse besitzen, erscheint der mit ihnen verknüpfte Teil der Wechselwirkung, eben die schwache Wechselwirkung, bei den gegenwärtigen niederen Energien als etwas von der elektromagnetischen Wechselwirkung seinem Wesen nach Verschiedenes. Bei extrem hohen Energien ($\gg 100$ GeV) sollte sich aber ihr einheitlicher Charakter offenbaren. Hier sollten sich die Vektorbosonen wie masselose Teilchen verhalten und die schwache Kraft die gleiche Stärke besitzen wie die elektromagnetische Kraft. Die spontane Symmetriebrechung zeigt, daß eine Theorie eine innere Symmetrie besitzen kann, ohne daß die durch die Theorie beschriebenen Zustände diese Symmetrie zeigen. Die experimentelle Verifizierung der Weinberg-Salam-Theorie ist beeindruckend, wenn auch der experimentelle Nachweis des Higgs-Bosons noch aussteht.

Mit der Quantenchromodynamik haben wir zur Beschreibung der starken Wechselwirkung eine weitere Eichtheorie kennengelernt. Sie postuliert die Existenz von acht Farbladung tragenden masselosen Gluonen als Feldquanten. Die gute Übereinstimmung zwischen den störungstheoretischen Näherungen der QCD für näherungsweise asymptotisch freie Prozesse und den Experimenten der e^+e^--Annihilation bei hohen Energien bzw. der tiefinelastischen Lepton-Hadron-Streuung sind ermutigende Hinweise. Es ist denkbar, wenn auch unbewiesen, daß bei großen Abständen die Wechselwirkung zwischen den Quarks unendlich stark wird, so daß sie als freie Teilchen nicht existieren können. Bemerkenswert ist die experimentelle Verifizierung der Gluonemission durch Bremsstrahlung.

Die Einsichten in die Mikrostruktur der Materie, zu denen wir im zurückliegenden Jahrzehnt gelangten, führten uns dazu, die Quarkpaare (u, d), (c, s) und (t, b) bzw. die Leptonenpaare (ν_e, e), (ν_μ, μ) und (ν_τ, τ) – oder, besser gesagt, ihre Felder – als die eigentlichen Basisteilchen zu betrachten, deren Wechselwirkungen, die starke Wechselwirkung durch die Gluonen und die elektroschwache Wechselwirkung durch die Vektorteilchen $\gamma, W^\pm, Z^0$, vermittelt werden.

Durch dieses Bild, so faszinierend es erscheint und obwohl kein Experiment ihm gegenwärtig widerspricht, ist kein Abschluß in der Erkenntnis der Mikrowelt erreicht.

Wir führen in die Theorien willkürliche Kopplungskonstanten ein, z.B. in die Quantenelektrodynamik den Zahlenwert der elektrischen Ladung und die Zahlenwerte der Massen der Leptonen, verstehen aber nicht, wie die beobachteten Werte dieser Größen zustande kommen.

Wir haben keine Theorie, die uns die Gründe angibt, warum das Nukleon etwa 2000mal schwerer ist als das Elektron. Letztlich hängen alle chemischen Strukturen und das Leben von diesem Massenverhältnis ab. Wir erwarten, daß es auf bisher unbekannte Weise mit der starken Wechselwirkung verbunden ist.

Wir wissen nicht, wovon die Masse eines Higgs-Teilchens abhängt und wodurch die Stärke der Farbladung bestimmt ist.

Abgesehen von den Eichbosonen der drei Basiskräfte, benötigen wir sechs Leptonen und sechs Quarks, diese jeweils in drei Farben, um die vielfältigen, uns bisher bekannten Materieformen zu beschreiben. Es gibt drei Leptonen, die eine negative Elementarladung tragen, und drei Leptonen, die elektrisch neutral sind. Hinzu kommen je drei Quarks mit den Ladungen $+2/3$ und $-1/3$. Warum ausgerechnet drei Familien? Um die gewöhnliche uns umgebende Materie aufzubauen, reichen die Teilchen der ersten Familie, u- und d-Quark und das Elektron mit seinem zugehörigen Neutrino bzw. deren Antiteilchen. Wir verstehen nicht, warum die Natur in zwei weiteren Familien das gleiche Grundmuster wiederholt. Woher kommen die Massenverhältnisse in den drei Familien, und was ist die Ursache des Ladungsverhältnisses von Quarks und Leptonen? Gibt es eine tieferliegende, von uns bisher nicht erkannte Bedeutung, die ganzzahlig geladene Teilchen immer nur farblos und Teilchen mit drittelzahliger Ladung stets farbig auftreten läßt? Besteht zwischen Quarks und Leptonen eine von uns noch nicht erkannte innere Beziehung, die sogar ihre gegenseitige Umwandlung zuläßt?

Diese und andere Fragen lassen sich wohl nur im Rahmen einer umfassenderen Theorie beantworten. Der Wunschtraum der Theoretiker wäre eine einheitliche Theorie, die neben elektroschwacher und starker Wechselwirkung auch die Gravitation einschließt. Es wird daher intensiv nach Wegen gesucht, um die verschiedenen Eichfeldtheorien mit einer zu quantisierenden Gravitationstheorie zu verbinden. Keiner der bisherigen Versuche erscheint überzeugend und, was ungleich schwerer wiegt, keine der in Verbindung damit vorhergesagten experimentellen Konsequenzen, wie etwa die Instabilität des Protons, konnte nachgewiesen werden.

Wir haben im Erkennen der Natur erstaunliche Fortschritte gemacht. Aber die Frage nach dem Sein im Mikrokosmos »stellt uns wie alle Fragen grundsätzlicher Art vor eine unendliche Aufgabe«[12], die auf jeder Stufe des Wissens neu beantwortet werden muß.

---

[12] H. Weyl, Was ist Materie?, Berlin 1925, S. 59

5. Der Makrokosmos

5.1. Das beobachtbare Universum

In jeder klaren Nacht, in der nicht das Licht der Sterne vom Licht der Straßenbeleuchtung überstrahlt wird, sehen wir über uns die unregelmäßig verteilten Sterne und ein das Himmelsgewölbe teilendes weißes Band, die Milchstraße. Daß sie aus vielen dicht beieinanderstehenden Sternen gebildet ist, vermutete bereits Demokrit, aber erst als im August des Jahres 1609 Galilei sein kleines Fernrohr auf die Milchstraße richtete, bestätigte sich diese Vermutung. Das Bild der Milchstraße erweckt den Eindruck des engen Beieinanders von Einzelsternen. Seitdem die astronomische Beobachtungstechnik uns das räumliche Hintereinander erschloß, wissen wir: Auch die Sterne der Milchstraße sind durch gewaltige Abstände voneinander getrennt.

Ein astronomisches Maß der Entfernung ist das Lichtjahr. Elektromagnetische Wellen legen sekundlich 300 000 km zurück. Ein Lichtjahr ist die in einem Jahr, also in 32 Millionen Sekunden, zurückgelegte Entfernung von $9,6 \cdot 10^{12}$ km. Die größte bisher von Menschen überwundene räumliche Distanz im Kosmos ist die Entfernung Erde – Mond. Sie beträgt rund 1 Lichtsekunde. Die Sonne ist 8 Lichtminuten von uns entfernt, die Entfernung des sonnenfernsten Planeten, des Pluto, beträgt im Mittel 5 Lichtstunden, und der uns nächste Stern am Himmel ist Proxima Centauris in einer Entfernung von 4,25 Lichtjahren.

Das geozentrische Universum des Aristoteles sah die Erdkugel im Mittelpunkt. Mond, Sonne, die Planeten und die Sterne umkreisen, befestigt an kristallenen himmlischen Sphären, die Erde. Die kopernikanische Revolution setzte die Sonne in die Mitte eines neuen, heliozentrischen Universums.

Am Anfang unseres Jahrhunderts begann sich unter den Astronomen die Einsicht durchzusetzen, daß die Sonne in einer flachen Scheibe aus Sternen angesiedelt ist. Blickt man mit dem Teleskop innerhalb der Milchstraßenebene in verschiedene Richtungen, so scheint nach wenigen zehntausend Lichtjahren die Dichte der Sterne gleichmäßig abzunehmen. Es entstand der Eindruck, als sei der Rand der Milchstraßenscheibe in jeder Richtung von uns gleich weit entfernt. Der naheliegende Schluß ließ uns wiederum ins Zentrum, diesmal des Milchstraßensystems, rücken.

Auch dieses Zentrum mußten wir dank der Arbeiten des amerikanischen Astronomen Harlow Shapley wieder räumen. Im Jahre 1914 begann er seine Tätigkeit am Mount-Wilson-Observatorium in Kalifornien. Das Problem jener Jahre war die Fixierung eines geeigneten Maßstabes zur Vermessung der räumlichen Ausdehnung der Galaxis. Die Astronomen kannten einen Typ veränderlicher Sterne, die Cepheiden, benannt nach ihrem ersten Vertreter, dem Stern Delta im Sternbild Cepheus, deren Leuchtkraft eindeutig mit der Periode zusammenhängt. Die Helligkeit des Sterns Delta-Cephei ändert sich periodisch in einem 5,4tägigen Rhythmus. Durch geduldige Beobachtung der Helligkeitsänderung solcher Sterne als Funktion der Periode war ein linearer Zusammenhang zwischen der Leuchtkraft und der Periode gefunden worden: Je größer die Periode, um so heller der Stern. In allen Bereichen unserer Galaxis findet man periodisch veränderliche Cepheiden. Wenn ein eindeutiger Zusammenhang zwischen Periode und Leuchtkraft besteht, so läßt sich aus

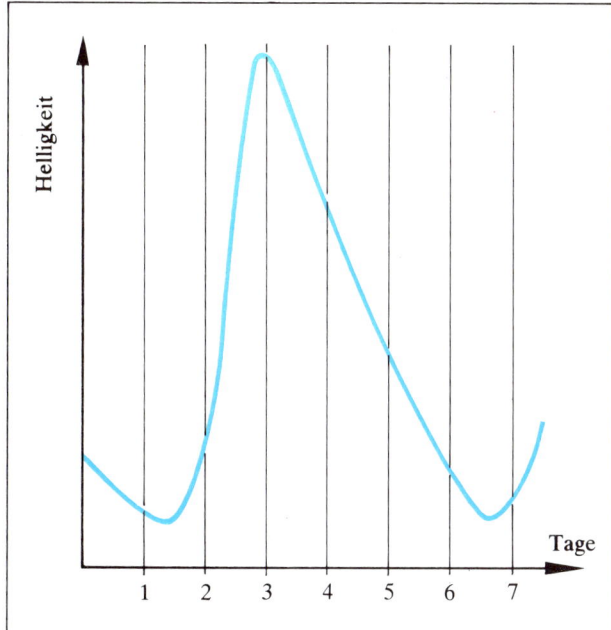

Harlow Shaplay
(1885–1972) [4]

der Periode die Leuchtkraft ermitteln und aus der scheinbaren Helligkeit des Sterns seine Entfernung.[1] Zur Eichung des Verfahrens muß man jedoch die Entfernung wenigstens eines Delta-Cephei-Sterns kennen. Die Lösung dieses Problems gelang dem jungen Shapley. Damit war die Voraussetzung zur Vermessung der Galaxis gegeben.

Sie ist ein riesiges System aus Staub, Gas und rund 200 Milliarden Sternen (Abb. S. 20). Die Galaxis besteht aus zwei Hauptteilen, der Scheibe und dem Halo. Der Halo hat eine kugelförmige Gestalt mit einem Durchmesser von ungefähr 120000 Lichtjahren. Am augenfälligsten sind im Halo die kugelförmigen Sternhaufen. Gegenüber der galaktischen Scheibe enthält er nur wenig Einzelsterne und Gas und fast keinen Staub. Zum Zentrum der Galaxis hin verdichtet sich die in vorwiegend älteren Sternen gebundene Materie des Halo. Um dieses Zentrum, den Kern der Galaxis, rotiert wie ein riesiges Karussell die Scheibe, wobei sie im Mittel für einen

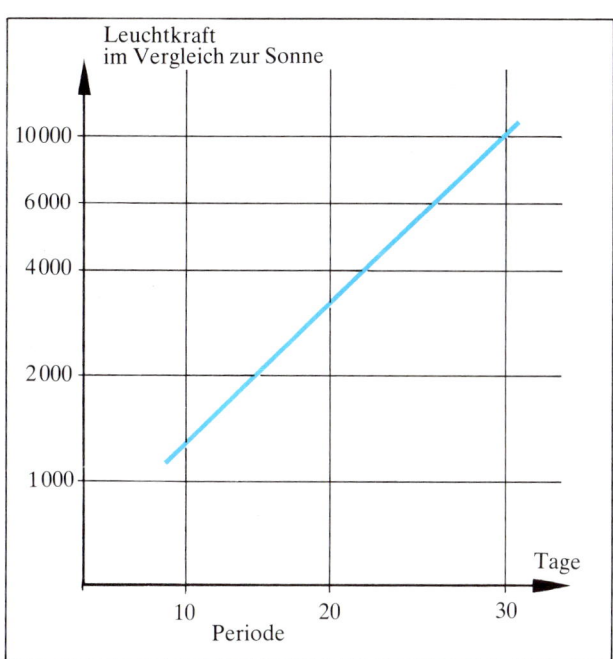

[1] Die Leuchtkraft ist die sekundlich von der gesamten Oberfläche des Objekts abgestrahlte Energie. Ihre Bestimmung setzt die Kenntnis seiner Entfernung voraus. Was man unmittelbar mißt, ist stets die scheinbare Helligkeit.

Die Helligkeitsänderung des Sterns Delta Cephei. Die Helligkeit des Sterns schwankt im Rhythmus von 5,4 Tagen.

Die Perioden-Leuchtkraft-Beziehung der Cepheiden. Zu jeder Periode eines Cepheiden gehört eine bestimmte mittlere Leuchtkraft.

Umlauf rund 100 Millionen Jahre braucht. Sie ist relativ reich an Staub und Gas. Die überwiegende Zahl der am Himmel sichtbaren Sterne gehört zur Scheibe. Sie sind durch Entfernungen von einigen Lichtjahren voneinander getrennt. Der Durchmesser der Scheibe beträgt rund 100000 Lichtjahre und ihre Dicke annähernd 5000 Lichtjahre. Die Sonne, ein Stern der Scheibe, ist etwa 28000 Lichtjahre vom Kern der Galaxis entfernt. Auch in der Galaxis nehmen wir keinen Vorzugsplatz ein. Unsere Wahrnehmung, daß von der Erde aus die Sterndichten in der Milchstraßenebene in alle Richtungen gleichmäßig abnehmen, ist eine Folge der Schwächung des Sternenlichts, die durch Gas- und Staubwolken der Scheibe bewirkt wird.

Bereiche erhöhter Gasdichte sind die Geburtsstätten neuer Sterne. Unter der Wirkung der Gravitation ziehen sich die Gas- und Staubwolken zusammen, und neue Sterne entstehen. Je massereicher die Sterne sind, um so kürzer währt ihre Existenz, und um so bemerkenswerter ist ihr Ende. Sterne, deren Masse merklich größer ist als die der Sonne, enden in einem gewaltigen explosiven Ausbruch, einer Supernova. Im Sternbild Stier findet man einen aus diffusen leuchtenden Gasmassen bestehenden Fleck. Man bezeichnet ihn als Krebsnebel. Chinesische und japanische Chroniken berichten über das tagelange außerordentlich helle Aufleuchten eines Sterns im Jahre 1054, gerade an der Stelle des Himmels, an der wir heute den Krebsnebel als Rest der gewaltigen Explosion sehen.

Unsere Milchstraße ist eine Welt großer Vielfalt. Wir sehen nebeneinander das Werden neuer Sterne in zusammenfallenden Gas- und Staubwolken, und wir finden Überreste vergangener Sterne. Viele Sterne kreisen paarweise in gegenseitiger Anziehung umeinander. Andere Sterne senden ihr Licht nicht gleichförmig, sondern mit variierender Helligkeit aus. Von roten Riesensternen bis zu Weißen Zwergen, von leuchtenden Gaswolken bis zu dunklen Staubansammlungen und schließlich zu Materieformen, deren Existenz wir gegenwärtig vermuten können, wie etwa die Schwarzen Löcher, alle diese Formen bilden die Galaxis, an deren Rand ein vergleichsweise winziges System liegt, dessen Zentralgestirn, die Sonne, sich weder durch seine Oberflächentemperatur noch durch seine Masse auszeichnet. Von unserer zentralen Stellung scheint wenig geblieben zu sein. Es bleibt die Frage, ob wenigstens unsere Galaxis eine Sonderstellung im Universum einnimmt.

Mit der zunehmenden Verwendung von Fernrohren in der astronomischen Beobachtung fand man neben den Sternen gelegentlich kreisförmige, häufiger elliptisch geformte, verschwommen nebelartige Gebilde. Der auffälligste dieser Nebelflecke, die man als Spiralnebel bezeichnete, läßt sich bereits mit einem einfachen Feldstecher im Sternbild Andromeda erkennen. Immanuel Kant stellt in seiner Schrift »Allgemeine Naturgeschichte und Theorie des Himmels« bereits im Jahre 1755 die Hypothese auf, daß die Nebelscheibchen Milchstraßensysteme ähnlich dem unsrigen seien.

Im 19. Jahrhundert wurde Kants Hypothese wiederholt aufgegriffen. Auch Alexander von Humboldt stellte sich im »Kosmos«, seiner umfassenden Weltbeschreibung, die Frage, ob die winzigen, kreisförmigen oder elliptischen Nebelflecke Gaswolken oder Milchstraßensysteme sind. Er sprach dabei von möglichen Weltinseln, die er, Kant folgend, für Ansammlungen von Sternen ähnlich unserer Galaxis hielt.

Erst mit der Inbetriebnahme des 2,5-m-Spiegelteleskops auf dem Mount Wilson nach dem ersten Weltkrieg wurde die Vermutung zur Gewißheit: Spiralnebel sind Weltinseln, Galaxien, ähnlich unserer Milchstraße. Mit ihrer Identifizierung ist der Name des amerikanischen Astronomen Edwin Hubble verbunden. In den Jahren 1923/24 hatte Hubble in Spiralnebeln insgesamt 36 Delta-Cephei-Sterne gefunden und mittels der durch Shapley geeichten Perioden-Leuchtkraft-Beziehung ihre Entfernungen bestimmt. Diese übertrafen die Ausdehnung unserer Galaxis um wenigstens eine Größenordnung. Damit war nach 170 Jahren Kants Weltinselhypothese bewiesen.

Mittels der Perioden-Leuchtkraft-Beziehung hatte Hubble die Entfernung der Andromedagalaxie (S. 19) zu rund einer Million Lichtjahre bestimmt. Verglich man die Ausdehnung des Andromedanebels und anderer Galaxien miteinander, deren Entfernung über Delta-Cephei-Veränderliche ermittelt worden waren, so zeigte sich unsere Galaxis als ein

Der Crab Nebula (M 1) in Taurus. Er enthält die Überreste einer Supernova-Explosion im Jahre 1054 [20].

Riese mit einer Ausdehnung von rund 100000 Lichtjahren. Wieder schienen wir eine Sonderstellung im Universum einzunehmen.

Daß das keineswegs der Fall ist, zeigte der deutsche Astronom Walter Baade am 2,5-m-Teleskop des Mount Wilson bzw. am 5-m-Spiegel auf dem Mount Palomar. Man hatte übersehen, daß es zwei Typen Cepheiden gibt, die sich in ihrer Perioden-Helligkeits-Relation unterscheiden. Shapley hatte zur Eichung der Perioden-Leuchtkraft-Beziehung Halosterne benutzt. Zur Entfernungsbestimmung der Spiralnebel wurden aber Delta-Cephei-Sterne in der Scheibe vermessen. Wie Baade zeigte, haben die veränderlichen Sterne der Scheibe und die des Halos unterschiedliche Perioden-Leuchtkraft-Beziehungen. In genaueren Untersuchungen wurde ermittelt, daß pulsierende Sterne der Scheibenpopulation viermal heller sind als die entsprechenden Veränderlichen der gleichen Periode aus der Halopopulation. Alle bisher verwendeten Entfernungen zwischen den Galaxien mußten daher verdoppelt werden. Der Andromedanebel rückte in eine Entfernung von rund 2 Millionen Lichtjahren. Die identifizierten Galaxien sind also viel weiter von uns entfernt und damit auch ausgedehnter als vorher ermittelt. Unsere Galaxis erwies sich als eine unter vielen Milliarden, die durch keine besonderen Eigenschaften aus dem Rahmen des üblichen fällt.

Um die Vielfalt der Formen der Galaxien besser zur verstehen, führte Hubble eine Klassifizierung ein. Dieses Ordnungsschema, das in verfeinerter Form auch gegenwärtig benutzt wird, unterscheidet drei Grundtypen: elliptische Galaxien, die überwiegende Mehrzahl aller beobachteten Weltinseln, Spiralgalaxien und Balkenspiralen. Das Milchstraßensystem hat eine Spiralstruktur, die wohl einige Ähnlichkeit mit der Spirale der Andromedagalaxie hat. Unsere Galaxis wird von zwei Galaxien begleitet, die nicht in das Ordnungssystem passen. Diese beiden Magellanschen Wolken gehören zur Gruppe der irregulären Galaxien. Die Astronomen sind heute überzeugt davon, daß die Gestalten der Galaxien im wesentlichen durch ihren Drehimpuls bestimmt werden.

Dank der Perioden-Leuchtkraft-Beziehung lassen sich Cepheiden mittels des modernen optischen Instrumentariums noch in Galaxien ermitteln, die etwa 10 Millionen Lichtjahre von uns entfernt sind. Nachdem in diesem Umkreis Galaxien in merklicher Zahl identifiziert waren, zeigte sich, daß unsere Heimatgalaxis nicht isoliert im Universum steht. Zusammen mit den beiden Magellanschen Wolken, dem Andromedane-

Edwin Hubble (1889–1953) [19]

Die Kleine Magellansche Wolke, eine irreguläre Galaxie in einer mittleren Entfernung von 0,2 Millionen Lichtjahren. Am oberen und linken Bildrand sind die Kugelsternhaufen NGC 104 und NGC 362 sichtbar. Die Aufnahme wurde von C. Hoffmeister mit dem Metcalf-Astrographen des Boyden Observatory gemacht.

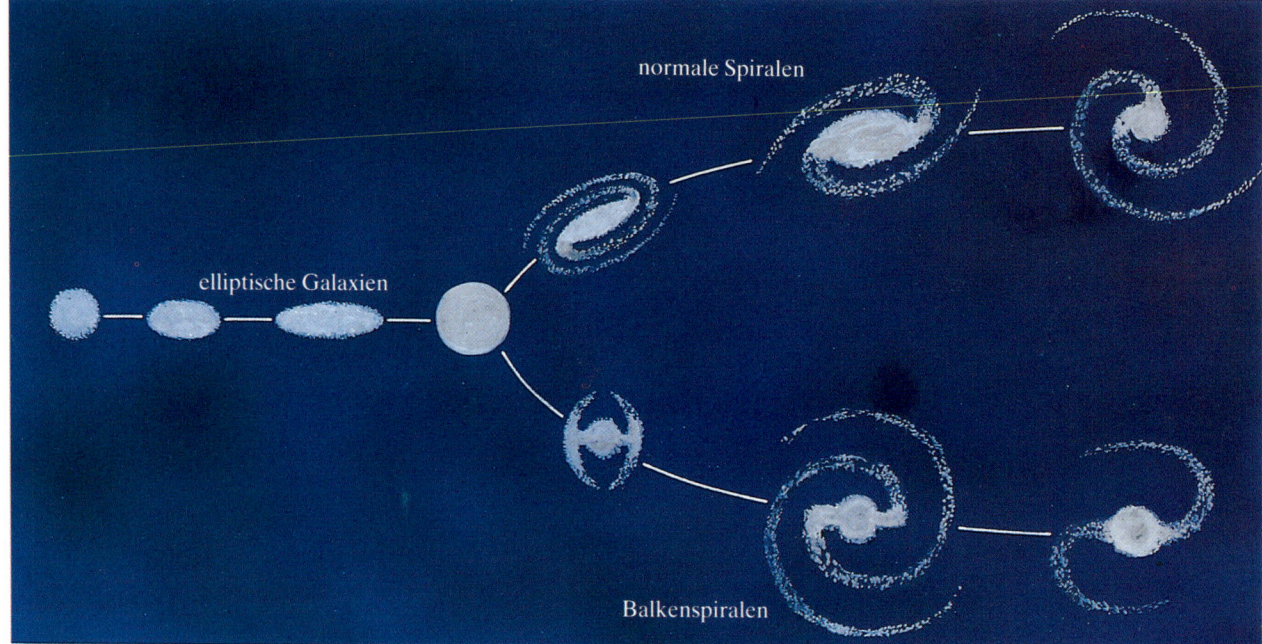

Eine erstmals von E. Hubble vorgeschlagene Klassifizierung der Galaxien nach ihrem Erscheinungsbild. Wir unterscheiden »elliptische Galaxien« verschiedener Abplattungen, »normale Galaxien«, zu denen auch unsere Galaxis rechnet, und »Balkenspiralen«.

bel mit seinen begleitenden Galaxien, der Galaxie M 33 und etwa zwanzig weiteren Weltinseln, in der Mehrzahl Zwerggalaxien, bilden wir eine lokale Gruppe, deren Ausdehnung 6 Millionen Lichtjahre kaum überschreitet.

Blickt man in Richtung des Sternbildes der Jungfrau, so erkennt man eine weit ansehnlichere Gruppierung von Galaxien, den Virgohaufen (Abb. auf S. 15). Zu ihm zählen rund 2500 Galaxien, die sich über einen Raumbereich von etwa 16 Millionen Lichtjahre erstrecken.

Ein noch reicherer Galaxienhaufen steht im Sternbild Coma Berenices. Er hat eine fast kugelförmige Gestalt. Wie gründliche Himmelsdurchmusterungen zeigen, läßt sich die Mehrzahl aller Galaxien Haufen zuordnen. Reiche, reguläre Haufen haben bei Ausdehnung von mehreren Millionen Lichtjahren tausend und mehr Mitglieder. In der Regel befinden sich in ihren zentralen Bereichen riesige elliptische Galaxien, die alle anderen an Masse und Helligkeit übertreffen. Reguläre Haufen werden in ihrer Zahl durch die irregulären Haufen, die unterschiedliche Mitgliederzahlen haben, bei weitem übertroffen. Kleine Gruppen ähnlich unserer lokalen Gruppe mit einem Ausmaß von wenigen Millionen Lichtjahren sind am häufigsten.

Die Galaxien reicher Haufen zeigen eine breite Verteilung ihrer Helligkeiten. Neben Zwerggalaxien, deren absolute Helligkeit nur den tausendsten Teil der Helligkeit unserer Weltinsel beträgt, beobachtet man elliptische Riesengalaxien, die die Milchstraße in ihrer absoluten Helligkeit um das Hundertfache übertreffen. Diese hellsten Galaxien eines reichen Haufens differieren in ihren Leuchtkräften nur selten um mehr als einen Faktor 2.

Unter der Voraussetzung, daß die Helligkeitsverteilungen

Ausschnitt aus dem inneren Teil des Comahaufens, einer Galaxienansammlung in einer mittleren Entfernung von 450 Millionen Lichtjahren [6]

der Galaxien reicher Haufen untereinander sehr ähnlich sind, insbesondere auch die hellsten Galaxien stets die gleiche obere Grenze der absoluten Helligkeitsverteilung definieren, erhält man ein weiteres Verfahren zur Entfernungsmessung. Kennt man die Entfernung eines Haufens, etwa über die Perioden-Leuchtkraft-Beziehung, so kann man die absolute Helligkeit der hellsten Galaxien des Haufens bestimmen. Damit hat man ein Eichmaß gewonnen. Durch Vergleich der scheinbaren Helligkeit der hellsten Galaxien eines in unbekannter Entfernung liegenden reichen Haufens mit dem Eichmaß gewinnt man eine Information über die mittlere Entfernung. Mit dieser Methode wurde die kosmische Entfernungsskala bis zu 10 Milliarden Lichtjahren ausgedehnt. Licht, das uns heute aus Galaxien in diesen Entfernungen erreicht, begann seine Reise zu Zeiten, als unsere Sonne mit ihren Planeten noch nicht existierte. Jeder Blick in die Tiefe des Universums ist also ein Blick zurück in seine Vergangenheit.

Auch die Galaxienhaufen sind nicht die größten Strukturen im beobachtbaren Universum. Haufen scheinen sich in Superhaufen zu gruppieren. So gehört unsere lokale Gruppe zu einem Komplex von Galaxienhaufen, in dessen Mitte der Virgohaufen steht. Superhaufen können Raumbereiche mit einer Ausdehnung von einigen hundert Millionen Lichtjahren umfassen. Ihre Strukturen ähneln weniger kugelförmigen Gebilden. Sie zeigen eher eine wabenförmige Struktur. Im Innern der aneinanderstoßenden Zellen scheint weniger selbstleuchtende Materie enthalten zu sein. Die aus Galaxien gebildeten Zellwände laufen in Knoten zusammen, die von reichen Galaxienhaufen, wie etwa dem Virgohaufen, gebildet werden.

Alle vorstehend skizzierten Einsichten in die Struktur des Universums danken wir Beobachtungen im sichtbaren Bereich des elektromagnetischen Spektrums. Die Radioastronomie erschloß uns neue Raumbereiche. Dank des gewachsenen Auflösungsvermögens der Radioteleskope konnten Anfang der sechziger Jahre die Astronomen punktförmige Radioquellen mit so hoher Genauigkeit lokalisieren, daß man sie auf entsprechenden Fotoplatten Sternörtern zuordnen konnte. Während man vorher nur Galaxien und nebelartige Gebilde in unserer Milchstraße als Quellen der Radiostrahlung kannte, gelang damit die Identifizierung quasistellarer Radioquellen, sogenannter Quasare. Der erste, von dem holländischen Astronomen Maarten Schmidt im Jahre 1963 identifizierte Quasar 3C 273 ist rund 3 Milliarden Lichtjahre von uns entfernt. Das Licht des fernsten bisher identifizierten Quasars war wahrscheinlich mehr als 16 Milliarden Jahre unterwegs. Mit der Entdeckung der Quasare hat sich der unserer Beobachtung zugängliche Teil des Universums vervielfacht.

Quasare sind außerordentliche kosmische Objekte. Sie strahlen Energie mit einer Intensität aus, die der Strahlung von etwa 100 Galaxien gleich unserer entspricht. Dabei ist ihre Ausdehnung in einigen Fällen kaum größer als die unseres Sonnensystems. Quasare können keine Sterne sein. Sie sind eine uns neue Art von Himmelskörpern. Da wir bei der Beobachtung von Quasaren weit in die Vergangenheit zurückblicken, ist es denkbar, daß sie Frühformen der Galaxien mit besonders intensiv strahlenden Kernen sind.

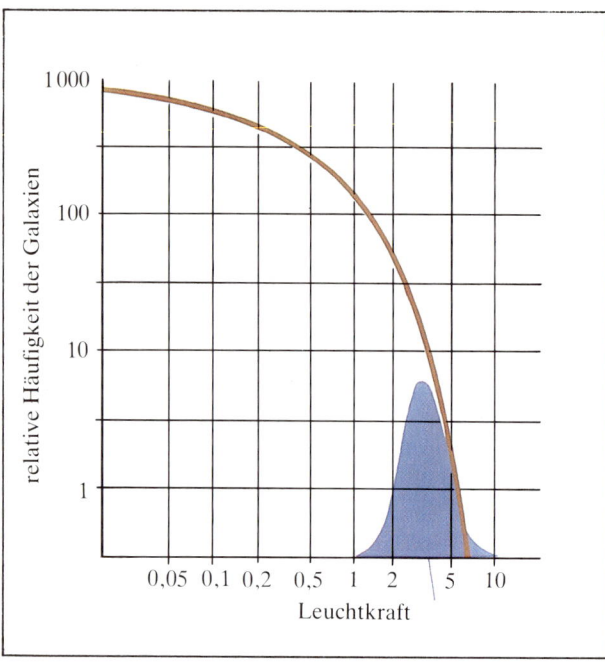

Die Helligkeitsverteilung der Galaxien in reichen Haufen ist durch die ausgezogene Kurve beschrieben. Es überwiegen in jedem großen Haufen leuchtschwache Zwerggalaxien. Beschränkt man sich auf die lichtstärksten Galaxien, so variiert ihre Leuchtkraft nur etwa um einen Faktor zwei.

Überlieferte Weltbilder dokumentieren den Glauben der Menschen, sich an einem ausgezeichneten Platz im Universum zu befinden. Über Jahrtausende sahen sie sich als Mittelpunkt eines geozentrischen Kosmos. Erst jetzt, in der zweiten Hälfte des 20. Jahrhunderts, wissen wir, unsere Sonne ist ein gewöhnlicher Stern unter vielen Milliarden anderer am Rande einer der ungezählten Spiralgalaxien. Diese wiederum ist ein Teil einer kleinen, losen Gruppierung von Galaxien, die an der Peripherie eines größeren Galaxienhaufens liegt. Unser Platz im Universum zeichnet sich durch nichts gegenüber anderen Orten aus. Einstein faßte dieses kosmologische Prinzip im Jahre 1931 in die Worte: »Alle Plätze im Universum sind gleich.«

Das kosmologische Prinzip hat einige bemerkenswerte Konsequenzen. Ein irdischer Beobachter, der in beliebige Richtungen im Raum blickt, nimmt im Umkreis unserer Galaxis, unseres lokalen Haufens bzw. Superhaufens, deutlich Inhomogenitäten der Verteilung der sichtbaren Materieformen wahr. Wählt er jedoch einen räumlichen Maßstab, der über die lokalen Inhomogenitäten hinausreicht, so zeigt sich in allen Richtungen ein ähnliches Bild. Der Raum ist isotrop. Auch dem radioastronomischen Beobachter zeigt sich eine isotrope, von der Blickrichtung unabhängige Verteilung der zahlreichen entfernteren Radioquellen. Wenn wir keinen ausgezeichneten Standort im Universum einnehmen, so muß auch einem Beobachter, der sich an einem beliebigen anderen Standort befindet, der Raum in seiner weiteren Umgebung isotrop erscheinen. In bestimmten Richtungen schneiden sich die von beiden Beobachtern wahrgenommenen Raumbereiche. Da jeder von ihnen dabei die gleichen Materieformen wahrnimmt und für beide Isotropie gilt, so müssen auch in den sich nicht überschneidenden Raumbereichen gleiche Bedingungen herrschen. Der Raum ist homogen.

Isotropie in Verbindung mit dem kosmologischen Prinzip führt zur Homogenität des Universums. Dem widersprechen auch nicht die astronomischen Beobachtungen. Denkt man sich den uns sichtbaren Teil des Universums in Zellen einer Ausdehnung von einigen hundert Millionen Lichtjahren unterteilt, so sind die unserer bisherigen Beobachtung zugänglichen selbstleuchtenden baryonischen Materieformen in jeder Zelle gleich häufig. In diesem gewaltigen Maßstab können wir modellmäßig das materieerfüllte Universum als ein Gas räumlich konstanter Dichte beschreiben, wobei jedem Gasmolekül eine Galaxie entspricht.

Astronomische Beobachtungen in unterschiedlichen Spektralbereichen der elektromagnetischen Strahlung zeigen uns, das Universum ist isotrop. Die Spezifik unseres Standortes läßt die Hypothese von der Gleichwertigkeit aller Orte im Universum naheliegend erscheinen. Die Astronomen schlossen daraus, das Universum ist homogen. Wenn sich dieser Zustand im Laufe der Zeit nicht ändern soll, so müssen gleiche Materieformen des Universums stets den gleichen zeitlichen Änderungen unterliegen. Die diese Veränderungen beschreibenden physikalischen Naturgesetze müssen also im Universum überall die gleichen sein.

Jeder Blick in die Tiefen des Weltalls ist ein Blick zurück in die Vergangenheit des Universums. Physiker und Astronomen gehen davon aus, daß die Naturgesetze auch in den unserer Beobachtung zugänglichen Zeiträumen keiner Änderung unterlagen. Bereits vor Jahrmilliarden hatten Naturkonstan-

Von einer Galaxie G1 aus ermittelt ein Beobachter, in die Richtungen A und C blickend, eine gleiche Erfüllung des Raumes mit leuchtender Materie. Der Raum ist isotrop. Von einer Galaxie G2 macht ein Beobachter beim Blick in die Richtungen B und C die gleiche Feststellung. Auch ihm erscheint der Raum isotrop. Da jeder Beobachter die gleichen Materieformen als isotrop verteilt wahrnimmt und sich in Richtung C die Raumbereiche schneiden, so müssen auch in allen anderen Raumbereichen die gleichen Bedingungen herrschen – der Raum ist homogen.

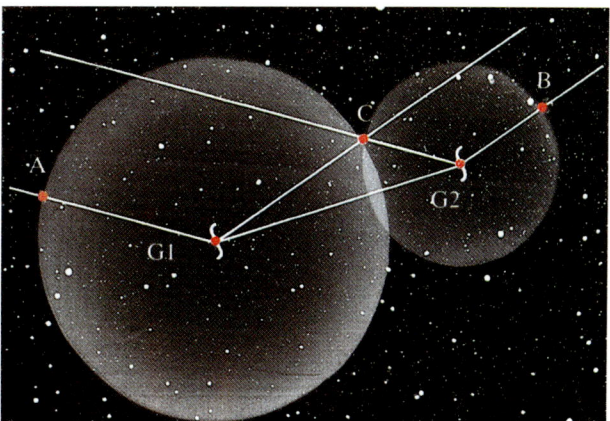

ten, wie etwa das Plancksche Wirkungsquantum, die Lichtgeschwindigkeit oder die elektrische Elementarladung, die gleichen Werte wie heute. So läßt beispielsweise die Beobachtung der Hyperfeinstrukturaufspaltung im Wasserstoffspektrum an entfernten Galaxien die Veränderlichkeit der zu ihrer Berechnung verwendeten Konstanten nur in Zeiträumen zu, die über das Zeitmaß des Kosmos hinausgehen.

Grundlage jedes Versuchs der modellmäßigen Beschreibung des Universums sind also die Hypothesen:
– In großen Maßstäben ist das Universum isotrop und homogen.
– Die physikalischen Naturgesetze sind raum-zeitlich invariant.

Die Astronomie als eine beobachtende Wissenschaft hat engste Bindungen zur Physik. Von ihr übernimmt sie neben Meßmethoden vor allem die Theorie. Davon ausgehend, versucht sie mittels geeigneter Modelle, die unterschiedlichen, häufig auch mehrdeutigen Beobachtungen miteinander in Beziehung zu setzen.

Gegenstand der Kosmologie ist das Universum. Auf der Grundlage der Einsteinschen Gravitationstheorie wurden mathematisch-physikalische Modelle formuliert, die die Entwicklung und Bewegung der verschiedenen Materieformen des Universums beschreiben. Aus einem Vergleich der astronomischen Beobachtungsdaten mit den Modellvorstellungen können wir schließen, daß sich das Universum aus einer heißen und dichten Phase durch Expansion entwickelt hat.

5.2. Das Alter des Universums

Gemessen am Zeitraum der menschlichen Existenz, muten uns astronomische Erscheinungen stationär an. So bemerkt Aristoteles: »In der ganzen vergangenen Zeit hat sich, soweit die Erinnerung reicht, der oberste Himmel weder im Ganzen noch in irgendeinem seiner ihm eigentümlichen Teile verändert.«[2]

Auch die Jahrhunderte der Entwicklung einer modernen Wissenschaft seit Galilei und Newton änderten nichts an der tiefen Überzeugung eines statischen Universums. Die im Laufe der Zeit entwickelten unterschiedlichen Modelle hatten eines gemeinsam: Es waren Modelle, die die Struktur eines stationären Universums beschrieben. Eine Evolution schlossen sie aus.

Im Jahre 1916 veröffentlichte Einstein die allgemeine Relativitätstheorie, in der er die enge Verknüpfung der Gravitation mit der Struktur von Raum und Zeit deutlich machte (s. Abschnitt 2.6.). Da es nahelag, diese moderne Gravitationstheorie auf das Universum anzuwenden, untersuchte Einstein, ob die Bewegungsgleichungen seiner Theorie für diesen Fall stationäre Lösungen besitzen. Solche Lösungen fanden sich nicht. Durchdrungen von der Überzeugung eines statischen Universums, änderte Einstein seine Gleichungen durch Einfügen eines zusätzlichen Gliedes.

Zum Ausgang des 20. Jahrhunderts sind wir von der Idee eines sich entwickelnden Universums überzeugt. Wir wissen heute um die Evolution der Sterne, die vergangenen Generationen im ewigen Gleichmaß zu strahlen schienen. Wir kennen die Gesetze des radioaktiven Zerfalls. Würde die Erde schon ewig bestehen, so wären alle radioaktiven Elemente der Erdrinde längst zerfallen. Heute können wir durch diese und weitere astrophysikalische Beobachtungen die Evolution des Universums belegen. Es bedurfte jedoch mehrerer Jahrzehnte intensiven wissenschaftlichen Meinungsstreits, bis sich die Überzeugung von der Evolution des Kosmos durchgesetzt hatte.

Quantitative Angaben über das Alter der Erdrinde oder das des Mondes erhält man aus der Untersuchung radioaktiver Gesteine. Enthält eine Gesteinsprobe etwa Uran 238, das mit einer Halbwertszeit von 4,5 Milliarden Jahren zerfällt, bis es letztlich über verschiedene radioaktive Zwischenkerne zum stabilen Bleikern mit der Massenzahl 206 führt, so kann man aus der Änderung des Mengenverhältnisses von ^{238}U zu ^{206}Pb in der Probe auf ihr Alter schließen. Das höchste Alter, das man mit dieser und ähnlichen Methoden ermittelte, beträgt für Mondgestein 4,5 Milliarden Jahre und für Meteoriten 4,6 Milliarden Jahre. Nehmen wir diesen Grenzwert als Alter unseres Sonnensystems, so fragt sich, woher die Sonne die Energie nahm, um über einen so langen Zeitraum zu strahlen. Die einzige Quelle, die über Jahrmillionen Energie liefert, ist die Kernenergie.

Am Himmel finden wir nebeneinander Sterne mittlerer

---

[2] Aristoteles, Vom Himmel, von der Seele, von der Dichtkunst, Zürich 1950

Helligkeit ähnlich unserer Sonne, Rote Riesen und Überriesen, Weiße Zwerge, aber auch massereiche, helle, bläulich strahlende Sterne und massearme rötliche. Die Astrophysiker brachten Ordnung in diese Vielfalt mittels eines nach seinen Erfindern, dem dänischen Astronomen Ejnar Hertzsprung und dem Amerikaner Henry Russel, benannten Diagramms. In ihm werden die Sterne nach zwei Meßgrößen geordnet, ihrer Oberflächentemperatur, die sich in der Farbe der Sterne widerspiegelt, und ihrer Leuchtkraft. Letztere mißt man in der Regel durch die Helligkeit, mit der uns die Sterne am Himmel erscheinen. Um daraus die sekundlich abgestrahlte Energie, die Leuchtkraft, zu bestimmen, muß man die Entfernung der Sterne kennen.

Gut bekannt sind die Entfernungen der Sterne, deren Abstand von unserer Sonne nicht allzu groß ist. Trägt man diese Sterne in ein Hertzsprung-Russel-Diagramm ein, so liegen sie überwiegend längs eines von rechts unten nach links oben verlaufenden Bandes, der Hauptreihe (Abb. links). Nur wenige Sterne haben bei einer kleinen Leuchtkraft, verglichen mit der der Sonne, eine hohe Oberflächentemperatur (Weiße Zwerge). Einige Sterne, die in einem nach rechts oben verlaufenden Ast liegen, sind Rote Riesen. Bei Hauptreihensternen, für die es auch möglich war, ihre Masse zu bestimmen, zeigte sich ein interessanter Zusammenhang. Sterne kleiner Masse liegen am unteren rechten Ende der Hauptreihe, während die leuchtstarken Sterne der Hauptreihe auch die massivsten sind. Längs der Hauptreihe gilt eine eindeutige Masse-Leuchtkraft-Beziehung.

Betrachtet man nicht die Sterne in unserer Umgebung, sondern etwa diejenigen eines der Kugelsternhaufen im Halo, so zeigt sich eine deutlich abweichende Verteilung. Nur das untere Ende der Hauptreihe ist besetzt. Die Verteilung biegt dann nach rechts zu den Roten Riesen hin ab. Sterne, deren sichtbare Abstrahlung das etwa Hundertfache der Sonne beträgt, bilden einen horizontalen Ast wachsender Oberflächentemperatur. Unter Berücksichtigung der Masse-

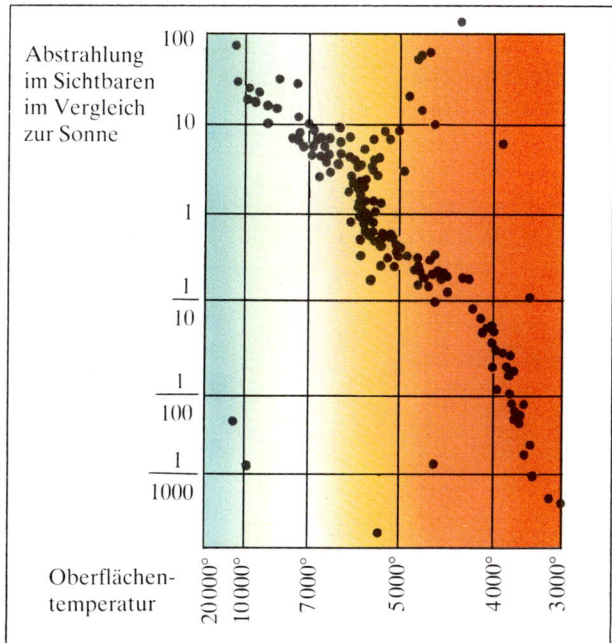

Sterne unserer Umgebung im Hertzsprung-Russel-Diagramm. Die Mehrzahl der Sterne liegt längs der Hauptreihe, die von links oben nach rechts unten läuft. Einige links unten liegende Sterne sind Weiße Zwerge; einige Sterne liegen rechts oben außerhalb der Hauptreihe, sie sind Rote Riesen.

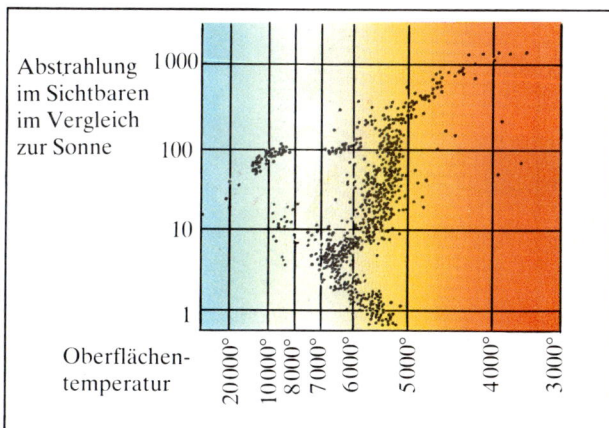

Das Hertzsprung-Russel-Diagramm eines Kugelsternhaufens (M3) im Halo der Galaxis. Nur das untere Ende der Hauptreihe ist besetzt. Die Verteilung im oberen Teil biegt nach rechts ab zu den Roten Riesen hin.

Leuchtkraft-Beziehung längs der Hauptreihe gilt für diesen wie auch für viele andere Kugelsternhaufen: Die Hauptreihe ist im Bereich großer Massen unbesetzt.

Ausgehend von der Annahme, daß die Lage eines jeden Sterns im Hertzsprung-Russel-Diagramm durch seine Masse und sein Alter bedingt ist, führten die Astrophysiker Modellrechnungen mittels leistungsstarker Rechner durch. Um Sterne im Computer zu simulieren, mußten sie außer den wirkenden physikalischen Gesetzmäßigkeiten, wie etwa der Proton-Proton-Kette, des Fusionsprozesses auch Menge und chemische Zusammensetzung ihrer Gasmassen in den Rechner eingeben. Eine weitere Vorgabe waren die physikalischen Prozesse, durch die die im Zentrum der Sterne frei werdende Energie zur Oberfläche gelangt. Als Resultat der Modellrechnungen erhielten die Astrophysiker nicht nur Angaben zu Oberflächentemperatur und Leuchtkraft ihrer Modellsterne, sondern auch über Druck, Temperatur und Dichte im Inneren. Dabei gelang es ihnen, die Vielfalt des äußeren Bildes der Sterne in den beiden Sternpopulationen als ein zeitliches Nacheinander der Sternentwicklung aufzulösen.

Sterne sind leuchtende Gaskugeln. Gegen den Druck des heißen Gases im Inneren wirkt die Massenanziehung. Im Gleichgewichtszustand halten sich in jeder Tiefe Gasdruck, Strahlungsdruck und Gewicht der darüberliegenden Schichten die Waage. Je massereicher ein Stern ist, um so größer ist in seinem Zentrum der Gasdruck. Mit dem Wachsen des Drucks steigt auch die Temperatur im Kern des Sterns.

Sterne entstehen in interstellaren Wolken aus Gas und Staub im Wechselspiel von Druck und Gravitation. Erreicht die Temperatur im Zentrum des hauptsächlich aus Wasserstoff bestehenden Gasballs einen Wert, der ausreicht, um die Kernfusion von Wasserstoff zu Helium in Gang zu setzen, so beginnt die Evolution des Sterns zur Hauptreihe des Hertzsprung-Russel-Diagramms hin, auf der er seinen Platz während des Wasserstoffbrennens nur wenig verändert. Beim Übergang des Regimes zum Heliumbrennen verläßt der Stern die Hauptreihe, und zwar je nach Masse, die den Ort auf der Hauptreihe bestimmt, früher oder später.

An welcher Stelle des Diagramms diese Entwicklung beginnt, erweist sich in den verschiedenen Computersimulationen als eine eindeutige Funktion der gewählten Sternmasse. Je massereicher der Modellstern gewählt wurde, um so weiter nach links oben liegt er auf der Hauptreihe. Auch seine weitere Entwicklung läßt sich im Modell verfolgen. Dazu muß man die in zeitlichen Schritten aus der Wasserstoffusion resultierende Veränderung der stofflichen Zusammensetzung im Kern des Modellsterns berücksichtigen. Der Entwicklungsweg eines Computersterns läßt sich so schrittweise im Hertzsprung-Russel-Diagramm verfolgen.

Entsprechende Modellrechnungen für die Sonne, wie sie etwa von Rudolf Kippenhahn beschrieben werden,[3] ergaben

Der im Modell berechnete Entwicklungsweg der Sonne, dargestellt im Hertzsprung-Russel-Diagramm, von einer Ursonne zum Roten Riesen

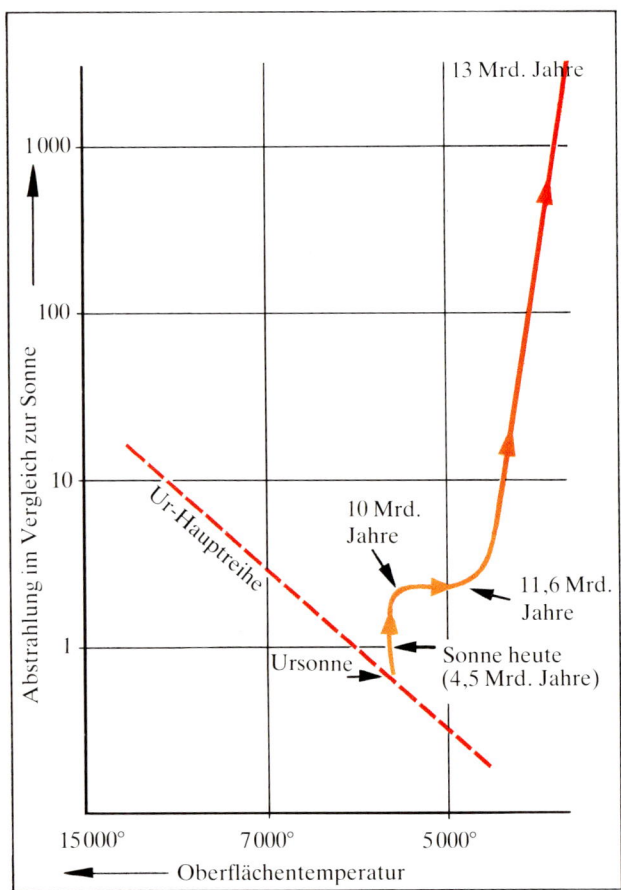

einen Zeitraum von 4,5 Milliarden Jahren zwischen dem Beginn des Fusionsprozesses in der Ursonne und heute. Diese Altersangabe stimmt gut mit der radioaktiven Datierung des Mondgesteins und der Meteoriten überein.

Der berechnete Entwicklungsweg der Sonne ist im Hertzsprung-Russel-Diagramm in der Abbildung links skizziert. Nach weiteren 5 Milliarden Jahren wird im Zentrum der Wasserstoff verbraucht sein, und eine Heliumkugel wird den Kern der Sonne bilden. An ihrer Grenzfläche zum Wasserstoff wird die Fusion weiterlaufen, wobei der Durchmesser der Heliumkugel ständig wachsen wird. Dabei wandert die Sonne ins Gebiet der Roten Riesen. Nach 13 Milliarden Jahren wird sie etwa 100mal größer als heute sein. Ihre Leuchtkraft wird sich vertausendfacht haben, während die Temperatur der Chromosphäre, die Oberflächentemperatur, auf rund 4000 Grad gesunken sein wird.

Daß die weitere Entwicklung unserer Sonne im wesentlichen so und nicht anders verlaufen wird, zeigen uns die Kugelsternhaufen. Im Hertzsprung-Russel-Diagramm des Kugelsternhaufens M3 ist die Hauptreihe oberhalb der dreifachen Leuchtkraft der Sonne, entsprechend 1,3 Sonnenmassen, unbesetzt. Sterne mit einer Masse von ≥ 1,3 Sonnenmassen befinden sich heute bereits auf einem Seitenast der Hauptreihe, der ins Gebiet der Roten Riesen führt. Diese Sterne haben eine Entwicklung, wie wir sie für die Sonne erwarten, bereits angetreten.

Nach den Vorstellungen der Astrophysiker über die Bildung und Entwicklung von Galaxien zählen Kugelsternhaufen des Halo zu den ältesten Himmelsobjekten. Man kann ferner davon ausgehen, daß alle Sterne eines bestimmten Haufens das gleiche Alter haben. Durch Vergleich der im Computermodell berechneten Sternpopulationen mit den beobachteten Sternen in Kugelhaufen läßt sich eine Information über ihr Alter gewinnen.

Das Hertzsprung-Russel-Diagramm eines Haufens spiegelt den Entwicklungsweg der zugehörigen Sternpopulation wider. Charakteristisch für die Sterne vieler Kugelsternhaufen ist das Abbiegen von der Hauptreihe. Die Lage dieses Abknickpunktes erweist sich in den Modellrechnungen als ein besonders empfindliches Maß für das Alter des Haufens.

[3] R. Kippenhahn, 100 Milliarden Sonnen, München/Zürich 1980

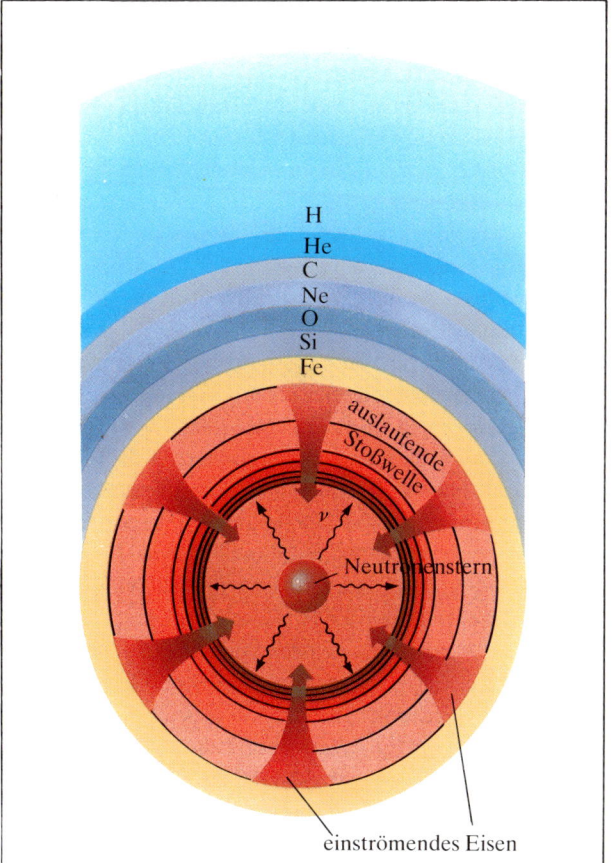

Schematische Darstellung der Bildung eines Neutronensterns. Nach dem Ende des Kollapses der Eisenkugel und der Bildung des n-Sterns kommt es zur Ausbildung von Stoßwellen, die die schalenförmigen Hüllen aus Silizium (Si), Sauerstoff (O), Neon (Ne), Kohlenstoff (C), Helium (He) und Wasserstoff (H) explosiv in den Raum schleudern. Sie sind durchsetzt von Neutronen und Neutrinos.

Berechnungen der Entwicklungswege verschiedener Kugelsternhaufen ergaben in beeindruckender Übereinstimmung ein Alter von (16 ± 3) Milliarden Jahren. Das Alter der ältesten Sterne unserer Galaxis gibt uns einen Hinweis auf die Zeit ihrer Entstehung.

Eine weitere, davon unabhängige Methode nutzt die Kernphysik zur Altersbestimmung. Je massereicher ein Stern am

Beginn seines Entwicklungsweges ist, um so höher sind die Temperatur in seinem Zentrum und damit auch die Bewegungsenergie der Atomkerne des Wasserstoffs. Mit wachsender Energie der Kerne steigt aber ihre Wechselwirkungswahrscheinlichkeit. Massereiche Sterne haben daher nicht nur eine höhere Temperatur im Inneren bzw. an ihrer Oberfläche, sie verbrauchen auch trotz ihrer größeren Masse ihren Wasserstoffvorrat viel schneller als Sterne kleinerer Masse.

Sterne, deren Masse etwa zehnmal größer ist als die der Sonne, verbrennen ihren Wasserstoffvorrat im Zentrum in rund 10 Millionen Jahren. Ist der Wasserstoff im Kern des Sterns verbraucht, so kontrahiert das dort entstehende Heliumgas, da die gravitative Anziehung nun nicht mehr durch Strahlungsdruck und Gasdruck kompensiert wird. Der Kern erhitzt sich durch die Kompression so weit, bis die Fusion des Heliums zu Kohlenstoff gezündet wird. Der neue Strahlungsdruck und der sich mit der Temperatur erhöhende Gasdruck verhindern die weitere Kontraktion des Kerns, bis auch das Helium verbraucht ist und dieser Prozeß zum Erliegen kommt. Mit stetig wachsender Geschwindigkeit wiederholt sich im Zentrum des massereichen Sterns dieser Zyklus. Nach der Verschmelzung von Helium zu Kohlenstoff fusioniert dieser zu Neon, Sauerstoff, Silizium und dieses in einem letzten Schritt zu Eisen. Im Atomkern des Eisens haben die Nukleonen ihre stärkste Bindung (Abschnitt 4.12.). Jeder weitere Fusionsschritt würde daher keine Energie mehr freisetzen, sondern sie verbrauchen.

In dieser Phase seiner Entwicklung hat der Stern eine Schalenstruktur. Ein Kern aus gasförmigem Eisen ist von aufeinanderfolgenden Schalen aus Silizium, Sauerstoff, Neon, Kohlenstoff und Helium umgeben. Die äußerste Hülle besteht zum größten Teil aus Wasserstoff. Im Zentralgebiet des massereichen Modellsterns herrscht eine Temperatur von einigen hundert Millionen Grad bei einer Dichte von mehr als 10^6 g/cm^3. Die elektrisch positiv geladenen Eisenatomkerne nehmen die in der gasförmigen Phase frei herumfliegenden Elektronen auf, wobei sich Protonen in Neutronen umwandeln. Da die Elektronen entscheidend zum Gasdruck im Inneren des Kerns beitragen, führt ihr Verschwinden in den Eisenatomen zu einer Störung des Gleichgewichts zwischen Schwerkraft und Gasdruck. Übersteigt die Masse des Eisenkerns etwa 1,3 Sonnenmassen, so stürzt die gasförmige Eisenkugel unter der Wirkung der Gravitation im Bruchteil einer Sekunde in sich selbst zusammen. Dabei entstehen so extrem hohe Dichten, daß letztlich die Protonen der Atomkerne die Elektronen der Atomhülle einfangen. In diesem Einfangprozeß ($p + e^- \rightarrow n + \nu_e$), der über die schwache Wechselwirkung verläuft, werden ein Neutron und ein Neutrino gebildet. Der Kollaps mit der Umwandlung von Protonen in Neutronen dauert an, bis die Dichte im Zentrum einen Wert von $2,7 \cdot 10^{14}$ g/cm^3 erreicht hat. Das ist die Dichte, die man in schweren Atomkernen findet. Die Nukleonen in der zentralen Kugel des Modellsterns sind zu einem riesigen Atomkern mit einem Durchmesser von etwa 10 bis 15 km kollabiert. Da Kernmaterie außerordentlich inkompressibel ist, kommt der Kollaps schlagartig zum Stillstand, und die beim Einsturz der zentralen Kugel aus gasförmigem Eisen freigesetzte Gravitationsenergie wird von den Neutrinos und einer Folge von Stoßwellen nach außen abgeführt. Dabei bläst die Stoßwelle in einer gewaltigen Explosion die äußeren Hüllen fort. In einer Supernova hat der massereiche Modellstern das Ende seiner Entwicklung erreicht, an dem wir zwei Relikte finden sollten: im Zentrum einen Neutronenstern und eine explodierende Hülle, durchsetzt von außerordentlich vielen schnellen Neutronen und Neutrinos.

Ein Neutronenstern im Zentrum einer Supernova mit einem Durchmesser von 10 bis 15 km ist aus einer Entfernung von Tausenden von Lichtjahren sicher leicht zu übersehen, wenn nur die Abstrahlung im Sichtbaren zu seinem Nachweis genutzt werden sollte. Da nun alle Sterne rotieren, muß wegen des Naturgesetzes von der Erhaltung des Drehimpulses sich die Rotationsgeschwindigkeit des Neutronensterns auf das 10^8fache erhöhen, da sich sein Radius um den gleichen Faktor gegenüber dem Ausgangsstern verkleinert hat. Da auch das Magnetfeld an die Materie des Ausgangssterns gebunden ist, wird durch den Kollaps die Stärke des Magnetfeldes um das Billionenfache erhöht. Ein schnellrotierendes Magnetfeld induziert sehr starke elektrische Felder, die geladene Teilchen aus der Oberfläche des Neutronensterns lösen und auf nahezu Lichtgeschwindigkeit beschleunigen. Durch das Magnetfeld werden sie in spiralförmige Bahnen um die Magnetfeldlinien gezwungen, wobei sie kontinuierlich elektromagnetische Strahlung aussenden (Synchrotronstrahlung). Am stärksten ist diese Abstrahlung in der Nähe der Magnetpole,

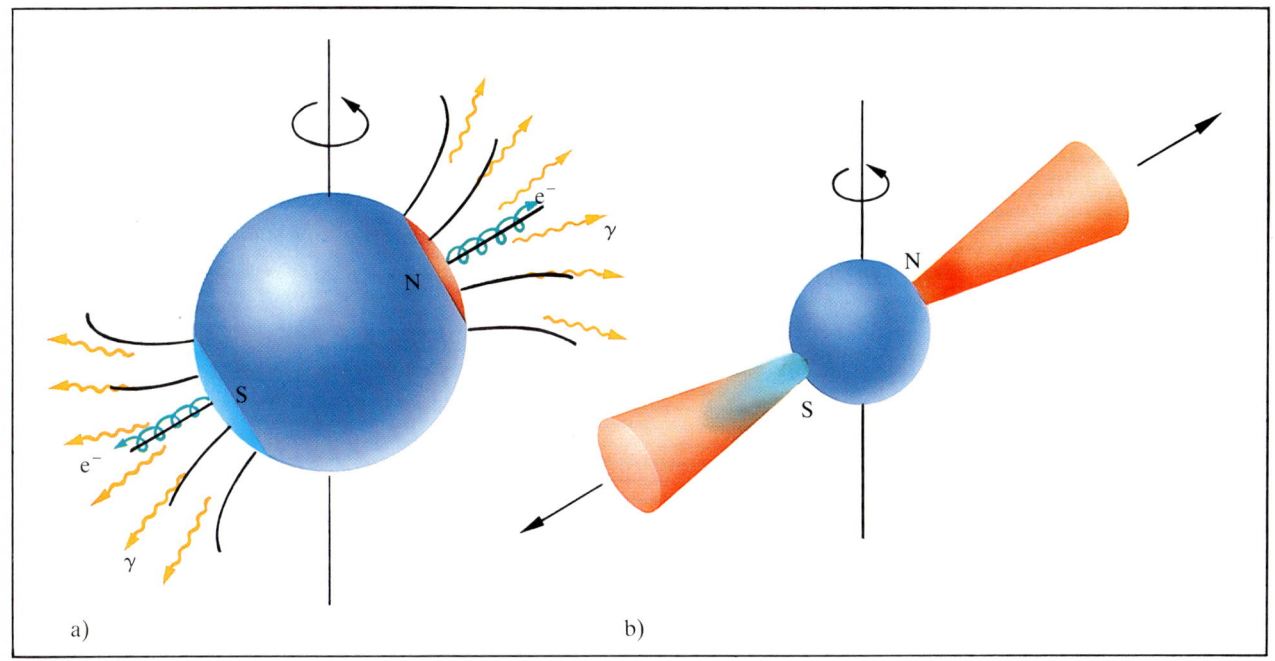

Ein mögliches Modell für die Entstehung pulsierender Signale im Bereich der Radiostrahlung.
a) An den Magnetpolen N und S eines schnell rotierenden Neutrinosterns kommt es zur Emission von Elektronen (e), die nahezu mit Lichtgeschwindigkeit in den Raum fliegen. Durch die Magnetfeldlinien werden sie auf Spiralbahnen gezwungen. Dabei strahlen sie in der Nähe des n-Sterns Photonen (γ) in Flugrichtung ab.
b) Die Strahlungsquanten gehen in Form zweier enger Strahlungskegel von den Polen aus. Mit der Rotation des n-Sterns überstreichen sie den Raum. Für einen Beobachter, der von den Strahlungskegeln getroffen wird, blitzt der n-Stern im Rhythmus seiner Rotation auf.

die in der Regel nicht mit den Polen der Rotationsachse zusammenfallen. Ähnlich einem Leuchtturm sollte der schnellrotierende Neutronenstern gerichtete Strahlenbündel aussenden. Genau das findet man aber im Zentrum des Krebsnebels: einen Pulsar, wie man diese Himmelskörper nennt, der in schneller, regelmäßiger Folge elektromagnetische Pulse aussendet. Der Pulsar im Zentrum des Krebsnebels sendet 30 Pulse je Sekunde aus. Seine Strahlung wurde sowohl im Bereich der Röntgen- wie auch der Radiostrahlung beobachtet.

Die meisten Pulsare senden nur Radiowellen aus. Die periodisch wechselnde Pulsfolge im Bereich der Radiowellen führte im Jahre 1967 zu ihrer Entdeckung durch die englischen Radioastronomen Jocelyn Bell und Antony Hewish. Nachdem die Radioastronomen den Pulsar im Zentrum des Krebsnebels lokalisiert hatten, gelang auch im sichtbaren Spektralbereich die Identifizierung und Zuordnung eines Sterns wechselnder Helligkeit.

Die explodierende Hülle einer Supernova, die Atomkerne bis hin zum Eisen enthält, wird von einem gewaltigen Strom schneller Neutronen durchsetzt. In Wechselwirkung mit den Atomkernen kommt es zur Bildung von Elementen, die schwerer als Eisen sind. Da die Wirkungsquerschnitte der ablaufenden Reaktionen aus Laborexperimenten bekannt sind, kann man berechnen, in welchem Verhältnis insbesondere bestimmte schwere radioaktive Elemente erzeugt werden. Als Resultat derartiger Rechnungen erhält man für das Erzeugungsverhältnis von Thorium 232 zu Uran 238 den Wert 1,4. Das ^{238}U hat eine Lebensdauer von $4,5 \cdot 10^9$ Jahren und ^{232}Th eine Lebensdauer von $1,40 \cdot 10^{10}$ Jahren. Nach Jahrmilliarden zwischen dem Zeitpunkt seiner Entstehung und heute muß sich das Häufigkeitsverhältnis meßbar ändern. Es muß deutlich größer werden. Nimmt man nun an, daß in den Galaxien alle Elemente schwerer als Eisen in Supernovaexplosionen entstehen und die Zahl der Supernovae in der Frühphase der Galaxienbildung überwiegt, so läßt sich aus einem Vergleich des ^{232}Th/^{238}U-Mengenverhältnisses, wie wir es etwa im Meteoritengestein messen, mit dem berechneten Entstehungsverhältnis auf das Alter unserer Galaxis schließen. Die Berechnungen ergeben ein Alter von (17,6 ± 4) Milliarden Jahren.

Wir haben zwei voneinander unabhängige Methoden zur Bestimmung des Alters unserer Galaxis kennengelernt. Beide beruhen einerseits auf gesicherten physikalischen Gesetzen, andererseits auf theoretischen Modellvorstellungen, die den Computermodellrechnungen der Sternevolution zugrunde liegen. Es ist bemerkenswert, daß die Astrophysiker im Resultat beider Modellrechnungen als Alter unserer Galaxis einen Wert von rund 17 Milliarden Jahren erhalten.

Wie wir im folgenden sehen werden, gibt es Beobachtungen, die Physiker und Astronomen zu der Vermutung einer heißen Frühphase des Universums führten. Als zeitlichen Nullpunkt in der Evolution eines heißen Universums definiert man den Zeitpunkt, in dem Dichte und Temperatur ihren höchsten Wert hatten. Wir wissen nicht, wann im Verlauf der Entwicklung des Universums die Bildung von Galaxien begann. Die Astrophysiker gehen zumeist davon aus, daß dieser Bildungsprozeß in der ersten Jahrmilliarde einsetzte. Daraus können wir auf ein Alter des evolutionären Universums von rund 18 Milliarden Jahren schließen oder, unter Berücksichtigung der Fehlergrenzen, auf ein Weltalter zwischen 14 und 22 Milliarden Jahren.

5.3. Die Galaxienflucht

Dem amerikanischen Astronomen Edwin Hubble gelang nicht nur die sichere Identifizierung der Spiralnebel als Galaxien ähnlich unserem Milchstraßensystem, er ermittelte auch einen für unser Verständnis der Evolution des Universums entscheidenden Zusammenhang zwischen der Galaxienbewegung und ihrer Entfernung. Im Jahre 1929 veröffentlichte er eine Arbeit mit dem Titel »Eine Beziehung zwischen Entfernung und Radialgeschwindigkeit bei extragalaktischen Nebeln«. Der von ihm entdeckte einfache Zusammenhang zwischen der Fluchtgeschwindigkeit, mit der sich Galaxien radial von uns fortbewegen, und ihrer Entfernung lautet: Die Fluchtgeschwindigkeit ist der Entfernung proportional. Den Proportionalitätsfaktor in dieser Beziehung bezeichnet man als Hubble-Zahl H:

Fluchtgeschwindigkeit = $H \cdot$ Entfernung.

Als Hubble dieses einfache Gesetz formulierte, hatte er von nur 24 Galaxien aus der Periode von Delta-Cephei-Sternen geschätzte Entfernungen. Die Werte der Radialgeschwindigkeiten wurden aus der Rotverschiebung der Spektrallinien in den Spektren der Galaxien bestimmt.

Bereits im Jahre 1888 hat Hermann Vogel, zu dieser Zeit Direktor des Potsdamer Astrophysikalischen Observatoriums, gezeigt, wie man aus den Spektren der Sterne auf ihren

Die Spektren von vier in unterschiedlichen Entfernungen befindlichen Galaxien. Die mit der Entfernung (in Lichtjahren Lj) wachsende Verschiebung der H- und K-Absorptionslinien ist im Vergleich zu den Bezugsspektren deutlich erkennbar.

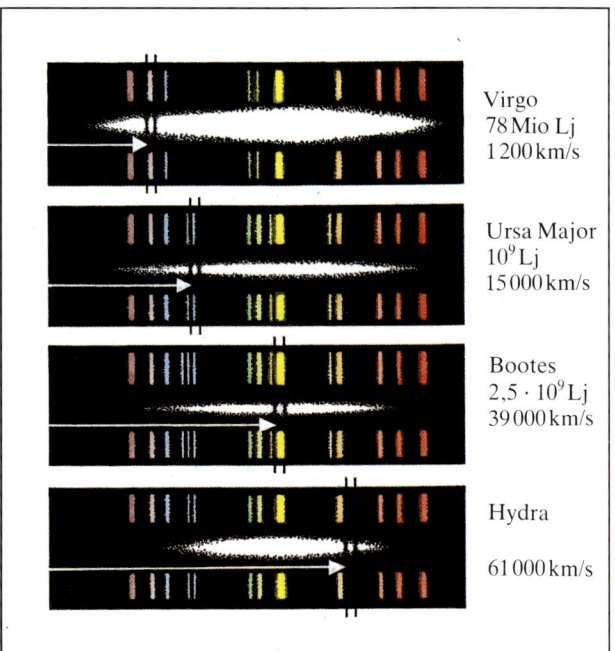

Bewegungszustand schließen kann. Er beobachtete eine Verschiebung der Linien in den Sternspektren, deren Ursache die Bewegung des emittierenden Sterns ist. Diese als Doppler-Effekt wohlbekannte Erscheinung tritt stets auf, wenn Schall- oder Lichtwellen von einer Quelle emittiert werden, die sich gegenüber dem Beobachter bewegt.

Findet die Bewegung mit einer Geschwindigkeit v vom Beobachter weg statt, so ist die Wellenlänge λ_0, die der Beobachter ermittelt, größer als die entsprechende Wellenlänge λ, die von einer ruhenden Quelle emittiert wird. Das Verhältnis

$$\frac{\lambda_0 - \lambda}{\lambda} = z, \qquad (18)$$

die Verschiebung der Wellenlänge, ist nach Christian Doppler durch das Verhältnis der Geschwindigkeiten v/c gegeben, wenn v klein gegenüber der Lichtgeschwindigkeit c ist. Bewegen sich Quelle und Beobachter aufeinander zu, so findet eine Verschiebung zu kürzeren Wellenlängen hin statt.

In der Atmosphäre der Sterne befinden sich Atome, die durch die Oberflächenstrahlung der heißen Gaskugeln angeregt werden. Dadurch verschwinden bestimmte Wellenlängen aus dem kontinuierlichen Sternspektrum. So markiert sich die selektive Absorption des Sternenlichts durch Kalziumatome als Folge dunkler Linien, wie etwa die K- und H-Linien im Spektrum. Bewegt sich ein Stern von uns weg, so verschieben sich die vom Beobachter wahrgenommenen Spektrallinien nach Rot. Bewegt er sich auf den Beobachter zu, so findet man eine Blauverschiebung.

Das Licht der Spiralnebel ist eine Überlagerung des Lichts der Milliarden eine Galaxie bildenden Sterne. Es ist ein für die Beobachtung glücklicher Umstand, daß alle Sterntypen die Fraunhoferschen Linien H und K zeigen und daß sie deshalb auch im integralen Licht einer Galaxie zu sehen sind. In der Abbildung auf Seite 216 sind die Spektren von vier in unterschiedlichen Entfernungen befindlichen Galaxien gezeigt. Die wachsende Verschiebung der H- und K-Absorptionslinien mit zunehmender Entfernung ist deutlich sichtbar (siehe weiße Pfeile).

Was Hubble beim Vergleich der Lagen der dunklen Fraunhoferschen Linien in den Spektren der Galaxien mit den von ihm aus der Periode der Delta-Cephei-Veränderlichen ermittelten Entfernung fand, war ein linearer Zusammenhang zwischen der Rotverschiebung z und der Entfernung der Galaxien:

$$z = H \cdot \text{Entfernung}. \qquad (19)$$

Eine Verdopplung bzw. eine Verdreifachung der Entfernung einer Galaxie ist mit einer Verdopplung bzw. Verdreifachung ihrer Rotverschiebung verbunden. Die Ursache der Rotverschiebung als Doppler-Effekt deutend, kam Hubble zu dem linearen Zusammenhang zwischen der Fluchtgeschwindigkeit und der Entfernung. Direkt beobachtbar ist jedoch nur

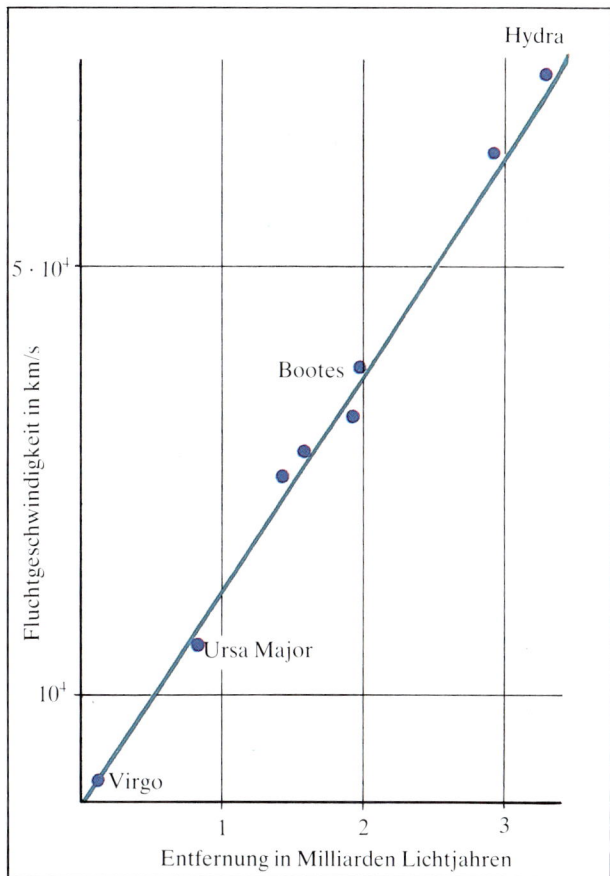

Der lineare Zusammenhang zwischen der Fluchtgeschwindigkeit der Galaxien und ihrer Entfernung

der lineare Zusammenhang zwischen der Linienverschiebung und der Entfernung der Galaxien.

Die Rotverschiebungen der wenigen Galaxien, aus denen Hubble in seiner ersten Veröffentlichung auf die Proportionalität zwischen Rotverschiebung und Entfernung schloß, beschränkten sich auf Werte bis zu $z = 0{,}004$. In der Mitte der dreißiger Jahre gelang es Hubble und seinen Mitarbeitern, den Gültigkeitsbereich der Beziehung (19) bis hin zu Werten von $z = 0{,}15$ auszudehnen. Damit war die Leistungsgrenze des 2,5-m-Spiegelteleskops auf dem Mount Wilson erreicht.

In den folgenden Jahrzehnten konnte dank ständiger Verbesserungen der astronomischen Beobachtungstechniken der Gültigkeitsbereich der Hubble-Beziehung zwischen Rotverschiebung und Entfernung von Galaxien erweitert werden. In den Jahren zwischen 1960 und 1973 bestimmten Allan Sandage und seine Mitarbeiter mit dem 5-m-Reflektor auf dem Mount Palomar Rotverschiebungen von Galaxien zwischen $z = 0{,}1$ und $z = 0{,}46$. Durch die Auswahl der jeweils leuchtstärksten elliptischen Galaxien in verschiedenen Galaxienhaufen konnte auf ihre Entfernungen geschlossen werden.

Der Kehrwert der Hubble-Zahl H, die Größe $1/H$, hat die Dimension einer Zeit. Ein dynamisches, expandierendes Universum läßt sich durch unterschiedliche Modelle beschreiben. Die durch $1/H$ gegebene Zeitskala ist auf unterschiedliche Art und Weise für verschiedene Modelle mit dem Alter des Universums verknüpft. Daraus folgt die große Bedeutung, die der Bestimmung der Hubble-Zahl zukommt. Wie schwierig die Lösung dieses Problems war und ist, macht die folgende Abbildung deutlich. Sie zeigt die aus den Messungen ermittelten Werte der Hubble-Zahl von den ersten Beobachtungen Hubbles zu Beginn der dreißiger Jahre bis hin zu den Messungen Mitte der achtziger Jahre. Die Variation der Meßstäbe, insbesondere die richtige Eichung der Cepheiden, bewirkte eine Änderung der Beobachtungsergebnisse. Die Reduzierung von H um rund eine Größenordnung innerhalb eines halben Jahrhunderts verdeutlicht die Schwierigkeiten, denen die Astronomen bei der Ermittlung des Wertes von H gegenüberstanden.

Das Problem bei der Ermittlung von H ist nicht die Messung der Rotverschiebung, sondern die Entfernungsbestimmung. In nicht zu weit entfernten Galaxien, deren stellarer Inhalt mit den uns zur Verfügung stehenden astronomischen

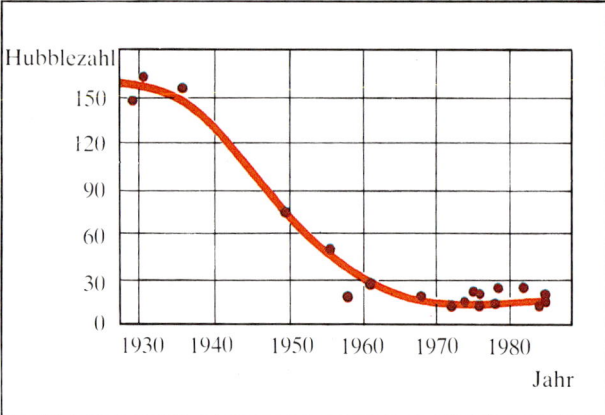

Die durch Beobachtungen ermittelten Werte der Hubble-Zahl von den ersten Werten zu Beginn der dreißiger Jahre bis zu den Messungen Mitte der achtziger Jahre

Geräten auflösbar ist, werden geeignete Indikatoren ermittelt, aus deren charakteristischen Eigenschaften sich die Entfernungen bestimmen lassen. Unter den dafür verwendeten Indikatoren haben wir die Delta-Cephei-Sterne mit ihrer charakteristischen Periodizität bereits kennengelernt.

Hubble bestimmte H zu 150 km/s je 10^6 Lichtjahre, mit anderen Worten, die Fluchtgeschwindigkeit wächst um 150 km/s bei einem Entfernungswachstum von 1 Million Lichtjahren. Als Walter Baade zu Beginn der fünfziger Jahre zeigte, daß die Leuchtkraft-Perioden-Beziehung für Cepheiden in der Scheibe und im Halo verschieden ist, erwiesen sich die Entfernungen der Galaxien doppelt so groß wie bisher angenommen. Dieses Beispiel macht deutlich, welchen Problemen die Astronomen bei der Bestimmung der Entfernungen von Galaxien gegenüberstehen. Die wechselvolle Geschichte der Entfernungsmessungen von Galaxien hat das beobachtbare Universum bis zu Beginn der siebziger Jahre immer größer werden lassen. Seitdem variieren die mittels unterschiedlicher Methoden ermittelten Werte der Hubble-Zahl zwischen

[4] A. Sandage, G. A. Tammann, Proceedings of the First ESO-CERN Symposium »Large-Scale Structure of the Universe, Cosmology and Fundamental Physics«, CERN 1984, S. 127

15 und 30 Kilometer pro Sekunde und Millionen Lichtjahre. In den folgenden Betrachtungen werde ich von einem Wert der Hubble-Zahl von 15 km pro Sekunde und Millionen Lichtjahre ausgehen.[4]

Bildet man damit den Kehrwert von H, so erhält man eine Zeit von 20 Milliarden Lichtjahren – eine Zeitskala, die sich unter Beachtung der Fehlergrenzen in bemerkenswerter Übereinstimmung mit dem Alter des Universums von rund 18 Milliarden Lichtjahren befindet.

Die Rotverschiebung als Doppler-Effekt deutend, kam Hubble zu dem Schluß, daß sich die Galaxien in allen Richtungen von uns entfernen, wobei die Geschwindigkeit ihrer Flucht proportional zu ihrer Entfernung wächst.

Im ersten Abschnitt dieses Kapitels sind Beobachtungen zusammengefaßt, die die Astronomen zur Annahme eines homogenen und isotropen Universums führten. Im zweiten Abschnitt betrachteten wir einige der Gründe, die zur Hypothese eines evolutionären Universums führten, dessen Alter zwischen 14 und 22 Milliarden Jahren liegt. Verbinden wir beides mit der Beobachtung der Galaxienflucht, der Expansion des Universums, so werden wir zur Urknall-Hypothese geführt: Am Anfang der Evolution des Universums fand eine Art Explosion statt. Darunter darf man sich nicht eine Explosion vorstellen wie etwa die einer Granate, bei der die Splitter von einem Zentrum in den vorhandenen Raum fliegen, sondern eine Explosion, die den gesamten Raum erfaßt. Bei der Expansion dringen nicht sich verändernde Materieformen in einen leeren Raum vor, sondern der Raum mit den sich zeitlich wandelnden Formen der Materie expandiert. Das führt zu einer Verdünnung der Materiedichte im gesamten Raum mit fortschreitender Zeit.

Ein homogenes Universum, in dem alle Orte gleichwertig sind, muß in seiner Expansion dem Hubbleschen Gesetz folgen. Machen wir uns das an einem linearen Modell klar. In einer Reihe seien gleichmäßig Galaxien angeordnet, die sich so voneinander fortbewegen, daß die Abstände zwischen ihnen in gleichem Maße wachsen, die Homogenität also erhalten bleibt. Auf welcher Galaxie ein Beobachter sich auch immer befinden mag, er beobachtet eine Fluchtbewegung aller übrigen Galaxien mit den gleichen relativen Geschwindigkeiten.

Befindet sich ein Beobachter zur Zeit t_1 etwa auf der vierten Galaxie, so bewegen sich die beiden Nachbargalaxien 3 und 5 des linearen Modelluniversums bis zur Zeit t_2 mit den durch die Pfeile nach Betrag und Richtung angedeuteten Geschwindigkeiten vom Beobachter weg. Nun fordert aber das Homogenitätsprinzip, daß sich auch die Galaxien 2 und 6 bzw. 1 und 7 nach dem Zeitintervall $t_2 - t_1$ der Expansion im gleichen relativen Abstand zu ihren jeweiligen Nachbargalaxien befinden wie zur Zeit t_1. Das ist aber nur möglich, wenn die Geschwindigkeiten vom Beobachter weg mit dem Abstand linear wachsen. Befindet sich der Beobachter auf einer anderen Galaxie, etwa auf der fünften, so müssen sich bei Gültig-

Lineares Modell eines homogenen, expandierenden Universums. In einer Reihe seien gleichmäßig Galaxien angeordnet. Sie bewegen sich so voneinander fort, daß die Abstände zwischen ihnen im gleichen Maße wachsen, die Homogenität also erhalten bleibt. Das ist nur möglich, wenn für einen Beobachter auf einer der Galaxien – Fall a) auf Galaxie 4, Fall b) auf Galaxie 6 – die Fluchtgeschwindigkeiten linear mit den Entfernungen wachsen.

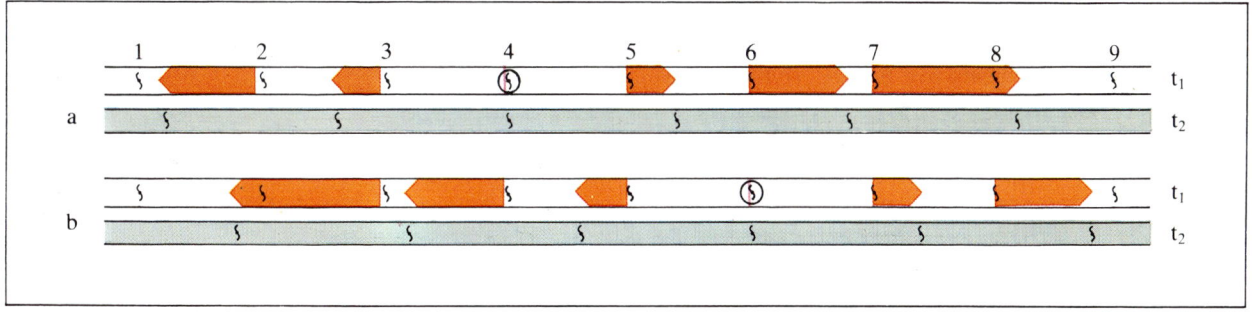

keit des Homogenitätsprinzips auch für ihn alle anderen Galaxien mit Fluchtgeschwindigkeiten fortbewegen, deren Betrag linear mit der Entfernung wächst.

Unsere Reihe läßt sich beliebig um weitere Galaxien verlängern. Homogenität und kosmologisches Prinzip vorausgesetzt, werden wir stets auf einen linearen Zusammenhang zwischen Fluchtgeschwindigkeit und Entfernung geführt. Wie so häufig in der Physik, läßt sich die Beweisführung auch umkehren. Aus dem durch astronomische Beobachtungen ermittelten linearen Zusammenhang zwischen Fluchtgeschwindigkeit und Entfernung der Galaxien untereinander folgen indirekt Homogenität des Universums und Gleichberechtigung aller Orte.

Das lineare Modell eines expandierenden Universums läßt sich leicht auf mehrere Dimensionen ausdehnen – etwa auf drei Dimensionen bei Betrachtung einer homogenen, von Materie erfüllten expandierenden Kugel. Wo immer im Inneren der Kugel ein Beobachter sich auch befindet, er nimmt stets das gleiche Bild wahr: Alle anderen Punkte innerhalb der Kugel streben von ihm fort, wobei die Geschwindigkeit ihrer Flucht ihrem Abstand proportional ist.

Ein Mangel dieser der Veranschaulichung dienenden Bilder ist, daß wir uns eine Reihe, eine Fläche oder auch eine Kugel vorstellen, die in den Raum hineinwächst. Diesen leeren Raum gibt es nicht! Das Universum ist alles, was existiert. Außerhalb ist weder Raum noch Zeit. Gäbe es ein »Außerhalb« des Universums in dem Sinne, daß es das Universum beeinflußt, dann würde es physikalisch dazugehören. Das Universum expandiert nicht in einen vorgegebenen Raum, sondern es ist expandierender, von unterschiedlichen, zeitlich wechselnden Materieformen erfüllter Raum, deren Dichte mit fortschreitender Expansion immer geringer wird. Der gegenwärtige Stand der Beobachtungen legt die Vermutung nahe, daß das Universum eine unendliche Ausdehnung hat. Jeden Punkt des unendlichen Raumes können wir als Zentrum der durch die Expansion hervorgerufenen Verdünnung der Materie ansehen. Vervielfacht man eine Unendlichkeit, so behält man doch stets die gleiche Unendlichkeit. Wenn das expandierende Universum heute eine unendliche Ausdehnung hat, so erfüllte es auch im Moment des Urknalls einen unendlich ausgedehnten Raum.

In unserem Bild des expandierenden Universums ist zu beachten, daß diese Expansion nicht mit einer Expansion der Galaxien selbst verbunden ist. Sie werden durch die Schwerkraft zusammengehalten. Gleiches gilt auch für unser Sonnensystem, aber auch für jedes durch elektromagnetische Wechselwirkung zusammengehaltene Atom. All diese Systeme befinden sich im Gleichgewichtszustand und ändern bei der Expansion ihre Größe nicht.

Bisher haben wir die Frage, ob die Hubble-Zahl eine zeit-

Ein mitbewegtes Koordinatensystem ist ein Netzwerk aus Linien, das auf einer expandierenden Fläche aufgetragen ist. Koordinatenabstände, wie etwa der zwischen den Punkten a und b, bleiben im mitbewegten Koordinatensystem unverändert.

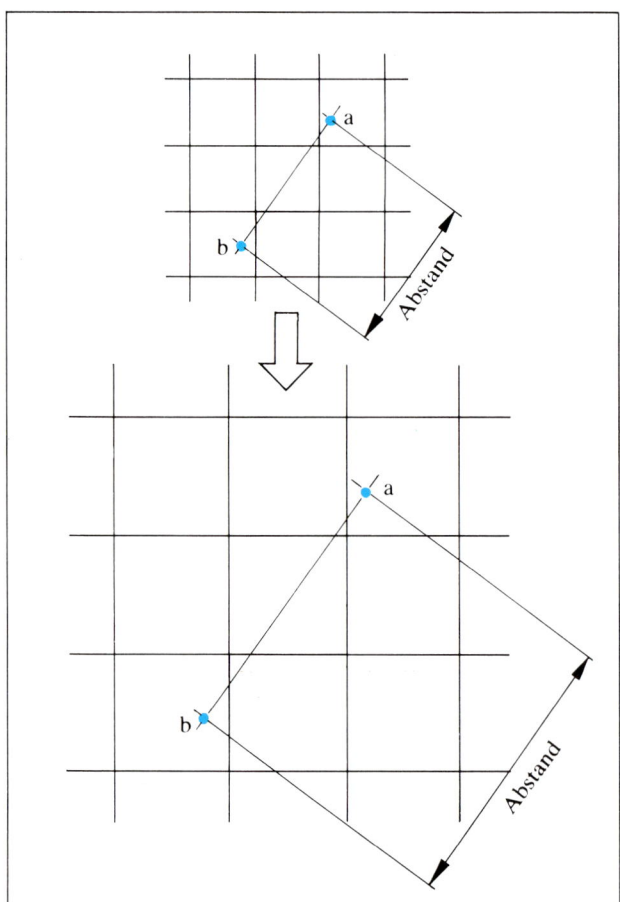

lich unveränderliche Größe ist, nicht berührt. Falls es in der Vergangenheit Perioden gab, in denen die Expansion schneller (langsamer) erfolgte, so war die Hubble-Zahl größer (kleiner) als heute. Je weiter im Raum von uns entfernte Galaxien wir beobachten, um so weiter blicken wir auch in der Zeit zurück. Sollte H, was zu vermuten ist, einer zeitlichen Veränderung unterliegen, so müßte sich mit wachsender Entfernung eine Abweichung im linearen Zusammenhang des Hubble-Gesetzes bemerkbar machen. Die beträchtlichen Unsicherheiten der Entfernungsmessungen von Galaxien gestatten keine ausreichend genaue Bestimmung der zeitlichen Variation der Hubble-Zahl. Daher lassen sich über die zeitliche Variation gegenwärtig nur theoretische Überlegungen anstellen.

Ein weiterer Umstand, der die Bestimmung von H erschwert, ist die Eigenbewegung eines Beobachters auf der Erde. Diese Eigenbewegung setzt sich aus verschiedenen Komponenten zusammen: der Rotation der Erde um die Sonne, der Rotation des Sonnensystems um den Kern der Galaxis, der Bewegung der Galaxis in der lokalen Gruppe und deren Bewegung in Richtung auf den Virgohaufen. Die aus diesen Komponenten resultierende Eigenbewegung hat eine Geschwindigkeit von rund 600 km/s und verläuft unter einem Winkel von 45° zum Virgohaufen. Im folgenden Abschnitt werden wir sehen, wie den Astronomen die Bestimmung der resultierenden Eigenbewegung der Erde gelang.

Zur Beschreibung der Expansion führen wir einen Skalen- oder Maßfaktor ein, der mit dem Symbol R bezeichnet wird. In einem homogenen und isotropen Universum hat er überall den gleichen, mit der Zeit wachsenden Wert. Entfernungen zwischen Galaxien wachsen proportional zu R; zweidimensionale Flächen wachsen proportional zu R^2 und Volumina wachsen proportional zu R^3.

Den expandierenden Raum können wir uns mit einem Koordinatensystem verbunden denken. Wenn dieses Koordinatensystem bei der Expansion mitwächst, so bleiben für alle mitbewegten Punkte ihre Koordinatenwerte unverändert. Die tatsächliche Entfernung zwischen zwei Punkten ist dann gleich dem Koordinatenabstand, gemessen im mitbewegten System, multipliziert mit dem Maßfaktor:

Entfernung = R · Koordinatenabstand.

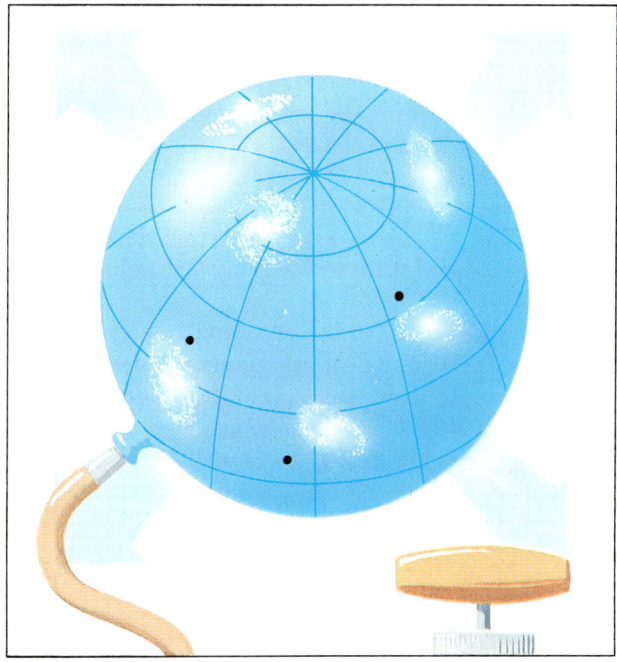

Beim Aufblasen eines Luftballons behalten Punkte auf der Oberfläche ihre Breiten- und Längenkreislage, während ihre Entfernungen untereinander proportional mit dem Radius des Ballons wachsen.

Betrachten wir einen Gummiball, auf dessen Oberfläche Breiten- und Längenkreise aufgetragen sind. Vergrößert man den Radius R des Ballons durch Aufblasen, so bewegen sich die Koordinaten mit der Oberfläche. Punkte auf der Oberfläche behalten dabei ihre Breiten- und Längenkreislage, während ihre Entfernung untereinander proportional mit R wächst.

Das Hubble-Gesetz besagt, daß das Licht entfernter Galaxien rotverschoben ist und diese Rotverschiebung mit wachsendem Galaxienabstand linear wächst. Hubble interpretierte seine Beobachtung als Doppler-Effekt. So eingängig das damit verbundene Bild von uns wegrasender Galaxien auch ist, es ist falsch. Die Rotverschiebung des Lichts entfernter Galaxien hat ihre Ursache nicht in einer Bewegung der Galaxien durch den Raum, sondern in der Expansion des Raumes selbst. Nur wenn eine extragalaktische Lichtquelle eine kleine Rotverschiebung hat, so läßt sich zeigen, daß die Expansionsrotverschiebung in guter Näherung durch die Doppler-Verschiebung gegeben ist.

Jede kosmische Lichtquelle und jeder kosmische Beobachter hat eine Doppler-Verschiebung, da Quelle und Empfänger eine Eigenbewegung haben. Wenn wir uns mit einer Eigengeschwindigkeit von rund 600 km/s bewegen, so entsteht dabei eine Doppler-Verschiebung, die bei allen Messungen der Expansionsrotverschiebung berücksichtigt werden muß.

Licht werde mit einer Wellenlänge λ von einer weit entfernten Galaxie emittiert, die in ihrem eigenen lokalen Raumbereich stationär ist. Zum Zeitpunkt der Emission hat das Universum den Maßfaktor R. Die Entfernung der Galaxie sei uns unbekannt. Nachdem ihr Licht unterwegs war, wird es mit der rotverschobenen Wellenlänge λ_0 von einem irdischen Beobachter empfangen, der in seinem lokalen Raumbereich ebenfalls näherungsweise stationär ist. Zum Zeitpunkt der Absorption hat das Universum den Maßfaktor R_0. Während der langen Zeit, unter Umständen Jahrmillionen, die das Licht braucht, um von der Quelle zum Beobachter zu gelangen, expandierte der Raum im Verhältnis der Maßfaktoren $R_0:R$ und mit ihm im gleichen Verhältnis die Wellenlängen des Lichts. Wellenlängen nehmen in einem expandierenden Universum im gleichen Verhältnis zu wie die mitbewegten Entfernungen:

$$\frac{\lambda_0}{\lambda} = \frac{R_0}{R}. \tag{20}$$

Nun ist die Rotverschiebung durch

$$z = \frac{\lambda_0 - \lambda}{\lambda} = \frac{\lambda_0}{\lambda} - 1$$

definiert. Ersetzt man in der vorstehenden Gleichung λ_0/λ durch $z + 1$, so erhalten wir:

$$z = \frac{R_0}{R} - 1. \tag{21}$$

Wenn also das Universum in der Zeit zwischen Emission und Absorption seine Ausdehnung verdoppelt, R_0/R den Wert 2 hat, so zeigt das Licht aller Wellenlängen die Rotverschiebung $z = 1$.

Fassen wir zusammen: Jede Messung der Rotverschiebung einer entfernten Galaxie gestattet uns, unmittelbar festzustellen, um das Wievielfache unser Universum zwischen dem Zeitpunkt von Emission und Absorption der Strahlung expandierte. Um etwa aus einer Messung der Rotverschiebung die Entfernung einer Galaxie zu bestimmen, müssen wir die zeitliche Variation von H bzw. die Wachstumsgeschwindigkeit des Maßfaktors kennen. Wir müssen daher theoretische Annahmen über die Geometrie des kosmischen Raumes machen, um aus gemessenen Rotverschiebungen auf solche Größen wie Entfernungen oder Fluchtgeschwindigkeiten zu schließen.

5.4. Die 3K-Hintergrundstrahlung

Jeder Körper tauscht mit seiner Umgebung Strahlung aus. Die Energieabgabe bzw. die Energieaufnahme erfolgen durch Emission und Absorption von Photonen, deren Wellenlängen durch die Temperaturen des Körpers und der Umgebung bestimmt werden. Diese Art der Strahlung bezeichnen die Physiker als Wärmestrahlung. Ist die sekundlich von der Flächeneinheit des Körpers abgestrahlte Energie gleich der aus der Umgebung durch den Körper aufgenommenen, so befinden sich Körper und Umgebung im thermischen Gleichgewicht. Dieser Fall ist stets dann gegeben, wenn Körper und Umgebung die gleiche Temperatur haben. Befindet sich ein Körper mit seiner Umgebung im thermischen Gleichgewicht, so ist die Zahl der Strahlungsquanten der Wellenlänge λ, die der Körper im zeitlichen Mittel emittiert, gleich der Zahl der absorbierten Photonen der gleichen Wellenlänge.

Im thermischen Gleichgewicht läßt sich die je Raumeinheit enthaltene Energie der elektromagnetischen Wärmestrahlung bzw. die mittlere Photonenzahl durch eine Formel angeben, in der nur Temperatur T und Wellenlänge λ als veränderliche Größen auftreten. Die Formulierung dieser Strahlungsformel, in Übereinstimmung mit den Messungen, gelang Max Planck im ersten Jahr des 20. Jahrhunderts. In dieser Formel trat erstmals in der Geschichte der Physik das Plancksche Wirkungsquantum h auf, eine die Welt des Mikrokosmos beherrschende fundamentale Konstante.

Den charakteristischen Verlauf der Wärmestrahlung bei

verschiedenen Temperaturen, wie er durch die Plancksche Strahlungsformel beschrieben wird, haben wir in der Abbildung auf S. 67 bereits kennengelernt. Die Oberfläche der Sonne hat eine Temperatur von etwa 5800 K. Das Maximum der abgestrahlten Energie liegt bei einer Wellenlänge von rund $5 \cdot 10^{-5}$ cm und damit in der Mitte des Wellenlängenbereiches, zu dessen Wahrnehmung das menschliche Auge befähigt ist. Bei Zimmertemperatur von 21 °C, entsprechend 294 K, liegt das Maximum der Strahlungskurve im Infraroten. Sinkt die Temperatur auf −270 °C, was einer absoluten Temperatur von 3 K entspricht, so liegt das Strahlungsmaximum bei einer Wellenlänge von rund 2 mm.

Würde man die Wärmestrahlung eines beliebigen Körpers in akustische Signale umsetzen, so hörte man ein gleichförmiges Rauschen. Radioastronomen charakterisieren den Empfang von Rauschsignalen durch die Angabe einer Äquivalenztemperatur, definiert als die Temperatur eines Vergleichskörpers, der Wärmestrahlung der gleichen Intensität und Wellenlänge aussendet. Diese Temperatur ist also ein Maß dafür, wie intensiv eine kosmische Quelle bei der untersuchten Wellenlänge strahlt.

Dabei ist zu beachten, daß – wie beim Rundfunk- oder Fernsehempfang – auch jedes Radioteleskop ein Eigenrauschen besitzt, das durch die Wärmebewegung der Elektronen in der Antenne und in den Verstärkeranlagen hervorgerufen wird. Um also sehr schwache Signale aus dem Kosmos zu empfangen, muß man das Eigenrauschen des Teleskops und das Rauschen aus der Erdatmosphäre ausreichend unterdrücken bzw. genau genug kennen. Letzteres hat eine charakteristische Abhängigkeit vom Neigungswinkel des Teleskops und damit von der Dicke der Atmosphärenschicht.

Auf dem Forschungsgelände der Bell-Laboratorien in Holmdel (New Jersey, USA), wo Karl Jansky im Mai 1933 die ersten Radiosignale aus dem Kosmos empfing, wollten Mitte der sechziger Jahre die beiden amerikanischen Physiker Arno Penzias und Robert Wilson im Dezimeterbereich die Radiostrahlung der Milchstraße untersuchen. Die Antenne ihres Radioteleskops hatte die Form eines großen Hörrohrs, das, zum Himmel gerichtet, keine Signale der Wärmestrahlung der Erdoberfläche aufnahm. Um die Empfindlichkeit ihres Teleskops zu testen, begannen sie ihre Beobachtungen bei einer Wellenlänge von 7,35 cm, bei der kein Signal aus der

Robert Wilson und Arno Penzias vor der Hornantenne des Radioteleskops, mit dem sie die 3K-Mikrowellen-Hintergrundstrahlung entdeckten. Die Aufnahme wurde freundlicherweise von R. Wilson zur Verfügung gestellt.

Die Wellenlänge des Lichts einer entfernten Galaxie wird in der Zeit zwischen Emission und Absorption gedehnt – rotverschoben.

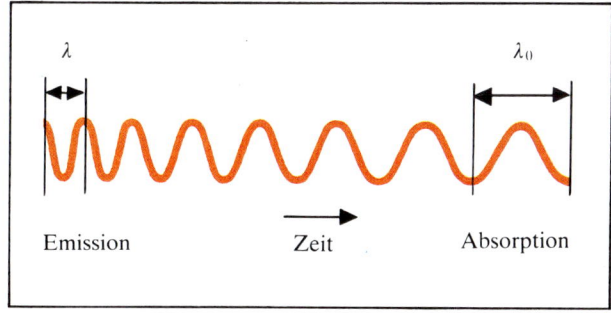

Galaxis zu erwarten war. Im Frühjahr 1964 registrieren Penzias und Wilson zu ihrem Erstaunen ein beachtliches, von der Beobachtungsrichtung und der Beobachtungszeit unabhängiges Rauschsignal.

Intensive Untersuchungen des Eigenrauschens ihrer Anlage und des von der Erdatmosphäre ausgehenden Rauschsignals führten sie in ihrer kurzen Veröffentlichung im Juli-Heft 1965 des »Astrophysical Journals« zu dem Schluß: »Messungen der effektiven Zenit-Rauschtemperatur ... haben einen Wert ergeben, der etwa 3,5 Kelvin höher war als erwartet.«

Sie hatten bei einer Wellenlänge von 7,35 cm eine Mikrowellenstrahlung mit einer Äquivalenztemperatur von 3,5 K entdeckt, die unabhängig von der Richtung, in der die Hornantenne in den Himmel blickte, stets die gleiche Intensität zeigte. Diese Beobachtung ließ vermuten, daß die registrierte Strahlung nicht von lokalen Quellen, etwa einzelnen Galaxien, sondern isotrop aus dem beobachtbaren Universum kommt. Wir werden sie im folgenden auch als Hintergrundstrahlung bezeichnen.

Was Penzias und Wilson erstmals beobachteten, sollte sich wenig später als eine der bedeutendsten astronomischen Entdeckungen des 20. Jahrhunderts erweisen, die mit der Verleihung des Physik-Nobelpreises im Jahre 1978 gewürdigt wurde. Bevor wir jedoch auf die Interpretation der isotropen Mikrowellenstrahlung eingehen, seien noch die entsprechenden Beobachtungen der Folgejahre erwähnt.

Penzias und Wilson hatten einen Meßpunkt bei einer Wellenlänge von 7,35 cm bestimmt. Ob es sich dabei um einen Punkt auf einer der Planckschen Strahlungsformel folgenden Verteilung der Energiedichte bei einer festen Temperatur handelte, mußte durch Messungen bei anderen Wellenlängen erst noch gezeigt werden. Nur wenn sämtliche Meßpunkte auf der Planckschen Strahlungskurve für einen festen Temperaturwert liegen, läßt sich folgern, daß diese Mikrowellenstrahlung aus einer Periode stammt, in der sich Strahlung und andere Materieformen des Universums in einem Zustand des thermischen Gleichgewichts befanden, also die gleiche Temperatur hatten.

Seit 1965 ist die kosmische Hintergrundstrahlung bei verschiedenen Wellenlängen gemessen worden. Jede dieser Messungen lieferte einen Temperaturwert, der innerhalb der

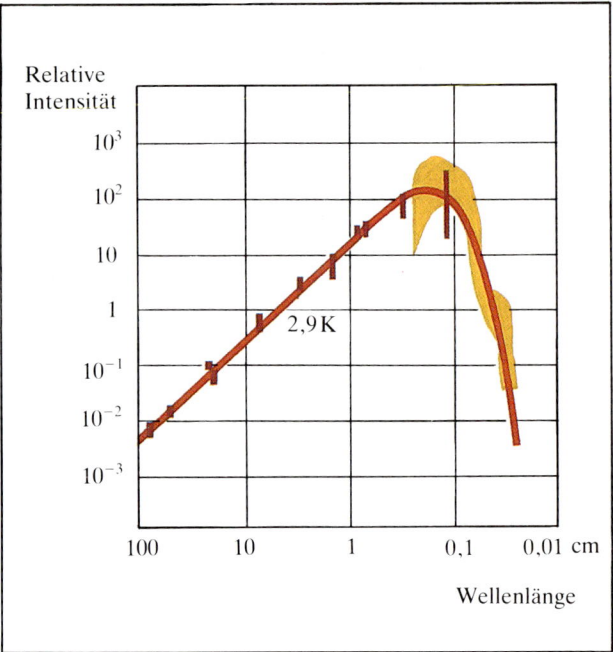

Vergleich der durch Messungen ermittelten Werte der kosmischen Hintergrundstrahlung mit der Planckschen Strahlungskurve bei 2,9 K

Fehlergrenzen mit denen der anderen Beobachtungen übereinstimmte und zwischen 2,7 und 3,0 K liegt.

Die meisten Messungen wurden bei Wellenlängen auf der langwelligen Seite der Planckschen Strahlungskurve durchgeführt. Da die Atmosphäre bei Wellenlängen unterhalb 2 mm immer undurchlässiger wird, sind die Astronomen bei Messungen in diesem infraroten Strahlungsbereich darauf angewiesen, ihre erdgebundenen Strahlungsmessungen durch Ballon- und Satellitenbeobachtungen zu ergänzen. Das gelbe Band in der Abbildung oben deutet den Bereich an, in dem die Meßwerte eines von einem Ballon getragenen Infrarotstrahlungsdetektors liegen. Die ausgezogene Kurve entspricht der Planckschen Strahlungskurve bei einer Temperatur von 2,9 K.

In allen Messungen wurde mit ständig wachsender Genauigkeit die Isotropie der 3K-Hintergrundstrahlung bestätigt. In welche Richtung des Raumes die Astronomen mit ihren

Meßgeräten auch blicken, die Abweichungen von der Isotropie sind geringer als 0,003 %.

Diese so außerordentlich hohe Gleichförmigkeit der 3K-Strahlung aus allen Richtungen des Universums ist allerdings nur gegeben, wenn man die Eigenbewegung der Erde in Rechnung stellt. Eine geringfügige Variation der Wellenlänge der Hintergrundstrahlung mit der Blickrichtung lehrte uns, daß sich unsere Galaxis mit einer Geschwindigkeit von rund 600 km/s in eine Richtung bewegt, in der wir das Sternbild Löwe sehen.

Die 3K-Strahlung folgt beeindruckend genau dem Verlauf des Planckschen Strahlungsgesetzes, das nur unter der Voraussetzung eines thermischen Gleichgewichts zwischen Strahlung und strahlenden Körpern gilt. Nur wenn zwischen den Photonen der Strahlung und den Körpern, etwa Atomen, sekundlich sehr viele Wechselwirkungen stattfinden, haben Körper und Strahlung die gleiche Temperatur.

Daß in Gegenwart und »sichtbarer« Vergangenheit ein thermischer Gleichgewichtszustand zwischen Körpern und Strahlung nicht besteht bzw. bestand, ist offensichtlich. Selbst von kosmischen Quellen, die mehr als 10 Milliarden Lichtjahre von uns entfernt sind, erreicht uns das Licht beinahe unbeeinflußt. Der Bereich des Universums, den die Photonen auf ihrem Weg von der Quelle zum Beobachter durcheilen, ist offenbar so durchlässig, daß sie weder gestreut noch absorbiert werden.

Aus der Rotverschiebung schlossen wir auf die Expansion des Universums, einen Prozeß, der mit einer stetigen Reduzierung der Substanzdichte einhergeht. Also muß in der Vergangenheit das Universum dichter gewesen sein.

Die phänomenologische Thermodynamik lehrt uns, daß mit einer größeren Dichte auch stets eine höhere Temperatur verbunden ist. Im frühen Universum gab es sehr wahrscheinlich eine Periode, in der Dichte und Temperatur sehr große Werte hatten und in der zwischen der Strahlung und den substantiellen Materieformen, wie etwa den Elektronen, ein thermisches Gleichgewicht bestand.

In dieser Phase gab es weder Sterne noch Galaxien. Selbst die Elektronen und die Atomkerne konnten sich nicht zu stabilen Atomen zusammenfügen, da die den Raum homogen erfüllenden, relativ energetischen Photonen die sich bildenden Atome sofort wieder zerschlugen. Wegen der riesigen Zahl der sekundlich ablaufenden Stoßprozesse zwischen den Photonen und den Elektronen bestand ein thermischer Gleichgewichtszustand. Mit fortschreitender Expansion nahmen Dichte und Temperatur und damit auch die mittlere Energie der Photonen und der Elektronen allmählich ab. Als die Temperatur schließlich rund 4500 K erreichte, hatten selbst die wenigen Photonen am kurzwelligen Ende der Planckschen Strahlungskurve nur noch Energien von einigen Elektronenvolt. Sie reichten nicht mehr, um Elektronen aus den gebildeten Wasserstoff- und Heliumatomen herauszuschlagen, sie zu ionisieren. Selbst zur Anregung war diese Photonenenergie nicht mehr ausreichend, da zur Anregung eines Wasserstoffatoms aus dem Grundzustand mindestens 10 eV notwendig sind.

Unter der Wirkung der elektrischen Anziehung zwischen den positiv geladenen Atomkernen und den negativ geladenen Elektronen hatten sich in dieser Periode die neutralen Atome, überwiegend Wasserstoff, gebildet. Daher waren auch keine freien Elektronen mehr vorhanden, an denen die Photonen gestreut werden konnten. Strahlung und Substanz hatten sich entkoppelt. Die Photonen konnten sich fortan wechselwirkungsfrei durch das expandierende Universum bewegen. Da sie weder durch Absorption verschwanden, noch neue Photonen in vergleichbarer Zahl erzeugt wurden, behielt ihre Intensitätsverteilung die Form des Planckschen Strahlungsspektrums.

Wie wir im vorhergehenden Abschnitt dieses Kapitels sahen, besteht die Wirkung der kosmischen Expansion auf sich ausbreitende elektromagnetische Wellen in einem linearen Anwachsen der Wellenlängen. Hatte im Moment der Entkopplung ein Lichtquant die Wellenlänge λ und zum gleichen Zeitpunkt das Universum den Maßfaktor R, so haben sich bis zur Gegenwart Wellenlänge und Maßfaktor im gleichen Verhältnis geändert:

$$\frac{\lambda_0}{\lambda} = \frac{R_0}{R} . \qquad (20)$$

Die das Universum homogen und isotrop erfüllende Strahlung behielt auch nach der Entkopplung die Form des Planckschen Strahlungsgesetzes. Die Wirkung der Expansion bestand in einer linearen Rotverschiebung aller Wellen. Im Planckschen Strahlungsgesetz sind die Wellenlänge und die

Temperatur der Strahlung einander umgekehrt proportional. In Ergänzung zu obiger Verhältnisgleichung können wir also schreiben:

$$\frac{\lambda_0}{\lambda} = \frac{T}{T_0} = \frac{R_0}{R} , \qquad (22)$$

wobei $T \approx 4500$ K die Strahlungstemperatur im Zeitpunkt der Entkopplung und $T_0 \approx 3$ K ihr gegenwärtiger Wert sind. Die 3K-Hintergrundstrahlung ist eine durch Expansionsrotverschiebung entstandene Reliktstrahlung aus der Entwicklungsphase des Universums, in der Strahlung und Elektronen entkoppelten. Im gleichen Verhältnis von $T/T_0 = 1500$ ist seitdem das Verhältnis der Maßfaktoren gewachsen, hat sich das Universum vergrößert.

Aus Gleichung (21) folgt als zugehöriger Wert der Rotverschiebung $z \approx 1500$. Der größte Wert der Rotverschiebung, der bisher bei einem Quasar gemessen wurde, ist $z \leq 4$. Die kosmische Hintergrundstrahlung mit $z \approx 1500$ ist also das früheste Relikt der Entwicklung des Universums, das Astrophysiker bisher entdeckten. Es stammt aus einem Zeitabschnitt des sich entwickelnden Kosmos, als es weder Sterne noch Galaxien gab. Das expandierende Universum bestand aus einer homogenen und isotropen Mischung gerade gebildeter neutraler Atome, überwiegend des Wasserstoffs, und einer gewaltigen elektromagnetischen Strahlung, die bis zum Moment der Entkopplung die gleiche Temperatur hatte wie die Elektronen und die Atomkerne. Nach der Entkopplung reichte die Energie der Photonen nicht mehr aus, um Atome anzuregen oder zu ionisieren. Mit fortschreitender Expansion bis in unsere Zeit sank die Äquivalenztemperatur der Strahlung auf rund 3 K. Heute erscheint sie uns als homogene und isotrope kosmische Hintergrundstrahlung.

5.5. Das kosmologische Standardmodell

Mit der allgemeinen Relativitätstheorie formulierte Einstein eine schlüssige, durch unterschiedliche Experimente in den Folgejahren bestätigte Theorie des Raumes, der Zeit und der Gravitation (s. Abschnitt 2.6.). Sie zeigt uns die Verknüpfung der Struktur der Raum-Zeit mit der Gravitation. Wir lernten das Gravitationsfeld als eine Krümmung der vierdimensionalen Raum-Zeit begreifen, wobei unter einer Krümmung eine Abweichung der Geometrie von der euklidischen zu verstehen ist.

Die Geometrie des Euklid ist die Geometrie unseres Anschauungsraumes, die Geometrie unserer täglichen Erfahrung und der Praxis der menschlichen Produktion. Ihre Lehrsätze leiten sich aus einem System von Axiomen her. Zu ihnen zählt auch das bekannte Parallelenaxiom: In der Ebene gibt es zu einer Geraden durch einen nicht auf ihr gelegenen Punkt höchstens eine Gerade, die die erste Gerade nicht schneidet.

Um das Jahr 1830 veröffentlichten der russische Mathematiker Nikolai Lobatschewski und, unabhängig davon, der ungarische Mathematiker János Bólyai das Resultat einer Untersuchung, in der das Parallelenaxiom durch folgendes Axiom ersetzt wurde: Auf einer Fläche gibt es zu einer Geraden durch einen nicht auf ihr gelegenen Punkt mehr als eine Gerade, die die gegebene Gerade nicht schneidet. Im Jahre 1854 entwickelte der deutsche Mathematiker Bernhard Riemann eine weitere nichteuklidische Geometrie, in der an die Stelle des Parallelenaxioms ein Axiom trat, das zu einer gegebenen Geraden keine einzige Parallele zuläßt.

Alle unsere Erfahrungen und damit auch unsere anschaulichen Vorstellungen beziehen sich auf den dreidimensionalen euklidischen Raum, den man auch als flachen Raum bezeichnet. Einen gekrümmten Raum können wir mathematisch charakterisieren, anschaulich vorstellen können wir ihn uns nicht. Als Anschauungshilfe lassen sich zweidimensionale Flächen betrachten.

Dem flachen oder euklidischen Raum entspricht im Zweidimensionalen die Ebene, in der das Parallelenaxiom gilt. Wohlbekannte Lehrsätze in der Ebene sind:
– Die Summe der Innenwinkel eines Dreiecks beträgt 180°.
– Der Umfang eines Kreises ist das Produkt aus der Zahl π und dem Durchmesser des Kreises.

Das zweidimensionale Analogon eines positiv gekrümmten Raumes ist die Oberfläche einer Kugel. Der Geraden in der Ebene, als der kürzesten Verbindung zweier Punkte, entspricht auf der Kugeloberfläche der Großkreis (s. Abb. b auf S. 63). Es ist offensichtlich, daß sich zwei beliebige Großkreise stets schneiden. Zu einem Großkreis gibt es auf der Kugeloberfläche keinen parallelen Großkreis. Auf der Kugeloberfläche ist der Umfang eines Kreises stets kleiner als das Produkt aus der Zahl π und dem Durchmesser auf der Oberfläche. Bildet man auf der Kugeloberfläche ein Dreieck, so ist die Summe der drei Innenwinkel größer als 180°. Die Kugeloberfläche ist unbegrenzt, aber endlich. Jede Bewegung längs eines Kreises würde zum Ausgangspunkt zurückführen, ohne je auf einen Rand zu treffen.

Als Analogon eines Raumes negativer Krümmung betrachten wir die Oberfläche eines einachsigen Hyperboloids (Abb. c auf S. 63). Die kürzeste Verbindung zweier Punkte der Oberfläche ist eine gekrümmte Linie. Durch einen Punkt außerhalb einer solchen Linie lassen sich viele Geraden zeichnen, von denen keine die ursprüngliche Linie schneidet. Der Umfang eines Kreises ist stets größer als das Produkt aus der Zahl π und dem Durchmesser des Kreises auf der Sattelfläche, und die Summe der Innenwinkel eines Dreiecks ist kleiner als 180°.

Mathematiker haben damit drei in sich konsistente, dabei aber grundverschiedene Geometrien formuliert. Welche dieser Geometrien in der Natur gilt, ist kein mathematisches, sondern ein physikalisches Problem. Einsteins allgemeine Relativitätstheorie ist eine Theorie der physikalischen Geometrie. Es ist eine Theorie der vierdimensionalen raumzeitlichen Welt, in der Massenkonzentrationen eine Krümmung der Raum-Zeit hervorrufen, die Geometrie des dreidimensionalen Raumes nicht mehr euklidisch ist und die Zeit in verschiedenen Raumpunkten unterschiedlich verläuft. Ein Beobachter nimmt die Bewegung von Objekten als Bewegung auf gekrümmten Bahnen im dreidimensionalen Raum mit variierenden Geschwindigkeiten wahr.

In den Einsteinschen Gravitationsgleichungen werden Größen, die die Krümmung der Raum-Zeit beschreiben, mit Größen verknüpft, die diese Krümmung, das Gravitationsfeld, erzeugen. Zu letzterem gehören nicht nur die Massen, sondern beispielsweise auch kinetische Größen wie die Bewegungsenergie oder der Druck. Alle Materieformen tragen einerseits zur Erzeugung des Gravitationsfeldes bei, andererseits fühlt jede Art der Materie die Wirkung des Gravitationsfeldes, die Krümmung der Raum-Zeit.

Die Einsteinschen Gravitationsgleichungen sind mathematisch sehr schwierig. Es sind zehn Gleichungen, die zehn unbekannte Funktionen miteinander verknüpfen. Selbst wenn für einige Spezialfälle Lösungen der Gleichungen gefunden werden, so bleibt das schwierige Problem, die Funktionen zu interpretieren. Auch zum Ende des 20. Jahrhunderts wissen wir noch nicht sehr viel über die Lösungen dieser Feldgleichungen.

Der erste, der für einen Spezialfall eine Lösung der Einsteinschen Gleichungen angab, war der deutsche Astronom Karl Schwarzschild. Er untersuchte das Gravitationsfeld außerhalb eines kugelförmigen Körpers und veröffentlichte seine mathematische Lösung im Jahre 1916 unter dem Titel »Über das Gravitationsfeld eines Massenpunktes nach der Einsteinschen Theorie«. Schwarzschild brauchte einige Wochen intensiver Arbeit, um die mathematische Lösung des Problems zu erhalten. Seine Lösung weist einige Besonderheiten auf, die den Fachleuten absonderlich erschienen, so daß sie die Schwarzschild-Lösung in Frage stellten. Physiker und Astronomen brauchten mehr als ein halbes Jahrhundert, bis sie die revolutionäre Natur der Schwarzschild-Lösung verstanden. Sie beschreibt ein Schwarzes Loch.

Doch nicht die Schwarzschild-Lösung ist der Gegenstand dieses Abschnitts, sondern eine Lösung der Einsteinschen Gleichungen des Gravitationsfeldes, die von dem sowjetischen Mathematiker und Meteorologen Alexander Friedman angegeben wurde. Nach einem Briefwechsel mit Einstein veröffentlichte Friedman in der »Zeitschrift für Physik« in den

Alexander Friedman
(1888–1925) [17]

Jahren 1922 und 1924 zwei Arbeiten mit den Titeln »Über die Krümmung des Raumes« und »Über die Möglichkeit einer Welt mit konstanter negativer Krümmung«. Auf der Grundlage der Einsteinschen Gravitationstheorie wurde damit erstmals ein mathematisches Modell formuliert, das die Dynamik des Universums mit den sie erfüllenden Materieformen beschreibt.

Exakte Lösungen der Einsteinschen Gleichungen des Gravitationsfeldes lassen sich nur angeben, wenn der Raum einen hohen Grad an Symmetrie hat. Für das von ihm untersuchte Modelluniversum nahm Friedman eine gleichförmige Verteilung der Materie im Kosmos an. Für diesen Spezialfall eines homogenen und isotropen Universums bewies er, daß sich die wechselnden Materieformen nicht in Ruhe befinden, sondern entweder mit dem Universum expandieren oder kontrahieren.

Der in den vorhergehenden Abschnitten dieses Kapitels beschriebene Nachweis einer näherungsweise großräumig-homogenen Dichteverteilung des Systems der Galaxien, der Nachweis seiner Expansion und die Entdeckung der isotropen 3K-Hintergrundstrahlung favorisieren kosmologische Modelle wie das Friedman-Modell, das ein dynamisches, sich entwickelndes Universum zeitlich variierender Dichte beschreibt.

Im kosmologischen Modell Friedmans wählen wir als Bezugssystem ein Koordinatennetz, das zusammen mit den Galaxien expandiert. Relativ zu diesem mitbewegten Bezugssystem befinden sich die Galaxien in Ruhe (s. Abb. auf S. 220). Zu einem Anfangszeitpunkt t_a sei in diesem Bezugssystem der Abstand zweier Punkte (Galaxien) durch x_a gegeben. Im expandierenden Universum ist dann der Abstand der beiden Punkte in einem beliebigen späteren, durch t bezeichneten Zeitpunkt $x(t) = R(t) \cdot x_a$. Der zeitlich veränderliche Maßfaktor $R(t)$ beschreibt das Wachsen des tatsächlichen Abstandes der beiden Punkte im expandierenden Universum. In einem homogenen und isotropen Modelluniversum hat $R(t)$ zu einer festen Zeit t an allen Punkten im Raum den gleichen Wert.

Die zeitliche Veränderung des Maßfaktors, seine Wachstumsgeschwindigkeit, bezeichnet man mit dem Symbol $\dot{R}$. Wir müssen ferner beachten, daß sich die Wachstumsgeschwindigkeit während der Expansion ändern kann. Die zeitliche Veränderung der Wachstumsgeschwindigkeit bezeichnet man mit dem Symbol $\ddot{R}$. Mittels des Maßfaktors $R(t)$, seiner Wachstumsgeschwindigkeit $\dot{R}$ und deren zeitlicher Veränderung $\ddot{R}$ lassen sich folgende Zahlen definieren:

die Hubble-Zahl $\quad H(t) = \dfrac{\dot{R}}{R}$ \hfill (23)

der Verzögerungsparameter $\quad q(t) = -\dfrac{\ddot{R} R}{\dot{R}^2}$. \hfill (24)

Hubble-Zahl und Verzögerungsparameter haben an allen Orten des homogenen und isotropen Modelluniversums denselben zeitlich variierenden Wert. Es ist üblich, die gegenwärtige Epoche eines von Galaxien erfüllten Universums durch t_0 auszudrücken. Die zugehörigen Werte obiger Größen bezeichnet man mit $R_0(t_0)$, $\dot{R}_0$, $\ddot{R}_0$, q_0 und H_0.

Die Annahme eines homogenen und isotropen Universums führt zu einer außerordentlichen Vereinfachung der Einsteinschen Feldgleichungen. Die Galaxien werden als Massenpunkte betrachtet, die in einem mit der Expansion mitbewegten Koordinatensystem fixiert sind. Die Änderung ihres tatsächlichen gegenseitigen Abstandes wird durch den universellen, allein von der Zeit abhängigen Maßfaktor $R(t)$ beschrieben. Seine zeitliche Variation folgt aus den für diesen Spezialfall erstmals von Friedman formulierten Feldgleichungen eines expandierenden Modellkosmos.

Die mit dem Raum expandierenden Materieformen werden durch zwei zeitlich, aber nicht räumlich variierende Parameter charakterisiert, die Energiedichte $\varrho(t)$[5] und den Druck $p(t)$. Mit den im Laufe der Expansion wechselnden Zustandsformen der Materie änderte sich auch die Beziehung zwischen der Energiedichte und dem Druck.

In frühen Phasen des Universums herrschte zwischen den unterschiedlichen Materieformen, etwa Photonen, Neutrinos, Elektronen und Nukleonen, wegen der hohen Dichten und Energien ein thermisches Gleichgewicht, das sich durch die

---

[5] Im folgenden Text wird neben der Energiedichte, die die Dimension einer Energie je Raumeinheit hat (eV/cm^3), häufig die Massendichte verwendet. Der Zusammenhang beider Dichten ist durch die Einsteinsche Energie-Masse-Äquivalenz gegeben ($E = mc^2$). Daraus folgt die Massendichte als Quotient aus der Energiedichte und dem Quadrat der Lichtgeschwindigkeit. Ihre Dimension ist die einer Masse je Raumeinheit (g/cm^3).

Angabe einer Temperatur charakterisieren läßt. Abgesehen von einer Übergangsperiode, sind die dominierenden Beiträge zur Energiedichte entweder – wie in der gegenwärtigen Epoche – Materieformen, deren Geschwindigkeiten klein gegenüber der Lichtgeschwindigkeit sind, oder – wie in der Frühphase des Universums – Teilchen, die sich mit relativistischen Geschwindigkeiten bewegten. In der Gegenwart ($t = t_0$) wird die gesamte Energiedichte nicht durch die Bewegungsenergien der verschiedenen Teilchen, sondern entsprechend der Einsteinschen Energie-Masse-Äquivalenz durch den Anteil ihrer Ruhemassen bestimmt. Kleine Bewegungsenergien, also kleine Geschwindigkeiten, bedeuten aber auch einen kleinen Druck, den man in guter Näherung Null setzen kann. Für diesen Fall haben die Friedmanschen Gleichungen nachstehende einfache Form:

$$2q_0 = \frac{\varrho_0}{\varrho_c}$$
$$k = H_0^2 R_0^2 (2q_0 - 1).$$
(25)

In der ersten Gleichung ist ϱ_c eine Abkürzung für den Ausdruck

$$\varrho_c = \frac{3H_0^2}{8\pi G},$$
(26)

wobei G die Newtonsche Gravitationskonstante ist. Die Größe ϱ_c hat wie ϱ_0 die Dimension einer Dichte. Man bezeichnet sie als die kritische Dichte. Das Verhältnis beider Dichten wird in der einschlägigen Literatur häufig durch den Dichteparameter $\Omega_0 = \varrho_0/\varrho_c$ ausgedrückt.

Auf der linken Seite der zweiten Gleichung tritt ein mit k bezeichneter Parameter auf. Er ist eine konstante Zahl und charakterisiert die Krümmung des Raumes.
– $k = 0$ entspricht einem flachen Raum, einem unendlichen, unbegrenzt weiter expandierenden Universum euklidischer Geometrie.
– $k = -1$ entspricht einem hyperbolischen Raum, einem unendlichen, unbegrenzt weiter expandierenden Universum.
– $k = +1$ entspricht einem sphärischen Raum, einem unbegrenzten, dabei jedoch geschlossenen, endlichen Universum, dessen sich verlangsamende Expansion nach Erreichen eines Maximums in eine Kontraktion übergeht.

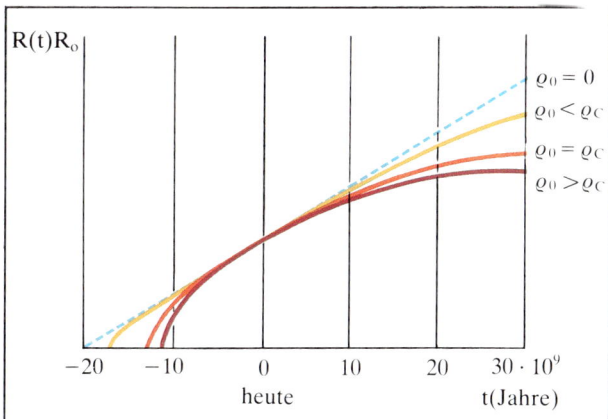

Verlauf des Maßfaktors $R(t)$ in Vergangenheit und Zukunft für das kosmologische Standardmodell

Das Vorzeichen des Krümmungsparameters k ist durch die Friedmanschen Gleichungen (25) eindeutig bestimmt:

$k = 0$, wenn $2q_0 = 1$, also $\varrho_0 = \varrho_c$
$k = -1$, wenn $2q_0 < 1$, also $\varrho_0 < \varrho_c$
$k = +1$, wenn $2q_0 > 1$, also $\varrho_0 > \varrho_c$.

Im Prinzip sind die Hubble-Zahl H_0 und die gegenwärtige Dichte ϱ_0 (bzw. Ω_0) meßbare Größen. Unter der Voraussetzung, daß der Friedmansche Modellkosmos, im weiteren als kosmologisches Standardmodell bezeichnet, eine gute Näherung zur Beschreibung der Evolution des Universums darstellt, sollte die Bestimmung der Werte von H_0 und ϱ_0 uns eine Antwort auf die Frage geben, wie sich der Maßfaktor $R(t)$ zeitlich entwickelt, ob unser Universum offen, d.h. ins Unendliche expandierend, oder geschlossen ist. Leider bereitet die astronomische Ermittlung der Werte von H_0 und ϱ_0 außerordentliche Schwierigkeiten. Auf die Bestimmung der Hubble-Zahl sind wir in Abschnitt 5.3. bereits eingegangen. Unserem gegenwärtigen Wissen um die Dichte ϱ_0 unseres Universums ist der folgende Abschnitt dieses Kapitels gewidmet.

Der durch die Friedman-Gleichungen beschriebene zeitliche Verlauf des Maßfaktors $R(t)$ des Universums ist in der obenstehenden Abbildung für unterschiedliche Dichtewerte skizziert.

Wenn wir uns, zeitlich zurückgehend, dem Zeitpunkt $t = 0$ nähern, so strebt auch der Maßfaktor $R(t)$ gegen Null, während die Hubble-Zahl und die Dichte unendlich groß werden. Die drei Varianten unterschiedlicher Geometrien des kosmologischen Standardmodells haben eines gemeinsam: Die Entwicklung des Universums beginnt mit einem Zustand unendlich großer Dichte und Temperatur. Für den dadurch charakterisierten zeitlichen Nullpunkt hat sich die Bezeichnung Urknall eingebürgert. Diesen singulären Punkt mit $R(t = 0) = 0$ und $\varrho(t = 0) =$ unendlich müssen wir aus den physikalischen Betrachtungen ausschließen, da an diesem Punkt bzw. in seiner unmittelbaren zeitlichen Nähe die allgemeine Relativitätstheorie ihre Gültigkeit verliert. Wir wissen noch nicht, wie die Physik in diesem Zeitintervall beschaffen ist.

Die zukünftige zeitliche Variation des Maßfaktors $R(t)$ ist für die Varianten des Standardmodells verschieden. Wenn $\varrho_0 > \varrho_c$ ist, so kehrt sich in der Zukunft die Expansion in eine Kontraktion um. Im Fall der euklidischen Geometrie ($\varrho_0 = \varrho_c$) und der hyperbolischen Geometrie ($\varrho_0 < \varrho_c$) setzt sich die Expansion ins Unendliche fort.

Die drei Fälle führen bei der Extrapolation zum Urknall auf unterschiedliche Weltalter, wobei ein Universum mit größerer Dichte ein kleineres Alter t_0 hat. Für einen ebenen Raum ($\varrho = \varrho_c$) ergibt sich das Weltalter des Modellkosmos zu $t_0 = 13$ Milliarden Jahre. Für einen sphärischen Raum ($\varrho_0 > \varrho_c$) ergibt sich ein kleinerer Wert, während für einen hyperbolischen Raum das Weltalter t_0 des Standardmodells zwischen 13 und 20 Milliarden Lichtjahren, in Abhängigkeit vom Wert der Dichte ϱ_0, liegt. Für einen Wert des Dichteparameters $\Omega_0 = \varrho_0/\varrho_c = 0{,}1$ und einen Wert der Hubble-Zahl von $H_0 = 15$ km/s $\cdot 10^6$ Lichtjahre ergibt sich ein Weltalter von 18 Milliarden Jahren in guter Übereinstimmung mit dem Alter des Universums, das aus dem radioaktiven Zerfall und aus dem Alter von Kugelsternhaufen ermittelt wurde (s. Abschnitt 5.2.).

Nun sind alle aus astronomischen Beobachtungen ermittelten Größen wie etwa die Hubble-Zahl mit Fehlern behaftet. In der Abbildung (S. 231) sind die mit unterschiedlichen Methoden ermittelten Fehlerbereiche in ihrer Verknüpfung dargestellt. Auf der senkrechten Achse des Diagramms ist links das Weltalter t_0, also die Zeit vom Urknall bis heute, aufgetragen. Rechts sind die Fehlerbereiche des Alters unseres Universums angegeben, die aus Kugelsternhaufen und aus dem radioaktiven Zerfall von Meteoriten bestimmt wurden. Auf der oberen horizontalen Achse des Diagramms ist der Dichteparameter Ω_0 angegeben. Die von links nach rechts unten verlaufenden Kurven entsprechen unterschiedlichen Werten der Hubble-Zahl H_0. Die von links unten nach rechts oben verlaufenden parallelen Geraden geben Linien konstanter mittlerer Dichte ϱ_0 an.

Der in der Diagrammitte gelb markierte Bereich schließt die Werte eines Friedmanschen Modellkosmos ein, die mit den gegenwärtigen Beobachtungen am besten verträglich sind.[6] Wenn unser Universum durch das Standardmodell beschreibbar ist – eine Hypothese, der gegenwärtig alle Beobachtungen entsprechen –, so ist es ein offenes Universum, das ins Unendliche expandiert.

Das Standardmodell beruht auf der Einsteinschen Gravitationstheorie. Es versucht, mit einem Minimum an Annahmen ein Maximum an astronomischen, die Entwicklung des Universums charakterisierenden Beobachtungen zu beschreiben. Wie wir auch in den folgenden Abschnitten dieses Kapitels sehen werden, mit bemerkenswertem Erfolg.

Bei der Beschreibung eines komplexen Naturvorgangs versuchen die Physiker stets, mit einem möglichst einfachen Modell auszukommen. Seine Erweiterung, etwa durch die Einführung eines zusätzlichen Parameters, ist erst dann gerechtfertigt, wenn die einfache modellmäßige Beschreibung nicht mehr mit den Beobachtungen übereinstimmt. Neben dem kosmologischen Standardmodell wurden auch Modelle untersucht, die als zusätzliche Parameter die ursprünglich von Einstein eingeführte kosmologische Konstante Λ enthalten. Die allgemeine Relativitätstheorie ist letztlich mit einer riesigen Zahl unterschiedlicher Modelle verträglich, die die Entwicklung des Universums beschreiben. Aber nur ein Modell kann richtig sein. Da alle bisherigen Beobachtungen durch das einfache Friedmansche Standardmodell beschreibbar sind, gibt es gegenwärtig keinen zwingenden Grund zur Einführung zusätzlicher Parameter und damit weiterer Modelle.

»Das Universum expandiert gleichförmig und isotrop – in allen typischen Galaxien sehen die Beobachter nach allen Richtungen hin das gleiche Entfaltungsmuster. Während das Universum expandiert, dehnen sich die Wellenlängen der

---

[6] H. J. Blome, W. Priester, in: Naturwissenschaften 71 (1984) 456

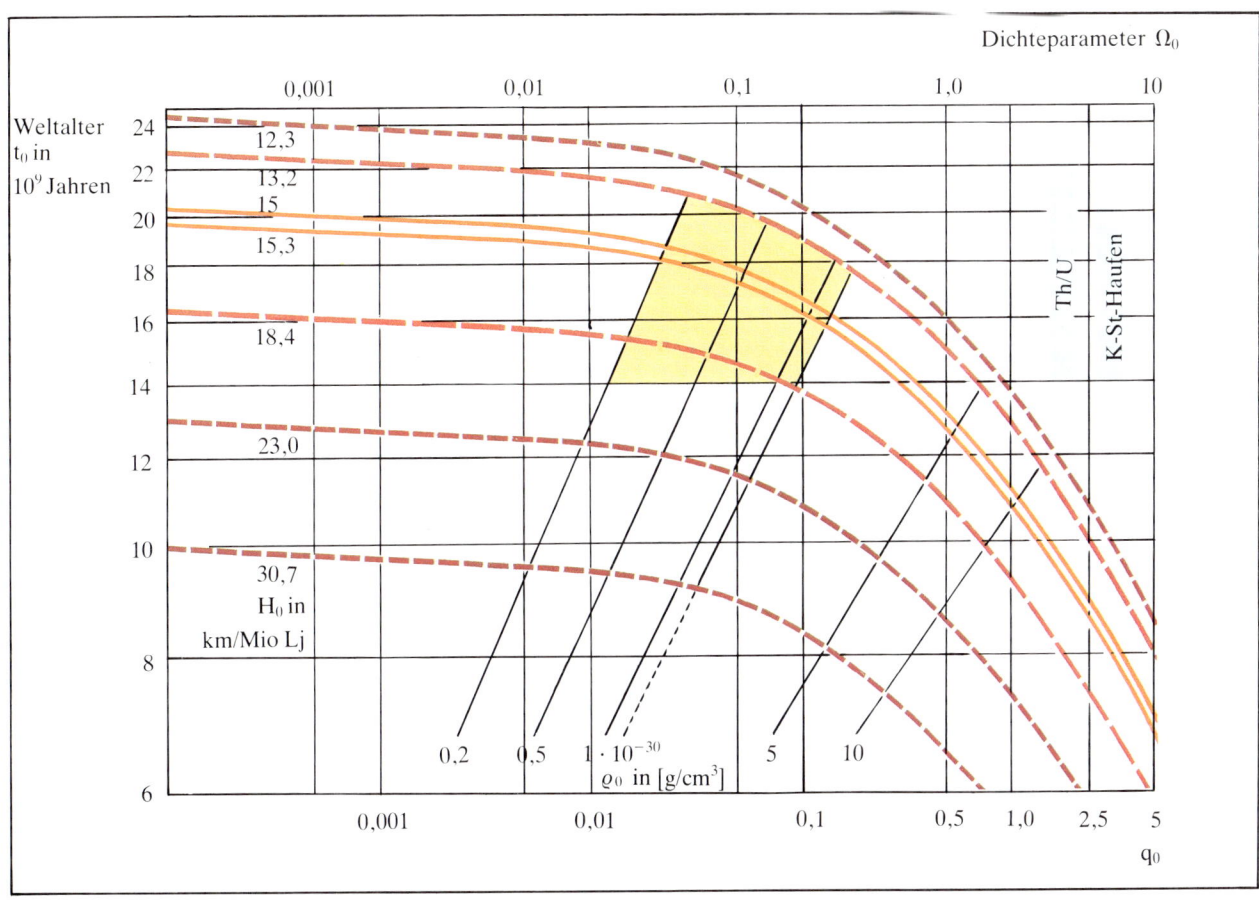

Zusammenhang zwischen Weltalter t_0, dem Verzögerungsparameter q_0 und der Expansionsrate (Hubble-Zahl) H_0 für den Friedmanschen Modellkosmos. Der oberhalb der Diagrammitte gelb markierte Bereich schließt die Werte ein, die mit den gegenwärtigen Beobachtungen am besten verträglich sind.

Lichtstrahlen im Verhältnis zur Entfernung zwischen den Galaxien. Man nimmt nicht an, daß die Ausdehnung auf irgendeiner kosmischen Abstoßung beruht; in ihr äußern sich vielmehr die von einer einstigen Explosion übriggebliebenen Geschwindigkeiten. Diese Geschwindigkeiten nehmen unter dem Einfluß der Gravitation allmählich ab; diese Verzögerung scheint recht langsam einzutreten, woraus man schließen kann, daß die Materiedichte des Universums niedrig ist und daß sein Gravitationsfeld zu schwach ist, um ein in räumlicher Hinsicht endliches Universum zu schaffen oder die Ausdehnung letzten Endes wieder rückgängig zu machen. Aufgrund unserer Berechnungen können wir die Expansion des Universums zeitlich zurückverfolgen und feststellen, daß sie vor zehn bis zwanzig Milliarden Jahren begonnen haben muß.«[7]

[7] S. Weinberg, Die ersten drei Minuten, München/Zürich 1973, S. 72

5.6. Dunkelmaterie

Vor etwa 18 Milliarden Jahren begann sich unser Universum aus einem Zustand extrem großer Dichte und Temperatur zu entwickeln. Ob sich die seitdem anhaltende, unter der Wirkung der Gravitation verzögernde Expansion ins Unendliche fortsetzt oder eines fernen Tages zum Stillstand kommt und in eine Kontraktion übergeht, hängt von der mittleren Massendichte des Universums ab. Im kosmologischen Standardmodell ist die Geometrie des Universums eindeutig mit der Entwicklung des Kosmos verknüpft. Der Zahlenwert des Dichteparameters Ω_0 bestimmt das Vorzeichen des Parameters k, der die Krümmung des Raumes charakterisiert.

Der Grad der Expansionsverzögerung, den etwa eine Galaxie erfährt, hängt von der Masse ab, die gravitativ auf sie wirkt. Betrachten wir einen kugelförmigen Bereich des Universums, an dessen Rand sich eine Testgalaxie befindet, deren verzögerte Bewegung untersucht werden soll. Die gravitativ wirkende Masse in der Kugel ist durch das Produkt aus dem Volumen der Kugel und der mittleren Massendichte ϱ_0 in der Kugel gegeben. Wenn die mittlere Dichte der Materie den kritischen Dichtewert ϱ_0 übersteigt, so ist das Universum geschlossen. Ist der Dichteparameter $\Omega_0 < 1$, so ist das Universum offen. Bei einem Wert der Hubble-Zahl von $H = 15$ km/s · 10^6 Lichtjahre hat die kritische Massendichte den Wert $\varrho_c = 5 \cdot 10^{-30}$ g/cm^3. Dem entsprechen im Mittel etwa drei Atome im Kubikmeter.

Die Astronomen bedienen sich unterschiedlicher Methoden, um die Expansionsverzögerung zu messen. Wenn das Universum seit dem Urknall verzögerungsfrei expandiert wäre, so hätte es bei einem heutigen Wert der Hubble-Zahl von $H_0 = 15$ km/s · 10^6 Lichtjahre ein Alter, das durch den Kehrwert der Hubble-Zahl gegeben ist: $1/H_0 \approx 20$ Milliarden Jahre. Wie wir im Abschnitt 5.2. sahen, ergeben die Messungen des Weltalters einen Wert von rund 18 Milliarden Lichtjahren. Ein Vergleich beider Altersangaben deutet eher auf einen Wert des Dichteparameters Ω_0 kleiner als Eins.

Da die Verzögerung der Expansionsbewegung durch die Wirkung der Gravitation zustande kommt, liegt es nahe, die gegenwärtige Massendichte des Universums zu messen und mit der kritischen Dichte zu vergleichen. Man erhält einen Mittelwert der Massendichte durch Zählung der Galaxien in

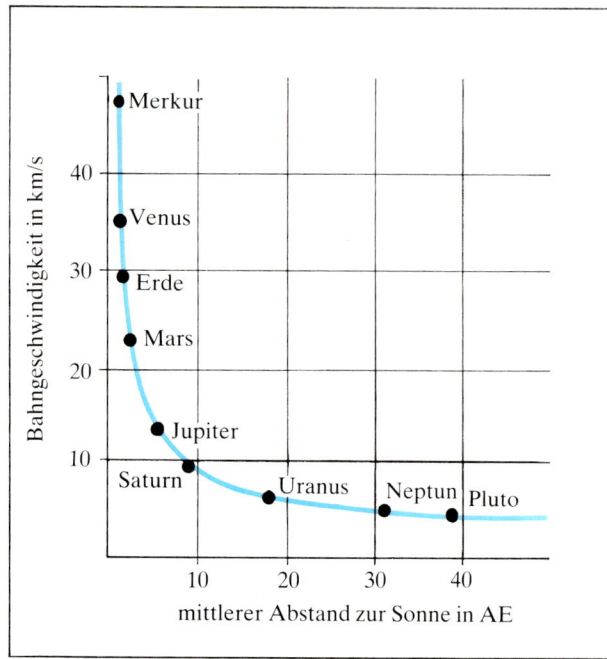

Die mittlere Bahngeschwindigkeit der Planeten als Funktion des Abstandes von der Sonne, gemessen in Astromomischen Einheiten (1 AE = die mittlere Entfernung Erde – Sonne). Mit zunehmendem Abstand von der Sonne nimmt die mittlere Bahngeschwindigkeit rasch ab.

einem genügend großen Raumbereich des Universums, Multiplikation der ermittelten Anzahl mit den Massen und Division durch das Volumen. Nehmen wir zunächst an, daß der überwiegende Teil der Masse in den selbstleuchtenden Materieformen einer Galaxie enthalten ist. Aus ihrer Leuchtkraft läßt sich dann ihre Masse bestimmen. Für typische Galaxien erhält man Werte, die zwischen einigen Milliarden und mehreren Billionen Sonnenmassen liegen.

Nun enthalten Galaxien verschiedene Sternpopulationen. In unserer Welteninsel kennen wir Sterne, die je Masseneinheit 10 000mal mehr Energie abstrahlen als die Sonne, während andere Sterne nur einen Bruchteil der Leuchtkraft der Sonne haben. Eine naheliegende, die Astronomen seit einiger Zeit beschäftigende Frage ist es, ob die Leuchtkraft einer Galaxie überhaupt ein zuverlässiges Maß ihrer Masse ist.

In Spiralgalaxien wie der unseren nimmt die Leuchtkraft vom Zentrum zum Rand hin rasch ab. Nehmen wir an, daß auch die Masse in analoger Weise abnimmt. Rotierende Massensysteme wie unsere Galaxis oder die Sonne mit ihren Planeten, in denen der überwiegende Teil der Masse im Zentrum konzentriert ist, sollten in ihrer Rotationsbewegung den Keplerschen Gesetzen folgen. Wie gut die Keplerschen Gesetze die Planetenbewegung beschreiben, zeigt die Abbildung links. Die mittlere Bahngeschwindigkeit der Planeten nimmt mit wachsendem Abstand von der Sonne umgekehrt proportional zur Quadratwurzel des Abstandes ab.

Unter der Wirkung der Gravitation rotieren in den Spiralgalaxien die in Sternen, Gas und Staub konzentrierten Massen um ein gemeinsames Zentrum. Den Keplerschen Gesetzen folgend, sollten ihre Rotationsgeschwindigkeiten vom Zentrum zum Rand in gleicher Weise abfallen wie die der Planeten in ihrer Bewegung um die Sonne, wenn Leuchtkraft und Massen gleichermaßen im Zentrum konzentriert sind.

Blickt man auf die Kante einer rotierenden Galaxienscheibe, so bewegen sich Sterne, Gas und Staub in der einen Hälfte der Scheibe auf den Beobachter zu, während sie sich in der anderen Scheibenhälfte vom Beobachter wegbewegen. Um eine Information über die Rotationsgeschwindigkeit der selbstleuchtenden Massen der Scheibe zu erhalten, untersucht man in den Hälften die Variation der Dopplerverschiebung ausgewählter Spektrallinien als Funktion des Abstandes vom Zentrum. Die sich auf den Beobachter zubewegenden leuchtenden Materieformen zeigen eine Blauverschiebung ihrer Spektrallinien, während die vom Beobachter weggerichtete Bewegung eine Rotverschiebung bewirkt.

Mittels hochauflösender Teleskope und leistungsfähiger Spektrographen wurden die Rotationsgeschwindigkeiten zahlreicher Spiralgalaxien durch die amerikanische Astronomin Vera Rubin und ihre Mitarbeiter untersucht. Praktisch alle Messungen zeigen im Zentrum der Galaxis einen steilen Anstieg der Rotationsgeschwindigkeit, die zum Rand hin jedoch nicht abfällt, sondern annähernd horizontal weiterverläuft, bis schließlich keine Emissionslinien mehr registrierbar sind und der Rand ins Dunkle abbricht. Die Gültigkeit des Gravitationsgesetzes vorausgesetzt, folgt daraus ein lineares Anwachsen der Gesamtmasse einer Spiralgalaxie vom Zentrum zum sichtbaren Rand.

Dieses Rotationsverhalten läßt sich durch ein einfaches Modell beschreiben. Jede der Galaxien ist von einem kugelförmigen Halo aus Dunkelmaterie umhüllt, deren Masse die der selbstleuchtenden Materieform um ein Mehrfaches übersteigt. Unter der gravitativen Wirkung dieses sphärischen Halos aus unsichtbaren Massen, das jede Spiralgalaxie einhüllt, bleibt die Bahngeschwindigkeit der Rotationsbewegung bis zu den größten meßbaren Abständen vom Zentrum konstant. Wie die Beobachtungen zeigen, nimmt dagegen die Massendichte der Dunkelmaterie mit wachsendem Abstand vom Zentrum der Galaxie langsam, aber stetig ab. Die aus der Rotationsbewegung der Galaxien erschlossene Dunkelmaterie ist also im Bereich der Galaxien konzentriert.

Detaillierte Untersuchungen der Struktur der Rotationskurven von Spiralgalaxien deuten darauf hin, daß auch die Dunkelmaterie im gleichen Verhältnis auf Scheibe und Halo verteilt ist wie die leuchtenden Materieformen, sie daher vorwiegend aus Hadronen, also aus Protonen und schweren Atomkernen, besteht. Offensichtlich sind sie nicht in Sternen gebunden, sondern entweder in planetenartigen Himmelskörpern, deren Masse nicht ausreiche, um den Kernbrennzyklus in Gang zu setzen, oder in Schwarzen Löchern, die als Reste längst vergangener massiver Sterne einer früheren Entwicklungsphase der Galaxien übriggeblieben sind.

Die Rotationsgeschwindigkeit der Sterne in der Galaxie NGC 3198 als Funktion ihres Abstandes vom Zentrum der Spiralgalaxie

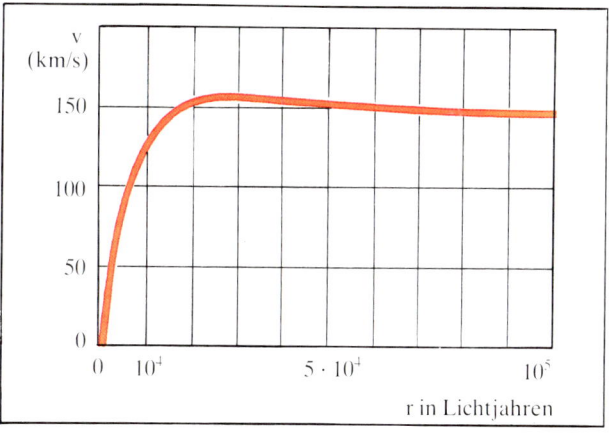

Eine weitere Methode, die uns Aufschluß über den Anteil der Dunkelmaterie gibt, beruht auf der Untersuchung der Relativbewegung einzelner Galaxien bzw. Galaxiengruppen. Die überwiegende Mehrzahl aller beobachtbaren Galaxien treten nicht isoliert, sondern in Gruppen oder Haufen auf.

Betrachten wir als einfachsten Fall die Relativbewegung zweier eng benachbarter Galaxien. Aus der gravitativen Wirkung, die sie aufeinander ausüben und die sie umeinander kreisen läßt, kann man ihre Massen bestimmen, wenn die Parameter der Relativbewegung meßbar sind. Ähnlich liegen die Bedingungen in Galaxienhaufen. Aus der Relativbewegung einzelner Galaxien bzw. von Galaxiengruppen bezüglich des Haufens kann man die Gesamtmasse des Haufens bestimmen. Diese Art der Massenbestimmung setzt ein dynamisches Gleichgewicht zwischen den betrachteten Komponenten und eine räumliche Verteilung der Dunkelmaterie ähnlich der des jeweils betrachteten Galaxienkomplexes voraus.

Beide Methoden ergeben für die mittlere Dichte ähnliche Werte entsprechend einem Wert des Dichteparameters von $\Omega_0 \lesssim 0{,}15$. Demgegenüber führen die Massenbestimmungen der selbstleuchtenden Materieformen nur auf Werte $\Omega_0 \lesssim 0{,}02$. Wie die Messungen zeigen, überwiegt die Dunkelmaterie bei weitem die Massen der selbstleuchtenden Himmelsobjekte.

Eine dritte Methode, die uns Aufschluß über die gesamte in Form von Protonen und schweren Atomkernen im Universum vorhandene Masse gibt, beruht auf einem Vergleich der vom kosmologischen Standardmodell vorhersagbaren Häufigkeit leichter Atomkerne mit entsprechenden astronomischen Beobachtungsdaten. Das Modell gestattet uns, quantitative Aussagen über die Häufigkeit leichter Atomkerne, etwa des Deuteriums und des Heliums, zu machen. Dabei ist es gleichgültig, in welcher Art Himmelskörper sich die Baryonen gegenwärtig befinden.

Weniger als eine Sekunde nach dem Urknall hatten die expandierenden Materieformen, die sich untereinander im thermischen Gleichgewicht befanden, eine Temperatur von mehr als 10^{10} K. Über Prozesse der schwachen Wechselwirkung fanden ständige Umwandlungen von Protonen in Neutronen bzw. von Neutronen in Protonen statt. Unterschritt die Temperatur des sich bei der Expansion kontinuierlich abkühlenden Kosmos 10^{10} K, so wurde der wechselseitige Austausch unterbrochen, und das temperaturabhängige Verhältnis der Zahl der Neutronen zur Zahl der Protonen fror bei einem festen Wert von ungefähr 0,14 ein. Bei einer Temperatur von etwa 10^9 K, die rund 4 min nach dem Urknall erreicht wurde, setzte die Nukleosynthese ein. Die Energie der Photonen war so weit gesunken, daß sie die sich durch Fusionsprozesse bildenden Deuteriumatomkerne nicht mehr in Protonen und Neutronen zerschlagen konnten. Daher wurden letztlich alle freien Neutronen in Atomkernen gebunden. Wie wir in einem der folgenden Abschnitte noch näher betrachten werden, führt das Friedman-Modell der kosmischen Evolution zu Vorhersagen des Massenanteils, der neben den überwiegend auftretenden freien Protonen in leichten Atomkernen, wie bei Deuterium (d), Helium (^{3}He und ^{4}He) und Lithium (^{7}Li), gebunden ist. Vergleicht man die Vorhersagen mit den heute beobachtbaren Massenanteilen, so findet man nicht nur eine erstaunlich gute Übereinstimmung, sondern erhält auch eine Möglichkeit, die heutige mittlere Dichte der baryonischen Materieformen vorherzusagen.

Die Häufigkeit des Deuteriums hängt empfindlich von der Massendichte im Universum ab. Wir wissen, bei welcher Temperatur die Fusion von Protonen und Neutronen zu leichten Atomkernen verlief. Wir kennen aus der Messung der Mikrowellen-Hintergrundstrahlung die gegenwärtige Temperatur im Kosmos. Aus diesen Angaben läßt sich eine Vorhersage der gegenwärtigen Massendichte des Universums herleiten. Sie ist $\varrho_0 \approx 0{,}5 \cdot 10^{-30}$ g/cm^3, ein Wert, der zu einem Dichteparameter von $\Omega_0 \approx 0{,}1$ führt. Die aus der Nukleosynthese ermittelte heutige Massendichte der aus Baryonen gebildeten Materieformen ist mit einem Fehler behaftet. Als unteren bzw. oberen Grenzwert erhält man 0,2 bzw. $1{,}2 \cdot 10^{-30}$ g/cm^3 bei einem optimalen Wert von $0{,}5 \cdot 10^{-30}$ g/cm^3. Letzterer entspricht 0,3 Nukleonen im Kubikmeter. Diese Grenzwerte sind in der Abbildung auf S. 231 eingezeichnet.

Die zuletzt beschriebene Methode der Massenbestimmung aus der Nukleosynthese bezieht sich auf alle im Universum vorhandenen Baryonen, gleichgültig, ob sie als Protonen im freien Wasserstoff auftreten oder ob sie in beliebigen, auch nichtleuchtenden Himmelskörpern gebunden sind. Die dargelegten Methoden der Massendichtebestimmung aus der Dynamik der Galaxien führen auf Werte des Dichteparame-

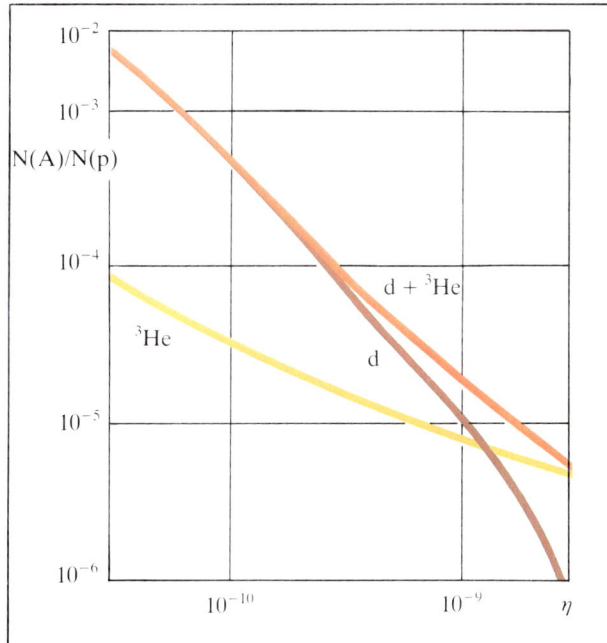

Die Häufigkeit der Elemente ³He und Deuterium (d) – jeweils bezogen auf die Häufigkeit des Wasserstoffs (p) – als Funktion der relativen Nukleonendichte $\eta = n_N/n_\gamma$, berechnet nach dem Standardmodell

ters, die innerhalb der Fehlergrenzen mit dem Wert des Dichteparameters aus der Nukleosynthese übereinstimmen. Einem aus den verschiedenen Methoden erhaltenen Mittelwert von $\Omega_0 = 0{,}12$ würde ein offenes Friedman-Universum mit einem Verzögerungsparameter von $q_0 = 0{,}06$ entsprechen.

Ein weiterer naheliegender Schluß aus der Übereinstimmung der mit unterschiedlichen Methoden ermittelten Werte der Massendichte ϱ_0 ist es, daß die Massen aller sichtbaren und unsichtbaren Himmelsobjekte durch die Masse der freien und gebundenen Baryonen bestimmt wird. Zu letzteren zählen auch solche nahezu unsichtbaren Himmelskörper wie Neutronensterne und massereiche Schwarze Löcher. Falls es im Kosmos noch eine verborgene Masse gibt, so kann sie nicht in Form von Baryonen gebunden sein. Falls etwa die Neutrinos eine von Null verschiedene Ruhemasse um 20 eV besitzen, so könnten sie – wegen ihrer großen Zahl – merklich zur Masse des Universums beitragen. Solange in mehreren voneinander unabhängigen Experimenten ein sicherer Nachweis einer von Null verschiedenen Neutrinomasse nicht gelungen ist, bleibt diese Hypothese spekulativ.

Es ist bemerkenswert, daß so unterschiedliche Fakten wie
– das Alter des Universums, ermittelt aus dem Alter von Kugelsternhaufen und dem radioaktiven Zerfall bestimmter Elemente,
– die Massendichte des Universums, ermittelt aus der Dynamik der Galaxienbewegung und aus der Häufigkeit des in der Nukleosynthese gebildeten Deuteriums, und
– die durch die Hubble-Zahl gemessene Expansion des Universums
eine zwanglose und in sich konsistente Interpretation durch das einfachste, aus der Einsteinschen Gravitationstheorie folgende kosmologische Modell erfahren. Das Friedmansche Standardmodell beschreibt mit den Parametern:

Hubble-Zahl $\qquad H_0 = 15$ km/s · 10^6 Lichtjahre
Verzögerungsparameter $\quad q_0 = 0{,}05$
Weltalter $\qquad t_0 = 18 \cdot 10^9$ Jahre
Dichteparameter $\qquad \Omega_0 = 0{,}1$,

die, wie die Abbildung auf S. 231 zeigt, innerhalb ihrer jeweiligen Fehlergrenzen miteinander verträglich sind, ein unendliches ins Unendliche expandierendes offenes Universum. Zukünftige Beobachtungen werden zeigen, welche Korrekturen wir an diesem einfachen Bild anzubringen haben.

5.7. Die ersten Sekunden

Ausgehend von dem durch die astronomischen Beobachtungen nahegelegten kosmologischen Prinzip, der Hubbleschen Entdeckung einer allgemeinen Expansion des Universums und dem Nachweis einer isotropen Hintergrundstrahlung durch Penzias und Wilson, gewann das Friedman-Modell wachsende Bedeutung für unser Verständnis der Evolution des Universums. Das kosmologische Standardmodell eines homogenen, isotrop expandierenden Universums, das sich aus einer sehr heißen und dichten Frühphase entwickelte, führt auf einfache Zusammenhänge zwischen der Evolutionszeit und den damit verbundenen Werten von Dichte ϱ und Temperatur T. So ergibt sich die Dichte, gemessen in Gramm je Kubikzentimeter, als umgekehrt proportional zum Quadrat aus der Evolutionszeit, gemessen in Sekunden:

$$\varrho \approx \frac{10^6}{t^2}. \qquad (27)$$

Die Temperatur, gemessen in Kelvin, ist umgekehrt proportional zur Quadratwurzel aus der in Sekunden gemessenen Evolutionszeit

$$T \approx \frac{10^{10}}{\sqrt{t}}. \qquad (28)$$

Der Beginn der Evolution eines Friedman-Universums, also der Zeitpunkt $t = 0$, ist, wie man unmittelbar aus diesen einfachen Beziehungen ablesen kann, mit unendlich großen Werten der Dichte und der Temperatur verbunden. Bei $t = 0$ tritt eine mathematische Unstetigkeit, eine Singularität, auf.

Je weiter wir die Friedmansche Lösung in die Vergangenheit extrapolieren, je näher wir der Singularität, dem Urknall, kommen, um so höher steigen Temperatur und Dichte. In der Nähe der Singularität werden Dichtewerte erreicht, für die wir weder die auftretenden Materieformen noch die wirkenden physikalischen Gesetzmäßigkeiten kennen. So ist etwa die allgemeine Relativitätstheorie nicht in der Lage, Quanteneffekte der Gravitation zu beschreiben. In der Fachliteratur gibt es geistreiche Spekulationen über die physikalischen Erscheinungen und Gesetzmäßigkeiten bei sehr großen Temperaturen und Dichten. So folgert beispielsweise der englische Theoretiker Stephen Hawking aus einer Diskussion über quantenmechanische Effekte im Bereich der Singularität, daß das Universum aus einem nichtsingulären Zustand in eine Periode außerordentlich schneller Expansion überging, die man als inflationäre Expansion bezeichnet. Ihr folgte dann eine Entwicklung, wie sie durch das Standardmodell beschrieben wird.

Unser experimentell gesichertes Wissen über elementare Teilchen und den zwischen ihnen wirkenden Prozessen endet gegenwärtig bei Teilchenenergien in der Größenordnung von 10^{11} eV. Gemessen in Kelvin, entspricht dieser Energie eine Temperatur von 10^{15} Grad. Im Friedmanschen Kosmos wurde diese Temperatur rund 10^{-10} s nach dem Urknall erreicht.

Beim Versuch, die Evolution des Universums zu erkennen und modellmäßig abzubilden, müssen wir auf unser Wissen über den Mikrokosmos zurückgreifen. Im Erkenntnisprozeß der letzten Jahrzehnte entstand dabei eine sich stetig verstärkende Verbindung zwischen der Physik des Mikrokosmos und der des Makrokosmos. Für die Hochenergiephysiker wird der frühe Kosmos zu einer Art Gedankenlaboratorium, in dem genügend hohe Energien zur Verfügung stehen, um die Konsequenzen theoretischer Vorstellungen etwa über eine Vereinigung aller fundamentalen Wechselwirkungen zu studieren. Der frühe Kosmos als ein reales Labor, in dem Energien auch weit oberhalb von 10^{11} eV vorhanden waren, stellte bereits vor rund 18 Milliarden Jahren seine Arbeit ein. Wir sind heute darauf angewiesen, fossile Reste dieser Frühphase aufzuspüren. So bezeugt jede Materieform, die wir im Universum beobachten, durch Existenz und Häufigkeit Prozesse, die in der Frühphase zur Bildung dieser Materieformen bzw. zu ihrer Umwandlung führten. In diesem Sinne haben spekulativ erscheinende Überlegungen über frühe Entwicklungsetappen ihre Berechtigung, ja ihre Notwendigkeit.

Der erste Zeitabschnitt, den wir etwas näher betrachten wollen, beginnt rund 10^{-8} s nach der Singularität. Nach einer möglicherweise inflationären Entwicklungsphase verläuft zu dieser Zeit die Expansion bereits nach den durch das Standardmodell gegebenen Gesetzmäßigkeiten. Die Massendichte des Universums hat 10^{-8} s nach dem Urknall einen Wert von rund 10^{22} g/cm³. Sie übersteigt damit die Massendichte in Atomkernen um das 10^8fache. Bei derart großen Dichten haben die elementaren Teilchen relativistische Geschwindigkeiten, und alle Prozesse, über die sie ständig miteinander wechselwirken, laufen, verglichen mit der Expansionsgeschwindigkeit, außerordentlich rasch ab. Durch die Expansion sinken Dichte und Energie der Teilchen. Damit ändern sich die Bedingungen, unter denen die Teilchen miteinander wechselwirken. Da diese Reaktionen aber viel rascher ablaufen als die Expansion, durchläuft das frühe Universum eine Folge nahezu vollkommener thermischer Gleichgewichtszustände, die nicht bzw. nur wenig von der Vorgeschichte des Universums abhängen und sich durch Größen wie Dichte und Temperatur charakterisieren lassen. Es ist der schnelle Reaktionsablauf, der die zu unterschiedlichen Zeiten herrschenden Bedingungen, unabhängig von der Vorgeschichte, mit den verschiedenen Materieformen in Übereinstimmung bringt.

Die Angabe von Dichte und Temperatur allein reicht zur Charakterisierung eines bestimmten Zustandes nicht aus. Zwei weitere wichtige Parameter, über die wir eine Annahme machen müssen, sind die Verhältnisse von Leptonen zu Antileptonen bzw. von Quarks zu Antiquarks. Wir nehmen an, daß die Differenzen zwischen der Zahl der Quarks (Leptonen) und der der Antiquarks (Antileptonen) außerordentlich klein oder gleich Null sind.

Im Zeitintervall zwischen 10^{-8} und 10^{-4} s befinden sich die stark wechselwirkenden Elementarteilchen, die Quarks, die Antiquarks und die Gluonen, in einem sehr dichten Zustand, der von den Physikern als Plasma bezeichnet wird. Sie sind im thermischen Gleichgewicht mit den Leptonen, den Antileptonen und den Quanten des elektromagnetischen Feldes, den Photonen. Intermediäre Vektorbosonen, die Quanten des schwachen Feldes, können als freie Teilchen nicht mehr auftreten. Wegen ihrer großen Masse von rund 100 GeV sind sie vor dem betrachteten Zeitintervall bereits alle zerfallen.

Je nach Art der dominierenden Materieform ist die eine oder die andere der vier fundamentalen Wechselwirkungen als charakteristisch für die aufeinanderfolgenden Entwicklungsetappen des Universums. Vom Zeitpunkt der Bildung der Galaxien bis in Gegenwart und Zukunft ist die Gravitation die beherrschende Kraft. In früheren Epochen, vor der Bildung elektrisch neutraler Atome, spielte die elektromagnetische Strahlung eine entscheidende Rolle. Unter dem Einfluß der schwachen Wechselwirkung befanden sich Protonen und Neutronen im thermischen Gleichgewicht. Zu dieser Zeit war das Universum etwa eine Sekunde alt. Die beherrschende Kraft im betrachteten Zeitintervall von 10^{-4} bis 10^{-8} s nach dem Urknall war die starke Wechselwirkung.

Die Theorie der starken Wechselwirkung, die Quantenchromodynamik (s. Abschnitt 4.11.), beschreibt die Dynamik der Quarks und der Gluonen. Quellen der starken Wechselwirkung sind die Farbladungen. Da nicht nur die Quarks, sondern auch die Gluonen Farbladungen tragen, findet auch zwischen ihnen eine Farbwechselwirkung statt. Diese Wechselwirkung der Gluonen untereinander bewirkt den charakteristischen Verlauf der Bindungskraft zwischen den Quarks. Bei kleinen Abständen ist die Bindung so schwach, daß die Quarks als quasifreie Teilchen erscheinen. Mit wachsendem Abstand steigt die Kraft an. Diese Eigenschaft läßt uns erwarten, daß bei genügend hohen Dichten Kernmaterie in eine Phase übergeht, in der sich die Nukleonen gegenseitig durchdringen und ein Quark-Gluon-Plasma entsteht, in dem sich die Quarks (bzw. Antiquarks) quasi frei bewegen. Die Thermodynamik der starken Wechselwirkung gestattet die Berechnung der Temperatur, bei der die Kernmaterie in ein Quark-Gluon-Plasma übergeht. Die Rechnungen ergeben für die Temperatur des Phasenübergangs Werte zwischen 200 und 300 MeV, entsprechend $(2-3) \cdot 10^{12}$ K.

Damit ist eine Grenze in unserem gegenwärtigen Verständnis einer Thermodynamik der Quantenchromodynamik erreicht. Sie führt zur Vorhersage eines Quark-Gluon-Plasmas, das oberhalb einer kritischen Temperatur von $3 \cdot 10^{12}$ K erreicht wird. Diesen Zustand der hadronischen Materie im Laborexperiment zu erzeugen ist bisher nicht gelungen. Es scheint aber möglich, in hochenergetischen Stößen zwischen schweren Atomkernen kurzzeitig in den Dichte- und Temperaturbereich des Quark-Gluon-Plasmas vorzustoßen. Sollten derartige Experimente in den nächsten Jahren gelingen, so können wir auch diese Vorgänge, die im frühen Universum abliefen, im Labor nachvollziehen.

Am Beginn des betrachteten Zeitintervalls bestand das Quark-Gluon-Plasma, das sich im thermodynamischen Gleichgewicht mit den Photonen und Leptonen befand, näherungsweise aus gleich vielen Teilchen und Antiteilchen. Wir nehmen ferner an, daß die Zahl der Leptonen der Zahl der Quarks bzw. der der Photonen entsprach.

Mit abnehmender Temperatur und Dichte verschwanden gegen Ende des betrachteten Zeitintervalls zunächst die schweren Quark-Antiquark-Paare etwa durch Übergang in Leptonenpaare. Beispiel eines derartigen Prozesses ist die Annihilation eines Charm- und eines Anticharm-Quarks, die über ein virtuelles γ-Quant zur Erzeugung eines Elektronenpaares führt: $c + \bar{c} \rightarrow e^+ + e^-$. Solange die Energien der beiden Leptonen die Ruhemasse des Quarkpaares $m_c + m_{\bar{c}} \approx 3$ GeV übersteigen, verläuft die Reaktion mit gleicher Wahrscheinlichkeit in beide Richtungen. Erzeugung und Vernichtung von Quark-Antiquark-Paaren halten sich die Waage. Unterschreitet jedoch die Energie des Leptonenpaares die Ruhemasse des Quarkpaares, so wandeln sich letztlich die schweren Quarks in Leptonen um.

Bei einer Temperatur von rund 10^9 eV bestand das Quark-

Gluon-Plasma überwiegend aus Gluonen und leichten Quarks, wie den u- und den d-Quarks bzw. deren Antiquarks. Ihre Massen liegen größenordnungsmäßig bei 10^8 eV. Aus ihnen bauen sich die Pionen und die Nukleonen auf:

$$\pi^+ = (d\bar{u}), \pi^0 = \frac{1}{\sqrt{2}} (u\bar{u} - d\bar{d}), \pi^- = (\bar{d}u)$$
$$p = (uud), \bar{p} = (\bar{u}\bar{u}\bar{d}), n = (udd), \bar{n} = (\bar{u}\bar{d}\bar{d}).$$

Im Zeitintervall 10^{-5} bis 10^{-3} s nach dem Urknall fand ein Phasenübergang des Quark-Gluon-Plasmas in voneinander separierte Hadronen, also in Nukleonen und Pionen, statt. Wären Quarks und Antiquarks im Quark-Gluon-Plasma in exakt gleicher Anzahl vorhanden gewesen, so müßte bei Erreichen einer Dichte, die der der Kernmaterie entsprach, eine gleich große Zahl von Hadronen und Antihadronen entstanden sein. In späteren Entwicklungsphasen des Universums wären dann aber alle Pionen in Leptonen und Photonen zerfallen, und die Nukleonen wären mit den Antinukleonen zu Photonen annihiliert. Damit wäre aber die gesamte hadronische Materie verschwunden, aus der die Galaxien mit ihren vielen Milliarden Sternen und letztlich wir selbst gebildet sind.

Um einen – wenn auch geringfügigen – Nukleonenüberschuß zu behalten, nehmen wir an, daß bereits im Quark-Gluon-Plasma die Zahl der leichten Quarks die der leichten Antiquarks um eine Winzigkeit übertraf. Auf 1 Milliarde Antiquarks entfielen 1 Milliarde und 1 Quark. Das Verhältnis der Zahl der Quarks zur Zahl der Antiquarks betrug also rund 10^{-9}. Wodurch dieser geringfügige Überschuß zustande kam, bleibt eine offene Frage, die die Physiker beschäftigt.

Am Ende des betrachteten Zeitintervalls, 10^{-3} s nach der Singularität des Standardmodells, betrug die Energie der Teilchen nur noch rund 30 MeV. Sie liegt damit unterhalb der Ruhemasse der π-Mesonen. Diese konnten daher über schwache und elektromagnetische Prozesse zerfallen, so daß von allen am Beginn des Zeitintervalls vorhandenen stark wechselwirkenden Elementarteilchen nur noch die wenigen Protonen und Neutronen übrig sind, die sich aus dem winzigen Überschuß an u- und d-Quarks ergaben. Das Universum bestand bei einer Temperatur von rund 30 MeV aus einem dichten Plasma aus Leptonen, Antileptonen und Photonen, jeweils mit einer mittleren Teilchenzahldichte von rund 10^{35} Teilchen je Kubikzentimeter und einem Nukleonenplasma, dessen Dichte nur etwa den milliardstel Teil der Photonendichte ausmachte:

$$\eta = n_N/n_\gamma \approx 10^{-9}. \qquad (29)$$

Die mittlere Zahl der Nukleonen im Kubikzentimeter beträgt also $n_N \approx 10^{27}$. Ihre Gesamtzahl wird sich in der weiteren Entwicklung des Universums nicht mehr ändern.

Die beherrschende Kraft des nachfolgenden Zeitintervalls ist die schwache Wechselwirkung. Als Relikt des vorangegangenen Zeitintervalls, in dem die starke Wechselwirkung dominierte, sind die, verglichen mit den Leptonen und Photonen, außerordentlich seltenen Nukleonen übriggeblieben. Nach einer hundertstel Sekunde hat das vorwiegend aus Leptonen, Antileptonen und Photonen bestehende plasmaartige Gemisch eine Temperatur von 10^{11} K, entsprechend einer mittleren Energie der Teilchen von 10 MeV. Bei einer zugehörigen Dichte von rund 100 Tonnen je Kubikzentimeter befinden sich selbst die nur über schwache Prozesse mit anderen Teilchen wechselwirkenden Neutrinos und Antineutrinos im thermischen Gleichgewicht mit diesen.

Durch Prozesse wie

$$\left.\begin{array}{l} \nu_e + n \rightleftarrows e^- + p \\ \bar{\nu}_e + p \rightleftarrows e^+ + n \end{array}\right\} \qquad (30)$$

fand ein ständiger Austausch zwischen den Protonen und den Neutronen statt. Ausgehend von unserer Annahme, daß die Leptonenzahl annähernd Null ist, mußte es etwa gleich viele Neutrinos und Antineutrinos bzw. Elektronen und Positronen geben. Über die schwachen Prozesse, die durch die Reaktionsgleichungen (30) beschrieben werden, entstehen und vergehen im thermischen Gleichgewicht gleich viele Protonen und Neutronen. Eine Vereinigung von Protonen und Neutronen zu Atomkernen, etwa zu Deuteronen, konnte bei den herrschenden Temperaturen nur kurzzeitig erfolgen. Jeder neu gebildete Kern wurde genauso schnell wieder zerstört, wie er entstand.

Nach einer zehntel Sekunde war die mittlere Energie der Teilchen auf rund 3 MeV gesunken. Die qualitative Zusammensetzung des Universums blieb unverändert. Elektronen, Positronen, Neutrinos, Antineutrinos und Photonen waren jeweils in annähernd gleicher Anzahl und Konzentration vorhanden. Alle Teilchen befanden sich untereinander im thermischen Gleichgewicht. Da die Neutronen jedoch eine um rund 1 MeV/c^2 größere Ruhemasse haben als die Protonen, wurde mit sinkender Temperatur die Umwandlung von Neutronen in Protonen etwas wahrscheinlicher als der umgekehrte Prozeß. Entsprechend verschob sich das Verhältnis beider Nukleonenarten zugunsten der Protonen.

Weitere typische Prozesse dieses Zeitintervalls sind Erzeugungs- und Annihilationsreaktionen wie etwa:

$$e^+ + e^- \rightleftarrows \gamma + \gamma \qquad (31)$$
$$e^+ + e^- \rightleftarrows \nu_e + \bar{\nu}_e. \qquad (32)$$

Der erste dieser beiden Prozesse verläuft über die elektromagnetische und der zweite über die schwache Wechselwirkung. Selbst wenn die Energie der miteinander wechselwirkenden Neutrinos die Ruheenergie des e^+e^--Paares von rund 1 MeV übersteigt, ist der Wirkungsquerschnitt des Prozesses (32) gegenüber dem der Paarerzeugung im Stoß zweier energetischer Photonen (31) um viele Größenordnungen kleiner. Wegen der großen Dichte fand jedoch auch dieser Prozeß noch so häufig statt, daß die Elektronen-Neutrinos mit den anderen Teilchen im thermischen Gleichgewicht waren.

Nach einer Sekunde Expansion hatte das Lepton-Photon-Gemisch eine Temperatur von 10^{10} K entsprechend einer mittleren Energie der Teilchen von rund 1 MeV. Die Geschwindigkeit, mit der die schwachen Prozesse, wie etwa die Reaktionen (30), ablaufen, ist bei dieser Temperatur kleiner geworden als die Expansionsgeschwindigkeit. Das führte wenig später zu einem effektiven Aufhören dieser Reaktionen. Als Konsequenz entkoppelten die Neutrinos aus dem thermischen Gleichgewicht. Das Universum wurde für die Elektronen-Neutrinos durchsichtig.[8] Im weiteren änderte sich ihre Zahl und die Form ihrer Energieverteilung nicht mehr. Mit fortschreitender Expansion nahm jedoch ihre Energie ständig weiter ab. Neben der elektromagnetischen Reliktstrahlung, der 3K-Hintergrundstrahlung, sollte also auch eine Neutrino-Reliktstrahlung existieren, deren Temperatur und Teilchendichte heute näherungsweise mit der der Mikrowellenstrahlung übereinstimmt. Ihr experimenteller Nachweis ist gegenwärtig noch nicht möglich, da Neutrinos so geringer Energie nur außerordentlich kleine Wirkungsquerschnitte für die Wechselwirkungen mit anderen Materieformen haben. Sollte ihr Nachweis eines Tages gelingen, so werden wir ein Relikt mit seinen Eigenschaften kennenlernen, das uns im Falle der Elektronenneutrinos bis auf eine Sekunde an die kosmische Singularität des Friedman-Modells heranführt.

Nach Unterschreiten der Grenzenergie von 1 MeV ist die Erzeugung eines e^+e^--Paares im Stoß zweier Photonen nicht mehr möglich. Die Elektron-Positron-Paare annihilierten sehr schnell in Photonen. Wären Positronen und Elektronen in exakt gleicher Zahl vorhanden gewesen, so würden sich alle gegenseitig unter Erzeugung von Photonen vernichten. Nach sehr kurzer Zeit wären alle Elektronen und Positronen verschwunden und damit die Voraussetzung der Bildung neutraler Atome in einer späteren Phase der Entwicklung des Universums. Wir müssen also auch für die Elektronen einen winzigen Überschuß gegenüber den Positronen annehmen. Dieser Überschuß entspricht genau dem der Protonen gegenüber den Antiprotonen, damit sich letztlich in der Bilanz die elektrische Gesamtladung im Universum zu Null ergänzt.

Am Ende des betrachteten Zeitintervalls, einige Sekunden nach dem Urknall, hatte das Universum eine Temperatur von wenigen Milliarden Kelvin. Dominierender Beitrag im heißen Gemisch waren die Photonen. Ihre Zahl überstieg die der Nukleonen und Elektronen um das Milliardenfache. Alle Neutrinoarten waren aus dem thermischen Gleichgewicht entkoppelt. Ihre Energie sank stetig mit fortschreitender Expansion.

5.8. Die Strahlungsära

Mit dem Entkoppeln der Neutrinos und Antineutrinos begann eine Periode in der Evolution des Universums, in der die elektromagnetische Strahlung dominierte. Rund 100 s nach dem Urknall befanden sich bei einer Temperatur von etwa 10^9 K in jedem Kubikzentimeter des expandierenden Universums annähernd 10^{28} Photonen einer mittleren Energie von 0,1 MeV. Die Konzentration der Nukleonen und der Elektro-

---

[8] Die Entkopplung der Tau-Neutrinos und der Myon-Neutrinos, die über die Reaktionen $\tau^+ + \tau^- \rightleftarrows \nu_\tau + \bar{\nu}_\tau$ und $\mu^+ + \mu^- \rightleftarrows \nu_\mu + \bar{\nu}_\mu$ mit den schweren Leptonen koppelten, erfolgte bereits in früheren Phasen, als ihre Energie die Ruhemassen der entsprechenden Leptonenpaare unterschritt.

nen war rund einmilliardenmal geringer. Überwiegend durch elastische Stöße zwischen den Teilchen wurde das thermische Gleichgewicht aufrechterhalten.

Bei einem Weltalter nach dem Urknall von rund 4 min wurde die strahlungsdominierte Ära in der Entwicklung des Universums für annähernd eine halbe Stunde durch einen weiteren Phasenübergang, die primordiale Nukleosynthese, unterbrochen. In dieser Episode in der Geschichte der Nukleonen, die in der Gesamtmassenbilanz keine besondere Rolle spielte, synthetisierte rund ein Viertel der Masse des Universums zu ^{4}He-Kernen und – in einem vergleichsweise geringen Anteil – zu Deuterium, ^{3}He- und ^{7}Li-Kernen. Dominierender Anteil blieben die Kerne des Wasserstoffatoms, die Protonen. Die Beschreibung der Nukleosynthese im Rahmen des Standardmodells, die Vorhersage der Anteile leichter Atomkerne, die sich in bemerkenswert guter Übereinstimmung mit den astronomischen Beobachtungen zeigt, ist einer der größten Erfolge des Modells eines heißen expandierenden Universums.

Bereits im vorhergehenden Abschnitt wurde das Wechselspiel zwischen den über die schwache Wechselwirkung ablaufenden Reaktionen

$$\nu_e + n \rightleftarrows e^- + p$$
$$\bar{\nu}_e + p \rightleftarrows e^+ + n \tag{30}$$

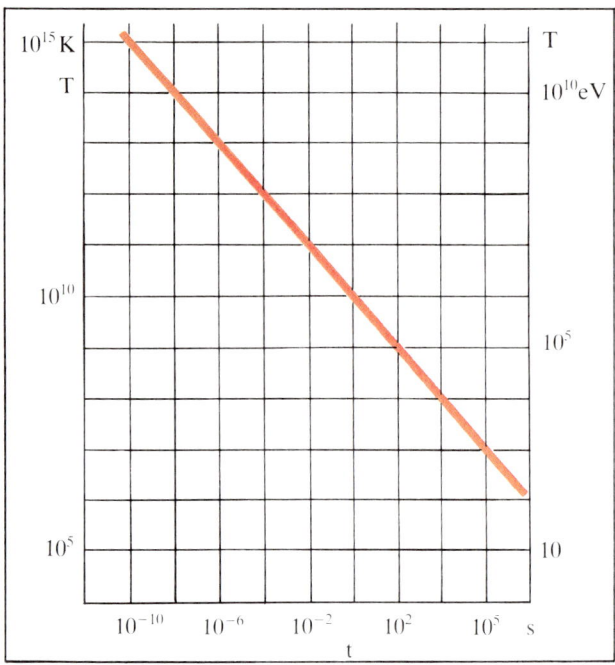

Der Zusammenhang zwischen der Temperatur T und der Evolutionszeit t nach dem kosmologischen Standardmodell

erwähnt. Bei Temperaturen oberhalb 10^{11} K stellte sich über diese Reaktion ein Gleichgewichtszustand zwischen den Nukleonen her, bei dem auf 100 Nukleonen je 50 auf Protonen und Neutronen entfallen. Wegen der Massendifferenz zwischen Neutron und Proton, $m_n - m_p \approx 1{,}3$ MeV/c^2, verschob sich mit sinkender Temperatur das Mengenverhältnis zwischen Neutronen und Protonen zugunsten der leichteren Protonen. Nach 0,1 s Expansion bei einer Temperatur von $3 \cdot 10^{10}$ K betrug der Anteil der Neutronen nur noch 38 % der Nukleonen.

Die Geschwindigkeit, mit der die beiden Prozesse (30) ablaufen, hängt sehr empfindlich von der nach dem Standardmodell berechenbaren zeitlichen Änderung der Temperatur ab. Mit sinkender Temperatur verlangsamt sich drastisch der Ablauf der Reaktionen. Unterschreitet die Reaktionsgeschwindigkeit einen Grenzwert, der durch die Expansionsgeschwindigkeit bestimmt wird, so verlieren die Reaktionen (30) effektiv ihre Wirksamkeit. Die Neutrinos entkoppeln in einer Übergangsphase aus dem thermischen Gleichgewicht. Etwa eine Sekunde nach dem Urknall stellte sich ein Anteil von 24 % Neutronen unter allen Nukleonen ein.

Auch nachdem die Neutrinos und Antineutrinos völlig entkoppelt waren, veränderte sich der Anteil der Neutronen durch ihren β-Zerfall. Freie Neutronen zerfallen mit einer Halbwertszeit von 10,3 min. Daher verwandelten sich alle 100 s rund 10 % der verbliebenen Neutronen in Protonen.

Nach etwa 4 min waren nur noch 12 % aller Nukleonen Neutronen. Zu dieser Zeit ist die Temperatur auf $0{,}9 \cdot 10^9$ K gesunken. Damit ist die mittlere Energie der Photonen so weit gefallen, daß sie nicht mehr reichte, um Deuteriumkerne, die sich durch Verschmelzung von Neutronen und Protonen ständig bildeten, wieder zu zertrümmern. So konnten sie relativ schnell über die folgende Reaktionsfolge zu Helium synthetisieren:

$$p + n \rightarrow {}^2H + \gamma$$
$$d + d \nearrow {}^3He + n$$
$$\searrow {}^3H + p$$
$$n + {}^3He \rightarrow {}^3H + p$$
$$d + {}^3H \rightarrow {}^4He + n.$$

Nach dem Ablauf der Fusionsfolge entsprach der gewichtsmäßige Anteil der stabilen Heliumatomkerne (^{4}He) dem Anteil aller im Helium gebundenen Nukleonen. Der stabile Heliumkern enthält zwei Protonen und zwei Neutronen. Im Moment des Beginns der Nukleosynthese waren unter 100 Nukleonen 12 Neutronen. Nach Ablauf der Kette sind nahezu alle Neutronen im Helium gebunden. Also beträgt der Gewichtsanteil des stabilen Heliums 24 %. Der Anteil der Neutronen zu Beginn der Synthese bestimmt den Anteil des Heliums an ihrem Ende. Das anfängliche Neutron-Proton-Verhältnis hängt von der Massendifferenz $m_n - m_p$ und von der Halbwertszeit des freien Neutrons ab. Letztere Größe ist mit einem nicht zu vernachlässigenden Meßfehler behaftet. Berücksichtigt man diese und andere Abhängigkeiten, so kommt man zu einer Vorhersage des Standardmodells für den Helium-Gewichtsanteil von (24 ± 1) %.

Neben dem dominierenden Protonenanteil und den im ^{4}He am stärksten gebundenen Nukleonen verbleibt auch ein vergleichsweise geringer Anteil in Deuterium- und ^{3}He-Kernen. Diese Anteile hängen empfindlich ab vom Verhältnis zwischen der Reaktionsgeschwindigkeit, mit der die Fusionskette abläuft, und der Geschwindigkeit der Expansion. Je schneller die Expansion verläuft, um so mehr ^{2}H- und ^{3}He-Kerne bleiben zurück. Je größer das Verhältnis $\eta = n_N / n_\gamma$, je größer also die Nukleonenkonzentration ist, um so früher setzt die Nukleosynthese ein und um so schneller wird der d- und der ^{3}He-Anteil in der Reaktionskette abgebaut. Im Abschnitt 5.6. wurde diese empfindliche Abhängigkeit der Deuteriumkonzentration vom Konzentrationsverhältnis η benutzt, um eine Aussage über den Baryonenanteil im Universum zu erhalten.

Neben Deuterium- und Heliumkernen entstanden im Fusionsprozeß auch einige wenige ^{7}Li-Kerne, etwa in der Reaktion ^{4}He + ^{3}H $\rightarrow$ ^{7}Li + γ. Wegen des kleinen Wirkungsquerschnitts dieser Reaktionen entstand ^{7}Li nur in einer vergleichsweise geringen Konzentration. Weitere schwerere Atomkerne konnten während der primordialen Nukleosynthese nicht entstehen, da in der Natur keine stabilen Atomkerne mit den Massenzahlen 5 und 8 vorhanden sind. Alle schweren Elemente bis hin zum Eisen wurden in späteren Phasen der Entwicklung des Universums durch Fusion im Sterninneren gebildet. Elemente, die schwerer als Eisen sind, entstanden im explosiven Ende massereicher Sterne, in Supernovae.

Die theoretischen Erwartungswerte der Anzahl von ^{3}He- und Deuteriumkernen, jeweils bezogen auf die Zahl der Wasserstoffkerne, sind in Abhängigkeit vom Konzentrationsverhältnis $\eta = n_N/n_\gamma$ in der Abbildung auf S. 235 gezeigt. Dabei wurde angenommen, daß drei unterschiedliche Neutrinoarten (ν_e, ν_μ, ν_τ) in der Natur vorhanden sind und die Halbwertszeit für den Zerfall freier Neutronen 10,3 min beträgt. Bemerkenswert ist die starke Abhängigkeit des Deuteriumanteils von η. Aus Messungen der verschiedenen Masseanteile im Universum sollte es möglich sein, Grenzwerte für das Verhältnis der Nukleonenkonzentration zu der der Photonen zu ermitteln.

Die beiden Nukleonen sind im Deuteron nur schwach gebunden. Dieser Kern läßt sich relativ leicht zerstören, aber nur schwer erzeugen. Die Astrophysiker betrachten daher die meßbare Häufigkeit des Deuteriums als eine untere Grenze

Zeitliche Änderung des Nukleonenanteils im frühen Kosmos während der Phase der Nukleosynthese

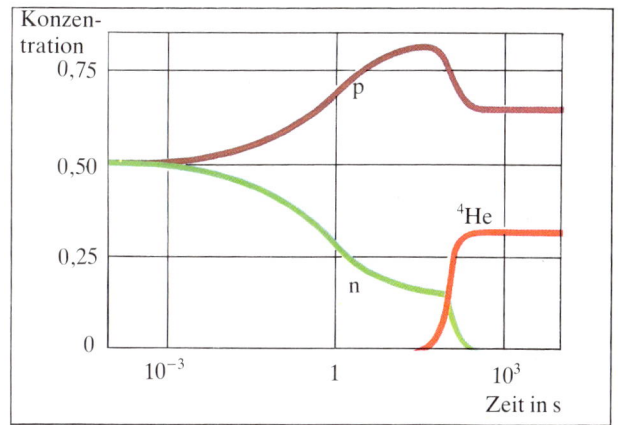

des primordial synthetisierten Deuteriums. Mittels spektroskopischer Verfahren wurde in der Atmoshpäre des Jupiters die Häufigkeit von Molekülen untersucht, die neben einem Wasserstoff- ein Deuteriumatom enthalten. Diese Häufigkeit bezieht man etwa auf die ebenfalls in der Jupiteratmosphäre gemessene Häufigkeit der H_2-Moleküle. Mittels Ultraviolettspektroskopie gelang es, im interstellaren Gas den Deuteriumanteil zu bestimmen. In einer dritten Gruppe von Experimenten wurde der Deuteriumanteil in Meteoriten gemessen. Die Resultate aller Messungen ergaben miteinander verträgliche Werte.

Durch Messung des ^{3}He-Anteils in gasreichen Meteoriten und in Bodenproben von der Mondoberfläche ermittelten die Wissenschaftler den durch den Sonnenwind verursachten ^{3}He-Anteil. Der in spektroskopischen Untersuchungen ausgewählter galaktischer Regionen bestimmte ^{3}He-Anteil zeigt eine systematische Abweichung von den im Sonnensystem gemessenen Werten. Der beobachtete Unterschied findet seine Erklärung in der stellaren Erzeugung der Elemente, die in galaktischen Regionen unterschiedlichen Alters zu differierenden ^{3}He-Anteilen führt.

Aus den vorstehend erwähnten Messungen der Deuterium(^{2}H-) und ^{3}He-Anteile lassen sich Grenzwerte der Zahl der primordial synthetisierten ^{2}H- und ^{3}He-Kerne, bezogen auf die dominierende Zahl der H-Kerne, angeben:

$$\frac{n(^2H)}{n(H)} \geq 1 \cdot 10^{-5}; \quad \frac{n(^2H) + n(^3He)}{n(H)} \leq 10 \cdot 10^{-5}.$$

Wie sich aus der Abbildung auf S. 231 ablesen läßt, sind diese Grenzwerte mit einem Verhältnis der Zahl der Baryonen zur Zahl der Photonen von

$$\eta = (0,3 - 1) \cdot 10^{-9} \text{ verträglich.}$$

Anfang der achtziger Jahre gelang der spektroskopische Nachweis von ^{7}Li in der Atmosphäre einiger älterer Halo-Sterne. Die Messungen ergaben eine relative Häufigkeit der ^{7}Li-Kerne von

$$\frac{n(^7Li)}{n(H)} \approx 1,1 \cdot 10^{-10}.$$

Mittels dieses Meßresultats läßt sich der Wertebereich des Verhältnisses η weiter einschränken:

$$\eta = \frac{n_N}{n_\gamma} = (0,3 - 0,7) \cdot 10^{-9}.$$

Rund 8 % aller Atomkerne im Universum sind ^{4}He-Kerne. Die verbleibenden 92 % entfallen auf die Protonen, die Kerne des Wasserstoffatoms. Daneben ist die Zahl der ^{2}H-, ^{3}He- und ^{7}Li-Kerne vernachlässigbar klein. Neben der Zahl der Heliumkerne findet man in der Literatur häufiger Angaben über ihren Massenanteil. Berücksichtigt man, daß in jedem ^{4}He-Atomkern vier Nukleonen gebunden sind, so kommt man auf einen Massenanteil Y des Heliums von rund 24 %.

Die große Häufigkeit des Heliums läßt sich nicht durch eine stellare Erzeugung erklären. Die Vorausberechnung dieses hohen Anteils war erst im Rahmen des Modells eines heißen expandierenden Universums möglich. Da der ^{4}He-Anteil mittels spektroskopischer Methoden mit großer Präzision bestimmbar ist, ergibt sich ein weiterer empfindlicher Vergleich mit den Vorhersagen des Standardmodells. Von den vielen unterschiedlichen Messungen sei nur ein Beispiel erwähnt. Die spektroskopische Analyse einer Gruppe blaustrahlender, kompakter Galaxien führte auf folgende Grenzwerte des primordial erzeugten ^{4}He-Massenanteils:

$$0{,}235 \leq Y \leq 0{,}255.$$

Dieser Meßwert, der sich auch mit den zahlreichen anderen Messungen in guter Übereinstimmung befindet, stimmt bemerkenswert gut mit den Vorhersagen des Modells überein.

Fassen wir zusammen: In der Strahlungsära des expandierenden Universums synthetisierten in einer annähernd 30 min dauernden Übergangsphase alle Neutronen und ein begrenzter Teil der Protonen zu ^{2}H-, ^{3}He-, ^{4}He- und ^{7}Li-Kernen. Im Rahmen des kosmologischen Standardmodells lassen sich quantitative Aussagen über die Häufigkeiten machen, mit denen diese Elemente erzeugt wurden. Diese Vorhersagen stimmen erstaunlich gut mit den Beobachtungen überein und führen auf ein Verhältnis der Zahl der Nukleonen zur Zahl der Photonen von $\eta = (0{,}3 - 0{,}7) \cdot 10^{-9}$.

Nach der Nukleosynthese sind die Atomkerne in ein zahlen- und energiemäßig dominierendes Strahlungsfeld eingebettet. Die Wechselwirkungen zwischen den verschiedenen Materieformen beschränken sich auf elastische Stöße der Teilchen untereinander, in denen nur ein Impuls- und Energieaustausch erfolgt. Da der Wirkungsquerschnitt der elastischen Photon-Elektron-Streuung bei den in der Strahlungsära herrschenden Temperaturen einen großen Wert hat, stoßen die freien Photonen nach kurzen Flugwegen mit den Elektronen zusammen. Das Plasma aus Photonen, Elektronen und Atomkernen befand sich wegen der schnellablaufenden Stöße der Teilchen untereinander im thermischen Gleichgewicht.

Die Massendichte im expandierenden Universum ist in dieser Entwicklungsphase durch die Massendichte der Wasserstoff- und Heliumkerne bestimmt. Als Masse je Volumeneinheit nimmt ihr Wert umgekehrt proportional zum wachsenden Volumen ab. Da das Volumen proportional zur dritten Potenz des Maßfaktors R wächst, nimmt also die Massendichte der Atomkerne proportional zu R^{-3} ab. Den zahlenmäßig dominierenden Photonen einer Energie E_γ läßt sich eine der Massendichte äquivalente Größe E_γ/c^2 zuordnen. Diese Massendichte der Photonen ändert sich einerseits mit wachsendem Volumen proportional zu R^{-3}, andererseits aber auch proportional zu R^{-1} wegen der mit R^{-1} abnehmenden Energie der Photonen (Rotverschiebung!). Die Dichte des Photonengases nimmt also insgesamt proportional zu R^{-4} ab. Mit der Rotverschiebung, dem Anwachsen der Wellenlänge der Photonen, wächst ihre Ausdehnung, so daß letztlich weniger Photonen in eine geeignet gewählte Volumeneinheit hineinpassen.

Vergleicht man die zeitliche Variation der Baryonendichte – proportional zu R^{-3} – mit der der Photonendichte – proportional zu R^{-4} –, so muß letztere Größe mit fortschreitender Expansion und damit abnehmender Temperatur stärker abfallen. Überwog in der Frühphase des Universums die Strahlung, so ging unterhalb einer bestimmten Temperatur, die bei rund 4500 K lag, die strahlungsdominierte Ära in eine neue Periode der Entwicklung des Universums über, in der die Massendichte der Baryonen zur dominierenden Komponente wurde. Dieser Übergang fand bei einem Weltalter von rund 700 000 Jahren statt.

Bereits vor Erreichen dieses Übergangs fanden Einfänge von Elektronen durch Atomkerne statt. Solange jedoch die Energie der Photonen die Ionisationsenergie der elektrisch neutralen Atome überstieg, wurden diese sofort wieder in Kerne und Elektronen zerlegt. Bei Erreichen einer Temperatur von rund 4500 K begann die Bildung neutraler Wasserstoffatome effektiv zu werden, da immer weniger Photonen eine zur Ionisation der Atome ausreichende Energie hatten.

Mit dieser Übergangsphase, in der das plasmaartige Gemisch verschiedener Materieformen elektrisch neutral wurde, endete nicht nur die strahlungsdominierte Phase des expandierenden Universums, es fand auch eine Entkopplung der Photonen aus dem thermischen Gleichgewicht statt. In der Strahlungsphase war das Universum wegen der häufigen Wechselwirkungen der Photonen praktisch undurchsichtig. Energiearme Photonen haben dagegen mit neutralen Atomen keine Wechselwirkung mehr. Das Universum wurde für die elektromagnetische Strahlung durchsichtig. Die das Universum homogen und isotrop erfüllende Strahlung behielt nach der Entkopplung die Form ihrer Intensitätsverteilung. Die Wirkung der fortschreitenden Expansion bestand in einer linearen Rotverschiebung aller Wellenlängen. Heute erscheint sie uns als homogene und isotrope 3K-Hintergrundstrahlung, ein Relikt aus einer frühen Entwicklungsphase des Universums, in dem es weder Galaxien noch Sterne gab. Das expandierende Universum bestand rund 10^6 Jahre nach der kosmischen Singularität aus einer homogenen Mischung gerade gebildeter neutraler Atome überwiegend des Wasserstoffs und der bis dahin dominierenden elektromagnetischen Strahlung, die bis zum Moment der Entkopplung die gleiche Temperatur hatte wie die Baryonen und die Elektronen.

5.9. Die Ära der Strukturen

Es ist beeindruckend, daß so divergierende Fakten wie die Häufigkeit der chemischen Elemente, das Alter der Sterne, die 3K-Hintergrundstrahlung, die Massen der Galaxien und ihre Fluchtbewegung sich zwanglos durch eines der einfachsten kosmologischen Modelle, das Friedmansche Standardmodell, abbilden lassen. Es beschreibt ein unendliches, ins Unendliche expandierende Universum, in dem die Materieformen einem ständigen Wandel unterliegen. Im Standardmodell wird die Evolution des Universums als Prozeß aufgefaßt, in dessen Verlauf unterschiedliche fundamentale Wechselwirkungen zwischen den wechselnden Materieformen nacheinander dominierten. Ihre Vorherrschaft endete stets dann, wenn für die jeweils charakteristischen Reaktionsarten die Reaktionsrate kleiner wurde als die zeitlich entsprechende Expansionsrate.

Nach der Entkopplung der Photonen, rund eine Million Jahre nach der kosmischen Singularität, wurde die Gravitation zur beherrschenden Kraft zwischen den neutralen Atomen und Molekülen des Wasserstoffs, des Heliums und den in Spuren vorhandenen weiteren leichten Elementen. Die Energiedichte der zwar zahlenmäßig dominierenden Photonen war unter die des neutralen Gases gesunken, mit dem auch keine Wechselwirkungen mehr stattfanden. Nach der Entkopplung verhielt sich das Universum im wesentlichen so, als enthielte es nur ein Neutralgas.

Als das Universum ein Alter von 10 Millionen Jahren hatte, war die durchschnittliche Dichte rund einmillionenmal größer als heute. Auf 1 cm^3 entfiel im Mittel 1 Atom. Dieser Wert entspricht der mittleren Dichte in einer Galaxie. Daraus folgt, daß Galaxien, die gegenwärtig bestimmenden Strukturformen des Universums, bei einem Weltalter von $\lesssim 10^7$ Jahren nicht existieren konnten.

Als ein sich stetig verdünnendes Gas neutraler Atome und Moleküle erfüllte es das Universum vermutlich auch die folgenden 10^8 bis 10^9 Jahre. Auch heute noch weitgehend unbeantwortbar ist die Frage, wie aus dem neutralen Gas die sichtbaren, geordneten Strukturen entstanden sind. Für diesen Übergang müssen letztlich Gravitationsinstabilitäten entscheidend gewesen sein. Bereits Newton ging von dieser Hypothese aus. Im Jahre 1692 schrieb er in einem Brief:

». . . wenn die Materie unserer Sonne und der Planeten und die gesamte Materie des Universums gleichmäßig über alle Himmel verstreut wäre und jedes Teilchen eine angeborene Gravitation gegenüber allen übrigen besäße und wenn der gesamte Raum, über den diese Materie verstreut wäre, dennoch endlich wäre, dann würde sich die Materie an der Oberfläche dieses Raumes infolge ihrer Gravitation auf die gesamte Materie im Inneren zubewegen und infolgedessen bis zur Mitte des gesamten Raumes fallen und dort eine große sphärische Masse bilden. Wenn aber die Materie gleichmäßig in einem unendlichen Raum angeordnet wäre, könnte sie sich niemals in einer Masse ansammeln, sondern ein Teil würde sich in einer Masse ansammeln und ein Teil in einer anderen Masse, so daß sich eine unendliche Zahl großer Massen ergäbe, die in großen Abständen voneinander über den gesamten unendlichen Raum verstreut wären. Und so könnten die Sonne und die Fixsterne gebildet werden . . .«[9]

Wir verstehen im Prinzip, wie sich aus einem homogenen Gas kompakte Gebilde formen können. Wenn etwa an einer beliebigen Stelle im homogenen Gas eine Verdichtung auftritt, so wird unter der Wirkung der Schwerkraft noch mehr Gas angezogen, die Verdichtung hat das Bestreben, sich zu verstärken. Dem entgegen wirkt die Elastizität des Gases, d. h. ein mit der Dichte wachsender Druck, der das Gas ausdehnen will. Welche Kraft im Wechselspiel zwischen Gravitation und Druck letztlich überwiegt, hängt entscheidend vom Ausmaß der Verdichtung ab. Bei kleinen Ausmaßen und geringen Anfangsverdichtungen wird, wie die Berechnungen zeigen, stets der Druck überwiegen. Bei größeren Dimensionen überwiegt die Gravitation. Der Druck kann nicht mehr verhindern, daß die wachsende Masse im Zentrum der Gravitation weitere Massen aus immer größeren Entfernungen anzieht und die Instabilität im Gravitationsfeld sich verstärkt.

Im Prinzip gestatten die uns bekannten physikalischen Gesetzmäßigkeiten die Berechnung der Evolution von Dichtefluktuationen. Da uns jedoch die Anfangsbedingungen unbekannt sind, macht man unterschiedliche Annahmen über den Charakter der anfänglichen Schwankungen und untersucht mittels umfangreicher Modellrechnungen, zu welchen beobachtbaren Konsequenzen sie führen.

Bevor wir einige wenige Szenarien etwas näher betrachten, sei auf eine beachtenswerte Randbedingung hingewiesen. Unabhängig von der Art der Dichtefluktuationen, die bereits in der Frühphase des Universums auftraten, müssen deren Amplituden in der Regel sehr klein gewesen sein. Wenn in der Strahlungsära, insbesondere im Zeitintervall der Entkopplung des Photonengases, merkliche Inhomogenitäten vorhanden gewesen wären, so müßten wir heute in der verbliebenen Reliktstrahlung, der 3K-Hintergrundstrahlung, entsprechende Inhomogenitäten beobachten. Dem entgegen steht der gemessene hohe Grad an Isotropie der Mikrowellenstrahlung.

In der Strahlungsära ist das Universum von einem heißen und dichten Plasma aus Photonen, Elektronen und Atomker-

---

[9] Isaac Newton's Papers and Letters on Natural Philosophy (Hrsg. I. Cohen), Cambridge 1958

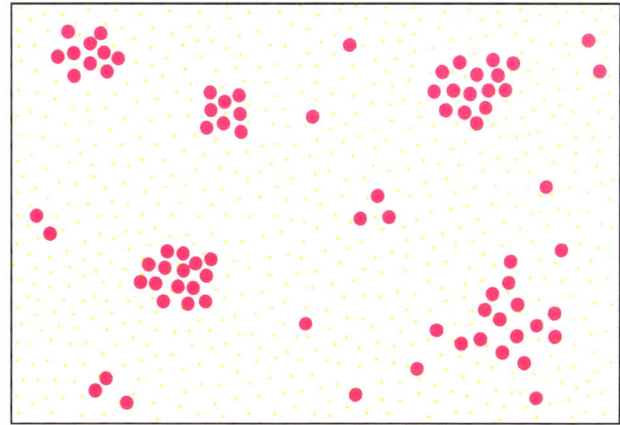

Entropiefluktuationen. Die Photonen sind homogen verteilt. Atomkerne und Elektronen haben sich in Klumpen angesammelt.

nen, vorwiegend Protonen, erfüllt. Nehmen wir zunächst an, daß sich vorgegebene Dichteschwankungen auf die Atomkerne und die Elektronen beschränken, während die Photonen homogen im Raum verteilt sind. Das Konzentrationsverhältnis $\eta = n_N/n_\gamma$ ist also nicht konstant, sondern variiert im Raum. Den Kehrwert von η, das Verhältnis der Photonendichte zur Nukleonendichte, bezeichnet man als spezifische Entropie. Daher nennt man diese Art der Dichteschwankungen auch Entropiefluktuationen.

Betrachten wir eine aus Protonen und Elektronen unter der Wirkung der Gravitation gebildete Verdichtung in einem homogenen Strahlungsfeld. Auf jedes Elektron wirken gleichmäßig aus allen Richtungen insgesamt rund 10^9 Photonen. Als resultierende Wirkung des Strahlungsfeldes wird jedes einzelne Elektron seine räumliche Lokalisation beibehalten, die durch die gravitative Anziehung in der Verdichtung und die elektrische Anziehung zwischen dem Elektron und den benachbarten Protonen gegeben ist. Solange das homogene Strahlungsfeld mit den Elektronen wechselwirkt, also während der gesamten Strahlungsära, ändern vorgegebene Dichteschwankungen ihre Ausmaße daher nicht. Bis zur Entkopplung des Strahlungsfeldes können sie sich weder zurückbilden noch verstärken, sie sind gewissermaßen eingefroren. Nach der Entkopplung der Photonen setzt sich das Wechselspiel zwischen der Gravitation und dem Druck in der jetzt aus neutralem Gas bestehenden Verdichtung fort. Wie die Berechnungen zeigen, führt der Druck in Verdichtungen mit Massen unterhalb 100000 Sonnenmassen zu einer Glättung der Inhomogenitäten, während für Verdichtungen mit Massen oberhalb 100000 Sonnenmassen die Gravitation dominiert. Diese Masse entspricht aber der von Kugelsternhaufen, die sich in der Folge aus derartigen Entropiefluktuationen entwickelt haben könnten.

In einem zweiten Szenarium gehen wir davon aus, daß bereits in der Frühphase des Universums vorgegebene Dichtefluktuationen unterschiedlicher Größe während der Strahlungsära nicht nur die Protonen und Elektronen betrafen, sondern auch die Photonen mit einschlossen. Das Konzentrationsverhältnis η hätte also einen konstanten Wert und variierte nicht im Raum wie bei den bereits betrachteten Entropiefluktuationen. Schwankungen bei einem konstanten Dichteverhältnis von Nukleonen zu Photonen bezeichnet man als adiabatische Fluktuationen.

Nun ist aber die Strahlung ein sehr schwer komprimierbares Medium, das mit starkem Druck einer gravitativen Verdichtung entgegenwirkt. Unter dem Druck des Photonengases wird ein gravitativ komprimierter Raumbereich des Universums sich so lange ausdehnen, bis die Gravitation wieder überwiegt. In diesem Wechsel von Gravitation und Druck führt die Oberfläche des verdichteten Raumbereiches Schwingungen aus. Ist die Ausdehnung des verdichteten Raumbereiches nicht sehr groß, so kann nach einer entsprechenden Zahl von Streuprozessen ein Teil der sich mit Lichtgeschwindigkeit bewegenden Photonen den verdichteten Raumbereich verlassen. Damit reduziert sich aber der der Gravitation entgegenwirkende Druck. Das führt zu einer Dämpfung der Oberflächenschwingungen des verdichteten Raumbereiches. In der Strahlungsära werden daher adiabatische Dichtefluktuationen durch diese Art der Strahlungsdämpfung geglättet, wenn ihre Ausdehnung nicht sehr groß ist. Wie die entsprechenden Berechnungen zeigen, überstehen nur Dichtefluktuationen, die mindestens 10^{13} Sonnenmassen umfassen, die Strahlungsära. Nach der Entkopplung der Photonen am Ende der Strahlungsära könnten diese gewaltigen Verdichtungen unter der Wirkung der Gravitation komprimieren und zur Bildung großräumiger Strukturen, etwa kleiner Galaxienhaufen oder großer Galaxien, führen. Bei der adiabatischen und bei der Entropiefluktuation haben wir stillschweigend vorausgesetzt, daß im Universum keine merkliche Anzahl von Teilchen existiert, die eine von Null verschiedene Ruhemasse haben, also fühlbar zur Gesamtmasse beitragen, und die mit anderen Materieformen nur sehr schwach wechselwirken. Falls Neutrinos eine endliche Ruhemasse haben, die bisherigen Messungen schließen eine Masse von $\lesssim 20$ eV/c^2 nicht aus, so müßten sie wegen ihrer großen Zahl – ihre mittlere Dichte entspricht rund der der Photonen – auch ein hinreichend großes Gravitationsfeld erzeugen.

Folgen wir in einem dritten Szenario der Annahme, daß die Gravitation der Neutrinos bei der Entwicklung adiabatischer Dichtefluktuationen zu berücksichtigen ist. In der Frühphase der Evolution seien kleine zufällige Fluktuationen der Dichteverteilung aller Materieformen aufgetreten. Nach der Entkopplung der Neutrinos, etwa eine Sekunde nach der kosmischen Singularität, konnten sich die mit relativistischer Geschwindigkeit fliegenden Neutrinos frei bewegen. Sie waren daher in der Lage, alle im Bereich ihrer Reichweite liegenden Inhomogenitäten zu glätten. Da sie, wie vorausgesetzt, eine endliche Ruhemasse haben und da sich mit fortschreitender Expansion ihre Energie und damit ihre Geschwindigkeit kontinuierlich verringerten, waren die Neutrinos nach wenigen hundert Lichtjahren nicht mehr in der Lage, ausgedehntere Dichtefluktuationen auszugleichen. Durch den Raumbereich, den die frei fliegenden Neutrinos in dieser Zeit zurückgelegt haben könnten, ist eine Grenze gegeben, innerhalb der es zu einer Glättung der Fluktuationen kam. Auf heutige Entfernungen umgerechnet, sind das Raumbereiche einer Ausdehnung in der Größenordnung von 100 Millionen Lichtjahren, die Massen von 10^{15} bis 10^{16} Sonnenmassen umfassen. Das entspricht aber der gegenwärtigen Ausdehnung von Superhaufen.

Noch während der Strahlungsära hatten diese Bereiche eine Ausdehnung von wenigen hundert Lichtjahren. Unter der anziehenden Wirkung der Gravitation könnten sich die in diesen Raumbereichen befindlichen Inhomogenitäten später zu Neutrinowolken verdichtet haben. Die sich in dieser Phase der Entwicklung nur relativ langsam bewegenden Neutrinos hätten untereinander praktisch keine Wechselwirkung gehabt. Der Druck, den sie einer Kontraktion entgegenzusetzen hätten, wäre praktisch vernachlässigbar. Wie die Rechnungen zeigen, hätten sich daraus flache, verdichtete Wolken, die etwa 10^{15} bis 16^{16} Sonnenmassen umfassen, gebildet. In ihrer Form müßten sie Plinsen ähneln, die sich, einander überlappend, zu einer Art Wabenmuster fügen sollten.

Wenn das Universum von dieser Art Zellstruktur unsichtbarer Neutrinowolken erfüllt wäre, so sollte sich geraume Zeit nach der Entkopplung der Photonen das kalte, neutrale Gas der Atome und Moleküle im Schwerefeld der Neutrinowolken verdichten. In der Folge hätten sich daraus Galaxienhaufen, Galaxien und Sterne bilden können.

Keines der drei Szenarien, so plausibel sie erscheinen mögen, ist ohne schwerwiegende Einwände geblieben. Neben den drei skizzierten Hypothesen der Strukturbildung werden in der Fachliteratur auch andere Modelle diskutiert. Der Stand unserer Einsichten läßt sich, wie folgt, zusammenfassen: Obwohl wir im Prinzip die physikalischen Vorgänge in expandierenden gasförmigen Systemen, also das Wechselspiel zwischen Gravitation und Druck, beschreiben können, reicht es nicht aus zur Durchführung detaillierter Berechnungen, die allen astrophysikalischen Beobachtungen gerecht werden. Um die Vielfalt der Strukturen im Universum zu verstehen, fehlen uns die Antworten auf folgende Probleme:

– So schwierig uns gegenwärtig auch erscheinen mag, die Formung und Entwicklung von Strukturen aus Dichtefluktuationen zu beschreiben – die Frage nach dem Ursprung der Fluktuationen, die zu einem späteren Gravitationskollaps führen, bleibt im Rahmen des Standardmodells unbeantwortet. So können wir, etwa über eine möglicherweise inflationäre Frühphase des Universums als Quelle dieser Fluktuationen, nur Vermutungen anstellen.

– Um eine Strukturbildung aus Anfangsfluktuationen in Übereinstimmung mit allen bisherigen Beobachtungen zu beschreiben, müssen wir mehr über Art und Menge der Dunkelmaterie wissen. Alle bisherigen astrophysikalischen Messungen deuten im Rahmen des Standardmodells auf einen Wert des Dichteparameters $\Omega \approx 0{,}1$ hin. Gegenwärtig können wir einen Wert $\Omega \approx 1$ nicht ausschließen, da wir nicht wissen, ob es neben der baryonischen Dunkelmaterie noch schwach wechselwirkende Teilchen in merklicher Häufigkeit im Universum gibt, die eine von Null verschiedene Ruhemasse haben.

Solange diese beiden Fragenkomplexe sich nicht mit einiger Sicherheit beantworten lassen, bleiben die Überlegungen der theoretischen Astrophysiker zur gravitativen Strukturbildung im Kosmos interessante, bedenkenswerte Spekulationen. Dabei ist zu beachten, daß die Evolution komplexer, strukturierter Systeme eines der schwierigsten Gebiete der modernen Physik ist. Die Aufklärung des Widerspruchs zwischen der ausgeprägten Strukturierung des Universums und dem hohen Grad der Isotropie der Hintergrundstrahlung wird zur Schlüsselfrage in der Physik des Makrokosmos. Wir können mit Spannung auf die Entwicklung der Theorie der Dynamik komplex strukturierter Systeme warten, die bei der Aufklärung dieses Widerspruchs ein kritisches Testfeld findet.

5.10. Schwarze Löcher

Am Anfang der theoretischen Physik stehen Newtons 1687 veröffentlichte »Mathematische Prinzipien der Naturphilosophie«, in denen er die Grundlagen der klassischen Mechanik schuf. In ihrem Rahmen formulierte er die Himmelsmechanik, deren Grundgesetz, das Gravitationsgesetz, die Kraft zwischen zwei Massen m und M beschreibt, deren Mittelpunkte sich im Abstand r voneinander befinden:

$$K = G \frac{mM}{r^2} \cdot \qquad (33)$$

Der Proportionalitätsfaktor G in dieser Gleichung ist die Gravitationskonstante.

Am Beginn des 20. Jahrhunderts formulierte Einstein die allgemeine Relativitätstheorie als eine mit der speziellen Relativitätstheorie vereinbare Theorie der Gravitation, die er gesucht und gefunden hat. »Sie wurde von Einstein (von ihm endgültig im Jahre 1916) formuliert und ist wohl die schönste der heute existierenden physikalischen Theorien. Es ist bemerkenswert, daß Einstein sie auf rein deduktivem Wege fand; erst später erhielt sie Stützen durch astronomische Beobachtungen.«[10]

In der Einsteinschen Gravitationstheorie sind – anders als bei Newton – Raum und Zeit kein Rahmen mehr, in dem die

[10] L. D. Landau, F. M. Lifschitz, Lehrbuch der theoretischen Physik, Bd. II, Berlin 1981, S. 271

Naturerscheinungen ablaufen, sie sind selbst zu Trägern physikalischer Eigenschaften geworden. Durch Materie werden in der Raum-Zeit lokale Krümmungen, Gravitationsfelder, erzeugt. Der Zusammenhang zwischen der vorhandenen Materie und dem Grad der Krümmung ist im Prinzip zwar einfach, aber nur sehr schwer berechenbar.

Noch im selben Jahr, in dem Einstein seine Gleichungen des Gravitationsfeldes veröffentlichte, fand Schwarzschild eine Lösung dieser Gravitationsgleichung für den Spezialfall eines kugelsymmetrischen Gravitationsfeldes, wie es etwa von einer ruhenden kugelsymmetrischen Massenverteilung erzeugt wird. In der zweiten Hälfte des 20. Jahrhunderts begannen wir, die tiefe Bedeutung des durch die Schwarzschild-Lösung beschriebenen Phänomens zu verstehen. Zum Ausgang unseres Jahrhunderts ergeben sich Hinweise aus astronomischen Beobachtungen auf die Existenz des durch die Schwarzschild-Lösung der Einsteinschen Feldgleichungen implizierten Phänomens, des Schwarzen Lochs, eines der erstaunlichsten und unsere Phantasie anregendsten Naturphänomene.

Es ist einfacher zu sagen, was ein Schwarzes Loch nicht ist, es ist kein Loch in der Raum-Zeit. Im Russischen benutzt man für diesen außerordentlichen Zustand einen treffenderen Begriff, man bezeichnet ihn häufig als gefrorenen Stern. Dabei ist jedoch nicht das Objekt, der Stern, von Bedeutung, sondern das von ihm ausgehende Gravitationsfeld. Es verzerrt die Raum-Zeit-Struktur in der Umgebung des Objekts so stark, daß es weder Licht aussendet noch reflektiert, es ist unsichtbar. In der Einsteinschen Gravitationstheorie ist das Gravitationsfeld gefroren, gleichgültig, was im Inneren des Objektes geschieht.

Nach Newton ist die Schwerkraft, mit der ein Mensch der Masse m von der Erde mit der Masse M angezogen wird, durch die Gravitationsgleichung (33) gegeben, wobei r der Radius der Erde ist. Die Einsteinsche Gravitationstheorie führt auf eine andere Gleichung für die Schwerkraft:

$$K = G \frac{mM}{r^2} \frac{1}{\sqrt{1 - \frac{r_g}{r}}} \qquad (34)$$

mit $$r_g = \frac{2GM}{c^2} \qquad (35)$$

r_g bezeichnet man als den Schwarzschild-Radius. Vergleicht man die beiden Kraftgesetze, das der Newtonschen und das der Einsteinschen Gravitationstheorie, so unterscheiden sie sich durch den im Nenner der Gleichung (34) hinzugefügten Wurzelausdruck $1 - r_g/r$. Für einige Himmelsobjekte erhält man nach Gleichung (35) die Schwarzschild-Radien.

der Erde:	$M = 5{,}97 \cdot 10^{24}$ kg,	$r_g = 0{,}89$ cm,
der Sonne:	$M = 1{,}99 \cdot 10^{30}$ kg,	$r_g = 2{,}95$ km,
eines Neutronensterns:	$M \approx 6 \cdot 10^{30}$ kg,	$r_g \approx 8{,}9$ km,
des Kerns der Galaxie M 32:	$M \approx 1 \cdot 10^{37}$ kg,	$r_g \approx 1{,}5 \cdot 10^7$ km.

Vergleicht man den Radius der Erde ($r = 6370$ km) bzw. den der Sonne ($r = 7 \cdot 10^5$ km) mit den zugehörigen Schwarzschild-Radien, so ist in beiden Fällen $r_g \ll r$. Das Verhältnis r_g/r läßt sich darum für beide Himmelskörper durch Null ersetzen. Damit erhält das Einsteinsche Gravitationsgesetz die Form des Newtonschen Gesetzes. Für einen Neutronenstern mit einem Radius von 10 bis 15 km gilt, wie ein Vergleich mit dem zugehörigen Schwarzschild-Radius zeigt, diese Näherung nicht mehr.

Damit ein Mensch, etwa mit einer Rakete, die Erde verlassen kann, muß diese zur Überwindung der Erdanziehung eine bestimmte Fluchtgeschwindigkeit haben. Sie beträgt 11,2 km/s. Erreicht die Rakete nach ihrem Start von der Erdoberfläche nicht diese Geschwindigkeit, so fällt sie zur Erde zurück.

Ein Mensch, dessen Gewicht auf der Erdoberfläche etwa 75 Newton beträgt, wiegt auf der um vieles massereicheren Sonne rund das 30fache. Um die Sonnenoberfläche zu verlassen, müßte er eine Fluchtgeschwindigkeit von 617 km/s haben. Nehmen wir an, die Sonne würde bei gleichbleibender Masse auf den Durchmesser der Erde schrumpfen. Das Gewicht des Menschen beträgt dann mehr als das 300000fache seines irdischen Gewichts, und die Fluchtgeschwindigkeit müßte einen Wert von 6400 km/s haben. Gehen wir in Gedanken noch einen Schritt weiter im Verdichtungsprozeß der Sonne. Nähert sich ihr Radius dem Schwarzschild-Radius von $r_g = 2{,}95$ km, so strebt die Anziehungskraft entsprechend der Einsteinschen Gleichung (34) gegen unendlich.

Nun ist das keineswegs die einzige ungewöhnliche Eigenschaft eines massiven Körpers, dessen Radius auf seinen zugehörigen Schwarzschild-Radius schrumpft. In Abschnitt 5.3. lernten wir bereits zwei unterschiedliche Arten der Rotverschiebung kennen, die Doppler-Verschiebung und die Expansionsrotverschiebung. Beobachten wir einen entfernten, schrumpfenden Stern, so zeigen die emittierten Lichtstrahlen des Sterns auch eine Gravitations-Rotverschiebung:

$$z_g = \frac{\lambda_0 - \lambda}{\lambda} = \frac{1}{\sqrt{1 - \frac{r_g}{r}}} - 1. \quad (36)$$

Für die Sonne und andere ihr ähnliche Himmelsobjekte mit $r \gg r_g$ ist diese Art der gravitativen Rotverschiebung praktisch Null. Für die in unserem Gedankenexperiment schrumpfende Sonne wächst die Gravitations-Rotverschiebung mit Annäherung an den Schwarzschild-Radius gegen unendlich.

Durch die gravitative Ablenkung des Lichts können Lichtstrahlen einen schrumpfenden massereichen Stern nur dann verlassen, wenn sie innerhalb eines Austrittskegels um die zur Oberfläche Senkrechte emittiert werden. Alle anderen Strahlen fallen auf die Sternoberfläche zurück.

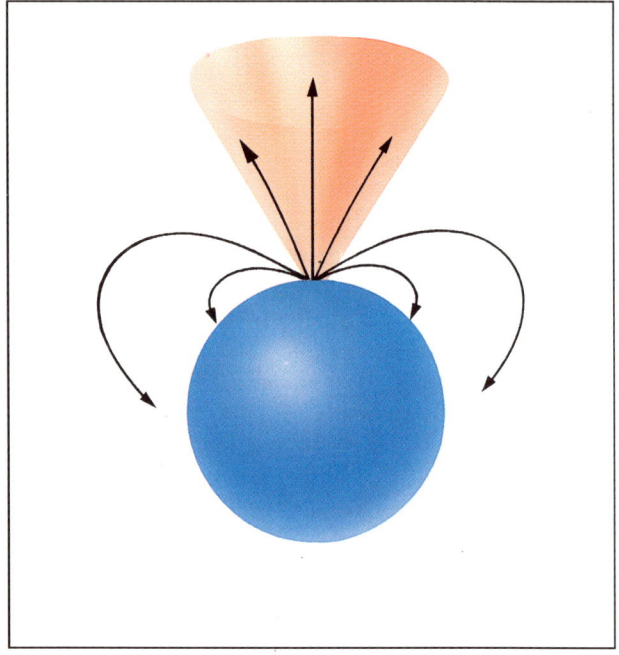

Das Gravitationsfeld in der Umgebung der schrumpfenden Sonne verhindert, daß selbst ein senkrecht von der Oberfläche emittierter Lichtstrahl des auf seinen Schwarzschild-Radius geschrumpften Himmelskörpers diese Sphäre verläßt. Der selbstleuchtende Körper ist zu einem unsichtbaren Schwarzen Loch geworden.

Eine weitere Form der gravitativen Beeinflussung des Lichts ist seine Ablenkung im Gravitationsfeld. Lichtstrahlen, die den schrumpfenden Himmelskörper in senkrechter Richtung verlassen, werden nicht abgelenkt. Je nach der Größe des Winkels, den das emittierte Licht mit der Senkrechten auf der Oberfläche einschließt, erfolgt eine mehr oder weniger starke Ablenkung. Hat etwa der Radius des schrumpfenden Sterns das Anderthalbfache des Schwarzschild-Radius erreicht, so werden alle tangential zur Oberfläche emittierten Lichtstrahlen auf kreisförmige Umlaufbahnen gekrümmt. Mit fortschreitender Schrumpfung des Sterns werden die Strahlen stärker gekrümmt. Viele fallen wieder auf die Oberfläche zurück. Nur die innerhalb eines bestimmten Austrittskegels um die Senkrechte emittierten Lichtstrahlen können noch den Stern verlassen. Bei Erreichen der Schwarzschild-Sphäre schließt sich der Austrittskegel, und kein Lichtstrahl kann mehr entkommen.

Analoges gilt auch für elektromagnetische Wellen, die, von außen kommend, auf einen schrumpfenden Himmelskörper treffen. Hat sein Radius den Schwarzschild-Radius erreicht, so werden alle senkrecht auf die Oberfläche treffenden Strahlen verschluckt. Photonen eines parallelen Bündels, die in einem Abstand $\leq 4\,r_g$ an der Schwarzschild-Kugel vorbeifliegen wollen, bewegen sich zunächst auf Spiralbahnen nach innen und umkreisen dann auf einer instabilen Bahn in einem Abstand von 1,5 r_g den Himmelskörper. Die kleinste Störung veranlaßt, daß die Photonen entweder in den schrumpfenden Stern fallen oder wieder in den Kosmos fliegen.

Was wir eben für elektromagnetische Wellen sagten, gilt für beliebige Körper. Auch in diesem Punkt weichen die Newtonsche und die Einsteinsche Gravitationstheorie voneinander ab. Nach der Newtonschen Theorie bewegen sich beliebige Körper im Schwerefeld eines Sterns auf Kegelschnitten, entweder entlang einer Hyperbel oder einer Parabel wie einige Kometen oder auf einer Ellipse wie die Planeten. Bereits für den sonnennächsten Planeten, den Merkur, gilt die Newtonsche Gravitationstheorie nicht mehr. Seine Bahn ist keine geschlossene Ellipse, sie beschreibt eine Perihelbewegung, in guter Übereinstimmung mit den Vorhersagen der Einsteinschen Gravitationstheorie (Abschnitt 2.6.).

Kehren wir wieder zu unserem Gedankenexperiment, dem auf eine Schwarzschild-Sphäre geschrumpften Stern, zurück. Bewegt sich in seinem Gravitationsfeld ein Körper auf einer Kreisbahn, so muß er mit abnehmendem Radius eine wachsende Bahngeschwindigkeit haben, damit die nach außen wirkende Zentrifugalkraft der gewaltigen gravitativen Anziehung das Gleichgewicht hält. Nach der Einsteinschen Theorie muß die Bahngeschwindigkeit auf einem Kreis mit dem Radius $3\,r_g$ bereits die halbe Lichtgeschwindigkeit betragen. Mit abnehmendem Bahnradius wird die Bewegung auf der Kreisbahn instabil. Eine kleine Störung kann zum Fall des Körpers in das Schwarze Loch oder zum Flug in die Weiten des Kosmos führen.

Ablenkung von Lichtstrahlen durch ein Schwarzes Loch. r_g bezeichnet den Radius der Schwarzschildkugel.

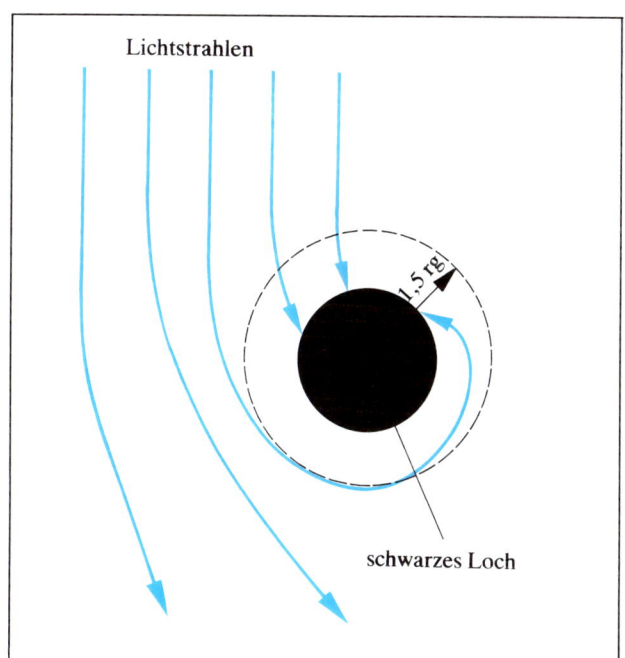

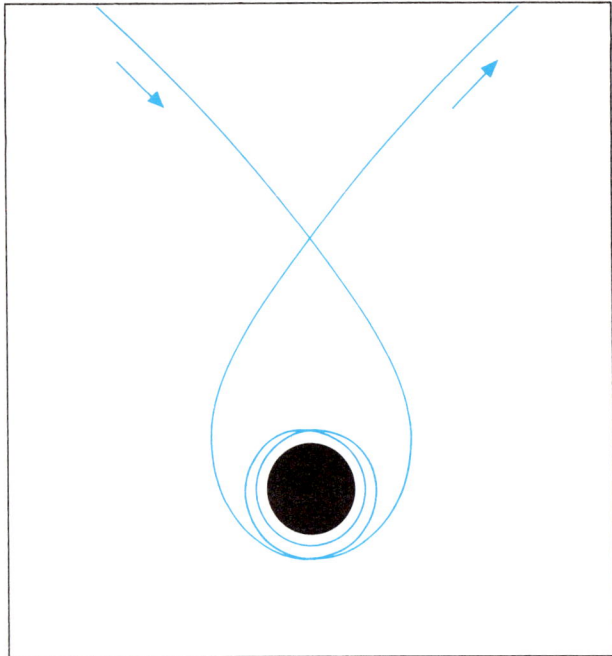

Die Bahn eines Körpers, der, aus weiter Entfernung kommend, in die Nähe eines Schwarzen Lochs gerät

Nach der Newtonschen Theorie kann ein aus dem Kosmos kommender Körper einen Stern nur auf einer Parabel oder Hyperbel umfliegen, ein gravitativer Einfang ist nicht möglich. Nach der Einsteinschen Theorie kann ein aus dem Kosmos kommender Körper von einem auf seinen Schwarzschild-Radius geschrumpften Stern auch eingefangen werden. Reicht seine Bahn an den Abstand $2\,r_g$ heran, so kann er nach einigen Umläufen wieder in den Kosmos entkommen. Reicht die Bahn dichter an das Schwarze Loch heran, so wird der Körper eingefangen.

Das Gravitationsfeld eines Himmelskörpers beeinflußt nicht nur die räumliche Struktur in seiner Umgebung, sondern auch den Zeitfluß. Die Zeit t, die ein Beobachter in einem starken Gravitationsfeld mißt, ist nicht identisch mit der Zeit t', die ein von der gravitativen Masse weit entfernter Beobachter wahrnimmt. Für den weit entfernten Beobachter fließt die Zeit nach der Einsteinschen Theorie langsamer, wobei wieder der gleiche Wurzelausdruck wie in Gleichung (34) auftritt:

$$t = \frac{t'}{\sqrt{1 - \frac{r_g}{r}}} \ . \tag{37}$$

Wenn also ein Beobachter den Schrumpfungsprozeß eines weit entfernten Sterns unter der Wirkung der Gravitation beobachtet, der letztlich in einem Gravitationskollaps den Stern zum Schwarzen Loch werden läßt, so nähert sich sein Radius r erst nach unendlich langer Zeit t' dem Schwarzschild-Radius r_g. Verbunden mit dieser Verlangsamung der Zeit ist für den entfernten Beobachter auch die gravitative Rotverschiebung. Je mehr sich der schrumpfende Stern der Schwarzschild-Sphäre nähert, um so stärker gerötete, also energieärmere Photonen kommen beim Beobachter an, und um so langsamer verläuft der Schrumpfungsprozeß. Für den entfernten Beobachter nähert sich die Oberfläche des durch die Rotverschiebung verlöschenden Sterns der Schwarzschild-Sphäre erst nach unendlich langer Zeit. Der Bewegungsablauf scheint einzufrieren. Der eingefrorene Stern, das Schwarze Loch, ist nicht mehr sichtbar. Was bleibt, ist die Wirkung des Gravitationsfeldes in seiner Umgebung, die uns potentiell die Möglichkeit bietet, das unsichtbare Objekt nachzuweisen.

Der zeitliche Verlauf des Gravitationskollapses eines massereichen Sterns stellt sich für einen auf der Oberfläche des schrumpfenden Himmelskörpers befindlichen Beobachter ganz anders dar. Die von ihm gemessene Eigenzeit t des Kollapses beträgt nur Sekundenbruchteile und nicht wie für den entfernten Beobachter eine unendlich lange Zeit, wobei diesem die Endphase des Prozesses stets verborgen bleibt. Alles, was jenseits dieses Horizontes, der Schwarzschild-Sphäre, geschieht, existiert zwar, ist aber für den entfernten Beobachter unsichtbar, da er aus diesem Bereich keine Signale empfangen kann. Die Physiker bezeichnen diese Wahrnehmungsgrenze als Ereignishorizont.

Wie uns die Modellrechnungen zeigen (Abschnitt 5.2.), verbraucht ein massereicher Stern seinen Wasserstoffvorrat innerhalb einiger Millionen Jahre. Liegt seine Masse in der Nähe von 10 Sonnenmassen, so wird er zu einem Neutronenstern. Übersteigt die Masse des kollabierenden Sterns etwa 20 Sonnenmassen, so kann auch die stark inkompressible Kernmaterie, die den Neutronenstern bildet, der Gravitation nicht widerstehen. Der kollabierende Stern sollte nach der allgemeinen Relativitätstheorie auch nach Unterschreiten des Ereignishorizonts bis in einen Punkt unendlicher Dichte, eine Singularität, in sich zusammenfallen. Auch nach Unterschreiten des Ereignishorizonts ist für ein kollabierendes massereiches Objekt keine Grenze erreicht. Der Druck im Inneren des Sterns vermag der Gravitation nicht zu widerstehen. Der Stern schrumpft weiter, er stürzt mit Lichtgeschwindigkeit nach innen.

Die Einsteinsche Gravitationstheorie, eine klassische Feldtheorie, gestattet, die Kompression bis zu einer unendlich großen Verdichtung in einem Raumpunkt zu extrapolieren. Aber damit dürfte sie ihren Gültigkeitsbereich überschreiten. Jede Singularität stellt letztlich das Versagen einer Theorie in einem bestimmten Raum-Zeit-Punkt dar. Die allgemeine Relativitätstheorie liefert für die instabilen Objekte innerhalb des Ereignishorizonts besondere Eigenschaften, die mit Recht Diskussionsgegenstand der Theoretiker sind.

In einer Quantentheorie der Gravitation, die bisher nicht existiert, ist das Gravitationsfeld und damit die Raum-Zeit-Struktur selbst zu quantisieren. Es ist denkbar, daß bei sehr kleinen Raum-Zeit-Abständen die Unterscheidung von Vergangenheit und Zukunft verschwimmt und daß Phänomene auftreten, etwa Überlichtgeschwindigkeiten, die in der klassischen Einsteinschen Theorie verboten sind. Die Theoretiker diskutieren Ansätze, die von der Existenz zusätzlicher mikroskopischer Raumdimensionen ausgehen. Sie hoffen, auf diesem Wege zu einer einheitlichen Eichfeldtheorie aller Wechselwirkungen zu kommen. Wir können zwar nicht beobachten, was im Inneren eines Schwarzen Lochs vorgeht, wir können es aber im Rahmen einer noch zu schaffenden Theorie denken. Bildlich gesprochen, ist ein Schwarzes Loch »das ›Tor‹ zu einem neuen, sehr ausgedehnten Gebiet unserer Erkenntnis der physikalischen Welt«.[11]

Schwarze Löcher sind außergewöhnliche Objekte. Obwohl sie eine gewaltige Masse und, wie wir noch sehen werden, einen Drehimpuls besitzen können, sind es keine Körper im herkömmlichen Sinne. Sie sind Regionen der Raum-Zeit, deren Oberflächen durch den jeweils zugehörigen Ereignishorizont gebildet werden. Sie haben eine Kugelgestalt genau bestimmbarer Größe, deren Radius dem Schwarzschild-Radius des in ihrem Inneren befindlichen Himmelskörpers entspricht. Das Loch ist schwarz; es ist weder in der Lage, Strahlung zu emittieren noch zu reflektieren. In seiner Umgebung ist das extrem starke Gravitationsfeld gleichbedeutend mit einer sehr starken Krümmung des Raumes und einer entsprechenden Beeinflussung des Ablaufs der Zeit.

Bisher haben wir nur das Gravitationsfeld einer ruhenden Kugel betrachtet. Nach der Newtonschen Gravitationstheorie sollte zwischen der Massenanziehung eines rotierenden und eines ruhenden kugelförmigen Körpers gleicher Masse kein Unterschied bestehen. Nach der Einsteinschen Gravitationstheorie unterscheiden sich die Gravitationsfelder der entsprechenden Kugeln. Da der Kollaps eines kugelförmigen nichtrotierenden Sterns ein im Universum nie realisierter Idealfall ist, müssen wir die Modifikationen betrachten, die mit dem Gravitationskollaps eines rotierenden Himmelskörpers verbunden sind.

Das Rotationsverhalten der Neutronensterne ermöglichte erst ihre Entdeckung als Pulsare. Ihr dabei wirkendes, extrem intensives Magnetfeld kann bei einem Schwarzen Loch nicht wirksam werden. Während des Gravitationskollapses eines rotierenden massiven Sterns stürzt auch das mit ihm verbun-

Der zeitliche Verlauf des Gravitationskollapses eines massereichen Sterns aus der Sicht eines auf dem Stern befindlichen und eines weit entfernten Beobachters

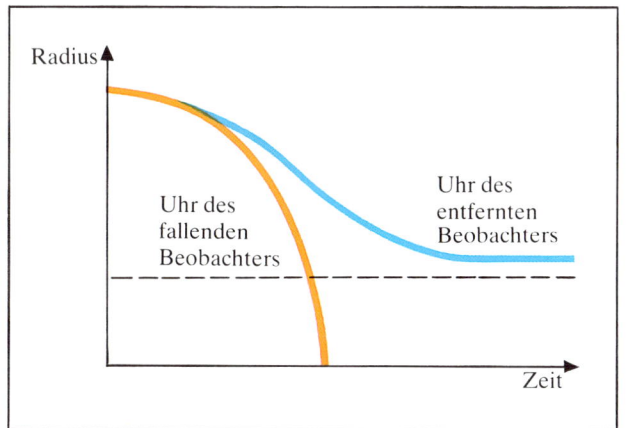

[11] I. D. Nowikow, Schwarze Löcher im All, Leipzig 1986, S. 51

dene Magnetfeld im Bruchteil einer Sekunde in das Loch, seine Stärke reduziert sich auf Null. Nach außen können nur die Parameter Masse und Drehimpuls wirken.

Die Einsteinsche Theorie zeigt uns, daß um ein rotierendes Schwarzes Loch als zusätzliche Komponente ein wirbelförmiges Gravitationsfeld existiert. Dieser wirbelförmige Anteil wächst mit Annäherung an die Schwarzschild-Sphäre. Nach Gleichung (34) wird auf ihr die auf einen ruhenden Körper wirkende Schwerkraft unendlich groß. Für ein rotierendes Schwarzes Loch wird die Schwerkraft bereits außerhalb der Schwarzschild-Sphäre unendlich groß. Diese Oberfläche umschließt eine abgeplattete Kugel. Den Raum zwischen ihr und der Schwarzschild-Sphäre bezeichnet man als Ergosphäre. Teilchen, die in die Ergosphäre gelangen, werden durch die wirbelförmige Komponente des Gravitationsfeldes in eine Bewegung relativ zum Schwarzen Loch mitgerissen. Dabei kann sich das Teilchen letztlich sowohl nach innen ins Schwarze Loch wie auch nach außen in den Raum bewegen. Ein geladenes Teilchen der Masse m, das im Rotationssinn um ein rotierendes Schwarzes Loch kreist, strahlt bis zu 42 % seiner Energie mc^2 in Form von elektromagnetischer Strahlung ab, bevor es in das Schwarze Loch stürzt und dessen Masse und Ausdehnung vergrößert.

Eine kosmische Singularität, den Urknall, haben wir beim Standardmodell des Universums bereits kennengelernt. In den Singularitäten Schwarzer Löcher stoßen wir auf eine weitere Grenze der Einsteinschen Gravitationstheorie. Während der Urknall einen einmaligen Zeitpunkt in der Evolution des Universums charakterisiert, sollten die Schwarzen Löcher zahlreich und gegenwärtig sein. Wenn, was zu vermuten ist, massereiche Sterne (> 10 Sonnenmassen) sich am Ende ihrer Entwicklung in einem Gravitationskollaps in Schwarze Löcher verwandeln, so sollten allein in unserer Galaxis einige Millionen vorhanden sein.

Nach der Entdeckung der Pulsare in der zweiten Hälfte der sechziger Jahre begannen die Astronomen darüber nachzudenken, wie man die Existenz dieser unsichtbaren Objekte nachweisen könnte. Einer der vorgeschlagenen Wege war die Suche nach einem Schwarzen Loch als Partner in einem Doppelsternsystem, in dem der andere Partner ein selbstleuchtender Stern ist. In einem System, in dem beide Himmelskörper um einen gemeinsamen Schwerpunkt kreisen, muß ihre Bahnbewegung aus der periodisch wechselnden Doppler-Linienverschiebung des kreisenden Sterns bestimmbar sein. Die Versuche, auf diese Weise ein Schwarzes Loch zu identifizieren, waren ohne Erfolg. In allen spektroskopisch untersuchten Doppelsternsystemen mit einem nicht sichtbaren Partner konnte dieser auch ein bekanntes Objekt, ein Weißer Zwerg oder ein Neutronenstern, sein. Unsichtbarkeit allein ist kein hinreichender Existenzbeweis.

Besteht ein räumlich sehr enges Doppelsternsystem aus einem Schwarzen Loch und einem sehr großen Stern, so ist zu erwarten, daß beträchtliche Gasmengen aus den äußeren Schichten des Riesensterns unter der gravitativen Wirkung des Schwarzen Lochs kontinuierlich zu ihm strömen. Das Gas stürzt nun nicht direkt in den Ereignishorizont, es sammelt sich – im Wechselspiel zwischen Gravitation und Fliehkraft – in einer scheibenförmigen Gaswolke, die um das Schwarze Loch rotiert. Die inneren Bereiche der rotierenden Wolke, die man als Akkretionsscheibe bezeichnet, rotieren schneller als die äußeren. Durch Reibung werden die inneren Gasschichten abgebremst. Sie bewegen sich auf Spiralbahnen nach innen und stürzen letztlich in das Schwarze Loch. Die Reibung bewirkt auch eine starke Erhitzung des Gases, die unmittelbar vor dem Überschreiten des Ereignishorizontes mehrere Millionen Grad erreichen kann. In den äußeren Bereichen der Scheibe, in die kontinuierlich neue Gasmassen

Ein rotierendes Schwarzes Loch mit seiner Ergosphäre

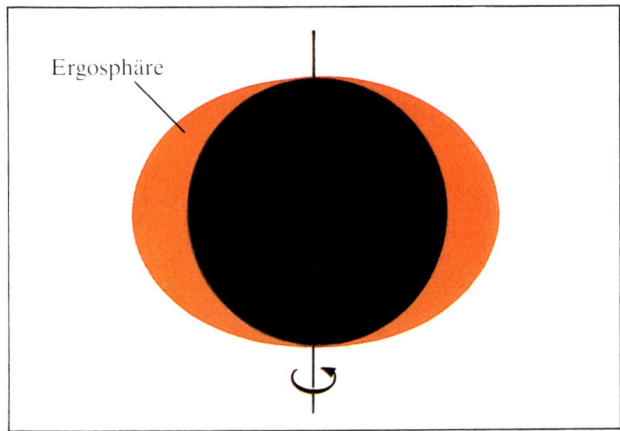

Schwarzes Loch mit Akkretionsscheibe

einströmen, erreicht die Temperatur einige zehntausend Grad.

Die Akkretionsscheibe ist eine gewaltige Strahlungsquelle. Während die Teilchen sich auf Spiralbahnen dem Ereignishorizont nähern, können sie bis zu 40 % ihrer Ruheenergie als elektromagnetische Strahlung freisetzen. Nehmen wir an, daß jährlich rund 10^9 Sonnenmassen als Gasstrom aus dem Riesenstern austreten, so entspricht die Leuchtkraft der Gasscheibe einer Strahlungsleistung von rund 10^{30} W, das ist das 100000fache der Strahlungsleistung der Sonne. Während die mittlere Energie der von der Sonne emittierten Photonen bei 1 eV liegt, ist die mittlere Energie der Photonen, die von der rotierenden Gaswolke emittiert werden, bei 1 keV, d. h. im Bereich der Röntgenstrahlen.

Eine Art kosmische Röntgenquelle haben wir in den Pulsaren bereits kennengelernt. Ein rotierender Neutronenstern hat ein sehr starkes Magnetfeld, dessen Pole in der Regel nicht mit den Polen der Rotationsachse übereinstimmen. Geladene Teilchen, die sich um die magnetischen Feldlinien beschleunigt bewegen, führen zu einer gerichteten Röntgenstrahlung. Durch Rotation des Neutronensterns wird das Röntgenstrahlbündel wie der Strahl eines Leuchtturms periodisch emittiert. Die elektromagnetische Strahlung der Akkretionsscheibe eines Schwarzen Lochs, das kein Magnetfeld haben kann, sollte dagegen eine aperiodische Röntgenquelle rasch wechselnder Intensität sein.

Bis in die zweite Hälfte unseres Jahrhunderts war die für Röntgenstrahlen undurchlässige Erdatmosphäre ein unüberwindliches Hindernis für die Röntgenastronomie. Mit dem ersten Röntgensatelliten, »Uhuru«, gelang in den siebziger Jahren die Identifizierung von mehr als 400 Röntgenquellen. Eine dieser Röntgenquellen liegt im Sternbild Schwan. Das Signal dieser Röntgenquelle (Cygnus X1) schwankt stark innerhalb von Sekundenbruchteilen und zeigt keine erkennbare Periodizität. Ausgehend von der Position der Röntgenquelle, gelang es, an der Stelle von Cygnus X1 einen Stern zu finden, dessen Spektrum eine Dopplerverschiebung zeigt. Die Untersuchung seines Spektrums deutete auf einen Riesenstern mit einer Masse von 20 bis 25 Sonnenmassen hin. In detaillierten Untersuchungen wurde die Masse des unsichtbaren Partners zu rund 14 Sonnenmassen bestimmt. Die Intensität der Röntgenstrahlung von Cygnus X1 beträgt 10^{30} W. Die Quelle ist rund 6000 Lichtjahre von der Erde entfernt. Alle Daten stimmen mit der Erwartung überein: Es ist möglich, daß im Zentrum von Cygnus X1 ein Schwarzes Loch ist.

Beim Durchmustern der Milchstraße nach Röntgenstrahlquellen wurde mittels des Satelliten Ariel im August 1977 eine Quelle entdeckt, deren Intensität sich innerhalb weniger Tage vervielfachte. Über einige Monate war dieses Objekt, als A0620-00 bezeichnet, die lichtstärkste Röntgenquelle am Himmel. Sie wurde als ein binäres System identifiziert, das aus einem unsichtbaren, kompakten Himmelskörper und einem kleinen leuchtschwachen roten Stern besteht.

Detaillierte optische Untersuchungen in den folgenden Jahren führten zur Bestimmung der Bahnparameter des roten Sterns. Macht man eine durch die Beobachtung naheliegende Annahme über die Masse des leuchtschwachen Sterns, so kann man aus den gemessenen Bahnparametern seiner Bewegung die Masse des unsichtbaren Objekts bestimmen. Als unteren Grenzwert erhielten die Astronomen 7 Sonnenmassen, einen Wert, der weit oberhalb der Masse von Neutronensternen liegt. Aus den dynamischen Eigenschaften des Binärsystems A0620-00 folgt mit hoher Wahrscheinlichkeit, daß der unsichtbare Partner ein Schwarzes Loch ist.

Die verstärkte Röntgenstrahlung des Systems im Sommer 1975 läßt sich als eine Periode verstehen, in der der Akkretionsscheibe, die das Schwarze Loch umgibt, neue beträchtliche Massen zugeführt wurden. Dabei wuchs die Scheibe und mit ihr die Intensität der emittierten Röntgenstrahlung.

Ein weiterer Ort, an dem die Astrophysiker Schwarze Löcher vermuten, sind die Zentren der Galaxien. Kerne von Galaxien sind Bereiche höchster Massendichte. Sterne und gewaltige Wolken aus Gas und Staub bilden hier turbulente Zusammenballungen. Unter der Wirkung der Gravitation können sie kontrahieren, um letztlich in einem supermassiven Schwarzen Loch zusammenzustürzen.

Gas, Staub und Sterne bewegen sich auf Spiralbahnen in einer Akkretionsscheibe um ein supermassives Schwarzes Loch. Durch die Kompression erhitzen sie sich längs der Bahnen, wodurch ein merklicher Teil ihrer Energie in Form von Strahlung vor dem endgültigen Einfang nach außen emittiert wird. Nimmt man an, daß in ein Schwarzes Loch einer Masse von 10^9 Sonnenmassen jährlich 10 Sonnenmassen stürzen, so wird aus der zugehörigen Akkretionsscheibe als elektromagnetische Strahlung aller Wellenlängen das 1000fache dessen abgestrahlt, was eine normale Galaxie emittiert. In Quasaren, den Kernen weit entfernter Galaxien, vermuten die Astrophysiker seit längerem Schwarze Löcher, deren Masse das 10^9fache der Sonnenmasse beträgt.

Neben der Beobachtung der Strahlung der Akkretionsscheibe wäre eine Möglichkeit zum Nachweis des Wirkens eines supermassiven Schwarzen Lochs im Zentrum einer Galaxie die Beobachtung der Bewegung der Sterne in seiner Nähe. Körper, wie etwa Sterne, die sich auf Kreisbahnen im Gravitationsfeld eines Schwarzen Lochs bewegen, müssen mit abnehmendem Bahnradius eine stark wachsende Bahngeschwindigkeit haben, um der starken gravitativen Anziehung das Gleichgewicht zu halten.

Mit einer Entfernung von 2 Millionen Lichtjahren ist die Andromedagalaxie die nächste uns benachbarte Spiralgalaxie. Dicht bei ihr befindet sich eine elliptische Zwerggalaxie, die die Bezeichnung M 32 trägt (s. Abb. auf S. 19). Die Nähe von M 32 gestattete die Messung der Sternkonzentration im Bereich des Zentrums, die sich erstaunlich hoch erwies. Mit dem 5-m-Spiegelteleskop auf dem Mount Palomar untersuchte in den Jahren 1982/83 John Tonry die Bewegung der Sterne im Bereich des Zentrums der Galaxie. Er fand mit abnehmendem Abstand zum Zentrum einen plötzlichen, steilen Anstieg der Geschwindigkeiten, mit denen die Sterne um das Zentrum von M 32 rotieren. Die naheliegende Erklärung dieser Beobachtungen ist ein supermassives Schwarzes Loch im Zentrum der elliptischen Galaxie, dessen Massen Tonry mit 5 Millionen Sonnenmassen angibt.

M 32 ist in keiner Weise außergewöhnlich. Sie liegt nur in einer Entfernung, die mit unseren astronomischen Geräten und Meßmethoden eine detailliertere Untersuchung des dynamischen Verhaltens im Kernbereich erlaubt. Wenn alle Galaxien im Zentrum ein supermassives Schwarzes Loch enthalten, so ist es naheliegend, auch in unserer Galaxis nach einem supermassiven Schwarzen Loch zu suchen. Von der Erde aus gesehen, liegt der Kern der Milchstraße im Sternbild Schütze (Sagittarius) in einer Entfernung von rund 28000 Lichtjahren.

Das Sternbild Schütze (Sagittarius) [17]

Im Bereich des sichtbaren Lichts verhindern Staub- und Gaswolken seine Beobachtung. Seitdem Infrarot- und Radioastronomie als neuere Beobachtungstechniken verfügbar sind, gelang eine schrittweise Erkundung des Kernbereiches der Galaxis. Entscheidend für den erzielten Erkenntnisgewinn war das wachsende Auflösungsvermögen der neuen Techniken.

Bereits vor dem Einsatz dieser neuen Techniken wurden im Kernbereich der Milchstraße überwiegend alte Himmelsobjekte, wie etwa Kugelsternhaufen, beobachtet. Das eigentliche Zentrum blieb hinter dichten Staubwolken den Beobachtungen im sichtbaren Licht verborgen. Die in den fünfziger Jahren einsetzende Radioastronomie und die zum Ende der sechziger Jahre hinzukommende Infrarotastronomie führten im Sternbild Schütze zur Entdeckung der starken Radioquelle Sagittarius A, die sich auch als eine helle Infra-

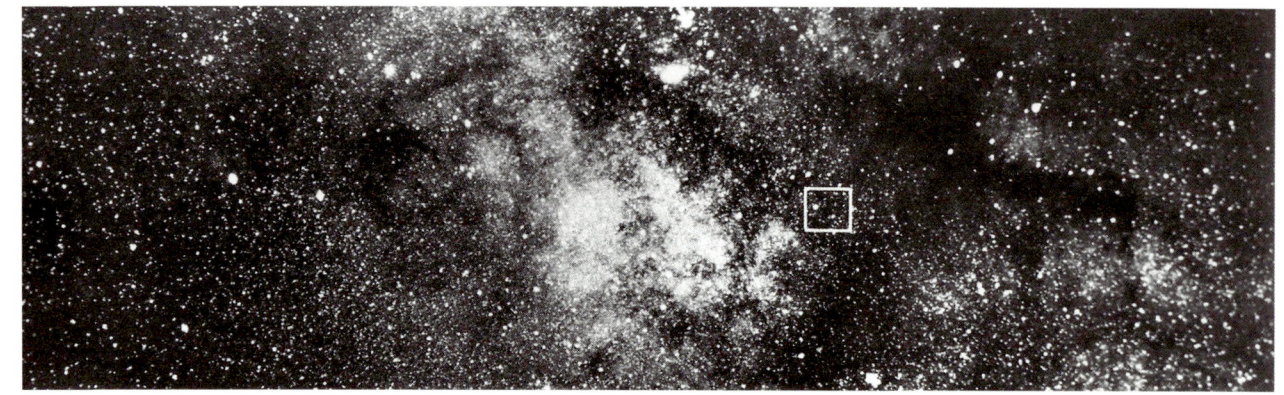

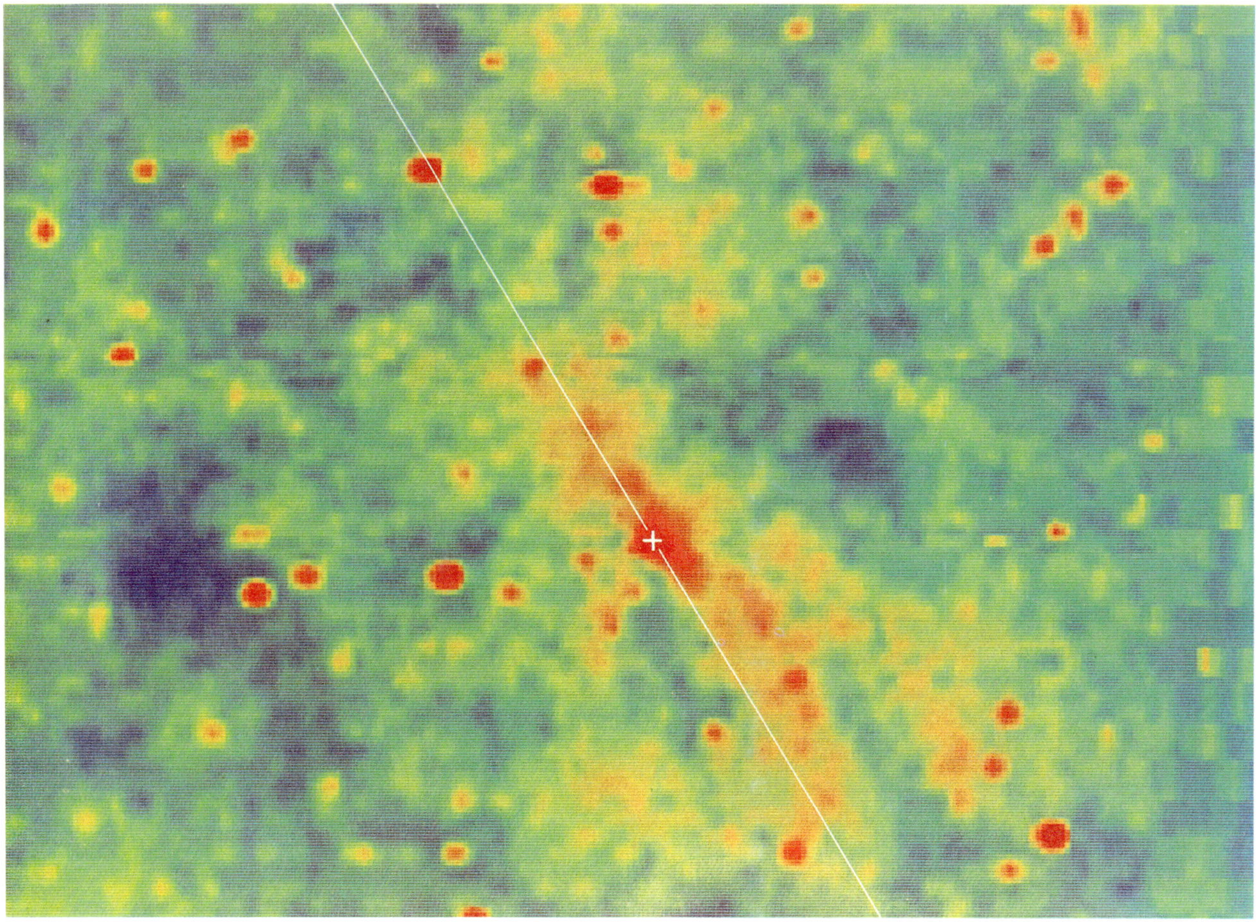

rotquelle erwies. Beide erfüllen einen kugelförmigen Bereich mit einem Durchmesser von rund 10 Lichtjahren um das Zentrum der Galaxis. Bestimmende Ursache der Infrarotstrahlung ist ein gewaltiger Haufen Roter Riesensterne, deren Dichte 10 Millionen Mal größer ist als die Sterndichte in der Umgebung der Sonne.

In diesem zentralen Bereich der Galaxis gelang die Identifizierung zahlreicher kompakter Wolken ionisierten Gases, die um das Zentrum rotieren. Ihre Umlaufgeschwindigkeiten, einige hundert Kilometer je Sekunde, sind um so größer, je näher sie zum Zentrum liegen. Nimmt man an, daß diese Bewegung, dem Keplerschen Gesetz folgend, um eine im Zentrum konzentrierte Masse stattfindet, so läßt sich aus den Bahnparametern diese Masse zu 1 Million Sonnenmassen bestimmen.

Ein entscheidender Fortschritt gelang in den achtziger Jahren mit dem Einsatz von Radiointerferometern großer Basislänge (Abschnitt 3.5.). Die dabei erzielte hohe räumliche Auflösung führte zur Identifizierung einer außerordentlich kompakten Radioquelle in Sagittarius A, deren Radius nicht größer ist als die Entfernung des Uranus von der Sonne. Gleichfalls in der Mitte der achtziger Jahre wurden mit verbesserten Infrarotsensoren die Geschwindigkeiten der um das Zentrum in Sagittarius A kreisenden Wolken ionisierten Gases neu vermessen. Die aus dem dynamischen Verhalten ermittelte Masse des im Zentrum, in einem Raumbereich, der kleiner ist als der Bahnbereich des Uranus, befindlichen unsichtbaren Objekts hat rund 4 Millionen Sonnenmassen.

Wir haben, wie die bisherigen Beobachtungen zeigen, gute Gründe, im Zentrum unserer Galaxis ein supermassives Schwarzes Loch zu vermuten. Von seiner heißen, rotierenden Akkretionsscheibe geht eine intensive elektromagnetische Strahlung aus. Ihre Ultraviolettkomponente ionisiert das Gas der das Zentrum umgebenden rotierenden Wolken, die ihrerseits die infrarote und die Radio-Kontinuumstrahlung emittieren, welche die Astronomen mit ihren empfindlichen Anlagen aus dem Zentrum der Milchstraße empfangen.

Detaillierte astronomische Untersuchungen zweier binärer Sternsysteme der Milchstraße und zweier typischer Galaxien, wie sie in riesiger Zahl das Universum erfüllen, weisen mit einiger Wahrscheinlichkeit auf die Existenz Schwarzer Löcher hin. Auch diese faszinierende und ungewöhnliche Materieform, die uns die Theorie vorhersagt, scheint in der Natur realisiert zu sein.

Bereits die ältesten überlieferten Erzählungen zeigen uns, wie unsere Vorfahren über das Werden der Welt dachten. Über Jahrtausende blieben es mythologische Vorstellungen und geistreiche Spekulationen. Erst die moderne Astronomie und Physik mit ihrer gewaltigen Entwicklung der experimentellen Methoden und des theoretischen Begreifens der Naturerscheinungen brachten eine neue Qualität der menschlichen Erkenntnis vom Universum. Unser Jahrhundert mit seiner sich ständig beschleunigenden Ausweitung des Erkenntnishorizonts lehrte uns: Das Universum ist nicht statisch, sondern evolutionär. Ein gesichertes physikalisches Wissen gestattet uns, Jahrmilliarden der Entwicklung des Kosmos zu verstehen.

Wir gelangten dabei immer wieder an Erkenntnisgrenzen – sei es, daß unsere Beobachtungsmittel nicht weiter reichten oder daß unsere auf gesicherten physikalischen Theorien fu-

---

Das Zentrum der Milchstraße liegt am Südhimmel in Richtung des Sternbildes Schütze in einer Entfernung von rund 30000 Lichtjahren von der Erde. Der interstellare Staub verschluckt das sichtbare Licht, das von den Himmelskörpern im Zentrum der Galaxis ausgeht. Radio- und Infrarotstrahlung dagegen erreichen uns. Das weiße Rechteck deutet das Gebiet an, das in der folgenden Abbildung als Infrarotaufnahme wiedergegeben ist [20].

Das Bild zeigt die Verteilung der Intensität der Infrarotstrahlung bei einer Wellenlänge von 2,2 µm. Es wurde mit dem 1-m-Teleskop des Las-Campanas-Observatoriums aufgenommen und mittels Computer farbcodiert. Die Intensität der Infrarotstrahlung zeigt im Zentrum der Galaxis (weißes Kreuz) und längs des galaktischen Äquators (weiße Linie) eine Konzentration. Scharf begrenzte rote Punkte kennzeichnen Rote Riesen im Vordergrund [20].

[12] Dabei ist zu beachten, daß in der von mir gewählten Darstellung der Begriff des Schwarzen Loches mit der Einsteinschen Gravitationstheorie verknüpft wird. Diese Verbindung führt zwangsläufig auf das Singularitätsproblem im Inneren des Ereignishorizonts. Es sind andere Gravitationstheorien denkbar, in denen – bei fast gleichen beobachtbaren Eigenschaften – das Objekt im Inneren des Ereignishorizonts stabil ist.

ßenden Modelle ihre Grenzen erreichten. Gerade die in diesem Abschnitt behandelten Schwarzen Löcher sind ein prägnantes Beispiel für die Grenzen des Erkenntnishorizonts, sowohl im Sinne der Beobachtbarkeit wie auch im Sinne des theoretisch-physikalischen Verständnisses des Naturphänomens.[12] Die Aktivitäten der Wissenschaftler gelten aber gerade dem Eindringen in diese neuen Erkenntnisbereiche.

Interessanterweise werden die Physiker dabei in Bereiche geführt, in denen Mikro- und Makrophysik eine enge Wechselbeziehung eingehen. In den früheren Phasen der Entwicklung des Universums bedingten die hohen Temperaturen und Dichten Materieformen und deren Wechselwirkungen, wie wir sie beim Studium der subatomaren Welt kennenlernten und beim weiteren Vordringen kennenlernen werden. Schwerpunkte der Forschung sind dabei Fragen nach der Einheit der fundamentalen Kräfte der Natur.

6. Ziele und Grenzen der Physik

Den Prozeß der Kernspaltung entdeckten Otto Hahn und Fritz Straßmann im Jahre 1939 in ihrem Berliner Labor, der erste Kernreaktor wurde im Dezember 1942 in Chicago kritisch, und am 6. August 1945 zerstörte die erste abgeworfene Atombombe die Stadt Hiroshima. Seit dem Anfang der siebziger Jahre wissen wir, daß bereits vor Jahrmilliarden auf der Erde eine Kernspaltungskettenreaktion ablief. In einem Uranbergwerk in Gabun an der Westküste Afrikas entdeckten die Geologen eine Anomalie in der Häufigkeit des Uran 235, verbunden mit starkem Auftreten typischer Spaltprodukte wie Samarium und Neodym. Die Analyse der Daten führte die Wissenschaftler zu dem Schluß, daß vor 2,1 Milliarden Jahren mehr als 600000 Jahre lang eine selbsttätige Kernspaltungskettenreaktion ablief.

Wie viele andere Naturvorgänge zeigt auch dieses in seinen Randbedingungen extreme Beispiel: Naturgesetze wirken – gleichgültig, ob Menschen existieren, die sie heute oder morgen erkennen. Die Ziele der Naturerforschung und ihrer Nutzung werden jedoch von Menschen formuliert.

Bertolt Brecht legt seinem Galilei die Worte in den Mund: »Das Denken gehört zu den größten Vergnügen der menschlichen Rasse.« Das Denken über Natur und Gesellschaft ist heute berufsmäßig organisiert und stellt eben das dar, was wir Wissenschaft nennen. Sie wurde zur Voraussetzung für die Existenz und die Perspektive der menschlichen Gesellschaft. Dieses abschließende Kapitel enthält einige Anmerkungen zu der Frage, was die Physik, die Mutter der modernen Naturwissenschaften, zu leisten vermag, aber auch, was sie nicht kann.

Die Physik hat die Grenzen unseres Wissens über die Natur und die in ihr wirkenden Gesetze immer weiter hinausgeschoben. Gerade die außerordentlichen Erfolge von Physik, Chemie und Technik im 19. Jahrhundert stimulierten die Vorstellung von der Unbegrenztheit der Entwicklungsfähigkeit des Menschen und seiner Produktion. Das führte zeitweilig zu der irrtümlichen Vorstellung, daß es immer so weitergehe und die Naturwissenschaft alle Probleme zu lösen vermag. Heute wissen wir aus vielen, auch schmerzlichen Erfahrungen, daß wissenschaftliche und technische Entwicklungen nicht weg vom Menschen ins Unendliche führen dürfen, sondern sich auf den Menschen zubewegen müssen. Die klassischen Physiker eliminierten den Menschen völlig aus dem Erkenntnis- und Meßprozeß. Das führte gerade dort, wo keine unmittelbare sinnliche Erfahrung vorlag, zu Irrtümern. Die Quantenmechanik lehrte die Physiker, die menschliche Erkenntnisfähigkeit, insbesondere die sinnliche Wahrnehmung, einer Kritik zu unterziehen und damit die erkannten Naturgesetze zu objektivieren. Das ist eine Seite in der Bewegung der Wissenschaft auf den Menschen zu. Die andere, für die menschliche Existenz viel bedeutsamere Seite ist die Nutzung von Wissenschaft und Technik.

Die hochgradige Arbeitsteilung in Wissenschaft und Technik des 20. Jahrhunderts führte die Wissenschaftler bei der Nutzung des Erkannten in wachsendem Maße aus ihrer Lebenssphäre, ihrem Einflußbereich. Die erreichten Grenzen in der Anwendung der Wissenschaft sind heute jedem deutlich. Wissenschaft und Technik sind zur Zerstörung, ja zur Vernichtung der menschlichen Existenz einsetzbar, aber sie geben uns auch die Mittel, um einer im 21. Jahrhundert auf mehr als 10 Milliarden Menschen wachsenden Erdbevölkerung ein menschenwürdiges Dasein im harmonischen Gleichgewicht mit einer natürlichen Umwelt zu sichern.

Neben dem mythisch-religiösen Denken begann sich im klassischen Griechenland um 600 v. u. Z. in einzelnen Philosophenschulen die Wissenschaft als eigenständige Aufgabe zu entwickeln. Die Naturphilosophie löste die Deutung des Naturgeschehens aus dem Mythos. Nicht die Götter verursachten alles Sein, man suchte nach Erklärungen, die nicht aus der Natur herausführten. Die Vielfalt der Erscheinungen wurde auf einen oder wenige Urstoffe bzw. Urprinzipien zurückgeführt. So wurde die Zahl für die Pythagoräer zu einem Urprinzip, während für die Atomisten die Atome und die Leere die Basis alles Seins waren. Mit großen, spekulativen Entwürfen suchten die griechischen Naturphilosophen Antworten auf Fragen wie: »Wie ist das Universum beschaffen? Was ist die Materie?« Die Antworten, die sie gaben, waren ganzheitlich qualitativ. Die Entwürfe wurden jedoch nie zur Grundlage anwendbarer Erkenntnisse.

Für die frühen griechischen Philosophen gab es eine Wissenschaft von der Natur. Spätestens Aristoteles, der große Systematiker der Antike, gab in seinen »Vorträgen über die Physik« eine erste Definition der Physik. Für ihn hatte sie das Ziel, die Natur der unbelebten Dinge, ihre Physis, zu erforschen.

Aristoteles untersuchte die Frage, wie man über Naturerscheinungen einfach sprechen kann. So war ihm die Regelmäßigkeit in der Bewegung der Himmelskörper Beweis für ihren göttlichen Ursprung. Die an Sphären befestigten Himmelskörper bewegten sich ewig und unveränderlich auf Kreisbahnen um die im Mittelpunkt der Erde befindliche Weltmitte. Die äußerste Sphäre trug die Fixsterne. Die inneren Sphären bis herab zum Mond trugen die Planeten. Unterhalb der himmlischen Welt lag die irdische. Auch sie hatte eine Ordnung. In Kugelform enthielt sie von außen nach innen die vier Elemente Feuer, Luft, Wasser und Erde, das Leichte außen und das Schwere innen. Im Gegensatz zur unveränderlichen himmlischen Ordnung konnte die irdische Welt in ihrer Ordnung gestört werden. Die dann einsetzenden Bewegungen dienten der Wiederherstellung der gestörten Ordnung; Leichtes, etwa das Feuer, stieg nach oben, Schweres, etwa ein Stein, fiel nach unten. Diese auf einem Ordnungsprinzip beruhende Physik trennte Himmel und Erde. Sie unterschied zwischen der ungestörten himmlischen Bewegung, der Drehung der Sphären um den Mittelpunkt der Welt, und den irdischen Bewegungen.

Für rund 2000 Jahre war das qualitative Weltbild des Aristoteles die herrschende Ansicht über die Natur. Seine Physik hatte den Augenschein für sich. Das gilt für die neue Physik seit Galilei nicht mehr. Sie bezeichnet etwas Neues, das sich nicht mehr mit der Physik der Antike deckt. Während in der Physik des Aristoteles die Mathematik nicht vorhanden ist und das Experiment kaum eine Rolle spielt, ist die Physik der Neuzeit eine Synthese von mathematisch-theoretischen und experimentellen Methoden. Materielle Objekte und Prozesse werden durch idealisierte Objekte und Prozesse ersetzt. In den Experimenten wird unter kontrollierbaren Bedingungen das Verhalten der Objekte und Prozesse untersucht.

Auf spezifische Fragestellungen, wie etwa die Frage nach der Bahn der Planeten um die Sonne oder dem Fall eines Körpers zur Erde, erhielt man mittels der neuen Methodik direkte Antworten. Kepler und Galilei suchten diese Probleme zu lösen, indem sie von zwei Bedingungen ausgingen: mathematischer Einfachheit und Übereinstimmung mit der Beobachtung bzw. dem Experiment. Diese Bedingungen wurden zur Grundlage der Physik der Neuzeit. Sie haben sich bis in die Gegenwart bewährt.

Galileis Methode war es nicht nur, über den fallenden Stein oder die Beschaffenheit der Himmelskörper nachzudenken. Er untersuchte die Fallbewegung im Experiment und betrachtete Mond, Planeten und Sterne durchs Fernrohr. Für ihn wurde zur Wirklichkeit, was er mit seinen Sinnen unmittelbar oder mittelbar durch geeignete Hilfsmittel wahrnahm. Den einzelnen Naturvorgang löste er unter Vernachlässigung unwesentlicher Einflüsse aus seinem Zusammenhang und beschrieb ihn mathematisch. Er erkannte, daß das Wesen eines Vorgangs und sein augenfälliges Erscheinungsbild nicht identisch sind. Aus dem gläubigen Schauen auf Gottes Schöpfungen wurde ein Wissen, das auf der Analyse idealisierter einzelner Erscheinungen beruhte.

»Wesentlich an Galileis Darstellung ist, daß er nicht nach den Ursachen fragt, sondern den Ablauf der Bewegung in der Zeit auf ein einfaches Prinzip bringt. Galileis Vorgehen besteht im intuitiven Erfassen des Wesentlichen einer Bewegung, in der mathematischen Fassung dieses Wesentlichen, im Ziehen mathematischer Folgerungen und im Vergleich dieser mit der Erfahrung.«[1]

Ein Höhepunkt in der Entwicklung einer neuen Physik waren Newtons mathematische Prinzipien der Mechanik. In ihnen sind die Gesetze formuliert, denen (unveränderliche) Körper in Raum und Zeit unter der Wirkung von Kräften folgen. Der mathematische Formalismus, mit dessen Hilfe es möglich wurde, die Bewegung von Körpern zu beschreiben, waren die von Gottfried Wilhelm Leibniz und Isaac Newton geschaffene Differential- und Integralrechnung. Die neue Mechanik gestattete die Herleitung der Keplerschen Gesetze der Planetenbewegung und der Galileischen Gesetze der Fallbewegung aus den von Newton postulierten dynamischen Prinzipien. Die von ihm formulierte Dynamik erlaubte gleichermaßen die Beschreibung irdischer und himmlischer Bewegungsvorgänge.

»In dem Maß, in dem der Forscher sich in die Einzelheiten der Naturvorgänge vertiefte, erkannte er, daß man in der Tat, wie Galilei es begonnen hatte, einzelne Naturvorgänge aus dem Zusammenhang herauslösen, mathematisch beschreiben und damit ›erklären‹ kann. Dabei wurde ihm allerdings auch deutlich, welche unendliche Aufgabe der beginnenden Naturwissenschaft hierdurch gestellt wird. Schon für Newton war daher die Welt nicht mehr einfach das nur im Ganzen zu verstehende Werk Gottes. Seine Stellung zur Natur wird am deutlichsten umschrieben durch seinen bekannten Ausspruch, daß er sich vorkomme wie ein Kind, das am Meeresstrand spielt und sich freut, wenn es dann und wann einen glatteren Kiesel oder eine schönere Muschel als gewöhnlich findet, während der große Ozean der Wahrheit unerforscht vor ihm liegt ...

Die Folgezeit hat die Methode der Newtonschen Mechanik auf immer weitere Bereiche der Natur erfolgreich angewandt. Sie hat versucht, Einzelheiten im Naturgeschehen durch Experimente herauszuschälen, objektiv zu beobachten und in ihrer Gesetzmäßigkeit zu verstehen; sie hat danach gestrebt, die Zusammenhänge mathematisch zu formulieren und damit zu ›Gesetzen‹ zu kommen, die im ganzen Kosmos uneingeschränkt gelten, und es ist ihr schließlich dadurch möglich geworden, die Kräfte der Natur in der Technik unseren Zwecken dienstbar zu machen.«[2]

Die neue, auf Galilei zurückgehende Physik, die wir heute als die klassische Physik bezeichnen, war mit der Formulierung einer eigenen Begriffswelt verbunden. Körper existieren in Raum und Zeit. Jeder Körper besteht aus Materie. Er kann Kräfte erzeugen und durch Kräfte beeinflußt werden. Vorgänge zwischen den Körpern sind durch andere Vorgänge verursacht (Kausalität).

Die ursprüngliche Bedeutung der Kraft hing wohl mit der menschlichen Erfahrung, der Kraft der Muskeln zusammen. Um einen schweren Gegenstand zu heben, zu bewegen, bedurfte es einer Muskelkraft, also einer Sinnesempfindung. Im Mittelpunkt der Newtonschen Mechanik steht ein neuer Kraftbegriff. Kraft wird als Ursache jeder beschleunigenden Bewegung von Dingen verstanden. Die Kraft zwischen zwei Körpern, etwa zwischen Mond und Erde, wird zur unmittelbar wirkenden Fernkraft. Aus dem physikalischen Kraftbegriff ist das sinnliche Element verschwunden.

Verbunden mit der Definition physikalischer Begriffe, die mathematisch darstellbar sind, ist die Angabe von Meßvorschriften für diese Größen. Dabei ging man davon aus, daß durch die Messung mittels einer geeigneten Meßapparatur ein Aufschluß über die innere Bestimmtheit eines Naturvorganges erhalten werden kann, daß also der Vorgang unabhängig von der speziellen, zur Messung verwendeten Apparatur verläuft.

Raum und Zeit werden von Newton nicht näher erklärt. Er setzt die Existenz eines absoluten Raumes und einer absoluten Zeit voraus. Masse, Geschwindigkeit, Beschleunigung und Kraft werden als Grundbegriffe definiert und in Grundgesetzen, Axiomen, miteinander verknüpft. Erst diese Trennung von Raum, Zeit, Kräften und den sich unter deren Wirkung bewegenden materiellen Körpern gestatteten eine mathematische Behandlung. Die Newtonsche Mechanik hat sich gleichermaßen als Himmelsmechanik wie auch in vielen Anwendungen bei mechanischen Problemen auf der Erde bewährt. In ihr wurden erstmals Naturgesetze formuliert, wie etwa das Grundgesetz der Mechanik, verbal ausgedrückt:

---

[1] F. Hund, Geschichte der physikalischen Begriffe, Teil 1, Mannheim-Wien-Zürich 1978, S. 100

[2] W. Heisenberg, Das Naturbild der heutigen Physik, Hamburg 1955, S. 8/9

Kraft gleich Masse mal Beschleunigung, eine Differentialgleichung zweiter Ordnung. Die Lösung der Differentialgleichung hängt davon ab, ob die entsprechenden Anfangswerte von Lage und Geschwindigkeit des bewegten Körpers bekannt sind. In idealisierter Darstellung beschreibt diese Bewegungsgleichung das raum-zeitliche Verhalten eines mathematischen Punktes, dem man eine bestimmte Masse zuordnet. Reale Körper lassen sich, genähert durch Massenpunkte, idealisieren, wenn ihre Abmessungen klein gegenüber den Bahnparametern sind. Die klassische Newtonsche Mechanik löste das Problem der Beschreibung der Ortsveränderungen von Körpern am Himmel und auf der Erde.

Die Lehre vom Licht, die wohl den an Informationen und Empfindungen reichsten Sinn, das Sehen, berührt, war lange belastet durch Vorstellungen, die mehr unsere subjektive Sinnlichkeit und unser ästhetisches Gefühl betrafen. Man denke nur an Goethes Farbenlehre. Der erste große Fortschritt auf einem mühsamen Weg der physikalischen Untersuchung optischer Vorgänge war die Theorie von der Wellennatur des Lichts. Allerdings erst in der zweiten Hälfte des vergangenen Jahrhunderts stellte sich heraus, daß diese Wellen durch Schwingungen elektrischer Quellen verursacht werden. Lichtwellen, Wärmestrahlung und Radiowellen sind Bewegungen des elektromagnetischen Feldes, wie sie die Maxwell-Gleichungen beschreiben. Sie unterscheiden sich nur in ihrer Wellenlänge. Diese Theorie war eine grandiose Vereinheitlichung unseres Naturdenkens, die auch heute noch grundlegend für die Elementarteilchenphysik ist. Eine Fülle praktischer Folgen hatte James Clark Maxwells geniales Konzept. So sind Funk und Fernsehen aus unserem täglichen Leben nicht mehr wegzudenken.

Die Lehre von den Wärmevorgängen, die Thermodynamik, entwickelte sich als eine eigenständige, von der Newtonschen Mechanik unabhängige, axiomatisch aufgebaute Theorie, die mit den Begriffen Temperatur, Druck und Volumen durchaus auskam. Die tiefere Bedeutung der Begriffe und Gesetze der Thermodynamik wurde erst deutlich, als es den Physikern gelang, die statistischen Bewegungen der in riesiger Anzahl in Körpern aller Aggregatzustände vorhandenen Atome und Moleküle zu beschreiben. Hier ist dann die Temperatur ein Maß für die mittlere kinetische Energie der ungeordneten, statistischen Bewegung der Moleküle. Da es ungleich schwieriger war, in die Welt der atomaren Bewegungen erkennend einzudringen, fand die Vereinigung von Wärmelehre und Mechanik in der statistischen Mechanik erst im letzten Quartal des 19. Jahrhunderts einen gewissen Abschluß.

Die frühe Entwicklung der Physik klassifizierte zunächst die Teilgebiete, die über die Newtonsche Mechanik hinausgingen, entsprechend den angesprochenen menschlichen Sinnen in Akustik, Optik und Wärmelehre. Auf dem durch die Mechanik vorgezeichneten Weg der Synthese von mathematisch-theoretischer Abstraktion und experimenteller Kontrolle wurden zwischen den Teilgebieten neue Zusammenhänge gefunden. Viele physikalische Erscheinungen, die zunächst einem offenbar mit gleichen Methoden zu beschreibenden Physikbereich zugeordnet wurden, waren später ihrem tieferen Wesen, ihrer besser verstandenen inneren Bestimmung nach ganz anders gearteten Naturzusammenhängen zuzuordnen. Die Wärmestrahlung etwa ist, wenn sie auch nicht mit dem Auge wahrnehmbar ist, durchaus eine optische Erscheinung. Die Optik wiederum ist die Physik des ladungsfreien elektromagnetischen Feldes. Ein Begriff wie die Temperatur, die an das menschliche Wärmeempfinden anknüpft, wurde durch ein geeignetes Meßverfahren mittels des Thermometers präzisiert. Eine weitere Vertiefung erfuhr dieser Begriff durch die Einführung der absoluten Temperatur, die von der speziellen Beschaffenheit eines Körpers unabhängig ist. Der absolute Nullpunkt dieser gedachten Temperaturskala würde einem nur asymptotisch erreichbaren Zustand wie dem eines Gases entsprechen, bei dem alle mechanischen Bewegungsformen seiner Moleküle zu Null geworden, »eingefroren« sind.

Durch die klassische Physik gelangten die Physiker nicht nur zu einem in sich geschlossenen Bild der materiellen Welt, mit der praktischen Nutzung des Erkannten verwandelten sich auch immer neue Bereiche in Technik. Erst die auf wissenschaftlicher Naturerkenntnis fußende Entwicklung der Technik führte zur Entfaltung der Produktivkräfte des Kapitalismus.

Die Anwendung physikalischer Erkenntnisse in der menschlichen Produktion trug zunächst nur naiven Charakter. Naturgesetze wurden durchaus im Arbeitsprozeß erkannt, angewandt und eingeschränkt überliefert. Große Produktionsbereiche, wie etwa das Handwerk, blieben bis ins 18. Jahrhundert von den sich entwickelnden Naturwissenschaften weitgehend unberührt. Die Entwicklung der menschlichen Großindustrie begann mit dem Bau von Dampfmaschinen und mechanischen Webstühlen. Erkenntnisse der Mechanik und Wärmelehre wurden damit erstmalig in größerem Umfang zur praktischen Beherrschung von Naturkräften und Prozessen genutzt. Mit der Entwicklung des Elektromotors und der Anwendung elektrischer Antriebe wurde ein weiteres Teilgebiet der klassischen Physik produktionswirksam. Die Wissenschaft begann zu einer Produktivkraft der Gesellschaft zu werden. Karl Marx schrieb: »Die Natur baut keine Maschinen, keine Lokomotiven, Eisenbahnen, electric telegraphs, selfcating mules etc. Sie sind Produkte der menschlichen Industrie; natürliches Material, verwandelt in Organe des menschlichen Willens über die Natur oder seiner Betätigung in der Natur. Sie sind von der menschlichen Hand geschaffene Organe des menschlichen Hirns; vergegenständlichte Wissenskraft.«[3]

Die klassische Physik umfaßte einerseits die Mechanik und die Wärmelehre als eine Physik der Materie, andererseits die elektromagnetischen Erscheinungen, die Optik und die Wärmestrahlung als eine Physik des Äthers. Sie behandelt insbesondere in der Newtonschen Mechanik einen Bereich, der durch Erfahrungen in bestimmten räumlichen Dimensionen abgesteckt ist, für Energieüberträge, die weder allzu groß noch allzu klein sind, und für Geschwindigkeiten, die weitab von der Lichtgeschwindigkeit liegen, kurz die Erfahrungen des Menschen in der Nähe seines Haushalts. Die Überzeugung von der Allgemeingültigkeit dieser Erfahrungen wurde vor allem dadurch bestärkt, daß sie der sinnlichen Wahrnehmung des Menschen entspricht. Die Illusion der klassischen Physik, an der sie auch scheiterte, bestand darin, daß alle Gesetzmäßigkeiten und Begriffe auch außerhalb der Haushaltssphäre uneingeschränkt gelten. Charakteristisch für das einheitliche Weltbild der klassischen Physik war die Vorstellung, daß auch das Nichtschaubare, wie etwa der Äther oder das Atom, nach dem Bilde des Anschaubaren erklärt werden kann. Jede nicht wahrnehmbare Erscheinung betrachteten die Physiker als ausreichend erklärt, wenn sie sich auf ein Modell nach dem Schema des sinnlich Wahrnehmbaren zurückführen ließ. Für die klassische Physik war das Atom ein real existierendes, isoliertes und unveränderliches Element, zunächst eine Art winziger Billardkugel, später ein Planetensystem im Mikrokosmos. Trotz einiger ungeklärter Fragen glaubten die Physiker, alle Naturerscheinungen in den Rahmen des klassischen physikalischen Weltbildes einordnen zu können.

Am Beginn unseres Jahrhunderts steht die Einsicht, daß dieser Glaube irrig war. Michelsons Messungen, die zeigten, daß sich Licht auf der Erde, unbeeinflußt von deren Eigenbewegung, nach allen Seiten gleich schnell ausbreitet, führten Einstein zur speziellen Relativitätstheorie. Sie enthält eine Kritik des Begriffs der Gleichzeitigkeit entfernter Ereignisse, erkennt die Lichtgeschwindigkeit als Grenzgeschwindigkeit und läßt die Annahme eines Äthers als Träger des elektromagnetischen Feldes hinfällig werden. Damit beginnt sich der starre Rahmen der Begriffe der klassischen Physik aufzulösen. Er wird für das Verständnis wesentlicher Teile der Wirklichkeit zu eng.

Auf der anderen Seite hat die klassische Physik in uns die Überzeugung wachsen lassen, daß Naturvorgänge vollständig durch Gesetze zu beschreiben sind. Das hat seine Ursache darin, daß die durch unsere Sinne abgebildete Natur ein nahezu widerspruchsfreies theoretisches Konzept erlaubt.

Einsteins allgemeine Relativitätstheorie, die von der Äquivalenz von Gravitation und Beschleunigung ausging, lehrte uns, daß Raum und Zeit nicht ein vorgegebener Rahmen der unterschiedlichen Bewegungsformen der Materie sind, sondern daß die Struktur der Raum-Zeit und die verschiedenen Materieformen einander bedingen. Damit wurden Fragen wie die nach der Geometrie des Raumes und seiner Endlichkeit zu Fragen nach der den Raum erfüllenden Materie.

Die klassische Physik war nicht in der Lage, das reichhaltige experimentelle Material an Linien- und Bandenspektren der verschiedensten Stoffe physikalisch zu erklären oder die chemische Bindung zu enträtseln. Diese und andere Fragen gelangten erst durch die Quantentheorie der Atome und Moleküle zu einer die Wirklichkeit auf qualitativ neue Art abbildenden Lösung.

---

[3] K. Marx, Grundrisse der Kritik der politischen Ökonomie, Berlin 1953, S. 594

Mißt der Physiker in einem Experiment die Bahn eines Mikroobjekts, etwa in einer Blasenkammer die Bahn eines Elektrons, so fixiert er damit die materiellen makrophysikalischen Randbedingungen des potentiellen Verhaltens des Mikroobjekts. Erst die durch den Experimentator geschaffenen Versuchsbedingungen bestimmen das korpuskulare Verhalten des materiellen Objekts. Andere spezifische Versuchsbedingungen erlauben es, die Welleneigenschaften des Elektrons, etwa in einem Beugungsbild, zu untersuchen.

Mikroobjekte, wie beispielsweise ein Elektron, erscheinen uns im Experiment entweder als Teilchen oder als Feld (Welle). Während ein Feld ein räumlich ausgedehntes Gebilde ist, kann ein punktartiges Teilchen nicht gleichzeitig an verschiedenen Orten lokalisiert werden. Die exakte Ermittlung des Ortes eines Elektrons in einem Atom schließt die gleichzeitige Bestimmung seines Impulses aus. Ort und Impuls eines Mikroobjekts sind komplementäre Größen, zwischen denen die Plancksche Konstante h vermittelt (Unbestimmtheitsrelation). Der von Niels Bohr in die Beschreibung der atomaren Welt eingeführte Begriff der Komplementarität stellt verschiedene, einander ausschließende Aspekte materieller Mikroobjekte nebeneinander, ohne die eine Abbildung der realen Phänomene unmöglich ist. In einem exakt angebbaren Sinne sind Mikroobjekte Teilchen und Feld zugleich. Der Welle-Teilchen-Dualismus ist eine allgemeine Eigenschaft aller materiellen Mikroobjekte. Er gilt gleichermaßen für Quarks und Leptonen und auch für alle Feldquanten, wie etwa das Photon.

Die Quantentheorie ließ uns erkennen, daß es unmöglich ist, alle Begriffe, die in der klassischen Physik bei der wissenschaftlichen Erschließung unserer Umwelt formuliert werden, uneingeschränkt im Bereich atomarer Vorgänge zu verwenden. Wissenschaftliche Begriffe sind Idealisierungen experimenteller Erfahrungen. Präzise Definitionen sind stets mit mathematischen Schemata verknüpfbar. Ausgehend von einem Axiomsystem, ist eine physikalische Theorie formulierbar, die zu Vorhersagen bisher nicht erwarteter Effekte führt und die ihrerseits der Kritik durch das Experiment unterliegen. Physikalische Theorien beschreiben aber stets nur einen begrenzten Erfahrungsbereich. Es sollte uns daher nicht verwundern, daß auch die adäquaten Begriffe der Theorie nur dieser Teilwirklichkeit entsprechen.

So schreibt Werner Heisenberg, einer der Schöpfer der Quantentheorie, in einer Diskussion der Begriffe der modernen Physik: »Aber die existierenden wissenschaftlichen Begriffe passen jeweils nur zu einem sehr begrenzten Teil der Wirklichkeit, und der andere Teil, der noch nicht verstanden ist, bleibt unendlich.«[4]

Victor Weisskopf, ein an der Entwicklung der Kern- und Elementarteilchenphysik maßgeblich beteiligter Theoretiker, bemerkt zum Problem der physikalischen Begriffe in einem Essay über die moderne Physik:

»Die Quantenmechanik führte zu der Erkenntnis, daß der Anwendung ›klassischer‹ Begriffe wie Örtlichkeit, Energie, Geschwindigkeit, Impuls auf die Welt des Atoms Grenzen gesetzt sind, die in den berühmten Heisenbergschen Unbestimmtheits-Relationen formuliert wurden. Dieses Prinzip steht gleichsam als Grenzpfosten dafür, inwieweit klassische Begriffe angewandt werden können. Jenseits dieser Grenzen begegnen wir spezifischen ›Quantenzuständen‹, für deren Beschreibung unser System klassischer Beschreibung versagt. Auf der anderen Seite stellen diese ›Zustände‹ das Fundament unseres Verständnisses für den Charakter atomarer Systeme dar, insbesondere für ihre Stabilität und Spezifität – Eigenschaften, die unsere gesamte Umwelt durchdringen und bestimmen.«[5]

Mit der Formulierung der Quantentheorie in den zwanziger Jahren war das Studium der Eigenschaften der Atome und Moleküle nicht abgeschlossen. Fundamentale Bedeutung hatte zunächst die Berechnung des Zweikörperproblems, wie es im Wasserstoffatom vorliegt. Die theoretische und experimentelle Untersuchung komplexerer atomarer Gebilde wird wahrscheinlich nicht über den Rahmen der Quantentheorie hinausführen, dennoch aber hat gerade die Entwicklung der Physik in den letzten Jahrzehnten gezeigt, daß eine große Anzahl neuer, unerwarteter Effekte gefunden wurde. Die Physik komplexer Strukturen im Mikrobereich wird auch in Zukunft ein bedeutendes Forschungsgebiet sein. Im folgenden stelle ich einige der besonders interessanten Probleme und Aspekte vor:

[4] W. Heisenberg, Physik und Philosophie, Frankfurt/M. 1959, S. 169

[5] V. Weisskopf, Ziele und Grenzen der Wissenschaft, in: Naturwissenschaften 72 (1985) 649

Mittels neuer experimenteller Techniken wie der Verwendung von Laserlicht gelang es, einfache Moleküle in gewünschte Quantenzustände zu versetzen und ihre Strukturen im Detail zu untersuchen. Laserspektroskopische Untersuchungen an Molekülen ermöglichen das Studium energetischer Veränderungen in den Elektronenkonfigurationen, die in 10^{-12} bis 10^{-15} s ablaufen. Die Elektronenbewegung in Molekülen, den Basisteilchen der Chemie, läßt sich heute mit einer nie erwarteten Präzision studieren.

Auch die Physik molekularer Wechselwirkungen, die den Ablauf chemischer Prozesse bestimmen, gewann durch die Einführung neuer experimenteller Techniken eine höhere Qualität. So kann man mittels Laser Moleküle zerlegen und während der Separation die Dynamik der Wechselwirkung untersuchen. Auf diesem Wege hoffen die Molekularphysiker, tiefer in das Wesen chemischer Reaktionen einzudringen.

Experimentelle Techniken der Physik haben in der Biologie des 20. Jahrhunderts mehr als einmal eine wichtige Rolle gespielt. In den fünfziger Jahren gelang so die Aufdeckung der Struktur des DNA-Moleküls, des Trägers der Erbinformation. Heute erwarten wir, daß es in absehbarer Zeit möglich sein wird, die Strukturen und partiell wohl auch die Funktionen von RNA- und DNA-Molekülen quantenmechanisch zu berechnen.

Solche außergewöhnlichen, den Charakter der menschlichen Produktion verändernden Innovationen wie der Transistor bzw. die auf der Technologie der Halbleiter beruhende Mikroelektronik, aber auch, um ein weiteres Beispiel zu nennen, die supraleitenden Magneten sind Resultate des Studiums der physikalischen Eigenschaften fester Körper. Keines dieser Phänomene ist ohne die Quantentheorie zu verstehen. Walter H. Brattain, der für seine Arbeit zu Entwicklung des Transistors mit dem Nobelpreis ausgezeichnet wurde, wies darauf hin, daß ohne ein quantenmechanisches Verständnis des Festkörpers der Transistor nicht entwickelt worden wäre.

Die Quantentheorie der Elektronen im Gitter eines Metalls begann bereits Ende der zwanziger Jahre mit der Betrachtung der Elektronen als eines Kollektivs freier Teilchen mit halbzahligem Spin, eines sogenannten Fermigases. Die Physiker erkannten wenig später, daß der elektrische Widerstand eines Festkörpers durch die Wechselwirkung des Fermigases mit dem Gitter zustande kommt. Wesentlich für die Stärke des Widerstandes sind temperaturabhängige Gitterschwankungen und Baufehler im Kristallgitter.

Bereits im Jahre 1911 hatte der holländische Physiker Heike Kamerlingh-Onnes den Effekt der Supraleitung entdeckt. Bei der Abkühlung von reinem Quecksilber bis auf 4,23 K sinkt der elektrische Widerstand gleichmäßig. Unterschreitet die Temperatur diesen Grenzwert nur um ein hundertstel Grad, so fällt der elektrische Widerstand auf einen unmeßbar kleinen Wert, der elektrische Leiter wird zum Supraleiter. Inzwischen haben die Tieftemperaturphysiker eine Vielzahl von Metallen und Metallegierungen als Supraleiter identifiziert. Das Erkennen der Ursachen der Supraleitung dauerte fast ein halbes Jahrhundert. Erst in den fünfziger Jahren konnte eine Quantentheorie der Supraleitung formuliert werden.

Seit den siebziger Jahren finden supraleitende Magneten großtechnische Anwendungen. Ein Beispiel zeigt die Abbildung auf S. 84. Im Speicherring des Protonenbeschleunigers im Fermi-Laboratorium sind supraleitende Magneten installiert, die eine magnetische Feldstärke von 4 Tesla erreichen.

Ein weiteres Gebiet der modernen Festkörperphysik, das sich in stürmischer Entwicklung befindet, ist die Erzeugung »maßgeschneiderter« Festkörperstrukturen, die in der Natur nicht vorkommen. Diese Entwicklung ist auf das engste mit neuen experimentellen Techniken verbunden, die es erlauben, Gitterstrukturen aus alternierenden Schichten verschiedener Halbleiter, verschiedener Metalle oder wechselnd aus Metallen und Halbleitern herzustellen.

So gelang es etwa, ein praktisch zweidimensionales Elektronengas zu erzeugen, das die Entdeckung eines neuen Quantenphänomens, des quantisierten Hall-Effekts, ermöglichte. Bei sehr tiefen Temperaturen, unter der Wirkung eines starken Magnetfeldes senkrecht zum zweidimensionalen Elektronengas, treten quantisierte Änderungen der elektrischen Leitfähigkeit in Einheiten von e^2/h auf.[6] Damit wurde es möglich, die fundamentale Konstante der Quantentheorie,

---

[6] Für die Entdeckung des quantisierten Hall-Effekts erhielt der Stuttgarter Festkörperphysiker Klaus von Klitzing den Physik-Nobelpreis des Jahres 1985.

die Plancksche Konstante h, mit einer vorher nicht gekannten Präzision neu zu bestimmen.

Ein weiteres Teilgebiet komplexer physikalischer Phänomene, dem die Physiker ihre Aufmerksamkeit widmen, ist die Plasmaphysik. Ist in einem Gas die überwiegende Zahl der Atome in negativ geladene Elektronen und positiv geladene Ionen zerlegt, so sprechen wir von einem Plasma. Die leuchtende Säule jeder Leuchtstoffröhre ist ein stromdurchflossenes Plasma. Bestimmend für die Eigenschaften eines Plasmas sind die Wechselwirkungen zwischen seinen Komponenten, den Elektronen, Ionen, angeregten Atomen und den Photonen.

Die Strahlungsgürtel der Erde, der Sonnenwind, die Magnetosphäre der Sonne und der Planeten, alles das sind Beispiele kosmischer Plasmen, die dank der Möglichkeiten der Raumfahrt in den Bereich einer direkten experimentellen Forschung gelangten. Die gewonnenen Meßdaten erlauben den Astrophysikern die Computermodellierung entsprechender astrophysikalischer Systeme, wobei die Plasmaphysik zum Schlüssel für das Verständnis der Herausbildung der Magnetfelder von Himmelskörpern wird.

In wachsendem Maße wird in allen industriell hochentwickelten Ländern Fusionsforschung betrieben. Sie ist eine der wenigen Möglichkeiten, die die Menschheit gegenwärtig hat, um langfristig und weltweit ihren Energiebedarf zu decken. Ausgehend von den Pionierarbeiten des sowjetischen Physikers Lew A. Arzimowitsch und seiner Mitarbeiter, ist einer der Wege der Fusionsforschung die Erzeugung eines ringförmigen Plasmas hoher Dichte und Temperatur. Wenn es gelingt, den magnetischen Einschluß dieses sehr heißen Plasmas für eine ausreichende Zeit aufrechtzuerhalten, so wird es möglich sein, aus den ablaufenden Fusionsreaktionen mehr Energie zu entnehmen, als zur Erzeugung des eingeschlossenen Plasmarings aufzuwenden ist. Diese Art der Fusionsreaktoren, Tokamak genannt, sind seit den fünfziger Jahren in der Entwicklung. Die Plasmaphysiker erwarten, daß mit den Anlagen einer neuen, leistungsstärkeren Generation, die sich in Bau befinden, erstmals die kritische Grenze zu einer positiven Energiebilanz überschritten wird. Selbst danach wird sicher noch ein halbes Jahrhundert intensiver Forschungs- und Entwicklungsarbeit nötig sein, bis die ersten betriebssicheren Fusionsreaktoren regulär Energie liefern.

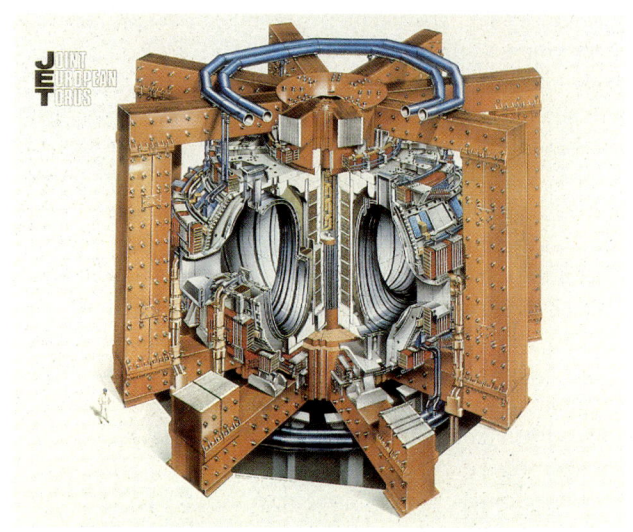

Der »Joint European Torus« (JET), eine Fusionsanlage vom Tokamak-Typ in Abingdon (England). In dieser Versuchsanlage wurden Plasmatemperaturen von 35 Millionen Grad Celsius erreicht [21].

Die Atom- und die Molekülphysik, die Physik des Plasmas, der Flüssigkeiten und der festen Körper, sie alle beruhen auf der elektromagnetischen Wechselwirkung, die durch die Quantenelektrodynamik bzw. – soweit es die Wechselwirkung zwischen Atomkern und Hülle betrifft – durch die Quantenmechanik beschrieben wird. Mit wachsender Anzahl der Atome wächst auch die Komplexität der aus ihnen gebildeten Systeme mit den bekannten Erscheinungsformen, wie Makromolekülen, Gasen, Flüssigkeiten und Festkörpern. Denselben fundamentalen Gesetzen wie sie folgen auch Phänomene wie die Supraleitfähigkeit oder die Vorgänge an den Grenzflächen unterschiedlicher atomarer Systeme.

Die Einteilung der Naturwissenschaften in Physik, Meteorologie, Chemie, Biologie u. a. ist eine historisch entstandene Klassifikation. In den zurückliegenden Jahrzehnten einer intensiven Forschung auf allen Gebieten verwischten sich die Grenzen zwischen der Physik und den anderen naturwissenschaftlichen Disziplinen. Es bildeten sich selbständige Grenzgebiete, wie die Biophysik, die physikalische Chemie oder die

Geophysik, auf denen eine vielfältige experimentelle und theoretische Forschung betrieben wird.

Das Studium der Proteine und der DNA sind Belege solch interdisziplinärer Forschung zwischen Biologen, Chemikern und Physikern. Das Studium flüssiger Kristalle, die sich aus stark anisotropen Molekülen aufbauen und gleichermaßen Merkmale von Flüssigkeiten und Festkörpern haben, ist Gegenstand gemeinsamer Untersuchungen von Chemikern und Physikern. Ziel der Forschungen von Geologen und Physikern ist die Aufklärung der Struktur des Erdinneren, insbesondere des Erdkerns.

Je komplexer die zu untersuchenden atomaren Systeme jedoch sind, um so spezifischer werden offenbar die Fragestellungen und die zu ihrer Beantwortung notwendigen Begriffssysteme. Begriffe, wie etwa Valenz, Affinität, Selektion und Anpassung, sind nicht Teil der Physik. Wenn auch die physikalischen Gesetze der elektromagnetischen Wechselwirkung für alle atomaren Systeme – unabhängig vom Grad ihrer Komplexität – gleichermaßen gelten, so haben Naturwissenschaften, wie Biologie, Chemie, Geologie u. a., einen eigenen Forschungsgegenstand mit fachspezifischen Begriffen und Fragen.

Ich teile die Meinung des Physikers Werner Ebeling, der in dem Aufsatz »Zur Stellung der Physik im System der Wissenschaften« schreibt:

»Als Physiker gehen wir davon aus, daß die Gesetze der Physik ohne jede Einschränkung auch für Lebewesen zutreffen. Die physikalischen Gesetze spannen gewissermaßen den Konus der überhaupt möglichen Prozesse auf. Nicht nur die chemischen, sondern auch die biologischen Prozesse müssen in diesem ›physikalischen Kegel‹ liegen, aber es ist wiederum nicht alles biologisch relevant und realisierbar, was rein physikalisch möglich wäre. Offenbar existieren zusätzliche Auswahlregeln und Selektionsprinzipien, welche das Möglichkeitsfeld einschränken. ...

Die physikalische Bewegungsform ist reich in bezug auf die Möglichkeitsfülle und gleichzeitig arm, da es an Prinzipien für die Auszeichnung sehr unwahrscheinlicher, spezieller Möglichkeiten fehlt. Leben ist physikalisch möglich, aber es wird erst durch Selektionsprinzipien realisierbar, wie wir seit Darwin wissen, dessen Gedanken durch Eigen auch in die Physik und Chemie eingeführt wurden.«[7]

Die industrielle Revolution in der Produktion, die zum Ausgang des 18. Jahrhunderts ihren Anfang nahm, beruhte auf den Erkenntnissen der klassischen Physik und Chemie. In ihr begann die Wissenschaft zur Produktivkraft zu werden, wobei die Produktion jedoch in großem Umfang ihren traditionellen Charakter bewahrte. Die Metallurgie erzeugte Metalle aus Erzen, die Kleidung wurde aus natürlichen Rohstoffen, wie Wolle und Baumwolle, mittels maschinell betriebener Webstühle hergestellt, der Transport erfolgte mit Wagen, die von Lokomotiven gezogen wurden, und zur Massenkommunikation diente das geschriebene Wort.

Im 20. Jahrhundert entstanden Produktionszweige, die aus dem wissenschaftlichen Studium komplexer atomarer Systeme hervorgingen. Sie wurden über die sich entwickelnden angewandten technischen Wissenschaften produktionswirksam. Beispiele dieser Entwicklung sind die Kunststoffindustrie zur Massenproduktion synthetischer Materialien und die Rundfunk- und Fernsehindustrie, die über die Entwicklung von Elektronenröhre und Transistor neue Mittel der Massenkommunikation produzierte. Über ihre zielstrebige Anwendung in der Technik wurde die Wissenschaft zur vorwärtsdrängenden Kraft der ökonomischen Entwicklung.

Nach dem zweiten Weltkrieg entwickelte sich eine neue Qualität in der Verflechtung von Wissenschaft, Technik und Produktion, eine wissenschaftlich-technische Revolution, die drei charakteristische Merkmale hat:

– Die Wissenschaft selbst wurde zum Ausgangspunkt neuer Industriezweige, wie etwa der Kerntechnik und der Rechentechnik, die bezüglich ihres Ursprungs in keiner Verbindung zu den traditionellen Industrien stehen.

– Es bildeten sich Schlüssel- oder Hochtechnologien heraus, die in einem früher nicht realisierten Umfang Einfluß auf die Wirtschaft, ja auf die Gesellschaft als Ganzes ausüben. In den hochentwickelten Industriestaaten sind sie durch hohe Erneuerungsraten in der Produktion, durch bemerkenswerte ökonomische Effekte, aber auch durch überdurchschnittlich wachsende Aufwendungen in Forschung, Entwicklung und in der Produktionsmittelbereitstellung charakterisiert.

---

[7] M. Buhr, H. Hörz (Hrsg.), Naturdialektik – Naturwissenschaft, Berlin 1986, S. 124/125

– Dank der neuen Qualität in der industriellen Produktion konnten der Wissenschaft Mittel und Verfahren bereitgestellt werden, die es ihr gestatteten, in bislang unerschlossene Bereiche vorzudringen (Raumfahrt).

Es ist zwingend, daß im Wechselspiel zwischen Wissenschaft und Technik in der Periode der wissenschaftlich-technischen Revolution die Forderungen der Technik richtungweisend für viele Zielstellungen der Naturwissenschaften werden. So sind gerade die Forderungen der Militärtechnik auf den Gebieten der Lasertechnik, Raketentechnik, Mikroelektronik, Kerntechnik u. a. von wesentlicher Bedeutung bei der Formulierung vieler Fragen beim Studium komplexer atomarer und subatomarer Systeme.

Neben komplexen atomaren Systemen, die in der technischen Nutzung gegenwärtig weit überwiegen, hat mit der Kerntechnik auch die Nutzung subatomarer Systeme, der Atomkerne, begonnen. Die bisherigen Anwendungen – Spaltung und Fusion – beruhen auf einem Effekt der Kernkraft zwischen den Nukleonen, der nur im komplexen System mehrerer Nukleonen auftritt. Es ist ein Randeffekt der starken Wechselwirkung zwischen den Quarks ähnlich der molekularen Bindung, die ein spezifischer Randeffekt der elektromagnetischen Wechselwirkung in atomaren Systemen ist.

Vor 100 Jahren gab es keine Theorie des Atoms. Über eine Struktur des Atoms wurde nicht nachgedacht. Vor 50 Jahren wußten wir, daß Atomkerne aus Protonen und Neutronen aufgebaut sind. Die Ursachen der Kernkraft waren uns unbekannt. In dem Maße, wie die Physiker in immer kleinere Bereiche der subatomaren Welt eindrangen, wurden vorher als elementar angesehene Materieformen als komplexe Systeme erkannt. Mit einer eher kürzer als länger werdenden Zeitdifferenz zwischen Wissenschaft und Technik gelangen die als komplex erkannten Strukturen in den Bereich der menschlichen Nutzung. Ich glaube nicht, daß dieser Prozeß ein Ende gefunden hat.

Atomare Prozesse, wie komplex auch immer sie sein mögen, beherrschen zwar unsere irdische Welt, im Universum sind sie jedoch außerordentlich selten. Der überwiegende Teil der sichtbaren baryonischen Materie im Kosmos sind heiße Plasmen, in denen elementare physikalische Prozesse ablaufen. Abgesehen von einem massenmäßig verschwindenden Anteil an Planeten, wird die Bewegung der im Kosmos dominierenden Dunkelmaterie – gleichgültig, ob es Baryonen, Neutrinos oder irgendwelche bisher unentdeckte andere Elementarteilchen sind – vollständig durch physikalische Gesetze beschrieben, deren Erforschung das Ziel der Physik der subatomaren Bereiche der Natur ist.

Die physikalische Erforschung der Existenzformen der Materie im subatomaren Bereich, in der Sprache des Physikers die Suche nach den »elementaren Bausteinen« der Materie und den zwischen ihnen wirkenden fundamentalen Kräften oder Wechselwirkungen, führte über viele Etappen, wie etwa die Erkenntnis des Aufbaus der Atomkerne aus Neutronen und Protonen, im engen Wechselspiel zwischen Theorie und Experiment zu einer neuen Stufe unseres Erkennens der Wirklichkeit.

Mittels immer leistungsfähigerer Beschleuniger gelang es, in immer tiefer liegende Schichten der Materie einzudringen. Die Hochenergiephysiker ermittelten, daß alle bisher beobachteten Materieformen sich auf drei Leptonen- und drei Quarkfamilien zurückführen lassen, zwischen denen vier fundamentale Kräfte wirken, die starke, die elektromagnetische, die schwache und die gravitative Wechselwirkung (siehe Abb. auf S. 198).

Mit der Entwicklung der Quantenelektrodynamik, einer Eichfeldtheorie, die die elektromagnetische Kraft zwischen Ladungsträgern durch den Austausch von Quanten des elektromagnetischen Feldes, des Eichfeldes, beschreibt, gelangten wir zu einem qualitativ neuen Kraftbegriff. Die Wechselwirkung zwischen zwei elektrisch geladenen Leptonen über eine beliebige Distanz wird als lokale Emission, Propagation und lokale Absorption virtueller Teilchen beschrieben – eine bemerkenswerte Entwicklung eines physikalischen Begriffs von der Sinnesempfindung der Muskelkraft über die Newtonsche Fernkraft zum Kraftbegriff aus der Sicht der Physik der Gegenwart!

Ein bedeutender Fortschritt im Verständnis der fundamentalen Kräfte gelang in den siebziger Jahren mit der einheitlichen Theorie der elektromagnetischen und schwachen Wechselwirkung. Zur Beschreibung der starken Wechselwirkung verfügen wir mit der Quantenchromodynamik über eine Eichfeldtheorie, die sich wie die elektroschwache Theorie in allen bisherigen experimentellen Tests bewährte.

Gegenwärtig sind intensive theoretische Untersuchungen, aber auch entsprechende Experimente in der Hochenergiephysik im Gange, die das Ziel verfolgen, einen einheitlichen Rahmen zur Vereinigung der starken, der elektroschwachen und der gravitativen Wechselwirkung zu finden. Während die bisherigen Quantenfeldtheorien von der ideellen Abstraktion punktartiger Quanten, Fermionen und Bosonen ausgehen, wird in den neuen theoretischen Ansätzen angenommen, daß alle bisher beobachteten Elementarteilchen Anregungszustände eindimensionaler, fadenförmiger Gebilde – strings – sind. Diese Art geometrisch-topologischer Theorien führt auch zu einer neuen Sicht auf das Raum-Zeit-Konzept. An Stelle der bisherigen Vierdimensionalität gehen diese Theorien von der Existenz einer Zehndimensionalität der Raum-Zeit aus. Sechs der neuen Raumdimensionen sollen jedoch so stark komprimiert sein, daß sie erst unterhalb von rund 10^{-33} cm, der sogenannten Planck-Länge[8], merkbar werden. Mit jedem Punkt der vierdimensionalen Welt soll also ein winziger, kompakter sechsdimensionaler Bereich verknüpft sein.

Verschiedene astrophysikalische Beobachtungen führten die Physiker und Astronomen zu der Erkenntnis, daß sich das unserer Beobachtung zugängliche Universum aus extrem heißen und dichten Zustandsformen der Materie durch Ausdehnung und eine damit verbundene Dekompression entwickelt hat. Bei den extrem hohen Temperaturen, wie sie in den Frühphasen des Universums herrschen, konnte die Materie nur in Form der elementaren Fermionen und der zwischen ihnen die Wechselwirkungen vermittelnden Feldquanten existieren. Mit fortschreitender Expansion, also abnehmender Dichte und Temperatur, bildeten sich nacheinander Materieformen, wie Nukleonen, Atomkerne, Atome, bis hin zu komplexen Gebilden, wie Galaxien, Sternen und Planeten. In einigen Fällen wird es unter dem Einfluß eines nahe gelegenen Sterns auf der Oberfläche dieser Planeten wohl auch zur Bildung von Makromolekülen gekommen sein, die sich selbst reproduzieren konnten. Dies führte, zumindest auf der Erde, aber wohl auch auf anderen Planeten im Universum, über die Entwicklung von Einzellern zu Vielzellern bis hin zu Wesen, die in der Lage sind, sich und ihre Umwelt bewußt wahrzunehmen, erkanntes Wissen zu akkumulieren und ihre Umwelt zu gestalten.

Die bei der Erforschung der subatomaren Welt entdeckten Materieformen und ihre Wechselwirkungen erwiesen sich als der Schlüssel zum Verständnis der Evolution des Universums. Ohne Kenntnis der elementaren Formen der Materie und ohne Kenntnis der zwischen ihnen wirkenden physikalischen Gesetze sind wir nicht in der Lage, Vergangenheit und Gegenwart im Kosmos zu begreifen.

Mit der durch die moderne wissenschaftliche Forschung erkannten Entwicklung vom Elementaren zum Komplexen kam erstmals ein historischer Aspekt in die Physik, den weder die klassische noch die Quantenphysik kannte. Sie beschränkten sich auf das Studium der Materie in den irdischen, unserer Beobachtung zugänglichen Formen. Die dabei gewonnenen Erkenntnisse wurden genutzt. Erst das erkennende Eindringen in die Welt des Subatomaren erschloß uns die Evolution des Universums. Die Physik des Mikrokosmos und die des Makrokosmos bedingen einander, sind Ausdruck der Einheit der objektiven Welt. Der von Galilei begonnene Weg der physikalischen Forschung, mittels mathematisch-theoretischer Abstraktionen und experimenteller Methoden spezifische Einzelfragen zu untersuchen, hat die Physiker zum Ausgang des 20. Jahrhunderts auf ein Erkenntnisniveau geführt, das Jahrmilliarden der zeitlichen und räumlichen Entwicklung des Universums umfaßt. Ziel der weiteren physikalischen Untersuchungen sind einerseits die vielen ungeklärten Einzelfragen, wie etwa die nach der Dunkelmaterie im Kosmos und der Galaxienbildung, andererseits wollen sie die Grenzen des Erkannten weiter hinausschieben.

»Die Entdeckungen an dieser äußeren Grenze sind nicht nur deshalb wichtig, weil sie völlig neue Verhaltensformen der Natur zeigen, sondern auch, weil sie zu einem tieferen Verständnis unserer eigenen, irdischen Welt führen könnten. So haben wir noch keine Ahnung, warum die elektrische Ladung eines Elektrons einen ganz bestimmten, dem des Protons entgegengesetzten Wert hat. Dieser Wert ist ein bestim-

---

[8] Die Planck-Länge ist durch die drei fundamentalen Naturkonstanten, die Gravitationskonstante G, die Planckshe Konstante $h/2\pi$ und die Lichtgeschwindigkeit c folgendermaßen definiert:

$$L_p = \sqrt{\frac{hG}{2\pi c^3}} = 1{,}6 \cdot 10^{-33}\,\text{cm}.$$

mender Faktor im Geschehen in der Welt der Atome. Wäre er wesentlich größer oder kleiner, würde unsere Welt ganz anders aussehen und in ganz anderen Formen in Erscheinung treten. Ferner tappen wir in bezug auf die Gründe, warum die Masse eines Elektrons ungefähr 2000mal kleiner als die eines Protons und eines Neutrons ist, noch völlig im dunkeln. Ein Atomkern ist viel schwerer als ein Elektron. Je geringer aber die Masse, desto diffuser sind die Quantenzustände. Hieraus folgt, daß ein Atomkern innerhalb eines Moleküls eine ziemlich genau definierbare Position einnimmt, wogegen die Quantenzustände der Elektronen in den Zwischenräumen ausgebreitet sind. Die Atomkerne bilden daher eine Art Skelett innerhalb eines Moleküls, man kann deshalb von ›Molekular-Architektur‹ sprechen. Diese stellt die typische räumliche Anordnung von Atomen in einem Molekül dar, die die Basis für vieles von dem bildet, was um uns herum geschieht. Als Beispiel hierfür sei die Helix-Struktur des DNA-Moleküls – der Spirale des Lebens – genannt. Die wahren Gründe für dieses entscheidende Massen-Verhältnis werden vielleicht an den äußeren Fronten der Wissenschaft, in der Teilchenphysik, gefunden; bis jetzt sind sie unbekannt.«[9]

Wie ich in den vorhergehenden Kapiteln des Buches zu zeigen versuchte, ist die Abbildung der realen Materieformen und ihrer Dynamik durch die Physik, das physikalische Weltbild, einem ständigen Wandel unterworfen. In einem Vortrag, den Max Planck im Jahre 1929 hielt, charakterisiert er diesen Wandel mit den folgenden Worten:

»Wenn wir nun die verschiedenen sich im Laufe der Zeit wandelnden und einander ablösenden Formen des physikalischen Weltbildes in ihrer historischen Aufeinanderfolge überschauen und nach charakteristischen Merkmalen der Veränderung suchen, so müssen vor allem zwei Tatsachen ins Auge fallen. Erstens ist festzustellen, daß es sich bei allen Wandlungen des Weltbildes, im ganzen gesehen, nicht um ein rhythmisches Hinundherpendeln handelt, sondern um eine in einer ganz bestimmten Richtung mehr oder weniger stetig aufwärts fortschreitende Entwicklung, die sich dadurch kennzeichnen läßt, daß der Inhalt unserer Sinnenwelt immer mehr bereichert, unsere Kenntnis von ihr immer mehr vertieft, unsere Herrschaft über sie immer mehr befestigt wird. Das zeigt am schlagendsten ein Blick auf die praktische Auswirkung der physikalischen Wissenschaft.

Zweitens ist es aber höchst bemerkenswert, daß, obwohl der Anstoß zu jeder Verbesserung und Vereinfachung des physikalischen Weltbildes immer durch neuartige Beobachtungen, also durch Vorgänge in der Sinnenwelt geliefert wird, dennoch das physikalische Weltbild sich in seiner Struktur immer weiter von der Sinnenwelt entfernt, daß es seinen anschaulichen, ursprünglich ganz anthropomorph gefärbten Charakter immer mehr einbüßt, daß die Sinnesempfindungen in steigendem Maße aus ihm ausgeschaltet werden.«[10]

Beide Merkmale des Wandels wertend, gelangte Planck zu der seiner Meinung nach einzig vernünftigen Deutung, »daß die mit der fortschreitenden Vervollkommnung zugleich fortschreitende Abkehr des physikalischen Weltbildes von der Sinnenwelt nichts anderes bedeutet als eine fortschreitende Annäherung an die reale Welt«.[11]

Wie ein Vergleich unseres heutigen physikalischen Weltbildes mit dem der klassischen Physik zeigt, werden die Gesetze, etwa der klassischen Mechanik oder des elektromagnetischen Feldes, durch die moderne Physik nicht aufgehoben, es werden die Grenzen ihrer Gültigkeit erkannt. Das frühere Weltbild gibt durch seine abgeschlossenen Theorien endgültige Antworten für begrenzte Erfahrungsbereiche der objektiven Welt. Es zeigt sich als ein Ausschnitt eines größeren, umfassenderen und einheitlicheren Bildes der Realität. Werner Heisenberg bemerkt dazu: »Das Wort ›endgültig‹ bedeutet also im Zusammenhang der exakten Naturwissenschaft offenbar, daß es immer wieder in sich geschlossene, mathematisch darstellbare Systeme von Begriffen und Gesetzen gibt, die auf bestimmte Erfahrungsbereiche passen, in ihnen überall im Kosmos gelten und keiner Änderung oder Verbesserung fähig sind; daß aber natürlich nicht erwartet werden kann, daß die Begriffe und Gesetze auch geeignet sein werden, später neue Erfahrungsbereiche darzustellen. Nur in diesem eingeschränkten Sinne kann es überhaupt vorkom-

---

[9] V. Weisskopf, Ziele und Grenzen der Wissenschaften, in: Naturwissenschaften 72 (1985) 653

[10] M. Planck, Wege zur physikalischen Erkenntnis, Leipzig 1944, S. 182/183

[11] M. Planck, ebenda

men, daß wissenschaftliche Erkenntnis ihre endgültige Fixierung in der mathematischen oder irgendeiner anderen Sprache findet.«[12]

Seit Galilei nutzt die Physik mit großem Erfolg die Mathematik zur Widerspiegelung der objektiven Realität. Es ist der hohe Grad der Formalisierung der Mathematik, der es den Wissenschaftlern erlaubt, fundamentale gesetzliche Beziehungen der realen Welt abzubilden.

Die Erforschung der Natur entwickelt sich an zwei Fronten, wie Victor Weisskopf es nennt, einer äußeren Front, deren Ziel es ist, in Bereiche vorzudringen, die jenseits der uns heute bekannten Grundprinzipien liegen, und an einer inneren Front, die die komplexe Mannigfaltigkeit der atomaren Welt untersucht. Diese Zweiteilung ist keine Erfindung der Neuzeit. Bereits Gottfried Wilhelm Leibniz unterschied in ähnlicher Form vor mehr als 300 Jahren zwischen einer »physica rationalis«, d. h. der Erforschung der Zwecke und Ursachen der Dinge, die der »Vollkommenheit Gottes« und der »Verehrung Gottes« dienen soll, und einer »physica empirica«, d. h. der Erforschung der physikalischen Welt im engeren Sinne, die für das menschliche Leben nützlich sei und vom Staate gefördert werden müsse.[13]

An der äußeren Front hat die Physik des 20. Jahrhunderts die Grenzen der erforschten Welt im Kleinen und im Großen um mehrere Größenordnungen hinausgeschoben. Sie stieß dabei weder auf naturgegebene Grenzen, noch fand sie eine Wiederholung bekannter Grundstrukturen, eine im Hegelschen Sinne langweilige Unendlichkeit. Im Gegenteil, jeder Schritt ins Unbekannte ließ uns qualitativ neue Bewegungs- und Entwicklungsformen der Materie erkennen. Jede beantwortete Frage, jedes neu entdeckte Phänomen an der äußeren Front wirft neue, ungelöste Probleme auf. Dieser jeder kreativen Wissenschaft innewohnende dialektische Widerspruch charakterisiert den wissenschaftlichen Erkenntnisprozeß, treibt ihn voran. Die Wissenschaft duldet keinen Stillstand!

[12] W. Heisenberg, Das Naturbild der heutigen Physik, Hamburg 1955, S. 20

[13] G. W. Leibniz, Schöpferische Vernunft. Schriften aus den Jahren 1668–1686 (Hrsg. W. v. Engelhardt), Münster/Köln 1955, S. 305

Es ist daher notwendig, über die Grenzen des Erkannten hinaus mit dem reichhaltigen experimentellen und theoretischen Instrumentarium der Physik in neue Bereiche vorzustoßen. Da wir es dabei mit nichtterrestrischen Erscheinungen zu tun haben, die durch einen viel größeren Energieumsatz charakterisiert sind als die Vorgänge im atomaren Bereich, bedarf es dazu der gewaltigen experimentellen Anlagen der Hochenergiephysik und der Vielfalt der erd- und raumgestützten Teleskope der Astronomie.

Die Welt ist nicht nur an der äußeren Front qualitativ unerschöpflich, auch die bekannte Welt der atomaren, komplexen Systeme ist potentiell unendlich. Es sind die spezifischen Eigenschaften der Quantenzustände der Elektronen, die die unzähligen Kombinations- und Verflechtungsarten der Atome ermöglichen. Die an der inneren Front erforschten Phänomene aller Aggregatzustände machen den größten Teil der modernen Physik und Chemie aus. Bestimmend für die zu untersuchenden Probleme ist dabei ihr Nutzen. Aus der Wechselwirkung der Physik mit der gesellschaftlichen Praxis und mit den Nachbardisziplinen ergeben sich die zu lösenden Aufgaben.

Was nützlich ist, was also durch die Physik und die anderen Naturwissenschaften aus der unendlichen Vielfalt komplexer Strukturen im atomaren und partiell auch im nuklearen Bereich zu erforschen ist, wird, ausgehend vom erreichten Erkenntnisstand, durch die gesellschaftlichen Bedürfnisse bestimmt. Bertolt Brecht nennt in »Galileo Galilei« das Ziel der Wissenschaft, »die Mühseligkeit der menschlichen Existenz zu erleichtern«. Aufgaben wie die Schaffung von Weltraumwaffen, von nuklearen Gefechtsköpfen nach Maß, von chemischen und bakteriologischen Kampfstoffen zählen sicher nicht zur Kategorie wissenschaftlicher Aufgaben, die Brecht im Auge hatte und die die »Wohlfahrt der Menschheit befördern«.

Physik, wie auch jede andere Naturwissenschaft, ist eine gesellschaftliche Tätigkeit, sie wird unter bestimmten gesellschaftlichen Verhältnissen betrieben, und ihre Ergebnisse von der inneren Front der Entwicklung können zur Wohlfahrt, aber auch zum Schaden der Menschheit genutzt werden. Dabei dürfen wir den Begriff der Nützlichkeit nicht zu eng fassen, ein kurzfristiger Nutzen kann zu einem langfristigen Schaden führen. So hat der Stoffwechsel der Menschheit mit der Natur im Gefolge des wissenschaftlich-technischen Fortschritts und der wachsenden Bevölkerungszahl der Erde eine Intensität erreicht, die das hochgradig empfindliche Klimasystem unseres Heimatplaneten merklich beeinflussen kann. Durch natürliche Abläufe folgten im gegenwärtigen Eiszeitalter mehrmals Kalt- und Warmzeiten aufeinander, deren Ursachen geringfügige Schwankungen innerer Parameter, wie etwa Vulkanstaub und Kohlendioxidkonzentration, oder äußere Parameter, wie etwa Sonneneinstrahlung, waren. Die Möglichkeiten anthropogener Einwirkungen auf die Atmosphäre haben zum Ausgang des 20. Jahrhunderts ein Maß erreicht, das zu einer realen Gefahr für das natürliche Gleichgewicht auf der Erde wird.

Bei einigen, insbesondere globalen Problemen reicht es nicht mehr, Antworten auf Fragen zu geben wie: Ist eine Problemlösung wissenschaftlich möglich, technisch realisierbar und ökonomisch machbar? Wie der Berliner Philosoph Herbert Hörz fordert, müssen wir auch prüfen, ob die Problemlösung gesellschaftlich erstrebenswert und human vertretbar ist.[14] Das gleiche Anliegen faßt der Konstanzer Philosoph Jürgen Mittelstraß in die Sätze: »Positives Wissen allein löst jedoch noch keine Probleme. Zum positiven Wissen muß vielmehr ein handlungsleitendes Wissen oder Orientierungswissen hinzutreten, das eine Antwort auf die Frage, nicht was wir tun können, sondern was wir tun sollten, ist.«[15]

Das durch die Physik zur Verfügung gestellte Wissen über die Natur befähigt uns, komplexe, globale Probleme zu begreifen und nach Wegen zu suchen, die den obigen Forderungen entsprechen. Als eines der anstehenden Menschheitsprobleme will ich die Energiefrage etwas näher betrachten.

Wissenschaftlich-technischer Fortschritt ist ohne Energie unmöglich. Hauptquellen der Energie sind gegenwärtig fossile Brennstoffe, wie Erdöl, Kohle, Erdgas. So wurden im Jahre 1975 an primären Energien rund $8{,}8 \cdot 10^{12}$ Wattjahre[16], darunter mehr als 40 % in Form von Erdöl, zum Verbrauch bereitgestellt. Dabei ist zu beachten, daß zwischen den Staaten der Erde große Unterschiede im Energieverbrauch bestehen. So entfielen im Jahre 1975 auf jeden Einwohner der USA und Kanadas 11,2-kW-Jahre, während in Zentralafrika und Südostasien mit 36 % der Weltbevölkerung für jeden Menschen im selben Jahr nur 0,2-kW-Jahre an Primärenergie bereitstanden.

In einer Studie der Weltenergiekonferenz aus dem Jahre 1978 wurden die Vorräte fossiler Brennstoffe und ihr voraussichtlicher Verbrauch durch eine wachsende Weltbevölkerung näher untersucht. Sie kommt zu dem Schluß, daß um das Jahr 2020 die jährlich bereitzustellende Primärenergie rund $20 \cdot 10^9$ t Kohleäquivalent erreichen wird. Die abbauwürdigen Vorräte an Erdöl und Erdgas werden sich im 21. Jahrhundert erschöpfen, während die Kohlevorräte der Erde noch weit ins 22. Jahrhundert reichen werden. Diese Bilanzen zeigen deutlich die unumgängliche Notwendigkeit, die fossilen Energieträger der Gegenwart durch neue, ergiebige Energiequellen zu ersetzen. Dabei gibt es gute Gründe, die uns veranlassen sollten, diesen Übergang lieber früher als später in Angriff zu nehmen. Fossile Brennstoffe wie Erdöl und Kohle sind zum Verbrennen zu schade. Sie sind schon heute in großem Umfang Rohstoffe für eine breite Palette chemischer Produkte. Schwerwiegender ist der Umstand, daß als Beiprodukt der Verbrennung fossiler Brennstoffe in beträchtlichem Umfang Staub und Gase, wie Kohlendioxid (CO_2), Stickstoffdioxid (NO_2), Methan (CH_4), Ammoniak (NH_3) und Freon, entstehen und in die Atmosphäre gelangen.

Das Klimasystem der Erde besteht aus der Atmosphäre, den Ozeanen, der Kryosphäre (Eis und Schnee), dem Land und der Biosphäre. Zwischen ihnen finden ständig Wechselwirkungen über eine Vielzahl unterschiedlicher Prozesse statt, etwa die Abgabe von Sauerstoff aus der Photosynthese der Pflanzen und seine partielle Photodissoziation durch die Sonnenstrahlen, die zur Ozonbildung führt. Das empfindliche Gleichgewicht zwischen den Komponenten des Klimasystems der Erde kann durch die Abgabe von Staub und Gas aus den menschlichen Stoffwechselprozessen merklich beeinflußt werden. Im Jahre 1970 entfielen von den rund 40 Milliarden Tonnen umweltverunreinigender Abprodukte 50 % auf Abgase, die in die Atmosphäre gelangten.

---

[14] H. Hörz, Philosophische Aspekte der Entwicklung von Technik und Technologie, Berlin 1986, S. 30

[15] J. Mittelstraß, Zur wissenschaftlichen Rationalität technischer Kulturen, Physikalische Blätter 40 (1984) 64

[16] $1 \cdot 10^{12}$ Wattjahre jährlich verbrauchter Primärenergie entsprechen einem Äquivalent von rund 10^9 t Kohle.

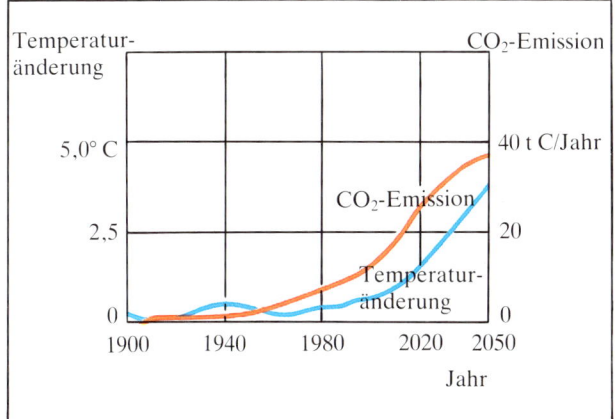

Die Skizze zeigt das Resultat einer Modellrechnung des Zusammenhangs zwischen der wachsenden CO_2-Konzentration und der Temperaturzunahme auf der Erdoberfläche.

Eine Vorstellung von den möglichen Folgen einer anthropogenen Naturveränderung durch die Abgabe von CO_2 aus der Verbrennung fossiler Brennstoffe gibt eine Studie des »International Institute for Applied Systems Analysis«[17]. Mittels geeigneter Computermodelle des Klimakreislaufs der Erde wurde für verschiedene Annahmen über den wachsenden Energiebedarf und seine Deckung die CO_2-Emission in die Atmosphäre berechnet. Kohlendioxid ist für die ankommende Sonnenstrahlung praktisch transparent, während es die langwellige Strahlung von der Erdoberfläche wieder reflektiert. Mit wachsender CO_2-Konzentration sollte dieser Treibhauseffekt zu einer Erwärmung der Erdoberfläche führen. Die Abbildung oben zeigt das Resultat einer dieser Rechnungen, die auf ein Anwachsen der mittleren Jahrestemperatur der Erdoberfläche bis zum Jahre 2050 um 4 °C hinweist. Andere Annahmen über die Parameter des Modells geben davon wenig abweichende Resultate. Sie deuten jedoch alle darauf hin, daß eine Temperaturänderung um 1 bis 4 °C durch das Anwachsen der CO_2-Konzentration im Bereich des Möglichen liegt. Dabei ist zu bedenken, daß eine mittlere Temperaturerhöhung um 1 °C etwa dem Anwachsen der Erdtemperatur nach der letzten Eiszeit vor 5500 bis 6500 Jahren entspricht. Eine mittlere Temperaturerhöhung von 4 °C würde möglicherweise zum Schmelzen des Eises in den Polarregionen führen.

Diese Resultate, aber auch die wachsende Umweltvergiftung durch Verbrennungsprodukte fordern eine Umorientierung der Energiestrategie der Menschheit. Der gegenwärtige Erkenntnisstand der Physik gibt uns zwei Möglichkeiten zur langfristigen und weltweiten Lösung des Energieproblems, die Kernfusion und die Sonnenenergie. Keiner der anderen bekannten Wege gestattet eine nach Umfang und Umweltverträglichkeit brauchbare Lösung. Die Vorräte an abbauwürdigem Uran, dem Brennstoff der Kernspaltungsreaktoren, werden sich, selbst bei nur geringem Wachstum des Verbrauchs, im 21. Jahrhundert erschöpfen. Kraftwerke, die die Wasserkraft, den Wind, Ebbe und Flut, die Erdwärme u. a. nutzen, werden nur lokal und in bescheidenem Umfang den Energiebedarf decken können. Die Kernfusion wird voraussichtlich in 50 Jahren einen technisch-technologischen Entwicklungsstand erreicht haben, der ihre umweltverträgliche Nutzung gestattet. Ein Brennstoffproblem wird es für die Kernfusion nicht geben.

Die Sonne ist eine für den Bedarf der Menschheit unerschöpfliche Energiequelle. Täglich erhält die Erde von der Sonne das 100000fache der Energie, die alle Kraftwerke der Welt erzeugen. Lokale Nutzungen der Sonnenstrahlung, etwa zur Erwärmung von Wasser, sind seit langem bekannt. Gegenwärtig sind kleine Versuchskraftwerke in der Entwicklung, die die Sonnenstrahlung mittels Solarzellen direkt in elektrischen Strom umwandeln. Die Investitionskosten solcher Anlagen, die Solarzellen aus kristallinem oder amorphem Silizium nutzen, sind jedoch noch hoch. Dabei ist zu beachten, daß wir uns eher am Anfang als am Ende einer entsprechenden Entwicklung befinden, die sicher auch neue, bisher unbekannte Wege zur direkten Umwandlung der Sonnenenergie beschreiten wird. Standorte großer Anlagen könnten Gebiete der Erde sein, die eine hohe Sonneneinstrahlung haben. Denkbar wäre auch – als friedliche Nutzung des Weltraums – die Stationierung eines Sonnenkraftwerks auf einer geostationären Bahn.

Da sich Elektrizität in großem Umfang nicht lagern läßt und die Sonneneinstrahlung auf die Erdoberfläche dem be-

[17] J. Anderer, A. McDonald, N. Nakicenovic, Energy in a finite world, Cambridge, Massachusetts 1981, S. 105

kannten zeitlichen Rhythmus unterliegt, haben wir auch für die Sonnenenergie das Problem des Energietransports. Kohle transportieren wir in Zügen, Öl in Tankern, Gas in Rohrleitungen und Elektrizität in Hochspannungsdrähten. Für zukünftige Großkraftwerke mit Sonnenenergie bietet sich als Transportmittel gasförmiger bzw. verflüssigter Wasserstoff an.

Die naheliegende Quelle zur Gewinnung von Wasserstoff ist Wasser. Das Problem der Wasserstoffgewinnung ist das Aufbrechen der kovalenten Bindung zwischen den Wasserstoffatomen und dem Sauerstoffatom im Wassermolekül. Dazu wäre eine beträchtliche Energie aufzuwenden, etwa durch eine Erwärmung auf 2500 bis 3000 °C, die bei der Verbrennung zu dem umweltfreundlichen Endprodukt Wasser wieder frei würde.

Aus heutiger Sicht sind das mögliche Wege, die eine praktisch unbegrenzte und umweltverträgliche Lösung des Weltenergieproblems in Aussicht stellen. Wir können die Zukunft nicht voraussehen. Was wir können und angesichts der gegebenen Bedingungen der Energiegewinnung und ihrer vorhersehbaren Folgen müssen, ist, eine weltweite Zusammenarbeit zur Lösung dieses globalen Problems zu fördern, die der Forderung genügt: »Selbst eine ganze Gesellschaft, eine Nation, ja alle gleichzeitigen Gesellschaften zusammengenommen, sind nicht Eigentümer der Erde. Sie sind nur ihre Besitzer, ihre Nutznießer, und haben sie als boni patres familias den nachfolgenden Generationen verbessert zu hinterlassen.«[18]

[18] K. Marx, Das Kapital, Bd. 3, in: MEW, Bd. 25, Berlin 1964, S. 784

7. Anhang

7.1. Glossar

Affinität – das Maß für das Bestreben zweier Stoffe, miteinander chemisch zu reagieren. Der Grad der Umsetzung der Ausgangsstoffe in einer Reaktion ist um so größer, je größer die Affinität ist.

Aggregatzustand – Erscheinungsform der Materie. Nach dem Ordnungsgrad der Atome bzw. Moleküle unterscheidet man drei Aggregatzustände, fest, flüssig und gasförmig. In den Kristallgittern sind die Atome regelmäßig angeordnet. Sie haben einen hohen Ordnungsgrad. Gase dagegen haben den kleinsten Ordnungsgrad. Ihre Atome bzw. Moleküle bewegen sich, nahezu frei, ungeordnet durcheinander.

Allgemeine Relativitätstheorie – die von Albert Einstein im Jahre 1916 veröffentlichte geometrische Theorie des Gravitationsfeldes. Sie geht von der Äquivalenz von träger und schwerer Masse aus und weist auf den engen Zusammenhang zwischen der Geometrie der Raum-Zeit und den Materieformen hin.

Alphateilchen (α) – eine korpuskulare Strahlung, die beim radioaktiven Zerfall auftritt. Sie besteht aus Helium-Atomkernen, die aus zwei Protonen und zwei Neutronen gebildet sind.

Andromedanebel (M 31) – ein Schwestersystem unserer Milchstraße. Diese Spiralgalaxie ist rund zwei Milliarden Lichtjahre von uns entfernt.

Antiteilchen – ein zu jedem Teilchen existierendes »Anti«-Teilchen, das in Masse und Spin mit den Werten des Teilchens übereinstimmt, während andere charakteristische Größen, wie etwa Ladung und Leptonenzahl, sich im Vorzeichen unterscheiden. Das Antiteilchen des Elektrons ist das Positron, das Antineutrino ist das Antiteilchen des Neutrinos, und das Antiproton ist das Antiteilchen des Protons. Neutrale Teilchen, wie das Photon und das $\pi^°$-Meson, sind mit ihren Antiteilchen identisch. Aus Antiprotonen und Antineutronen lassen sich Anti-Atomkerne bilden.

Asymptotische Freiheit – eine charakteristische Eigenschaft der Quarks. Wie die Quantenchromodynamik, die Feldtheorie der starken Wechselwirkung, zeigt, wird die Kraft zwischen den Quarks mit abnehmender Entfernung zwischen ihnen immer schwächer, so daß man dicht benachbarte Quarks als näherungsweise freie Teilchen betrachten kann.

Axiom – ein Grundsatz, der nicht beweisbar ist. Ausgehend von der Aufstellung verschiedener Axiome, lassen sich beispielsweise die Geometrie und die Mechanik formulieren. Experimentell prüfbar sind die aus der jeweiligen Theorie folgenden Aussagen.

Baryonen – alle stark wechselwirkenden Teilchen mit halbzahligem Spin. Dazu gehören insbesondere Protonen und Neutronen, aber auch schwerere instabile Teilchen wie etwa die Hyperonen.

Betazerfall – der radioaktive Zerfall von Atomkernen unter Emission eines Elektrons. Dem Beta(β)zerfall liegt stets die Umwandlung eines Neutrons in ein Proton, ein Elektron und ein Elektron-Antineutrino zugrunde. Der Zerfall wird durch die schwache Wechselwirkung bewirkt.

Blasenkammer – ein Gerät zum Nachweis geladener Teilchen. In einem Gefäß befindet sich eine Flüssigkeit nahe ihrem Siedepunkt. Durch Erniedrigung des Drucks gelangt sie in einen Zustand der Überhitzung. Geladene Teilchen, die in diesem Moment die Blasenkammer durchfliegen, markieren sich als Folge von Bläschen längs der Teilchenbahn. Die durch das Sieden der Flüssigkeit entstandenen Dampfblasen lassen sich fotografieren.

Bosonen – alle Teilchen, deren Spins ganzzahlige Werte in Einheiten des Planckschen Wirkungsquantums haben

Cepheiden – Sterne, deren Helligkeit sich periodisch verändert. Benannt nach dem veränderlichen Stern δ Cephei im Sternbild Cepheus. Zwischen der Helligkeit eines Cepheiden und seiner Schwankungsperiode besteht ein eindeutiger Zusammenhang. Je größer die Helligkeit eines Cepheiden ist, desto länger ist auch seine Periode. Cepheiden lassen sich zur Entfernungsbestimmung relativ naher Galaxien verwenden.

Charm – eine der Flavour-Quantenzahlen, mittels derer man die verschiedenen Quarks unterscheidet. Das leichteste Baryon, das sich aus einem Charm-Quark und einem Anticharm-Quark zusammensetzt, ist das J/Ψ-Teilchen mit einer Masse von 3097 MeV/c^2.

Charmonium – ein aus einem Charm-Quark und einem Anticharm-Quark bestehendes System. Neben dem Grundzustand, dem J/Ψ-Teilchen, kennen wir mehrere angeregte Zustände des Systems.

Chromosphäre – eine etwa 10000 km dicke Gasschicht, die ein Teil der Sonnenoberfläche bildet. Unterhalb der Chromosphäre liegt die Photosphäre, oberhalb die Korona.

Deuteron – ein Teilchen, das aus einem Proton und einem Neutron besteht. Es bildet den Kern des Deuteriumatoms, des schweren Wasserstoffs.

Dichte – die Menge einer physikalischen Größe, bezogen auf eine Volumeneinheit, etwa einen Kubikzentimeter (cm^3). Die Teilchendichte ist die Anzahl der Teilchen pro Volumeneinheit, die Massendichte ist die Masse pro Volumeneinheit und die Energiedichte die Energie pro Volumeneinheit.

Doppler-Effekt – die Veränderung der Wellenlänge bzw. der Frequenz eines Signals, wenn Quelle und Empfänger sich relativ zueinander bewegen

Drehimpuls – in der Mechanik eines Massenpunktes das Produkt aus dem Impuls $p = mv$ und dem Radius r, um den sich der Massenpunkt mit der Masse m mit der Geschwindigkeit v bewegt. Da Impuls $\vec{p}$ und Radius $\vec{r}$ Vektoren sind, ist auch das Vektorprodukt $\vec{r} \times \vec{p}$, der Drehimpuls, eine gerichtete Größe.

Eichtheorien – eine Klasse von Feldtheorien, die die elektromagnetische, die schwache und die starke Wechselwirkung beschreiben. Diese Theorien sind unter einer Symmetrietransformation, die im Raum-Zeit-Kontinuum von Punkt zu Punkt variierende Resultate ergibt – sogenannte lokale Eichtransformationen –, invariant. Die Bezeichnung Eichtheorie geht auf den Mathematiker Hermann Weyl zurück, der derartige Theorien bereits in den dreißiger Jahren untersuchte.

Ekliptik – der Weg, den die Sonne für einen irdischen Beobachter im Laufe eines Jahres am Himmel beschreibt. Von der Sonne aus gesehen, ist die Ekliptik der Großkreis, in dem die Erdbahnebene die Himmelskugel schneidet.

Elektrischer Dipol – die elektrische Ladungsverteilung in einem System, das zwar gleich viele positive und negative Ladungen enthält, bei dem aber die Ladungsschwerpunkte der positiven und negativen Ladungswolken nicht zusammenfallen

Elektrodynamik – die Lehre von den Erscheinungen bewegter elektrischer Ladungen. Im weiteren Sinne die Theorie der elektromagnetischen Erscheinungen, die durch die Maxwellschen Gleichungen beschrieben wird

Elektromagnetisches Feld – unlösbare Verknüpfung zeitlich veränderlicher elektrischer und magnetischer Felder, in mathematischer Form durch die Maxwellschen Gleichungen beschrieben

Elektron – das leichteste elektrisch geladene Teilchen, das wir kennen. Die chemischen Eigenschaften aller Stoffe werden durch die elektromagnetische Wechselwirkung der Elektronen in den Atomhüllen verursacht.

Elektronenvolt – eine in der atomaren und subatomaren Welt übliche Energieeinheit. Wenn ein Elektron ein Spannungsgefälle von 1 Volt durchläuft, so hat es eine Energie von 1 Elektronenvolt (eV). Es sind 1 keV = 10^3 eV, 1 MeV = 10^6 eV und 1 GeV = 10^9 eV.

Elementarteilchen – die dem jeweiligen Erkenntnisstand entsprechenden elementaren Bausteine der Materie, die sich nicht in einfachere Gebilde zerlegen lassen

Entropie – eine Größe, die den Zustand eines thermisch isolierten Systems beschreibt und die entweder wächst oder konstant bleibt. Thermische Ausgleichsprozesse, wie etwa die Wärmeleitung, führen stets zu einem Anwachsen der Entropie. Die statistische Mechanik führte zu einem tieferen Verständnis der Entropie als ein allgemeines Maß der statistischen Unordnung. Eine Zunahme der Entropie entspricht einem Anwachsen des Unordnungsgrades.

Erhaltungssatz – eine mit der Symmetrieeigenschaft der Materie eng verknüpfte Gesetzmäßigkeit. Wenn sich in einer Reaktion, einem Prozeß, der Gesamtbetrag einer physikalischen Größe, etwa der Energie oder der Ladung, nicht ändert, so gilt für diese Größe ein Erhaltungssatz.

Feinstrukturkonstante – eine der fundamentalen Naturkonstanten. Sie kennzeichnet die Stärke der elektromagnetischen Wechselwirkung. Man bezeichnet sie durch den Buchstaben α. Sie ist definiert als das Quadrat der elektrischen Ladung des Elektrons, dividiert durch das Produkt aus Planckscher Konstante und Lichtgeschwindigkeit:

$$\alpha = \frac{2\pi e^2}{hc} \approx \frac{1}{137}$$

Feldquanten – die Quanten des elektromagnetischen Feldes, die Photonen –, die des schwachen Feldes – die $W^{\pm}$-Bosonen und das Z-Boson – und die Quanten des starken Feldes – die Gluonen –, über deren Austausch die entsprechende Kraft wirkt. Alle Feldquanten haben ganzzahligen Spin in Einheiten des Planckschen Wirkungsquantums.

Fermionen – alle Teilchen, deren Spin halbzahlige Werte in Einheiten des Planckschen Wirkungsquantums hat ($^1/_2 \cdot h/2\pi$, $^3/_2 \cdot h/2\pi \ldots$).

Feynman-Diagramme – von Richard Feynman eingeführte anschauliche Diagramme zur Charakterisierung der Wechselwirkung, über die Teilchen aufeinander wirken

Flavour – eine Quantenzahl, die verschiedene Quarkarten charakterisiert. Wir kennen sechs Quarks unterschiedlichen Flavours: u (up), d (down), s (strange), c (charm), b (bottom) und t (top).

Frequenz – die Häufigkeit, mit der die Berge beliebiger Wellen einen bestimmten Punkt passieren. Die Zahl der sekundlich vorbeiziehenden Wellen ist ihre Frequenz ν, gemessen in Hertz. Sie ist mit der Wellenlänge λ und der Geschwindigkeit v durch die Beziehung $v = \lambda \cdot \nu$ verknüpft.

Friedman-Modell – ein mathematisches Modell, das die raum-zeitliche Evolution des Universums beschreibt. Es beruht auf der allgemeinen Relativitätstheorie ohne eine zusätzliche kosmologische Konstante und auf dem Kosmologischen Prinzip.

Galaxien – große, durch gravitative Wechselwirkung zusammengehaltene Sternsysteme ähnlich unserer Milchstraße, der Galaxis. Nach ihrem Erscheinungsbild unterscheiden wir elliptische, Spiral-, Balkenspiral- und irreguläre Galaxien.

Geodäte (geodätische Linie) – die kürzeste Verbindungslinie zwischen zwei Punkten auf einer Fläche. Ist die Fläche eine Ebene, so ergeben sich als geodätische Linien gerade Linien. Ist die Fläche eine Kugel, so sind die Geodäten die Großkreise.

Gluonen – die Feldquanten, die die starke Wechselwirkung zwischen den Quarks vermitteln. Es sind elektrisch neutrale, Farbladungen tragende Quanten mit dem Spin $h/2\pi$.

Gravitationskonstante – eine der fundamentalen Konstanten der Physik, die die Stärke der gravitativen Wechselwirkung charakterisiert. Man bezeichnet sie durch den Buchstaben G. Ihr Wert beträgt $G = 6{,}672 \cdot 10^{-11}$ m^3 kg^{-1} s^{-2}.

Größen – verschiedene physikalische Einheiten, wie etwa Längen, Zeiten, Energien..., in abgekürzter Form wie folgt angegeben:

pico (p) $= 10^{-12}$
nano (n) $= 10^{-9}$
mikro (µ) $= 10^{-6}$
milli (m) $= 10^{-3} = 0{,}001$
kilo (k) $= 10^3 = 1000$
Mega (M) $= 10^6$
Giga (G) $= 10^9$
Terra (T) $= 10^{12}$

Hadronen – alle Teilchen, die der starken Wechselwirkung unterliegen. Hadronen mit halbzahligem Spin bezeichnet man als Baryonen und Hadronen mit ganzzahligem Spin als Mesonen.

Helium – ein leichtes und sehr stabiles chemisches Element. Der Atomkern des ^{4}He enthält zwei Protonen und zwei Neutronen. Die Hülle des Atoms wird aus zwei Elektronen gebildet.

Helligkeit – ein Maß für die Strahlung eines selbstleuchtenden Körpers. Den Helligkeitseindruck, den die Sterne auf unsere Sinne machen, hat man von alters her durch sechs Klassen, die Sterngrößen, ausgedrückt. Heute umfaßt die Helligkeitsskala rund 50 Größenklassen. Als visuelle Helligkeit wird der vom menschlichen Auge aufgenommene Helligkeitseindruck bezeichnet.

Da die Helligkeit mit dem Quadrat der Entfernung variiert, hängt die scheinbare Helligkeit nicht nur von der absoluten Leuchtkraft eines Sterns, sondern auch von seiner Entfernung ab. Als absolute Helligkeit definiert man die Helligkeit, die ein Stern in einer Einheitsentfernung von 32,6 Lichtjahren (= 10 Parsek) hat. Kennt man die scheinbare Helligkeit eines Sterns und seine Entfernung, so läßt sich seine absolute Helligkeit leicht berechnen.

Homogenität – die dem Universum in Näherung zugeschriebene Eigenschaft, daß es einem Beobachter, unabhängig von seinem Beobachtungsort, stets gleich erscheint

Hubblesches Gesetz – ein von Edwin P. Hubble entdeckter Zusammenhang zwischen der Entfernung einer Galaxie und ihrer Geschwindigkeit. Es besagt, daß die Geschwindigkeit, mit der sich nicht allzuweit entfernte Galaxien von uns wegbewegen, ihrem Abstand proportional ist. Die Proportionalitätskonstante, also das Verhältnis zwischen der Fluchtgeschwindigkeit und der Entfernung, ist die Hubble-Zahl H.

Hyperonen – Baryonen, die wenigstens ein s-Quark enthalten. Das leichteste Hyperon ist das Λ-Hyperon, das neben einem u- und einem d-Quark ein s-Quark enthält.

Infrarotstrahlung – Strahlung zwischen dem roten Ende des Spektrums des sichtbaren Lichts und der Mikrowellenstrahlung im Wellenlängen-Intervall von $1 \cdot 10^{-2}$ bis $1 \cdot 10^{-4}$ cm. Alle Körper senden bei Zimmertemperatur elektromagnetische Wellen im Infraroten aus.

Ionen (»wandernde Teilchen«) – ein von Faraday stammender Begriff für alle atomaren und molekularen Ladungsträger, die, wenn sie frei beweglich sind, im elektrischen Feld wandern. Positive Ladungsträger wandern zur negativ geladenen Kathode, negative zur positiv geladenen Anode.

Isotropie – die dem Universum in Näherung zugeschriebene Eigenschaft, daß ein Beobachter aus allen Richtungen den gleichen Eindruck empfängt

Jet – eine Gruppe von Teilchen, die, aus einer hochenergetischen Kernreaktion kommend, mehr oder weniger stark gebündelt in einen Richtungskegel fliegen. Jets lassen sich als Fragmente elementarerer Objekte – Quarks und Gluonen – interpretieren.

Kelvin – eine Temperaturskala, deren Nullpunkt mit dem absoluten Nullpunkt der Temperatur zusammenfällt. Für die Celsius-Skala liegt der Nullpunkt der Temperatur beim Schmelzpunkt von Eis, wenn der Luftdruck eine Atmosphäre hat. Diesem Nullpunkt entspricht eine Temperatur von 273,15 K.

Kernfusion – auch als Kernverschmelzung oder thermonukleare Reaktion bezeichnete exotherme Kernreaktion, in der leichte Atomkerne zu schwereren Kernen miteinander verschmelzen. Da die Bindungsenergie je Nukleon bei sehr leichten Kernen kleiner ist als bei leichten und mittelschweren Kernen, führt ihre Fusion zur Freisetzung von Kernenergie.

Kernspaltung – ein spontaner oder induzierter Kernprozeß, bei dem ein sehr schwerer Atomkern unter Freisetzung von Energie in zwei mittelschwere Kerne etwa vergleichbarer Größe, 2 bis 3 Neutronen und γ-Quanten zerlegt wird

Kinetische Gastheorie – eine Theorie, in der makroskopische Erscheinungen in Gasen, wie Temperatur, Druck, Entropie u.a., auf Eigenschaften einer sehr großen Zahl von Molekülen, die das Gas bilden, zurückgeführt werden. In Gasen bewegen sich die Moleküle weitgehend unabhängig voneinander. Eine Wechselwirkung findet nur in Form von Molekülstößen statt. Die Strecke, die ein Molekül zwischen zwei Stößen im Mittel zurücklegt, bezeichnet man als mittlere freie Weglänge. Die kinetische Gastheorie erlaubt es, makroskopische Transportgrößen, wie etwa die Wärmeleitung, als Funktion der mittleren freien Weglänge auszudrücken.

Kopplungskonstante – charakteristische Konstante jeder Eichfeldtheorie. In den Quantenfeldtheorien wird die Wechselwirkung zwischen Fermionen als lokale Wechselwirkung beschrieben. Die Stärke jeder der drei Wechselwirkungen charakterisiert man durch eine Kopplungskonstante. Die Kopplungskonstante der elektromagnetischen Wechselwirkung ist die Feinstrukturkonstante α.

Kosmogonie – die Lehre vom Ursprung der Himmelskörper und aller anderen kosmischen Objekte

Kosmologie – die Lehre von der Struktur und der Entwicklung des Kosmos als Ganzes

Kosmologische Konstante – von Albert Einstein eingeführte zusätzliche Größe Λ, um zu einer statischen Lösung der Gravitationsgleichungen zu kommen. Sie bewirkt bei großen Entfernungen eine der gravitativen Anziehung entgegengerichtete Abstoßung. Alle bisherigen Beobachtungen sind mit der von Friedman gemachten Annahme verträglich, daß $\Lambda = 0$ ist.

Kritische Dichte – der Mindestwert, den die Massendichte nach dem Friedman-Modell gegenwärtig im Universum haben muß, damit die Expansion in Zukunft aufhört und von einer Kontraktion abgelöst wird

Laser (»*L*ight *a*mplification by *s*timulated *e*mission of *r*adiation«) – ein quantenelektronischer Verstärker und Generator im Bereich der Lichtwellen. Während Lichtquellen, wie Leuchtstoffröhren und Glühlampen, ein breites Frequenzspektrum inkohärenter Wellen emittieren, zeigt das Strahlungsfeld des Lasers einen hohen Grad an Monochromie und Kohärenz.

Leptonen – alle Teilchen, die keiner starken Wechselwirkung unterliegen. Leptonen haben den Spin $1/2\, h/2\pi$. Zu ihnen zählen die Elektronen, die Myonen, die Tau-Leptonen, die entsprechenden Neutrinos und die zugehörigen Antiteilchen. Für ein System von Teilchen ist die Leptonenzahl die Differenz zwischen der Zahl der Leptonen und der der Antileptonen.

Leuchtkraft – ein Maß der Strahlung selbstleuchtender Körper. Zu unterscheiden ist zwischen der absoluten und der scheinbaren Leuchtkraft. Die absolute Leuchtkraft ist die gesamte von einem astronomischen Objekt in der Zeiteinheit emittierte Energie. Die in der Zeiteinheit auf einer Flächeneinheit empfangene Energie von einem astronomischen Objekt bezeichnen wir als scheinbare Leuchtkraft.

Lichtgeschwindigkeit – die fundamentale Naturkonstante der speziellen Relativitätstheorie; sie beträgt 299 792 Kilometer pro Sekunde. Teilchen, deren Ruhemasse Null ist, wie etwa die Photonen und evtl. die Neutrinos, bewegen sich stets mit Lichtgeschwindigkeit.

Lichtjahr – die Entfernung, die das Licht in einem Jahr zurücklegt; sie beträgt $9{,}46 \cdot 10^{12}$ Kilometer.

Magnetometer – Gerät zur Messung der Änderung magnetischer Felder

Maxwellsche Gleichungen – Gleichungen, die die Dynamik elektromagnetischer Felder beschreiben. Sie wurden im Jahre 1864 von James Clerk Maxwell aufgestellt. Die Gleichungen sind ein System von Differentialgleichungen, die die Eigenschaften magnetischer und elektrischer Felder, ihren Zusammenhang mit elektrischen Ladungen und Strömen und ihre gegenseitigen Verknüpfungen im Falle ihrer zeitlichen Veränderung umfassen.

Mesonen – alle stark wechselwirkenden Teilchen mit ganzzahligem Spin. Dazu zählen die π-Mesonen, die K-Mesonen, aber auch schwerere Teilchen, wie etwa die J/Ψ- und die Y-Mesonen.

Messier-Katalog – von Charles Messier im Jahre 1784 aufgestelltes Verzeichnis der seinerzeit beobachtbaren verschwommenen, nebelartigen Gebilde. Der Andromedanebel erhielt die Nummer M 31, der Krebsnebel die Nummer M 1.

Mikrowellenstrahlung – elektromagnetische Wellen mit Wellenlängen zwischen 10^{-2} und 10 cm. Sie erfüllen den Bereich zwischen der infraroten und der Radiostrahlung.

Milchstraße – alte Bezeichnung für das sichtbare, leuchtende Band von Sternen in der Äquatorebene unserer Galaxis, die oft auch als Milchstraßensystem bezeichnet wird

Mittlere freie Weglänge – die durchschnittliche Strecke, die ein Teilchen – etwa ein Molekül – in einem Gas zwischen aufeinanderfolgenden Stößen zurücklegt

Myon – oft auch als schweres Elektron bezeichnet, da es in allen Eigenschaften, bis auf eine rund 207mal größere Masse, mit denen des Elektrons übereinstimmt

Nebel – astronomische Objekte, die unserer Beobachtung als räumlich ausgedehnt erscheinen. Manche Nebel sind Galaxien, etwa der seit langem bekannte Andromedanebel, andere sind Staub- und Gaswolken in unserer Galaxis, etwa der Krebsnebel.

Neutrinos – elektrisch neutrale Teilchen, die nur der schwachen und der Gravitationswechselwirkung unterliegen. Wir kennen bisher drei Arten von Neutrinos, das Elektron-Neutrino (v_e), das Myon-Neutrino (v_μ) und das Tau-Neutrino (v_τ). Bisher ist nicht sichergestellt, ob Neutrinos eine von Null verschiedene Ruhemasse haben.

Neutron – ein elektrisch neutrales Teilchen mit dem Spin $1/2 \cdot h/2\pi$, dessen Masse etwas größer ist als die des Protons. Aus Neutronen und Protonen bauen sich alle Atomkerne auf.

Nukleonen – Familienname für Neutronen und Protonen, die die gleiche Stärke der Kernkraft zeigen. Man kann sie daher als ein Dublett eng verwandter Teilchen betrachten und bezeichnet sie als Nukleonen.

Parität – eine Quantenzahl, die das Symmetrieverhalten eines Systems, etwa eines zerfallenden Teilchens, gegenüber einer räumlichen Spiegelung charakterisiert. Ist das System symmetrisch gegenüber dieser Paritätstransformation, so ordnet man ihm die Parität $P = +1$ zu, ist es antisymmetrisch, die Parität $P = -1$. Beim Zerfall von Teilchen über die schwache Wechselwirkung ist die Paritätssymmetrie stets verletzt.

Parsek – Entfernungsmaß in der Astronomie, das sich aus den Worten Parallaxe und Sekunde zusammensetzt. Es besagt, daß ein Stern, der eine Parallaxe (die scheinbare Verschiebung eines astronomischen Objektes auf Grund der Bewegung der Erde um die Sonne) von einer Bogensekunde hat, 1 Parsek entfernt ist. 1 Parsek = $3,0856 \cdot 10^{13}$ Kilometer gleich 3,2615 Lichtjahre.

Pauli-Prinzip – es besagt, daß zwei Teilchen, die in allen Quantenzahlen übereinstimmen, nicht den gleichen Quantenzustand besetzen können; es gilt für alle Teilchen mit halbzahligem Spin.

Phasenübergang – der Übergang eines komplexen Systems aus einer Konfiguration in eine andere. Beispiele sind das Schmelzen eines festen Körpers, das Sieden einer Flüssigkeit und der Übergang von der normalen elektrischen Leitfähigkeit zur Supraleitfähigkeit.

Photon (γ) – das mit der elektromagnetischen Wechselwirkung verbundene Quant, durch dessen Austausch diese Kraft vermittelt wird

Pi-Meson (π) – das leichteste Hadron. Wir unterscheiden das positiv geladene (π^+)-Meson, sein negativ geladenes Antiteilchen (π^-) und ein etwas leichteres neutrales (π^0)-Meson. Die π-Mesonen bilden also ein Triplett.

Plancksche Konstante (h) – die fundamentale Konstante der Quantentheorie. Häufiger wird sie in der Form $h/2\pi$ verwendet. Ihr Zahlenwert $h/2\pi = 6,582173 \cdot 10^{-22}$ MeV · s.

Plasma – ein gasförmiges Gemisch aus freien Elektronen, positiven Ionen und neutralen Atomen und Molekülen. Durch Wechselwirkungen untereinander bzw. mit Photonen befinden sich die Teilchen in unterschiedlichen Anregungszuständen. Der Plasmazustand wird häufig als vierter Aggregatzustand bezeichnet.

Positron (e^+) – das elektrisch positiv geladene Antiteilchen des Elektrons

Positronium – ein aus einem Elektron und einem Positron bestehendes gebundenes, wasserstoffähnliches System. Sind die Spins entgegengesetzt oder gleichgerichtet, so spricht man von einem Singulett- bzw. Triplettzustand, der nach 10^{-10} bzw. 10^{-7} s in zwei bzw. drei Photonen zerstrahlt.

Proton (p) – ein positiv geladenes Teilchen, das den Atomkern des Wasserstoffatoms bildet

Quarks (q) – Elementarteilchen, aus denen alle Hadronen aufgebaut sind. Wir kennen bisher fünf verschiedene Quarks (u, d, s, c, b). Sie sind Träger der Farbladung. Die starke Wechselwirkung zwischen ihnen wird über den Austausch Farbladung tragender Feldquanten, Gluonen (g), vermittelt. Zu jedem Quark gibt es ein Antiquark ($\bar{q}$), das sich in seinem Ladungsvorzeichen vom Quark unterscheidet.

Quasare – quasistellare Objekte sternähnlicher Erscheinung mit großen Werten der Rotverschiebung. Teilweise sind es auch starke Radioquellen.

Rotverschiebung – eine Eigenschaft, die sich in der Kosmologie auf die Rotverschiebung der Spektrallinien eines selbstleuchtenden Himmelsobjekts zum langwelligen Ende des Spektrums hin bezieht. Sie wird als relative Vergrößerung der Wellenlänge der emittierten Strahlung definiert.

Ruheenergie – die Energie E eines in Ruhe befindlichen Teilchens der Masse m. Beide sind durch die Einsteinsche Energie-Masse-Beziehung $E = mc^2$ miteinander verknüpft.

Schwache Wechselwirkung – eine der vier fundamentalen Kräfte, die in der Natur wirken. Sie ist für den Zerfall vieler Teilchen, etwa den Betazerfall des Neutrons, und die Neutrinoreaktionen verantwortlich. Die schwache Wechselwirkung wird über den Austausch der $W^{\pm}$-Bosonen und des Z-Bosons vermittelt.

Speicherring – eine ringförmige Vakuumröhre, die zur Beschleunigung und Speicherung von Teilchen in Beschleunigungsanlagen dient. Mittels spezieller Magnetkonfigurationen, die den Speicherring umgeben, werden die Teilchenstrahlen im Rohr geführt. Speichert man etwa Elektronen und Positronen, so werden sie auf gegenläufigen Bahnen geführt. Am Ort des Nachweisgerätes läßt man in einem Kreuzungsbereich die Teilchen miteinander kollidieren.

Spezifische Wärme – die Wärmemenge *(c)* eines Stoffes ist die, die durch die Masseneinheit dieses Stoffes bei einer Erwärmung um 1° aufgenommen wird. Führt man einem Gas Wärme zu, so wird ein Teil der zugeführten Wärmemenge zur Erwärmung, ein weiterer Teil zur Ausdehnung des Gases gegen den äußeren Druck aufgewendet. Verhindert man die Ausdehnung des Gases, so wird die zugeführte Wärmemenge nur zur Temperaturerhöhung aufgewendet. Man unterscheidet deshalb zwei Sonderfälle spezifischer Wärmen: c_p bei konstantem Druck und c_v bei konstantem Volumen, wobei $c_p > c_v$ ist.

Spin – eine Eigenschaft aller Teilchen bzw. Teilchensysteme, die deren Rotationszustand beschreibt. Der Spin tritt nur quantisiert auf, er nimmt nur Werte ein, die das ganz- oder halbzahlige Vielfache der Planckschen Konstante betragen. Alle uns heute bekannten Elementarteilchen haben den Spin $1/2 \cdot h/2\pi$, alle Feldquanten den Spin $1 \cdot h/2\pi$.

Starke Wechselwirkung – die stärkste der vier in der Natur wirkenden fundamentalen Kräfte. Sie wirkt über den Austausch der Gluonen zwischen den Quarks. Auch die im Atomkern die Nukleonen bindende Kernkraft läßt sich auf das Wirken der starken Wechselwirkung zurückführen.

Statistische Mechanik – ein Teilgebiet der theoretischen Physik, das makroskopische Eigenschaften von Stoffen auf atomare und molekulare Strukturen zurückführt. Ein Teil der statistischen Mechanik ist die kinetische Gastheorie.

Strangeness – eine Quantenzahl für die Charakterisierung von Teilchen, die wenigstens ein strange (s)-Quark enthalten

Supernova – eine gewaltige explosive Phase zum Ende der Evolution eines massereichen Sterns. Der Krebsnebel ist der sichtbare Rest einer Supernova.

Theogonie – Anschauung von der Entstehung und Abstammung der Götter

Thermodynamik – ein Teilgebiet der Physik, das sich mit den Wärmeerscheinungen der Stoffe beschäftigt. Der Zustand eines thermodynamischen Systems wird durch geeignet definierte Parameter beschrieben, die durch Zustandsgleichungen miteinander verknüpft sind. Die allgemeine Thermodynamik macht keine Annahme über das Wesen der Wärme. Sie leitet Schlußfolgerungen über das thermische Verhalten von Stoffen aus zwei sehr allgemeinen Erfahrungstatsachen ab, dem 1. Hauptsatz der Thermodynamik, dem Energiesatz, und dem 2. Hauptsatz der Thermodynamik, dem Entropiesatz.

Topologie – ein Zweig der Mathematik, dessen Ziel die Untersuchung solcher Eigenschaften von Kurven, Flächen und Körpern ist, die bei umkehrbar eindeutigen, stetigen Abbildungen erhalten bleiben

Tritium – ein radioaktiv zerfallender Kern, der aus einem Proton und zwei Neutronen besteht

Ultraviolette Strahlung – elektromagnetische Wellen mit Wellenlängen unterhalb des sichtbaren Bereichs im Intervall von $2 \cdot 10^{-5}$ bis etwa 10^{-7} cm

Virgohaufen – ein regulärer Galaxienhaufen, in Richtung des Sternbilds der Jungfrau gelegen. Er befindet sich in einer mittleren Entfernung von 80 Millionen Lichtjahren und zählt rund 2500 Galaxien.

Wärmeäquivalent – ein Umrechnungsfaktor der in Kalorien gemessenen Wärme in andere Maßeinheiten der Energie, etwa in der Mechanik oder in der Elektrizität

Wasserstoff – das häufigste und leichteste chemische Element. Der Kern des Wasserstoffatoms ist das Proton. Es gibt zwei Isotope des Wasserstoffs, deren Kerne neben dem Proton ein Neutron (Deuterium) und zwei Neutronen (Tritium) enthalten. Die Hülle des Wasserstoffatoms bildet ein Elektron.

W-Boson – das Feldquant, das die schwache Wechselwirkung vermittelt. Es tritt in den Ladungszuständen W^+ und W^- auf. Daneben gibt es noch ein schwaches neutrales Feldquant Z.

Weißer Zwerg – hell leuchtender Zwergstern sehr großer Dichte. Der Durchmesser Weißer Zwerge ist dem der Planeten vergleichbar. Trotz ihrer hohen effektiven Temperatur ist daher ihre Leuchtkraft gering. Weiße Zwerge stellen einen stabilen Endzustand in der Sternentwicklung dar.

Wellenlänge – der Abstand zwischen zwei aufeinanderfolgenden Wellenbergen

Z-Boson – das elektrisch neutrale, schwere Feldquant der schwachen Wechselwirkung. Sein korrekter Massenwert wird von der einheitlichen Theorie des elektromagnetischen und des schwachen Feldes vorhergesagt.

7.2. Literaturhinweise

Im folgenden ist eine Auswahl deutschsprachiger Titel aufgeführt. Alle Bücher wenden sich an ein breiteres, nicht speziell vorgebildetes Publikum. Sie enthalten in der Regel weitere Empfehlungen.

a) Allgemeine Physik

A. I. Kitaigorodski, Physik für alle, Bd. 3 und 4, Urania-Verlag, Leipzig/Jena/Berlin 1982
Kleine Enzyklopädie, Struktur der Materie, VEB Bibliographisches Institut, Leipzig 1982
L. D. Landau und A. I. Kitaigorodski, Physik für alle, Bd. 1 und 2, Urania-Verlag, Leipzig/Jena/Berlin 1981
H. Lindner, Das Bild der modernen Physik, Urania-Verlag, Leipzig/Jena/Berlin 1973
M. Planck, Wege zur physikalischen Erkenntnis, S. Hirzel-Verlag, Leipzig 1944
V. F. Weisskopf, Natur im Schaffen, Ullstein-Verlag, Frankfurt/Main, Berlin/Wien 1980

b) Geschichte der Physik

A. Einstein und L. Infeld, Die Evolution der Physik, Zsolnay-Verlag, Wien/Hamburg 1950
D. B. Hermann, Geschichte der modernen Astronomie, VEB Deutscher Verlag der Wissenschaften, Berlin 1984
F. Hund, Geschichte der physikalischen Begriffe, Teil 1 und 2, Bibliographisches Institut, Mannheim/Wien/Zürich 1978
M. von Laue, Geschichte der Physik, Ullstein Taschenbücher Verlag, Frankfurt/Main 1958
E. Segré, Die großen Physiker und ihre Entdeckungen, Piper und Co. Verlag, München/Zürich 1981
H.-J. Treder, Große Physiker und ihre Probleme, Akademie-Verlag, Berlin 1983
C. F. von Weizsäcker, Die Geschichte der Natur, Vandenhoeck und Ruprecht, Göttingen 1978

c) Relativitätstheorie

A. Einstein, Grundzüge der Relativitätstheorie, Akademie-Verlag, Berlin 1979
A. Einstein, Über die spezielle und die allgemeine Relativitätstheorie, Akademie-Verlag, Berlin 1979
L. D. Landau und J. B. Rumer, Was ist die Relativitätstheorie? Teubner Verlagsgesellschaft, Leipzig 1981

d) Hochenergiephysik

K. W. Ford, Die Welt der Elementarteilchen, Springer-Verlag, Berlin/Heidelberg/New York 1966
H. Fritsch, Quarks, Piper und Co. Verlag, München/Zürich 1981
Ch. Spiering, Auf der Suche nach der Urkraft, Teubner Verlagsgesellschaft, Leipzig 1986
Teilchen, Felder und Symmetrien, Spektrum der Wissenschaften, Verlagsgesellschaft, Heidelberg 1984

e) Astrophysik und Kosmologie

brockhaus abc astronomie, Brockhaus-Verlag, Leipzig 1976
G. Greenstein, Der gefrorene Stern, Econ Verlag, Düsseldorf/Wien 1985
E. R. Harrison, Kosmologie, Verlag Darmstädter Blätter, Darmstadt 1983
J. N. Jefremow, In die Tiefen des Weltalls, Teubner Verlagsgesellschaft, Leipzig 1982
S. A. Kaplan, Physik der Sterne, Teubner Verlagsgesellschaft, Leipzig 1980

R. Kippenhahn, 100 Milliarden Sonnen, Piper und Co. Verlag, München/Zürich 1980

R. Kippenhahn, Licht vom Rande der Welt, Deutsche Verlags-Anstalt, Stuttgart 1984

Kosmologie, Spektrum der Wissenschaften, Verlagsgesellschaft, Heidelberg 1984

I. D. Nowikow, Evolution des Universums, Teubner Verlagsgesellschaft, Leipzig 1982

I. D. Nowikow, Schwarze Löcher im All, Teubner Verlagsgesellschaft, Leipzig 1986

S. Weinberg, Die ersten drei Minuten, Piper und Co. Verlag, München/Zürich 1979

f) Physik und Philosophie

W. Heisenberg, Der Teil und das Ganze, Deutscher Taschenbuch Verlag und Co., München 1975

W. Heisenberg, Physik und Philosophie, Ullstein Taschenbücher Verlag, Frankfurt/Main 1959

H. Hörz, Physik und Weltanschauung, Urania-Verlag, Leipzig/Jena/Berlin 1975

F. Jürss, Von Thales zu Demokrit, Urania-Verlag, Leipzig/Jena/Berlin 1977

U. Kundt und B. Wenzlaff, Bewegung und Widerspruch, VEB Deutscher Verlag der Wissenschaften, Berlin 1962

B. G. Kuznecov, Philosophie – Mathematik – Physik, Akademie-Verlag, Berlin 1981

U. Röseberg, Philosophie und Physik, Teubner Verlagsgesellschaft, Leipzig 1982

C. F. von Weizsäcker, Zum Weltbild der Physik, Hirzel-Verlag, Stuttgart 1960

7.3. Bildquellenverzeichnis

Autor und Verlag bedanken sich für die freundliche Genehmigung zur Veröffentlichung von Fotos bei:

[1] California Institute of Technology, Mt.-Palomar-Observatory
[2] Sächsische Landesbibliothek Dresden, Deutsche Fotothek Dresden
[3] NASA
[4] Archiv des Verlages
[5] Staatliche Schlösser und Gärten Wörlitz
[6] Institute der AdW der DDR
[7] Deutsches Museum München
[8] Maurice L. Huggins in: H. W. Franke, Neuland des Wissens, Stuttgart 1964
[9] Akademie des Sciences, Paris
[10] University of California, Lawrence Berkeley Laboratory
[11] Scientific American 9, 78 (S. 22), 6, 82 (S. 256)
[12] VIK, Dubna
[13] FNAL, Batavia
[14] CERN, Genf
[15] DESY, Hamburg
[16] Museo della Scienze/Scala, Firenze
[17] Archenhold-Sternwarte, Berlin-Treptow
[18] Smithsonian Astrophysical Observatory and the University of Arizona
[19] C. S. I. R. O. Radiophysics Division
[20] California Institute of Technology, Pasadena
[21] JET Joint Undertaking, Abingdon
[22] Institut für Denkmalpflege, Berlin

7.4. Sachwortverzeichnis

Akkretionsscheibe 252
α-Strahlen 147
Andromedanebel 204, 275
Antineutrino 16, 169
Antiteilchen 16, 275
Äquivalenzprinzip 60
Astronomie 210
Äther 48
Atom 32
Atomkern 147, 192
Auflösungsvermögen 71, 109

Balmer-Serie 74
Baryon 178, 275
Beschleunigung 43
β-Strahlen 147
Betazerfall 150, 167, 275
Bezugssystem 44
Bindung, chemische 122
Bindung, kovalente 122
Bindungsenergie 192
Blasenkammer 92, 275
Bohrsches Modell 75
Boson 140, 275
Boson, intermediäres 166
Bottom 181
Bremsstrahlung 91, 190

Cepheiden 200, 275/276
Charm 181, 276
Chromosom 128
Compton-Effekt 69

Dichte, kritische 229
Dichteparameter 229
Dichteschwankung 245
DNA 128
Doppelhelix 130
Doppler-Effekt 217, 276

Eichboson 173, 174
Eichfeld 163, 171
Eichinvarianz 163
Elektron 16, 135, 276
Energie 272

Energiedichte 67
Entropie, spezifische 245
Enzym 128
Ereignishorizont 250
Ergosphäre 252
Experimente 114

Farbe 183
Farbladung 186
Feld, elektromagnetisches 57
Fermion 140, 277
Feynman-Diagramm 136, 277
Flavor 179, 277
Fluchtgeschwindigkeit 216
Friedmansche Gleichung 229
Funkenkammer 95
Fusion 193

Galaxis 201
Galaxienhaufen 206
γ-Strahlen 147
Gen 128
Geometrie 226
Geschwindigkeit 42
Gluon 187, 277
Gravitation 44, 56, 244
Gravitationsfeld 59
Gravitationsgesetz 247
Gravitationskonstante 247, 277
Gravitationskraft 16
Gravitationsrotverschiebung 248

Hadron 16, 277
Halbleiter 126
Händigkeit 169
Hertzsprung-Russel-Diagramm 221
Higgs-Boson 173
Hintergrundstrahlung, 3K-Strahlung 224
Homogenität 157, 209, 277
Hubble-Zahl 216, 228

Inertialsystem 59
Information, genetische 133
Invarianz 157
Ionenbindung 122
Isotropie 157, 209, 278

Jetstruktur 189

Kraft 44
Kraft, schwache 16
Kraft, starke 16
Kernkraft 192
Komplementarität 80
Kopplungskonstante 172, 278
Kosmologie 210, 278
Krümmungsparameter 229

Ladung, schwache 169, 171
Lepton 16, 140, 278
Leptonenzahl 155
Leuchtkraft 221, 278
Lichtgeschwindigkeit 52, 278
Lichtjahr 200, 278
Lichtquant 68

Masse 43, 59
Massendefekt 192
Massendichte 234
Maßfaktor 221, 228
Matrix 77
Modell 117
Modellexperiment 115
Molekül 123
Moment, magnetischer 139
Myon 141, 279

Nebelkammer 92
Neutrino 16, 149, 150, 169, 279
Neutron 148, 192, 240, 279
Neutronenstern 214
Nukleon 178, 279
Nukleosynthese 234, 240

Paarerzeugung 91
Parallelenaxiom 226
Paritätstransformation 159
Pauli-Prinzip 81, 120, 183
Photon 16, 68, 163, 173, 279
π-Meson 152, 166, 178, 279
Plancksche Konstante 68, 279
Plancksche Strahlungsformel 224
Plancksches Wirkungsquantum 222
Plasma 237, 266, 279
Positron 16, 135, 279
Prinzip, kosmologisches 209

Protein 128
Proton 192, 240, 279
Pulsar 215

Quantenchromodynamik 186
Quantenelektrodynamik 135
Quantenmechanik 71
Quantenphysik 68
Quantenzahl 119, 179
Quark 28, 179, 280
Quarkonium 181
Quasar 208, 280

Radioaktivität 145
Radioastronomie 107
Radiointerferometrie 109
Radioteleskop 109
Rauschen 223
Relativitätstheorie, allgemeine 227, 247
Reliktstrahlung 226
RNA 132
Rote Riesen 211
Rotverschiebung 217, 280

Schwarzes Loch 227, 247
Schwarzschild-Radius 248
Schwerefeld 59
Schwerkraft 44

Sekundärelektronenvervielfacher 96
Singularität 236
Spaltung 193
Spektralanalyse 74
Spektrallinien 71
Spin 169, 280
Spiralnebel 203
Standardmodell, kosmologisches 229, 235
Stern 212, 214
Stern, eingefrorener 250
SU(3)-Gruppe 184
Supernova 203, 214, 280
SU(2) × U(1)-Symmetrie 172
SU(2)-Transformation 170
Symmetrie 156
Symmetriebrechung, spontane 172
Symmetrie, lokale 163
Synchrotronstrahlung 214
System, periodisches 120
Szintillationszähler 96

Tau-Lepton 141
Teilchen, seltsame 179
Teilchen, virtuelle 136
Theorie 116
Theorie, elektroschwache 172
Thermodynamik 262, 280
Tokamak 266

Trägheitsaxiom 34
Tunneleffekt 194

Unbestimmtheitsrelation 80
Universum 220
Urknall 219, 230
U(1)-Symmetrie 170

Vakuum 137
Vektor 43
Verzögerungsparameter 228
Virgohaufen 206, 280

Wärmestrahlung 67, 222
Wasserstoffatom 81, 119
W-Boson 172, 281
Wechselwirkung, elektromagnetische 16
Wechselwirkung, schwache 150, 165, 280
Weinberg-Winkel θ_w 172
Weiße Zwerge 211, 280
Wellenfunktion 78
Wirkungsquantum 68
Wirkungsquerschnitt 143

Z-Boson 172, 281
Zeitumkehr 158
Zelle 128
Zwillingsparadoxon 53
Zyklotron 82